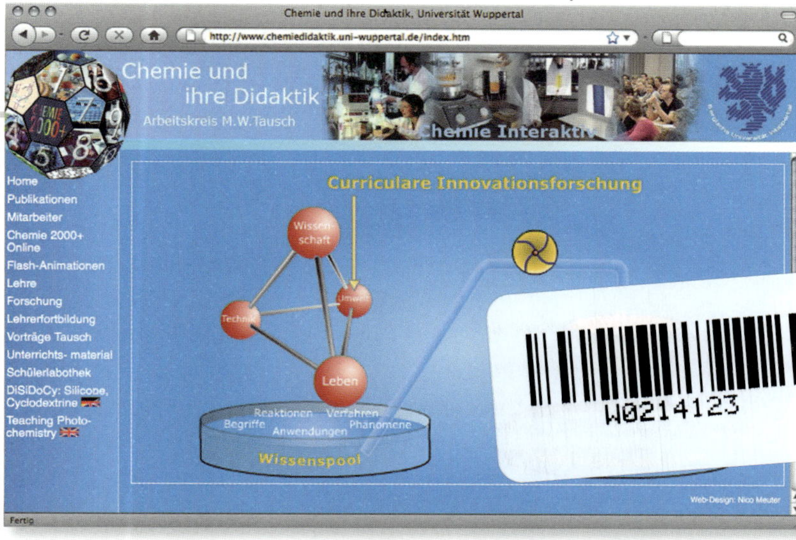

12 Ausgewählte Probleme des Umweltschutzes

Chemie 2000+ Online ist das Internet-Portal zu diesem Buch. Es enthält *EVA Online*-Seiten und zusätzliche **interaktive Materialien** zu einzelnen Buchseiten sowie weitere Lehr- und Lernmodule für den Unterricht.

Kompetenztraining

Grundwissen

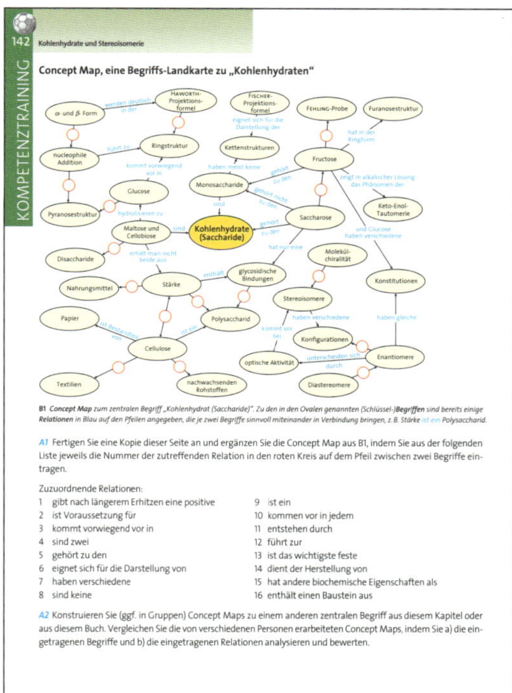

Regelmäßiges **Kompetenztraining** ergänzt die Aufgaben und fördert ebenso wie diese den Umgang mit **Kompetenzoperatoren**.

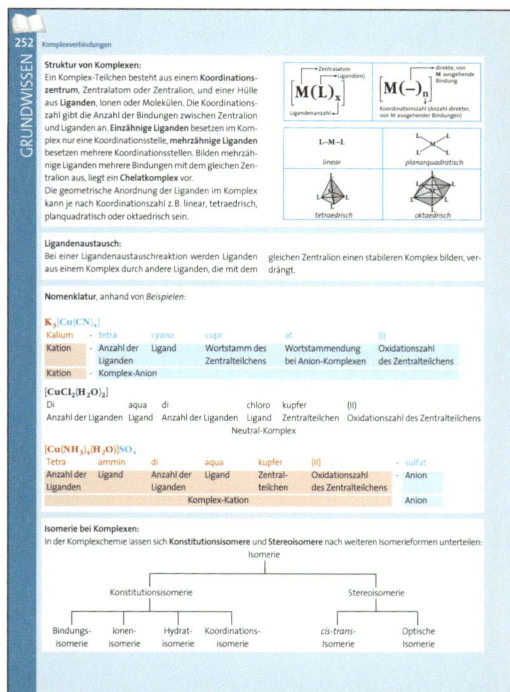

Ein abschließendes **Grundwissen** fasst die Inhalte der Kapitel strukturiert nach den **Basiskonzepten** zusammen. Im Anhang ergänzt eine Chemikalienliste das **Sicherheitskonzept** beim Experimentieren. Ein **Glossar** ermöglicht schnellen Zugang zu den Definitionen der wichtigsten Fachbegriffe.

Methoden und Kompetenzen

Die wichtigste Methode bei der Erschließung von chemischem Fachwissen und der Entwicklung von Kompetenzen ist die Auswertung von **Experimenten** und weiterem Faktenmaterial.

Um zu erkennen, was die Lösung einer Aufgabe von Ihnen erwartet, sind die Aufgaben in diesem Buch mit **Operatoren** formuliert, von denen die wichtigsten hier erläutert sind:

auswerten: Daten, Einzelergebnisse oder andere Elemente in einen Zusammenhang stellen und ggf. zu einer Gesamtaussage zusammenführen.
begründen: Sachverhalte auf Regeln und Gesetzmäßigkeiten bzw. kausale Beziehungen von Ursachen und Wirkung zurückführen.
beschreiben: Sachverhalte oder Zusammenhänge strukturiert und fachsprachlich richtig mit eigenen Worten wiedergeben.
beobachten: Aufmerksame Betrachtung der Vorgänge, z. B. bei einem Versuch, um gezielte Informationen zu erhalten.
beurteilen: Zu einem Sachverhalt ein selbstständiges Urteil unter Verwendung von Fachwissen und Fachmethoden formulieren und begründen.
bewerten: Einen Gegenstand oder einen Sachverhalt an erkennbaren Wertkategorien oder an bekannten Beurteilungskriterien messen.
darstellen: Sachverhalte, Zusammenhänge, Methoden etc. strukturiert und ggf. fachsprachlich wiedergeben.
deuten (interpretieren): Sachverhalte in einen Erklärungszusammenhang bringen.
erklären: Einen Sachverhalt nachvollziehbar und verständlich zum Ausdruck bringen mit Bezug auf Regeln, Gesetzmäßigkeiten und Ursachen.
erläutern: Einen Sachverhalt durch zusätzliche Informationen veranschaulichen und verständlich machen.
überprüfen (prüfen): Sachverhalte oder Aussagen an Fakten oder innerer Logik messen und eventuelle Widersprüche aufdecken.
vergleichen: Gemeinsamkeiten, Ähnlichkeiten und Unterschiede feststellen.

VORWORT

Der vorliegende Band der Reihe **Chemie 2000+** ist nach dem länderübergreifenden Rahmenlehrplan Chemie (Brandenburg, Berlin, Mecklenburg-Vorpommern) für den **2-stündigen Kurs** in der Sekundarstufe II konzipiert und erstellt. Dementsprechend werden die Themenfelder Energetik, Elektrochemie in Alltag und Technik, Reaktionsgeschwindigkeit und Enzymkatalyse, Chemische Gleichgewichtsreaktionen, Protolysegleichgewichte, Kohlenhydrate und Stereoisomerie, Aminosäuren und Proteine, Fette, Tenside und Waschmittel, Kunststoffe, Farbstoffe, Komplexverbindungen, Ausgewählte Probleme des Umweltschutzes erschlossen.
In diesem Werk werden die **chemische Fachsystematik** mit ihren Begriffen, Modellen, Ordnungskriterien etc. und **Kontexte** aus Alltag, Technik und Umwelt nach dem Konzept der **didaktischen Integration** miteinander verflochten. Die großen Themenfelder (Kapitel des Buches) werden in Facetten zerlegt, um dann anhand konkreter Fragestellungen die Fachinhalte in überschaubaren Unterrichtsbausteinen zu erschließen. Diese werden zu Beginn eines Kapitels durch den Facettenball des Themenfeldes mit den zugeordneten Fragen programmatisch angedeutet und sind auf jeder Buchseite durch die zutreffende Nummer gekennzeichnet. Die gewählte Reihenfolge gewährleistet eine kumulative Erarbeitung der im Rahmenlehrplan vorgesehenen Fachinhalte und Kompetenzen.
Auf **Buchdoppelseiten** wird jeweils Material für einen Unterrichtsbaustein zur Verfügung gestellt. Die Arbeitsseite (linke Buchseite) mit einer kontextbezogenen, in der Regel umgangssprachlich formulierten Überschrift bietet Versuche, Informationen und Auswertungsfragen an, die zur Gestaltung des Unterrichts genutzt werden können. Auf der rechten Leseseite, deren Überschrift in der Regel Fachbegriffe aus dem Rahmenlehrplan enthält, werden die Versuchsergebnisse aufgegriffen, mit weiteren Fakten verknüpft und zu neuen Erkenntnissen zusammengeführt. Fotos und Farbgrafiken ergänzen den Text sinnvoll und dienen in der Regel als Ausgangsinformationen für Aufgabenstellungen. Die Aufgaben der Unterrichtsbausteine werden durch zusammenfassende und weiterführende Aufgaben auf den **Kompetenztraining**-Seiten am Ende jedes Kapitels ergänzt. **Grundwissen**-Seiten und ein Glossar finden sich am Ende des Werks.
Die grafisch gekennzeichneten **EVA**-Seiten (**E**rweiterung-**V**ertiefung-**A**nwendung) und **extra**-Kästen enthalten über den Rahmenlehrplan hinausgehende, **fakultative Angebote** zu innovativen, interdisziplinären und theoretischen Themen, die situationsbedingt im Unterricht einsetzbar sind oder für Referate und Facharbeiten verwendet werden können.
Chemie 2000+ Online ist das Internet-Portal für elektronische Ergänzungen zu diesem Lehrwerk. Es kann über die rechts angegebene Adresse geöffnet werden und enthält Materialien zu einzelnen Seiten in diesem Buch, die direkt durch Anklicken unter der entsprechenden Seitennummer erreichbar sind. Darüber hinaus können auch weitere Lehr- und Lernmodule für den Chemieunterricht über die Navigationsleiste von *Chemie 2000+ Online* angesteuert werden.

EVA

extra

www.ccbuchner.de/chemiedidaktik

Bamberg, Potsdam, Syke, im Mai 2012
Die Autoren

INHALTSVERZEICHNIS

10 Kenntnisse aus der Sekundarstufe I

1 Energetik

16 **Energetik**
18 Wärme, Licht, elektrische Energie...
19 Systeme und Energieformen bei chemischen Reaktionen
20 Neutralisationswärme – Von der Idee zum Experiment
21 Kalorimetrische Messungen und Reaktionsenthalpie
22 Berechnen – einfacher als messen
23 Satz von HESS[1]
24 Was geht ab?
25 Metastabile und stabile Systeme
26 *EVA* Energieumwandlungen bei Fotosynthese und Atmung
28 Kompetenzbezogene Aufgaben mit Lösungen
29 Kompetenztraining

2 Elektrochemie in Alltag und Technik

30 **Elektrochemie in Alltag und Technik**
32 Sprunghaft und mit zwei Gesichtern
33 Das Elektron, die Orbitale und die Quantenzahlen
34 Die Energieleiter in Atomen
35 Elektronenkonfigurationen und Periodensystem
36 Elektronen im Austausch
37 Das Donator-Akzeptor-Prinzip bei Redoxreaktionen
38 Metalle – unterschiedlich gut oxidierbar
39 Korrespondierende Redoxpaare
40 Strom aus Redoxreaktionen
41 Galvanische Zellen
42 Mehr oder weniger Spannung
43 Potenzialdifferenzen bei galvanischen Zellen
44 Edle und unedle Metalle
45 Standardpotenziale E° und Spannungsreihe der Metalle
46 Salzlösungen unter Strom
47 Elektrolysen – erzwungene Redoxreaktionen
48 Chlor-Alkali-Elektrolyse im Labor und in der Technik
49 Überspannung und Zersetzungsspannung
50 150 Jahre jung
51 Die Taschenlampenbatterie
52 Akku leer? Laden!
53 Der Bleiakkumulator
54 Zur Nutzung gezähmt – die Knallgasreaktion
55 Brennstoffzellen
56 Wenn der Rost alles frisst
57 Korrosion von Metallen
58 Damit der Rost nicht alles frisst
59 Schutz vor Korrosionsschäden
60 *EVA* Redoxpotenziale – das Know-how für moderne Batterien
62 *EVA* Weiterentwicklung der Akkumulatorentechnik
64 Kompetenztraining

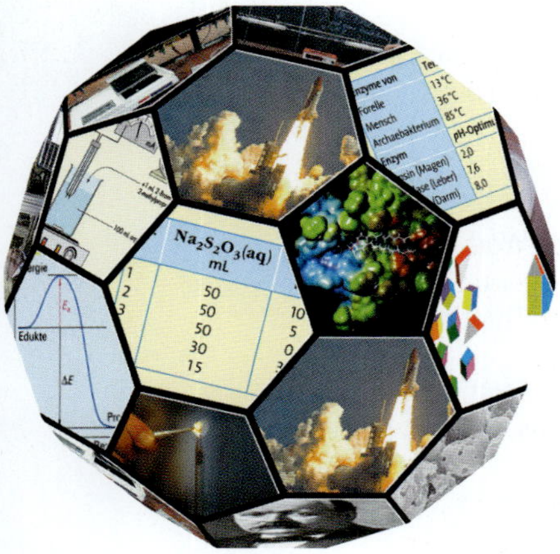

3 Reaktionsgeschwindigkeit und Enzymkatalyse

66 **Reaktionsgeschwindigkeit und Enzymkatalyse**
68 Zeitpläne von Reaktionen
69 Reaktionsgeschwindigkeit
70 Stoppuhr und was noch?
71 Messbare Größen bei Reaktionen
72 Die Konzentration als Variable
73 Beeinflussung der Reaktionsgeschwindigkeit
74 Die Temperatur als Variable
75 Die Aktivierungsenergie
76 „Bloße Gegenwart" oder aktive Teilnahme?
77 Katalysator und Katalyse
78 Enzyme – Katalysatoren in Organismen
79 Das Schlüssel-Schloss-Prinzip
80 Grüne Ampel für Enzyme
81 Reaktionsbedingungen und Enzymaktivität
82 *EVA* Reaktionsentropie und freie Reaktionsenthalpie
83 Kompetenztraining

4 Chemische Gleichgewichtsreaktionen in Natur und Technik

84 **Chemische Gleichgewichtsreaktionen in Natur und Technik**
86 Hin oder Rück – worauf kommt es an?
87 Reversible Reaktionen
88 Hin und Rück im Gleichgewicht
89 Chemisches Gleichgewicht - Stoffebene
90 Ungleiche Gleichgewichte
91 Chemisches Gleichgewicht - Teilchenebene
92 Nach Maß und Gesetz
93 Massenwirkungsgesetz und Gleichgewichtskonstante K_c
94 Mal vorgerechnet
95 Berechnungen mit dem Massenwirkungsgesetz MWG
96 Die Konzentration als Störfaktor
97 Prinzip von LE CHATELIER[1] und Massenwirkungsgesetz
98 Die Temperatur und der Druck als Störfaktoren
99 Prinzip von LE CHATELIER und Gleichgewichtskonstante K_c
100 „Herr Geheimrat, es tropft"
101 Das HABER-BOSCH-Verfahren und seine Geschichte
102 Champions League in der industriellen Industrie
103 Technische Ammoniaksynthese heute
104 Kompetenztraining

5 Protolysegleichgewichte

106 **Protolysegleichgewichte**
108 Vom *acidum aceticum*[1] zum Protonendonator[2]
109 Säure-Base-Definitionen nach BRÖNSTED
110 Können Salze sauer sein?
111 Korrespondierende Säure-Base-Paare
112 Spurensuche in reinem Wasser
113 Ionenprodukt des Wassers und *p*H-Wert
114 Wie viel Säure ist da drin?
115 Konzentrationsbestimmung durch Titration
116 Neutralisation schrittweise
117 Ermittlung und Interpretation von Titrationskurven
118 *EVA* Säuregehalt in Alltagprodukten und Umweltbereichen
119 *EVA* Leitfähigkeitstitrationen
120 *EVA* Protolysen in hartem Wasser
122 *EVA* Puffersysteme
123 Kompetenztraining

6 Kohlenhydrate und Stereoisomerie

124 Kohlenhydrate und Stereoisomerie
126 Traubenzucker, Stärke und Verwandte
127 Kohlenhydrate $C_m(H_2O)_n$
128 Haute Couture für Kohlenhydrate
128 Stereoisomerie bei chiralen Molekülen
130 Optische Aktivität und Polarimetrie
131 α-D(+)-Glucose – ein Stereoisomer unter vielen
132 Verknüpfungsprinzipien in und zwischen Kohlenhydrat-Molekülen
133 Intramolekulare Halbacetale und intermolekulare Glycoside
134 Das süße Geheimnis von Rohr und Rübe
135 Saccharose und andere Disaccharide
136 Das feste Nahrungsmittel Nr. 1
137 Stärke – ein Polysaccharid aus α-D-Glucose
138 Die häufigste organische Verbindung
139 Cellulose – ein Polysaccharid aus β-D-Glucose
140 *EVA* Modifizierte Cellulose für Textilien und andere Produkte
141 *EVA* Die Oxidation von Glucose
142 Kompetenztraining

7 Aminosäuren und Proteine

144 **Aminosäuren und Proteine**
146 Unentbehrlich – auch für Vegetarier
147 Aminosäuren – Bausteine der Eiweiße
148 Geschmacksverstärker – frei und gebunden
149 Peptide – Kondensationsprodukte von Aminosäuren
150 Chemie der Dauerwelle
151 Sekundär- und Tertiärstruktur von Proteinen
152 Wilde Knäule – hochgeordnet
153 Quartärstruktur von Proteinen und Proteide
154 *EVA* Insulin – ein Peptidhormon
155 *EVA* Proteine und Farbstoffe in biologischen Funktionseinheiten
156 *EVA* Desoxyribonucleinsäure DNA – molekulare Träger der Erbinformation
157 Kompetenztraining

8 Fette, Tenside und Waschmittel

158 **Fette, Tenside und Waschmittel**
160 Vorsicht – heiß und fettig!
161 Fette und Öle – Ester aus der Natur
162 Gesättigt oder ungesättigt?
163 Molekülstruktur und Eigenschaften von Triglyceriden
164 Vom Fett zur Seife
165 Seifen – Herstellung und Eigenschaften
166 Schaumschläger
167 Anionische, kationische und nichtionische Tenside
168 Moderne Waschmittel – nicht nur Tenside
169 Inhaltsstoffe eines Vollwaschmittels
170 *EVA* Tenside in Emulsionen und Kosmetika
172 *EVA* Seifenblasen, Schauminhibitoren und Zellmembranen
173 Kompetenztraining

9 Struktur und Eigenschaften von Kunststoffen

174 **Struktur und Eigenschaften von Kunststoffen**
176 Polyethen PE, Polypropen PP, Polyvinylchlorid PVC & Co
177 Struktur und Eigenschaften von Polymeren
178 Hart oder weich, plastisch oder elastisch?
179 Thermoplaste, Duroplaste, Elastomere
180 Spinnbares aus der Retorte
181 Polykondensation und Polymerisation
182 Fäden und Schäume
183 Polyester durch Polykondensation und Polyurethane durch Polyaddition
184 Aus alt mach neu
185 Recycling von Kunststoffen
186 *EVA* Innovative Textilien – Outfit für Livestyle und Sport
187 Kompetenztraining

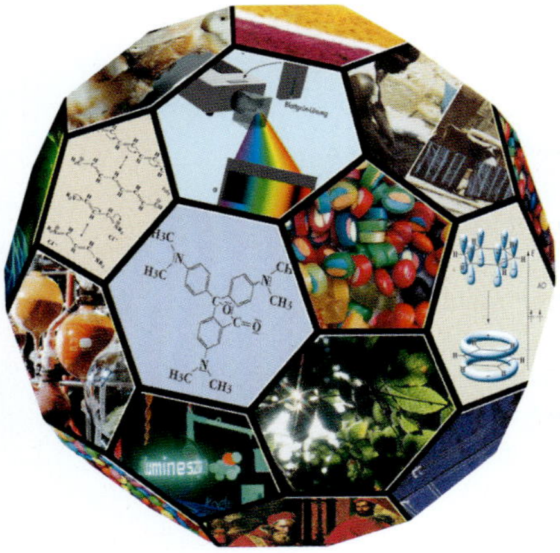

10 Struktur und Eigenschaften von Farbstoffen

188 **Struktur und Eigenschaften von Farbstoffen**
190 Warum sehen wir Blattgrün grün?
191 Farben durch Lichtabsorption
192 Farbe an – Farbe aus!
193 Molekülstruktur und Farbigkeit
194 Farbstoffe nach Maß
195 Synthese von Azofarbstoffen
196 Heute machen wir blau
197 Färben von Textilien mit Küpenfarbstoffen
198 Chlorophylle und Carotinoide aus Blättern
199 Naturfarbstoffe
200 *EVA* Lumineszenz – Farben durch Lichtemission
202 *EVA* Weitere Farbstoffklassen
203 *EVA* Lebensmittelfarbstoffe
204 *EVA* Benzol-Formel und Mesomerie
205 Kompetenztraining

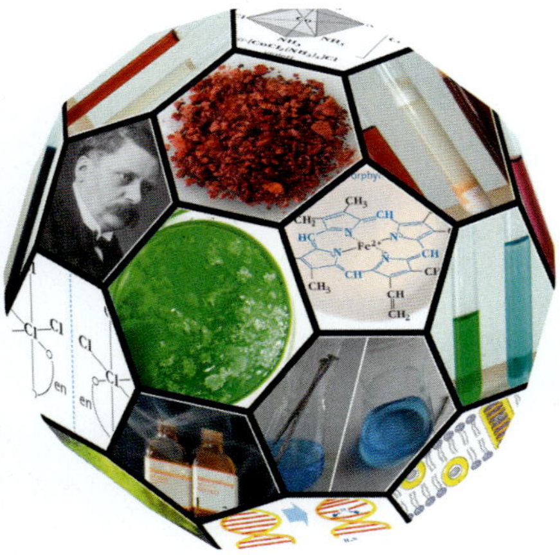

11 Komplexverbindungen

206 **Komplexverbindungen**
208 Wenn Metall-Ionen Farbe zeigen
209 Lichtabsorption in Komplexen
210 WERNERS „geniale Frechheit"
211 Historie und Nomenklatur zu Komplexen
212 Komplexe Strukturen
213 Isomerie bei Komplexverbindungen
214 Komplexbildungsreaktionen
215 Donator-Akzeptor-Reaktionen bei Komplexen
216 Eigenschaften von Komplexverbindungen
217 Gleichgewichte bei Komplexreaktionen
218 *EVA* Komplexverbindungen in der Medizin
220 *EVA* Wichtige Komplexverbindungen in Organismen
221 Kompetenztraining

12 Ausgewählte Probleme des Umweltschutzes

222 **Ausgewählte Probleme des Umweltschutzes**
224 Erdöl – ein Gemisch aus brennbaren Stoffen
225 Erdöl und die anthropogenen Emissionen
226 Schadstoffe in Verbrennungsprodukten
227 Rauchgasreinigung und Autokatalysator
228 Verbrennungsprodukte schlucken Wärme
229 Der Treibhauseffekt
230 Stickstoff – elementar und gebunden
231 Der Stickstoff-Kreislauf in der Natur
232 Boden und Stickstoffdünger
233 Nährstoffbilanz des Bodens und Düngung
234 *EVA* Unsere Atmosphäre – Ein Ozean aus Luft
235 *EVA* Photosmog –Stoffkreisläufe in der Troposphäre
236 *EVA* 3 mm Ozon – der Filter für das Leben
238 *EVA* Düngung und Grundwasser
239 *EVA* Reduzierung des Gehalts an Nitrat-Ionen im Wasser
240 *EVA* Stickstoffverbindungen im Stoffwechsel
241 Kompetenztraining

Anhang:
242 Grundwissen der Kapitel I bis XI
253 Glossar
264 Internationale Bezeichnung von Gefahrstoffen
265 H-Sätze, P-Sätze
267 Chemikalienliste nach dem neuen GHS-System
271 Tabellen (Isomerie; Formeltypen und Molekülmodelle; Größen, Gleichungen, Konstanten)
Stichwortverzeichnis
Bildquellen
Sicherheit im Chemieunterricht
PSE

Chemie!

Was ist Chemie?

Die Chemie betrachtet Stoffe von der Teilchenebene bis hin zu globalen Kreisläufen. Sie erforscht Prinzipien und Gesetzmäßigkeiten über Eigenschaften, Aufbau und Umwandlung von Stoffen. Chemisches Wissen über die Natur der Materie ist einerseits ein wesentlicher Bestandteil des Kulturguts der Menschheit und hat erheblich zur Lebensqualität und zum gegenwärtigen Lebensstandard beigetragen, andererseits sind die in unserer Zeit auftretenden ökologischen Probleme und Fragen der nachhaltigen Zukunftsgestaltung ohne chemisches Verständnis in der Gesellschaft nicht lösbar. Chemie darf deshalb nicht nur Spezialgebiet einiger Experten sein.

Vernetzung

„Wer nichts als Chemie versteht, versteht auch die nicht recht.“ GEORG CHR. LICHTENBERG (1742–1799)

Phänomene der Natur sind nicht nach Fächern geordnet, sondern erschließen sich erst im Zusammenwirken verschiedener Disziplinen. Dies geht über die Naturwissenschaften hinaus, da sich aus diesen allein noch keine Normen und Werte für das gesellschaftliche Leben ableiten lassen. Deshalb ist für eine verantwortungsvolle Anwendung des chemischen Wissens innerhalb der Gesellschaft die Zusammenarbeit mit verschiedenen Fachrichtungen, anderen gesellschaftlichen Gruppen, Institutionen und Betrieben notwendig.

Betrachtungsweisen in der Chemie

Eine Besonderheit der Chemie ist das Denken auf zwei Ebenen, die in engem Zusammenhang miteinander stehen.

Stoffebene (Realität)

Anwendung, Lebensbezug Alltag, Technik, Natur und Umwelt	**Wissenschaft** Stoff- und Reaktionssystematik
Atome, Ionen, Moleküle **Struktur der Materie**	Chemische Formeln, Reaktionsgleichungen **Formelsprache**

Teilchenebene (Modelle)

Einige Begriffe werden in unterschiedlicher Bedeutung sowohl auf der Stoff- als auch auf der Teilchenebene verwendet. Dies kann leicht zu Missverständnissen führen.

Begriff	Stoffebene	Teilchenebene
Element	Durch chemische Reaktionen nicht in verschiedene Reinstoffe zerlegbarer Reinstoff	Atomsorte
Säure/Base	Stoff, der durch Reaktion mit Wasser eine saure/alkalische Lösung ergibt	Teilchen, das bei einer Reaktion ein Proton abgibt/aufnimmt
Redoxreaktion	Reaktion mit Sauerstoffübertragung von einem Stoff auf einen anderen	Reaktion mit Elektronenübertragung von einem Teilchen auf ein anderes

Erkenntnisgewinnung in der Chemie

Chemische Aussagen werden aus Beobachtungen von Alltagsphänomenen und gezielt angesetzten Experimenten oder aus theoretischen Überlegungen gewonnen, dann als Hypothesen formuliert, die mithilfe von Experimenten zu bestätigen oder zu widerlegen sind. Wissenschaftlerinnen und Wissenschaftler müssen dabei Geduld, Genauigkeit, Sorgfalt, Ausdauer und Wissen auch über mögliche Gefährdungen aufbringen. Durch logisches Denken lassen sich aus einfachsten Untersuchungen auf der Stoffebene (z. B. Wägungen) Aussagen auf der Teilchenebene (z. B. Anzahlverhältnis der Atome) folgern. Andererseits kann man aus Überlegungen auf der Teilchenebene Phänomene auf der Stoffebene voraussagen, die sich dann auch tatsächlich verwirklichen lassen, etwa bei der Synthese von Kunststoffen mit genau definierten Eigenschaften.

Verschiedene Stoffe: Kupfer, Wasser, Schwefel, Kohlenstoff und Magnesiumoxid

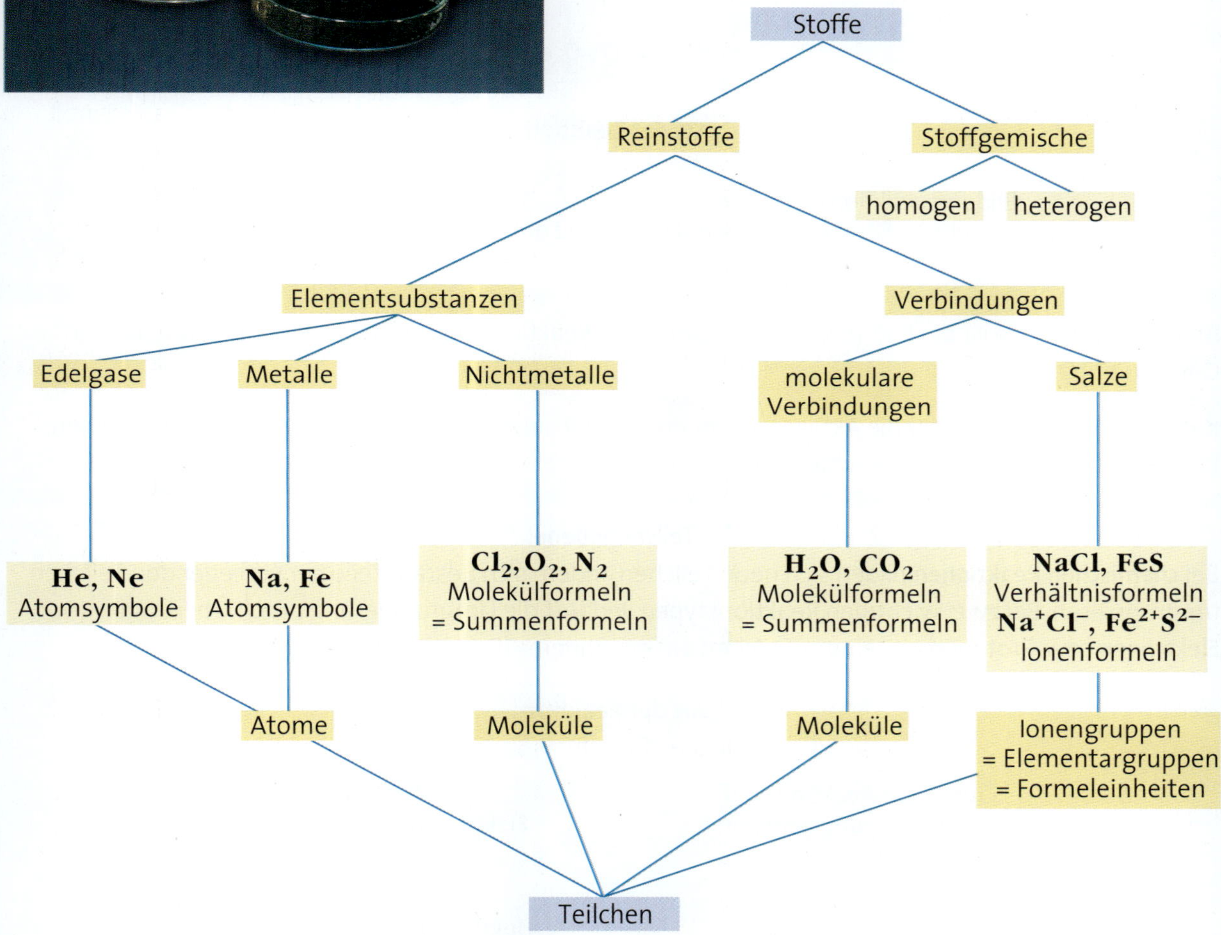

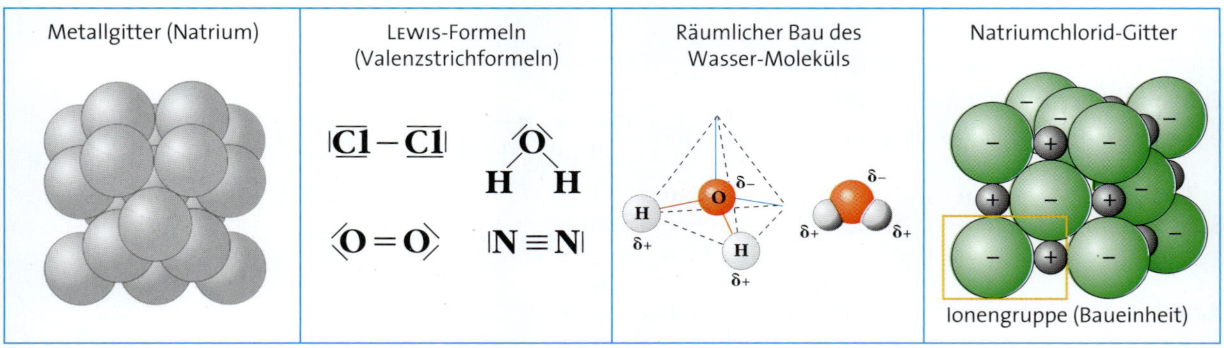

Modelle für Teilchen und Teilchenverbände

Stoffebene:

Chemische Reaktionen sind Stoffumwandlungen, die mit der Aufnahme bzw. Abgabe von Energie verbunden sind.

Energieformen
- Wärme
- Licht
- elektrische Energie
- mechanische Energie

$Q < 0$: exotherm; $Q > 0$: endotherm

Art der Reaktion
- Bildungsreaktion (Synthese)
  2 oder mehrere Edukte → 1 Produkt
- Zersetzungsreaktion (Analyse)
  1 Edukt → 2 oder mehrere Produkte

Aktivierungsenergie ist die Energie, die zu Beginn einer Reaktion zugeführt werden muss, um diese in Gang zu bringen.

Katalysator ist ein Stoff, der die Aktivierungsenergie herabsetzt, ohne sich dabei selbst zu verbrauchen. Die Reaktion wird durch ihn beschleunigt.

Teilchenebene:

Bei **chemischen Reaktionen** bilden sich neue Teilchen, indem sich Bestandteile der vorliegenden Teilchen umgruppieren. Bei zwei wichtigen Reaktionstypen verläuft die Umgruppierung durch Übertragung von **Elektronen** bzw. **Protonen** von einem Teilchen auf ein anderes (Donator-Akzeptor-Reaktion):

Art der Reaktion
- Säure-Base-Reaktion
  Protonenübertragungsreaktion
  H^+ (p^+)
  - Säure
    Protonendonator
  - Base
    Protonenakzeptor
- Redoxreaktion
  Elektronenübertragungsreaktion
  e^-
  - Reduktionsmittel
    Elektronendonator
  - Oxidationsmittel
    Elektronenakzeptor

Weitere wichtige Reaktionstypen sind ...

Eliminierung, z. B. Dehydrierung (Abspaltung eines Wasserstoff-Moleküls aus einem Molekül):

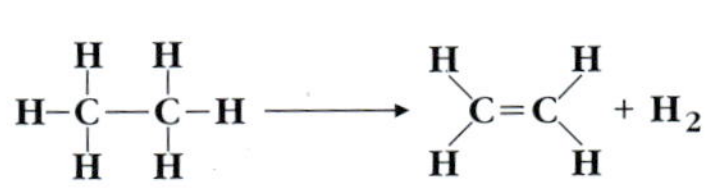

Substitution, z. B.:

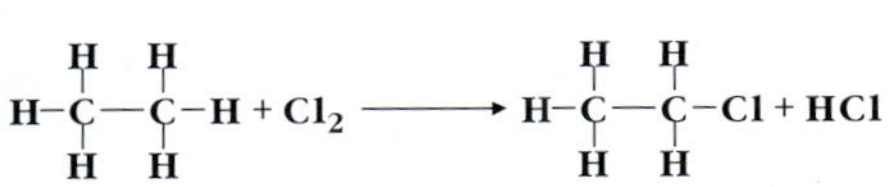

Addition, z. B. Hydrierung:

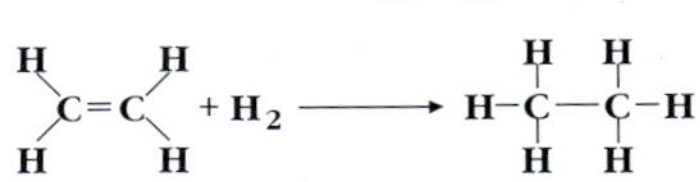

1. Größen von Reinstoffportionen und Umrechnungen

Zentrale Größe bei chemischen Rechnungen ist die Stoffmenge *n*. Ihre Einheit ist das Mol. Eine Stoffportion mit der Stoffmenge $n = 1$ mol besteht aus $6{,}02 \cdot 10^{23}$ Teilchen.

Die Stoffmenge *n* lässt sich nur aus anderen Größen der Stoffportion berechnen.

Die Stoffmenge eines Reaktionspartners erhält man gegebenenfalls mithilfe der Reaktionsgleichung, in der man das Stoffmengenverhältnis abliest.

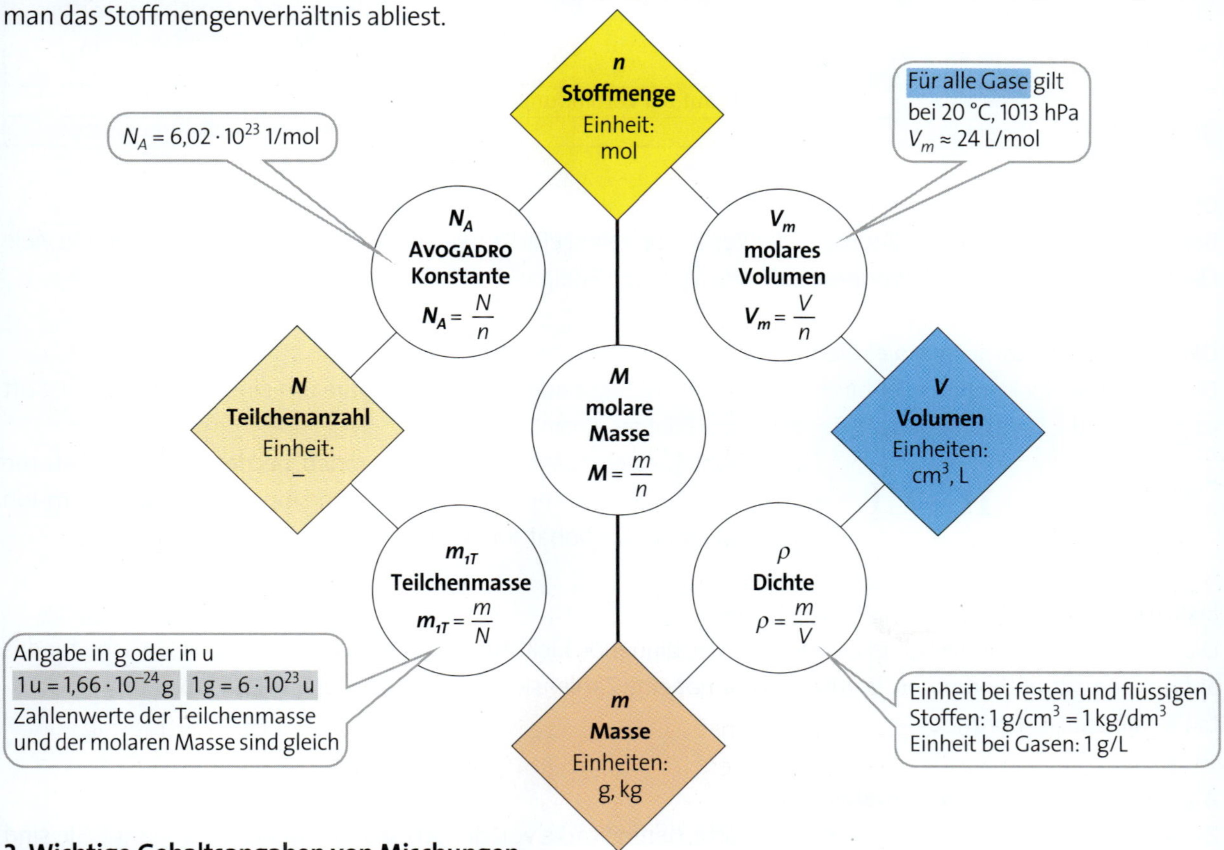

2. Wichtige Gehaltsangaben von Mischungen

Der in der Mischung (z. B. einer Lösung) angegebene Bestandteil X kann ein tatsächlich im Gemisch vorliegendes Ion, Molekül oder Atom sein (z. B. H_3O^+ oder Cl^-) oder ein Teilchen vor der Herstellung des Gemisches (z. B. ein Molekül wie HCl oder eine Ionengruppe wie $Ca^{2+}Cl^-_2$).

Konzentrationen

Bezeichnung	Symbol	Formel	Einheiten	Hinweise
Stoffmengenkonzentration	$c(X)$	$c(X) = \frac{n(X)}{V}$	$\frac{mol}{L}$	*V* ist das Volumen der fertigen Mischung (z. B. einer wässrigen Lösung)
Massenkonzentration	$\beta(X)$	$\beta(X) = \frac{m(X)}{V}$	$\frac{g}{L}, \frac{mg}{m^3}$	β: gelesen „Beta"

Anteile

Bezeichnung	Symbol	Formel	Einheit	Hinweise
Massenanteil	$w(X)$	$w(X) = \frac{m(X)}{m}$	häufig %	*m* ist die Masse der gesamten Mischung
Volumenanteil	$\varphi(X)$	$\varphi(X) = \frac{V(X)}{V_0}$	häufig %, mL/m³ = ppm	φ: gelesen „(klein) Phi" V_0 ist die Summe der Volumina aller Bestandteile *vor* dem Mischen.

1. Chemische Bindung

Elektronenpaarbindung		Ionenbindung
	Phänomen *innerhalb* von	
Molekülen zwischen den Atomen		Ionengittern zwischen den Ionen
	Zustandekommen der Bindung	
durch ein gemeinsames Elektronenpaar		durch starke Anziehungskräfte zwischen entgegengesetzt geladenen Ionen
	tritt auf bei Verbindungen aus	
Nichtmetallen untereinander		Metallen und Nichtmetallen

Oktettregel für Ionen

Bei Reaktionen geben Metall-Atome in der Regel ihre Valenzelektronen ab, Nichtmetall-Atome nehmen so viele Elektronen auf, dass die Elektronenanzahl des nächsten Edelgas-Atoms erreicht wird.

Oktettregel für Atome in Molekülen

Die Anzahl der Elektronen aller bindenden und nicht bindenden Elektronenpaare um einen Atomrumpf ist oft so groß wie die Elektronenanzahl des nächsten Edelgas-Atoms.

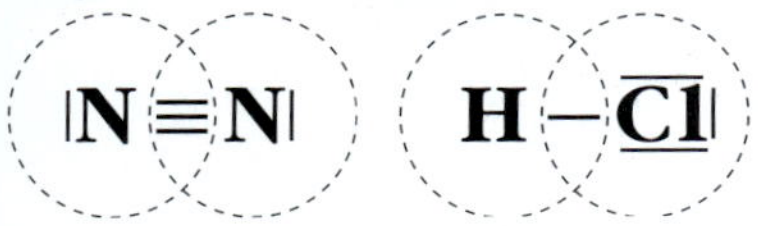

Sie gilt auch für viele zusammengesetzte Ionen, bei denen mehrere Atome durch Elektronenpaarbindungen verbunden sind, z. B. das Oxonium-Ion (H_3O^+) oder das Carbonat-Ion (CO_3^{2-}).

Elektronegativität (EN)

Die EN ist ein Maß für die Fähigkeit von Atomen, bindende Elektronenpaare anzuziehen. Sie ist Ursache für das Entstehen polarer Bindungen. LINUS PAULING hat eine Zahlenskala erstellt, die der EN des Fluor-Atoms (höchste EN) die Zahl 4 zuordnet.

2. Zwischenmolekulare Wechselwirkungen

Zwischen Molekülen wirken anziehende Kräfte, deren Stärke von der Struktur der Moleküle abhängt. Sie sind maßgeblich für bestimmte charakteristische Eigenschaften der Stoffe wie z. B. die Schmelz- und Siedetemperatur.

Name	VAN-DER-WAALS-Kräfte	Dipol-Dipol-Kräfte	Wasserstoffbrückenbindungen (H-Brücken)
Vorkommen	zwischen allen Teilchen	zwischen permanenten Dipol-Molekülen	zwischen Molekülen, in denen H-Atome direkt an F-, O- oder N-Atome gebunden sind
Ursache	Kurzfristig induzierte Dipole führen an Kontaktstellen zur Anziehung von Nachbarmolekülen.	Da der positive und der negative Ladungsschwerpunkt an verschiedenen Stellen des Moleküls liegen, werden die Nachbarmoleküle angezogen.	Das positiv teilgeladene H-Atom tritt in Wechselwirkung mit einem nichtbindenden Elektronenpaar eines F-, O- oder N- Atoms des Nachbarmoleküls und stellt so eine „Brücke" zwischen beiden Molekülen dar. 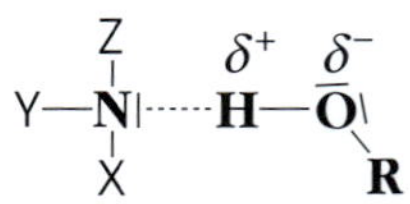
Stärke	schwach, zunehmend mit der Oberfläche der Moleküle	mittelstark	am stärksten, fast so stark wie Elektronenpaarbindung

Stoffklasse	Strukturelement oder funktionelle Gruppe		Beispiel	
Alk**an**e	Einfachbindung		Eth**an**	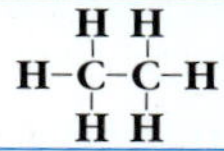
Alk**en**e	Doppelbindung	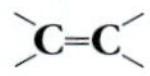	Eth**en**	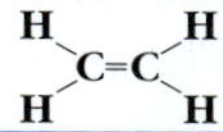
Alk**in**e	Dreifachbindung	$-C\equiv C-$	Eth**in**	$H-C\equiv C-H$
Alkoh**ol**e (Alkan**ol**e)	Hydroxy-Gruppe	$-\overline{O}-H$	Ethan**ol**	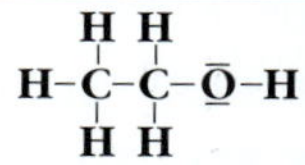
Aldehyde (Alkan**al**e)	Carbonyl-Gruppe (Aldehyd-Gruppe)	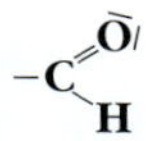	Ethan**al**	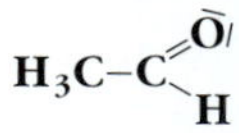
Ket**on**e (Alkan**on**e)	Carbonyl-Gruppe (Keto-Gruppe)	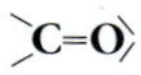	Propan**on**	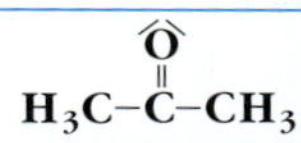
Carbonsäuren	Carboxy-Gruppe	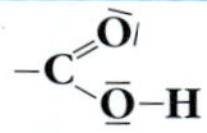	Ethan**säure**	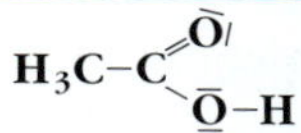
Ester	Ester-Gruppe	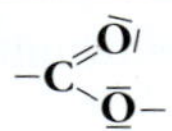	Ethansäure-ethyl**ester** (Ethylethanoat)	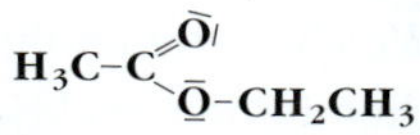

Wichtige Nachweisreaktionen

Wasser

Gibt man Wasser auf wasserfreies Kupfersulfat (farblos) oder Watesmopapier, so entsteht jeweils ein Stoff mit blauer Farbe.

Überprüfung auf reines Wasserstoffgas (Knallgasprobe)

Entzündet man reines Wasserstoffgas in einem umgekehrten Reagenzglas, beginnt es fast geräuschlos mit schwach blauer Flamme zu brennen. Mischungen von Wasserstoff mit Luft oder Sauerstoff (Knallgas) erkennt man am pfeifenden Knall beim Entzünden.

Sauerstoff (Glimmspanprobe)

Hält man in ein Gefäß mit reinem Sauerstoff einen glimmenden Holzspan, so flammt dieser auf.

Kohlenstoffdioxid (Kalkwassertrübung)

Leitet man Kohlenstoffdioxid in gesättigte Calciumhydroxid-Lösung (Kalkwasser), so bildet sich ein weißer Niederschlag aus Calciumcarbonat (Kalk).

Chlorid-, Bromid-, Iodid-Ionen (Fällung von Silberhalogenid)

Gibt man wenige Tropfen verd. Salpetersäure und anschließend verdünnte Silbernitrat-Lösung zu einer Probelösung, so bildet sich ein Niederschlag des entsprechenden Silberhalogenids:
Silberchlorid: weiß; Silberbromid: gelblich; Silberiodid: schwach gelb

Kohlenstoff-Kohlenstoff-Mehrfachbindungen (Entfärbung von Bromwasser)

Schüttelt man die Stoffprobe mit Bromwasser, so entsteht eine farblose Lösung.

Energetik

Der Begriff **Energie** fällt in unserem Alltag im Zusammenhang mit der Ernährung und dem körperlichen Einsatz bei Arbeit, Sport und Spiel, bei Themen wie der Fortbewegung mit Flugzeug, Auto und Bahn, dem Heizen, der Beleuchtung und dem Verwenden elektrischer und elektronischer Geräte. Energie ist vor allem aber ein Schwerpunkt in Forschung und Wirtschaft, in den Medien und politischen Debatten.
Die Energie bildet einen „Knotenpunkt" der Naturwissenschaften und wird in den Fächern Physik, Chemie, Biologie und Geografie unter verschiedenen Blickwinkeln mit den entsprechenden Fachbegriffen und Konzepten erschlossen.
Ob vom Elektromotor, einer Verbrennungsreaktion, der Fotosynthese oder dem Treibhauseffekt die Rede ist, die Begriffe und Konzepte zur Energieumwandlung helfen bei dem Erkennen grundlegender Gemeinsamkeiten von Vorgängen in Natur und Technik. Dazu gehört, dass Energie bei einem Prozess weder „erzeugt" noch „verbraucht", sondern umgewandelt wird.
In diesem Kapitel erschließen wir die Grundlagen zur Energiebeteiligung bei chemischen Reaktionen, indem wir folgenden Fragen nachgehen:

1 **Welche Umwandlungen von Energieformen laufen bei chemischen Reaktionen ab?**

2 **Wie lässt sich die Energiebeteiligung bei chemischen Reaktionen quantitativ ausdrücken und experimentell bestimmen?**

3 **Lässt sich die bei einer chemischen Reaktion abgegebene oder aufgenommene Wärme auf einfache Art berechnen?**

4 **Worin besteht der Unterschied zwischen selbsttätig ablaufenden und erzwungenen Reaktionen?**

5 **Welche Energieumwandlungen treten beim „biochemischen Einmaleins", der Fotosynthese und Zellatmung, auf?** EVA

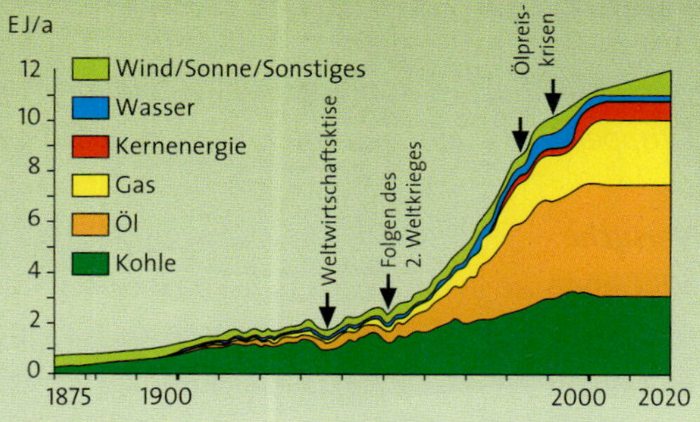

B1 *Entwicklung des Einsatzes von Primärenergie weltweit.*
A: *Erläutern Sie, wie sich die Anteile von Erdöl und Erdgas in den letzten 100 Jahren entwickelt haben (1 EJ = 1 Exajoule = $1 \cdot 10^{18}$ Joule).*

Steigende Preise an der Tankstelle sind für den Verbraucher ärgerlich. Aber der Preis für Autotreibstoffe wird von vielen Faktoren beeinflusst: Der Preis des Rohöls auf dem Weltmarkt, der Kurs des Dollars, die vom Staat erhobene Energiesteuer und die Preispolitik der Ölmultis gehören zu den wichtigsten. Aber nicht nur die Benzinpreise hängen vom Preis des Erdöls ab. **Erdöl** und **Erdgas** sind heutzutage die herausragenden **fossilen Primärenergieträger**, aus denen durch chemische Reaktion mit Sauerstoff aus der Luft **Sekundärenergien** (z. B. elektrische Energie und thermische Energie), verfügbar gemacht werden, die wir schließlich in Form von **Nutzenergien** ein- und umsetzen. Der Preis für das Heizen und Beleuchten von Gebäuden, für das Kühlen von Lebensmitteln, für den Betrieb von Elektrogeräten u. v. a. m. hängt also letztlich auch vom Preis des Erdöls und Erdgases ab. Weiter werden die Kosten vieler anderer Gegenstände unseres Alltags, Hygiene-, Sport- und Freizeitartikel, Medikamente, Kosmetika und sogar Lebensmittel in beträchtlichem Maße vom Rohölpreis bestimmt, da Erdöl und Erdgas als **Rohstoffe** für ihre Herstellung in der **chemischen Industrie** dienen. Obwohl über 90 % der Erzeugnisse der chemischen Industrie aus diesen beiden Rohstoffen gewonnen werden, führt man lediglich ca. 6 % des geförderten Erdöls der Veredlung durch chemische Umwandlung zu, der weitaus größere Teil wird zu Brennstoffen für Autos, Flugzeuge und Schiffe, aber auch für Kraftwerke und Heizanlagen von Gebäuden verarbeitet und verbrannt.
Die Chemie kann einen wesentlichen Beitrag dazu leisten, die wertvollen fossilen Energieträger als Rohstoffe über einen längeren Zeitraum zu „strecken“ und **alternative Energiequellen** sowie **regenerative Energieträger** zu erschließen.

Wärme, Licht, elektrische Energie ...

Hinweis: V1 bis V3 können arbeitsteilig in Gruppen vorbereitet und von den Gruppen dann dem gesamten Kurs vorgeführt werden.

B1 *Start der Trägerrakete für ein Spaceshuttle.* ***A:*** *Geben Sie an, welche Art von chemischen Reaktionen in den Triebwerken von Raketen und Flugzeugen ablaufen.*

Versuche

V1 Geben Sie in eine Porzellanschale ca. 2 g Calciumoxid*[1] (gebrannten Kalk) und fixieren Sie ein Thermometer so, dass es in das weiße, grobkörnige Pulver eintaucht. Versetzen Sie das Calciumoxid vorsichtig (**Schutzbrille!**) mit Wasser aus der Spritzflasche und beobachten Sie die Veränderungen in der Schale und am Thermometer.

V2 Stellen Sie zunächst eine Lösung aus 2 g rotem Blutlaugensalz* und 2,5 g Ammoniumeisen(III)-citrat* in 50 mL Wasser her. Tauchen Sie ein Stück weißen Karton in diese Lösung, lassen Sie abtropfen und bedecken Sie den Karton mit Aluminiumfolie, in die Sie vorher ein Muster geschnitten haben. Belichten Sie ca. 5 min auf dem Tageslichtprojektor oder in der Sonne. Tauchen Sie anschließend den Karton mit der Pinzette in eine Petrischale mit verdünnter Salzsäure*.

V3 Bauen Sie eine Lithium*-Kupfer-Zelle wie in B2 und testen Sie sie. Überlegen Sie, wie die Leistung dieser Zelle verbessert werden kann, und probieren Sie Ihre Vermutung nach Absprache mit der Lehrkraft aus.

Auswertung

a) Beschreiben Sie die Beobachtungen, durch die bei V1 bis V3 deutlich wird, dass bei chemischen Reaktionenen neben Stoff- auch Energieumwandlungen ablaufen.

b) Bei V1 bildet sich schwerlösliches Calciumhydroxid $\mathbf{Ca(OH)_2(s)}$. Formulieren Sie die Reaktionsgleichung und stellen Sie eine Vermutung auf, wie aus Calciumhydroxid wieder Calciumoxid hergestellt werden kann.

c) Erläutern Sie anhand der Beobachtungen bei V2, warum für die dort ablaufende Reaktion Licht notwendig ist[2].

d) Bei V3 werden Lithium-Atome oxidiert und Kupfer(II)-Ionen reduziert. Erläutern Sie, wie es zu einem Stromfluss kommt und nennen Sie die Ladungsträger.

e) Fassen Sie die Energiebeteiligung bei den Reaktionen aus V1 bis V3 in einer Tabelle zusammen und geben Sie an, in welchen Fällen die Reaktion unter Abgabe, in welchen unter Aufnahme von Energie abläuft.

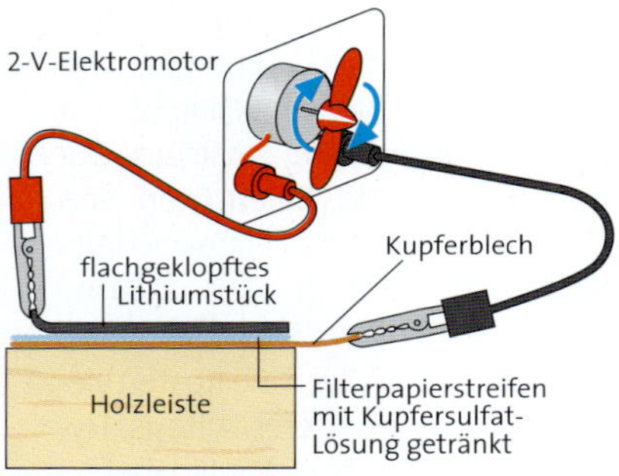

B2 *Anleitung zum Bau einer Lithium-Kupfer-Zelle (V3)*

[1] In der *Chemikalienliste* (vgl. Anhang) sind für alle in diesem Buch mit * gekennzeichneten Stoffe neben genaueren Angaben zu den Gefahren und zur Entsorgung auch die Formeln und systematischen Namen der Stoffe angegeben.

[2] Reaktionsgleichungen zu V2 sind unter *Chemie 2000+ Online* zu finden.

Systeme und Energieformen bei chemischen Reaktionen

Alltagserfahrungen zeigen, dass die Verbrennung von Stoffen in der Regel mit einer Flamme und dem Freisetzen von Wärme und Licht einhergeht: Die zuvor im Stoffsystem aus Brennstoffen und Sauerstoff in Form von **chemischer Energie** gespeicherte Energie wird bei der Verbrennung als **thermische Energie** und **Lichtenergie** an die **Umgebung** abgegeben. Da die Übertragung von thermischer Energie an die Umgebung deren Erwärmung verursacht, wird für thermische Energie umgangssprachlich der Begriff **Wärme** verwendet, gelegentlich daher auch in diesem Buch.
Wenn Energie zwischen System und Umgebung wechseln kann, läuft eine Reaktion ganz allgemein in einem **offenen** oder in einem **geschlossenen System** (B3) ab, andernfalls ist das System **isoliert** (abgeschlossen). Nur bei offenen Systemen können auch Stoffportionen in die Umgebung bzw. ins System wechseln.
Bei chemischen Reaktionen finden **Energieumwandlungen**[3] unter Beteiligung von chemischer Energie statt. In vielen Fällen wird chemische Energie in thermische Energie umgewandelt bzw. umgekehrt und als solche an die Umgebung abgegeben bzw. aus ihr aufgenommen (V1).
Bei der Fotosynthese (B4) und bei der Herstellung der „Blaupausen" (V2) wird Lichtenergie in chemische Energie umgewandelt. Batterien und Akkus wandeln ähnlich wie die selbstgebaute Lithium-Kupfer-Zelle (V3, B2) chemische Energie in **elektrische Energie** um (vgl. S. 40, 41). Bei Elektrolysen findet die dazu umgekehrte Umwandlung von elektrischer in chemische Energie statt (vgl. S. 46, 47).
Ob bei einer Reaktion prinzipiell Energie vom System aufgenommen oder abgegeben wird, hängt von der Änderung der **inneren Energie** ΔU, dem Gesamtenergieinhalt, des Stoffsystems vor und nach der Reaktion ab: Ist der Gesamtenergiegehalt (die innere Energie) der Edukte größer als der der Produkte, wird bei der Reaktion Energie an die Umgebung abgegeben, im umgekehrten Fall wird Energie aufgenommen.
Beispiele für Energieumwandlungen mit praktischer Bedeutung sind die langsamen Oxidationen von Nahrungsmitteln in Organismen und die schnellen Oxidationen (Verbrennungen) von fossilen und regenerativen Brennstoffen (Erdgas, Erdöl, Kohle bzw. Biogas, Wasserstoff). Der Brennwert und der Heizwert (vgl. S. 20) sind dabei wichtige technische Größen zur Charakterisierung von Brennstoffen.

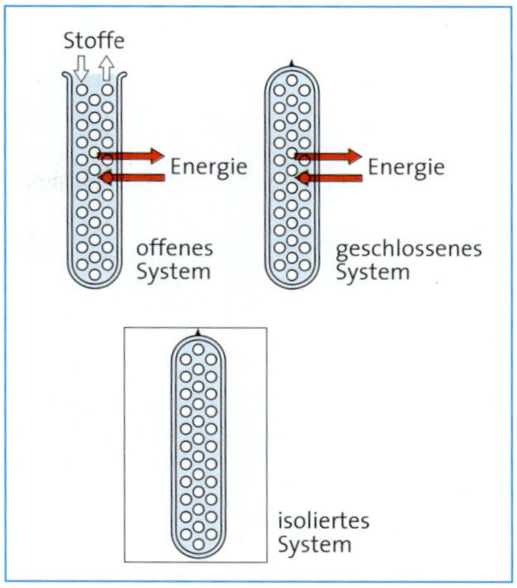

B3 *Systeme, in denen chemische Reaktionen ablaufen können.* ***A:*** *Nennen Sie je ein Beispiel für ein offenes, geschlossenes und isoliertes System aus dem Bereich Küche-Essen-Trinken.*

B4 *Bei der Fotosynthese wird Energie des Sonnenlichts in chemische Energie umgewandelt.* ***A:*** *Nennen Sie die Edukte und Produkte bei der Fotosynthese.*

Fachbegriffe

chemische Energie, thermische Energie (Wärme), elektrische Energie, Lichtenergie, Energieumwandlung, innere Energie *U*, offenes, geschlossenes, isoliertes System, Umgebung

Aufgabe

A1 Nennen Sie jeweils die Energieformen, die bei den chemischen Reaktionen beteiligt sind, wenn a) Zinkiodid elektrolysiert, b) Benzindampf in einem Zylinder mit beweglichem Kolben verbrannt und c) eine Fotokopie hergestellt wird.

[3] Die Energie des gesamten Weltalls ist eine konstante Größe. Energie kann aber auf unterschiedliche Weise erscheinen. Der Wechsel von einer dieser Erscheinungsweisen in eine andere wird hier vereinfacht als **Energieumwandlung** bezeichnet. Genauer kann man von einem Wechsel des Energieträgers (einer zweiten mengenhaften Größe, die immer zusammen mit Energie auftritt) oder der Änderung der Energieform sprechen.

Neutralisationswärme – Von der Idee zum Experiment

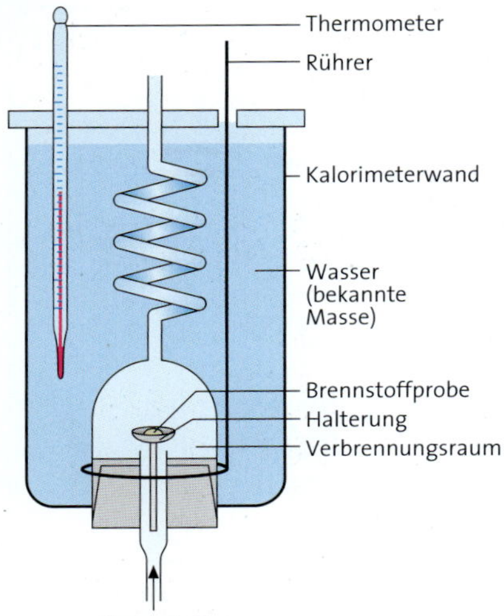

B1 *Kalorimeter.* ***A:*** *Lesen Sie INFO und begründen Sie, warum die Kalorimeterwand sehr gut wärmeisolierend sein muss.*

Versuche

LV1 Man vereint in einem 50-mL-Erlenmeyerkolben 20 mL Salzsäure*, $c = 1$ mol/L, und 20 mL Natronlauge*, $c = 1$ mol/L, und prüft die Temperatur durch Abtasten mit der Handfläche. Der *p*H-Wert der vereinigten Lösung wird gemessen und mit den *p*H-Werten der Ausgangslösungen verglichen.

V2 Bringen Sie 50 mL Salzsäure*, $c = 1$ mol/L, und 50 mL Natronlauge*, $c = 1$ mol/L, in zwei Bechern aus Styropor und mit einem Fassungsvermögen von jeweils größer als 150 mL auf gleiche und konstante Raumtemperatur. Beobachten Sie hierzu in jedem Becher die Temperatur so lange, bis sie 1 min konstant bleibt. Vereinigen Sie dann die Lösungen in einem der beiden Becher und lesen Sie die Temperatur in 10-s-Abständen ab, bis sie aufhört zu steigen bzw. anfängt zu fallen. Notieren Sie den höchsten Wert.

[1] Hierbei geht man vereinfachend davon aus, dass das Kalorimetergefäß selbst (einschließlich Thermometer, Rührer usw.) keine Wärme aufnimmt. Wenn die Wärmekapazität C_{Kal} des Kalorimeters bekannt ist, kann die Wärme Q auch exakt nach $Q = (m \cdot c_p + C_{Kal}) \cdot \Delta T$ bestimmt werden.

INFO

Der Brennwert eines festen oder flüssigen Brennstoffs kann mit einem **Kalorimeter** (B1) bestimmt werden. In diesem wird eine genau abgewogene Stoffportion eines Brennstoffs vollständig verbrannt. Die dabei abgegebene **Wärme Q** erwärmt eine genau definierte Wasserportion im Kalorimeter. Aus der gemessenen Temperaturerhöhung lässt sich die Wärme Q berechnen[1]:

$Q = m \cdot c_p \cdot \Delta T$

m: Masse an Wasser im Kalorimeter (in g)
c_p: spezifische Wärmekapazität des Wassers, $c_p = 4{,}187\ \mathrm{J \cdot K^{-1} \cdot g^{-1}}$
T: Temperaturdifferenz, die sich beim Verbrennungsvorgang ergibt

Das Prinzip der Kalorimetrie wird auch in V2 angewandt, um die bei der Neutralisationsreaktion abgegebene Wärme Q zu bestimmen.

INFO Heizwert H_i und Brennwert H_s

Ist ein Motor in Betrieb, findet in ihm die Verbrennung des zugeführten Brennstoffs (zu Kohlenstoffdioxid und Wasserdampf) statt. Die bei der Verbrennung freiwerdende Energie ist abhängig von der Art des Brennstoffs und von der Masse des verbrannten Stoffs.

Brennstoff	Heizwert in kJ/g	Brennwert in kJ/g	Dichte in g/cm³
Holz	15	19	0,50
Ethanol	27	30	0,80
Heizöl	40	42	0,85
Benzin	44	47	0,80
Diesel	42	45	0,85
Erdgas (Methan)	50	55	0,81
Wasserstoff	120	143	0,08

A: *Begründen Sie, warum die Angabe der Dichte relevant ist.*

Der **Heizwert H_i** ist ein Maß für die thermische Energie, die bei der Verbrennung einer Massen- oder Volumeneinheit des Brennstoffs nutzbar ist. Er wird in der Einheit kJ/g angegeben. Zur Bestimmung des Heizwertes H_i wird eine Brennstoffprobe in reiner Sauerstoffatmosphäre verbrannt. Aus der Temperaturerhöhung des Systems lässt sich der Heizwert bestimmen.
Eine weitere Größe ist der **Brennwert H_s**. Dieser gibt die thermische Energie an, die bei vollständiger Verbrennung pro Massen- oder Volumeneinheit des Brennstoffs zu Kohlenstoffdioxid und flüssigem Wasser frei wird.

Auswertung

a) Berechnen Sie aus den Versuchsergebnissen mithilfe von *INFO* die Wärme Q der Neutralisationsreaktion bei V2. (*Hinweis*: Nehmen Sie für die Dichten der eingesetzten Lösungen $\rho = 1\ \mathrm{g/cm^3}$ an.)

b) Berechnen Sie aus der bei V2 erhaltenen Wärme Q die **Reaktionsenthalpie $\Delta_R H$** (vgl. S. 21) der Neutralisationsreaktion und vergleichen Sie Ihren Wert mit dem auf S. 21 angegebenen Literaturwert der Standard-Reaktionsenthalpie der Neutralisationsreaktion $\Delta_R H^0$ (vgl. S. 21).

Kalorimetrische Messungen und Reaktionsenthalpie

Da bei sehr vielen chemischen Reaktionen die gesamte Änderung des Energieinhalts als thermische Energie, also Wärme, abgegeben oder aufgenommen wird, ist sie die am besten untersuchte energetische Größe in der Chemie. Sie kann bei vielen Reaktionen mithilfe eines **Kalorimeters** experimentell bestimmt werden (B1, *INFO*). Die gesamte Wärme Q einer energieliefernden Reaktion muss dabei im Kalorimeter bleiben und darin Wasser aufwärmen. Gleiches geschieht auch bei der Bestimmung der Wärme bei der Neutralisationsreaktion in V2 in einer vereinfachten, nicht so gut isolierten und daher nicht so genauen kalorimetrischen Vorrichtung. Zwischen der Neutralisationsreaktion in LV1 und V2 und der Verbrennung eines Brennstoffs im Kalorimeter gibt es aber auch einen prinzipiellen Unterschied: Bei der Verbrennung entstehen auch Gase, die aus dem Kalorimeter entweichen, während das Produkt der Neutralisationsreaktion flüssig ist und im Gefäß bleibt. Würde man die Neutralisation in einem geschlossenen System (vgl. S. 19, B3) durchführen, bliebe der Druck konstant, weil die Edukte das gleiche Volumen einnehmen wie die Produkte. Bei der Verbrennung eines Stoffes bleibt der Druck nur konstant, wenn die Verbrennungsgase entweichen können. Um dem Rechnung zu tragen, definiert man:

Die **Reaktionsenthalpie $\Delta_R H$** ist die Energie, die bei einer unter konstantem Druck (also in einem offenen oder mit verschiebbarem Stempel verschlossenen Gefäß) verlaufenden Reaktion abgegeben wird oder zugeführt werden muss. Je nach Vorzeichen der Reaktionsenthalpie $\Delta_R H$, die als Differenz nach den Angaben aus B2 berechnet wird, können Reaktionen **exotherm** **$\Delta_R H < 0$** oder **endotherm $\Delta_R H > 0$** verlaufen.

Dabei spielt die Energieform keine Rolle, obwohl die Silbe „therm" die Energieform „Wärme" suggeriert. Wenn keine andere Energieform beteiligt ist, ist die Reaktionsenthalpie $\Delta_R H$ gleich der Änderung der inneren Energie ΔU. Bei Reaktionen mit Volumenveränderung wird zusätzlich mechanische Energie (Bewegungsenergie) verrichtet. In diesen Fällen muss für die Reaktionsenthalpie $\Delta_R H$ von der Änderung der inneren Energie ΔU die mechanische Energie W_{mech} abgezogen werden.

Die Reaktionsenthalpie einer beliebigen Reaktion kann in der Reaktionsgleichung angegeben werden und bezieht sich dann immer auf die in der Reaktionsgleichung angegebenen Stoffmengen n, z. B.:

$$H_3O^+(aq) + OH^-(aq) \longrightarrow 2\ H_2O(l); \qquad \Delta_R H^0_m = -57\ kJ/mol$$

Man liest: „Bei der Reaktion (Neutralisation) von Oxonium-Ionen, $n_r(H_3O^+) = 1$ mol, mit Hydoxid-Ionen, $n_r(OH^-) = 1$ mol, zu Wasser-Molekülen, $n_r(H_2O) = 2$ mol, beträgt die Reaktionsenthalpie $\Delta_R H^0_m = -57$ kJ/mol, d. h. diese Wärmemenge wird abgegeben."

Um in Tabellen vergleichbare Werte angeben zu können, werden oft **molare Reaktionsenthalpien $\Delta_R H^0_m$** unter **Standardbedingungen** (B4) ganz bestimmter chemischer Reaktionen, beispielsweise **molaren Standardbildungsenthalpien $\Delta_f H^0_m$** angegeben.

Stoff	molare Standardbildungsenthalpie $\Delta_f H^0_m$
$HCl(g)$	$-$ 92,3 kJ mol^{-1}
$HBr(g)$	$-$ 36,2 kJ mol^{-1}
$NaCl(s)$	$-$ 411,1 kJ mol^{-1}
	molare Standardlösungsenthalpie $\Delta_L H^0_m$
$HCl(g)$	$-$ 75,1 kJ mol^{-1}
$HBr(g)$	$-$ 84,7 kJ mol^{-1}
$FeCl_2(s)$	$-$ 82,0 kJ mol^{-1}
	molare Standardverbrennungsenthalpie $\Delta_V H^0_m$
$CH_4(g)$	$-$ 886,2 kJ mol^{-1}
$C_2H_6(g)$	$-$ 1554,9 kJ mol^{-1}
$CH_3OH(l)$	$-$ 1366,7 kJ mol^{-1}

B3 *Molare Reaktionsenthalpien $\Delta_R H^0_m$ bei Standardbedingungen (B4) und 25 °C. Unter „Bildungsreaktion" versteht man die Synthese eines Mols eines Stoffes aus den Elementen oder Elementverbindungen (binärer Verbindungen). Unter „Lösungsreaktion" wird hier sowohl die einfache Auflösung eines Salzes in Wasser als auch die Reaktion eines Stoffes mit Wasser verstanden.*

- Standarddruck $p = 1013$ hPa für alle Gase;
- Standardkonzentration $c = 1$ mol/L für alle Ionenkonzentrationen;
- Die Temperatur ist bei Standardbedingungen üblicherweise 25 °C.

B4 *Standardbedingungen für energetische Größen*

Aufgabe

A1 Die molaren Standardbildungsenthalpien von Elementen sind auf 0 kJ/mol gesetzt. Erläutern Sie, warum diese Festsetzung sinnvoll ist. Geben Sie an, welche Ergänzung bei vielen Elementen (z. B. Kohlenstoff) notwendig ist.

Fachbegriffe

Kalorimeter, Reaktionsenthalpie $\Delta_R H$, exotherm, endotherm, molare Standardreaktionsenthalpien $\Delta_R H^0_m$, Standardbedingungen, molare Standardbildungsenthalpien $\Delta_f H^0_m$

Berechnen – einfacher als messen

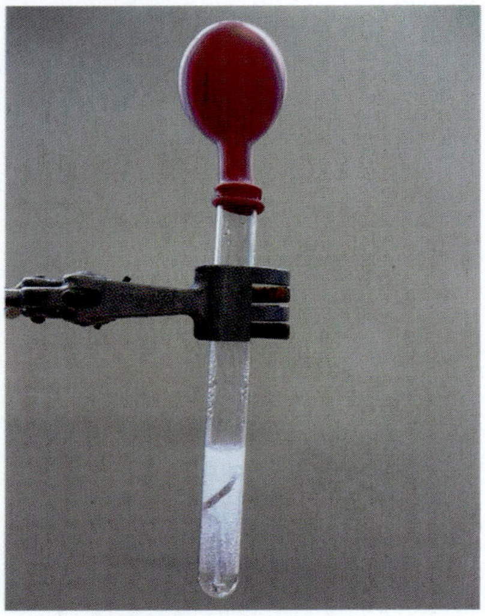

B1 *Reaktion von Magnesium mit Salzsäure.*
A: *Begründen Sie, warum bei dieser Versuchsanordnung die Reaktionsenthalpie $\Delta_R H$ nicht bestimmt werden kann, selbst dann nicht, wenn die abgegebene Reaktionswärme Q exakt gemessen würde.*

INFO

Mithilfe der tabellierten Standardbildungsenthalpien lassen sich auf einfache Weise Reaktionsenthalpien berechnen.

Der **Satz von Hess** (S. 23, B3) besagt, dass die Reaktionsenthalpie nur vom Zustand der Edukte und Produkte abhängt und nicht vom Reaktionsverlauf und der Anzahl der Reaktionsschritte.
Damit ergibt sich folgende *Berechnungsvorschrift*:
Reaktionsenthalpie = Summe der Bildungsenthalpien der Produkte minus Summe der Bildungsenthalpien der Edukte multipliziert mit stöchiometrischen Faktoren, bzw.

$$\Delta_R H = \Sigma \upsilon \cdot \Delta_f H_m^0 \text{ (Produkte)} - \Sigma \upsilon \cdot \Delta_f H_m^0 \text{ (Edukte)}$$

Hier wirkt sich besonders günstig aus, dass die molare Standardbildungsenthalpie aller Elemente (jeweils in der bei Standardbedingungen stabilsten Form) gleich null gesetzt wurde.

Da die Tabellenwerte für die molaren Standardbildungsenthalpien $\Delta_f H_m^0$ nicht besonders stark von der Temperatur abhängig sind, kann man in gewissen Grenzen auch Berechnungen für Systeme unter Nichtstandardbedingungen durchführen, deren Temperatur von der abweicht, die für die Tabellenwerte gewählt wurde (i. d. R. 25 °C).
In dieser Weise wird bei der Lösung der Musteraufgaben auf der Seite 28 verfahren. Der Lösungsweg zu Aufgabe 1 (Verbrennung von Methan) zeigt, wie der Satz von Hess (S. 23) anzuwenden ist, um Reaktionsenthalpien bestimmter Reaktionen aus tabellierten Werten von Reaktionsenthalpien anderer Reaktionen zu berechnen.

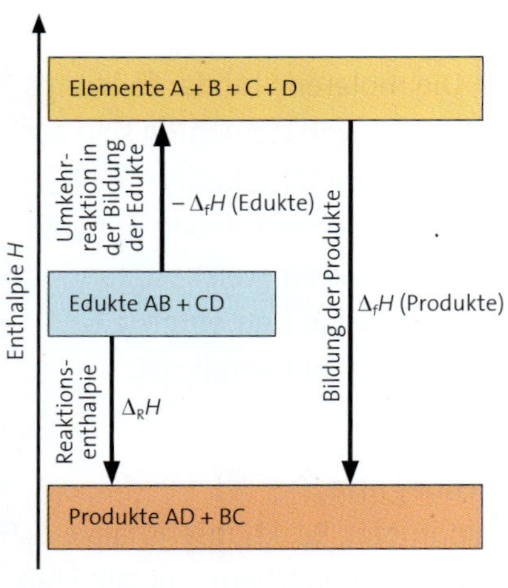

B2 *Berechnung von Reaktionsenthalpien aus Bildungsenthalpien. Die molaren Standardbildungsenthalpie aller Elemente ist gleich null.*

Aufgaben

A1 Berechnen Sie die Reaktionsenthalpie der Reaktion von Salzsäure $\mathbf{HCl(aq)}$ mit Magnesium $\mathbf{Mg(s)}$.

A2 Das Rechenergebnis bei A1 lautet $\Delta_R H_m^0 = -462{,}1$ kJ/mol. Vergleichen Sie dieses Ergebnis mit der Reaktionsenthalpie der Reaktion von Salzsäure mit Eisen, $\Delta_R H_m^0 = -95{,}1$ kJ/mol, und äußern Sie begründete Vermutungen über die relativen Heftigkeiten der beiden zugrundeliegenden Reaktionen. Diskutieren Sie Ihre Vermutungen mit der Lehrkraft und überprüfen Sie sie ggf. experimentell.

A3 Berechnen Sie die molaren Verbrennungsenthalpien von Butan und Ethan. Begründen Sie, warum die berechneten Werte nicht für die vergleichende Einschätzung der Effektivität dieser Brennstoffe ausreichen.

Satz von Hess[1]

Die experimentelle Bestimmung von Reaktionsenthalpien erfordert in der Regel hohen Aufwand an Laborgeräten und viel Arbeitszeit. Das gilt besonders für Reaktionen, die in einer geschlossenen Apparatur nicht unter konstantem Druck ablaufen können. In solchen Fällen muss man dafür sorgen, dass die gebildeten Gase die Apparatur verlassen können, vorher aber die Reaktionswärme abgeben, wie bei dem Kalorimeter aus B1, S. 20. Günstiger wäre es, wenn noch nicht bekannte Reaktionsenthalpien aus bereits bekannten berechnet werden könnten. Dass solche Berechnungen möglich sind, zeigen grundsätzliche Überlegungen zur Energie:

Nach dem **Satz von der Erhaltung der Energie** wird Energie nie „verbraucht" oder „erzeugt", kann aber aus einer Form in eine andere umgewandelt oder von einem **Energieträger** auf einen anderen übertragen werden.

Bezogen auf die Reaktionsenthalpie $\Delta_R H$ lässt sich der allgemeine Satz von der Erhaltung der Energie folgendermaßen als **Satz von Hess** (auch **Satz von den konstanten Wärmesummen**) formulieren:

Die Reaktionsenthalpie einer Reaktion ist nur von den Edukten und Produkten dieser Reaktion und nicht vom Reaktionsweg von den Edukten zu den Produkten abhängig (B3).

Damit kann die Reaktionsenthalpie jeder beliebigen Reaktion auf ganz einfache Weise aus tabellierten Bildungsenthalpien (ggf. unter Hinzuziehung von Lösungsenthalpien) berechnet werden. Nach dem gleichen Muster können auch andere Enthalpien berechnet werden, beispielsweise Gitterenthalpien, Hydratationsenthalpien von Ionen beim Lösen von Salzen oder Bildungsenthalpien von Stoffen, die sich nicht direkt aus den Elementen herstellen lassen, wie z. B. Glucose.

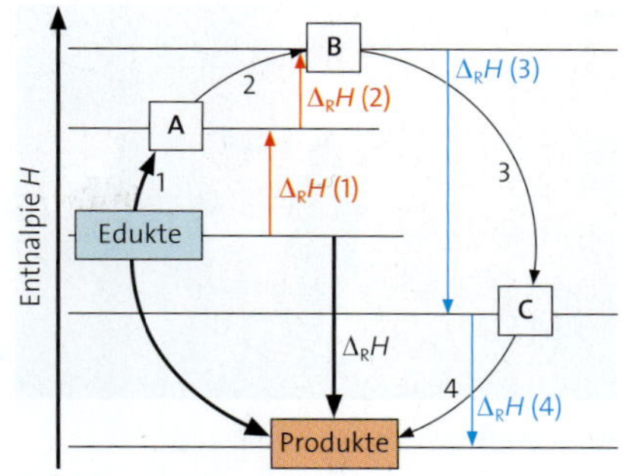

B3 *Die Reaktionsenthalpie $\Delta_R H$ ist unabhängig davon, ob die Edukte direkt in die Produkte übergehen oder über die Zwischenstufen **A**, **B** und **C**. Es gilt:*
$\Delta_R H = \Delta_R H\,(1) + \Delta_R H\,(2) + \Delta_R H\,(3) + \Delta_R H\,(4)$.

Aufgaben

A4 Berechnen Sie mit tabellierten Werte a) die molare Verbrennungsenthalpie von Propan und b) die Reaktionsenthalpie für die Verbrennung von 1 m^3 Propan. (*Hinweis*: Nehmen Sie an, dass das molare Volumen der Gase bei den Bedingungen, 25 °C und 1013 hPa, $V_m = 24$ L/mol ist.)

A5 Vergleichen Sie die bei A4 erhaltenen Ergebnisse mit den Ergebnissen zu der Aufgabe von S. 28 (Verbrennung von Methan). Erklären Sie die Unterschiede und vergleichen Sie Methan und Propan als Energieträger.

A6 Bei der Verbrennung von 2,5 g weißem bzw. rotem Phosphor werden 124,5 kJ bzw. 121,75 kJ Wärme frei. Berechnen Sie die molare Bildungsenthalpie von rotem aus weißem Phosphor.

Fachbegriffe

Satz von der Erhaltung der Energie, Energieträger, Satz von Hess

[1] Hermann Heinrich Hess (1802 bis 1850), Chemieprofessor in St. Petersburg

B1 *Brandkatastrophe*

B2 *Eine Brausetablette reagiert mit Wasser, ohne dass eine Aktivierung notwendig ist. Die Flüssigkeit kühlt sich dabei ab.*

B3 *Als Sprengstoffe wählt man metastabile Systeme, da sie erst auf gezielte Aktivierung reagieren sollen. Die ablaufende Zerfallsreaktion kann exotherm, wie z. B. bei Nitroglycerin, oder endotherm, wie bei dem von Terroristen verwendeten Sprengstoff Triacetontriperoxid TATP, sein.*

Was geht ab?

Versuche

V1 Geben Sie in ein Reagenzglas ca. 4 cm hoch verd. Salzsäure und dazu eine Spatelspitze Kaliumcarbonat.

V2 Führen Sie den analogen Versuch mit Kaliumhydrogencarbonat statt mit Kaliumcarbonat durch.

V3 Fassen Sie ein 5 cm langes Magnesiumband mit der Tiegelzange und halten Sie es ca. 2 s mit dem unteren Ende in die nichtleuchtende Brennerflamme. (**Nicht direkt in die Flamme schauen!**)

V4 Silberoxid ist ein stabiler Stoff, dessen Zersetzung eine endotherme Reaktion ist, die erzwungen werden muss. Planen Sie ein Experiment zur Herstellung von Silber aus Silberoxid, fertigen Sie eine vollständig beschriftete Skizze des Versuchsaufbaus an und führen Sie nach Absprache mit der Lehrperson den Versuch durch.

V5 *Modellexperiment*: Legen Sie eine Kette aus Metall in eine Schale, die an der Tischkante liegt. Ziehen Sie eines ihrer Enden langsam über den Rand der Schale und die Tischkante nach unten, bis ein „selbsttätig ablaufender" Vorgang beginnt.

Auswertung

a) Notieren Sie die Beobachtungen bei V1 bis V4.

b) Ordnen Sie jeweils den bei V1 bis V4 ablaufenden Reaktionen und den dort beteiligten Systemen die Begriffe stabil oder metastabil, selbsttätig[1] oder erzwungen ablaufend sowie exotherm oder endotherm jeweils richtig zu.

c) Es gibt Knopfzellen (Batterien), die unter anderem auch Silberoxid und Zinkpulver enthalten. Wenn die Batterie ein elektrisches Gerät betreibt, läuft vereinfacht folgende Reaktion ab:

$$Ag_2O + Zn \longrightarrow ZnO + 2Ag$$

Ordnen Sie auch hier die unter b) genannten Begriffe korrekt zu.

d) Finden Sie heraus, welche Gemeinsamkeiten die selbsttätig ablaufenden Reaktionen aus V1 bis V4 und aus B2 bis B5 auszeichnen.

e) Erläutern Sie, für welche realen Vorgänge das Modellexperiment aus V5 dienen kann. Stellen Sie Parallelen (Analogien) und Unterschiede zwischen diesem Modellexperiment und einer in Wirklichkeit ablaufenden Reaktion zusammen.

[1] Statt „selbsttätig" findet man auch die Formulierungen „freiwillig" oder „spontan" ablaufend.

Metastabile und stabile Systeme

Eine Funke kann genügen, um einen Großbrand in Gang zu setzen: Wälder, Häuser und ganze Siedlungen können ihm zum Opfer fallen (B1). Die chemische Reaktion von Brennstoffen wie z. B. Holz mit dem Sauerstoff der Luft verläuft stark exotherm und erzeugt Temperaturen von über 1000 °C. Trotzdem können Holz und der Sauerstoff aus der Luft Jahre lang nebeneinander existieren, ohne merklich zu reagieren, bis das System durch die Energie des Funkens an einer Stelle „aktiviert“ wird, die Verbrennung startet und die gespeicherte chemische Energie in Form von Wärme aus dem Stoffsystem an die Umgebung übertragen wird. Das Verfahren des Anzündens von Feuer dient seit der Steinzeit zur Nutzung der Verbrennungsreaktionen beispielsweise für die Beheizung menschlichen Wohnraums. Gerät das entfachte Feuer aber außer Kontrolle, kann es nur sehr schwer oder gar nicht gelöscht werden. Sogar Dichter wurden von dem „Januskopf“ der Chemie inspiriert und beschrieben ihn literarisch (B4).

Reaktionen wie Verbrennungen oder die Reaktion einer Brausetablette mit Wasser (B2), die – ob mit oder ohne „Starthilfe“ – ohne weitere Maßnahmen ablaufen, nennt man **selbsttätig ablaufende Reaktionen** (vgl. Fußnote 1).

Reaktionen wie die Fotosynthese (B5) gehören dagegen zu der anderen Sorte von Reaktionen, den **erzwungenen Reaktionen**. Sie laufen nur dann ab, wenn dies durch ständige äußere Einwirkung auf das System herbeigeführt wird. Ohne die Einwirkung des Sonnenlichts läuft die Reaktion von Kohlenstoffdioxid und Wasser zu Zuckern und Sauerstoff nicht ab. Kohlenstoffdioxid und Wasser bilden ein **stabiles System**.

Weil die Reaktionen in B1 und B3 zwar selbsttätig ablaufen, zum Start aber eine Aktivierung benötigt wird (vgl. auch S. 75), bezeichnet man Systeme wie das aus Holz und Sauerstoff sowie Sprengstoffe als **metastabile Systeme**.

Aufgabe

A1 Die rote Kugel im linken Teil von B6 befindet sich der Reihe nach in einem metastabilen, instabilen und stabilen Zustand. Gleiches gilt auch für eine Flüssigkeitsportion aus der Vorrichtung im rechten Bildteil. Erläutern und begründen Sie diese Aussagen ausführlich.

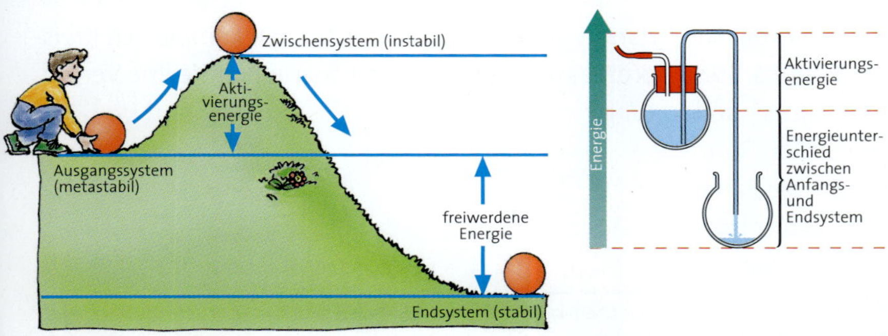

B6 *Modelle für metastabile, instabile und metastabile Systeme (A1).* ***A:*** *Erläutern und begründen Sie, inwiefern diese Modelle auf die Reaktion beim Nachweis von Wasserstoff durch die Knallgasprobe übertragbar sind.*

Wohlthätig ist des Feuers Macht,
Wenn sie der Mensch bezähmt, bewacht,
Und was er bildet, was er schafft,
Das dankt er dieser;
Doch furchtbar wird die Himmelskraft,
Wenn sie der Fessel sich entrafft,
Einhertritt auf der eignen Spur
Die freie Tochter der Natur.
Wehe, wenn sie losgelassen
Wachsend ohne Widerstand
Durch die volkbelebten Gassen
Wälzt den ungeheuren Brand!

B4 *Das Lied von der Glocke (*FRIEDRICH SCHILLER*, 1799)*

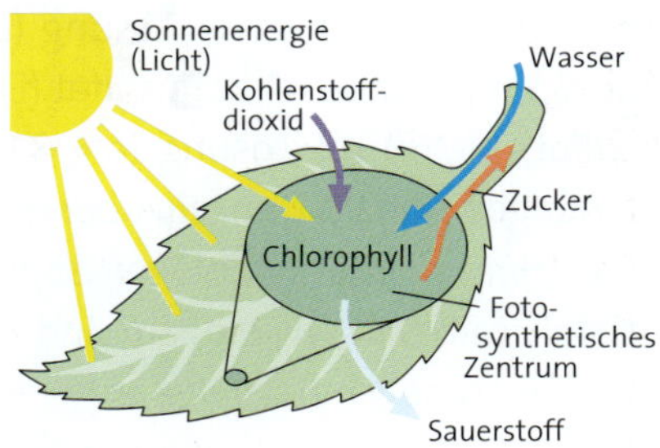

B5 *Im grünen Blatt läuft die Synthese von Zuckern, z. B. Stärke* $C_m(H_2O)_n$*, nur ab, solange Sonnenlicht einstrahlt.*

Fachbegriffe

selbsttätig ablaufende Reaktionen, erzwungene Reaktionen, stabiles System, metastabiles System

ERWEITERUNG · VERTIEFUNG · ANWENDUNG

Energieumwandlungen bei Fotosynthese und Atmung

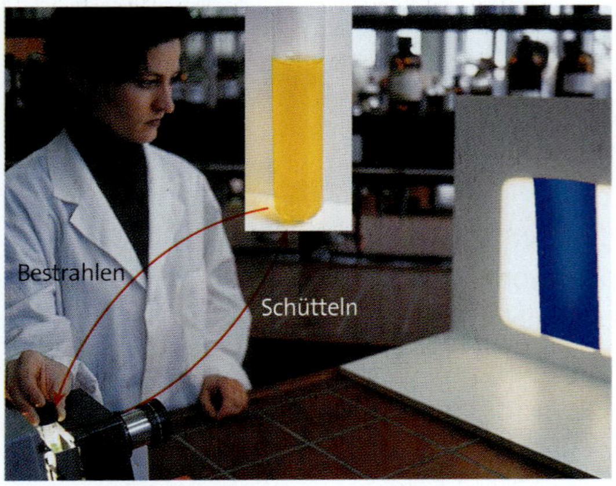

B1 *Reaktionszyklen beim Photo-Blue-Bottle Experiment im Rggl. (V3, V4)*

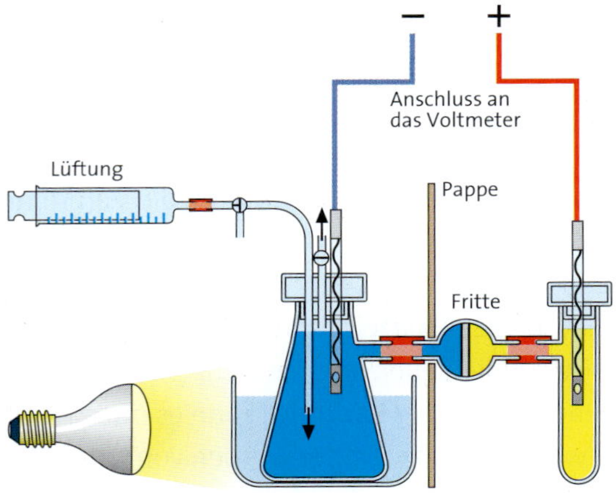

B2 *Vorrichtung für Potenzialmessungen beim Photo-Blue-Bottle Experiment, V5 und Chemie 2000+ Online*

Modellexperiment: Photo-Blue-Bottle[1]

LV1 *Stammlösungen*: Die Lösungen I bis III werden hergestellt. Das Lösemittel ist jeweils Wasser. I: 2,8 g EDTA*-Dinatriumsalz (Ethylendiamintetraessigsäure-Dinatriumsalz) in 100 mL Lösung ($c = 7{,}5 \cdot 10^{-2}$ mol/L); II: 386 mg Methylviologen* (1,1'-Dimethyl-4,4'-bipyridiniumdichlorid) in 10 mL Lösung ($c = 1{,}5 \cdot 10^{-1}$ mol/L); III: 15,5 mg Proflavin*-hemisulfat (Diaminacridin-hemisulfat) in 100 mL Lösung ($c = 3 \cdot 10^{-4}$ mol/L). Diese Lösungen sind im Dunkeln über mehrere Monate haltbar. (*Hinweis*: Methylviologen ist giftig. Nach dem Hantieren mit Methylviologen sind die Geräte und die Hände gründlich zu spülen.)

LV2 *PBB-Lösung*: Aus den drei Stammlösungen (LV1) wird die PBB-Lösung für V3 bis V5 mit folgender Zusammensetzung hergestellt: 35 mL I + 10 mL II + 50 mL III + 380 mL dest. Wasser. Diese Lösung ist im Dunkeln mehrere Wochen haltbar.

V3 *PBB im halbvollen Rggl.*: Halten Sie ein halbvoll mit PBB-Lösung gefülltes und verschlossenes Rggl. ca. 40 s lang in den Strahlengang eines Diaprojektors[2] und beobachten Sie die Farbe (B1). Entfernen Sie das Rggl. aus dem Strahlengang und beobachten Sie die Farbe ca. 30 s lang weiter. Schütteln Sie dann die Lösung kräftig. Beobachten Sie die Farbe. Wiederholen Sie die Bestrahlung und das Schütteln einige Male.

V4 *PBB im vollen Rggl.*: Wiederholen Sie V3 mit einem bis zum Überlauf gefüllten und verschlossenen Rggl. und stellen Sie den Unterschied zu V3 fest.

V5 *PBB-Potenzialmessung*: Bauen Sie eine elektrochemische Messvorrichtung aus zwei Halbzellen, die über einen Fritte verbunden sind, auf (B2). Messen und notieren Sie die Spannungsänderung[3] in dieser Vorrichtung a) während der Belichtung der linken Halbzelle bis zur vollständigen Blaufärbung, b) weitere ca. 30 s lang nach dem Ausschalten der Lampe und c) bei der Belüftung der blauen Lösung bis zur Gelbfärbung.

Auswertung

a) Erläutern Sie, woran man bei V3 erkennt, dass hier mindestens eine Teilchensorte bzw. mindestens ein Stoff aus dem System „im Kreis läuft".

b) Unterteilen Sie den Stoffkreislauf bei V3 in zwei Teile, bei denen die Energiebeteiligung an den Reaktionen unterschiedlich ist und erläutern Sie.

c) In V4 färbt sich die PBB-Lösung beim Belichten blau, beim Schütteln jedoch nicht wieder gelb. Schließen Sie daraus auf einen Stoff, der für den kompletten Kreisprozess notwendig ist und begründen Sie Ihre Vermutung.

[1] Ein Chemikaliensatz für das PBB-Experiment kann über *Chemie 2000+* bezogen werden. [2] Alle Bestrahlungen können statt mit künstlichen Lichtquellen auch mit Sonnenlicht durchgeführt werden. [3] Für den Antrieb eines kleinen Elektromotors würde die gemessene Spannung zwar reichen, die Stromstärke jedoch nicht, weil die umgesetzten Stoffmengen zu gering sind.

Energieumwandlungen bei Fotosynthese und Atmung

Modellexperiment: Photo-Blue-Bottle	Natürliche Prozesse: Fotosynthese – Atmung
Stoffkreisläufe – Methylviologen–Kreislauf ($MV^{2+} \rightarrow MV^{+} \rightarrow MV^{2+}$) – Kreislauf des zyklisch arbeitenden Photokatalysators Proflavin (PF^{+}) – vgl. *Chemie 2000+ Online*	**Stoffkreisläufe** – Kreislauf der Kohlenstoff-Atome ($CO_2 \rightarrow C_m(H_2O)_n \rightarrow CO_2$) – Kreisläufe der zyklisch arbeitenden Photokatalysatoren (Chlorophylle u. a.)
Energieumwandlung – Lichtenergie wird chemisch umgewandelt, gespeichert und als andere Energieform verfügbar. – Für die Lichtreaktion ist ein farbiger Photokatalysator (Proflavin) notwendig. – Die Reaktionen laufen in wässriger Lösung und an der Phasengrenze flüssig-gasförmig ab.	**Energieumwandlung** – Lichtenergie wird chemisch umgewandelt, gespeichert und in anderer Energieform verfügbar. – Für die Fotosynthese sind farbige Photokatalysatoren (Chlorophylle u. a.) notwendig. – Die Reaktionen laufen in wässriger Lösung und an Membranoberflächen ab.
Reaktionstypen – Der Kreislauf des Methylviologens setzt sich aus einer energiebenötigenden Reduktion und einer energieliefernden Oxidation mit Sauerstoff zusammen. – Der Kreislauf beginnt mit der Absorption von (blauem) Licht – vgl. V3. – Der Lichtabsorption folgt eine Elektronenübertragung.	**Reaktionstypen** – Der Kreislauf der Kohlenstoff-Atome setzt sich aus einer energiebenötigenden Reduktion und einer energieliefernden Oxidation mit Sauerstoff zusammen. – Der Kreislauf beginnt mit der Absorption von (blauem und rotem) Licht – vgl. S. 190, B1. – Nach der Lichtabsorption folgen (in mehreren Schritten) Elektronenübertragungen.

B3 *Vergleich Modellexperiment – Wirklichkeit.* ***A:*** *Nennen und erläutern Sie die Gemeinsamkeiten und Unterschiede.*

Fotosynthese und Atmung im Reagenzglas?

Um komplexe Vorgänge in der Natur und in der Technik besser verstehen zu können, nutzt man Modellexperimente. Das Photo-Blue-Bottle Experiment ist ein Modell für den vollständigen Kreislauf der Kohlenstoff-Atome bei der Fotosynthese und Atmung. In einer von sichtbarem Licht angetriebenen Reaktion wird ein farbloses Edukt (Methylviologen-Dikation MV^{2+}) zu einem blauen Produkt (Methylviologen-Monokation MV^{+}) reduziert. Dieses wird anschließend mit Sauerstoff aus dem Gasraum wieder zum Ausgangsstoff zurück oxidiert.

Zu beachten ist immer, dass ein Modellexperiment die Wirklichkeit nie vollständig wiedergibt (B3 und B4).

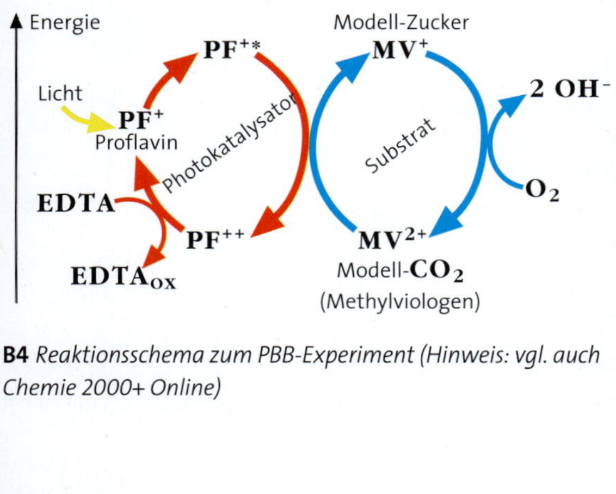

B4 *Reaktionsschema zum PBB-Experiment (Hinweis: vgl. auch Chemie 2000+ Online)*

Was versteht man unter „Energieentwertung"?

Bei der Fotosynthese wird Lichtenergie in chemische Energie umgewandelt und in den Produkten der Fotosynthese (Kohlenhydrate, z. B. Glucose $C_6H_{12}O_6$) gespeichert. Bei der Zellatmung in Organismen, d. h. ihrer langsamen, enzymkatalysierten Oxidation zu Kohlenstoffdioxid, wird Energie verfügbar, die der Organismus in verschiedenen Formen (als mechanische, elektrische, thermische Energie) nutzt. Dabei laufen im Organismus strukturbildende Prozesse ab, die mit der Erwärmung der Umgebung verbunden sind. Da diese thermische Energie nicht mehr so effizient nutzbar ist wie z. B. Lichtenergie, elektrische Energie oder chemische Energie, spricht man von einer „Energieentwertung".

Zu einer „Energieentwertung" kommt es auch bei der Verbrennung von fossilen Energieträgern (Erdgas, Erdöl, Kohle) und regenerativen Energieträgern (z. B. Wasserstoff).

Kompetenzbezogene Aufgaben mit Lösungen

Viele Problemstellungen zur Energetik chemischer Reaktionen beinhalten die Berechnung und den Vergleich von thermodynamischen Größen. Für die häufigsten Aufgabentypen aus der Energetik werden in den folgenden Beispielen Lösungswege skizziert und ausführliche Berechnungen durchgeführt. Die thermodynamischen Größen sowie die benötigten Werte und Konstanten finden Sie in Tabellenwerken.

Kompetenz Chemische Reaktionen unter stofflichen und energetischen Aspekten (*exotherm, endotherm, Brennwert, Heizwert*) erläutern können.

A1 In der Gasabrechnung einer Stadt in Brandenburg ist ein Umrechnungsfaktor zwischen Energie und Gasmenge mit 9,91 kWh/m³ angegeben. Berechnen Sie mithilfe der molaren Standardbildungsenthalpien den Brennwert von Methan und vergleichen Sie ihn mit dem angegebenen Umrechnungsfaktor. Gehen Sie von 25 °C und Normdruck (1013 hPa) aus. (*Hinweis*: Vgl. Brennwert und Heizwert S. 20.)

Lösung zu A1

1. Reaktionsgleichung und Reaktionsenthalpie für die Verbrennung von Methan (Produkt Wasser ist flüssig, da der Brennwert gefragt ist):

$$\mathbf{CH_4 + 2\,O_2 \longrightarrow CO_2 + 2\,H_2O(l)}$$

$$\begin{aligned}\Delta_R H &= 1 \cdot \Delta_f H_m(\mathbf{CO_2}) + 2 \cdot \Delta_f H_m(\mathbf{H_2O(l)}) - [1 \cdot \Delta_f H_m(\mathbf{CH_4}) + 2 \cdot \Delta_f H_m(\mathbf{O_2})]\\ &= 1 \cdot (-393{,}51\ \text{kJ/mol}) + 2 \cdot (-285{,}83\ \text{kJ/mol}) - [1 \cdot (-74{,}81\ \text{kJ/mol})\\ &\quad + 2 \cdot (0\ \text{kJ/mol})] = -890{,}36\ \text{kJ/mol}\end{aligned}$$

2. Molares Volumen $V_m(\mathbf{CH_4})$ von Methan und Stoffmenge von Methan $n(\mathbf{CH_4})$ der Reaktionsgleichung entnehmen:
$V_m(\mathbf{CH_4}) = 24$ L/mol (gilt bei 25 °C und 1013 hPa); $n(\mathbf{CH_4}) = 1$ mol

3. Volumenbezogener Brennwert von Methan:

$$H = -\frac{\Delta_R H}{(n \cdot V_m)}$$

$$= -\frac{(-890{,}36\ \text{kJ})}{(1\ \text{mol} \cdot 24\ \text{L/mol})} = 37{,}1\ \text{kJ/L} = 37\,100\ \text{kJ/m}^3\ (= 37{,}1\ \text{MJ/m}^3)$$

4. Umrechnung der Einheit des Umrechnungsfaktors von kWh/m³ auf kJ/m³ mit 1 Ws = 1 J, 1 h = 60 · 60 s = 3 600 s:
$9{,}91\ \text{kWh/m}^3 = 9{,}91 \cdot 3600\ \text{kWs/m}^3 = 35\,676\ \text{kJ/m}^3\ (= 35{,}7\ \text{MJ/m}^3)$

5. Vergleich der beiden Angaben:
Erdgas hat einen etwas geringeren Brennwert als Methan. Mögliche Gründe: Verunreinigungen des Erdgases; die durch die Höhenlage der Stadt bedingte, reale Dichte des Erdgases ist etwas geringer als die unter den Bedingungen, die in der Rechnung für Methan angenommen wurden.

Kompetenz Eine kalorimetrische Messung planen, durchführen und auswerten können (*Reaktionsenthalpie*).

A2 In einem Kalorimeter (Wärmekapazität $C_{Kal} = 85$ J/K), das mit 400 g Wasser gefüllt ist, werden 0,4 g Kohlenstoff verbrannt. Die Temperatur steigt dadurch um 7,1 K. Berechnen Sie aus diesen Daten die molare Bildungsenthalpie von Kohlenstoffdioxid und geben Sie den Messfehler in Prozent an.

Lösung zu A2

1. Vom Wasser und Kalorimeter aufgenommene thermische Energie Q:

$$\begin{aligned}Q &= (m(\text{Wasser}) \cdot c_p + C_{Kal}) \cdot \Delta T\\ &= (400\ \text{g} \cdot 4{,}18\ \text{J/g} \cdot \text{K} + 85\ \text{J/K}) \cdot 7{,}1\ \text{K} = 12\,474{,}7\ \text{J} = 12{,}5\ \text{kJ}\end{aligned}$$

2. Eingesetzte Stoffmenge an Kohlenstoff:
$m(\mathbf{C}) = 0{,}4$ g, $M(\mathbf{C}) = 12$ g/mol, $n = m/M$

$$n(\mathbf{C}) = \frac{0{,}4\ \text{g}}{12\ \text{g/mol}} = 0{,}033\ \text{mol}$$

3. Molare Bildungsenthalpie von Kohlenstoffdioxid $\mathbf{CO_2}$:
Reaktionsgleichung: $\mathbf{C + O_2 \longrightarrow CO_2}$
nach Reaktionsgleichung gilt: $n(\mathbf{CO_2}) = n(\mathbf{C})$

$$\Delta_f H_m(\mathbf{CO_2}) = -\frac{Q}{n(\mathbf{CO_2})} = -\frac{12{,}5\ \text{kJ}}{0{,}033\ \text{mol}} = -378{,}79\ \text{kJ/mol}$$

4. Messfehler:
Tabellenwert: – 393,51 kJ/mol
Differenz der Zahlenwerte: – 378,79 – (– 393,51) = 14,72

$$\text{Fehler (= Anteil am exakten Betrag)} = \frac{14{,}72}{393{,}51} = 0{,}037 = 3{,}7\,\%$$

Die experimentell erhaltene molare Bildungsenthalpie $\Delta_f H_m(\mathbf{CO_2}) = -378{,}79$ kJ/mol ist mit einem Messfehler von 3,7 % behaftet.

A1 In einem Verbrennungskalorimeter wurden 300 mg wasserfreie Glucose mit reinem Sauerstoff verbrannt. Dabei stieg die Temperatur der Kalorimeterflüssigkeit von 20,5 °C auf 25,9 °C an.
Wärmekapazität des Kalorimeters (ohne Flüssigkeit): C_{Kal} = 150 J/K; Kalorimeterflüssigkeit: 170 g Wasser;
Spezifische Wärmekapazität von Wasser: c_p = 4,19 J/gK
a) Berechnen Sie die Reaktionswärme *Q* bei dieser Versuchsanordnung. b) Berechnen Sie die Reaktionsenthalpie $\Delta_R H$ für die Verbrennung von Glucose. c) Berechnen Sie, ob 500 g Sauerstoff ausreichen, Energie in Höhe von 7 000 kJ durch die genannte Reaktion thermisch an die Umgebung zu liefern. d) Mit dem beschriebenen Versuch wurde der Brennwert von Glucose ermittelt. Berechnen Sie den Brennwert von Glucose in der üblichen Einheit MJ/kg.

A2 In Heizkraftwerken werden die verschiedensten Stoffe verbrannt, unter anderem auch Kunststoffabfälle. Aus einer Kunststofffabrik werden Restbestände von Phenol C_6H_5OH angeliefert. a) Berechnen Sie die Reaktionsenthalpie für die Verbrennung von 1 mol Phenol, wobei das dabei gebildete Wasser als Wasserdampf das Kraftwerk verlässt. b) Ermitteln Sie den Heizwert von Phenol in MJ/kg.

A3 Der Alkohol in einer offenen Weinflasche (Ethanol) reagiert an der Luft mit Sauerstoff zu Essigsäure (Ethansäure) und flüssigem Wasser.
a) Berechnen Sie die Reaktionsenthalpie für diesen Vorgang, der nicht Verbrennung, sondern *Sauerwerden* heißt. Die Verbrennungsenthalpie von Ethanol beträgt $\Delta_V H$ = – 1364 kJ/mol. Wenn der Satz von Hess bei der Rechnung verwendet wird, notieren Sie dies. b) Welche Energie geht an die Umgebung bzw. wird aus der Umgebung aufgenommen, wenn eine Flasche Wein sauer wird? Gehen Sie dabei von einer Ethanolmenge von 69 g aus. c) Erläutern Sie, was sich an dem berechneten Wert tendenziell ändern würde, wenn das Sauerwerden nicht bei konstantem Druck, sondern bei konstantem Volumen abliefe (ohne zu rechnen).

A4 Ein Schüler versucht, aus Ethan C_2H_6 und Sauerstoff Ethanol herzustellen, es gelingt ihm aber nicht.
a) Berechnen Sie die Reaktionsenthalpie für diesen Vorgang. Die Verbrennungsenthalpie von 1 mol Ethanol beträgt $\Delta_V H$ = – 1364 kJ/mol. b) Welche Energie geht thermisch in die Umgebung über, wenn eine Flasche Spiritus mit 500 g reinem Ethanol explodiert und dabei eine vollständige Verbrennung stattfindet? c) Erläutern Sie, was sich an dem berechneten Wert tendenziell ändern würde, wenn das Verbrennen nicht bei konstantem Druck, sondern bei konstantem Volumen abliefe (ohne zu rechnen).

A5 Ethanol hat einen Brennwert von 30,0 kJ/g und einen Heizwert von 27 kJ/g. Erklären Sie, wie man aus diesen Angaben die Verdampfungswärme von Wasser berechnen kann.

A6 Erarbeiten Sie eine Aufgabe zu dem Themenbereich Energetik mit einer interessanten Fragestellung, bei der die energetischen Aspekte eines *Prozesses aus Natur, Technik oder Wissenschaft* und eine *Stoffportion mit realen Dimensionen* eine Rolle spielen und in eine Rechnung einfließen sollen. Lassen Sie Ihre Aufgabe nach folgenden Kriterien von Mitschülern bewerten:
Bedingungen erfüllt?
Motivierende Aufgabenstellung?
Aufgabenstellung eindeutig?
Aufgabe mit den angegebenen Daten lösbar?
Schwierigkeitsgrad angemessen?
Spaß beim Lösen der Aufgabe?

A7 Wählen Sie ein beliebiges Experiment, bei dem ein Kalorimeter mit bereits bekannter Wärmekapazität eingesetzt wird. Geben Sie die Fragestellung an, die das Experiment beantworten soll, zeichnen Sie den Versuchsaufbau mit genauer Beschriftung (*Größe der Zeichnung: 1 DIN A4-Seite*), formulieren Sie die Schritte der Durchführung. Geben Sie in einer sinnvollen Reihenfolge alle Gleichungen an, die zur Auswertung benötigt werden. Notieren Sie zu jeder Größe in den Gleichungen, woher ihr Zahlenwert zu erhalten ist (z. B. Datentabelle oder Messwert im Experiment).

Elektrochemie in Alltag und Technik

Redoxgleichgewichte spielen bei vielen Vorgängen im Alltag, in der Technik und in Lebewesen eine wichtige Rolle. Wenn Eisen rostet, die Batterie im Handy Strom liefert, das Elektromobil fährt, in einem Blatt Photosynthese abläuft, in der Fingerspitze ein Nerv gereizt oder in unserem Gehirn die Bedeutung dieses Textes erschlossen wird, laufen stets **elektrochemische Prozesse** ab. Sie beruhen auf Gleichgewichten zwischen **Redoxpaaren**.
Die Redoxgleichgewichte werden mithilfe der beiden bereits bekannten **chemischen Basiskonzepte**, dem vom **chemischen Gleichgewicht** und dem **Donator-Akzeptor-Konzept**, leicht verständlich, da sie ermöglichen, eine große Zahl von Reaktionen mit gleichen oder sehr ähnlichen Begriffen und Modellen zu erklären.
Bei der Erschließung der Grundkenntnisse, Begriffe und Gesetze über Redoxgleichgewichte sowie der Methoden und technischen Lösungen zur Nutzung elektrochemischer Prozesse gehen wir folgenden Fragen nach:

1 **Wie gelangen wir zu einem neuen, differenzierten Modell für die Elektronenhülle der Atome?**

2 **Welche Aussagen lassen sich aus dem neuen Modell im Vergleich zu dem älteren Schalenmodell ableiten?**

3 **Warum „rostet" Eisen, Gold aber nicht?**

4 **Wie lassen sich Redoxreaktionen für die Stromgewinnung nutzen?**

5 **Wo liegt die Grenze zwischen „edlen" und „unedlen" Metallen?**

6 **Lassen sich Redoxreaktionen erzwingen?**

7 **Wie funktionieren Batterien?**

8 **Wodurch unterscheidet sich eine Batterie von einem Akku?**

9 **Was „brennt" in der Brennstoffzelle?**

10 **Was ist Korrosion und wie lässt sie sich am besten verhindern?**

11 **Elektrochemie gestern, heute und morgen – warum wird sie immer wichtiger?**

B1 *Die elektronische Stimme in Ihrem Handy spricht: „Sie haben eine wichtige Nachricht!“*

Das Wissen um **elektrochemische Prozesse** stützt nicht nur den Unterrichtserfolg (B1), es kann auch das Verständnis für wichtige Teilgebiete der Physik und der Biologie vertiefen. Vor allem aber ist dieses Wissen unverzichtbar, wenn es um die Entwicklung einer nachhaltigen Energieversorgung und Energienutzung in unserer technischen Zivilisation geht.

Oft heißt es, die **elektrische Energie** sei die „edelste“ und „sauberste“ Energieform. In der Tat lässt sich elektrische Energie mit hohem Wirkungsgrad in andere Energieformen (thermische Energie, Lichtenergie, Bewegungsenergie, chemische Energie) umwandeln. Die Tatsache, dass bei der umgekehrten Umwandlung einer Energieform in elektrische Energie die Wirkungsgrade i.d.R. niedriger sind, macht die elektrische Energie „edel“. Ob elektrische Energie auch „sauber“ ist, hängt davon ab, wie sie „erzeugt“ (korrekter: verfügbar gemacht) wurde. Sie verdient das Prädikat „sauber“ erst, wenn es gelingt, bei ihrer Bereitstellung die fossilen Energieträger Kohle, Erdgas und Erdöl sowie die Nuklearbrennstoffe weitestgehend durch erneuerbare Energiequellen wie Sonne, Wind, Gezeiten, Geothermie und Biomasse zu ersetzen.

Aber selbst dann, wenn elektrische Energie auch „sauber“ ist, gibt es noch ein Problem: Elektrische Energie muss sofort genutzt, d.h. in eine andere Energieform umgewandelt werden, da sie sich nicht über einen längeren Zeitraum speichern lässt. Bedingt durch den Tag-Nacht-Rhythmus und die klimatischen Strukturen stehen auf der Erde Sonnen- und Windenergie nicht kontinuierlich zur Verfügung. Für ein zukünftiges Energieversorgungssystem sind daher geeignete **chemische Energiespeicher** erforderlich, in denen Energie sowohl kurz- und mittelfristig als auch langfristig gespeichert werden kann. Genau hier, bei der Umwandlung von elektrischer in chemische Energie und umgekehrt, kommt der **Elektrochemie** eine Schlüsselrolle zu. Mit elektrochemischem Know-how können bessere Elektrolyseapparate, Batterien, Akkumulatoren, Brennstoffzellen und andere zukunftsträchtige Geräte entwickelt werden.

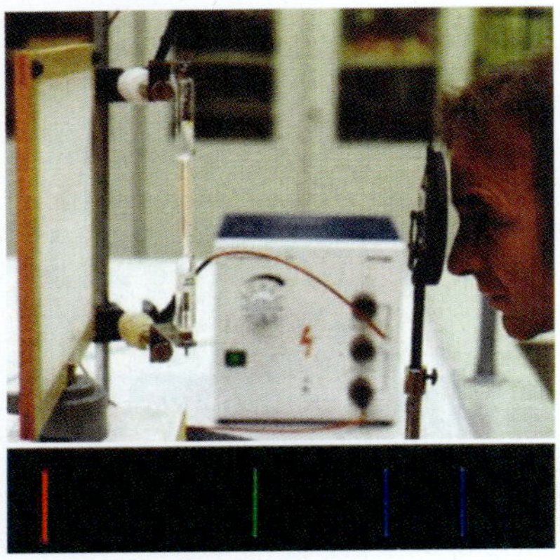

B1 *Das Spektrum des von Wasserstoff-Atomen ausgestrahlten sichtbaren Lichts enthält nur vier scharfe Linien.*

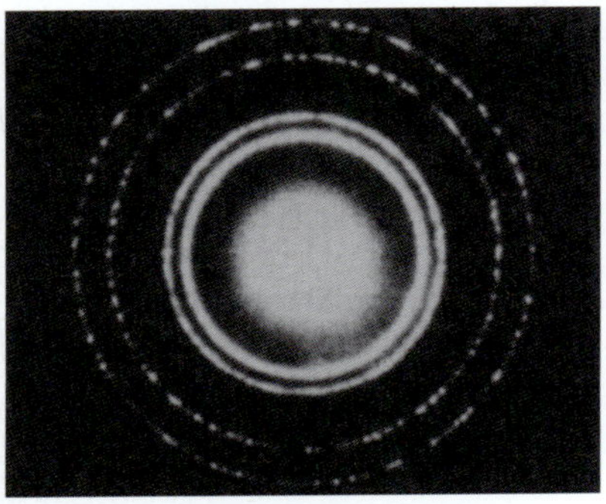

B2 *Bild eines Elektronenstrahls nach dem Durchqueren einer dünnen Aluminiumfolie*

B3 *Komplementarität in der Grafik (Reiter von M. C. ESCHER)*

Sprunghaft und mit zwei Gesichtern

INFO

Quantifizierungsprinzip und Teilchen-Welle-Dualismus

Im Jahr 1900 erkannte MAX PLANCK[1], dass die Energie eines rotglühenden Körpers nicht kontinuierlich, sondern in Form von winzigen „Energiepäckchen", von Energiequanten, der Energie $E = h \cdot \nu$ ausgestrahlt wird[2]. Mit dieser Vorstellung von der **Quantifizierung der Energie** wurde es möglich, zwei bereits bekannte experimentelle Beobachtungen zu erklären: die Linienspektren der Atome (B1) und den fotoelektrischen Effekt[3]. NIELS BOHR[4] erklärte die Linienspektren der Atome, indem er annahm, dass auch die **Energiezustände der Elektronen** in einem Atom quantifiziert sind. Bei der Absorption von Energiequanten gehen Elektronen aus niedrigeren in höhere Energiezustände über; beim Rücksprung in die niedrigeren Energiezustände wird Energie in Form von Energiequanten ausgestrahlt (emittiert). Da nur bestimmte Energiezustände der Elektronen erlaubt sind, werden nur Energiequanten bestimmter Wellenlängen absorbiert bzw. emittiert. Jeder Linie im Atomspektrum entsprechen Lichtquanten (Photonen) einer bestimmten Wellenlänge.

Elektronen verhalten sich in manchen Experimenten wie ein Strahl aus **Teilchen**, z.B. dann, wenn sie sich in einem elektrischen Feld geradlinig bewegen, auf einem fluorezierenden Schirm aufprallen, wo sie Teilchen zum Leuchten bringen. In anderen Experimenten verhalten sich Elektronen dagegen wie eine Folge von **Wellen**, beispielsweise wenn sie am Atomgitter eines Metalls gebeugt werden und sich dann wieder überlagern (B2). Man spricht vom **Teilchen-Welle-Dualismus**. Das Elektron ist weder Teilchen noch Welle. Es ist ein sogenanntes Quantenobjekt, das Eigenschaften von Teilchen oder von Wellen zeigt, je nachdem, welches Experiment man damit durchführt.

Auswertung

a) Erläutern Sie, wie das Spektrum des von Wasserstoff-Atomen ausgestrahlten Lichts aussehen müsste, wenn die Energiezustände der Elektronen in den Atomen nicht quantifiziert wären.

b) Für die Grafik in B3 gilt beides: „die Reiter reiten nach links" und „die Reiter reiten nach rechts". Vergleichen Sie diese Situation mit dem Teilchen-Welle-Dualismus des Elektrons.

c) Erläutern Sie, was beim Elektron „sprunghaft" ist und was mit „das Elektron hat zwei Gesichter" gemeint ist.

---

[1] MAX PLANCK (1858 bis 1947) deutscher Physiker, Nobelpreis für Physik 1918;

[2] *E*: Energie des Energiequants (Energiepäckchens); h: PLANCKSCHE Konstante, *ν*: Frequenz der Energiequants; vgl. zur näheren Erklärung dieser Formel *Chemie 2000+ Online*.

[3] ALBERT EINSTEIN (1879 bis 1955) deutscher Physiker jüdischer Abstammung, erhielt im Jahr 1921 den Nobelpreis in Physik für den *photoelektrischen Effekt*. Danach schlagen nur Photonen (Lichtteilchen) bestimmter Energie Elektronen aus Metall-Atomen heraus.

[4] NIELS BOHR (1885 bis 1962) dänischer Physiker, Nobelpreis für Physik 1922

Das Elektron, die Orbitale und die Quantenzahlen

Eine schwingende Gitarrensaite gibt uns das Bild einer eindimensionalen stehenden Welle unter bestimmten Randbedingungen (B4) wie Länge der Saite, Dicke der Saite und Spannung, unter der die Saite steht. Eine Seifenhaut in einem Drahtring kann unter bestimmten Randbedingungen eine zweidimensionale stehende Welle ausbilden (B4).
Wenn man das Elektron nach dem **Teilchen-Welle-Dualismus** (*INFO*) als Welle betrachtet, kommt es im Atom einem dreidimensionalen schwingenden System gleich. Dieses System schwingt unter den Randbedingungen, die durch das elektrische Feld des Atomkerns vorgegeben sind.
Räumliche Bereiche in der Elektronenhülle eines Atoms, die man sich als dreidimensionale stehende Wellen vorstellen kann, werden im **Orbitalmodell** als **Orbitale** bezeichnet. Jedes Orbital entspricht einem bestimmten Energiezustand (**Quantifizierungsprinzip** in *INFO*). Ein Elektron, das sich in einem bestimmten Energiezustand befindet, hält sich am wahrscheinlichsten in dem Orbital auf, das diesem Energiezustand entspricht.
Eine gute Übersicht über die Anzahl und die Art der Orbitale erhält man mithilfe der drei **Quantenzahlen** aus B7. Die *Hauptquantenzahl* **n** gibt die Energieschale an. Die *Nebenquantenzahl* **l** untergliedert die Orbitale einer Schale in Klassen von Orbitalen verschiedener Energie und verschiedener Form (B5, B6). Die *magnetische Quantenzahl* **m** zeigt durch die Anzahl der Werte, die sie annimmt an, wie viele Orbitale es jeweils gibt, die eine bestimmte Energie und eine bestimmte Form, jedoch unterschiedlichen Ausrichtungen im Raum haben.

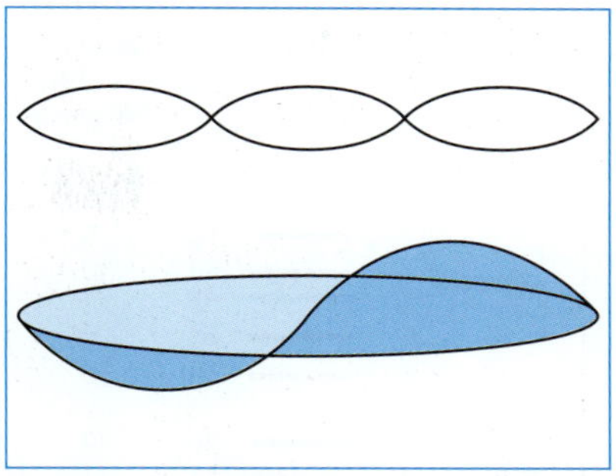

B4 *Stehende eindimensionale und zweidimensionale Wellen*

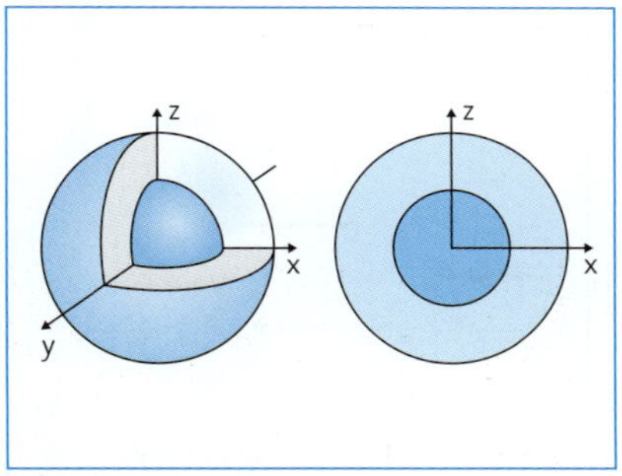

B5 *1s-Orbital und 2s-Orbital*

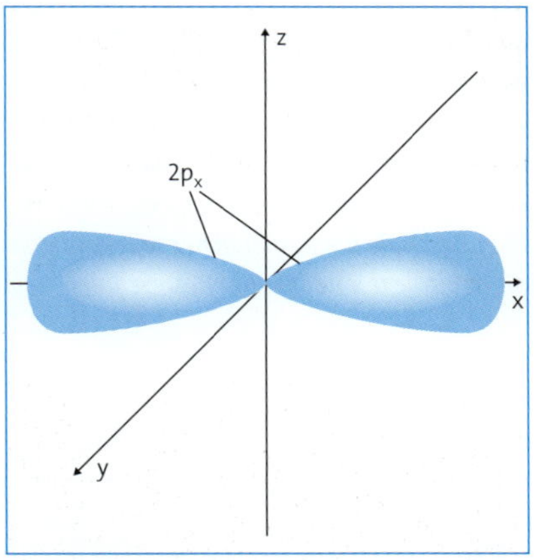

B6 *$2p_x$-Orbital. Das energiegleiche $2p_y$-Orbital hat die gleiche Form, ist aber entlang der y-Achse ausgerichtet, das $2p_z$-Orbital entlang der z-Achse.*

Aufgaben

A1 Ergänzen Sie in Ihrem Heft nach dem Muster aus B7 die Quantenzahlen für **n** = 4. Geben Sie alle Werte für **l** und **m** an und benennen Sie den jeweiligen Orbitaltyp.

A2 Informieren Sie sich in *Chemie 2000+ Online* über die *Unschärferelation* von HEISENBERG und erläutern Sie, warum bei den Orbitalen von „wahrscheinlichen" Aufenthaltsbereichen gesprochen wird.

n	l	m	Bezeichnung
1	0	0	1 s-Orbital
2	0 1	0 −1; 0; +1	2 s-Orbital 2 p-Orbitale
3	0 1 2	0 −1; 0; +1 −2; −1; 0; +1; +2	3 s-Orbital 3 p-Orbitale 3 d-Orbitale

B7 *Quantenzahlen und Orbitale (f-Orbitale treten erst für **n** = 4 und **l** = 3 auf; **m** nimmt dann die Werte -3, -2, -1, 0, 1, 2, und 3 an.)*

Fachbegriffe

Teilchen-Welle-Dualismus, Quantifizierungsprinzip, Orbital, Orbitalmodell, Quantenzahlen

Die Energieleiter in Atomen

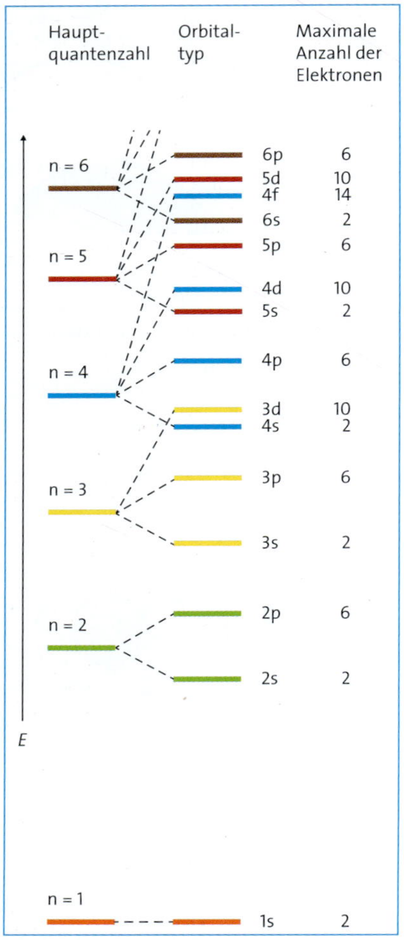

B1 *Energetische Anordnung der Orbitale von 1s bis 6p (nicht maßstabgetreu).* ***A:*** *Erläutern Sie an zwei Beispielen, woran zu erkennen ist, dass Orbitale einer bestimmten Energieschale **n** energiereicher sein können als Orbitale der nächst höheren Schale.*

INFO

Orbitale und Energien

Die in einem Atom erlaubten Energiezustände und die ihnen zugeordneten Orbitale (vgl. S. 32, 33) sind in B1 in steigender Reihenfolge angegeben. Sie wurden für das Wasserstoff-Atom berechnet, gelten aber in guter Näherung auch für Atome anderer Elemente. Bei allen Atomen mit mehr als einem Elektron ist zusätzlich zu den drei Quantenzahlen aus B7 von S. 33 eine vierte Quantenzahl, die *Spinquantenzahl* **s** von Bedeutung. Sie nimmt nur die Werte +1/2 und –1/2 an und kennzeichnet den Spin des Elektrons. Der **Spin** (*to spin* = rotieren) ist eine Eigenschaft des Elektrons, die man durch die Drehung um die eigene Achse, in die eine oder die andere Richtung, veranschaulichen kann.

Besetzungsregeln

Nach dem **PAULI-Verbot** (**PAULI-Prinzip**) dürfen in einem Atom keine Elektronen existieren, bei denen alle vier Quantenzahlen **n**, **l**, **m** und **s** gleich sind. Jedes Orbital ist danach voll besetzt, wenn sich darin zwei Elektronen mit unterschiedlichem Spin befinden.

Die Besetzung der Orbitale mit Elektronen erfolgt **von unten nach oben**, d.h. Orbitale mit niedrigerer Energie werden vor denen mit höherer Energie aufgefüllt. Die **HUNDSCHE Regel** legt fest, wie Orbitale gleicher Energie, z.B. die drei 2p-Orbitale aufgefüllt werden: Zuerst wird jedes Orbital mit je einem Elektron gleichen Spins besetzt. Dann beginnt die Auffüllung mit einem zweiten Elektron entgegengesetzten Spins.

Auswertung

a) Die **Elektronenkonfiguration** eines Atoms, d.h. die Besetzung der Orbitale mit Elektronen, kann auf *zwei* Arten angegeben werden, als Elektronenkonfiguration mit Angabe der Orbitale oder in der Kästchenschreibweise. Beispiel für ein Sauerstoff-Atom **O**:

$1s^2\ 2s^2\ 2p^4$ oder

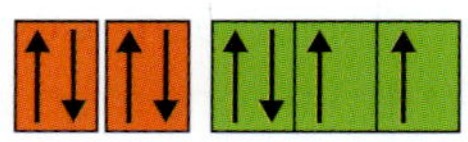

Die Hochzahlen in der Orbitalschreibweise (links) geben die Anzahl der Elektronen in dem jeweiligen Orbitaltyp an. Da es drei Orbitale des Typs „2p" gibt, sind die 4 Elektronen auf diesen nach den Besetzungsregeln so verteilt, wie in der Kästchenschreibweise (rechts) zu erkennen ist.

Geben Sie die Elektronenkonfigurationen für ein Kohlenstoff-Atom **C** und für ein Phosphor-Atom **P** in Orbitalschreibweise und in Kästchenschreibweise an.

b) Zeigen Sie mithilfe von B1 und mithilfe des Periodensystems, dass die Edelgase Neon, Argon, Krypton und Xenon jeweils eine Elektronenkonfiguration des Typs „$ns^2\ np^6$" haben.

c) Erläutern Sie mithilfe von B1, welche Orbitale besetzt werden, wenn alle Orbitale bis einschließlich der 3p-Orbitale voll besetzt sind.

Elektronenkonfigurationen und Periodensystem

Der Aufbau des **Periodensystems der Elemente PSE** lässt sich mithilfe der energetischen Reihenfolge der Orbitale, der **Besetzungsregeln** beim Auffüllen der Orbitale mit Elektronen und der sich daraus ergebenden **Elektronenkonfigurationen** der Atome erklären (B1, *INFO*, Auswertung).
Bei den **Hauptgruppenelementen** werden **s**- und **p**-Orbitale mit Elektronen aufgefüllt, bei den **Übergangsgruppenelementen** (**Nebengruppenelementen**) **d**-Orbitale und bei den **inneren Übergangselementen** (den **Lanthanoiden** und **Actinoiden**) **f**-Orbitale. Es gibt demnach immer 8 Hauptgruppenelemente pro Periode (Ausnahme: 1. Periode), ab der 4. Periode jeweils 10 Nebengruppenelemente und ab der 6. Periode jeweils 14 Lanthanoide bzw. Actinoide. Dass die Nebengruppenelemente erst in der 4. Periode und die inneren Übergangsgruppenelemente sogar erst in der 6. Periode auftreten, liegt an der energetischen Anordnung der entsprechenden **d**- bzw. **f**-Orbitale (B1). Im Periodensystem beginnt immer dann eine neue Periode, wenn bei Orbitalen einer neuen Hauptquantenzahl **n** die Auffüllung mit Elektronen beginnt. Eine Periode schließt immer mit einem Edelgas ab, bei dessen Atomen die Valenzelektronenkonfiguration $ns^2\ np^6$ lautet.
Mit dem Orbitalmodell können auch chemische Eigenschaften der Elemente erklärt oder vorausgesagt werden. Dabei gilt die Regel, dass Atome Elektronenkonfigurationen anstreben, bei denen ein Orbitaltyp voll oder zumindest halbvoll mit Elektronen besetzt ist (A4).
Schließlich ist das Orbitalmodell ein gutes Werkzeug zum Verständnis der Bindungsverhältnisse in Molekülen. Das gilt sowohl für einfache, zweiatomige Moleküle (B3) als auch für größere Moleküle mit mehreren Doppelbindungen, z. B. in Farbstoffen (vgl. S. 193).

Elemente	Elektronenkonfiguration	Kästchenschema
H	$1s^1$	↑
He	$1s^2$	↑↓
Li	$1s^2\ 2s^1$	↑↓ ↑
Be	$1s^2\ 2s^2$	↑↓ ↑↓
B	$1s^2\ 2s^2\ 2p^1$	↑↓ ↑↓ ↑
C	$1s^2\ 2s^2\ 2p^2$	↑↓ ↑↓ ↑ ↑
N	$1s^2\ 2s^2\ 2p^3$	↑↓ ↑↓ ↑ ↑ ↑
O	$1s^2\ 2s^2\ 2p^4$	↑↓ ↑↓ ↑↓ ↑ ↑
F	$1s^2\ 2s^2\ 2p^5$	↑↓ ↑↓ ↑↓ ↑↓ ↑
Ne	$1s^2\ 2s^2\ 2p^6$	↑↓ ↑↓ ↑↓ ↑↓ ↑↓

B2 *Elektronenkonfigurationen der ersten 10 Elemente des PSE*

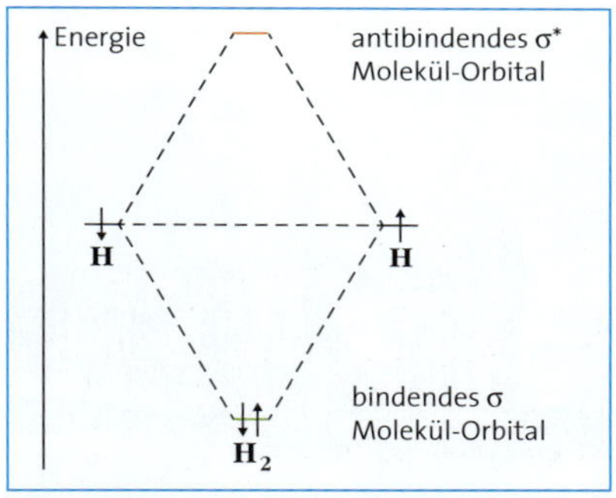

B3 *Relative Energien der Orbitale bei Wasserstoff-Atomen* **H** *und beim Wasserstoff-Molekül* $\mathbf{H_2}$ *und ihre Besetzung mit Elektronen*

Aufgaben

A1 Geben Sie die Elektronenkonfigurationen folgender Atome in Orbital- und in Kästchenschreibweise an: Silicium **Si**, Calcium **Ca** und Kupfer **Cu**.

A2 Finden Sie heraus, in welcher Gruppe die Elemente mit der Elektronenkonfiguration $ns^2\ np^5$ stehen, und benennen Sie diese Elemente.

A3 Erklären Sie, warum die 3. Periode des PSE „nur“ 8 Elemente und die 4. Periode „nur“ 18 Elemente enthält.

A4 Im Wasserstoff-Molekül sind die beiden 1s-Orbitale der beiden Wasserstoff-Atome zu einem bindenden σ-Molekül-Orbital σ-MO und einem antibindenden σ^*-MO mathematisch kombiniert (B3). Erläutern Sie, warum die beiden MO so wie in B3 angegeben besetzt werden, und begründen Sie, warum ein Wasserstoff-Molekül $\mathbf{H_2}$ stabiler ist als zwei Wasserstoff-Atome **H**.

Fachbegriffe

Spin, Periodensystem PSE, PAULI-Verbot (PAULI-Prinzip), HUNDSCHE Regel, Elektronenkonfiguration, Hauptgruppenelemente, Übergangselemente (Nebengruppenelemente), innere Übergangselemente (Lanthanoide, Actinoide)

B1 *Reaktion von Natrium mit Chlor.* **A:** *Informieren Sie sich in Chemie 2000+ Online über den Verlauf (Video) und über das Modell (Flash-Animation) dieser Reaktion und über weitere Reaktionen zwischen Metallen und Halogenen. Nennen Sie Gemeinsamkeiten dieser Reaktionen.*

B2 *Beim Rosten werden Metalle korrodiert („zerfressen").*

B3 *Platine für ein elektronisches Gerät mit Leiterbahnen aus Edelmetall*

Elektronen im Austausch

Versuche

V1 Halten Sie mit der Tiegelzange nacheinander etwas Magnesiumband*, je ein Stück Kupfer- und Silberblech und einen Platindraht in die entleuchtete Brennerflamme. *Vorsicht*: Beim Magnesiumband nicht direkt in die Flamme schauen. Stellen Sie die Gemeinsamkeiten und Unterschiede in den Beobachtungen fest.

LV2 **Vorsicht**: Schutzbrille, Schutzscheibe, feuerfeste Unterlage verwenden; bei Magnesiumpulver nicht direkt in die Flamme schauen. Ein Gasbrenner wird waagerecht an einem Stativ festgespannt und die entleuchtete Brennerflamme eingestellt. Aus einem Glasrohr, in dessen Ende etwas Magnesiumpulver* gefüllt wurde, bläst man über einen Gummischlauch das Magnesiumpulver* von der Seite schräg nach oben in die Brennerflamme. Der Versuch wird mit Eisen*- und Kupferpulver wiederholt. Die Helligkeit der Flammen wird verglichen.

V3 Geben Sie in drei Rggl. etwas Eisenwolle, die vorher a) mit Wasser, b) mit Chlorwasser* und c) mit Bromwasser* angefeuchtet wurde. Lassen Sie die Rggl. einige Tage im Abzug stehen und beobachten Sie die Veränderungen.

Auswertung

a) Deuten Sie die Beobachtungen bei V1 und ordnen Sie die untersuchten Metalle nach steigender Reaktivität bei der in der Brennerflamme eingeleiteten Reaktion.

b) Erläutern Sie, ob und inwiefern die bei a) aufgestellte Ordnung auch für die Beobachtungen aus LV2 zutrifft. Gehen Sie auf die Unterschiede der Heftigkeit bei den Reaktionen in V1 und LV2 ein.

c) Formulieren Sie zu den Reaktionen aus V1 und LV2 Reaktionsgleichungen.

d) Beschreiben Sie die Beobachtungen bei V3 und deuten Sie die Veränderungen an der Eisenwolle.

e) Planen Sie Versuche, mit denen man überprüfen kann, ob Chlor bzw. Brom an den Reaktionen der betreffenden Probe aus V3 beteiligt ist oder nicht. Führen Sie die Versuche nach Absprache mit Ihrer Lehrkraft durch.

f) Vergleichen Sie die Reaktionen aus V3 (vgl. Auswertung e) mit der in B1 dargestellten Reaktion. Nennen Sie Gemeinsamkeiten und Unterschiede.

g) Erläutern und begründen Sie, ob und inwiefern die drei Teilversuche aus V3 als Modellversuche für das Rosten eines Schiffsrumpfs im Meerwasser (B2) angesehen werden können.

h) Erläutern und begründen Sie anhand Ihrer Alltagserfahrungen und der Ergebnisse aus V1 und LV2, warum man in der Platinentechnik vorwiegend die Metalle Kupfer, Platin und Gold verwendet (B3).

Das Donator-Akzeptor-Prinzip bei Redoxreaktionen

Die Oxidation von Metallen mit Sauerstoff verläuft mit unterschiedlicher Heftigkeit: Ein entzündetes Magnesiumband brennt an der Luft mit gleißender Flamme weiter, ein Kupferblech wird nur in der Flamme rasch oxidiert und ein Platindraht selbst weißglühend in der Flamme nicht (V1). In Pulverform verlaufen die Reaktionen wegen der größeren Oberfläche allgemein heftiger (vgl. S. 68), die Unterschiede zwischen den verschiedenen Metallen sind aber ähnlich. In Chlor brennen Metalle ähnlich wie in Sauerstoff unter Bildung von Chloriden (B1). In wässrigen Halogen-Lösungen werden Metalle schneller korrodiert als in Wasser (V3, B2). Dabei bilden sich hydratisierte Metall-Ionen und Halogenid-Ionen.
Nicht nur die Beobachtungen bei der Reaktion von Metallen mit Sauerstoff und Chlor sind sehr ähnlich, auch die dabei stattfindenden Synthesen von Oxiden bzw. Chloriden lassen sich analog formulieren:

$$2Mg(s) + O_2(g) \longrightarrow 2MgO(s); \quad \text{exotherm}$$
$$2Na(s) + Cl_2(g) \longrightarrow 2NaCl(s); \quad \text{exotherm}$$

Da auch die Vorgänge auf der Teilchenebene bei diesen Reaktionen ganz analog verlaufen (B4), ist es sinnvoll, allgemein zu definieren:

Eine Oxidation ist eine chemische Reaktion, die unter Elektronenabgabe verläuft. Entsprechend ist eine Reduktion eine chemische Reaktion, die unter Elektronenaufnahme verläuft. Eine Redoxreaktion ist eine Reaktion, bei der eine Elektronenübertragung stattfindet.

Diesen Definitionen liegt das **Donator-Akzeptor-Prinzip** zugrunde, mit dem sich die Redoxreaktionen und die Protolysen „unter einen Hut" bringen lassen (B5). Ähnlich wie die Säure-Teilchen in einer Protolyse als Protonendonatoren wirksam werden, fungieren die Teilchen des Reduktionsmittels in einer Redoxreaktion als **Elektronendonatoren** und werden dabei oxidiert. So wirken beispielsweise Metalle als **Reduktionsmittel** und werden dabei unterschiedlich leicht oxidiert (V1, LV2). Metall-Atome können demnach gute oder schlechte Elektronendonatoren sein, ähnlich wie es auch bei den Säuren starke und schwache Protonendonatoren gibt.

Bei der Reaktion von Magnesium mit Sauerstoff zu Magnesiumoxid werden Magnesium-Ionen Mg^{2+} und Sauerstoff-Ionen O^{2-} gebildet.
Jedes Magnesium-Atom gibt 2 Elektronen ab. Oxidation:

(1a) $Mg \longrightarrow Mg^{2+} + 2e^-$

Jedes Sauerstoff-Atom nimmt 2 Elektronen auf. Reduktion:

(1b) $O_2 + 4e^- \longrightarrow 2O^{2-}$

Die Zusammenfassung von (1a) und (1b) ergibt die Redoxreaktion:

(1c) $2Mg + O_2 \longrightarrow 2Mg^{2+} + 2O^{2-}$
2 x 2e⁻

Bei der Reaktion von Natrium mit Chlor zu Natriumchlorid werden Natrium-Ionen Na^+ und Chlorid-Ionen Cl^- gebildet.
Jedes Natrium-Atom gibt 1 Elektron ab. Oxidation:

(2a) $Na \longrightarrow Na^+ + e^-$

Jedes Chlor-Atom nimmt 1 Elektron auf. Reduktion:

(2b) $Cl_2 + 2e^- \longrightarrow 2Cl^-$

Die Zusammenfassung von (2a) und (2b) ergibt die Redoxreaktion:

(2c) $2Na + Cl_2 \longrightarrow 2Na^+ + 2Cl^-$
2 x 1e⁻

B4 *Vergleich der Redoxreaktion von Magnesium mit Sauerstoff und der von Natrium mit Chlor mit den Teilreaktionen für die Oxidationen und Reduktionen.* ***A:*** *Formulieren Sie die Bildung von Magnesiumchlorid in Teilreaktionen.*

Säure	Base	Protolyse
Protonendonator	Protonenakzeptor	Protonenübergang
Reduktionsmittel	**Oxidationsmittel**	**Redoxreaktion**
Elektronendonator	Elektronenakzeptor	Elektronenübertragung

B5 *Das Donator-Akzeptor-Prinzip*

Aufgaben

A1 Entwickeln Sie nach den Mustern aus B4 Gleichungen für die Teilreaktionen und die Gesamtreaktionen bei der Bildung von Eisen(III)-oxid und Eisen(III)-chlorid.

A2 Erläutern und begründen Sie, warum dem Begriff Säure nach dem Donator-Akzeptor-Prinzip auf der Teilchenebene der Begriff Reduktionsmittel entspricht, aber nicht der Begriff Oxidation. Überprüfen und kommentieren Sie, ob das auch für die Stoffebene gilt.

Fachbegriffe

Elektronendonator, Elektronenakzeptor, Elektronenübertragung, Redoxreaktion, Donator-Akzeptor-Prinzip, Reduktionsmittel

Metalle – unterschiedlich gut oxidierbar

B1 *Goldmaske des ägyptischen Pharao TUT-ENCH-AMUN (1341–1322 v.Chr.)*

Versuche

V1 Legen Sie eine saubere, mit Aceton* entfettete Kupfermünze auf ein Uhrglas und übergießen Sie sie mit einer ammoniakalischen Silbernitrat-Lösung*. Beobachten Sie einige Minuten die Farbe der Lösung. Lassen Sie den Versuch ca. eine halbe Stunde stehen. Tauchen Sie dann ein Kupfer-Teststäbchen in die Lösung (B3).

V2 Geben Sie in einer Versuchsreihe entsprechend B2 blanke Stücke verschiedener Metalle in die angegebenen Metallsalz-Lösungen. Fassen Sie Ihre Beobachtungen tabellarisch zusammen.

V3 Geben Sie zu einer kleinen Probe Kupfersulfat-Lösung* einen Spatel Zinkpulver*. Nach gutem Durchmischen lässt man das überschüssige Zinkpulver absetzen. Messen Sie die Temperaturänderung während des Versuches. Testen Sie den Überstand der Lösung mit einem Zink-Teststäbchen.

V4 Geben Sie zu je etwas Silbernitrat-Lösung* entfettete Eisenwolle bzw. Kupferspäne und lassen Sie die Lösungen einen Tag stehen. Teilen Sie beide Lösungen dann auf je zwei Rggl. auf. Fügen Sie jeweils in ein Rggl. einige Tropfen Natriumchlorid-Lösung, in das andere einige Tropfen jeweils Kaliumhexacyanoferrat(III)-Lösung hinzu.

Nr.	Metall	Lösung des Salzes
1	Zink	Eisen(II)-sulfat
2	Zink	Kupfersulfat
3	Zink	Silbernitrat
4	Kupfer	Zinksulfat
5	Kupfer	Eisen(II)-sulfat
6	Kupfer	Silbernitrat
7	Eisen	Zinksulfat
8	Eisen	Kupfersulfat
9	Eisen	Silbernitrat

B2 *Kombinationen von Metallen und Metallsalz-Lösungen (V3)*

Auswertung

a) Deuten Sie die Beobachtungen bei V1 bis V3 und formulieren Sie die Reaktionsgleichungen der Metalle mit den entsprechenden Metall-Ionen.

b) Ordnen Sie die Metalle von V2 aufsteigend nach guter Oxidierbarkeit.

c) Geben Sie bei V2 jeweils das Teilchen an, bei dem es sich a) um das beste Reduktionsmittel und b) um das beste Oxidationsmittel handelt, und begründen Sie mithilfe der Versuchsergebnisse.

d) Beim „Bleibaum" taucht ein Zinkstab in eine Bleinitrat-Lösung (B4). Deuten Sie das abgebildete Versuchsergebnis und beurteilen Sie, ob anhand dieses Ergebnisses eine eindeutige Einordnung von Blei in die Reihe aus b) möglich ist.

e) Der „Eisenwolle-Eimer" wird zur Rückgewinnung von Silber aus fotografischen Bädern eingesetzt. Mit 1 kg Eisenwolle können ca. 4 kg Silber ausgefällt werden. Erläutern Sie anhand der Skizze aus B4 und mithilfe der Versuchsergebnisse aus V2 die Funktionsweise des „Eisenwolle-Eimers".

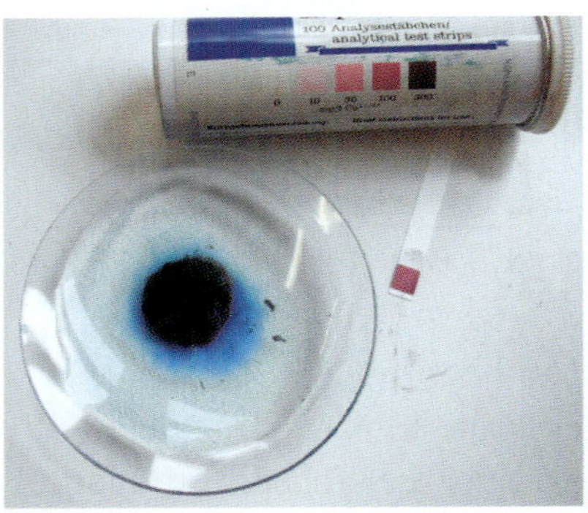

B3 *Kupfermünze in ammoniakalischer Silbersalz-Lösung*

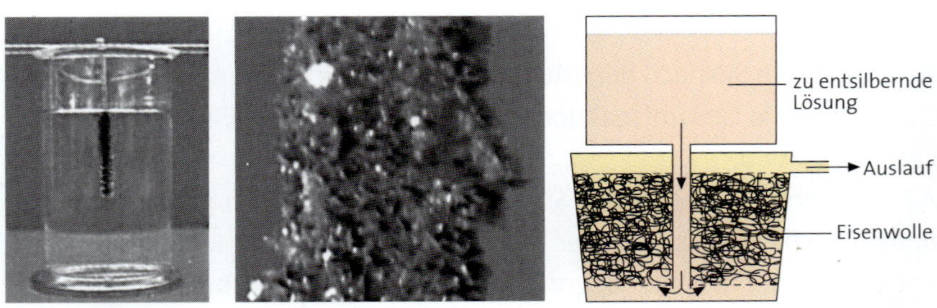

B4 *Foto eines „Bleibaums" mit vergrößertem Ausschnitt und Skizze eines „Eisenwolle-Eimers"*

Korrespondierende Redoxpaare

Während manche Metalle sehr widerstandsfähig gegen Oxidation sind (B1), werden andere bereits beim Eintauchen in eine Metallsalz-Lösung oxidiert. Die Ergebnisse von V1 bis V4 zeigen, dass die Metalle nach ihrer Oxidierbarkeit geordnet werden können. Beispielsweise überzieht sich ein Zinkstück in einer Kupfersalz-Lösung mit einem rötlichen Belag aus Kupfer und in der Lösung sind dann Zink-Ionen nachweisbar (V2, V3), während sich an einem Kupferblech in einer Zinksalz-Lösung keine Reaktion zeigt. Demnach werden Kupfer-Ionen zu Kupfer-Atomen reduziert und Zink-Atome aus dem festen Zinkstab zu Zink-Ionen oxidiert:

Reduktion: $Cu^{2+}(aq) + 2e^- \longrightarrow Cu(s)$
Oxidation: $Zn(s) \longrightarrow Zn^{2+}(aq) + 2e^-$

Redoxreaktion: $Cu^{2+}(aq) + Zn(s) \longrightarrow Cu(s) + Zn^{2+}(aq)$

Diese Reaktion verläuft spontan und ist exotherm. Die umgekehrte Reaktion, bei der Kupfer-Atome oxidiert und Zink-Ionen reduziert werden, findet nicht spontan statt. Kupfer-Atome werden aber beim Kontakt mit Silber-Ionen oxidiert und gehen als Kupfer-Ionen in Lösung (V1):

Reduktion: $2Ag^{+}(aq) + 2e^- \longrightarrow 2Ag(s)$
Oxidation: $Cu(s) \longrightarrow Cu^{2+}(aq) + 2e^-$

Redoxreaktion: $2Ag^{+}(aq) + Cu(s) \longrightarrow 2Ag(s) + Cu^{2+}(aq)$

Es hängt vom Reaktionspartner ab, ob *Kupfer-Atome* als **Reduktionsmittel** wirken und oxidiert werden oder ob *Kupfer-Ionen* als **Oxidationsmittel** wirken und selbst zu Kupfer-Atomen reduziert werden:

$$Cu(s) \rightleftharpoons Cu^{2+}(aq) + 2e^-$$

Reduktionsmittel
Elektronendonator

Oxidationsmittel + $z\ e^-$
Elektronenakzeptor

Das Paar Cu/Cu^{2+} bezeichnet man als **korrespondierendes**[1] **Redoxpaar**. Ordnet man nun die in V1 bis V4 untersuchten Redoxpaare aus Metall-Atom und korrespondierendem Metall-Ion nach dem Reduktionsvermögen der Metalle bzw. dem Oxidationsvermögen der Metall-Ionen, so erhält man die **Redoxreihe der Metalle** (B5). Am oberen Ende dieser Redoxreihe stehen die Redoxpaare, deren Atome leicht oxidierbar, d. h. gute Elektronendonatoren sind. Edelmetalle wie Silber und Gold stehen am unteren Ende, da ihre Atome nur schwer Elektronen abgeben, ihre Ionen aber gute Elektronenakzeptoren sind.

Aufgabe

A1 Für einen Versuch benötigt man hoch reines Kupfer(II)-chlorid. Würden Sie diese Substanz mit einem Silber- oder mit einem Nickellöffel aus der Vorratsflasche entnehmen? Begründen Sie Ihre Entscheidung.

[1] *correspondere* (lat.) = übereinstimmen, sich entsprechen; Korrespondierende Redoxpaare werden auch konjugierte Redoxpaare genannt (von *conjungere* (lat.) = verbinden).

Elektronendonator $\rightleftharpoons$ Elektronenakzeptor + e^-

Stärke des Elektronendonators und Reduktionsvermögen nehmen ab.

$Na(s)$	$\rightleftharpoons$	$Na^{+}(aq)$	+	e^-
$Mg(s)$	$\rightleftharpoons$	$Mg^{2+}(aq)$	+	$2e^-$
$Zn(s)$	$\rightleftharpoons$	$Zn^{2+}(aq)$	+	$2e^-$
$Fe(s)$	$\rightleftharpoons$	$Fe^{2+}(aq)$	+	$2e^-$
$Ni(s)$	$\rightleftharpoons$	$Ni^{2+}(aq)$	+	$2e^-$
$Sn(s)$	$\rightleftharpoons$	$Sn^{2+}(aq)$	+	$2e^-$
$Pb(s)$	$\rightleftharpoons$	$Pb^{2+}(aq)$	+	$2e^-$
$Cu(s)$	$\rightleftharpoons$	$Cu^{2+}(aq)$	+	$2e^-$
$Ag(s)$	$\rightleftharpoons$	$Ag^{+}(aq)$	+	e^-
$Hg(l)$	$\rightleftharpoons$	$Hg^{2+}(aq)$	+	$2e^-$
$Au(s)$	$\rightleftharpoons$	$Au^{3+}(aq)$	+	$3e^-$

Stärke des Elektronenakzeptors und Oxidationsvermögen nehmen ab.

Ist ein Metall-Atom ein starker Elektronendonator (z. B. **Zn**), dann ist das korrespondierende Ion ein schwacher Elektronenakzeptor (z. B. Zn^{2+}).

Ist ein Metall-Atom ein schwacher Elektronendonator (z. B. **Ag**), dann ist das korrespondierende Ion ein starker Elektronenakzeptor (z. B. Ag^{+}).

Ein Metall-Atom kann ein Metall-Ion, das in der Redoxreihe unterhalb seines korrespondierenden Ions steht, reduzieren (grüner Pfeil). Eine Reaktion in der umgekehrten Richtung läuft nicht spontan ab (roter Pfeil).

B5 *Korrespondierende Redoxpaare und Redoxreihe einiger Metalle*

Aufgabe

A2 Begründen Sie, bei welchen der folgenden Kombinationen eine Reaktion zu erwarten ist:

a) $Sn(s)$ mit $Ni^{2+}(aq)$,
b) $Pb(s)$ mit $Sn^{2+}(aq)$,
c) $Ni(s)$ mit $Pb^{2+}(aq)$ und
d) $Cu(s)$ mit $Hg^{2+}(aq)$.

Fachbegriffe

Reduktionsmittel, Oxidationsmittel, korrespondierendes Redoxpaar, Redoxreihe der Metalle

Strom aus Redoxreaktionen

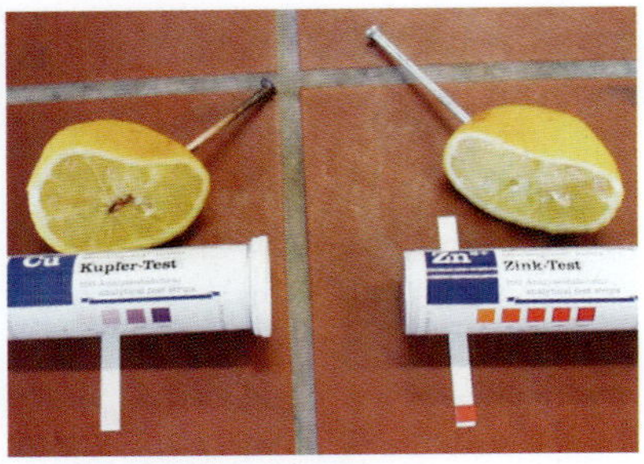

B1 *Test auf Kupfer- und Zink-Ionen im Zitronensaft der Zitronenbatterie (V1).* **A:** *Führen Sie V1 durch und schneiden Sie nach ca. 10 min die Zitrone in der Mitte zwischen den Blechen durch. Pressen Sie den Saft jeder Hälfte mit einer Zitronenpresse in getrennte Gefäße ab. Tauchen Sie in den Saft der Hälfte, in dem das Zinkblech steckte, ein Zink-Teststäbchen, in die andere Probe ein Kupfer-Teststäbchen.*

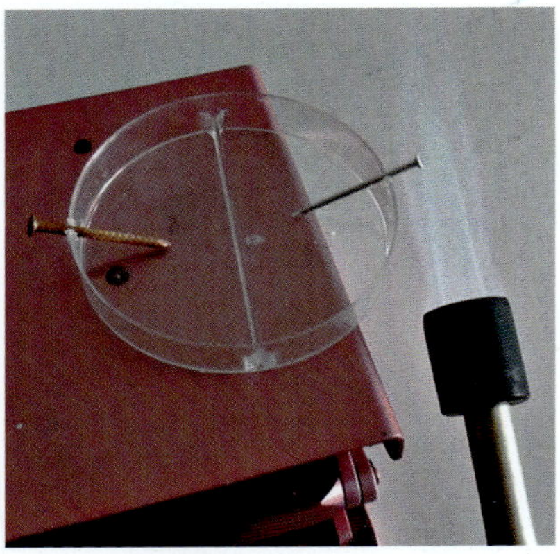

B2 *Vorbereitung einer Petrischale für einfache galvanische Elemente (V2 a)*

Versuche

V1 *Zitronenbatterie*

Stecken Sie in die gegenüberliegenden Seiten einer Zitrone jeweils ein Kupfer- und ein Zinkblech (oder einen Kupfer- und Zinknagel) ca. 3 cm tief ein. Verbinden Sie die Bleche über Klemmen und Kabel mit einem kleinen Elektromotor oder den Kontakten eines Musik-Chips, den Sie aus einer „musikalischen" Glückwunschkarte ausgebaut haben. Ersetzen Sie dann den elektrischen Verbraucher durch ein Voltmeter und lesen Sie die Spannung ab. Stellen Sie fest, welches Blech der Plus- und welches der Minuspol ist (Vorzeichen bei der abgelesenen Spannung beachten).

V2 *Strom aus der Petrischale*

a) Vorbereitung: In die gegenüberliegenden Ränder einer zweigeteilten Kunststoff-Petrischale werden ein Kupfernagel und ein Zinknagel (Zinkdraht, Zinkblech) durch vorsichtiges Erhitzen eingeschmolzen (B2). b) Füllen Sie in eine Hälfte der Schale eine Kupfersulfat*-Lösung, in die andere eine Zinksulfat*-Lösung, beide mit den Konzentrationen c = 0,1 mol/L. Die beiden Metalle werden dann mit einem Voltmeter verbunden. Stecken Sie nun ein kleines Stück Bierdeckel auf den Trennsteg der Petrischale. Beachten Sie, wann der Messwert am Voltmeter angezeigt wird, und notieren Sie die gemessene Spannung.

V3 *Daniell-Element*

Füllen Sie, wie in B3 skizziert, ein Becherglas mit Kupfersulfat*-Lösung, c = 0,1 mol/L, das andere mit Zinksulfat*-Lösung, c = 0,1 mol/L. Tauchen Sie in die Kupfersulfat-Lösung ein Kupferblech und in die Zinksulfat-Lösung* ein Zinkblech. Verbinden Sie die Bleche über ein Voltmeter. Die beiden Gefäße werden über eine Elektrolytbrücke, ein gebogenes Glasrohr mit gesättigter Kaliumnitrat*-Lösung, verbunden. Lesen Sie die Spannung ab und versuchen Sie, einen kleinen Elektromotor anzutreiben.

Auswertung

a) Treffen Sie Aussagen über den Fluss von elektrischen Ladungsträgern bei V1.

b) Begründen Sie, warum sich bei V2 erst kurze Zeit nach dem Aufstecken des Bierdeckelstücks eine elektrische Spannung einstellt.

c) Nennen Sie Gemeinsamkeiten und Unterschiede der drei Versuchsanordnungen aus B3 und B4.

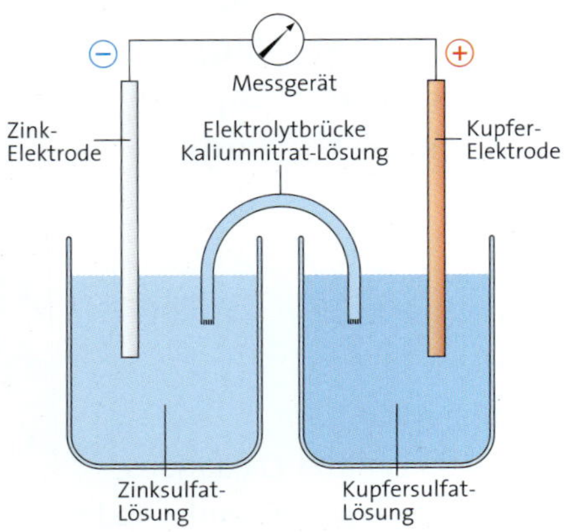

B3 *Versuchsaufbau zu V3*

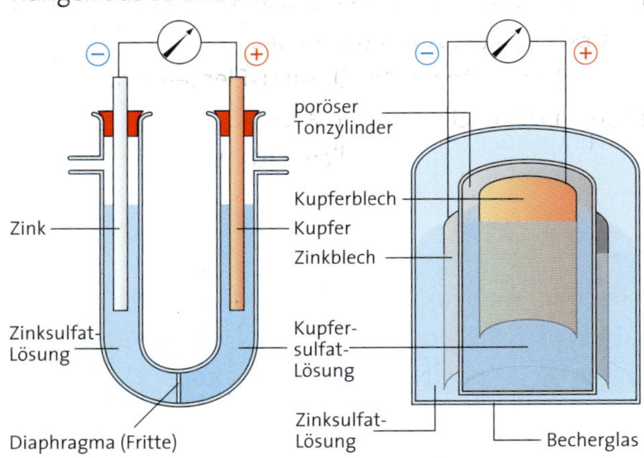

B4 *Alternative Versuchsaufbauten für V2 und V3*

Galvanische Zellen

Die elektrische Spannung und der Stromfluss bei der „Zitronenbatterie" (V1) und den Versuchsanordnungen aus B2 bis B4 haben eine gemeinsame Ursache: Es liegen jeweils Gleichgewichte zwischen zwei korrespondierenden Redoxpaaren vor. In V3 sind dies die Paare $\mathbf{Zn/Zn^{2+}}$ bzw. $\mathbf{Cu/Cu^{2+}}$:

$$\mathbf{Zn(s)} \rightleftharpoons \mathbf{Zn^{2+}(aq) + 2e^-} \text{ und } \mathbf{Cu(s)} \rightleftharpoons \mathbf{Cu^{2+}(aq) + 2e^-}$$

Die Gleichgewichte stellen sich an räumlich getrennten Orten ein, jeweils an der Grenzschicht zwischen einem Metall und einem **Elektrolyt**, d.h. einer ionenhaltigen Lösung. Zink- bzw. Kupfer-Atome gehen aus dem Metallgitter als Ionen in die Lösung, die abgegebenen Elektronen bleiben im Metall. Dadurch bildet sich an jedem der beiden Metalle eine elektrische Doppelschicht aus (B5). Da die Zink-Atome aber eine größere Tendenz als Kupfer-Atome haben, Elektronen abzugeben, kommt es im Zinkblech zu einem Elektronenüberschuss gegenüber dem Kupferblech. Zwischen den beiden Metallen entsteht so eine **Potenzialdifferenz**. Die bei offenem Stromkreis gemessene Potenzialdifferenz bezeichnet man als **Leerlaufspannung**. Das Zinkblech wird dabei zum Minuspol und das Kupferblech zum Pluspol. Die Zink-Halbzelle fungiert als **Donator-Halbzelle** (**Anode**), weil hier eine Elektronenabgabe an die Elektrode abläuft. Die Kupfer-Halbzelle ist hier die **Akzeptor-Halbzelle** (**Kathode**), in der Ionen aus der Lösung Elektronen von der Elektrode aufnehmen. Verbindet man die beiden Halbzellen über einen Metalldraht, d.h. einen Elektronenleiter, und sorgt dafür, dass über eine Elektrolytbrücke oder eine poröse Wand im Elektrolyt Ionen zwischen den beiden Halbzellen wandern können, so hat man eine **galvanische Zelle** aufgebaut, in der elektrischer Strom fließt (V1 bis V3).

Bei dem **Daniell[1]-Element** sind die beiden **Elektroden**, die Metalle Zink und Kupfer, jeweils in Kontakt mit einem Elektrolyt, der die entsprechenden Metall-Ionen enthält, i.d.R. mit einer Zinksulfat-Lösung bzw. einer Kupfersulfat-Lösung (V2, V3). Wie alle galvanischen Zellen kann das Daniell-Element als Spannungs- und Stromquelle dienen. Im Gegensatz zur Leerlaufspannung, die man misst, wenn im Stromkreis der Zelle kein Verbraucher eingebaut ist ($\Delta E = U \approx 1{,}1\,\text{V}$), kann die Stromstärke je nach Versuchsanordnung sehr unterschiedlich sein. Sie ist z.B. von der Oberfläche und dem Abstand der beiden Elektroden, sowie von der Art und der Oberfläche der Elektrolytbrücke abhängig. Während des Betriebs des Daniell-Elements nimmt die Masse der Zink-Elektrode allmählich ab und die der Kupfer-Elektrode zu, während sich die Kupfersulfat-Lösung allmählich entfärbt und die Zinksulfat-Lösung konzentriert (B6).

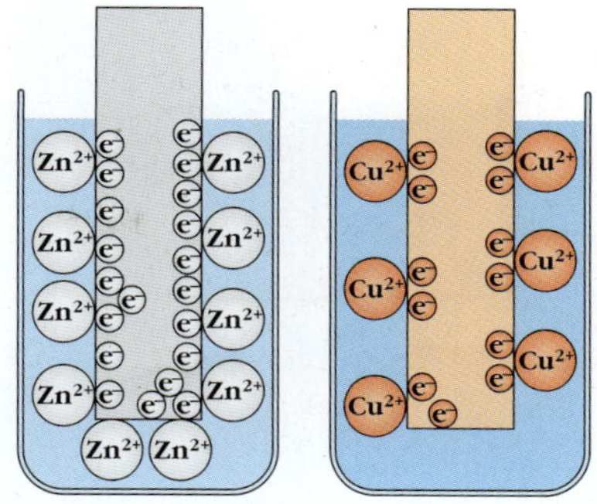

B5 *Elektrische Doppelschichten bei den Redoxpaaren* $\mathbf{Zn/Zn^{2+}}$ *und* $\mathbf{Cu/Cu^{2+}}$. **A:** *Treffen Sie anhand dieser Darstellung Aussagen über die Lage jedes der beiden Gleichgewichte aus der Textspalte.*

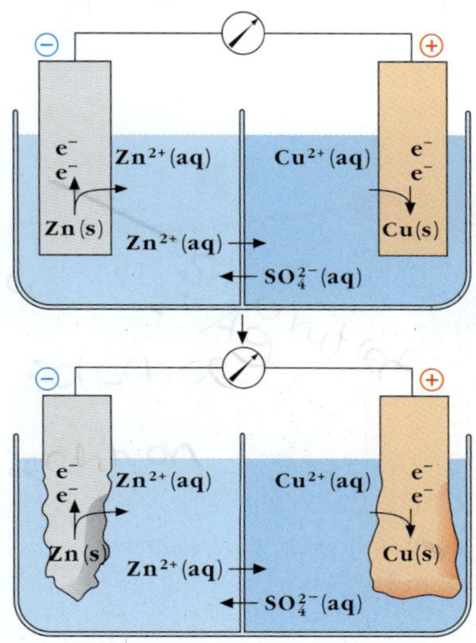

B6 *Schematische Darstellung der Vorgänge im Daniell-Element.* **A:** *Erklären Sie, warum nach längerem Betrieb der Zelle die Konzentration an Zink-Ionen zu- und die an Kupfer-Ionen abnimmt.*

Fachbegriffe

Elektrolyt, Elektrode, galvanische Zelle, Daniell-Element, Donator-Halbzelle, Akzeptor-Halbzelle, Anode, Kathode, Potenzialdifferenz, Leerlaufspannung

Aufgaben

A1 Recherchieren Sie in *Chemie 2000+ Online* die Modell-Animation zur Funktionsweise einer galvanischen Zelle und vergleichen Sie mit B6.

A2 Stellen Sie tabellarisch Vor- und Nachteile der vier Versuchsanordnungen zum Daniell-Element in B2, B3 und B4 zusammen.

[1] nach John Frederic Daniell (1790 bis 1845), Professor für Chemie am Kings College in London

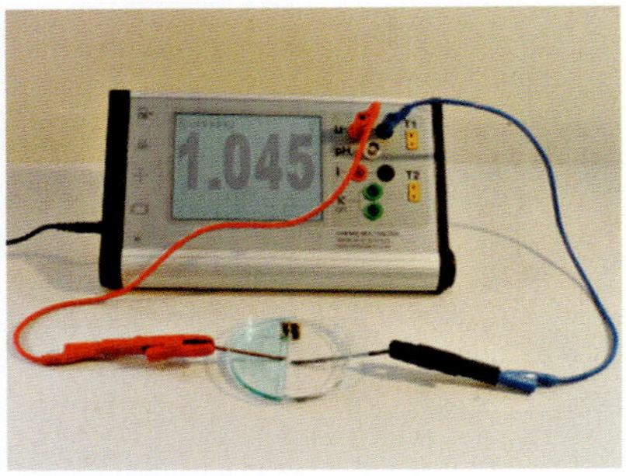

B1 *Spannungsmessung bei einer galvanischen Zelle (V2)*

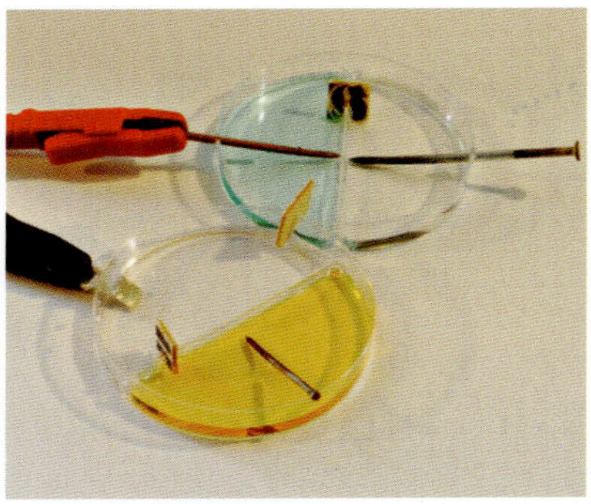

B2 *Kombination von zwei Halbzellen benachbarter Petrischalen (V2)*

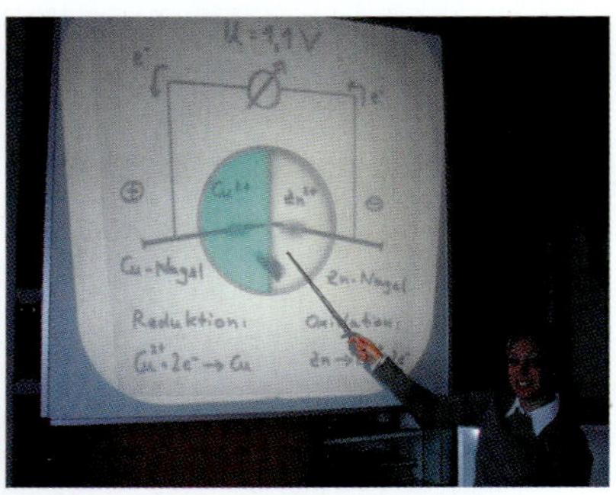

B3 *Auswertung von V2 am Overhead-Projektor*

Mehr oder weniger Spannung

Hinweis: Hier kann auch zwischen den beiden Versuchen gewählt werden.

Versuche

V1 Stellen Sie in vier 100-mL-Bechergläsern die folgenden Halbzellen her:

Halbzelle	Elektrode	Lösung *c* = 0,1 mol/L
1	Zink	Zinksulfat*
2	Eisen	Eisen(II)-sulfat*
3	Kupfer	Kupfersulfat*
4	Silber	Silbernitrat*

Die Elektroden werden an Stativen befestigt. Verbinden Sie jeweils 2 Halbzellen zu galvanischen Zellen (vgl. S. 40, B3). Verwenden Sie als Elektrolytbrücke jeweils einen mit konzentrierter Kaliumnitrat*-Lösung getränkten Filterpapierstreifen. Messen Sie die Spannungen, die sich bei der Kombination von je zwei Halbzellen einstellen. Notieren Sie die gemessenen Spannungen und benennen Sie jeweils die Donator- und die Akzeptor-Halbzelle.

V2 *Galvanische Zellen in Petrischalen*

Sie benötigen die bei V1 angegebenen Lösungen und Elektrodenmaterialien. Als Elektroden eignen sich Bleche, dickere Drähte oder entsprechende Nägel (z. B. ein Eisennagel, ein Kupfernagel und ein verzinkter Nagel).

a) *Vorbereitung:* Schmelzen Sie in die gegenüberliegenden Seiten von zwei zweigeteilten Petrischalen aus Kunststoff jeweils einen Metallnagel oder -draht ein (vgl. S. 40, B2). Bei der Verwendung von Metallblechen knicken Sie diese um die Außenwände der Schalen.

b) Füllen Sie die Hälften der beiden Petrischalen mit den entsprechenden Metallsalz-Lösungen (vgl. S. 40, B2). Verbinden Sie die Halbzellen über Kabel mit einem Voltmeter und stecken Sie ein Stück Bierdeckelfilz auf die Trennwände der Petrischalen. Messen Sie die sich einstellenden Spannungen bei allen möglichen Kombinationen. Wenn Sie die beiden Petrischalen eng aneinanderrücken, können Sie die Spannung zwischen zwei Halbzellen zweier benachbarter Petrischalen messen, indem Sie den Bierdeckelfilz nun über die beiden Außenwände der Schalen stecken und die entsprechenden Elektroden mit dem Voltmeter verbinden (B2).

Auswertung

a) Fertigen Sie für V1 und V2 Messwerttabellen an, in denen jeweils die Donator- und die Akzeptor-Halbzellen sowie die Spannungen eingetragen sind.

b) Geben Sie für die einzelnen Kombinationen nach dem Muster aus B3 an, welche Teilchenart oxidiert und welche reduziert wurde, und formulieren Sie für die entsprechenden galvanischen Zellen die Reaktionsgleichungen der Gesamtreaktion nach folgendem Schema:

$$Cu^{2+}(aq) + Zn(s) \rightarrow Cu(s) + Zn^{2+}(aq).$$

c) Vergleichen Sie die Versuchsergebnisse mit der Stellung der Redoxpaare in der Redoxreihe aus S. 39, B5.

d) Bearbeiten Sie das interaktive Modul zu dieser Buchseite aus *Chemie 2000+ Online*.

Potenzialdifferenzen bei galvanischen Zellen

Kombiniert man verschiedene Redoxpaare miteinander zu galvanischen Zellen, so erwartet man aufgrund ihrer Stellung in der Redoxreihe (vgl. S. 39, B5) unterschiedliche Spannungen. Die Ergebnisse aus V1 und V2 bestätigen dies und führen zu folgenden Erkenntnissen:

1. Je weiter auseinander die Redoxpaare in der Redoxreihe stehen, desto größer ist die **Potenzialdifferenz** zwischen den betreffenden Halbzellen und entsprechend auch die **Leerlaufspannung** der Zelle, also die Spannung, bei der kein Verbraucher in den Stromkreis eingeschaltet ist. Die höchste Spannung wird bei der Versuchsreihe aus V1 und V2 zwischen einer Zn/Zn^{2+}- und einer Ag/Ag^{+}-Halbzelle gemessen. Diese beiden Redoxpaare liegen von den untersuchten in der Redoxreihe am weitesten auseinander.
2. Bei den galvanischen Zellen aus V1 und V2 stellt die Zink-Elektrode immer den Minuspol, die Silber-Elektrode immer den Pluspol dar.
3. Aus den gemessenen Spannungen zweier Zellen, die jeweils ein Redoxpaar gemeinsam haben, lässt sich die Spannung einer dritten Zelle aus den beiden noch nicht kombinierten Redoxpaaren vorhersagen. Kombiniert man z. B. die Redoxpaare Zn/Zn^{2+} und Cu/Cu^{2+} sowie Cu/Cu^{2+} und Ag/Ag^{+} miteinander und misst die Leerlaufspannungen, so ergibt sich die Leerlaufspannung der Kombination Zn/Zn^{2+} mit Ag/Ag^{+} als Summe der Werte der beiden anderen Messungen (B4).
4. Stellt man die in V1 oder V2 gemessenen Potenzialdifferenzen bzw. Leerlaufspannungen in einer Skala (B4) grafisch dar, so wird deutlich, dass jedes Redoxpaar ein bestimmtes Bestreben, in einer Redoxreaktion Elektronen abzugeben bzw. aufzunehmen, also ein bestimmtes **Redoxpotenzial** hat. Dieses legt seine Stellung in der Skala aus B4 eindeutig fest.
5. Bei einer galvanischen Zelle bildet das in der Skala aus B4 oben stehende Redoxpaar stets die Donator-Halbzelle, das Metall in dieser Halbzelle ist der Minuspol. Das weiter unten stehende Redoxpaar bildet die Akzeptor-Halbzelle mit dem Metall als Pluspol.

Allgemein kürzt man eine galvanische Zelle durch ein **Zellendiagramm** ab:

$$Me_A/Me_A^{z+}(c_{Me_A^{z+}})//Me_B^{z+}(c_{Me_B^{z+}})/Me_B{}^{2}.$$

Die Donator-Halbzelle, die in der galvanischen Zelle den Minuspol darstellt, steht links. Der Doppelstrich symbolisiert eine poröse Trennwand oder die Elektrolytbrücke. Die Akzeptor-Halbzelle, die den Pluspol darstellt, steht rechts. Das Zellendiagramm kürzt die Redoxvorgänge eines galvanischen Elements ab. Man liest: „Me_A-*Atome* (1. Metall) werden zu Me_A^{z+}-*Ionen* oxidiert, indem sie *z Elektronen* abgeben. Diese werden von den Me_B^{z+}-Ionen aufgenommen, die zu Me_B-*Atomen* (2. Metall) reduziert werden."
Das Zellendiagramm des DANIELL-Elements lautet: $Zn/Zn^{2+}//Cu^{2+}/Cu$.

Aufgabe

A1 Formulieren Sie für alle galvanischen Zellen aus V1 und V2 die Zellendiagramme.

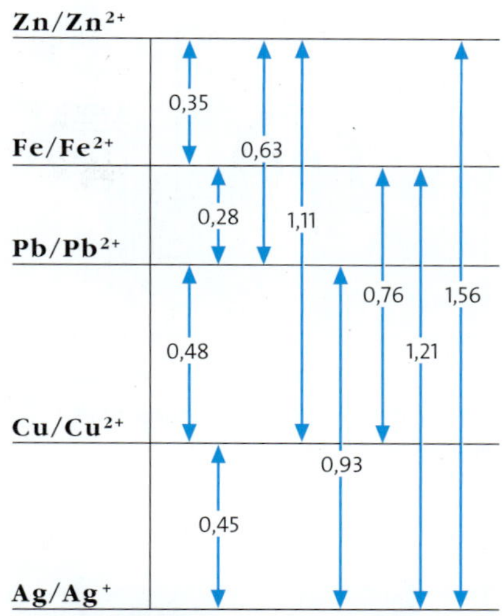

B4 *Potenzialdifferenzen einiger Redoxpaare in Volt bei Standardbedingungen*[1]

Aufgaben

A2 Eine galvanische Zelle mit dem Zellendiagramm

$Cd/Cd^{2+}//Ag^{+}/Ag$

liefert eine Spannung von $\Delta E = U = 1{,}2$ V. (**Cd** steht für das Element Cadmium.) Zeichnen Sie einen Versuchsaufbau für diese Zelle, kennzeichnen Sie Plus- und Minuspol und ordnen Sie das Redoxpaar Cd/Cd^{2+} in B4 ein.

A3 Erläutern und begründen Sie, warum es mit der Skala aus B4 nicht möglich ist, einem bestimmten Redoxpaar einen Zahlenwert für sein Redoxpotenzial zuzuordnen.

Fachbegriffe

Potenzialdifferenz, Leerlaufspannung, Redoxpotenzial, Zellendiagramm

[1] vgl. S. 45 [2] Mit $c_{Me^{z+}} = 1$ mol/L verkürzt sich die Schreibweise im Folgenden zu $Me_A/Me_A^{z+}//Me_B^{z+}/Me_B$.

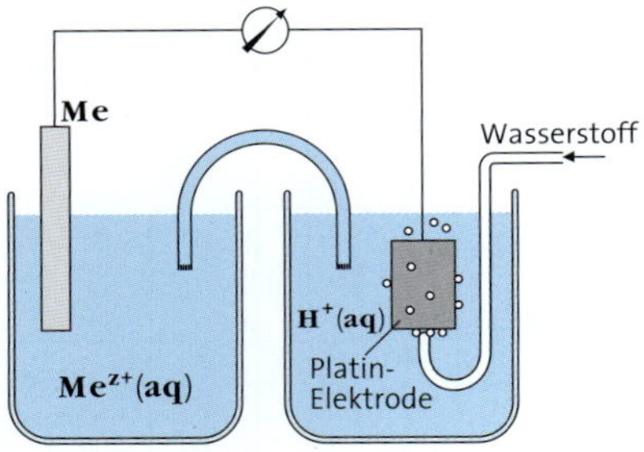

B1 *Messung der Potenzialdifferenz zwischen einer Metall-Halbzelle und einer Wasserstoff-Halbzelle*

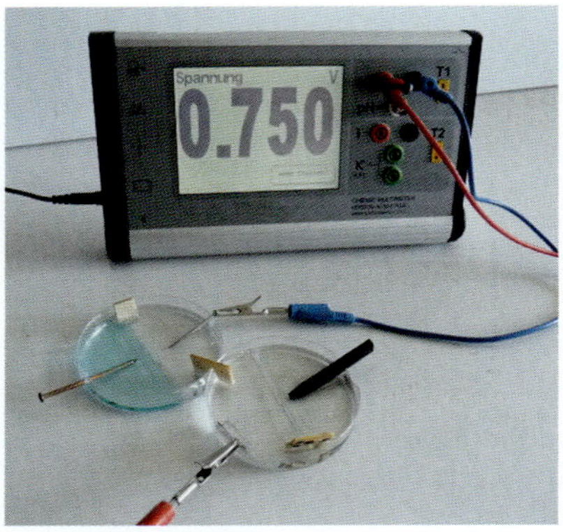

B2 *Messung des Standard-Elektrodenpotenzials der Zink-Halbzelle (V3)*

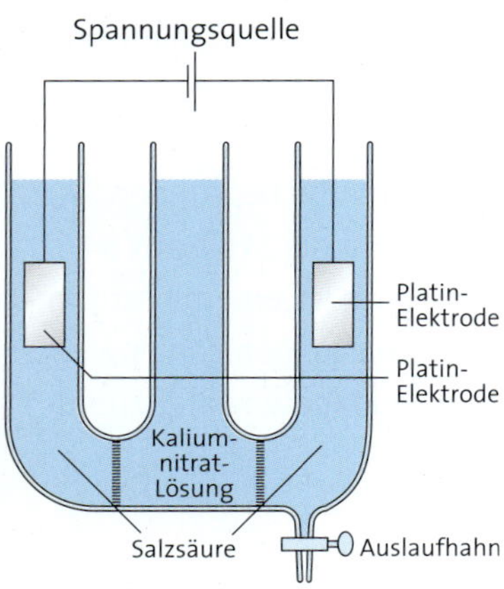

B3 *Versuchsaufbau für die Messung von Standard-Elektrodenpotenzialen*

[1] *Hinweis:* Als Platin-Elektroden lassen sich Rasierscherfolien von einigen Elektrorasierern verwenden. Es handelt sich dabei um dünne Nickelnetze, die mit einer dünnen Schicht aus Platin überzogen sind.

Edle und unedle Metalle

Hinweis: Hier kann zwischen V2 und V3 gewählt werden.

Versuche

V1 Geben Sie kleine Zink-, Eisen-, Kupfer- und Silberstücke in je ein Rggl. mit halbkonzentrierter Salzsäure-Lösung*, $c \approx 2$ mol/L. Verschließen Sie jedes der Rggl. mit einem durchbohrten Stopfen, in dem ein Glasrohr steckt. Stülpen Sie jeweils ein zweites Rggl. über die Öffnung des Glasröhrchens, fangen Sie das sich evtl. bildende Gas auf und führen Sie damit die Knallgasprobe durch.

V2 Tauchen Sie ein Zinkblech in eine Zinksulfat-Lösung*, $c = 1$ mol/L. In ein zweites Gefäß wird eine Platin-Elektrode[1] in Salzsäure-Lösung*, $c = 1$ mol/L, getaucht. Verbinden Sie die Elektroden über ein Voltmeter und die beiden Gefäße mit einer mit Kaliumnitrat* gefüllten Elektrolytbrücke (B1). Leiten Sie nun durch ein gewinkeltes Glasrohr vorsichtig Wasserstoffgas* über das Platinblech. Lesen Sie am Voltmeter die Spannung ab. Wiederholen Sie den Versuch mit dem Redoxpaar Cu/Cu^{2+}, $c = 1$ mol/L, anstelle des Redoxpaares Zn/Zn^{2+}.

V3 1. *Präparation einer Petrischale und Elektrolyse* (**Abzug! Schutzbrille!**): Präparieren Sie eine zweigeteilte Petrischale aus Kunststoff mit einer Graphit-Elektrode und einer Platin-Elektrode[1] (B2, vgl. auch B2, S. 40). Füllen Sie in beide Schalenhälften Salzsäure-Lösung*, $c = 1$ mol/L. Verbinden Sie die Platin-Elektrode mit dem Minus-, die Graphit-Elektrode mit dem Pluspol einer Gleichspannungsquelle. Nach Aufsetzen eines Stücks Filterpapier elektrolysieren Sie ca. 1 Minute bei 5 V.

2. *Messungen der Potenzialdifferenzen*: Legen Sie nun die präparierte Petrischale mit einer Petrischale wie in V2 auf S. 42 aneinander und überbrücken Sie die Ränder der Zink-Halbzelle und der Halbzelle mit dem Platinblech mit einem Stück Filterpapier (B2). Verbinden Sie die Platin-Elektrode der einen Schale mit dem Zinknagel der zweiten Schale. Lesen Sie die Spannung ab. Kombinieren Sie dann entsprechend die Platin-Elektrode mit der Kupfer-Halbzelle.

Auswertung

a) Formulieren Sie die Reaktionsgleichungen der bei V1 abgelaufenen Reaktionen zwischen Metallen und Salzsäure.

b) Ordnen Sie das Redoxpaar $H_2/2H^+(aq)$ (vereinfachte Schreibweise für $H_2/2H_3O^+$) aufgrund der Ergebnisse bei V2 begründet in die Skala aus B4, S. 43, ein.

c) Formulieren Sie für V2 Teilgleichungen der Oxidationen und Reduktionen sowie Gesamtgleichungen für die entsprechenden galvanischen Zellen (vgl. Auswertung b, S. 42).

d) Erläutern und begründen Sie, warum bei V3 eine Elektrolyse durchgeführt wird.

Aufgabe

A1 Im Doppel-U-Rohr aus B3 kann analog zu V3 die Potenzialdifferenz zwischen einer Wasserstoff-Halbzelle $H_2/2H^+(aq)$ und einer Zink-Halbzelle Zn/Zn^{2+} (oder einer anderen Halbzelle Me/Me^{z+}) gemessen werden. Beschreiben und begründen Sie die Arbeitsschritte, nach denen verfahren werden muss.

Standardpotenziale $E°$ und Spannungsreihe der Metalle

Die Spannung zwischen zwei Halbzellen ergibt sich aus der Differenz der Potenziale der Halbzellen (vgl. S. 43). Da nur Potenzialdifferenzen gemessen werden können, benötigt man für die Angabe eines Zahlenwerts für das Redoxpotenzial eines bestimmten Redoxpaares eine Bezugshalbzelle – einen „Nullpunkt" auf der Zahlenachse der Redoxpotenziale. International ist man übereingekommen, als Bezugssystem die **Standard-Wasserstoff-Halbzelle** festzulegen, in der das Redoxpaar $H_2/2H_3O^+$ (*vereinfacht*: $H_2/2H^+(aq)$) vorliegt:

$$H_2(g) \rightleftharpoons 2H^+(aq) + 2e^-$$

Da man keine Elektrode aus Wasserstoffgas bauen kann, verwendet man eine Elektrode aus einem inerten[2] Platinblech (**Pt**), das in Salzsäure mit der Wasserstoff-Ionenkonzentration von $c(H^+(aq)) = 1$ mol/L von Wasserstoffgas unter Atmosphärendruck ($p = 1013$ hPa) umspült wird (V2, B1). Die Oberfläche des Platins adsorbiert Wasserstoff, der so für das Redoxpaar bereitgestellt wird. Statt einer Wasserstoff umspülten Platin-Elektrode kann man sich durch Elektrolyse eine vereinfachte Standard-Wasserstoff-Elektrode herstellen, indem man am Minuspol der Elektrolysezelle aus einer Salzsäure-Lösung Wasserstoff-Ionen H^+ zu Wasserstoff reduziert (V2, V3, B2, B3).

Für das **Standardpotenzial** der **Standard-Wasserstoff-Halbzelle** hat man festgelegt: $E°(H_2/2H^+(aq)) = 0{,}0$ **Volt**.

Die unter **Standardbedingungen**, *Druck* $p = 1013$ hPa, *Temperatur* $\vartheta = 25\,°C$, *Konzentration* $c = 1$ mol/L, gemessene Potenzialdifferenz zwischen einer Halbzelle Me/Me^{z+} und der Standard-Wasserstoff-Halbzelle bezeichnet man als **Standardpotenzial**[3] oder **Normalpotenzial** oder **Redox-Standardpotenzial $E°$** des Redoxpaares Me/Me^{z+}: $E°(Me/Me^{z+})$.

Ein Redoxpaar, das gegenüber der Standard-Wasserstoff-Halbzelle den elektrisch negativen Pol (Minuspol) bildet, erhält einen negativen Potenzialwert, ein Redoxpaar, das gegenüber der Standard-Wasserstoff-Halbzelle den elektrischen Pluspol bildet, erhält einen positiven Potenzialwert (B4).

In V2 und V3 misst man als Spannung der galvanischen Zelle $Zn/Zn^{2+}//2H^+(aq)/H_2$ den Wert 0,76 V, wobei die Zink-Halbzelle den elektrisch negativen Pol bildet. Das Standardpotenzial des Redoxpaares Zn/Zn^{2+} ist also $E°(Zn/Zn^{2+}) = -0{,}76$ V. Das Standardpotenzial des Redoxpaares Cu/Cu^{2+}, das der Spannung der galvanischen Zelle $H_2/2H^+(aq)//Cu^{2+}/Cu$ entspricht, ist demnach $E°(Cu/Cu^{2+}) = +0{,}35$ V. Die Standardpotenziale $E°$ einiger Redoxpaare des Typs Metall/Metall-Ion sind in der **Spannungsreihe**[4] der Metalle in B4 zusammengefasst. Ein Metall ist ein umso stärkeres Reduktionsmittel, je „negativer" der $E°$-Wert des Redoxpaares ist.

[2] *inert* von *iners* (lat.) = untätig; hier in der Bedeutung von „chemisch inaktiv";

[3] *Zum Vergleich*: Man spricht von der *Höhendifferenz* zwischen dem Gipfel eines Berges und dem Tal, aber von der *Höhe* eines Berges, die die *Höhendifferenz* zwischen dem Gipfel und dem *„Bezugspunkt" Meereshöhe* ist.

[4] Korrekter wäre der Begriff *Potenzialreihe*. Die Größenwerte der Potenziale sind aber nur im Vergleich mit einem Bezugssystem, als Potenzialdifferenz (*Spannung*), messbar. Außerdem ist die Bezeichnung *Redoxreihe* (vgl. S. 39) gebräuchlich.

Red	⇌	Ox	+ $z \cdot e^-$	$E°$ in V
Li(s)	⇌	$Li^+(aq)$	+ e^-	–3,04
K(s)	⇌	$K^+(aq)$	+ e^-	–2,92
Ca(s)	⇌	$Ca^{2+}(aq)$	+ $2e^-$	–2,87
Na(s)	⇌	$Na^+(aq)$	+ e^-	–2,71
Mg(s)	⇌	$Mg^{2+}(aq)$	+ $2e^-$	–2,36
Al(s)	⇌	$Al^{3+}(aq)$	+ $3e^-$	–1,66
Mn(s)	⇌	$Mn^{2+}(aq)$	+ $2e^-$	–1,18
Zn(s)	⇌	$Zn^{2+}(aq)$	+ $2e^-$	–0,76
Cr(s)	⇌	$Cr^{3+}(aq)$	+ $2e^-$	–0,74
Fe(s)	⇌	$Fe^{2+}(aq)$	+ $2e^-$	–0,41
Cd(s)	⇌	$Cd^{2+}(aq)$	+ $2e^-$	–0,40
Co(s)	⇌	$Co^{2+}(aq)$	+ $2e^-$	–0,28
Ni(s)	⇌	$Ni^{2+}(aq)$	+ $2e^-$	–0,23
Sn(s)	⇌	$Sn^{2+}(aq)$	+ $2e^-$	–0,14
Pb(s)	⇌	$Pb^{2+}(aq)$	+ $2e^-$	–0,13
$H_2(g)$	⇌	$2H^+(aq)$	+ $2e^-$	0,00
Cu(s)	⇌	$Cu^{2+}(aq)$	+ $2e^-$	+0,35
Ag(s)	⇌	$Ag^+(aq)$	+ e^-	+0,80
Hg(l)	⇌	$Hg^{2+}(aq)$	+ $2e^-$	+0,85
Pt(s)	⇌	$Pt^{2+}(aq)$	+ $2e^-$	+1,20
Au(s)	⇌	$Au^{3+}(aq)$	+ $3e^-$	+1,41

B4 *Spannungsreihe der Metalle und Standardpotenziale E°. Das Reduktionsvermögen der Metalle nimmt von oben nach unten ab.*
A: *Geben Sie begründet an, wie sich das Oxidationsvermögen der Metall-Ionen von unten nach oben verändert.*

Aufgaben

A2 Geben Sie begründet an, welches der folgenden Teilchen das stärkste Oxidationsmittel ist: $Co^{2+}, Ag^+, Fe^{2+}, Li^+, K^+, Au^{3+}$.

A3 Geben Sie begründet an, welches der Teilchen aus A2 das stärkste Reduktionsmittel ist.

A4 Formulieren Sie die Zellendiagramme folgender Redoxpaare in Kombination mit der Standard-Wasserstoff-Elektrode: Cd/Cd^{2+}; Ni/Ni^{2+}; Au/Au^{3+}; Cr/Cr^{3+}.

A5 Formulieren Sie die Reaktionsgleichungen der Teilreaktionen an den Elektroden und der Gesamtreaktionen in den Zellen von A4.

Fachbegriffe

Standard-Wasserstoff-Halbzelle, Standardbedingungen, Standardpotenzial $E°$ (Normalpotenzial, Redox-Standardpotenzial), Spannungsreihe

Salzlösungen unter Strom

B1 *Bildung von Zink und Iod durch Elektrolyse (V1)*

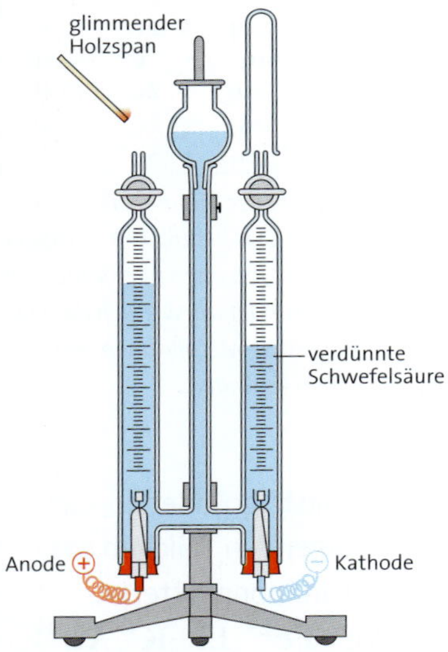

B2 *HOFMANN'scher Wasserzersetzungsapparat.* **A:** *Recherchieren Sie in Chemie 2000+ Online nach einfacheren Versuchsanordnungen.*

Versuche

V1 Planen Sie einen Versuch, mit dem die in B1 dargestellten Beobachtungen erzeugt werden können. Diskutieren Sie Ihren Vorschlag mit den Mitschülern und der Lehrkraft und führen Sie ihn durch.

V2 Beschreiben Sie die zu erwartenden Beobachtungen bei der Elektrolyse einer Kupferchlorid-Lösung*. Planen Sie dann einen entsprechenden Versuch wie bei V1 und überprüfen Sie Ihre Hypothesen experimentell.

V3 Füllen Sie in einen HOFMANN'schen Wasserzersetzungsapparat (B2) verdünnte Schwefelsäure-Lösung*, c = 0,5 mol/L. Legen Sie über zwei Platin-Elektroden eine Spannung zwischen 5 und 15 Volt an und messen Sie mit einem im Stromkreis eingebauten Amperemeter die Stromstärke. Sie sollte zwischen 100 und 300 mA liegen. Lassen Sie den Versuch ca. 20 s bei geöffneten Hähnen laufen, sodass die gebildeten Gase zunächst noch entweichen können. Schließen Sie dann die Hähne und lesen Sie die entstehenden Gasvolumina im Abstand von jeweils 1 Minute ab. Legen Sie eine Messwerttabelle an. Führen Sie mit dem Kathodengas (am Minuspol) die Knallgas- und mit dem Anodengas (am Pluspol) die Glimmspanprobe durch.

Auswertung

a) Begründen Sie, warum Elektrolysen erzwungene Redoxreaktionen sind.

b) Formulieren Sie die bei V1 und V2 am Pluspol und am Minuspol ablaufenden Reaktionen und geben Sie jeweils an, ob es sich um eine Oxidation oder eine Reduktion handelt.

c) Stellen Sie die Messwerte aus V3 in einem Koordinatensystem wie in B3 grafisch dar (vgl. dazu auch *extra*).

d) Erläutern Sie, warum bei der Elektrolyse von Wasser (V3) die Schwefelsäure nicht durch Salzsäure ersetzt werden kann.

e) Recherchieren Sie in *Chemie 2000+ Online* Modellanimationen zu Elektrolysen, erstellen Sie dazu einen erläuternden Text und führen Sie damit eine Präsentation durch.

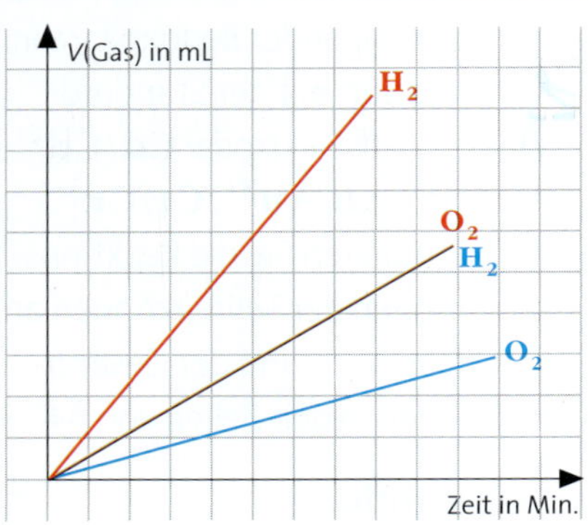

B3 *Bildung von Wasserstoff und Sauerstoff bei der Elektrolyse von Wasser. Die roten Geraden wurden gegenüber den entsprechenden blauen bei einer doppelt so großen Stromstärke aufgenommen.*

extra Durch exakte quantitative Messungen wie in V3 kommt man zu der Erkenntnis, dass die Stoffmenge $n(\mathbf{X})$ einer an einer Elektrode gebildeten Teilchenart X proportional zu der Zeit t und der Stromstärke I, bei der elektrolysiert wurde, ist und umgekehrt proportional zur Anzahl z der pro Teilchen übertragenen Elektronen (B3). Da das Produkt aus Stromstärke und Zeit die Ladungsmenge Q darstellt ($Q = I \cdot t$) kann man zusammenfassend schreiben:

$$n(\mathbf{X}) = \frac{Q}{z \cdot F}$$

Diese Gleichung stellt die Zusammenfassung der FARADAY-Gesetze[1] zur Elektrolyse dar. Die darin enthaltene FARADAY-Konstante F beträgt F = 96 487 C/mol und gibt die Ladungsmenge an, die übertragen werden muss, um die Stoffmenge $n(\mathbf{X})$ = 1 mol einer Teilchenart X zu entladen, bei der z = 1 Elektron pro Teilchen für die Entladung notwendig ist.

[1] MICHAEL FARADAY (1791 bis 1867) englischer Physikochemiker, führte die Begriffe Ion, Anion, Kation, Anode, Kathode, Elektrode und Elektrolyse ein.

Elektrolysen – erzwungene Redoxreaktionen

Elektrische Energie lässt sich nutzen, um durch erzwungene Redoxreaktionen energiereiche Stoffe zu gewinnen. So kann beispielsweise aus einer Zinkiodid-Lösung durch **Elektrolyse**, d. h. durch Zersetzung unter Zufuhr von elektrischer Energie, bei einer Spannung von $U = 5\ \text{V}$ am Minuspol Zink und am Pluspol Iod gewonnen werden (B1, V1). Bei der dabei ablaufenden Gesamtreaktion werden Zink-Ionen reduziert und Iodid-Ionen oxidiert:

$$\mathbf{Zn^{2+}(aq) + 2I^-(aq) \longrightarrow Zn(s) + I_2(aq)}$$

Auch die Verbindung Wasser kann durch Elektrolyse in die beteiligten Elemente zersetzt werden. Da reines Wasser den elektrischen Strom schlecht leitet, setzt man ihm etwas Schwefelsäure (oder Kalilauge) zur besseren Leitfähigkeit zu. An den Elektroden werden dann die Gase Wasserstoff und Sauerstoff gebildet (V3, B2). Die Elektrolyse von Wasser unter Bildung von Wasserstoff und Sauerstoff lässt sich durch folgende Reaktionsgleichung mithilfe der Oxidationszahlen beschreiben:

$$\overset{+I}{2H_2}\overset{-II}{O}(l) \longrightarrow \overset{0}{2H_2}(g) + \overset{0}{O_2}(g)$$

$+\ 2 \times 2e^-$ (H: +I → 0); $-\ 4e^-$ (O: −II → 0)

Bei dieser Reaktion wird der chemische Energiespeicher Wasserstoff erzeugt, ein möglicher Energieträger für umweltfreundliche Technologien (B5).

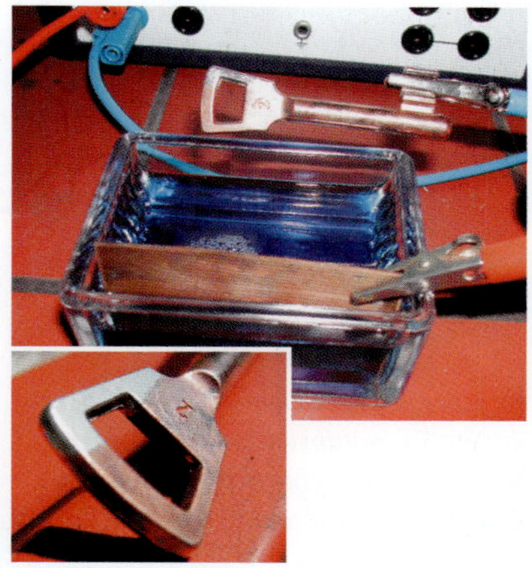

B4 *Ein Schlüssel aus Stahl kann mithilfe einer Kupfersulfat-Lösung elektrolytisch verkupfert werden.* ***A:*** *Erläutern und erklären Sie die Vorgänge an den Elektroden mithilfe der Modellanimation aus Chemie 2000+ Online.*

Fachbegriffe
Elektrolyse

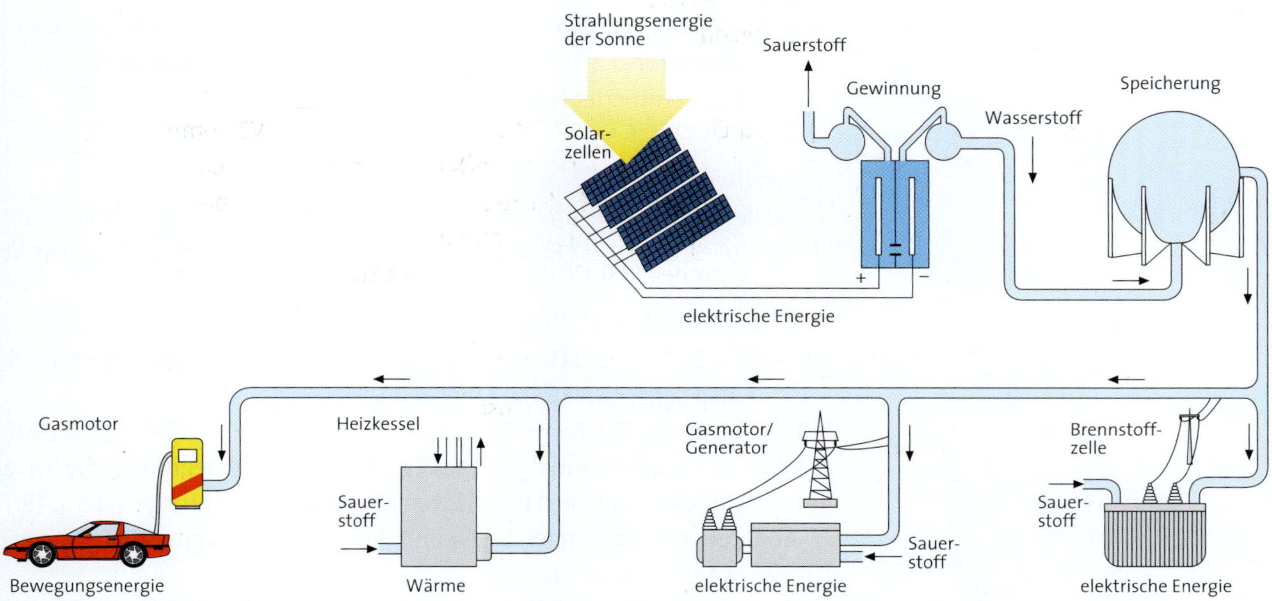

B5 *Solar-Wasserstoff-Szenario.* ***A:*** *Erläutern und begründen Sie, warum hier die Wasserelektrolyse bei der Nutzung von elektrischer Energie aus Solarzellen eine Schlüsselrolle einnimmt.*

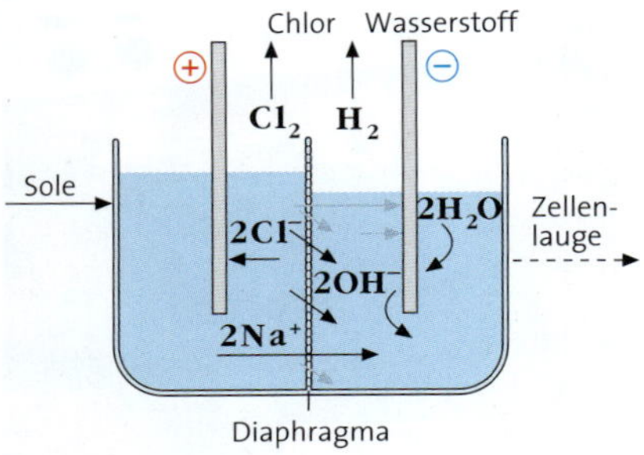

B1 *Schema einer Diaphragma-Zelle.* ***A:*** *Erläutern Sie, warum die Elektrolyse aus V1 diesem Zellentyp eher entspricht als den Zellentypen aus B2 und B3.*

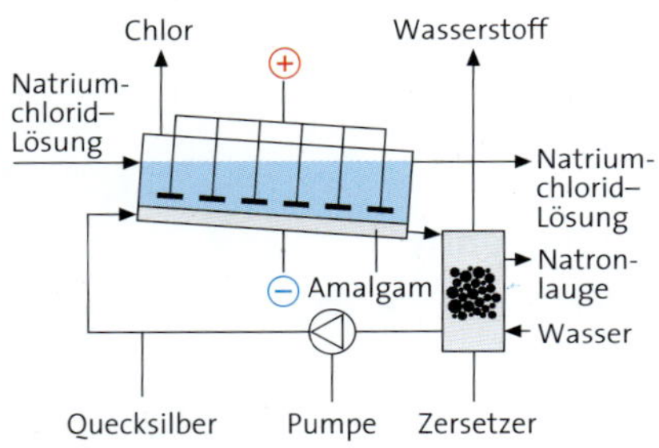

B2 *Schema einer Elektrolysezelle nach dem Amalgam-Verfahren mit Amalgam-Zersetzer.* ***A:*** *Erläutern Sie den Kreislauf des Quecksilbers in dieser Anlage.*

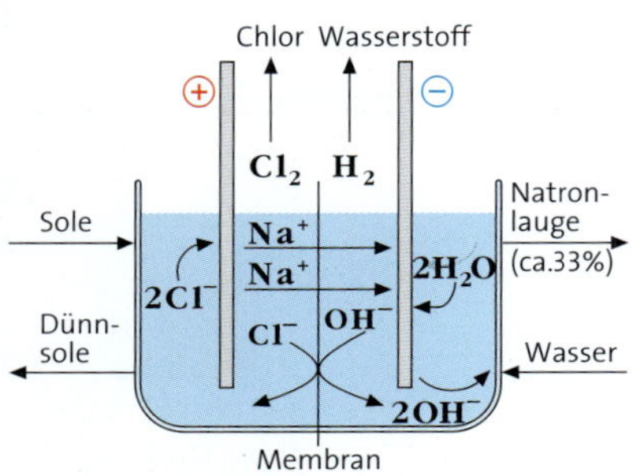

B3 *Schema einer Membran-Zelle*

Chlor-Alkali-Elektrolyse im Labor und in der Technik

Versuch

V1 (**Abzug!**) Füllen Sie in ein U-Rohr mit Fritte Natriumchlorid-Lösung, c = 1 mol/L, geben Sie einige Tropfen Phenolphthalein-Lösung*, $w < 1\%$, hinzu und tauchen Sie zwei Graphit-Elektroden hinein. Verbinden Sie die Elektroden mit einer Gleichspannungsquelle und elektrolysieren Sie einige Minuten mit ca. 6 Volt. Beobachten Sie die Farbe in den beiden Schenkeln des U-Rohres und prüfen Sie vorsichtig den Geruch an den beiden Elektroden.

INFO

Jährlich werden allein in Deutschland ca. 4 Mio Tonnen der Grundchemikalie Chlor durch Elektrolyse von Natriumchlorid-Lösung (**Chlor-Alkali-Elektrolyse**) hergestellt. Als Kopplungsprodukte entstehen dabei Natronlauge und Wasserstoff, beide ebenso wie Chlor wertvolle Grundchemikalien. Bei dem älteren **Diaphragma-Verfahren** (B1) verwendet man Anoden aus Graphit oder Titan, an denen sich Chlor bildet, und Kathoden aus Eisen, an denen Wasserstoff entsteht. Das Diaphragma ist aus Asbest und sowohl für die Anionen als auch für die Kationen aus der Lösung durchlässig. Wegen der Asbestbelastung und der Tatsache, dass man so keine konzentrierte Natronlauge herstellen kann, ist dieses Verfahren rückläufig.

Beim **Amalgam-Verfahren** (B2) ist die Kathode ein Eisenblech, über das Quecksilber fließt. Daran bildet sich nicht Wasserstoff, sondern elementares Natrium, das mit dem Quecksilber eine Legierung, das **Natrium-Amalgam** bildet. Dieses wird anschließend im Zersetzer mit Wasser zu hochreiner Natronlauge und Wasserstoff umgesetzt. Durch Eindampfen dieser Natronlauge erhält man reines Natriumhydroxid. Da über das Amalgam-Verfahren etwa 1 g giftiges Quecksilber pro Tonne Chlor in die Umwelt gelangt, wird es zunehmend durch das **Membran-Verfahren** ersetzt (B3). Dieses ähnelt dem Diaphragma-Verfahren, statt des Diaphragmas verwendet man aber eine selektiv permeable Membran, die für Natrium-Ionen, nicht jedoch für Chlorid- und Hydroxid-Ionen durchlässig ist. Dieses Verfahren ist zwar teurer, aber umweltfreundlicher als die beiden anderen und ermöglicht auch die Herstellung von konzentrierter Natronlauge.

Auswertung

a) An den Anoden aller drei Zellentypen aus B1 bis B3 läuft die gleiche Reaktion ab. Formulieren Sie diese Reaktion und begründen Sie, warum die Anode nicht aus Eisen sein darf.

b) An der Kathode in V1, B1 und B3 werden Wasser-Moleküle reduziert:

$$2H_2O(l) + 2e^- \longrightarrow 2OH^-(aq) + H_2(g); \qquad E^0 = -0{,}41\,V \text{ (bei } pH = 7),$$

in B2 werden dagegen Natrium-Ionen reduziert:

$$Na^+(aq) + e^- + x\ Hg(l) \longrightarrow NaHg_x(l); \qquad E^0 = -1{,}73\,V \text{ (bei } pH = 7).$$

Es bildet sich Natrium-Amalgam $NaHg_x$. Erläutern und begründen Sie diese beiden Kathodenreaktionen mithilfe von B2 und den Ausführungen von S. 49.

c) Erläutern und begründen Sie, womit die beim Diaphragma-Verfahren erhaltene Natronlauge verunreinigt ist.

d) Recherchieren Sie die *EVA Online*-Seiten *„Chlorchemie – Fluch oder Segen?"* und bearbeiten Sie die dort angegebenen Aufgaben.

Überspannung und Zersetzungsspannung

Die großtechnisch außerordentlich wichtige Chlor-Alkali-Elektrolyse funktioniert nicht alleine wegen der Standard-Elektrodenpotenziale E^0 der beteiligten Redoxpaare. Der Vergleich der beiden Kathodenreaktionen von Auswertung b) zeigt, dass zur Reduktion von Wasser-Molekülen und Abscheidung von Wasserstoff eine geringere Spannung nötig ist als zur Reduktion von Natrium-Ionen und Abscheidung von metallischem Natrium. Nun würde man aber aufgrund der folgenden Standardpotenziale E^0 entsprechend erwarten, dass an der Anode Sauerstoff und nicht Chlor gebildet wird:

$$2Cl^-(aq) \longrightarrow Cl_2(g) + 2e^-; \qquad E^0 = +1{,}36\ V\ (\text{bei } pH = 7)$$
$$2H_2O(l) \longrightarrow O_2(g) + 4H^+(aq) + 4e^-; \qquad E^0 = +0{,}82\ V\ (\text{bei } pH = 7)$$

Da in der Praxis aber Chlor entsteht, ist zur Abscheidung von Sauerstoff offensichtlich eine höhere Spannung nötig, als man mithilfe des Standardpotenzials berechnet. Diese Differenz zwischen dem tatsächlichen **Abscheidungspotenzial**, bei dem sich der entsprechende Stoff abscheidet, und dem theoretischen Elektrodenpotenzial bezeichnet man als **Überspannung**. Sie ist abhängig vom Elektrodenmaterial, der Ionenkonzentration der Lösung und der Stromdichte[1]. Bei der Abscheidung von Metallen ist die Überspannung so gering, dass dies kaum ins Gewicht fällt. Größere Überspannungen treten aber bei der Abscheidung von Gasen auf.

An Graphit-Elektroden, die im Allgemeinen als Anoden bei der Chlor-Alkali-Elektrolyse verwendet werden, ist die Überspannung von Sauerstoff größer als die von Chlor, sodass das Abscheidungspotenzial von Sauerstoff größer als das von Chlor wird (B4). Erst dies macht die Gewinnung von Chlor bei der Chlor-Alkali-Elektrolyse überhaupt möglich. Die Differenz der Abscheidungspotenziale ist die für die Elektrolyse notwendige Mindestspannung, die **Zersetzungsspannung** ΔU_z.

Auch beim Amalgam-Verfahren ist das Phänomen der Überspannung für den tatsächlichen Ablauf der Elektrolyse mitbestimmend (B5). Die große Überspannung von Wasserstoff an Quecksilber und das niedrige Abscheidungspotenzial von Natrium an Quecksilber ermöglichen, dass bei einer Zersetzungsspannung von $\Delta U_z = 3{,}34$ V die gewünschten Elektrodenprozesse ablaufen.

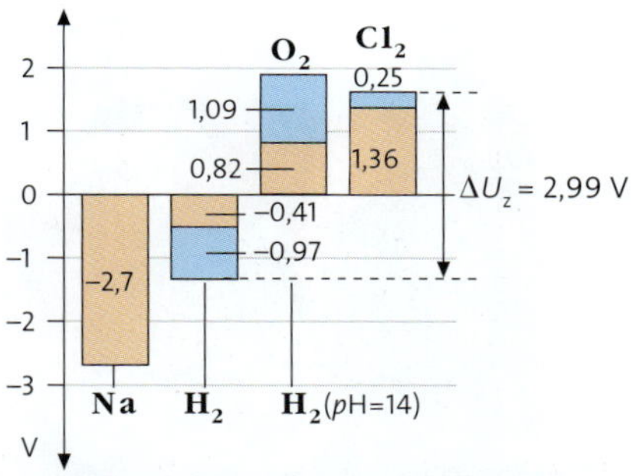

B4 *Abscheidungspotenziale, Überspannung und Zersetzungsspannung ΔU_z bei der Elektrolyse von Natriumchlorid-Lösung an Graphit-Elektroden (Stromdichte: 10^{-1} A/cm²)*

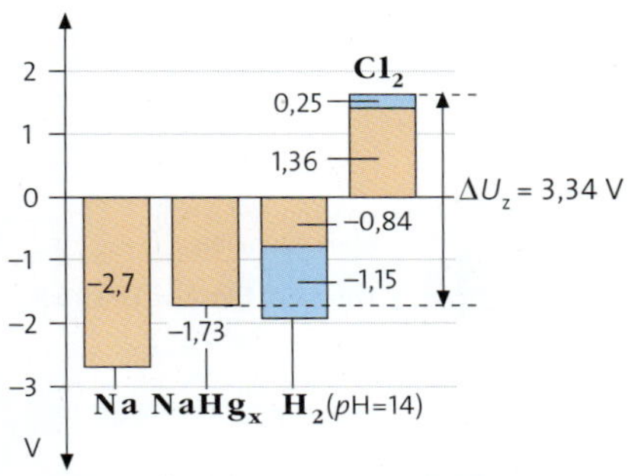

B5 *Abscheidungspotenziale, Überspannung und Zersetzungsspannung ΔU_z beim Amalgam-Verfahren (Stromdichte: 10^{-1} A/cm²).*

Gas	Elektrode	Überspannung
Wasserstoff	Platin (platiniert) Graphit	−0,05 V −0,97 V
Sauerstoff	Platin (platiniert) Graphit	+0,65 V +1,09 V
Chlor	Platin (platiniert) Graphit	+0,03 V +0,25 V

B6 *Gemessene Potenziale zur Abscheidung verschiedener Gase (Stromdichte: 10^{-1} A/cm²)*

Aufgaben

A1 Erläutern Sie, welche Elektrolyseprodukte ohne das Phänomen der Überspannung bei der Chlor-Alkali-Elektrolyse generell zu erwarten wären.

A2 Vergleichen Sie in B4 bis B6 die Überspannungen der drei Gase Sauerstoff, Wasserstoff und Chlor an verschiedenen Elektrodenmaterialien (Graphit, Platin und Quecksilber) und formulieren Sie eine treffende Aussage.

Fachbegriffe

Abscheidungspotenzial, Überspannung, Zersetzungsspannung

[1] Als Stromdichte bezeichnet man den Quotienten aus Stromstärke und Elektrodenoberfläche.

150 Jahre jung

B1 *Eine durchgesägte LECLANCHÉ-Zelle: rechts der herausgenommene Zinkbecher, links Braunstein-Graphit-Gemisch mit Graphitstab.* ***A:*** *Erläutern Sie, woran man erkennt, dass es sich um eine verbrauchte Batterie handelt.*

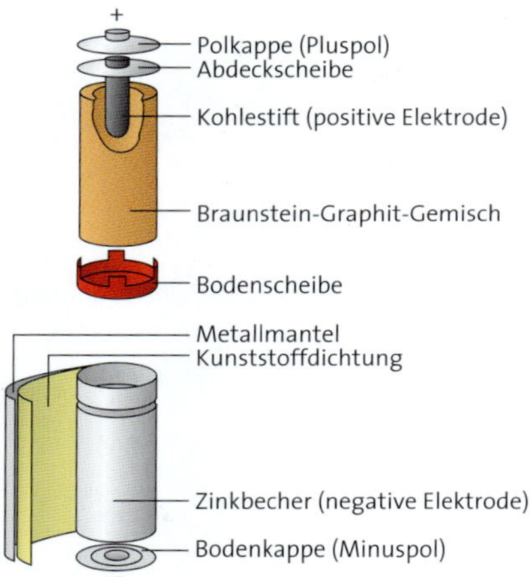

B2 *Bauteile einer LECLANCHÉ-Zelle*

B3 *Modell-Knopfzelle (V3).* ***A:*** *Nennen und erläutern Sie Gemeinsamkeiten und Unterschiede zur LECLANCHÉ-Zelle.*

Versuche

V1 Sägen Sie eine Taschenlampenbatterie (LECLANCHÉ-Zelle) der Länge nach durch. Beschreiben Sie den Aufbau der Batterie, indem Sie sie in ihre Bestandteile zerlegen. Messen Sie mit einem angefeuchteten Indikatorpapier den *p*H-Wert der schwarzen Elektrolyt-Masse. Versetzen Sie in einem Rggl. etwas Elektrolyt-Masse mit einem Natriumhydroxid-Plätzchen* und prüfen Sie nach leichtem Erwärmen vorsichtig den Geruch.

V2 Geben Sie in ein Becherglas mit Ammoniumchlorid-Lösung* ein Zinkblech und eine Extraktionshülse. Mischen Sie in einem Becherglas 7 g Graphitpulver mit 40 g Braunsteinpulver*. Verrühren Sie die Mischung anschließend mit 40 mL 20 %iger Ammoniumchlorid-Lösung zu einer Paste und füllen Sie diese in die Extraktionshülse. Tauchen Sie eine Kohle-Elektrode hinein und verbinden Sie die Elektrode über ein Voltmeter mit dem Zinkblech. Messen Sie die Spannung.

V3 Stellen Sie eine Elektrolyt-Paste aus Graphitpulver, Braunsteinpulver* und Ammoniumchlorid-Lösung* nach V2 her. Bohren Sie in den Plastikdeckel einer Getränkeflasche ein Loch, durch das Sie eine kurze Graphit-Elektrode passend stecken. Füllen Sie nun die Paste in den Plastikdeckel um die Graphit-Elektrode herum. Decken Sie die Paste mit einem passenden Stück Bierdeckel ab, den Sie zuvor mit gesättigter Kaliumnitrat-Lösung* getränkt haben. Schlagen Sie nun ein erbsengroßes, entrindetes Stück Lithium* mit einem Hammer zu einer flachen Scheibe und legen Sie sie auf den Bierdeckel. Verbinden Sie die Graphit-Elektrode und das Lithiumblech mit einem Voltmeter bzw. mit einem Elektromotor. Messen Sie die Spannung der Modellbatterie.

Auswertung

a) In der LECLANCHÉ-Zelle laufen folgende Elektrodenreaktionen ab, die für die erzeugte Spannung verantwortlich sind:

Minuspol: $\mathbf{Zn(s) \longrightarrow Zn^{2+}(aq) + 2e^-}$

Pluspol: $\mathbf{2\overset{+IV}{Mn}O_2(s) + 2H_2O(l) + 2e^- \longrightarrow 2\overset{+III}{Mn}O(OH)(s) + 2OH^-(aq)}$

Erläutern Sie die Funktion des Graphitpulvers im Braunstein-Graphit-Gemisch.

b) GEORGES LECLANCHÉ hat für seine ersten Versuche einen Zinkstab verwendet (B4). Begründen Sie, welche Vorteile die heute verwendeten Zinkbecher haben.

c) Formulieren Sie eine mögliche (sehr wahrscheinliche) Reaktion zwischen den Ammonium-Ionen aus der Graphit-Braunstein-Paste und den nach a) gebildeten Hydroxid-Ionen und begründen Sie, warum ältere, verbrauchte Batterien zum Auslaufen neigen.

d) Die Leerlaufspannung der LECLANCHÉ-Zelle beträgt $\Delta E = U = 1{,}5$ V. Erklären Sie, warum die Spannung der Modell-Knopfzelle aus V3 (B3) mehr als das Doppelte beträgt.

e) Verändern Sie die Modell-Knopfzelle aus V3 (B3) so, dass sie der LECLANCHÉ-Zelle entspricht und messen Sie die Spannung.

Die Taschenlampenbatterie

Die teilweise auch heute noch für Taschenlampen, Spielzeuge und elektrische Kleingeräte gebräuchlichen **Batterien** wurden bereits vor fast 150 Jahren von dem französischen Chemiker GEORGES LECLANCHÉ entwickelt und der Öffentlichkeit auf der Pariser Weltausstellung 1867 vorgestellt – auf der Veranstaltung, zu der auch der Eiffelturm errichtet wurde. Das Besondere an dieser nach ihrem Erfinder benannten **LECLANCHÉ-Zelle** (B4) lag seinerzeit darin, dass diese statt einer Elektrolyt-Lösung eine feuchte **Elektrolyt-Paste** der gleichen Zusammensetzung wie in V1 enthält. Dadurch wird die Zelle „trocken" und ist besser zu handhaben. Am Zinkbecher und an den Braunsteinkörnern laufen die in Auswertung a) formulierten Redoxreaktionen ab und bewirken eine Leerlaufspannung von $\Delta E = U = 1{,}5$ V. Bei Betrieb der Zelle sinkt die Spannung, da durch die Bildung von Hydroxid-Ionen am Pluspol das Potenzial des Redoxpaares $MnO(OH)/MnO_2$ sinkt. Die Zunahme der Konzentration der Hydroxid-Ionen wird allerdings durch folgende **Sekundärreaktion** begrenzt:

$$2OH^-(aq) + 2NH_4^+(aq) \longrightarrow 2NH_3(g) + 2H_2O(l).$$

Das sich um die Braunsteinkörner bildende Ammoniakgas isoliert sie von den Graphitkörnern und der Kohle-Elektrode, so dass bei längerem Betrieb der Zelle die Stromstärke allmählich abnimmt. In einer Betriebspause erholt sich die Zelle wieder, da das Ammoniakgas in die Zelle diffundiert und mit den am Minuspol gebildeten Zink-Ionen zu einem Amminkomplex, dem Diamminzink(II)-Ion, reagiert:

$$Zn^{2+}(aq) + 2NH_3(g) \longrightarrow [Zn(NH_3)_2]^{2+}(aq).$$

In einer weiteren Sekundärreaktion reagieren Zink-Ionen mit Hydroxid-Ionen zu Zinkhydroxid, das im Laufe der Zeit unter Wasserabspaltung zu schwerlöslichem, weißem Zinkoxid „altert" (B1):

$$Zn^{2+}(aq) + 2OH^-(aq) \longrightarrow Zn(OH)_2(s)$$

$$Zn(OH)_2(s) \longrightarrow ZnO(s) + H_2O(l).$$

Nach längerem Betrieb löst sich der Zinkbecher langsam auf, sodass das bei der Alterung gebildete wässrige Zinkoxid auslaufen kann. Aus diesem Grund sollte man aus elektrischen Geräten die Batterien nach Gebrauch herausnehmen.

B4 *Die LECLANCHÉ-Zelle früher und heute (vgl. Auswertung b)*

1791	Froschschenkelversuch von GALVANI
1800	VOLTA'sche Säule
1830	Elektrolysegesetze von FARADAY
1836	DANIELL-Element
1839	Brennstoffzelle von GROVE
1859	Bleiakkumulator von PLANTÉ
1867	Trockenelement von LECLANCHÉ
1912	Nickel-Eisen-Akkumulator von EDISON
1940	Quecksilberoxid-Zink-Batterie von RUBEN-MALLORY

B5 *Wichtige Entdeckungen und Entwicklungen in der Elektrochemie.* ***A:*** *Die Glühlampen mit Metallfäden wurden in den 1880er Jahren entwickelt. Vergleichen und kommentieren Sie ihre „Langlebigkeit" auf dem Markt mit der der LECLANCHÉ-Zelle, indem Sie auf die aktuellen Entwicklungen eingehen.*

Aufgaben

A1 Erklären Sie, weshalb sich eine LECLANCHÉ-Zelle schneller erholt, wenn man sie auf die Heizung legt.

A2 Die LECLANCHÉ-Zelle darf man nicht wie einen Akkumulator (vgl. S. 52, 53) durch Elektrolyse in einem Ladegerät wieder aufladen. Erläutern Sie, welche Reaktionen bei der Elektrolyse in der Zelle ablaufen könnten und welche Gefährdung davon ausginge.

A3 Vergleichen Sie die LECLANCHÉ-Zelle mit anderen Batterien (vgl. S. 60, 61) und nennen Sie jeweils die Vor- und Nachteile.

Fachbegriffe

(Taschenlampen-) Batterie, LECLANCHÉ-Zelle, Elektrolyt-Paste, Sekundärreaktion

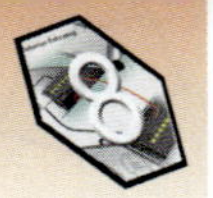

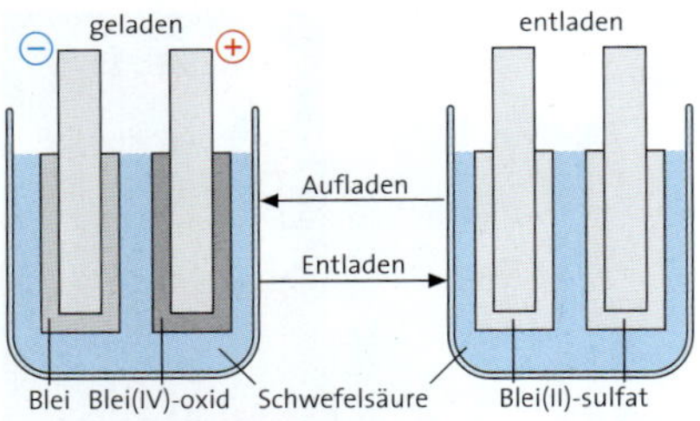

B1 *Geladener und entladener Bleiakkumulator*

Akku leer? Laden!

Versuche

LV1 *Modell-Bleiakkumulator*

Zwei Bleibleche* werden als Elektroden in verdünnte Schwefelsäure*, $w = 25\,\%$, getaucht. Zum Aufladen des Bleiakkumulators wird eine Spannung von etwa 4 V angelegt. Die Oberfläche der beiden Elektroden wird dabei genau beobachtet. Nach dem Abschalten der Spannungsquelle werden die Elektroden zum Entladen des Bleiakkumulators a) über ein Voltmeter und b) über ein Glühlämpchen oder einen kleinen Elektromotor miteinander verbunden.

LV2 Zur Messung der Elektrodenpotenziale der Halbzellen eines Bleiakkumulators wird der Modell-Bleiakkumulator von LV1 mit einer vereinfachten Standard-Wasserstoff-Elektrode (Herstellung vgl. S. 44) kombiniert. Die beiden Elektroden des Modell-Bleiakkumulators werden nacheinander mit der Standard-Wasserstoff-Halbzelle über ein Voltmeter verbunden (B2).

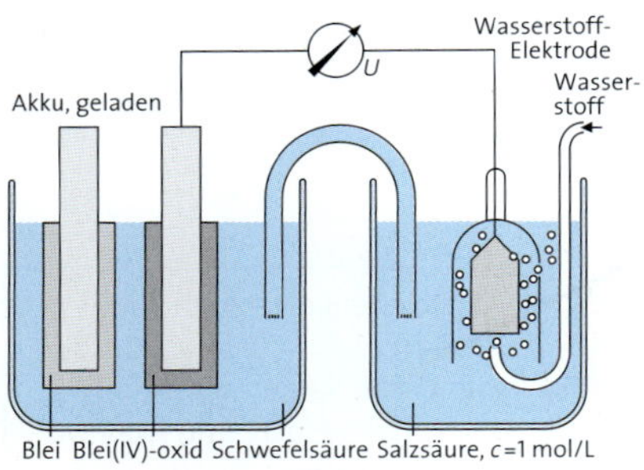

B2 *Messung der Standard-Elektrodenpotenziale eines Bleiakkumulators*

Auswertung

a) Deuten Sie die Versuchsbeobachtungen bei V1 und erklären Sie sie mithilfe der Beschriftungen aus B1.

b) Beim Entladen laufen im Bleiakkumulator folgende Reaktionen ab:

Minuspol:

$$\overset{0}{\mathbf{Pb}}\mathbf{(s)} + \mathbf{SO_4^{2-}(aq)} \longrightarrow \overset{+II}{\mathbf{Pb}}\mathbf{SO_4(s)} + \mathbf{2e^-};\ E° = -0{,}13\ \text{V}$$

Pluspol:

$$\overset{+IV}{\mathbf{Pb}}\mathbf{O_2(s)} + \mathbf{4H_3O^+(aq)} + \mathbf{2e^-} + \mathbf{SO_4^{2-}(aq)} \longrightarrow \overset{+II}{\mathbf{Pb}}\mathbf{SO_4(s)} + \mathbf{6H_2O(l)};\ E° = 1{,}46\ \text{V}$$

Erläutern Sie, an welchen Stellen im Akkumulator jeder der drei Stoffe Blei **Pb**, Bleisulfat $\mathbf{PbSO_4}$ und Bleidioxid $\mathbf{PbO_2}$ vorzufinden ist.

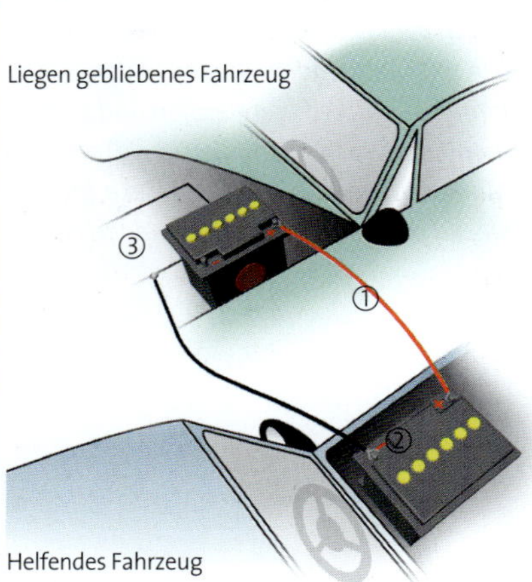

B3 *Der richtige Anschluss bei der Starthilfe*

extra Der Akku ist leer – Fremdstarthilfe

An kalten Wintertagen kann man es oft beobachten: Die Autobatterie[1] ist leer und kann den Automotor nicht mehr starten. Mithilfe einer Fremdstarthilfe kann man den liegen gebliebenen PKW wieder „flott" bekommen. Aber Vorsicht: Da zwischen den Polen einer 12-Volt-Batterie eine hohe Stromstärke fließen kann, kann man schnell großen Schaden anrichten. Daher sind beim Fremdstart folgende Schritte erforderlich (B3):

1. Nur Batterien gleicher Nennspannung verwenden.
2. Beide Kfz-Motoren abstellen und alle Verbraucher (außer Warnblinkanlage beim Spender) abschalten.
3. Mit dem roten Starthilfekabel die Pluspole beider Batterien verbinden ①.
4. Dann das schwarze Kabel an den Minuspol des helfenden Fahrzeugs anklemmen ②. Danach das freie Ende des Kabels an eine blanke Stelle des liegen gebliebenen Fahrzeuges abseits der Batterie anklemmen, beispielsweise am Motorblock ③ (Hinweise des Fahrzeug-Herstellers beachten).
5. Motor des helfenden Fahrzeugs starten, dann Motor des liegen gebliebenen Fahrzeugs starten und laufen lassen.
6. Kabel in umgekehrter Reihenfolge wieder abklemmen.

[1] Die Auto-„Batterie" ist ein Akkumulator, eine wiederaufladbare elektrochemische Zelle.

Der Bleiakkumulator

Ein entscheidender Nachteil der LECLANCHÉ-Zelle und ähnlicher Batterien (vgl. S. 51 und S. 60) ist, dass sie nicht wieder aufgeladen und daher nicht mehrfach genutzt werden können. Dagegen sind Akkumulatoren wie der als Starterbatterie im Kraftfahrzeug bewährte **Bleiakkumulator** wiederaufladbar. Bei der Elektrolyse von Schwefelsäure zwischen zwei Bleiplatten bildet sich an der Anode eine braune Schicht von Blei(IV)-oxid $\mathbf{PbO_2}$ (LV1). An der Kathode aus Blei sind keine Veränderungen erkennbar. Nach Abschalten der Spannungsquelle bei LV1 kann man zwischen den Elektroden eine Spannung von ca. 2 V messen. Durch Elektrolyse ist eine galvanische Zelle, ein Modell-Bleiakku aus einer Blei- und einer Bleidioxid-Elektrode, entstanden (B1). Beim Entladen laufen die in Auswertung a) formulierten Reaktionen ab. Die in der Schwefelsäure vorliegenden Sulfat-Ionen bilden mit Blei(II)-Ionen schwer lösliches Blei(II)-sulfat $\mathbf{PbSO_4}$, das sich als weiße Schicht auf den Elektroden abscheidet. Beim Aufladen des Bleiakkus werden die Vorgänge des Entladens wieder umgekehrt. Der Gesamtstoffumsatz beim Entladen und Laden kann wie folgt zusammengefasst werden:

$$\mathbf{Pb(s) + PbO_2(s) + 4H_3O^+(aq) + 2SO_4^{2-}(aq) \underset{\text{Aufladen}}{\overset{\text{Entladen}}{\rightleftharpoons}} 2PbSO_4(s) + 6H_2O(l)}$$

Beim Bleiakkumulator bleibt das als Reaktionsprodukt gebildete Bleisulfat größtenteils an den Elektroden haften. Dies ist die Voraussetzung für das Wiederaufladen: Die Blei(II)-Ionen im Bleisulfat werden durch Anlegen einer Spannung am Minuspol wieder zu Blei-Atomen reduziert bzw. am Pluspol zu Blei(IV)-Ionen (Blei(IV)-oxid) oxidiert. Eigentlich sollte man vermuten, dass beim Anlegen einer Gleichspannung zum Aufladen des Akkus eine Elektrolyse der wässrigen Schwefelsäure-Lösung unter Bildung von Wasserstoff und Sauerstoff ablaufen würde (vgl. S. 46, 47). Die Abscheidung von Wasserstoff und Sauerstoff ist jedoch an Bleiplatten wegen der sehr hohen Überspannung (vgl. S. 49) stark gehemmt, sodass vorwiegend die Reduktion bzw. Oxidation der Blei(II)-Ionen erfolgt. Wenn alle Blei(II)-Ionen beim Ladevorgang in Blei bzw. Blei(IV)-Ionen (Blei(IV)-oxid) überführt sind, werden beim weiteren Aufladen als Folge einer Überladereaktion Wasserstoff und Sauerstoff als Knallgas aus dem Akku freigesetzt.

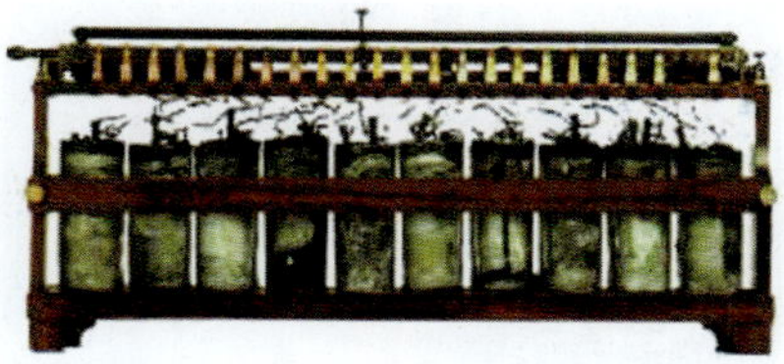

B4 *Im Jahr 1859 entwickelte GASTON PLANTÉ (1834 bis 1889) den ersten Bleiakkumulator und damit die älteste Form einer wiederaufladbaren elektrischen Zelle. Damit war die Grundlage für die industrielle Herstellung von Akkumulatoren geschaffen.*

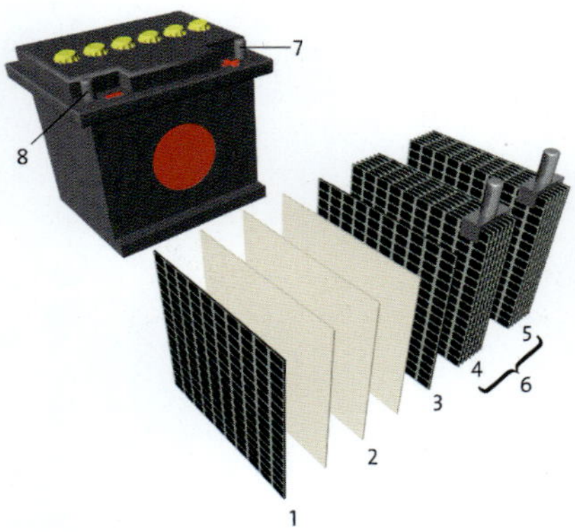

1 negative Platte (Bleigitter mit schwammigem Blei)
2 Scheider
3 positive Platte (Bleigitter mit Blei(IV)-oxid)
4 negativer Plattensatz
5 positiver Plattensatz
6 Plattendock für eine Zelle
7 positiver Pol
8 negativer Pol

B5 *Im Bleiakku von Autos sind 6 Zellen zusammengefasst, die eine Spannung von 12 V ergeben.*

Aufgaben

A1 Begründen Sie, warum die Konzentration der im Akku enthaltenen Schwefelsäure beim Entladen abnimmt.

A2 Erklären Sie, warum sich die Elektrodenpotenziale $E(\mathbf{Pb/Pb^{2+}}) = -0{,}36$ V und $E(\mathbf{Pb^{2+}/PbO_2}) = +1{,}69$ V des Bleiakkus von den in Auswertung b) angegebenen Standard-Elektrodenpotenzialen E^0 unterscheiden.

A3 Vergleichen Sie den Bleiakku mit anderen Akkumulatoren (vgl. S. 62) und nennen Sie jeweils die Vor- und Nachteile.

Fachbegriffe

Bleiakkumulator

Zur Nutzung gezähmt – die Knallgasreaktion

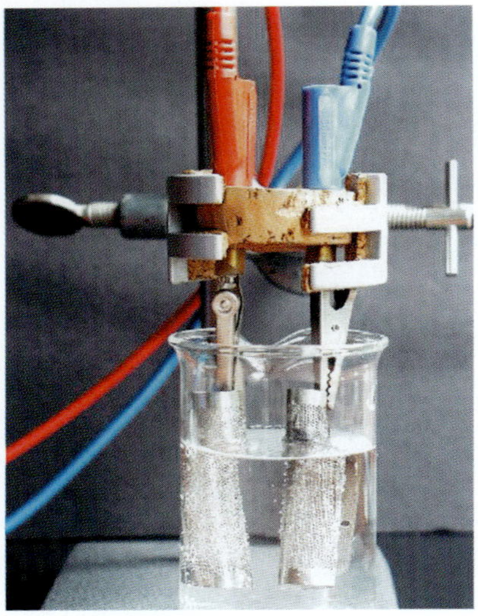

B1 *Versuchsaufbau einer vereinfachten Brennstoffzelle zu V2.* **A:** *Erläutern Sie, warum die Krokodilklemmen nicht in die Lösung eintauchen dürfen.*

Versuche

V1 **(Schutzbrille!)** Tauchen Sie zwei Graphit-Elektroden in Kaliumhydroxid-Lösung*, c = 5 mol/L, und verbinden Sie sie mit den Polen einer Gleichspannungsquelle. Elektrolysieren Sie einige Minuten bei etwa 4 Volt. Ersetzen Sie dann das Spannungsgerät durch ein Voltmeter. Messen Sie die Spannung und geben Sie die Richtung des Elektronenflusses an.

V2 **(Schutzbrille!)** Rollen Sie zwei Rasierscherfolien (vgl. Fußnote S. 44) zusammen und tauchen Sie sie in ein Becherglas mit Kalilauge*, c = 0,1 mol/L. Fixieren Sie die Rasierscherfolien mit Krokodilklemmen und einem doppelt durchbohrten Stopfen (B1). Verbinden Sie die Krokodilklemmen mit einer Gleichspannungsquelle und elektrolysieren Sie 20 s lang mit ca. 4 V. Beobachten Sie die Vorgänge an den Elektroden genau. Ersetzen Sie dann die Spannungsquelle durch ein Voltmeter und messen Sie die Spannung. Schließen Sie dann einen kleinen Elektromotor an und messen Sie die Zeit, wie lange er sich dreht.

V3 **(Schutzbrille!)** *Vorbereitung*: Kleben Sie in eine leere Filmdose mit einer Heißklebepistole ein Stück Schwammtuch, so dass die Dose in zwei etwa gleichgroße Räume getrennt wird. Rollen Sie zwei alte Rasierscherfolien zusammen und fixieren Sie die Rollen mit Kabelbindern. In eine der beiden Rasierscherfolien wird ein Gaseinleitungsschlauch geschoben, in dessen Ende ebenfalls etwas Schwammtuch gesteckt wird, um das später eingeleitete Gas besser zu verteilen.

Durchführung: Füllen Sie eine Hälfte der Filmdose mit Kaliumhydroxid-Lösung*, c = 5 mol/L, die andere mit einer Mischung aus gleichen Teilen Kaliumhydroxid-Lösung* und Methanol*. Tauchen Sie die Rasierscherfolie mit dem Gaseinleitungsschlauch in die Kalilauge und die andere Elektrode in die alkalische Methanol-Lösung*. Verbinden Sie beide Elektroden über ein Voltmeter und blasen Sie mit einer Plastikspritze oder einem Kolbenprober Luft in den Gaseinleitungsschlauch (B2). Lesen Sie die Spannung ab.

Auswertung

a) Für den Aufbau der Spannung bei V1 und V2 sind folgende Reaktionen verantwortlich (die E-Werte gelten bei pH = 14, d.h. $c(\mathbf{H_3O^+}) = 10^{-14}$ mol/L):

Minuspol: $\mathbf{2H_2(g) + 4OH^-(aq) \longrightarrow 4H_2O(l) + 4e^-}$; (1)

$E(\mathbf{H_2/H_2O}) = -0{,}83$ V

Pluspol: $\mathbf{O_2(g) + 2H_2O(l) + 4e^- \longrightarrow 4OH^-(aq)}$; $E(\mathbf{OH^-/O_2}) = 0{,}4$ V (2)

Erklären Sie mithilfe der angegebenen Elektrodenpotenziale die gemessenen Spannungen bei V1 und V2 und addieren Sie die beiden Teilreaktionen zu einer Gesamtreaktion für die Zellen aus V1 und V2.

b) Begründen Sie, warum bei V2 bei zu langer Elektrolyse Explosionsgefahr besteht.

c) Erläutern Sie, warum man bei V3 keinen Wasserstoff wie bei V1 und V2 benötigt, und formulieren Sie eine mögliche Reaktionsgleichung für die Reaktion in der Donator-Halbzelle (Minuspol).

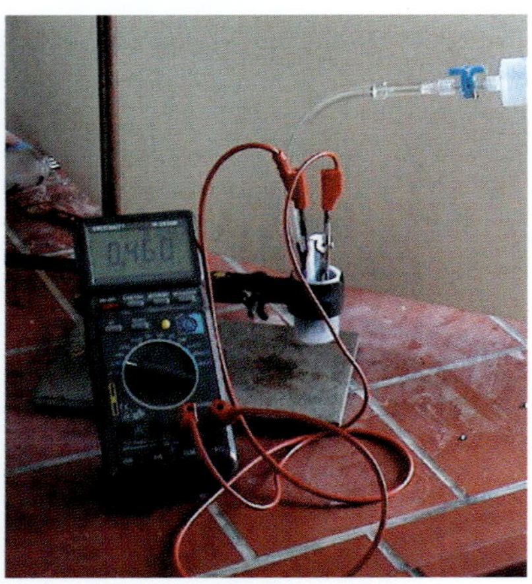

B2 *Die „Low-cost"-Methanol-Brennstoffzelle von V3*

Brennstoffzellen

Eine **Brennstoffzelle** könnte man als „langlebige Batterie mit Zuleitung und Abfluss“ bezeichnen. Im Gegensatz zu herkömmlichen Batterien, deren energieliefernde Reaktionen zeitlich begrenzt sind, oder den Akkumulatoren, die immer wieder zeitaufwendig aufgeladen werden müssen, kann eine Brennstoffzelle kontinuierlich unter Zufuhr von Brennstoffen und Ableiten von Reaktionsprodukten elektrische Energie nutzbar machen (V2, V3). Als Brennstoff dient in der Regel Wasserstoff. Ein Gemisch aus Wasserstoff und Sauerstoff („Knallgas“) reagiert bei Entzünden explosionsartig unter Freisetzung von Wärme:

$$2H_2(g) + O_2(g) \longrightarrow 2H_2O(l); \qquad \Delta_R G = -474\ \text{kJ/mol}^1$$

Die Energie dieser stark exergonischen Reaktion wird in einer Brennstoffzelle „kalt“ als elektrische Energie genutzt (V1, V2). Die Spannung von U = 1,23 V, die man bei der **Knallgas-Brennstoffzelle** misst, ergibt sich aus den Elektrodenpotenzialen der beteiligten Halbzellen (vgl. Auswertung a).

In der technischen Anwendung unterscheidet man mehrere Typen von Brennstoffzellen, die sich vor allem darin unterscheiden, wie die Reaktionsräume der beiden Gase getrennt werden. Die gebräuchlichste Brennstoffzelle ist die **PEM-Brennstoffzelle** (PEM = *Proton Exchange Membrane*), bei der die Wasserstoff- und Sauerstoff-Halbzellen durch eine für Protonen durchlässige Membran getrennt sind. Auf diese ist ein Katalysator aufgetragen, der die Elektrodenreaktionen ermöglicht (B3). Diese Zelle liefert in der Technik eine Spannung von etwa 1 Volt. Um höhere Spannungen zu erreichen, werden solche Brennstoffzellen hintereinandergeschaltet und gestapelt (B4).

Die Knallgas-Brennstoffzelle hat den Vorteil, dass ihr Betrieb umweltfreundlich ist, da sie keine schädlichen Abgase, sondern nur Wasser erzeugt. Dies gilt aber nur dann, wenn der Energieträger Wasserstoff durch umweltfreundlich erzeugten Strom (z. B. mit Windenergie oder photovoltaisch, vgl. S. 47, B5) erzeugt wird. Anstelle von Wasserstoff können auch andere Brennstoffe eingesetzt werden, z. B. Erdgas, das fast ausschließlich aus Methan besteht. So lassen sich z. B. Häuser mit **Erdgas-Brennstoffzellen** beheizen. Hierzu muss das Methan in einem sog. Reformer zunächst katalytisch mit Wasserdampf in Wasserstoff und Kohlenstoffdioxid umgewandelt werden:

$$CH_4(g) + 2H_2O(g) \rightleftharpoons 4H_2(g) + CO_2(g)$$

Das gebildete Wasserstoffgas kann dann in eine PEM-Brennstoffzelle eingeleitet werden.

In **Methanol-Brennstoffzellen** wird Methanol als Brennstoff eingesetzt (V3). Es hat gegenüber Wasserstoff und Methan den Vorteil, dass es in Flüssigkeitstanks transportiert und aufbewahrt werden kann.

Aufgabe

A1 Informieren Sie sich über weitere, auf dieser Seite nicht genannte Typen von Brennstoffzellen. Nennen Sie Gemeinsamkeiten und Unterschiede zu diesen.

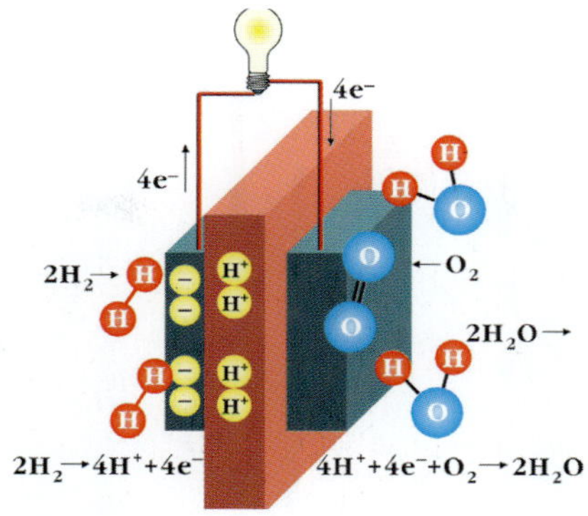

B3 *Schematische Darstellung einer PEM-Brennstoffzelle.* ***A:*** *Erläutern Sie anhand dieser Skizze das Funktionsprinzip der PEM-Brennstoffzelle und informieren Sie sich unter Chemie 2000+ Online über Wasserstoff als Energieträger der Zukunft.*

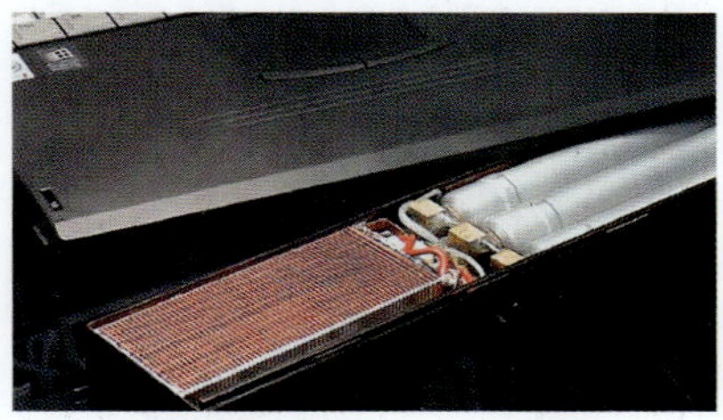

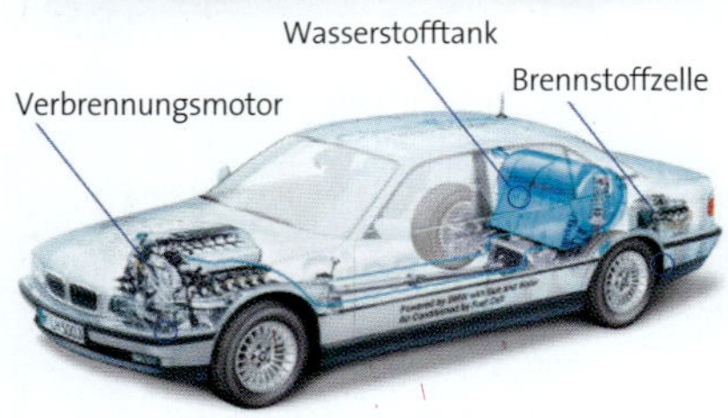

B4 *Stapel von Brennstoffzellen in einem Hybrid-Auto.* ***A:*** *Erläutern Sie, warum nur Wasserstofftanks (keine Sauerstofftanks) notwendig sind.*

Aufgabe

A2 Die Brennstoffzelle ist „älter“ als die Taschenlampenbatterie und der Bleiakkumulator (vgl. S. 53, B5). Nennen Sie Argumente, warum ihre technische Nutzung so lange vernachlässigt wurde.

Fachbegriffe

Knallgas-, Erdgas- und Methanol-Brennstoffzelle, PEM-Brennstoffzelle

[1] Vgl. zu $\Delta_R G$ S. 82

Wenn der Rost alles frisst

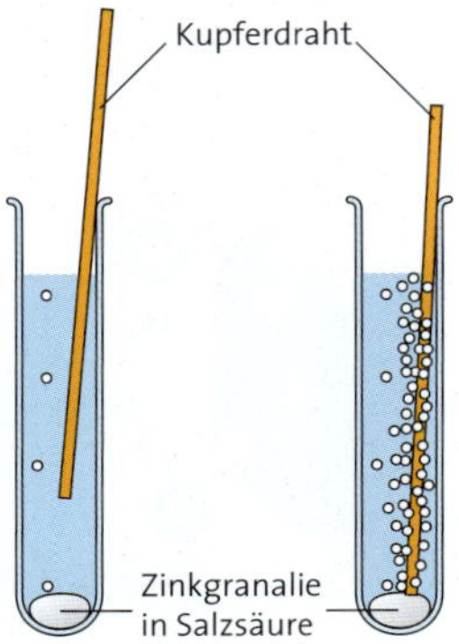

B1 *Reaktion von Zink mit Salzsäure unter verschiedenen Bedingungen (V1)*

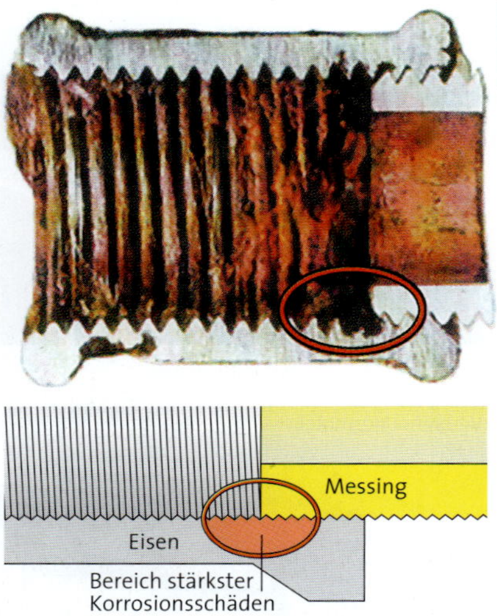

B2 *Kontaktkorrosion von Eisen*

Versuche

V1 Geben Sie in ein Rggl. verdünnte Salzsäure* und eine Zinkperle und beobachten Sie die Gasentwicklung. Berühren Sie die Zinkperle mit einem Kupfer- oder Platindraht (B1) und beobachten Sie die Veränderung der Gasentwicklung genau.

V2 Lösen Sie in 100 mL Wasser 1 g Kaliumnitrat*, 2 mL Phenolphthalein-Lösung, $w < 1\%$, und einige Kristalle Kaliumhexacyanoferrat(III) (rotes Blutlaugensalz) auf. Fügen Sie 2 g Agar hinzu und kochen Sie unter Rühren kurz auf. Übertragen Sie einige Tropfen der noch heißen Lösung auf ein zuvor gereinigtes und geschmirgeltes Eisenblech. Betrachten Sie die Färbungen in den durch den Agar ausgehärteten Tropfen. (*Hinweis*: Vgl. auch V3.)

V3 Bereiten Sie 4 Eisennägel folgendermaßen vor: a) Ein Nagel wird mit einem Kupferdraht in der Mitte umwickelt. b) Ein Nagel wird mit einem Stück Zink verbunden. c) Ein Nagel wird leitend mit dem Minuspol, ein anderer mit dem Pluspol einer Batterie verbunden. Legen Sie die Nägel in Petrischalen und übergießen Sie diese mit der unter V2 beschriebenen Agar-Lösung. Lassen Sie die Schale stehen und beobachten Sie die Farberscheinungen nach einigen Stunden.

Auswertung

a) In V1 ist die Wasserstoffbildung viel lebhafter, wenn die Zinkperle vom Kupfer- oder Platindraht berührt wird (B1). Obwohl sich die meisten Wasserstoffbläschen am Kupferdraht bilden, werden ausschließlich Zink-Atome oxidiert. Formulieren Sie diese Reaktion und erklären Sie, wie es zur Bildung von Wasserstoff am Kupferdraht kommt.

b) Deuten Sie die Farbänderungen bei V2 und V3 und schließen Sie daraus, unter welchen der getesteten Bedingungen Eisen schneller oxidiert. (*Hinweis*: Rotes Blutlaugensalz gibt mit Eisen(II)-Ionen eine blaue Färbung – es bildet sich Berliner Blau, eine Komplexverbindung.)

c) Erläutern Sie den Zusammenhang zwischen den Beobachtungen bei V1 (B1) und dem verrosteten Gewinde eines Eisenrohrs, das in ein Messingstück (Kupfer-Zink-Legierung) eingedreht und saurer Lösung ausgesetzt ist (B2).

d) Vergleichen Sie die Beobachtungen bei V3 b) und c) mit dem Korrosionsschutz nach den Methoden aus B4 und B5 von S. 59.

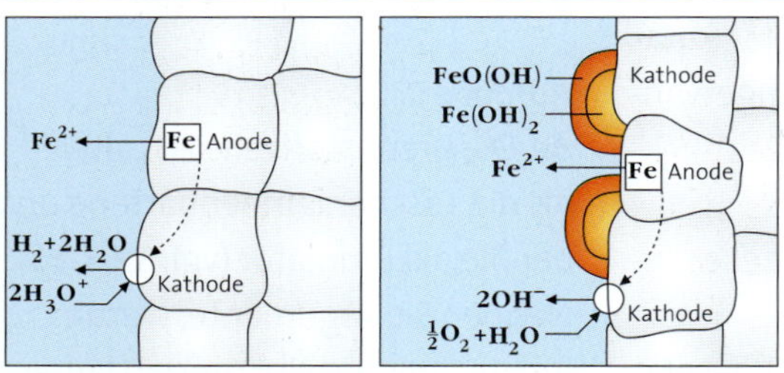

$$Fe \longrightarrow Fe^{2+} + 2e^-$$
$$2H_3O^+ + 2e^- \longrightarrow H_2 + 2H_2O$$
$$Fe + 2H_3O^+ \longrightarrow Fe^{2+} + H_2 + 2H_2O$$

$$Fe \longrightarrow Fe^{2+} + 2e^-$$
$$\tfrac{1}{2}O_2 + H_2O + 2e^- \longrightarrow 2OH^-$$
$$Fe + \tfrac{1}{2}O_2 + H_2O \longrightarrow Fe(OH)_2$$
$$2Fe(OH)_2 + \tfrac{1}{2}O_2 \longrightarrow 2FeO(OH) + H_2O$$

B3 *Säurekorrosion (links) und Sauerstoffkorrosion von Eisen. Mikroskopisch kleine Kristallite im Eisen fungieren als Lokalanoden und -kathoden.*

INFO

Man bezeichnet eine kurzgeschlossene galvanische Zelle wie in V1 als **Kontaktelement** (**Lokalelement**). Die Oxidation läuft an der Lokalanode (bei V1 die Zinkperle) ab, die Reduktion an der Lokalkathode (bei V1 der Kupfer- oder Platindraht). Allgemein ist das unedlere Metall die Lokalanode, das edlere die Lokalkathode. In einem Lokalelement korrodiert (oxidiert) das unedlere Metall schneller als dann, wenn es in reiner Form vorliegt. Die bei seiner Oxidation freiwerdenden Elektronen fließen in die Lokalkathode und werden von deren Oberfläche an Teilchen aus der Umgebung übertragen. Je nachdem, ob das Wasserstoff-Ionen aus einer sauren Lösung oder Wasser- und Sauerstoff-Moleküle aus der Luftfeuchtigkeit sind, unterscheidet man zwischen **Säurekorrosion** und **Sauerstoffkorrosion** (B3).

Korrosion von Metallen

Als **Korrosion** bezeichnet man die Zerstörung von Werkstoffen durch chemische Reaktionen. Metalle werden durch Oxidationsprozesse korrodiert, bei denen Metall-Atome zu Metall-Ionen oxidiert werden.
Bekanntestes Beispiel für die Korrosion eines Metalls ist das Rosten des wichtigen Werkstoffs Eisen – ein Vorgang, der jährlich einen hohen volkswirtschaftlichen Schaden anrichtet. Dabei handelt es sich meist um elektrochemische Vorgänge, eine Metalloberfläche kann aber auch durch direkten Angriff gasförmiger Oxidationsmittel korrodiert werden (B4).
Problematisch wird es, wenn der **Korrosionsprozess** an technischen Anlagen, Fahrzeugen, Maschinen und Geräten auftritt, deren Inspektion und Reparatur hohe Kosten verursachen, oder wenn er mit einem Sicherheitsrisiko verbunden ist. Grund dafür sind die Veränderungen der stofflichen Eigenschaften wie Tragfähigkeit, Festigkeit und Glanz durch die Bildung von Metallsalzen aus den Metallen. Neben gut beobachtbaren Oberflächenveränderungen, Mulden und Löchern kommt es insbesondere zu mikroskopisch kleinen Rissen und von außen nicht erkennbarer „inneren Korrosion“ (B5). Mitunter werden Schäden erst festgestellt, wenn wechselnde Zugspannungen auf ein Bauteil einwirken und Spannungsrisse etwa an Schweißnähten auftreten.
Besonders korrosionsanfällig sind Verbindungsstellen zwischen zwei ungleichartigen Metallen (V1), wie sie an Wasserleitungen auftreten, wenn Messing und Stahl aufeinander treffen (B2). In jeden Fall kommt es zum Verschleiß des unedleren Metalls.
Grund dafür ist die Bildung von **Kontakt-** oder **Lokalelementen** (*INFO*). Im Gegensatz zu einer galvanischen Zelle (vgl. S. 41) sind die Donator- und die Akzeptor-Halbzelle in einem Kontaktelement kurzgeschlossen, sodass ein maximaler Elektronenfluss von der Anode zur Kathode gewährleistet ist. Infolgedessen laufen die Elektrodenprozesse, die Oxidation (Korrosion) des unedleren Metalls und die Reduktion von Teilchen aus der Lösung, die das edlere Metall umgibt, rascher ab als bei einem reinen Metall, das mit keinem anderen Metall in Kontakt ist. Allerdings treten selbst bei einem Gegenstand aus ein- und demselben Gebrauchsmetall, z. B. Eisen oder Stahl, durch Verunreinigungen oder lokal unterschiedliche Kristallgitter mikroskopisch kleine Lokalanoden und -kathoden (B3) mit verschiedenen Redoxpotenzialen auf. Dadurch kommt es zur Ausbildung vieler mikroskopisch kleiner Kontaktelemente und entsprechend zu einer schnelleren Korrosion.

B4 *Erwünschte Rostbildung auf der Oberfläche eines Kunstgegenstandes*

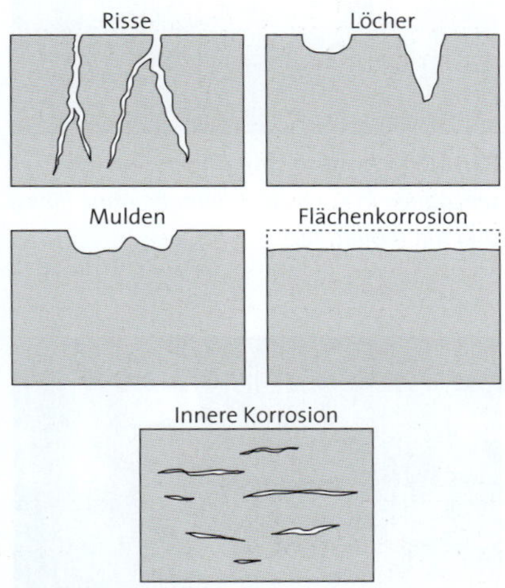

B5 *Einige Formen der Korrosion*

Aufgabe

A1 Zinkperlen gibt es in unterschiedlicher Qualität. Gibt man eine Zinkperle aus hochreinem Zink in Salzsäure, so ist nur eine mäßige Wasserstoffentwicklung sichtbar. Billige Zinkperlen, die Verunreinigungen aus anderen Metallen enthalten, erzeugen eine heftige Gasbildung. Begründen Sie den Unterschied.

Fachbegriffe

(elektrochemische) Korrosion,
Säure- und Sauerstoffkorrosion,
Kontaktelement

Damit der Rost nicht alles frisst

B1 *Feuerverzinkte Metallträger werden einem Zinkbad entnommen.*

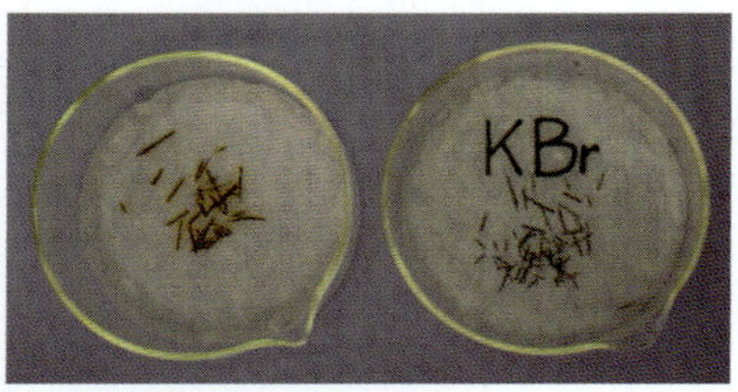

B2 *Unterschiedlich starke Korrosion von Eisenspänen in Kochsalz-Lösungen ohne (links) und mit Inhibitoren*

B3 *Galvanisieren mit einfachsten Mitteln auf einem Markt in Sri Lanka*

Versuche

V1 Bewahren Sie einen großen Eisennagel und einen verzinkten Eisenstab einen Tag lang in je einem mit konzentrierter Kochsalz-Lösung gefülltem Rggl. auf und geben Sie nach einiger Zeit Kaliumhexacyanoferrat(III)-Lösung zu.

V2 Stellen Sie ein gereinigtes und entfettetes Eisen- und ein Kupferblech nebeneinander in ein Becherglas, das eine 3 %ige Kochsalz-Lösung enthält, und verbinden Sie sie über ein Amperemeter. Geben Sie nach einer halben Stunde zu einigen Millilitern der Elektrolyt-Lösung Kaliumhexacyanoferrat(III)-Kristalle.

V3 Verbinden Sie entsprechend der Vorschrift von V2 ein Eisen- und ein Magnesiumblech über ein Voltmeter und messen Sie die Spannung.

V4 Bringen Sie Eisenspäne oder kleine Eisennägel in einer Petrischale auf einen mit Kochsalz-Lösung, $w(\mathbf{NaCl}) = 10\,\%$, getränkten Rundfilter und verschließen Sie die Petrischale mit einem Deckel. In weiteren Ansätzen mischen Sie der Kochsalz-Lösung jeweils einen der folgenden Stoffe bei: Ascorbinsäure, Gelatine, Hexamethylentetramin*, Natriumnitrit*, Kaliumbromid, Stärke (jeweils 1%). Nach einer halben Stunde können die Metallstücke entfernt und die Proben ausgewertet werden. (*Hinweis*: Durch Auswaschen mit destilliertem Wasser und Spülen mit Aceton oder Spiritus lässt sich das Ergebnis noch besser dokumentieren.)

LV5 In 50 mL einer mit 10 mL Schwefelsäure*, $c(\mathbf{H_2SO_4}) = 1$ mol/L, angesäuerten Kupfersulfat-Lösung*, $c(\mathbf{CuSO_4}) = 1$ mol/L, wird ein zu verkupferndes Metallstück als Anode gegen ein Kupferblech geschaltet und eine Gleichspannung von ca. 4 V angelegt.

Auswertung

a) Erklären Sie die unterschiedlichen Beobachtungen in V1.

b) Skizzieren Sie die Versuchsaufbauten von V2 und in V3 und kennzeichnen Sie jeweils Kathode und Anode.

c) Begründen Sie die Richtung des Elektronenflusses in V2 und in V3 unter Verwendung der Angaben in der Spannungsreihe der Metalle (vgl. S. 45, B4).

d) In welcher Elektrolyt-Lösung (V2 oder V3) tritt nach Zugabe einiger Kaliumhexacyanoferrat(III)-Kristalle Blaufärbung auf?

e) Vergleichen Sie die Beobachtungen bei V2 und V3 mit dem Korrosionsschutz durch Opferanoden (B4) und mit dem kathodischen Korrosionsschutz (B5).

f) Vergleichen Sie die Wirkung der Zusatzstoffe in V4 hinsichtlich deren Wirkung auf korrosive Vorgänge an Eisen.

g) Geben Sie die Reaktionsgleichungen für die Vorgänge an den Elektroden bei LV5 an.

h) Vergleichen Sie den Versuchsaufbau von LV5 mit der „Galvanisieranlage“ aus B3.

INFO Korrosionsschutz

aktiver Korrosionsschutz	passiver Korrosionsschutz
Verzinken von Eisen Einsatz von Opferanoden Kathodischer Korrosionsschutz	Schutzanstriche Verchromen Galvanisieren/Eloxieren

Schutz vor Korrosionsschäden

Es gibt verschiedene Methoden, Metalle vor Korrosion zu schützen. Autokarosserien werden beispielsweise nach Vorbehandlungen lackiert. Die Lackschicht verhindert den Zutritt von Säure, Wasser und Sauerstoff an das Eisen und schützt so vor Korrosion. Dieser **passive Korrosionsschutz**, bei dem der Zutritt der als Oxidationsmittel wirkenden Teilchen aus der Umgebung an das Metall verhindert wird, verliert jedoch seine Wirksamkeit, wenn der Lack beschädigt wird.

Wie man in V1 am negativ verlaufenden Nachweis von Eisen(II)-Ionen erkennen kann, wird der Eisennagel, der mit Zink überzogen ist, nicht oxidiert. Entsprechend können Eisenbleche durch Eintauchen in geschmolzenes Zink (Feuerverzinken) vor Korrosion geschützt werden. Im Gegensatz zur Lackschicht ist eine Zinkschicht auf Eisen ein **aktiver Korrosionsschutz**. Bei diesem werden elektrochemische Vorgänge genutzt, da das Eisen bei einer Verletzung der Zinkschicht durch die Ausbildung eines **Kontaktelements** (vgl. S. 57) geschützt ist. Das unedlere Zink bildet die Lokalanode des Kontaktelements und das edlere Eisen die Lokalkathode. Nach dem Prinzip des Kontaktelements funktioniert auch der Korrosionsschutz mit **Opferanoden** (V3, B4): Metallstücke aus Magnesium werden entweder direkt, z.B. an einem Schiffsrumpf, oder leitend, z.B. mit Rohrleitungen, verbunden. Das Magnesium bildet in diesen Fällen die Opferanode, da es aufgrund seines negativeren Redoxpotenzials eher oxidiert wird und die freiwerdenden Elektronen die Oxidation des Eisens verhindern.

Beim **kathodischen Korrosionsschutz**, den man oft bei Öltanks anwendet, wird der zu schützende Tank als Kathode an den Minuspol einer Gleichspannungsquelle geschaltet. Der Pluspol wird an eine Opferanode z.B. aus billigem Eisenschrott angebracht. Der Stromkreis wird durch die im Boden befindlichen Elektrolyte geschlossen (B5). Ebenso können verschiedene Metallgegenstände durch den Einsatz elektrischer Energie beim **Galvanisieren** (LV5) und **Eloxieren** vor Korrosion geschützt werden.

Stromlos geschieht dagegen das **Chromatieren**, das Überziehen unedler Metalle mit einer dünnen Schicht aus Chromaten, Chrom(III)-oxid und den entsprechenden Metalloxiden, die auf den metallischen Oberflächen besonders gut haftet. Wird ein Stück der Oberfläche freigelegt, kann sie sich durch Repassivierung teilweise wieder „selbst heilen".

Besonders einfach kann Korrosionsschutz sein, wenn man der Lösung, die ein Metallstück aufnimmt, **Inhibitoren** zusetzt, die einen Schutzfilm auf der Metalloberfläche bilden (V4), so dass der Zutritt korrosiver Mittel erschwert wird.

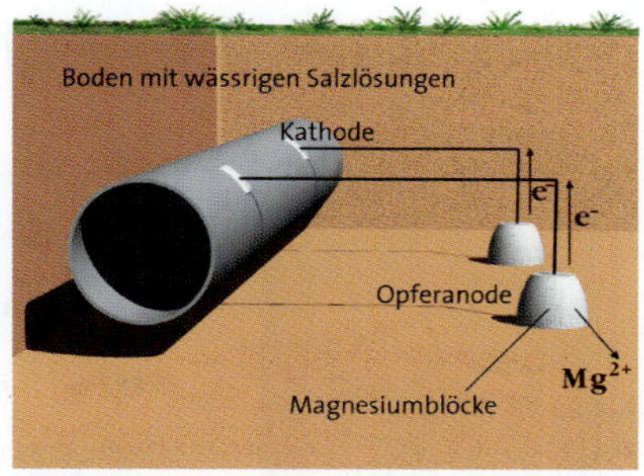

B4 *Korrosionsschutz einer Pipeline durch Opferanoden aus Magnesium*

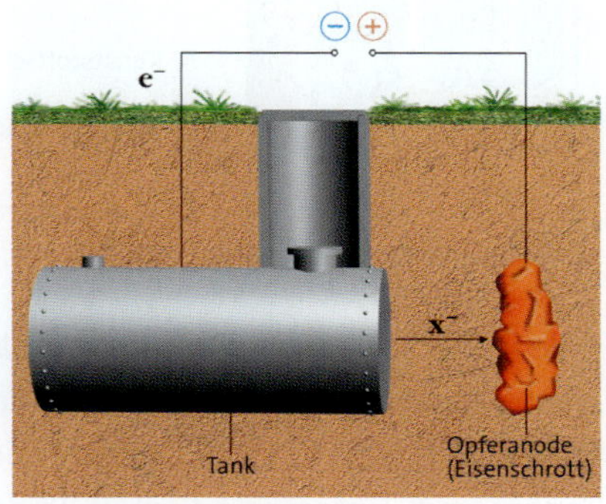

B5 *Kathodischer Korrosionsschutz eines Tanks durch Anlegen einer Spannung*

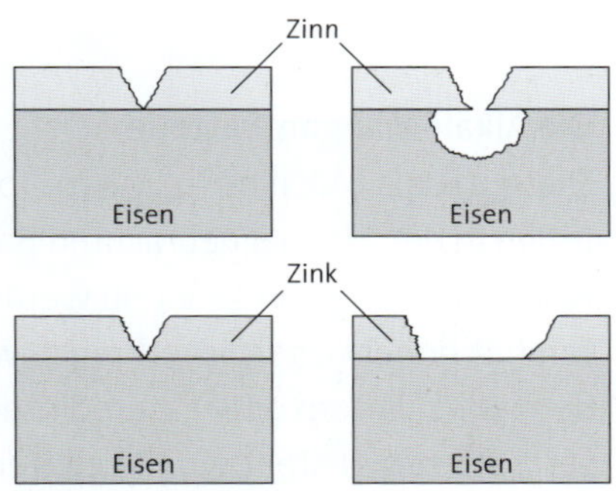

B6 *Korrosion an einem verzinnten und einem verzinkten Eisenblech.* ***A:*** *Erläutern Sie, weshalb man beim Verzinken von einem aktiven Schutz spricht. Schätzen Sie die Wirksamkeit des Verkupferns eines Eisenstücks als Korrosionsschutz ein und vergleichen Sie mit den beiden in B6 dargestellten Fällen.*

Aufgabe

A1 Informieren Sie sich über den Korrosionsschutz von Metallen durch Galvanisieren (LV5) und Eloxieren. Vergleichen Sie die beiden Methoden und begründen Sie deren Zuordnung zum aktiven bzw. passiven Korrosionsschutz.

Fachbegriffe

passiver und aktiver Korrosionsschutz, Opferanode, kathodischer Korrosionsschutz, Galvanisieren, Chromatieren, Inhibitoren

Redoxpotenziale – das Know-how für moderne Batterien

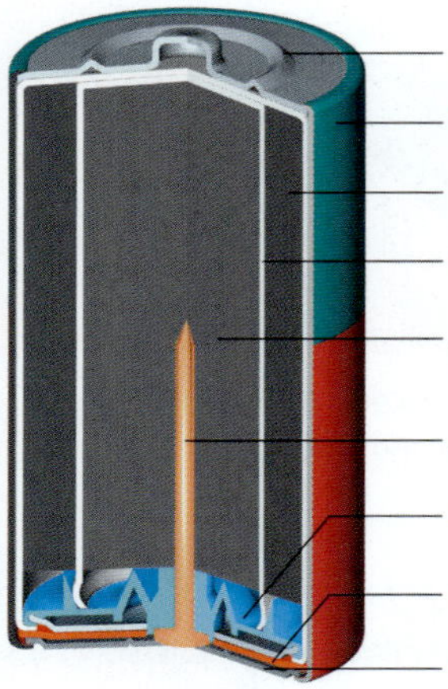

B1 *Bau einer Alkali-Mangan-Zelle.* ***A:*** *Vergleichen Sie diesen Aufbau mit dem der LECLANCHÉ-Zelle.*

B2 *Knopfzellen sind klein und vielfältig einsetzbar.* ***A:*** *Informieren Sie sich auf den Internetseiten verschiedener Batteriehersteller über deren Angebot an Knopfzellen und über die empfohlenen Einsatzbereiche.*

Die im Fachhandel angebotenen Batterien unterscheiden sich zwar äußerlich, funktionieren aber alle nach dem gleichen Prinzip: Es werden immer zwei Redoxpaare mit unterschiedlichen Redoxpotenzialen, getrennt durch einen Elektrolyten, kombiniert.

Die Alkali-Mangan-Batterie

Diese z. B. als „Alkaline"-, „Mikro-" oder „Mignon"-Batterien in den Handel gebrachten Batterien haben eine Nennspannung von 1,5 V und werden bei Elektrogeräten mit hohem Energieverbrauch wie z. B. Radiorecordern, Blitzlichtern oder Laserpointern eingesetzt. Dieser Batterietyp stellt eine Weiterentwicklung der LECLANCHÉ-Zelle auf Basis der Mangandioxid/Zink-Zelle dar. Sie enthält aber als Elektrolyt-Paste Kalilauge (B1). Das bewirkt ein günstigeres Entladeverhalten bei Dauerbelastung. Um den Innenwiderstand der Batterie zu erniedrigen, wird die Zinkoberfläche vergrößert, indem man das als Anode fungierende Zink pulverförmig in die Elektrolyt-Paste einbringt. Die Gesamtreaktion in der Zelle lautet:

$$\mathbf{Zn(s) + 2MnO_2(s) + 2KOH(aq) + 2H_2O(l) \longrightarrow K_2[Zn(OH)_4](aq) + 2MnO(OH)(s)}$$

Viele Batterien kommen in der Form von Knopfzellen auf den Markt. Deren Angebot erscheint zunächst verwirrend (B2). Diese Bauform gewinnt aber immer mehr an Bedeutung, da es sich hierbei um besonders kleine Spannungsquellen handelt, die je nach verwendeten Redoxpaaren unterschiedliche Nennspannungen liefern können.

Die Lithium-Mangan-Zelle

Da das Redoxpaar $\mathbf{Li/Li^+}$ das negativste Standard-Elektrodenpotenzial ($E° = -3{,}04$ V) hat (vgl. S. 45), erzielt man mit Lithium als negativer Elektrode in Knopfzellen die hohe Nennspannung von 3 V. Wie bei der LECLANCHÉ-Zelle fungiert Mangandioxid $\mathbf{MnO_2}$ als Oxidationsmittel an der positiven Elektrode. Vereinfacht läuft folgende Gesamtreaktion in der Zelle ab:

$$\overset{0}{\mathbf{Li}}\mathbf{(s)} + \overset{+IV}{\mathbf{Mn}}\overset{-II}{\mathbf{O_2}}\mathbf{(s)} \longrightarrow \overset{+I}{\mathbf{Li}}\overset{+III}{\mathbf{Mn}}\overset{-II}{\mathbf{O_2}}\mathbf{(s)}$$

Lithium-Mangan-Zellen werden wegen ihrer langen Lebensdauer gerne in Fotoapparaten oder Taschenrechnern eingesetzt. Da Lithium als Alkalimetall in wasserhaltigen Elektrolyt-Lösungen unter Bildung von Wasserstoff reagieren würde, verwendet man organische, polare Lösemittel, beispielsweise Ketone oder Ester.

Aufgabe

A1 Formulieren Sie die an den Elektroden einer Lithium-Mangan-Zelle ablaufenden Reaktionen.

Redoxpotenziale – das Know-how für moderne Batterien

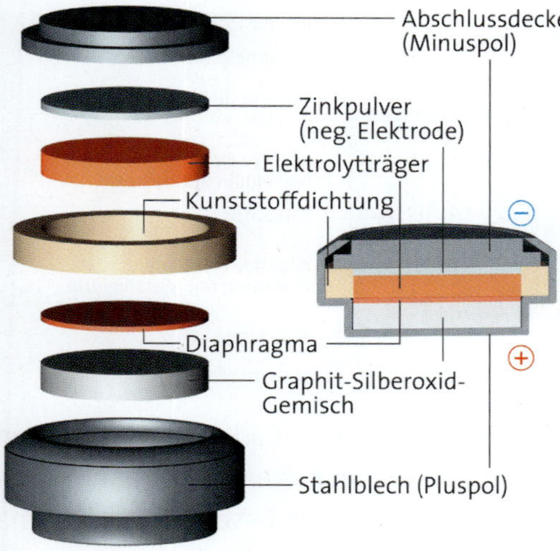

B3 *Aufbau einer Silberoxid-Zink-Knopfzelle*

Die Silberoxid-Zink-Zelle

Dieser Batterietyp (B3) wird vor allem zum Betreiben von Armbanduhren verwendet. Bei ihm wird der Potenzialunterschied der Redoxpaare $\mathbf{Zn/Zn^{2+}}$ und $\mathbf{Ag/Ag^{+}}$ ausgenutzt, der eine Nennspannung von 1,55 V liefert. Bei Stromentnahme laufen in der Zelle vereinfacht folgende Elektrodenreaktionen ab:

Minuspol:

$$\mathbf{Zn(s) \longrightarrow Zn^{2+}(aq) + 2e^-}$$

Pluspol:

$$\mathbf{Ag_2O(s) + H_2O(l) + 2e^- \longrightarrow 2Ag(s) + 2OH^-(aq)}$$

Die Quecksilberoxid-Zink-Zelle

Der Aufbau dieses Batterietyps ist der in B3 gezeigte, statt Silberoxid kommt aber Quecksilberoxid am Pluspol zum Einsatz. Auch die Elektrodenreaktionen sind analog zu denen der Silberoxid-Zink-Zelle. Es wird metallisches, flüssiges Quecksilber gebildet, das die elektrische Leitfähigkeit im Inneren der Zelle weiter erhöht. Die Leistung bleibt daher im Gegensatz zu den meisten anderen Zelltypen über einen sehr langen Zeitraum konstant, auch bei Temperaturen bis zu –50 °C.

Da Quecksilber giftig und umweltschädlich, aber auch ein wertvoller Rohstoff ist, dürfen diese (und andere) Batterien nicht in den Müll geworfen werden. Sie müssen gesammelt und dem Rohstoffrecycling zugeführt werden.

B4 *Verschiedene Batterietypen aus dem Handel und Test zur Unterscheidung von Plus- und Minuspol (vgl. auch A2)*

Die Zink-Luft-Zelle

Dieser Batterietyp nutzt den in der Luft vorhandenen Sauerstoff als Oxidationsmittel für Zink. Anstelle von Mangandioxid (Braunstein) ist das Material der positiven Elektrode Aktivkohle, die an ihrer großen Oberfläche Sauerstoff adsorbiert. Über eine Öffnung, die die Aktivkohleschicht mit der Umgebung verbindet, kann Sauerstoff aus der Luft nachströmen. Die Zink-Luft-Zelle mit einer Nennspannung von 1,4 V wird häufig in Hörgeräten eingesetzt. Ungeeignet ist sie dagegen für Armbanduhren, da deren Wasserdichtigkeit auch den Zustrom von Sauerstoff verhindert. Die Zink-Luft-Zelle selbst ist nicht wiederaufladbar, kann aber als „Instant-Power-Ladeset" zum Aufladen von Handy-Akkus genutzt werden.

Versuch

V1 **(Schutzbrille!)** *Modellversuch zur Zink-Luft-Zelle*
Tauchen Sie in ein Becherglas mit Kalilauge*, $c = 6$ mol/L, ein Zinkblech und ein Stück Holzkohle. Verbinden Sie beide Elektroden mit einem Gleichspannungsmessgerät. Mit der Zelle lässt sich ein kleiner Elektromotor stundenlang betreiben. Formulieren Sie die Reaktionsgleichungen, die bei Stromentnahme ablaufen.

Aufgabe

A2 B4 zeigt, wie man den Plus- vom Minuspol einer Batterie unterscheiden kann. Die Pole der Batterie wurden auf Filterpapier, das mit Phenolphthalein- und Kaliumnitrat-Lösung getränkt ist, aufgedrückt. Werten Sie dieses Versuchsergebnis aus.

Weiterentwicklung der Akkumulatorentechnik

B1 *Nickel-Cadmium-Akkus im Einsatz*

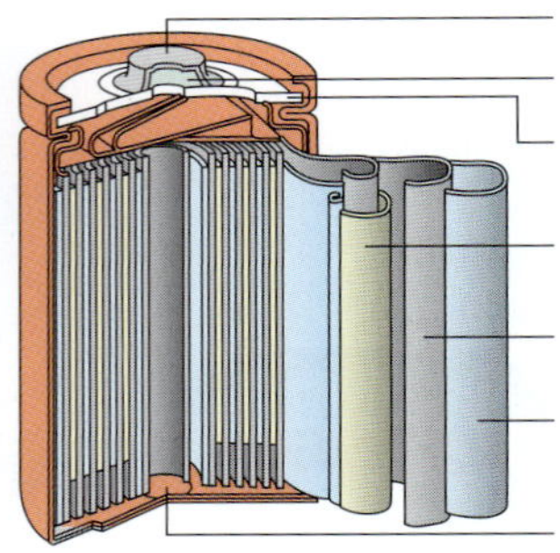

B2 *Bau eines Nickel-Metallhydrid-Akkumlators*

Der Nickel-Cadmium-Akkumulator

Dieser sehr häufig in Kleingeräten eingesetzte Akku wird als Knopf-, Rund- oder Blockzelle hergestellt und hat eine Nennspannung von 1,3 V. Als negative Elektrode dient eine Cadmium-, als positive Elektrode eine Nickel-Elektrode, die mit Nickel(III)-oxid-hydroxid umgeben ist. Als Elektrolyt wird Kalilauge verwendet. Beim Entladen bzw. Laden laufen folgende Reaktionen ab:

Minuspol:

$$\mathbf{Cd(s) + 2OH^-(aq) \underset{\text{Laden}}{\overset{\text{Entladen}}{\rightleftharpoons}} Cd(OH)_2(s) + 2e^-}$$

Pluspol:

$$\mathbf{2NiO(OH)(s) + 2H_2O(l) + 2e^- \underset{\text{Laden}}{\overset{\text{Entladen}}{\rightleftharpoons}} 2Ni(OH)_2(aq) + 2OH^-(aq)}$$

Die beim Laden und Entladen entstehenden Verbindungen sind schwerlöslich und lagern sich auf den Elektroden ab.

Auch beim **Ni/Cd**-Akku könnte es wie beim Bleiakku zu einer Überladereaktion kommen, bei der Wasserstoff und Sauerstoff aus dem Elektrolyten freigesetzt würden. Dies wird aber durch eine Überdimensionierung der negativen Elektrode vermieden: Die negative Elektrode enthält eine Ladereserve aus Cadmiumhydroxid, das nach vollständigem Laden der Zelle zu Cadmium reduziert wird. Dadurch wird verhindert, dass gasförmiger Wasserstoff durch Reduktion von Wasser entsteht. An der positiven Elektrode entsteht dann Sauerstoff, der in die Zelle diffundiert und überschüssiges Cadmium der negativen Elektrode oxidiert.

Wenn man den **Ni/Cd**-Akku wiederholt vor der vollständigen Entleerung auflädt, entstehen auf der negativen Elektrode kleine Kristalle aus einer Nickel-Cadmium-Verbindung ($\mathbf{Ni_5Cd_{21}}$). Dadurch verringert sich die verfügbare Oberfläche der Cadmium-Elektrode und der Akku liefert für immer kürzere Zeit Spannung. Dieser **Memory-Effekt** lässt sich beseitigen, indem man den Akku mehrmals vollständig entlädt und anschließend mit Nennspannung wieder auflädt.

Der Nickel-Metallhydrid-Akkumulator

Da Cadmium giftig ist, wurde als Ersatz für den Nickel-Cadmium-Akkumulator der Nickel-Metallhydrid-Akkumulator (**Ni/MH**-Akku) entwickelt. Heute kann man nahezu alle Geräte, die mit einem **Ni/Cd**-Akku betrieben werden, auch mit dem **Ni/MH**-Akku ausstatten. Die Reaktionsabläufe am Pluspol des Nickel-Metallhydrid-Akkus entsprechen denen am Pluspol des Nickel-Cadmium-Akkus. Der Minuspol des **Ni/MH**-Akkus wird durch eine Metalllegierung gebildet, die in der Lage ist, Wasserstoffgas zu absorbieren. Als Elektrolyt dient Kaliumhydroxid-Lösung. Am Minuspol läuft folgende Reaktion ab:

$$\mathbf{Metall\text{-}H_2(s) + 2OH^-(aq) \underset{\text{Laden}}{\overset{\text{Entladen}}{\rightleftharpoons}} Metall(s) + 2H_2O(l) + 2e^-}$$

Aufgaben

A1 Formulieren Sie für den Nickel-Cadmium- und für den Nickel-Metallhydrid-Akkumulator die Gesamtreaktionen.

A2 Vergleichen Sie den Bau und die Funktion des Nickel-Cadmium- und des Bleiakkumulators (vgl. S. 52, 53).

A3 Stellen Sie fest, welchen Akkumulatortyp Sie an Ihren elektronischen Geräten (Handy, Notebook etc.) haben und überlegen Sie, ob der Memory-Effekt dabei von Bedeutung ist.

Weiterentwicklung der Akkumulatorentechnik

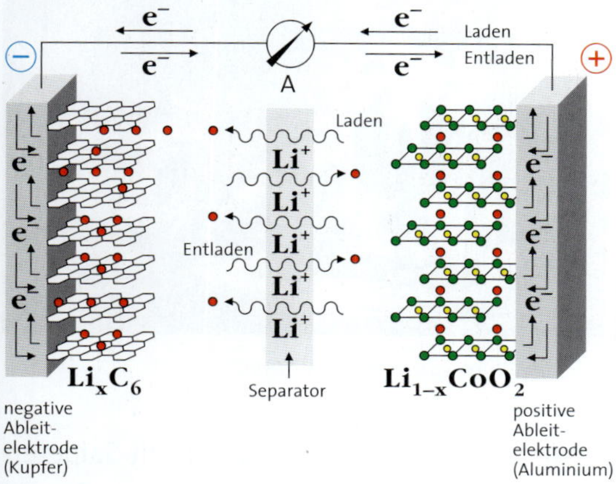

B3 *Aufbau eines Lithium-Ionen-Akkumulators*

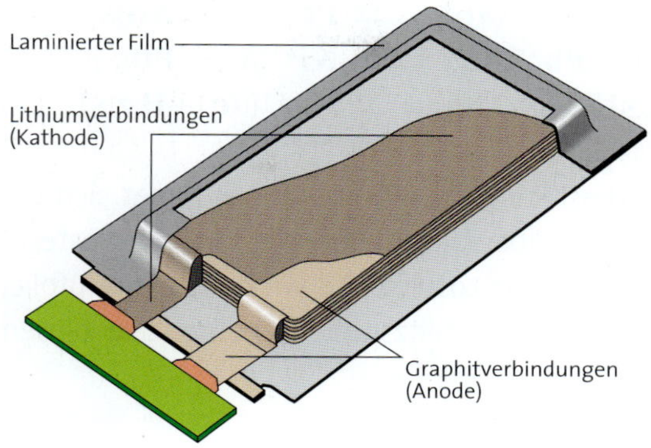

B4 *Aufbau eines Lithium-Polymer-Akkumulators*

Der Lithium-Ionen-Akkumulator

Eine sehr hohe Nennspannung von 3,6–4 V, keinen Memory-Effekt, kurze Aufladezeit und geringe Schadstoffanteile zeichnen diesen modernen Akkumulatortyp aus, von dem jährlich über 500 Millionen Stück hergestellt werden. Die positive Elektrode besteht aus einem Metalloxid, in dem eine bestimmter Anteil an Lithium-Ionen eingelagert ist. In der Praxis werden hauptsächlich Mangan- oder Cobaltoxide verwendet, da sich in deren Kristallgitter die Lithium-Ionen besonders gut als Verbindungen $\mathbf{LiCoO_2}$ oder $\mathbf{LiMn_2O_4}$ einlagern lassen (B3). Als positive Ableitelektrode fungiert ein Metallstab (z. B. Aluminium), der den Kontakt zur Elektrodenmasse herstellt. Als negative Elektrode fungiert eine Graphit-Elektrode, in deren Kohlenstoffgitter ebenfalls Lithium-Ionen eingelagert sind ($\mathbf{Li_xC_6}$). Auch hier dient ein Metallstab (z. B. Kupfer) als Ableitelektrode.

Beim Laden des Lithium-Ionen-Akkus wandern Lithium-Ionen aus dem Metalloxid-Gitter durch den trennenden Separator in die Graphit-Elektrode. Beim Entladen wandern die Lithium-Ionen wieder zurück in das Metalloxid-Gitter. Aufgrund der unterschiedlichen Konzentrationen an Lithium-Ionen ergibt sich im geladenen Zustand eine hohe Potenzialdifferenz zwischen den Redoxpotenzialen der beiden Elektrolytmassen. Als Elektrolyt-Lösung fungieren in diesem Akku wasserfreie organische Lösemittel wie z.B. Propylencarbonat, in denen Lithium-Salze zur Verbesserung der Leitfähigkeit gelöst sind.

Der Lithium-Polymer-Akkumulator

Lithium-Polymer-Akkumulatoren kommen ohne flüssige organische Elektrolyt-Lösungen und Separatoren aus. Der Ladungsfluss innerhalb der Zellen erfolgt in leitenden Polymeren (Kunststoffen). Gleichzeitig verzichtet man auf Metallgehäuse und ersetzt diese ebenfalls durch Kunststoffe. So kann man den Zellen jede beliebige Form geben und kleinste Hohlräume in Elektrogeräten nutzen.

Der Natrium-Schwefel-Akkumulator

Der Natrium-Schwefel-Akkumulator wird als Autobatterie für Elektroautos der Zukunft diskutiert. Da an seinem Aufbau keine Schwermetalle beteiligt sind, speichert er bei gleichem Gewicht fünfmal so viel Energie wie ein Bleiakku und hat eine längere Lebensdauer. Anders als die anderen Akkus hat er einen festen Elektrolyten und flüssige Elektroden. Die Anode besteht aus geschmolzenem Natrium, die Kathode aus geschmolzenem Schwefel. Der Elektrolyt, der die beiden Elektroden voneinander trennt, ist ein natriumhaltiges Aluminiumoxid. Da Schwefel ein schlechter elektrischer Leiter ist, besteht die Anode aus einem mit Schwefel getränktem Graphitgewebe. Flüssiges Natrium ist dagegen ein guter elektrischer Leiter, in den eine leitende, gegen Natrium resistente Elektrode (Kathode) taucht. Im Akkumulator läuft folgende Gesamtreaktion ab:

$$\mathbf{2Na + 3S \underset{\text{Laden}}{\overset{\text{Entladen}}{\rightleftharpoons}} Na_2S_3}$$

A1 Entscheiden Sie anhand der Redoxreihe der Metalle, in welche Richtung die folgenden Reaktionen ablaufen:

a) $Sn(s) + Ni^{2+}(aq) \rightleftharpoons Sn^{2+}(aq) + Ni(s)$
b) $Pb(s) + Sn^{2+}(aq) \rightleftharpoons Pb^{2+}(aq) + Sn(s)$
c) $Ni(s) + Pb^{2+}(aq) \rightleftharpoons Ni^{2+}(aq) + Pb(s)$
d) $Cu(s) + Hg^{2+}(aq) \rightleftharpoons Cu^{2+}(aq) + Hg(s)$

A2 Silberbesteck läuft schwarz an, es bildet sich ein Überzug aus Silbersulfid. Befeuchtet man die Besteckteile mit Kochsalz-Lösung und wickelt sie in Alufolie, werden sie wieder blitzsauber. Erklären Sie diesen Haushaltstrick.

A3 Ein galvanisches Element besteht aus einer Zinn- und einer Nickel-Halbzelle in zwei Bechergläsern, die über eine Salzbrücke verbunden sind. Als Elektrolyt in der Salzbrücke dient eine Ammoniumchlorid-Lösung.
a) Fertigen Sie eine aussagekräftige und vollständig beschriftete Skizze dieser galvanischen Zelle an.
b) Formulieren Sie die Vorgänge an den Elektroden und geben Sie die Richtung des Elektronenflusses an.
c) Erläutern und begründen Sie das Verhalten der Ionen des Elektrolyten beim Kurzschluss der beiden Halbzellen.

A4 Als Druckvorlage für eine Radierung (B1) wird eine Kupferplatte mit eingeätztem Bildmotiv (ein Kupferstich) verwendet. Um sie herzustellen, wird die gereinigte Kupferplatte zunächst mit Wachs überzogen. In diese Schicht wird das Motiv mit einer Radiernadel seitenverkehrt eingeritzt, sodass das Metall an den eingeritzten Stellen freigelegt wird. Anschließend wird die Platte in ein Ätzbad gelegt, das in die freie Metalloberfläche durch Oxidation Vertiefungen einätzt. Als Ätzbad verwendet man häufig Eisen(III)-chlorid-Lösung oder Salpetersäure:

$$Fe^{3+}(aq) + e^- \rightleftharpoons Fe^{2+}(aq)$$

$$NO_3^-(aq) + 3e^- + 4H_3O^+(aq) \rightleftharpoons NO(g) + 6H_2O(l)$$

Die Standard-Redoxpotenziale dieser beiden Systeme betragen $E^\circ(NO/(NO_3^- + 4H_3O^+)) = +0{,}96$ V bzw. $E^\circ(Fe^{2+}/Fe^{3+}) = +0{,}77$ V.

B1 *Radierung von* REMBRANDT *(1606 bis 1689)*

a) Begründen Sie, warum man Kupfer mit Salpetersäure, nicht aber mit Salzsäure anätzen kann.
b) Erläutern Sie, wodurch sich die beiden oben formulierten Redoxsysteme von denen aus B4, S. 45, unterscheiden.
c) Stellen Sie eine begründete Aussage auf, mit welchem der beiden Ätzbäder man Silber anätzen könnte.

A5 Beim Galvanisieren verwendet man als Anodenmaterial dasjenige Metall, mit dem der als Kathode geschaltete Gegenstand elektrolytisch überzogen werden soll. Erläutern Sie die Vorteile im Vergleich zur Verwendung von Graphit als Anodenmaterial.

A6 Erläutern Sie, warum es gesundheitsschädlich ist, wenn sich eine Goldkrone neben einem mit Amalgamfüllung behandelten Zahn befindet.

A7 a) Geben Sie begründet an, welche der folgenden Elemente sich nicht durch Elektrolyse ihrer wässrigen Salzlösungen herstellen lassen: Na, Mg, Cu, F_2.
b) Schlagen Sie für die Fälle, in denen a) zutrifft, jeweils ein Alternativverfahren vor.

A8 Ein Automobilkonzern hat als Werbung für die Rostbeständigkeit seiner Fahrzeuge ein Foto von einem Auto in der Meeresbrandung veröffentlicht. Nehmen Sie hierzu Stellung.

A9 Die Zink-Luft-Batterie (vgl. S. 61) ist eine Knopfzelle, deren Stromerzeugung die Oxidation von Zink und die Reduktion von Sauerstoff zur Grundlage hat.
Erstellen Sie die Reaktionsgleichungen (Teil- und Gesamtgleichungen) der stromliefernden Vorgänge.

A10 Früher wurde der Ladungszustand eines Bleiakkumulators (vgl. S. 53) durch Messung der Dichte der Schwefelsäure ermittelt. Die obere Abdeckung des Akkus hatte kleine Öffnungen für eventuell austretende Gase.

a) Erläutern Sie anhand aussagekräftiger Reaktionsgleichungen, welcher Zusammenhang zwischen Ladungszustand und Schwefelsäuregehalt vorliegt.

b) Erläutern Sie die Bedeutung der kleinen Öffnungen am Bleiakku, die insbesondere dann wichtig sind, wenn der Akku bei langen Fahrten fortwährend geladen wird.

c) Erkundigen Sie sich in der Autowerkstatt, was bei modernen Akkus anders ist als in der Aufgabenstellung und warum.

A11 Korrodiertes Eisen ist nicht nur als Werkstoff nicht mehr verwendbar, sondern kann auch weitere Korrosionsschäden anrichten. So kann eine Kupferregenrinne, die mit Eisennägeln fixiert ist, leicht korrodieren. Erläutern Sie mithilfe der folgenden Angaben genau, wie es zur Korrosion der Kupferregenrinne kommen kann:

$E^{\circ}(Fe^{2+}/Fe^{3+}) = +0{,}77\,V$;
$E^{\circ}(Cu/Cu^{+}) = +0{,}52\,V$;
$E^{\circ}(Cu/Cu^{2+}) = +0{,}35\,V$;
$E^{\circ}(Cu^{+}/Cu^{2+}) = +0{,}16\,V$;
$E^{\circ}(Fe/Fe^{3+}) = -0{,}04\,V$;
$E^{\circ}(Fe/Fe^{2+}) = -0{,}41\,V$.

A12 Bei der „Bagdad-Batterie" waren die Metalle möglicherweise mit Bitumenasphalt gegeneinander isoliert (B2, B3). Als Elektrolyt diente vermutlich Essigsäure oder Traubensaft. Überlegen und erläutern Sie, wie diese Batterie funktioniert haben könnte.

B2 *Originalfundstücke der „Bagdad-Batterie" (um 250 v. Chr.)*

Die „Bagdad-Batterie"

Im Jahr 1936 wurde bei Ausgrabungen im Irak südöstlich von Bagdad ein Tongefäß entdeckt, in das ein Zylinder aus Kupferblech eingearbeitet war, in dem wiederum ein Eisenstab steckte (B2, B3). Der Fund wurde auf die Zeit um 250 v. Chr. in das Reich der Parther datiert. Mit Rekonstruktionen aus den genannten Bauteilen konnte eine Spannung von 0,5 V erzeugt werden. Somit sind Vermutungen naheliegend, dass die Parther mit dieser als „Bagdad-Batterie" bekannt gewordenen galvanischen Zelle bereits im Altertum galvanisieren und so beispielsweise Gegenstände vergolden konnten.

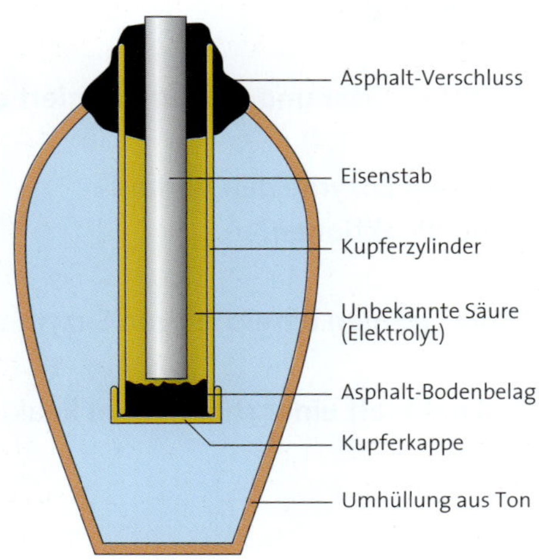

B3 *Rekonstruktion der „Bagdad-Batterie"*

Reaktionsgeschwindigkeit und Enzymkatalyse

Ein Medikament ist in bestimmten Zeitabständen einzunehmen, da es nur wirkt, wenn die Konzentration des Wirkstoffs im Blut (sein „Blutspiegel"), einen bestimmten Wert überschreitet (B1 rechts). Deren zeitlicher Verlauf ist durch eine Vielzahl von physikalischen und chemischen Prozessen bestimmt (Kurven in B1 links). Nicht nur Reaktionen, an denen Wirkstoffe aus Medikamenten beteiligt sind, sondern auch alle anderen Stoffumwandlungen in **Organismen**, beispielsweise die **enzymkatalysierten Reaktionen** bei der Verdauung der Nahrung oder bei der Aufnahme und Verarbeitung von Reizen, sind zeitlich aufeinander abgestimmt. Kenntnisse über ihre **Reaktionsgeschwindigkeit** sind für die Vermeidung von Störungen und die Optimierung von Leistungen wichtig.

Bei chemischen Reaktionen im **Labor** und in der **Industrie** muss man die Reaktionsgeschwindigkeiten und die Möglichkeiten, auf diese vor allem mit **Katalysatoren** Einfluss zu nehmen, kennen, um gute Ausbeuten an gewünschten Produkten in möglichst kurzer Zeit zu erzielen. Schließlich ist der zeitliche Verlauf von Reaktionen in den verschiedenen Bereichen der **Umwelt** (Luft, Wasser und Boden) mitentscheidend für die Entwicklung des Klimas und anderer Lebensbedingungen auf unserem Planeten.

Ausgehend von dem allgemeinen Begriff der Geschwindigkeit (vgl. Textspalte, S. 67) werden in diesem Kapitel die **Reaktionsgeschwindigkeit** und die **Enzymkatalyse** anhand folgender Leitfragen erschlossen:

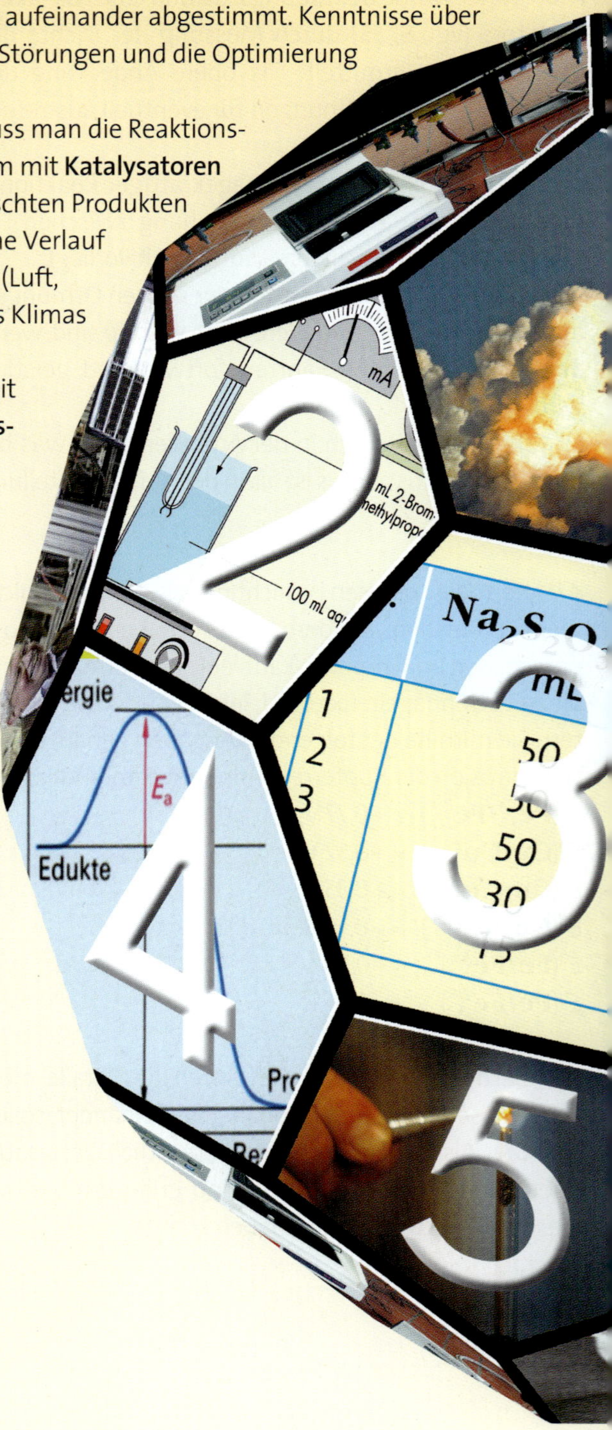

1 **Was ist Reaktionsgeschwindigkeit?**

2 **Wie kann man Reaktionsgeschwindigkeiten messen?**

3 **Welche Faktoren beeinflussen die Reaktionsgeschwindigkeit?**

4 **Warum verlaufen Reaktionen schneller, wenn erwärmt wird?**

5 **Was ist ein Katalysator und wie funktioniert er?**

6 **Wie beeinflussen Enzyme den Verlauf biochemischer Reaktionen?**

7 **Wo liegen die „grünen Bereiche" von Enzymen?**

8 **Was ist die Triebkraft einer chemischen Reaktion?**

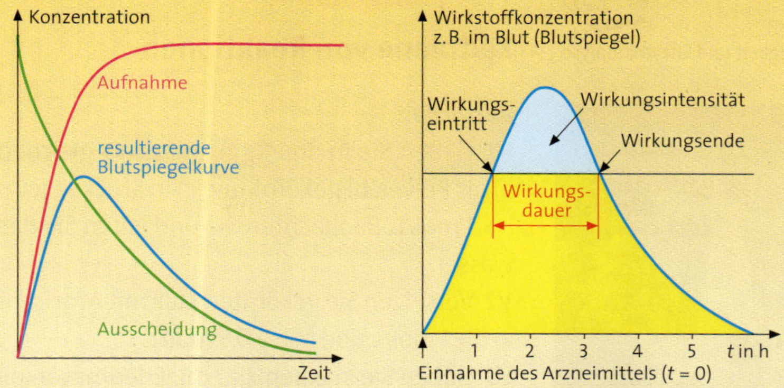

B1 *Zeitliche Verläufe für die Aufnahme, Ausscheidung und Wirkung eines Medikaments. In der Pharmakokinetik wird anhand solcher Zeitpläne die Wirkungsdauer eines Medikaments ermittelt, um die zeitliche Dosierung für die Einnahme zu bestimmen.*

INFO Definitionen der mittleren Geschwindigkeiten und der Momentangeschwindigkeiten

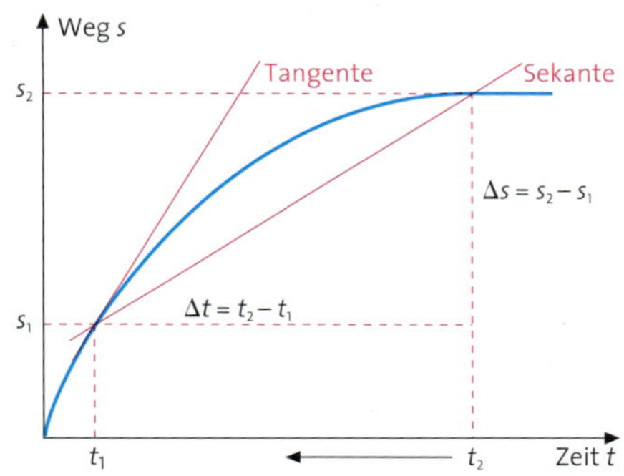

Zeit-Weg-Diagramm für ein ausrollendes Flugzeug. Die Geschwindigkeit des Flugzeuges nimmt beim Ausrollen ab. Bildet man für ein Zeitintervall $\Delta t = t_2 - t_1$ den Quotienten aus der zugeordneten Wegdifferenz Δs und diesem Zeitintervall, so erhält man die mittlere Geschwindigkeit $\overline{v}$ des Flugzeugs für das Zeitintervall Δt: $\overline{v} = \Delta s / \Delta t$
Die Momentangeschwindigkeit v des Flugzeugs erhält man, wenn man immer kleinere, im Grenzfall gegen Null gehende Zeitintervalle Δt wählt und in Beziehung zu den entsprechenden Wegstrecken setzt. Die Momentangeschwindigkeit bei t_1 ist mathematisch als Grenzwert definiert und entspricht zahlenmäßig dem Steigungsfaktor der Tangente an die Zeit-Weg-Kurve an der Stelle t_1.

mittlere Geschwindigkeit im Intervall $\Delta t = t_2 - t_1$:

$$\overline{v} = \frac{\Delta s}{\Delta t}$$

(Steigung der Sekante)

mittlere Reaktionsgeschwindigkeit im Intervall $\Delta t = t_2 - t_1$:

$$\overline{v}_r = \frac{\Delta n}{\Delta t}$$

Momentangeschwindigkeit zum Zeitpunkt t_1:

$$v(t_1) = \lim_{t_2 \to t_1} \frac{\Delta s}{\Delta t}$$

(Steigung der Tangente in t_1)

momentane Reaktionsgeschwindigkeit zum Zeitpunkt t_1:

$$v_r(t_1) = \lim_{t_2 \to t_1} \frac{\Delta n}{\Delta t}$$

B1 *Start der Trägerraketen für ein Spaceshuttle*

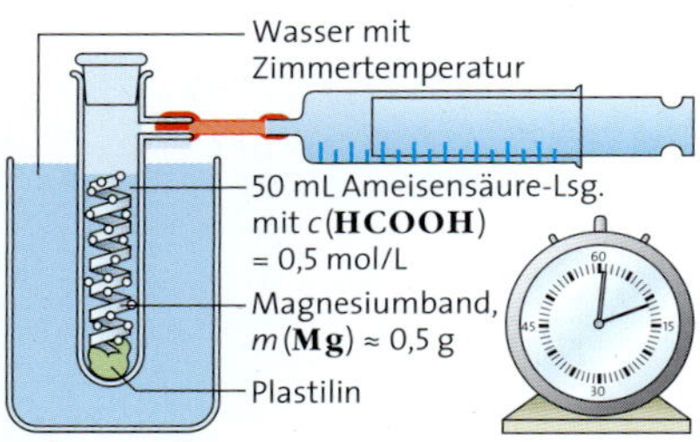

B2 *Versuchsaufbau zu V4*

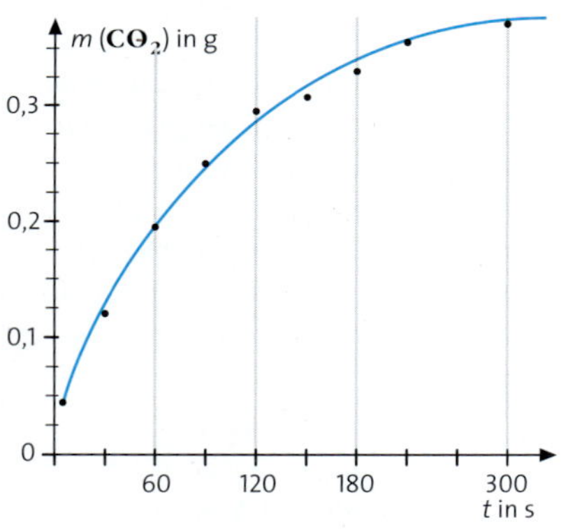

B3 *Zeit-Masse-Diagramm bei der Reaktion von Kalk mit Säure-Lösung.* ***A:*** *Bestimmen Sie anhand des Diagramms die mittlere Reaktionsgeschwindigkeit für das Zeitintervall $t_1 = 30$ s bis $t_2 = 180$ s in mol/s. Ermitteln Sie zeichnerisch den Zeitpunkt, an dem die momentane Reaktionsgeschwindigkeit gleich der berechneten mittleren Geschwindigkeit ist. Fertigen Sie dazu eine entsprechende Skizze an.*

Zeitpläne von Reaktionen

Versuche

V1 Geben Sie in drei Rggl. mit etwa gleichen Portionen an Calciumcarbonat a) als Pulver, b) gekörnt und c) in Stücken jeweils 5 mL Ameisensäure*-Lösung, $c = 1$ mol/L. Beobachten Sie und leiten Sie das entstehende Gas bei a) in Kalkwasser.

V2 Versetzen Sie gekörnten Kalk mit Ameisensäure*-Lösung der Konzentration a) $c = 1$ mol/L und b) $c = 0{,}5$ mol/L.

V3 Geben Sie in einen 250-mL-Erlenmeyerkolben 8 g gekörnten Marmor, stellen Sie den Kolben auf eine Waage und tarieren Sie die Waage auf null. Messen Sie in einem Messzylinder 50 mL Ameisensäure*-Lösung, $c = 1$ mol/L, ab und bestimmen Sie die genaue Masse der Lösung. Geben Sie in einem Guss die Ameisensäure zum Marmor. Lesen Sie in Zeitabständen von jeweils 30 s die Massenanzeige ab.

V4 Formen Sie ein etwa 12 cm langes Magnesiumband* zur Spirale, befestigen Sie es in einer Plastillinkugel und geben Sie es in ein großes Rggl. mit seitlichem Ansatz, an den ein Kolbenprober angeschlossen wird (B2). Fügen Sie 50 mL Ameisensäure*-Lösung, $c = 0{,}5$ mol/L, zu und verschließen Sie sofort mit einem gut dichtenden Stopfen. Notieren Sie die Zeiten, die jeweils bei einer Volumenzunahme von 5 mL verstreichen.

Auswertung

a) Beschreiben und erläutern Sie die Versuchsbeobachtungen bei V1 und V2. Formulieren Sie die entsprechenden Reaktionsgleichungen.

b) Notieren Sie bei V3 die Messwertepaare t/m. Legen Sie eine Tabelle nach folgendem Muster an:

t in s	$m(CO_2)$ in g	$n(CO_2)$ in mol

c) Berechnen Sie dazu die Stoffmenge n von CO_2 nach $n = m/M$. Stellen Sie die Wertepaare $t/n(CO_2)$ grafisch dar.

d) Vergleichen Sie das $t/n(CO_2)$-Diagramm aus c) mit dem Zeit-Weg-Diagramm für ein ausrollendes Flugzeug von S. 67. Übertragen Sie die Begriffe mittlere und momentane Geschwindigkeit auf das Zeit-Stoffmenge Diagramm und lösen Sie die Aufgabe aus B3.

e) Berechnen Sie aus den bei V4 gemessenen Volumina des gebildeten Wasserstoffs $V(H_2)$ die entsprechenden Stoffmengen $n(H_2)$. Verwenden Sie dafür die Formel $n(H_2) = V(H_2)/V_m$. (Das molare Volumen eines Gases beträgt bei 20 °C und bei Normdruck $V_m = 24{,}05\ L \cdot mol^{-1}$.)

f) Erstellen Sie ein $t/n(H_2)$-Diagramm und entwickeln Sie dazu eine Aufgabe analog der zu B3.

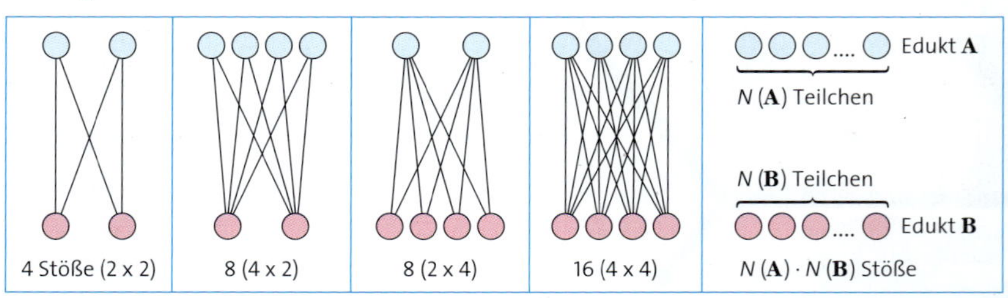

B4 *Modelle und Modellrechnungen zur Anzahl der möglichen Stöße zwischen Edukt-Teilchen A und B*

Reaktionsgeschwindigkeit

Die Verbrennungen in den Triebwerken einer Rakete verlaufen schneller als die Reaktion zwischen einer Säure und Calciumcarbonat beim Entkalken einer Kaffeemaschine und diese wiederum schneller als die Oxidation beim Rosten eines Nagels. Zur Untersuchung einer Reaktionsgeschwindigkeit unter Laborbedingungen eignet sich die Reaktion einer Säure mit Calciumcarbonat (V1 bis V3):

$$CaCO_3(s) + 2\,H_3O^+(aq) \longrightarrow CO_2(g) + 3H_2O(l) + Ca^{2+}(aq)$$

Die Reaktionsgeschwindigkeit bei dieser Reaktion lässt sich bestimmen, wenn man wie bei V3 die Masse des entstehenden und aus dem Gefäß entweichenden Kohlenstoffdioxids in bestimmten Zeitintervallen misst.

Eine andere Möglichkeit, die Geschwindigkeit einer Reaktion zu ermitteln, ist die bei V4 angewendete Methode. Hier wird die zeitliche Zunahme des Volumens des in der Reaktion von Salzsäure mit Magnesium gebildeten Wasserstoffs gemessen.

Beide Größen, die Masse m einer Stoffportion und das Volumen V eines Gases, lassen sich in die Stoffmenge n umrechnen (vgl. Auswertung c) und e). Da die Stoffmenge n die chemische Grundgröße ist, wird die **mittlere Reaktionsgeschwindigkeit** als Änderung der Stoffmenge Δn eines Edukts oder Produkts in einem Zeitintervall Δt definiert und in der Einheit $mol \cdot s^{-1}$ angegeben (vgl. S. 67):

$\bar{v}_r = \Delta n / \Delta t$ $\qquad [v_r] = 1\,mol/s = 1\,mol \cdot s^{-1}$

Für in Lösungen ablaufende Reaktionen wählt man statt der Stoffmenge die Stoffmengenkonzentration $c = n/V$ und definiert:

$\bar{v}_r = \Delta c / \Delta t$ $\qquad [v_r] = 1\,mol/L \cdot s = 1\,mol \cdot L^{-1} \cdot s^{-1}$

Die Reaktionsgeschwindigkeit kann durch die Veränderung der Konzentration der Edukte bzw. der Produkte berechnet werden: $\bar{v}_r = \Delta c_P/\Delta t = -\Delta c_E/\Delta t$.

Die **momentane Reaktionsgeschwindigkeit** $v_r(t)$ zum Zeitpunkt t ist als Grenzwert des Quotienten $\Delta n/\Delta t$ für $\Delta t \rightarrow 0$ definiert (vgl. S. 67). Sie kann grafisch aus der Tangentensteigung an den Graphen t/n an der Stelle t ermittelt werden.

Die Reaktionsgeschwindigkeit ist von verschiedenen Faktoren abhängig, u. a. vom **Zerteilungsgrad** (V1). Nach der **Stoßtheorie** müssen Edukt-Teilchen mit genügend hoher Energie und der „richtigen" räumlichen Orientierung zusammenstoßen, damit sie miteinander reagieren können (B4, B6). Bei einem Feststoff können nur die Teilchen, die sich an der Oberfläche befinden, reagieren (B5). Je größer diese ist, umso schneller verläuft die Reaktion. In einer Lösung ist die Anzahl der möglichen Stöße zwischen den Edukt-Teilchen umso größer, je mehr Teilchen in einem bestimmten Volumen enthalten sind, je höher also die **Konzentration** c ist. So wird plausibel, dass bei der Reaktion von Kalkkörnern mit Säure-Lösung (V2) die Reaktionsgeschwindigkeit im Verlauf der Reaktion abnimmt, denn die Konzentration des Edukts $c(H_3O^+)$ nimmt ab (vgl. auch S. 72, 73).

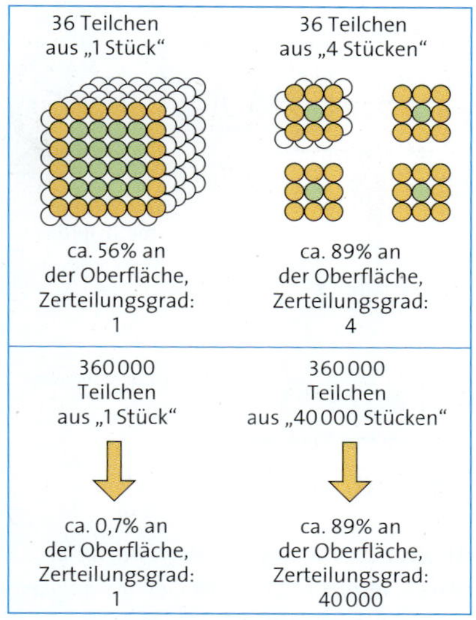

B5 *Modell und Modellrechnung für den Anteil der „Oberflächen-Teilchen" bei verschiedenen Zerteilungsgraden.* ***A:*** *Erläutern Sie, warum das zweite Zahlenbeispiel der Wirklichkeit näher kommt als das erste.*

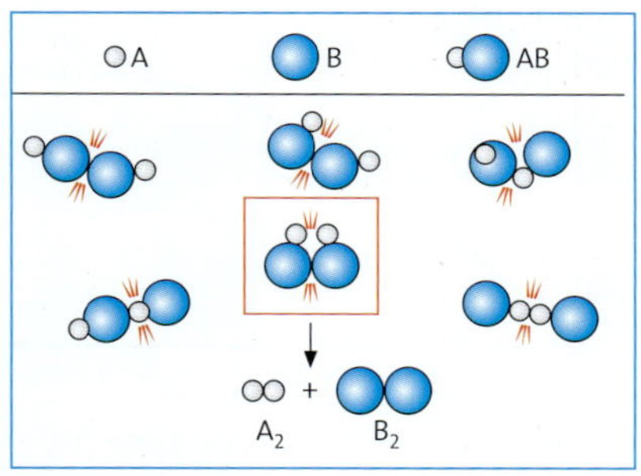

B6 *Einige mögliche Zusammenstöße zwischen den Molekülen* ***AB****. Nur ein Zusammenstoß führt aufgrund der richtigen Orientierung der* ***AB****-Moleküle zur Bildung von* A_2*-Molekülen und* B_2*-Molekülen.*

Aufgaben

A1 Erklären Sie, warum bei V4 „volumetrisch" gearbeitet wird.

A2 Vergleichen Sie die beiden Definitionen der Reaktionsgeschwindigkeit und begründen Sie, welche allgemeiner ist.

Fachbegriffe

mittlere und momentane Reaktionsgeschwindigkeit, Stoßtheorie, Zerteilungsgrad, Konzentration c

Stoppuhr und was noch?

Hinweis: V1/V2 bzw. V3/V4 können arbeitsteilig in Gruppen durchgeführt werden.

Versuche

V1 *Amperometrie*: Stellen Sie die Apparatur aus B1 zusammen und notieren Sie die Anzeige des Amperemeters. Gießen Sie bei eingeschalteter kräftiger Rührung 1 mL 2-Brom-2-methylpropan* in 100 mL dest. Wasser und notieren Sie ab diesem Moment zunächst alle 20 s, später nach größeren Zeitintervallen, die Stromstärke. Unterbrechen Sie, wenn die Stromstärke nicht mehr wesentlich zunimmt, spätestens nach 20 min. Halten Sie einen Streifen Indikatorpapier in die Lösung. Stellen Sie die Messwerte in einem *t*/*I*-Diagramm grafisch dar.

V2 *Kontrollversuch zur Amperometrie*: Stellen Sie eine Verdünnungsreihe von Bromwasserstoffsäure-Lösungen $\mathbf{HBr(aq)}$ mit folgenden Konzentrationen her. Wählen Sie als Ausgangskonzentration $c_0 = 0{,}1$ mol/L und verdünnen Sie zu $c_1 = 3/4 \cdot c_0$, $c_2 = 1/2 \cdot c_0$, $c_3 = 1/4 \cdot c_0$ und $c_4 = 1/8 \cdot c_0$. Messen Sie bei jeder der fünf Lösungen die Stromstärke *I* und stellen Sie die Ergebnisse grafisch dar (B3).

V3 *Fotometrie (extra)*: Stellen Sie am Fotometer die Wellenlänge $\lambda = 560$ nm ein und regulieren Sie die Extinktion *E* mit dest. Wasser auf null. Messen Sie zunächst die Extinktion einer Mischung aus 10 mL Kristallviolett-Lösung, $c = 10^{-5}$ mol/L, und 10 mL dest. Wasser. Entleeren und säubern Sie die Messküvette. Vereinigen Sie jetzt in einem kleinen Becherglas 10 mL Kristallviolett-Lösung, $c = 10^{-5}$ mol/L, und 10 mL Natronlauge*, $c = 0{,}1$ mol/L, und starten Sie sofort die Stoppuhr. Schütteln Sie schnell durch, füllen Sie die Messküvette mit der Lösung und stellen Sie sie ins Fotometer. Notieren Sie alle 20 s die Extinktionswerte *E* (vgl. S. 190). Stellen Sie die Messwerte in einem *t*/*E*-Diagramm grafisch dar.

V4 *Kontrollversuch zur Fotometrie (extra)*: Stellen Sie eine Verdünnungsreihe von Kristallviolett-Lösungen in dest. Wasser ausgehend von einer Lösung der Konzentration $c_0(\mathbf{KV^+}) = 10^{-5}$ mol/L her. Ermitteln Sie eine Eichgerade (B5).

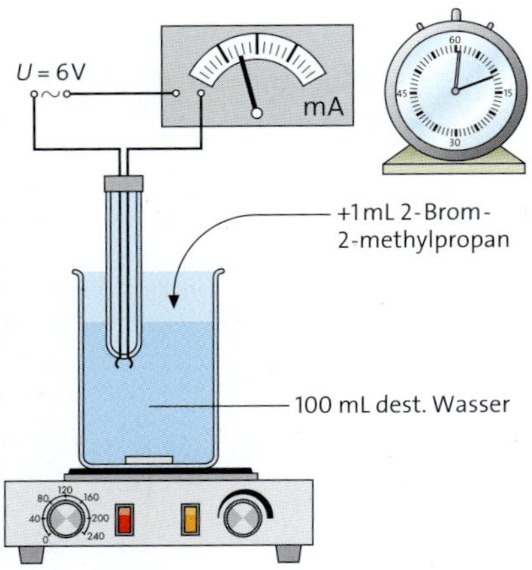

B1 *Skizze zu V1 und V2.* ***A:*** *Begründen Sie, warum immer mit gleicher Geschwindigkeit gerührt werden muss.*

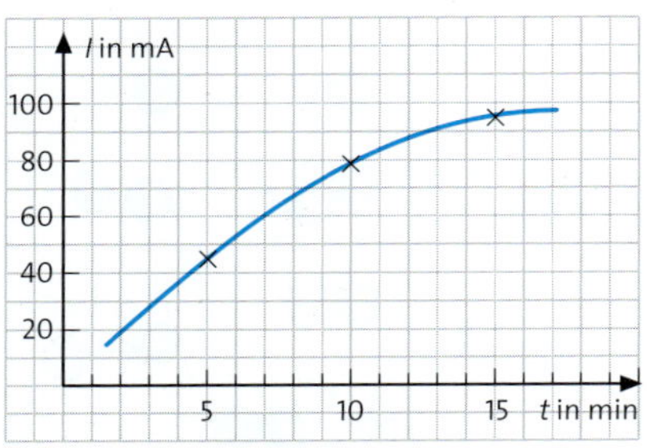

B2 *Verlauf der Zeit-Stromstärke-Kurve (V1)*

Auswertung

a) Bei V1 läuft folgende Reaktion ab (Hydrolyse von 2-Brom-2-methylpropan):

$$\mathrm{H_3C{-}C(CH_3)_2{-}Br(l)} + \mathrm{2\,H_2O(l)} \longrightarrow \mathrm{H_3C{-}C(CH_3)_2{-}OH(aq)} + \mathrm{H_3O^+(aq)} + \mathrm{Br^-(aq)}$$

2-Brom-2-methylpropan → 2-Methyl-propan-2-ol

Erläutern Sie, inwiefern die Versuchsbeobachtungen diese Reaktionsgleichung bestätigen und schlagen Sie einen Nachweis für Bromid-Ionen vor.

b) Ermitteln Sie anhand Ihres in V2 erhaltenen Diagramms nach dem Muster aus B3 den zeitlichen Verlauf der Konzentration von Bromwasserstoffsäure in V1 und zeichnen Sie ein Diagramm $t/c(\mathbf{H_3O^+})$. Bromwasserstoffsäure ist vollständig protolysiert, es gilt $c(\mathbf{H_3O^+}) = c(\mathbf{HBr})$.

Auswertung extra

c) Die Entfärbung von Kristallviolett-Lösung mit Natronlauge kann vereinfacht formuliert werden:

$$\mathbf{KV^+ + OH^- \longrightarrow KVOH}$$

violett → farblos

Ermitteln Sie mit Ihrem in V4 erhaltenen Diagramm den zeitlichen Verlauf der Konzentration von Kristallviolett in V3 und zeichnen Sie ein Diagramm $t/c(\mathbf{KV^+})$.

Messbare Größen bei Reaktionen

Die Messung der Zeit ist für die Ermittlung von Geschwindigkeiten in jedem Fall unerlässlich. Für die Ermittlung von Reaktionsgeschwindigkeiten benötigt man zusätzlich den zeitlichen Verlauf der **Stoffmenge *n*** oder den der **Konzentration *c***. Da diese Größen nicht direkt messbar sind, weicht man auf andere, messbare Größen aus, zu denen sie in einfachen Relationen stehen, beispielsweise proportional sind. So nutzt man entweder die Gleichung $n = m/M$ oder die Gleichung $n = V/V_m$, um über die gemessene Masse m bzw. das gemessene Volumen V die Stoffmenge n zu ermitteln (vgl. S. 68, 69).

Wenn sich weder die Masse noch das Volumen des reagierenden Systems ändert, muss man auf weitere messbare Größen zurückgreifen, beispielsweise die Stromstärke I: Bei Reaktionen wie in V1, bei denen sich in einer Lösung aus Edukten, die nur aus Molekülen bestehen, Produkte bilden, von denen eines oder mehrere als Ionen vorliegen, nimmt die elektrische Leitfähigkeit der Lösung mit dem Fortschreiten der Reaktion zu. Da hier die Stromstärke I der Lösung in Ampère am einfachsten zu messen ist, spricht man von *Amperometrie*. Der lineare Zusammenhang zwischen der Stromstärke I und der Konzentration c des Produkts erlaubt es, aus den gemessenen Stromstärke-Werten die entsprechenden Zahlenwerte der Konzentrationen grafisch zu bestimmen (B3) oder zu berechnen (A1). Mit dieser Methode wird auf S. 74 der Einfluss der Temperatur auf die Reaktionsgeschwindigkeit untersucht.

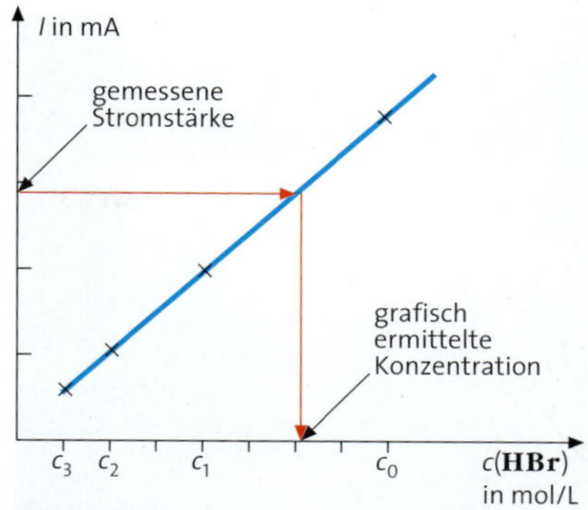

B3 *Muster für die Darstellung der Konzentration-Stromstärke-Abhängigkeit (V2) und graphische Ermittlung der Konzentration aus den gemessenen Stromstärken*

Aufgabe

A1 Entwickeln Sie eine Formel, mit der aus den gemessenen Stromstärke-Werten bei V1 die Zahlenwerte der Konzentration schnell und einfach mit dem Taschenrechner berechnet werden können.

Fachbegriffe

Stoffmenge n, Konzentration c

extra Die **Fotometrie** mit sichtbarem Licht eignet sich zur Ermittlung von Reaktionsgeschwindigkeiten, wenn in einem reagierenden System eine farbige Verbindung verschwindet oder gebildet wird. Bei der Reaktion von Kristallviolett $\mathbf{KV}^+$, mit Natronlauge in V3 ist die gemessene Extinktion E proportional zur Konzentration des Kristallvioletts (V4, B5). Allgemein gilt zwischen der Konzentration c einer lichtabsorbierenden Verbindung und der Extinktion E das *LAMBERT-BEER-Gesetz*: $E = \varepsilon \cdot d \cdot c$.
E: Extinktion (vgl. S. 190); d: Schichtdicke der Lösung; c: Konzentration der lichtabsorbierenden Verbindung; ε: molarer Extinktionskoeffizient (Stoffkonstante)

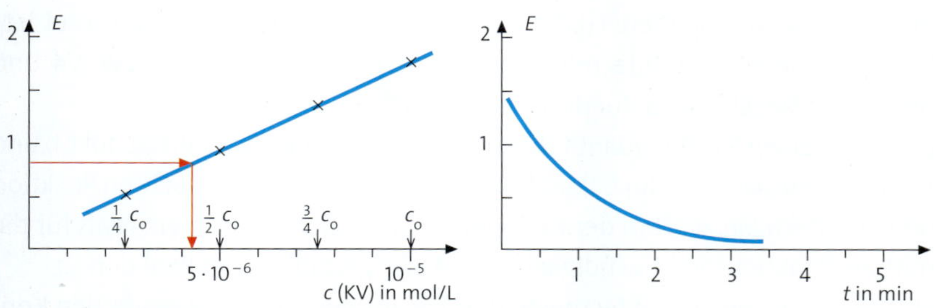

B5 *Eichgerade einer Farblösung (links) und prinzipieller Verlauf einer Zeit-Extinktions-kurve (V3, V4)*

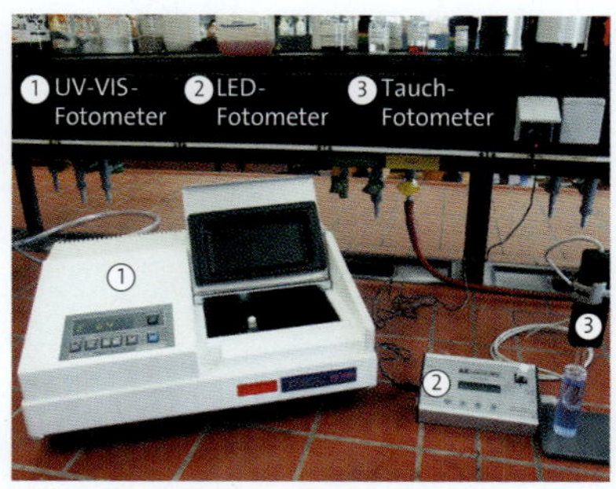

B4 *Verschiedene Fotometer (vgl. V3, V4 und S. 190)*

Aufgaben

A2 Die Extinktion E ist dimensionslos. Nennen Sie mögliche Einheiten für die anderen drei Größen aus dem LAMBERT-BEER-Gesetz.

A3 Planen Sie einen Versuch, mit dem man die Reaktionsgeschwindigkeit der Entfärbung des blauen Merocyanins (vgl. S. 192) photometrisch ermitteln kann.

Die Konzentration als Variable

Hinweis: Die Versuche können arbeitsteilig in Gruppen durchgeführt werden (V1/V2 bzw. V3/V4).

Versuche

***V1** Vorversuch*: Legen Sie auf die Fläche des OH-Projektors eine Folie, auf der mit dickem schwarzem Filzstift ein „+“ Zeichen gemalt wurde. Stellen Sie darauf eine Kristallisierschale, in der sich 5 mL Salzsäure* **$HCl(aq)$**, c = 0,5 mol/L, und 45 mL Wasser befinden. Gießen Sie dazu 15 mL Natriumthiosulfat-Lösung* **$Na_2S_2O_3(aq)$**, c = 0,5 mol/L, rühren Sie mit einem Glasstab um und beobachten Sie die Projektionswand (B1).

***V2** Hauptversuch*: Verfahren Sie wie bei V1 und messen Sie für die fünf in B2 angegebenen Ansätze jeweils die Reaktionszeit vom Start der Reaktion (Zugießen der Natriumthiosulfat-Lösung*) bis zum Verschwinden des „+“ Zeichens auf der Projektionswand. Tragen Sie die Reaktionszeiten t_r in eine Tabelle ein, die Sie gemäß Auswertung a) anlegen.

***V3** Vorversuch*: Versetzen Sie in einem Erlenmeyerkolben 20 mL Kaliumiodid-Lösung* **$KI(aq)$**, c = 0,1 mol/L, mit etwas Stärke-Lösung und mit 5 mL Ammoniumperoxodisulfat-Lösung* **$(NH_4)_2S_2O_8(aq)$**, c = 0,1 mol/L. Schütteln Sie durch und beobachten Sie die Farbänderung.

***V4** Hauptversuch*: Bereiten Sie in sechs Erlenmeyerkolben die Gemische aus Kaliumiodid-Lösung*, c = 0,1 mol/L, Wasser und Natriumthiosulfat-Lösung* **$Na_2S_2O_3(aq)$**, c = 0,0025 mol/L, gemäß B3 vor. Führen Sie dann der Reihe nach bei jeder Probe eine Zeitmessung vom Start der Reaktion bis zum Erscheinen der blauen Farbe durch. Die Reaktion wird jeweils durch das Zugießen des in B3 angegebenen Volumens an Ammoniumperoxodisulfat-Lösung* **$(NH_4)_2S_2O_8(aq)$**, c = 0,1 mol/L, gestartet. Tragen Sie die Reaktionszeiten t_r in eine Tabelle ein (vgl. Auswertung a).

B1 *Versuchsvorrichtung zu V1*

Nr.	$Na_2S_2O_3(aq)$ mL	H_2O mL	$HCl(aq)$ mL
1	50	10	5
2	50	5	10
3	50	0	15
4	30	30	5
5	15	45	5

B2 *Mischungsverhältnisse bei V2*

Nr.	$KI(aq)$ mL	$Na_2S_2O_3$ mL	H_2O mL	$(NH_4)_2S_2O_8$
1	20	5	10	15
2	20	5	15	10
3	20	5	20	5
4	20	5	5	20
5	10	5	15	20
6	5	5	20	20

B3 *Mischungsverhältnisse bei V4*

Auswertung

a) Bei V1 und V2 bzw. bei V3 und V4 laufen folgende Reaktionen ab:

Schwefelbildung aus Thiosulfat-Ionen in saurer Lösung:

$$S_2O_3^{2-}(aq) + 2H_3O^+(aq) \rightarrow S(s) + SO_2(g) + 3H_2O(l)$$

Iodbildung aus Iodid-Ionen und Peroxodisulfat-Ionen:

$$2I^-(aq) + S_2O_8^{2-}(aq) \rightarrow I_2(aq) + 2SO_4^{2-}(aq)$$

„Abfangen“ des Iods mit Thiosulfat-Ionen:

$$I_2(aq) + 2S_2O_3^{2-}(aq) \rightarrow 2I^-(aq) + S_4O_6^{2-}(aq)$$

Übernehmen Sie die Tabellen aus B2 bzw. B3 in Ihr Heft und ergänzen Sie sie um folgende vier Spalten: c(Edukt 1), c(Edukt 2), die Reaktionszeit t_r und $1/t_r$. Ergänzen Sie die t_r-Spalte mit Ihren Messergebnissen aus V2 bzw. V4 und berechnen Sie alle Werte für die übrigen Spalten.

b) Beschreiben Sie den quantitativen Zusammenhang zwischen c(Edukt 1) und $1/t_r$ sowie zwischen c(Edukt 2) und $1/t_r$ bei der von Ihnen untersuchten Reaktion und erläutern Sie, warum der Kehrwert der Reaktionszeit $1/t_r$ ein Maß für die mittlere Reaktionsgeschwindigkeit v_r im Anfangsstadium der Reaktion ist.

c) Beurteilen Sie, ob die festgestellten Zusammenhänge zwischen den Konzentrationen der Edukte und der Reaktionsgeschwindigkeit mit den Modellrechnungen zur Stoßtheorie (vgl. S. 68, B4) erklärbar sind.

Beeinflussung der Reaktionsgeschwindigkeit

Die mittlere Anfangsgeschwindigkeit einer Reaktion kann ermittelt werden, wenn man die Reaktionszeit t_r misst, in der sich eine bestimmte Stoffmenge eines Produkts bildet. Bei V1 und bei V2 entsteht eine bestimmte Menge Schwefel, der die Lösung so trübt, dass auf der Projektionswand nichts mehr zu erkennen ist. Bei V3 und bei V4 bildet sich eine bestimmte Menge Iod, das durch Blaufärbung der Lösung sichtbar wird, wenn die Menge des zugesetzten Natriumthiosulfats vollständig verbraucht ist (vgl. Reaktionsgleichungen in Auswertung a). Reaktionen dieser Art sind als „Zeitreaktionen" bekannt und dienen der Ermittlung von *Geschwindigkeitsgesetzen* chemischer Reaktionen, d. h. von mathematischen Gleichungen, die den Zusammenhang zwischen der Reaktionsgeschwindigkeit und den **Konzentrationen der Edukte** beschreiben.

Bei den in V1 bis V4 betrachteten Reaktionen reagieren jeweils zwei Edukte **A** und **B** miteinander: Oxonium-Ionen und Thiosulfat-Ionen bzw. Iodid-Ionen und Peroxodisulfat-Ionen. Genaue Untersuchungen dieser Reaktionen ergeben, dass nicht nur die mittlere, sondern auch die momentane Anfangsgeschwindigkeit proportional zur Anfangskonzentration jedes der beiden Edukte **A** und **B** ist. Das Geschwindigkeitsgesetz für diese Reaktionen lautet damit:

$$v_r = k \cdot c(A) \cdot c(B)$$

Darin ist *k* die *Geschwindigkeitskonstante*. Sie hat für jede Reaktion unter bestimmten Bedingungen einen charakteristischen Wert.

Auf dieselbe Gleichung kommt man durch ein Gedankenexperiment auf der Grundlage der **Stoßtheorie** (vgl. S. 68, B4). Bei einer **bimolekularen Reaktion** zwischen den Edukten A und B ist danach die Anzahl der möglichen Stöße *z* zwischen A- und B-Teilchen proportional zum Produkt der **Teilchenanzahlen *N*(A) und *N*(B)**:

$$z \sim N(A) \cdot N(B)$$

Die Teilchenanzahl *N*(X) eines Stoffes X ist das Produkt aus der Stoffmenge *n*(X) und der AVOGADRO-Konstante N_A ($N_A = 6{,}022 \cdot 10^{23}\ mol^{-1}$).

$$N(X) = n(X) \cdot N_A$$

Da für Lösungen die Stoffmenge *n*(X) des gelösten Stoffes gleich dem Produkt aus der Konzentration *c*(X) und dem Volumen V_{Ls} der Lösung ist, können wir für die Stoßzahl *z* bei der bimolekularen Reaktion schreiben:

$$z \sim c(A) \cdot V_{Ls} \cdot N_A \cdot c(B) \cdot V_{Ls} \cdot N_A$$

Bei konstantem Volumen der Lösung (N_A ist ohnehin eine Konstante) ist also die Stoßzahl *z* proportional zum Produkt der Konzentrationen der beiden Edukte:

$$z \sim c(A) \cdot c(B)$$

In der Annahme, dass die momentane Reaktionsgeschwindigkeit proportional zur Stoßzahl *z* ist, gilt für die betrachtete Reaktion:

$$v_r = k \cdot c(A) \cdot c(B),$$

also das Geschwindigkeitsgesetz, das man auch aus experimentellen Ergebnissen erhält.

extra

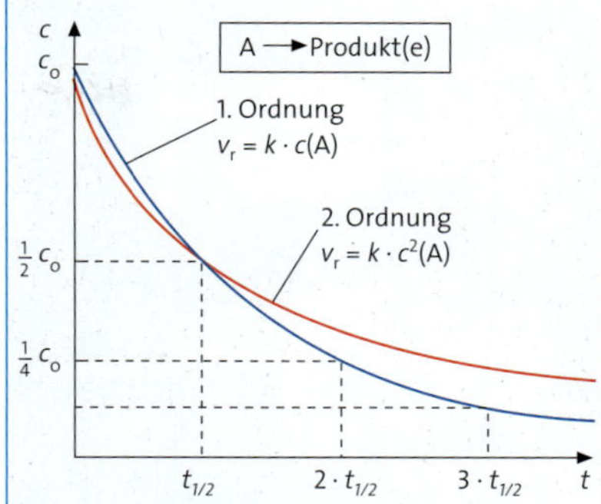

B4 *Bei der angegebenen Reaktion A → Produkte ist die Ordnung gleich mit dem Exponenten (der Hochzahl) der Konzentration im Geschwindigkeitsgesetz. Charakteristisch für Reaktionen* ***1. Ordnung*** *ist die Halbierung der Edukt-Konzentration in regelmäßigen Zeitabständen (****Halbwertszeit*** $t_{1/2}$*). Bei Reaktionen* ***2. Ordnung*** *ist das nicht der Fall.* ***A:*** *Erläutern Sie, wie man grafisch anhand der experimentellen t/c-Kurve einer Reaktion ermitteln kann, ob die Reaktion nach einem Geschwindigkeitsgesetz 1. Ordnung verläuft oder nicht.*

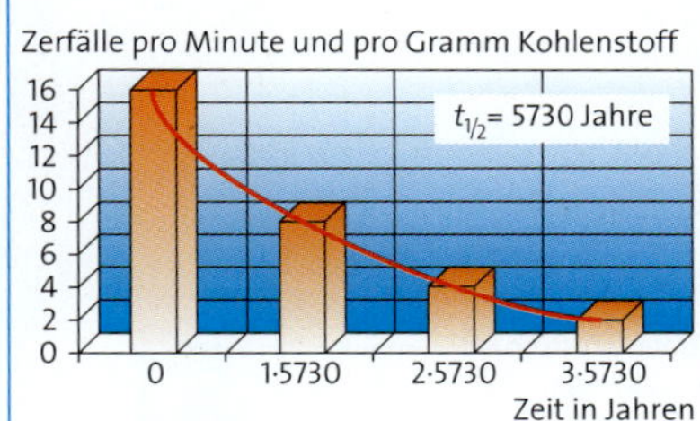

B5 *Zerfallskurve und Halbwertszeit des Isotops Kohlenstoff [^{14}C].* ***A:*** *Informieren Sie sich in Chemie 2000+ Online über die „[^{14}C]-Kohlenstoff-Uhr" und berechnen Sie das Alter eines Bärenknochens, bei dem die [^{14}C]-Kohlenstoff-Konzentration auf 6,25 % abgesunken ist.*

Fachbegriffe

Konzentration der Edukte *c*(A), *c*(B), Stoßtheorie, bimolekulare Reaktion, Teilchenanzahlen *N*(A), *N*(B)

Die Temperatur als Variable

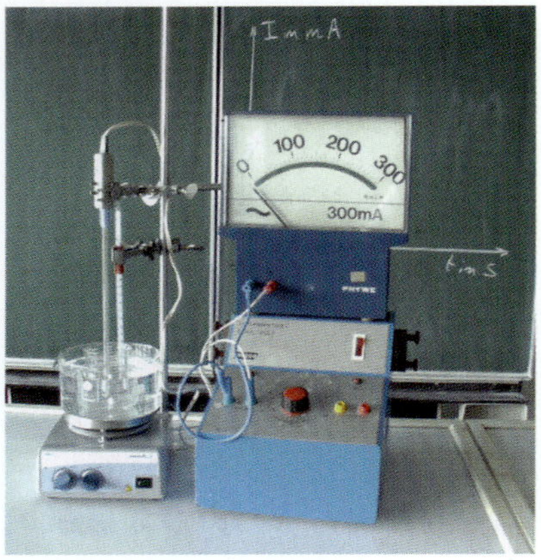

B1 *Versuchsanordnung für amperometrische Messungen bei unterschiedlichen Temperaturen (V1).* **A:** *Erläutern Sie, warum der Füllstand der Glasschüssel mindestens so hoch sein muss wie der des Becherglases.*

Hinweis: Die Versuche können arbeitsteilig in Gruppen durchgeführt werden (V1 bzw. V2 oder V3).

Versuche

V1 Wiederholen Sie zunächst den Versuch zur Amperometrie V1 von S. 70 bei Zimmertemperatur. Führen Sie dann die Messungen bei zwei anderen Temperaturen durch, einmal bei einer Temperatur, die 10 °C über der Zimmertemperatur und einmal bei einer, die 20 °C über der Zimmertemperatur liegt. Hierzu stellen Sie das Becherglas mit der Reaktionslösung jeweils in ein größeres Glasgefäß, in dem Sie durch Mischen von kaltem und heißem Wasser die gewünschte Temperatur erzeugen (B1). (*Bitte beachten*: Das Reaktionsgemisch muss die genannten Temperaturen haben, das Wasser in dem Glasgefäß muss also etwas wärmer sein.) Achten Sie darauf, dass der Rührer immer gleich stark rührt. Stellen Sie die Ergebnisse der drei Messreihen in **einem** *t*/*I*-Diagramm grafisch dar.

V2 Führen Sie die fotometrischen Messungen zur Entfärbung von Kristallviolett (vgl. V3, S. 70) zuerst bei Raumtemperatur und dann bei einer ca. 10 °C höheren Temperatur durch. (*Hinweis:* Erwärmen Sie die Kristallviolett-Lösung und die Natronlauge im Wasserbad um 12 °C höher als die Raumtemperatur. Das Vereinen der Lösungen, das Füllen der Küvette und der Start der photometrischen Messung müssen sehr schnell erfolgen. Die mittlere Temperatur der Reaktionslösung während der Messung dürfte dann um ca. 10 °C höher als die Raumtemperatur sein.) Stellen Sie die Ergebnisse der beiden Messreihen in **einem** *t*/*E*-Diagramm grafisch dar.

Auswertung

a) Vergleichen Sie die drei aus V1 erhaltenen Kurven hinsichtlich der Anfangssteigungen und hinsichtlich der Zeitintervalle, nach denen die Kurven „abflachen“, d. h. (in etwa) parallel zur *t*-Achse werden. Erklären Sie die Unterschiede.

b) Lesen Sie bei jeder der drei Kurven aus V1 die Stromstärke bei t = 60 s und bei t = 120 s ab. Errechnen Sie daraus, um welchen Faktor sich die mittleren Geschwindigkeiten ändern, wenn die Temperatur um 10 °C erhöht wird.

c) Vergleichen Sie die beiden aus V2 erhaltenen Kurven hinsichtlich der Beträge ihrer Anfangssteigungen und hinsichtlich der Zeitintervalle, nach denen die Kurven „abflachen“, d. h. (in etwa) parallel zur *t*-Achse werden. Erklären Sie die Unterschiede.

d) Lesen Sie bei jeder der beiden Kurven aus V2 die Extinktionswerte bei t = 10 s und bei t = 40 s ab. Errechnen Sie daraus, um welchen Faktor sich die mittleren Geschwindigkeiten ändern, wenn die Temperatur um 10 °C erhöht wird.

e) Nennen und erläutern Sie je drei Fehlerquellen bei V1 und V2, die zu quantitativ nicht einwandfreien Ergebnissen führen können.

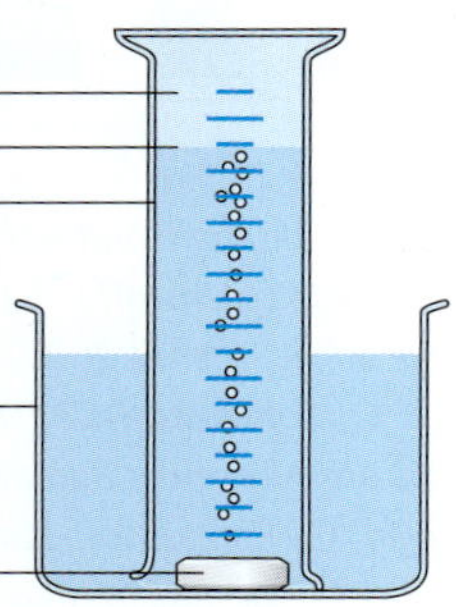

B2 *Gasbildung beim Auflösen einer Brausetablette.* **A:** *Planen Sie einen Versuch, mit dem man in diesem Fall den Einfluss der Temperatur auf die Reaktionsgeschwindigkeit (halb)quantitativ ermitteln kann.*

Die Aktivierungsenergie

Die Erfahrung zeigt, dass Stoffe schneller reagieren, wenn man sie erwärmt. Bereits im Jahr 1884 fasste J. H. VAN'T HOFF[1] die damals bekannten experimentellen Ergebnisse in der **RGT**-Regel (**R**eaktionsgeschwindigkeit-**T**emperatur-**R**egel) zusammen: Die Erhöhung der Temperatur um 10 °C bewirkt die Erhöhung der Reaktionsgeschwindigkeit um etwa das Zwei- bis Vierfache. Das gilt auch für die Reaktionen in V1 und V2.

Wie lässt sich diese Feststellung auf der Teilchenebene erkären? Qualitativ erscheint die RGT-Regel in völliger Übereinstimmung mit der **Stoßtheorie** (vgl. S. 69), denn bei steigender Temperatur stoßen die Teilchen aus einer Stoffportion häufiger zusammen, folglich muss auch die Geschwindigkeit der Reaktion zunehmen. Allerdings kann mit der Stoßhäufigkeit allein ein derart starker Anstieg der Reaktionsgeschwindigkeit nicht erklärt werden. Aufgrund quantitativer Betrachtungen und Berechnungen kam S. ARRHENIUS (B3) im Jahr 1889 zu folgendem Ergebnis: *„Es ist nicht möglich weiterzukommen, ohne eine neue Hypothese einzuführen, die in gewissem Sinne eine erweiterte Umschreibung der beobachteten Fakten ist."*

Die von ARRHENIUS neu aufgestellte Hypothese besagt, dass die zusammenstoßenden Teilchen nur dann zur Reaktion kommen, wenn ihre Energie beim Zusammenstoß eine bestimmte Mindestenergie überschreitet. Da in der Regel nur ein geringer Anteil der Teilchen eine höhere Energie als diese Mindestenergie hat (vgl. grün unterlegte Flächen in B6), werden viele Reaktionen erst durch Wärmezufuhr in Gang gesetzt.

Auf der Stoffebene beizeichnet man die Wärmemenge, die man den Edukten anfänglich zuführen muss, um eine Reaktion auszulösen, als **Aktivierungsenergie E_a** (B4). Die Temperaturempfindlichkeit der Reaktionsgeschwindigkeit (der RGT-Faktor) ist umso höher, je größer die Aktivierungsenergie der betreffenden Reaktion ist (B5).

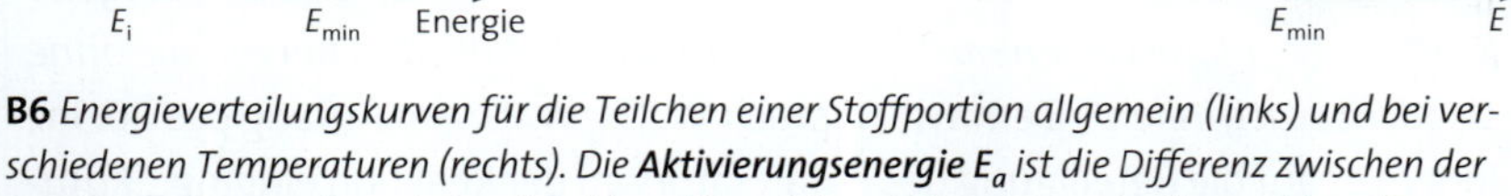

B6 *Energieverteilungskurven für die Teilchen einer Stoffportion allgemein (links) und bei verschiedenen Temperaturen (rechts). Die* ***Aktivierungsenergie E_a*** *ist die Differenz zwischen der mittleren Energie aller „aktiven" Teilchen $\bar{E}^*$ und der mittleren Energie aller Teilchen $\bar{E}$ aus der Stoffportion: $E_a = \bar{E}^* - \bar{E}$. Ihr Betrag ist unabhängig von der Temperatur.*

Aufgabe

A1 Erläutern Sie den Unterschied zwischen der Deutung der Aktivierungsenergie auf der Stoffebene (Text und B4) und auf der Teilchenebene (B6). *Hinweis:* Vgl. auch Ergänzungen zum Buchtext in *Chemie 2000+ Online*.

[1] JACOBUS HENRICUS VAN'T HOFF (1852 bis 1911), holländischer Physikochemiker, erhielt im Jahr 1901 den ersten Nobelpreis für Chemie.

B3 *SVANTE ARRHENIUS (1859 bis 1927), schwedischer Physikochemiker, dessen Eltern aus Bayern stammten, erhielt im Jahr 1903 den Nobelpreis für Chemie.*

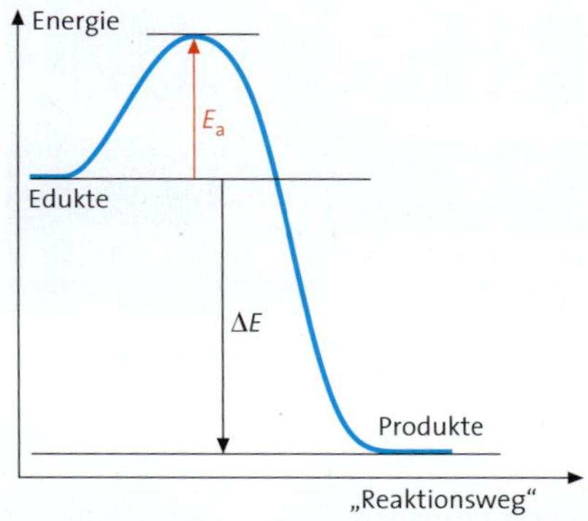

B4 *Aktivierungsenergie E_a als „Energieberg" zwischen Edukten und Produkten.* **A:** *Beurteilen Sie die Exaktheit der Aussage „eine Reaktion auslösen" (vgl. Text).*

Aktivierungsenergie in kJ/mol	Faktor
40	1,5
60	2,2
80	2,8
100	3,6
120	4,7

B5 *Der Faktor, um den sich die Geschwindigkeit einer Reaktion bei einem Temperaturanstieg von 10 °C erhöht, hängt von der Aktivierungsenergie ab.*

Fachbegriffe

RGT-Regel, Stoßtheorie, Aktivierungsenergie E_a

„Bloße Gegenwart" oder aktive Teilnahme?

B1 *Vorrichtung zur katalytischen Zündung von Wasserstoff (V1).* **A:** *Begründen Sie, warum man vor dem Entzünden die Knallgasprobe durchführen muss.*

B2 *Katalytische Hydrierung eines Alkens (LV3)*

Reaktionsbedingung	E_a in kJ/mol
kein Katalysator	75,24
Katalysator: kolloidales Platin	50,15
Katalysator: Katalase (ein Enzym)	22,83

B3 *Aktivierungsenergien für die Reaktion* $H_2O_2 \rightarrow H_2O + \frac{1}{2}O_2$ *unter verschiedenen Bedingungen*

B4 *Gerhard Ertl, Professor in München und Berlin, erhielt im Jahr 2007 den Nobelpreis für Chemie für seine Forschungen zum Verständnis der heterogenen Katalyse.*

Versuche

V1 Beschicken Sie zwei Zylinder (Höhe ca. 15 cm) mit je 40 mL Wasserstoffperoxid-Lösung*, $w = 10\,\%$, und führen Sie im Gasraum die Glimmspanprobe durch. a) Geben Sie in den ersten Zylinder 5 mL Kaliumiodid-Lösung*, $c = 2$ mol/L, hinzu, beobachten Sie die Gasentwicklung und führen Sie die Glimmspanprobe durch. b) Geben Sie in den zweiten Zylinder eine Spatelspitze Mangan(IV)-oxid* (Braunstein), beobachten Sie die Gasentwicklung und führen Sie die Glimmspanprobe durch.

LV2 Wasserstoff aus einem Gasentwickler mit Zink und Salzsäure* oder aus der Stahlflasche wird durch ein Glasröhrchen mit Rückschlagsicherung aus Eisenwolle geleitet (B1). Nach negativer Knallgasprobe wird der Wasserstoff nacheinander auf zwei Arten entzündet: a) mit der Flamme eines Feuerzeugs oder eines Streichholzes; b) mit einem vorher ausgeglühten und abgekühlten (nicht zu kleinen) Kügelchen Hydrierkatalysator (0,5 % Pd auf Al_2O_3).

LV3 Ein Glasröhrchen wird mit 6 Kügelchen eines Hydrierkatalysators (0,5 % Pd auf Al_2O_3) beschickt, ca. 1 min erhitzt und in die Apparatur aus B2 eingebaut. Der eine Kolbenprober enthält 40 mL Wasserstoff*, der andere 40 mL eines Alkens (z. B. Ethen*). Man schiebt zuerst den Wasserstoff über den kalten Katalysator, danach schiebt man das Gasgemisch einige Male hin und her, kontrolliert die Temperatur und beobachtet die Volumenänderung.

Auswertung

a) Bei V1 läuft die folgende Reaktion ab:

$$2H_2O_2(aq) \rightarrow 2H_2O(l) + O_2(g); \quad \Delta_R H = -196{,}4 \text{ kJ/mol}$$

Erläutern Sie, inwiefern Ihre Ergebnisse diese Angaben bestätigen.

b) Ordnen Sie den beiden Varianten a) und b) aus V1 die Begriffe „homogene Katalyse" und „heterogene Katalyse" begründet zu.

c) Beschreiben Sie die Beobachtungen bei LV2 ausführlich und erläutern Sie, wie es zur Entzündung der Wasserstoffflamme kommt.

d) Formulieren Sie die Reaktionsgleichung, die bei LV2 (B2) an den Katalysatorkügelchen abläuft. Erklären Sie damit die Volumenänderung der Gase in den Kolbenprobern.

INFO zur Geschichte der Katalyse

Das Wort Katalysator wurde von J. J. Berzelius im Jahr 1835 in die Chemie eingeführt. Nach seiner Auffassung besitzen die Katalysatoren eine *„verborgene Kraft"*; ihre *„bloße Gegenwart"* ruft *„chemische Tätigkeiten hervor, die ohne sie nicht stattfinden"*. Dem widersprach W. Ostwald am Anfang des 20. Jh., indem er auf die Beteiligung des Katalysators an der Reaktion einging: *„Katalyse [ist] die Beschleunigung eines langsam verlaufenden Vorgangs durch die Gegenwart eines fremden Stoffes (des Katalysators)"*, der mit dem Edukt Zwischenverbindungen eingehen kann; der Katalysator erhöht die Geschwindigkeit einer Reaktion *„ohne im Endprodukt zu erscheinen"*. Im Jahr 1909 wurde der Nobelpreis für Chemie zum ersten Mal für Arbeiten auf dem Gebiet der Katalyse vergeben – an W. Ostwald. In den darauffolgenden 100 Jahren sind viele Arbeiten zur Katalyseforschung mit dem Nobelpreis ausgezeichnet worden (B4).

Katalysator und Katalyse

Über neunzig Prozent aller Reaktionen in der Technik und hundert Prozent aller Reaktionen in lebenden Organismen benötigen einen **Katalysator**[1] als „Heiratsvermittler" zwischen den Edukten. Er erhöht die Reaktionsgeschwindigkeit ohne selbst verbraucht zu werden, indem er die Aktivierungsenergie der Reaktion herabsetzt (B3, B6).

Der Katalysator greift im Prozess der **Katalyse** in das Reaktionsgeschehen ein. Bei einer **homogenen Katalyse** liegen Katalysator und Edukte in der gleichen Phase vor. In der Regel verbindet sich der Katalysator mit einem Edukt zu einem reaktiven Zwischenprodukt, das in weiteren Reaktionsschritten unter Rückbildung des Katalysators zu den Produkten reagiert. Eine homogene Katalyse findet beispielsweise bei der Zersetzung von Wasserstoffperoxid in Gegenwart von Iodid-Ionen statt (V1), aber auch bei der mit Schwefelsäure katalysierten Veresterung einer Carbonsäure mit einem Alkohol.

Wenn Edukte und Katalysator in verschiedenen Phasen vorliegen, läuft eine **heterogene Katalyse** ab, die die in B5 angegebenen Teilschritte umfasst. Wenn die Edukt-Moleküle eines gasförmigen Edukt-Gemisches auf die Oberfläche des festen Katalysators diffundiert sind, kommt es dort zu ihrer Adsorption. Dabei bilden sich Wechselwirkungen zwischen den Edukt-Teilchen und den Atomen von der Katalysatoroberfläche aus. Das führt zur Lockerung oder gar Spaltung der Bindungen in den Edukt-Molekülen und versetzt sie in einen „aktiven" reaktionsfähigen Zustand. Es folgt die eigentliche Reaktion, also die Umgruppierung der Atome aus den Edukt-Molekülen zu den Produkt-Molekülen, dann deren Desorption von der Katalysatoroberfläche und schließlich die Diffusion in die Umgebung.

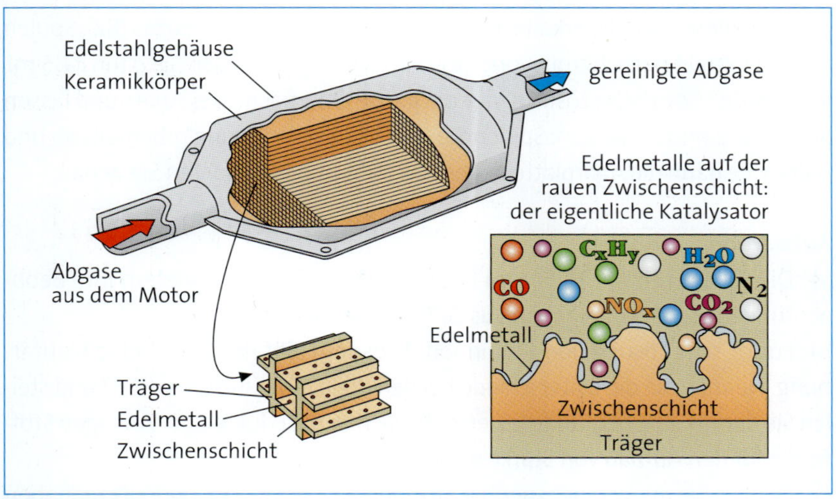

B8 *Im **Abgaskatalysator** werden Kohlenstoffmonooxid* **CO**, *Stickstoffoxide* $\mathbf{NO_x}$ *und unverbrannte Kohlenwasserstoffe* $\mathbf{C_xH_y}$ *zu Kohlenstoffdioxid* $\mathbf{CO_2}$, *Stickstoff* $\mathbf{N_2}$ *und Wasser* $\mathbf{H_2O}$ *umgesetzt. Die Edelmetalle auf der Zwischenschicht sind Platin* **Pt**, *Palladium* **Pd** *und Rhodium* **Rh**.

[1] von *catalysis* (griech.) = Hindernis beseitigen

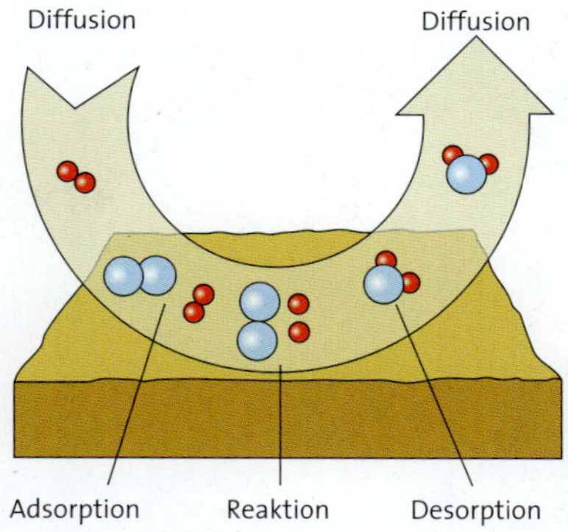

B5 *Teilschritte bei der heterogenen Katalyse*

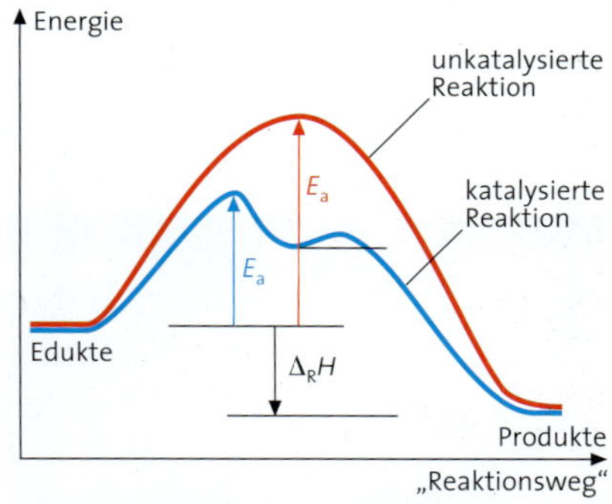

B6 *Die Aktivierungsenergie* E_a *der katalysierten Reaktion ist kleiner als die der unkatalysierten Reaktion. Die Reaktionsenergie bleibt gleich.*

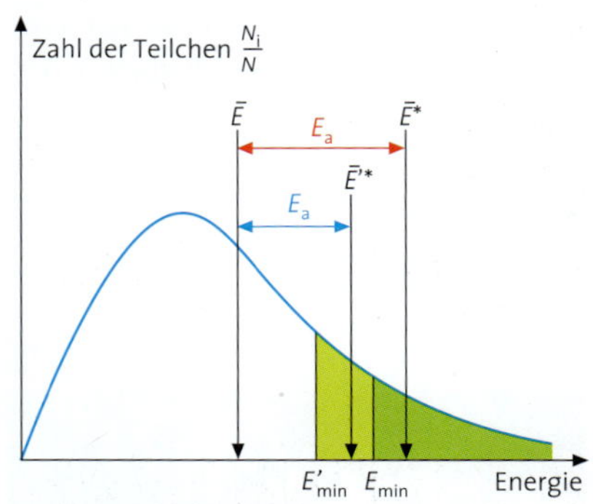

B7 *Die Mindestenergie der „aktiven" Teilchen bei der katalysierten Reaktion* E'_{min} *ist geringer als die bei der unkatalysierten* E_{min}. *Daher ist die Aktivierungsenergie* E_a *geringer.* ***A:*** *Vergleichen Sie B6 und B7 hinsichtlich der Aktivierungsenergie bei einer Reaktion ohne und mit Katalysator.*

Fachbegriffe

Katalysator, Katalyse (homogene, heterogene), Abgaskatalysator

Enzyme – Katalysatoren in Organismen

B1 *Die Enzyme (Katalase) eines Stückchens Leber zersetzen Wasserstoffperoxid-Lösung.*

Versuche

V1 Geben Sie auf zwei Uhrgläser (zwei Petrischalen) je ca. 5 mL Wasserstoffperoxid-Lösung*, w = 10 %. Fügen Sie in die eine Lösung eine kleine Spatelspitze Mangandioxid* und in die andere ein Stückchen Schweine- oder Rinderleber zu. Vergleichen Sie die Heftigkeit der Gasentwicklung in den Lösungen.

V2 *Aufbau von Stärke:* Zerreiben Sie Kartoffeln (Reibe), sodass ein feiner Brei entsteht. Filtrieren Sie diesen durch eine dünne Lage Glaswolle. Rühren Sie in das Filtrat zwei Löffel Kieselgur ein. Dann zentrifugieren Sie die Feststoffe ab. Dekantieren Sie den Überstand vorsichtig ab und messen Sie den *p*H-Wert. Stellen Sie ggf. mit Essigsäure* auf *p*H = 6 ein. Entnehmen Sie eine kleine Probe des Überstands und testen Sie ihn mit LUGOL'scher Lösung*. Es darf keine Blaufärbung eintreten. Ansonsten müssen Sie die Behandlung mit Kieselgur wiederholen. Setzen Sie anschließend folgende 3 Teilversuche an:

Teilversuch	1	2	3
Kartoffelextrakt	5 mL	–	5 mL
Kartoffelextrakt (gekocht)	–	5 mL	–
Glucose-Lösung, w = 1%	–	–	5 mL
Glucose-1-phosphat-Lösung, w = 1%	5 mL	5 mL	–

Lassen Sie alle drei Teilversuche bei Zimmertemperatur ca. 10 min stehen. Entnehmen Sie dann dem Teilversuch 1 eine Probe und prüfen Sie sie mit LUGOL'scher Lösung*. Bei positivem Ergebnis führen sie die Probe auch mit den beiden anderen Teilversuchen durch.

V3 *Abbau von Stärke*: Bringen Sie 1 g Agarpulver und eine Spatelspitze Stärke in 50 mL Wasser vorsichtig zum Kochen. Gießen Sie die heiße Lösung in eine Petrischale und lassen Sie sie abkühlen, bis die Flüssigkeit erstarrt ist. Zerreiben Sie einige Weizenkeimlinge (Weizenkörner 2 bis 3 Tage auf feuchte Watte legen) mit 2 mL bis 5 mL Wasser, sodass ein milchiger Extrakt entsteht. Streichen Sie diesen auf die erkaltete Agarfläche in Form eines Kreuzes (B2). Spülen Sie den Extrakt nach 20 min vorsichtig von dem Agar. Gießen Sie dann ca. 5 mL verdünnte LUGOL'sche Lösung* auf die ganze Oberfläche des Agars und lassen Sie sie ca. 2 min einwirken. Spülen Sie die LUGOL'sche Lösung* ebenfalls ab und halten Sie dann die Agarplatte gegen das Licht und beobachten Sie genau.

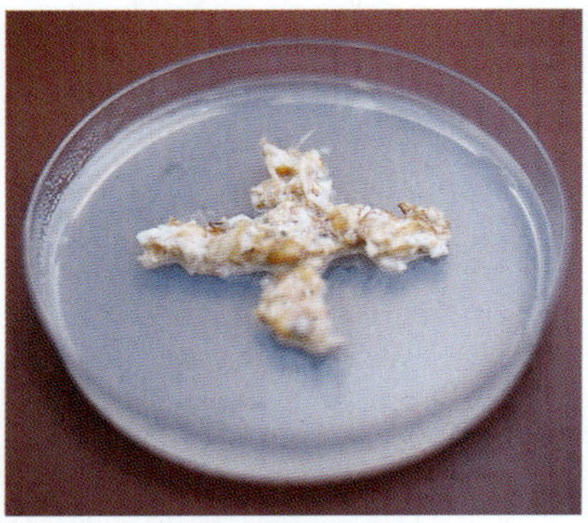

B2 *Petrischale mit Stärke-Agar, der mit zerriebenen Getreidekeimlingen bestrichen (V3) ist.*

Auswertung

a) Die Leber enthält das Enzym Katalase. Erläutern Sie, inwiefern Ihre Beobachtungen bei V1 die Angaben aus S. 76, B3 bestätigen.

b) LUGOL'sche Lösung (Iod-Kaliumiodid-Lösung) gibt mit Stärke eine Blaufärbung. Nennen Sie die Unterschiede bei den drei Teilversuchen von V2 und stellen Sie daraus eine begründete Vermutung über die Edukte und sonstigen Stoffe, die für den Aufbau von Stärke notwendig sind, auf.

c) Deuten Sie die Versuchsbeobachtungen bei V3. Welche Bedeutung haben die Versuchsergebnisse für die Interpretation von B3?

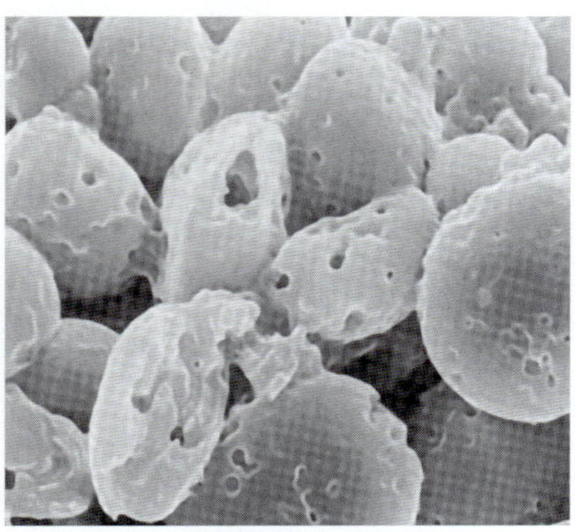

B3 *Elektronenmikroskopisches Bild von Stärkekörnern in gekeimten Getreidekörnern*

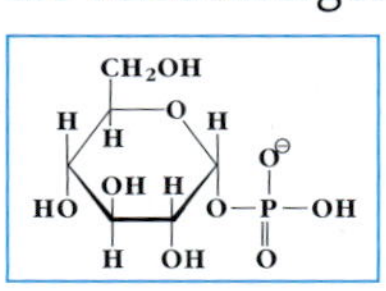

Strukturformel von Glucose-1-phosphat-Monoanion

Das Schlüssel-Schloss-Prinzip

Nahezu alle Reaktionen in lebenden Organismen, ganz gleich, ob es sich um den Aufbau oder Abbau lebenswichtiger Moleküle handelt, werden durch **Enzyme**, **Biokatalysatoren**, katalysiert (V2, V3). Ihre katalytische Aktivität ist im Vergleich zu der technischer Katalysatoren außerordentlich hoch. So kann z. B. ein Enzym-Molekül des Enzyms Katalase in jeder Sekunde 40 Millionen Wasserstoffperoxid-Moleküle zerlegen (V1, B1). Man kennt heute ca. 2000 verschiedene Enzyme allein im Menschen und entdeckt ständig neue. Wie alle Katalysatoren erhöhen auch die Enzyme die Geschwindigkeit der Reaktionen, indem sie deren **Aktivierungsenergie** herabsetzen (B4). Die in B4 und B5 skizzierte Reaktionsabfolge zur Wirkungsweise eines Enzyms lässt sich folgendermaßen zusammenfassen:

$$E + S \rightleftharpoons ES \rightleftharpoons EP \rightleftharpoons E + P$$

(E = Enzym, S = Substrat, P = Produkt)

Zuerst erfolgt die Anlagerung des **Substrats** (als Substrat wird bei biochemischen Reaktionen das Edukt bezeichnet) an das Enzym. Es folgt die Umwandlung des Substrats in das Produkt, das dann abgespalten wird. Dabei wird gleichzeitig das Enzym in seiner ursprünglichen Form, in der es erneut Substrat binden kann, freigesetzt (B4).

Ein besonderes Merkmal der Enzyme ist ihre **Substrat-** und ihre **Wirkungsspezifität**, d. h. ihre katalytische Wirkung ist auf ein bestimmtes Substrat oder auf eine sehr enge Substrat-Gruppe bzw. auf eine bestimmte Reaktion des Substrats begrenzt (vgl. hierzu die Teilversuche 1 und 3 aus V2). Die Erklärung dafür liegt in der molekularen Struktur der Enzyme. Enzyme sind Protein-Makromoleküle mit genau festgelegter Tertiär- und Quartärstruktur und damit einer genau festgelegten räumlichen Struktur (vgl. S. 153). Diese ist für die katalytische Wirkung mit entscheidend. Jedes Enzym-Molekül besitzt ein **aktives Zentrum**, bei dem es sich oft um eine taschenförmige Ausbuchtung im Protein-Molekül handelt, in die das Substrat-Molekül hineinpasst wie ein Schlüssel ins Schloss (**Schlüssel-Schloss-Prinzip**). Stark vereinfacht ist dieses Prinzip in B5 veranschaulicht, etwas genauer und auf ein bestimmtes Enzym-Substrat Paar bezogen wird es im Modell aus B6 dargestellt. Bei der Bindung des Substrat-Moleküls an das aktive Zentrum eines Enzym-Moleküls reicht allerdings die passende geometrische Form nicht aus, es müssen bestimmte Wechselwirkungen zwischen Atomen und Atomgruppen des Substrats und des aktiven Zentrums (vgl. S. 149, B5) möglich sein.

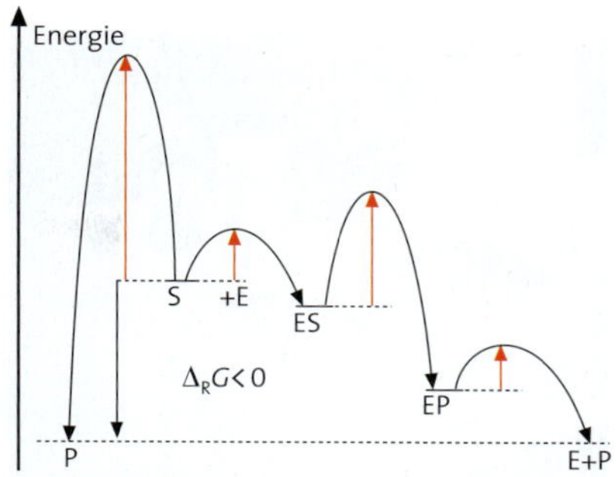

B4 *Energieschema einer Enzymreaktion.* ***A:*** *Erläutern Sie, ob das Enzym einen Einfluss auf $\Delta_R G$ (vgl. S. 82) hat.*

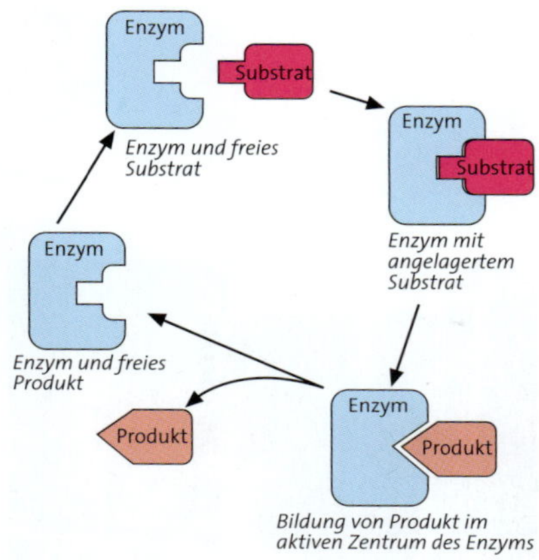

B5 *Kreislauf einer Enzymreaktion.* ***A:*** *Erläutern Sie den Kreislauf.*

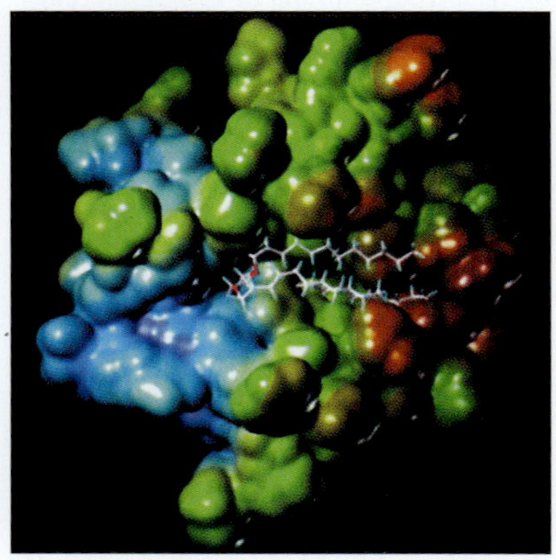

B6 *Modell eines Enzyms (Lipase) mit angedocktem Triglycerid-Molekül*

Aufgaben

A1 Erläutern Sie die Unterschiede zwischen Biokatalysatoren (Enzymen) und anderen Katalysatoren.

A2 Erläutern Sie das Schlüssel-Schloss-Prinzip.

A3 Welchem Teilschritt aus B5 entspricht die höchste Aktivierungsenergie in B4? Beurteilen und erläutern Sie, ob das einleuchtend ist.

Fachbegriffe

Biokatalysator (Enzym), Aktivierungsenergie, aktives Zentrum, Substrat, Substratspezifität, Wirkungsspezifität, Schlüssel-Schloss-Prinzip

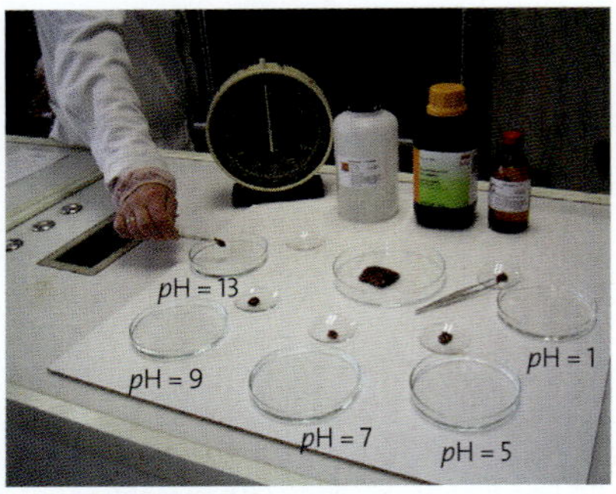

B1 *Versuchsanordnung zu V1.* ***A:*** *Warum müssen die fünf Stückchen Leber von der gleichen Leber sein?*

B2 *Versuchsanordnung zu V3.* ***A:*** *Erläutern Sie, warum die Temperatur der Stärke-Lösung vor Zugabe des Speichels eingestellt werden muss.*

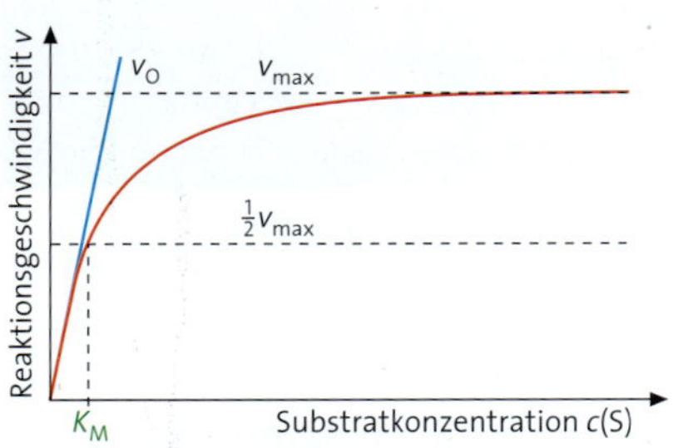

B3 *Für ein bestimmtes Enzym und eine bestimmte Reaktion unter bestimmten Bedingungen hängt die Reaktionsgeschwindigkeit gemäß der roten Kurve von der Substratkonzentration c (S) ab.*

Grüne Ampel für Enzyme

Hinweis: Die Versuche können arbeitsteilig in Gruppen durchgeführt werden (V1/V2 bzw. V3/V4).

Versuche

V1 Geben Sie in fünf kleine Petrischalen je ca. 5 mL Wasserstoffperoxid-Lösung*, w = 10 %, und stellen Sie mit halbkonzentrierter Salzsäure* bzw. Natronlauge* die in B1 angegebenen *p*H-Werte im sauren bzw. im alkalischen Bereich ein. Fügen Sie möglichst gleichzeitig in die fünf Lösungen gleich große Stückchen einer frischen Schweine- oder Rinderleber hinzu, beobachten Sie die Unterschiede bei der Gasentwicklung und tabellieren Sie die Ergebnisse.

V2 Wiederholen Sie V1 in neutraler Lösung mit gekochter Leber und stellen Sie den Unterschied zur Reaktion mit frischer Leber fest.

V3 Stellen Sie eine Lösung aus 2 g Stärke und 100 mL Wasser her und verteilen Sie diese auf fünf Rggl. Sammeln Sie in einem kleinen Becherglas ca. 10 mL Speichel, verteilen Sie ihn gleichmäßig auf vier der fünf Rggl. mit Stärke-Lösung und schütteln Sie alle Rggl. gut durch. Das Rggl. ohne Speichel nutzen Sie als Vergleichsprobe. In den anderen vier führen Sie den Stärkeabbau bei vier verschiedenen Temperaturen entsprechend B2 durch. Entnehmen Sie in Abständen von je 5 min aus jedem der fünf Rggl. 1 mL Lösung und führen Sie mit Kaliumiodid-Iod-Lösung* (LUGOL'scher Lösung*) den Stärketest durch und tabellieren Sie die Ergebnisse.

V4 Planen Sie eine Versuchsreihe zur Hydrolyse von Stärke mit Amylase aus Speichel (vgl. V3) in neutraler, saurer (*p*H = 2) und alkalischer (*p*H = 12) Lösung. Diskutieren Sie Ihren Vorschlag mit Ihrer Lehrerin oder Ihrem Lehrer und führen Sie die Versuchsreihe durch.

Auswertung

a) Ziehen Sie aus den Messergebnissen bei V1 begründet Schlüsse bezüglich des *p*H-Werts, bei dem das Enzym Katalase am besten wirkt.

b) Beurteilen Sie die Genauigkeit der Messungen bei V1 und die Zuverlässigkeit Ihrer Aussage von Auswertung a).

c) Erläutern und erklären Sie das Versuchsergebnis aus V2.

d) Bei V3 wird Stärke durch die Wirkung des Enzyms Amylase aus dem Speichel hydrolysiert. Ziehen Sie aus den Messergebnissen bei V3 Schlüsse bezüglich der Temperatur, bei der Amylase am besten wirkt.

e) Beurteilen Sie die Genauigkeit der Messungen bei V3 und die Zuverlässigkeit Ihrer Aussage von Auswertung d).

f) Schlagen Sie Änderungen für V3 vor (Geräte, Verfahrensweise), die eine genauere Untersuchung der Temperaturabhängigkeit der Wirkung von Amylase ermöglichen, als dies bei V3 der Fall ist.

g) Vergleichen Sie Ihre Kenntnisse über die *p*H-Werte im Mund und im Magen mit den Ergebnissen aus V4 und folgern Sie daraus, wo die Hydrolyse von Stärke aus der Nahrung stattfindet.

Reaktionsbedingungen und Enzymaktivität

Wenn die Temperatur oder der *p*H-Wert außerhalb bestimmter Grenzwerte liegt, steht sowohl für die Speichel-Amylase als auch für die Katalase aus der Leber „die Ampel auf Rot“: Unter den nun vorherrschenden Bedingungen verlieren die Enzyme ihre katalytische Aktivität (V1 bis V4). Die Enzymaktivität erreicht unter ganz bestimmten, für den Wirkungsort des jeweiligen Enzyms charakteristischen Bedingungen ein Optimum. So liegt beispielsweise das **Temperaturoptimum** für alle Enzyme aus Kaltbachforellen bei ca. 13 °C, für die aus Heißwasserbakterien dagegen viel höher, bei ca. 85 °C. Die Enzyme im menschlichen Körper haben ihre maximale Aktivität zwar alle bei ca. 36 °C, ihr ***p*H-Optimum** liegt aber in ganz unterschiedlichen Bereichen. Die stärkespaltenden **Amylasen** katalysieren am besten im neutralen bis schwach sauren Bereich, das Pepsin, eine eiweißspaltende **Protease**, katalysiert im relativ stark sauren. Das ebenfalls zu den Proteasen zählende Trypsin sowie verschiedene fettspaltende **Lipasen** katalysieren dagegen am besten im schwach alkalischen Bereich (B4, B5).

Die Geschwindigkeit einer enzymkatalysierten Reaktion hängt auch von der **Substratkonzentration** ab. Ist diese viel kleiner als die Konzentration des Enzyms, so ist die Geschwindigkeit in etwa proportional zur Substratkonzentration. Wenn die Konzentration des Substrats viel höher ist als die des Enzyms, dann verläuft die enzymkatalysierte Reaktion des Substrats mit maximaler, jedoch durch die Konzentration des Enzyms begrenzter Geschwindigkeit ab. Das ist beispielsweise beim Alkoholabbau im menschlichen Körper der Fall, wenn der Blutalkoholgehalt über 0,02 Promille liegt. Die Substratkonzentration, bei der die Hälfte der maximalen Reaktionsgeschwindigkeit erreicht wird, bezeichnet man als **MICHAELIS-MENTEN-Konstante** K_m (B3). Sie nimmt je nach Enzym und Substrat in der Regel Werte zwischen 10^{-3} und 10^{-6} mol/L an.

Bei zu hohen Temperaturen oder extremen *p*H-Werten kann ein Enzym irreversibel (unumkehrbar) zerstört werden, weil eine irreversible **Denaturierung** des Proteins stattfindet, bei der sich seine Tertiär- und Quartärstruktur ändern. Auch durch die Anwesenheit von Schwermetall-Ionen kann die Enzymaktivität beeinflusst werden, worauf z.B. die giftige Wirkung von Schwermetall-Salzen auf den menschlichen Organismus beruht.

Man macht sich die Kenntnisse über die spezifische Katalysatorwirkung der Enzyme unter bestimmten Reaktionsbedingungen in der Medizin vielfach zunutze, beispielsweise beim Einsatz in Arzneimitteln. Aber auch außerhalb lebender Organismen finden Enzyme vielfach Anwendung, wie eiweißspaltende Proteasen und fettspaltende Lipasen in Waschmitteln.

Aufgabe

A1 Entscheiden Sie, ob bei kleinen oder bei großen Werten der MICHAELIS-MENTEN-Konstante K_m eine große Affinität zwischen dem Substrat und dem Enzym besteht. Begründen Sie Ihre Entscheidung.

Enzyme von	Temperaturoptimum
Forelle	13 °C
Mensch	36 °C
Archaebakterium	85 °C
Enzym	***p*H-Optimum**
Pepsin (Magen)	2,0
Katalase (Leber)	7,6
Trypsin (Darm)	8,0

B4 *Temperatur- und pH-Optima einiger Enzyme*

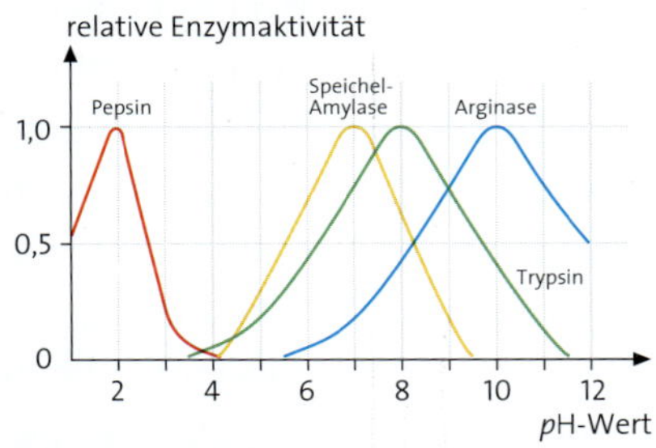

B5 *pH-Abhängigkeit der Enzymaktivität.* ***A:*** *Begründen Sie, warum Trypsin und Speichel-Amylase im Magen inaktiv wären.*

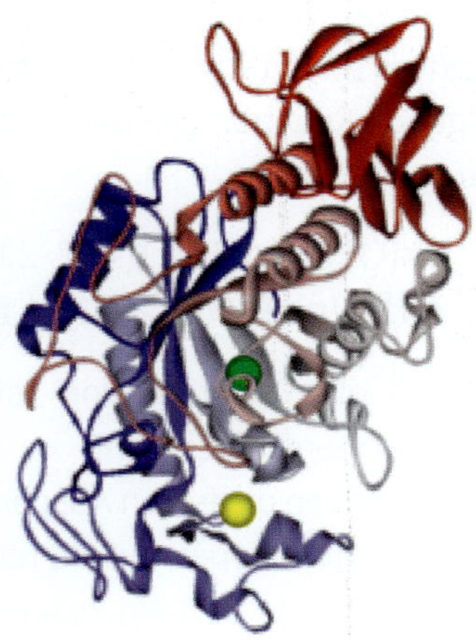

B6 *Modell der Speichel-Amylase. Die Protein-Segmente schließen ein Chlorid-Ion (grün) und ein Calcium-Ion (gelb) ein.* ***A:*** *Mit welchen Aminosäure-Resten können diese Ionen Bindungen eingehen? (Hinweis: Vgl. S. 146, 147 und S. 151.)*

Fachbegriffe

Temperaturoptimum, *p*H-Optimum, Substratkonzentration, Amylasen, Proteasen, Lipasen, MICHAELIS-MENTEN-Konstante K_m, Denaturierung

Reaktionsentropie und freie Reaktionsenthalpie

Die Reaktionsentropie $\Delta_R S$ – über die Triebkraft und die Unordnung

Versuch

V1 Geben Sie in einen 500-mL-Erlenmeyerkolben je zwei Teelöffel Bariumhydroxid* $\mathbf{Ba(OH)_2 \cdot 8H_2O}$ und Ammoniumthiocyanat* $\mathbf{NH_4SCN}$ und mischen Sie durch Schütteln gut durch. Beobachten Sie die Temperatur an der Wand des Kolbens durch Abtasten mit der Handfläche. Nach ca. 1 min prüfen Sie vorsichtig den Geruch an der Kolbenöffnung. Betrachten Sie den Kolbeninhalt. Nach weiteren 2 min kratzen Sie den Belag von der Außenwand des Kolbens ab und beobachten ihn auf der Handfläche.

Nach dem **Prinzip des Enthalpieminimums** sollte eine endotherme Reaktion, bei der die Enthalpie des Systems zunimmt, nicht selbsttätig ablaufen. Es gibt jedoch Reaktionen, die diesem Prinzip widersprechen (V1). Neben der Reaktionsenthalpie $\Delta_R H$ ist auch die **Reaktionsentropie $\Delta_R S$** dafür maßgebend, ob eine Reaktion selbsttätig abläuft oder nicht.

Folgende Reaktionsgleichung lässt sich für V1 formulieren:

$$\mathbf{Ba(OH)_2 \cdot 8H_2O(s) + 2NH_4SCN(s) \rightleftharpoons}$$
$$\mathbf{2NH_3(g) + 10H_2O(l) + Ba(SCN)_2(aq)}$$

Was ist die Triebkraft von selbsttätig ablaufenden endothermen Reaktionen?

Bei V1 besitzen die festen Ausgangsstoffe einen kristallinen Aufbau. Hierbei sind die Teilchen streng geordnet. Nach der Reaktion ist ein Reaktionsprodukt gasförmig, das Ammoniak (Geruchsprobe), das andere, Bariumthiocyanat, in Wasser gelöst. Die Teilchen sind sowohl im Gas als auch in der Lösung frei beweglich und somit ungeordnet. Das System hat einen Zustand größerer Unordnung erreicht (B1).

Der Ordnungszustand wird durch den Begriff der **Entropie *S*** beschrieben. Jedes System, das sich selbst überlassen wird, strebt einem Zustand maximaler Entropie zu, d.h. dem Zustand, in dem seine Teilchen die größte Unordnung aufweisen (**Prinzip vom Entropiemaximum**).

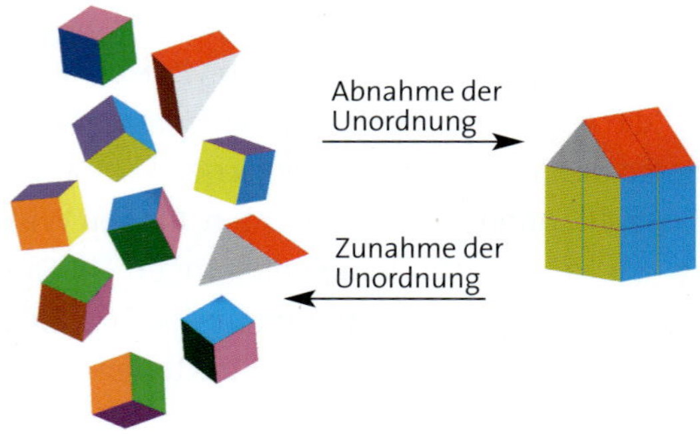

B1 *Die Zahl der möglichen Anordnungen der Spielklötze ist größer, wenn sie zerstreut herumliegen, als wenn sie ein Haus bilden. Der ungeordnete Zustand tritt mit größerer Wahrscheinlichkeit ein.*

Die freie Reaktionsenthalpie $\Delta_R G$

Die Triebkraft einer Reaktion und damit die Reaktionsrichtung ergibt sich aus dem Zusammenwirken zweier entgegengesetzter Tendenzen:

1. der Tendenz nach minimaler Enthalpie und
2. der Tendenz nach maximaler Entropie des Systems.

J. W. Gibbs[1] formulierte den Zusammenhang zwischen Enthalpie- und Entropieänderung ganz allgemein durch folgende Gleichung:

$$\Delta G = \Delta H - T \cdot \Delta S$$

ΔH: Enthalpieänderung; T: Temperatur in Kelvin
ΔS: Entropieänderung
ΔG: Änderung der **freien Enthalpie**

Eine chemische Reaktion läuft dann selbsttätig ab, wenn die Änderung der **freien Reaktionsenthalpie $\Delta_R G$** ein negatives Vorzeichen hat: $\Delta_R G < 0$. In diesem Fall ist die Reaktion **exergonisch**. Ist $\Delta_R G > 0$, so spricht man von einer **endergonischen** Reaktion.

[1] J. W. Gibbs (1839–1903), amerikanischer Physikochemiker

A1 Warum ist es bei der Ermittlung einer Reaktionsgeschwindigkeit einmal zweckmäßig, eine messbare Größe eines Edukts, im anderen Fall eines Produkts zu messen und zu notieren? Nennen Sie je ein konkretes Reaktionsbeispiel von S. 68 und S. 70.

A2 Entscheiden Sie begründet bei jeder der folgenden Reaktionen, welche Größe (Volumen, Masse, Stromstärke oder Lichtabsorption) gemessen werden kann, um die Reaktionsgeschwindigkeit zu ermitteln.

a) $H_2O_2(aq) \rightarrow H_2O(l) + O_2(g)$

b) $Na_2CO_3(aq) + 2HCl(aq)$
$\rightarrow H_2O(l) + CO_2(g) + 2NaCl(aq)$

c) Stärke(aq) + HCl(aq) → Glucose(aq)

d) $C_2Cl_4(l) + 2H_2O(l) + O_2(aq)$
$\rightarrow 2CO_2(aq) + 4HCl(aq)$

A3 Erklären Sie mithilfe der Stoßtheorie, warum die Verbrennung eines Benzindampf-Luft-Gemisches explosionsartig, die von flüssigem Benzin in einer Schale dagegen mit ruhiger Flamme verläuft.

A4 Ein Auto, das in einer auf 20 °C aufgeheizten Garage parkt, rostet schneller als eines, das bei –10 °C im Freien steht. Erläutern Sie, um welchen Faktor („wie viel mal") es schneller rostet.

A5 Bei der Reaktion von Calciumcarbonat mit Salzsäure beobachtet man im Laufe der Zeit eine Abnahme der Gasentwicklung. Erklären Sie diesen Sachverhalt kurz mithilfe der Stoßtheorie. Geben Sie zwei Möglichkeiten für die Erhöhung der Geschwindigkeit dieser Reaktion begründet an.

A6 Berechnen Sie die mittlere Reaktionsgeschwindigkeit für die Bildung von Methansäurepropylester bei 70 °C, wenn die Ausgangskonzentration von Methansäure 2,4 mol/L war und ihre Konzentration nach 20 min. Reaktionszeit 1,6 mol/L betrug.

A7 Innerhalb eines bestimmten Zeitintervalls werden in der Reaktion (1) 4,6 g Stickstoffdioxid gebildet, in der Reaktion (2) 4,6 g Schwefeldioxid. Wählen Sie die richtige Aussage und begründen Sie Ihre Entscheidung: a) Die Reaktionsgeschwindigkeit der ersten Reaktion ist höher. b) Die Reaktionsgeschwindigkeit der zweiten Reaktion ist höher. c) Die Reaktionsgeschwindigkeiten beider Reaktionen sind gleich. d) Ein Vergleich der Reaktionsgeschwindigkeiten ist anhand dieser Angaben nicht möglich.

A8 Die Zersetzung von Distickstoffpentaoxid in Stickstoffdioxid und Sauerstoff wird experimentell untersucht. Zu Beginn der Reaktion liegt 1 L Lösung von Distickstoffpentaoxid in einem organischen Lösemittel vor ($c_0(N_2O_5)$ = 2,33 mol/L). Der entstehende Sauerstoff wird aufgefangen, sein Volumen gemessen:

t, min	5	15	20	25	**30**
$V(O_2)$, mL	5040	1176	1464	1800	1900

a) Berechnen Sie die jeweils aufgefangene Stoffmenge $n(O_2)$ und die jeweiligen Konzentrationen an N_2O_5. b) Stellen Sie die Abhängigkeit der Konzentration von der Zeit grafisch dar. c) Bestimmen Sie die Durchschnittsgeschwindigkeit zwischen t_1 und t_3 sowie t_3 und t_5 in mol/L · s. Erklären Sie den Unterschied.

A9 Für das vollständige Auflösen einer Portion Aluminium in Natriumhydroxid-Lösung bei 40 °C wurden 36 min. benötigt, bei 30 °C 108 min. Berechnen Sie die Zeit, die für das Auflösen dieser Portion bei 60 °C notwendig ist.

A10 In B3, S. 76, sind die Aktivierungsenergien für die Zersetzung von Wasserstoffperoxid unter verschiedenen Bedingungen gegeben. a) Zeichnen Sie in ein Energiediagramm drei Kurven entsprechend den Angaben. b) Vergleichen Sie begründet die Werte für Aktivierungsenergie dieser Reaktion mit Platindraht bzw. mit kolloidalem Platin als Katalysator. c) Formulieren Sie eine begründete Vermutung bezüglich der Wirksamkeit von Enzymen im Vergleich zur Wirksamkeit technischer Katalysatoren.

A11 Welche Eigenschaften von Enzymen erlauben es, sie als „Biokatalysatoren" zu bezeichnen?

A12 Erläutern Sie, welche molekularen Eigenschaften bei der Veranschaulichung des Schlüssel-Schloss-Prinzips (vgl. S. 79, B5) unberücksichtigt bleiben.

Chemische Gleichgewichtsreaktionen in Natur und Technik

Bei dem Wort **Gleichgewicht** denken wir je nach Zusammenhang an ganz unterschiedliche Dinge und Situationen: Eine Wippe kann sich im *mechanischen* Gleichgewicht und ein Gartenteich im *ökologischen* Gleichgewicht befinden, ein *finanzielles* Gleichgewicht kann z. B. zwischen Einnahmen und Ausgaben im eigenen Geldbeutel vorliegen, und von einem *ästhetischen* Gleichgewicht spricht man bei einem Kunstgemälde oder einer musikalischen Komposition.

Mit dem Begriff Gleichgewicht verbinden wohl die wenigsten auch Chemie – und doch ist das **chemische Gleichgewicht** ein **Basiskonzept** in der Chemie und steht deshalb in diesem Kapitel im Mittelpunkt. Ein großer Teil aus der enormen Vielfalt chemischer Reaktionen lässt sich mit diesem Konzept auf einfache Art und Weise *charakterisieren*, *ordnen* und *quantitativ untersuchen*.

Bei der Erschließung des chemischen Gleichgewichts, seinen Anwendungen und seiner Abgrenzung zu anderen Gleichgewichten gehen wir den folgenden Fragen und Stichworten nach:

1 **Welche Reaktionen kommen für ein chemisches Gleichgewicht in Frage?**

2 **Was kann man bei einem chemischen Gleichgewicht beobachten?**

3 **Wie verhalten sich die reagierenden Teilchen in einem chemischen Gleichgewicht?**

4 **Wie lässt sich ein chemisches Gleichgewicht mathematisch exakt beschreiben?**

5 **Wodurch kann ein chemisches Gleichgewicht gestört werden, und wie verhält es sich bei der Störung?**

6 **Wie lässt sich der Erkenntnisgewinn beim chemischen Gleichgewicht industriell in praktischen Nutzen umsetzen?**

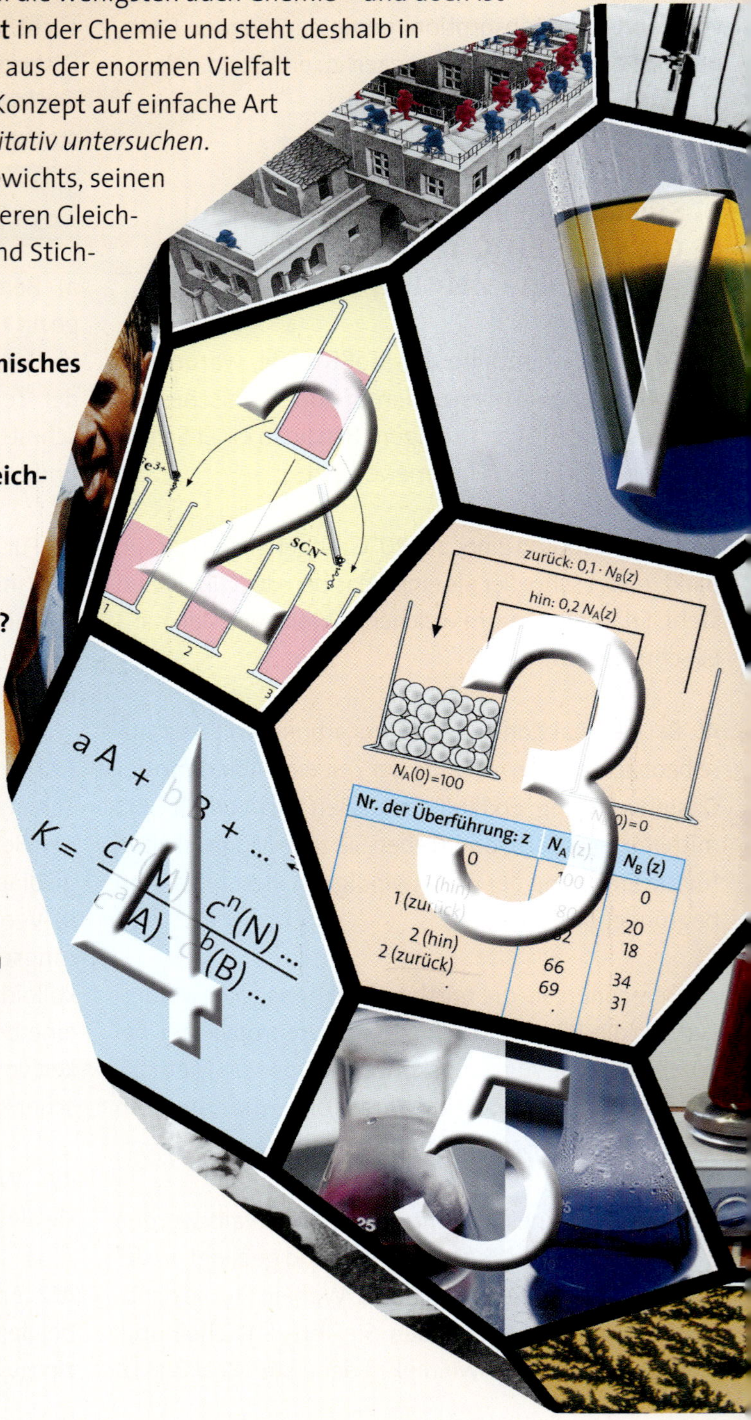

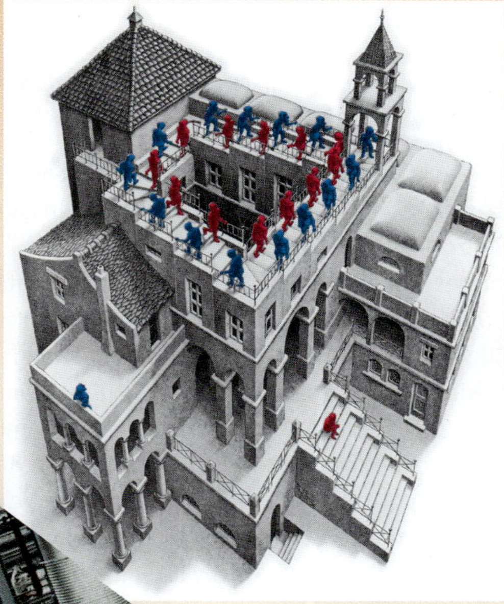

B1 *Grafik von M. C. Escher[1]. Die Figuren bewegen sich gleichzeitig nach rechts und nach links, nach oben und nach unten und doch bleibt alles irgendwie auf der Stelle.*

Komm drücke mich recht zärtlich an dein Herz!
Doch nicht zu fest, damit das Glas nicht springe!
Das ist die Eigenschaft der Dinge:
Natürlichem genügt das Weltall kaum;
was künstlich ist, verlangt geschloßnen Raum.
J. W. Goethe[2], Faust II

„Die Thermodynamik ist das Paradebeispiel einer logisch konsistenten naturwissenschaftlichen Theorie. Diese aber verliert sich nicht in Spekulationen über das Universum. Vielmehr befasst sie sich mit geschlossenen Systemen, deren Anfangs- und Randbedingungen reproduzierbar kontrolliert werden können. Nur in solchen künstlich geschaffenen Systemen kann sich der Zustand des thermodynamischen Gleichgewichts einstellen. Es macht aber Sinn, sich solche Arbeitshypothesen zu schaffen, denn seine Kenntnis ermöglicht uns Einsichten in abgrenzbare, d.h. zumindest näherungsweise geschlossene Systeme der unbelebten wie auch der belebten Welt."
M. Eigen[3], Das Spiel – Naturgesetze steuern den Zufall

Die drei Exkurse in die **Kunst**, die **Literatur** und die **Naturphilosophie** (B1 und Zitate) geben die **Grundideen** des chemischen Gleichgewichts wieder: Etwas, ein Zustand, der „sich bewegt und doch auf der Stelle bleibt", der „künstlich ist und geschlossenen Raum verlangt", der sich zwar „nur in künstlich geschaffenen Systemen einstellt, aber Einsichten in Systeme der unbelebten wie auch der belebten Welt ermöglicht."
Das chemische Gleichgewicht der klassischen Thermodynamik nimmt in der Chemie bei der Einteilung und quantitativen Beschreibung vieler Reaktionen eine Schlüsselrolle ein.

[1] Maurits Cornelis Escher (1898 bis 1972), holländischer Künstler und Grafiker; [2] Johann Wolfgang von Goethe (1749 bis 1832), deutscher Dichter; [3] Manfred Eigen (geb. 1927), Professor für Biophysikalische Chemie in Göttingen (1967 Nobelpreis für Chemie)

Hin oder Rück – worauf kommt es an?

Hinweis: V1 und V4 können arbeitsteilig in Gruppen durchgeführt werden.

Versuche

V1 Mischen Sie in je einem Rggl. die folgenden Carbonsäuren und Alkohole: a) 2 mL Methansäure* mit 2 mL Ethanol*; b) 2 mL Ethansäure* mit 2 mL Butan-1-ol*; c) 0,5 g Benzoesäure* mit 2 mL Ethanol*.
Lassen Sie von der Lehrkraft jeweils 1 Tropfen konz. Schwefelsäure* als Katalysator zufügen. Statt Schwefelsäure kann auch eine Feststoffsäure, z.B. Amberlyst 15 oder Zeolith (Aquarienhandel) als Katalysator verwendet werden. Geben Sie jeweils ein Siedesteinchen zu und erhitzen Sie über kleiner Flamme ca. 2 min zum Sieden. Gießen Sie die Inhalte in je ein Becherglas mit ca. 150 mL Wasser. Beobachten Sie die Oberflächen der Flüssigkeiten und prüfen Sie den Geruch.

LV2 In ein großes Rggl. werden ca. 30 mL Natronlauge*, c = 0,1 mol/L, und einige Tropfen Bromthymolblau-Lösung gegeben. Die blaue, wässrige Lösung wird vorsichtig mit ca. 7 mL Methansäureethylester (Ethylmethanat)* überschichtet. Man schüttelt vorsichtig und beobachtet die Veränderung der Farbzonen und die Schichtdicke der organischen Phase (B1). Das Schütteln und Beobachten wird einige Male wiederholt. Wenn die wässrige Phase vollständig entfärbt ist, fügt man zwei Plätzchen festes Natriumhydroxid* hinzu und fährt mit dem Schütteln und Beobachten fort, bis die organische Phase ganz verschwindet.

LV3 In ein großes Rggl. werden unter dem **Abzug** ca. 50 mL gesättigtes Bromwasser* gefüllt. Die Temperatur der Lösung wird gemessen und notiert. Dann fügt man ca. 1 g feinstes Zinkpulver* hinzu, schüttelt ca. 10 s gut durch, misst erneut die Temperatur und vergleicht die Farbe. (Gegebenenfalls muss erneut geschüttelt werden.) Sobald keine Farbänderung mehr zu beobachten ist, werden 2 mL der Lösung in einem kleinen Rggl. mit 1 mL Silbernitrat-Lösung* versetzt. Das Reaktionsgemisch wird in V4 weiterverwendet.

V4 Filtrieren Sie das Reaktionsgemisch aus LV3 und füllen Sie das Filtrat in ein U-Rohr. Elektrolysieren Sie die Lösung bei U = 10 V und beobachten Sie die Vorgänge an den Graphit-Elektroden genau.

Auswertung

a) Für die Veresterungsreaktionen in V1 wie für die Esterhydrolyse in LV2 gilt folgendes Schema:

$$\text{Carbonsäure} + \text{Alkohol} \underset{\text{Rückreaktion}}{\overset{\text{Hinreaktion}}{\rightleftarrows}} \text{Ester} + \text{Wasser}$$

Formulieren Sie nach diesem Muster die Reaktionsgleichung für die von Ihnen durchgeführte Veresterung in V1. Verwenden Sie Gerüstformeln wie in B3.

b) Erläutern und erklären Sie das Zustandekommen der grünen Farbe im Reagenzglas aus LV2 (B1).

c) Bei LV3 reagiert Zink $\mathbf{Zn(s)}$ mit Bromwasser $\mathbf{Br_2(aq)}$ exotherm zu hydratisierten Zink-Ionen $\mathbf{Zn^{2+}(aq)}$ und hydratisierten Bromid-Ionen $\mathbf{Br^-(aq)}$. Geben Sie an, welche dieser Ionen mit Silbernitrat-Lösung nachgewiesen werden, erläutern Sie den Nachweis und formulieren Sie die Reaktionsgleichung des Nachweises.

d) Nennen und deuten Sie die Beobachtungen bei V4 und erklären Sie sie mithilfe einer Reaktionsgleichung.

B1 *Zwischenergebnis bei LV2.* ***A:*** *Erklären Sie die Ausbildung der drei Farbzonen. (Hinweis: Vgl. Angaben in Auswertung b.)*

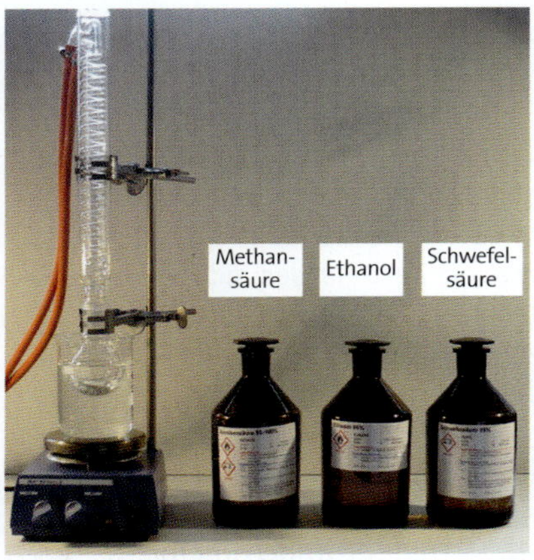

B2 *Rückflussapparatur für Veresterungen.* ***A:*** *Begründen Sie, warum die Temperatur im Reaktionskolben konstant bleibt.*

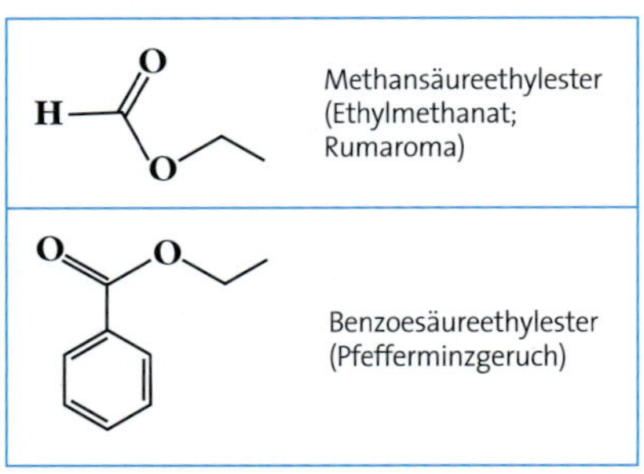

B3 *Gerüstformeln (Struktursymbole) von Carbonsäureestern*

Reversible Reaktionen

Ob einfach verlaufende Reaktionen wie die zwischen einem Metall und einem Halogen und die zwischen einer Carbonsäure und einem Alkohol (V1 bis V4) oder vielschrittige und komplizierte wie die Fotosynthese und Veratmung von Kohlenhydraten (B4, B5), chemische Reaktionen sind allgemein **reversibel (umkehrbar)**. Ob die **Hin-** oder die **Rückreaktion** abläuft, hängt von den Reaktionsbedingungen ab.

Die exotherme Hinreaktion zwischen Brom in wässriger Lösung und Zinkpulver (LV3) setzt bei der Vereinigung der Edukte sofort ein und verläuft spontan, bis eines der Edukte aufgebraucht ist. Die Rückreaktion, die Elektrolyse von Zinkbromid-Lösung (V4), läuft dagegen nur bei Zufuhr von elektrischer Energie ab:

$$\mathbf{Zn(s) + Br_2(aq) \rightleftharpoons Zn^{2+}(aq) + 2Br^-(aq)}$$

Der Energiegehalt der Edukte Brom und Zink ist damit deutlich höher als derjenige des Produkts Zinkbromid.

Wenn sich die Edukte und die Produkte einer Reaktion in ihrem Energiegehalt nicht stark unterscheiden, wie beispielsweise bei der Veresterung, startet die Hinreaktion ebenfalls bereits bei der Vereinigung der Edukte, sie verläuft aber äußerst langsam. Zur Beschleunigung setzt man daher oft einen Katalysator ein, z. B. eine starke Säure wie bei den Veresterungen in V1. Die Rückreaktion der Esterbildung ist die Esterhydrolyse (LV2, Auswertung a).

Die Richtung einer Reaktion kann begünstigt werden, indem man eines der gebildeten Produkte „abfängt": Setzt man, wie in LV2, Natronlauge statt Wasser ein, wird nicht Methansäure gebildet, sondern eine wässrige Natriummethanoat-Lösung. Diese kann nicht mehr zum Ester reagieren, die Rückreaktion ist unterbunden und die Reaktion damit *irreversibel*.

Aus den Reaktionen bei den Versuchen V1 bis V4 und vielen anderen experimentellen Untersuchungen lassen sich folgende wichtige Faktoren ableiten, von denen es abhängt, ob und wie schnell die Hin- oder Rückreaktion einer reversiblen Reaktion abläuft:

- Art und Ausmaß, in der die Energie an der Reaktion beteiligt ist,
- Konzentrationen der Edukte bzw. Produkte am Reaktionsort,
- Gegenwart von Katalysatoren sowie anderen Stoffen, die ins Reaktionsgeschehen eingreifen können, und
- Temperatur, bei der die Reaktion abläuft.

Diese Faktoren beeinflussen in entscheidender Weise auch reversible Reaktionen in technischen Anlagen und in lebenden Organismen, die in vielen, teilweise noch nicht genau bekannten Schritten verlaufen, wie die Reaktionen bei der Fotosynthese und Zellatmung (B4, B5).

Experimente unter genau kontrollierten Bedingungen werden uns zu allgemeinen Gesetzen und Prinzipien führen, nach denen sich diese und weitere Faktoren auf reversible Reaktionen auswirken.

B4 *Bei der Zellatmung wird Glucose mit Sauerstoff zu Kohlenstoffdioxid und Wasser oxidiert.* **A:** *Formulieren Sie mithilfe der Angaben aus B5 die Fotosynthese und Veratmung von Glucose als reversible Reaktion mit Angaben über die Energiebeteiligung.*

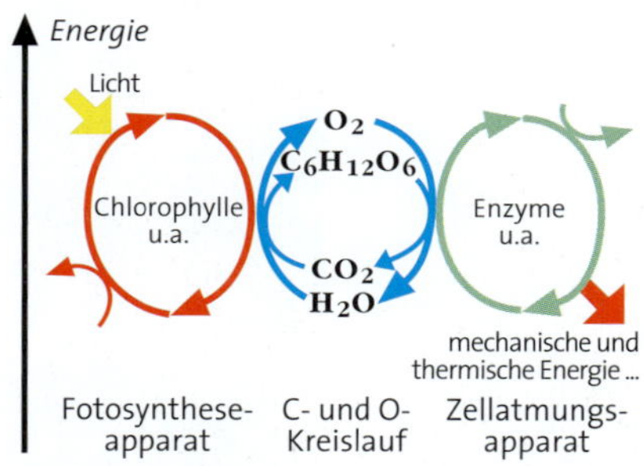

B5 *Fotosynthese und Zellatmung sind das „biochemische Einmaleins" auf unserem Planeten.* **A:** *Erläutern und begründen Sie diese Aussage.*

Aufgabe

A1 Nennen Sie einige Reaktionsbedingungen (Reaktionsort, Stoffe, Energiezufuhr bzw. -abgabe), die in der Pflanzenzelle (B5) die Hinreaktion (Fotosynthese) bzw. die Rückreaktion (Zellatmung) begünstigen.

Fachbegriffe

reversible (umkehrbare) Reaktion, Hinreaktion, Rückreaktion

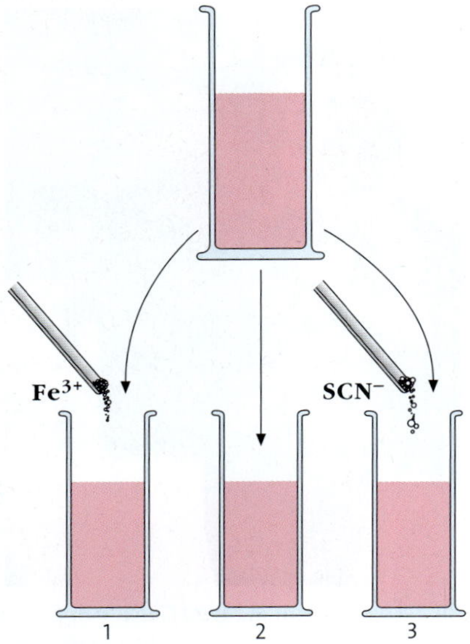

B1 *Skizze zu V1 bis V3.* **A:** *Erläutern Sie, warum die drei Zylinder 1 bis 3 gleiche Durchmesser haben sollten.*

Hin und Rück im Gleichgewicht

Hinweis: V2 und V3 können arbeitsteilig in Gruppen durchgeführt werden. Die Zusammenführung und Auswertung der Ergebnisse erfolgen anschließend im Plenum.

Versuche

V1 Stellen Sie je 500 mL Eisen(III)-chlorid-Lösung*, c = 0,004 mol/L, und Kaliumthiocyanat-Lösung*, c = 0,012 mo/L, her. Hierzu lösen Sie 2 mmol (0,54 g) Eisen(III)-chlorid-Hexahydrat* bzw. 6 mmol (0,583 g) Kaliumthiocyanat* in jeweils so viel Wasser, dass das Volumen der Lösungen je 500 mL beträgt. Vereinigen Sie die beiden Lösungen in einem großen Zylinder und beobachten Sie die Farbe. Verteilen Sie die Hälfte der Lösung auf drei kleinere Zylinder (B1), den Rest bewahren Sie für spätere Versuche auf (vgl. S. 96).

V2 Geben Sie zu der Lösung in Zylinder Nr. 1 eine kleine Portion festes Eisen(III)-chlorid-Hexahydrat* und beschleunigen Sie das Auflösen durch Rühren. Vergleichen Sie die entstandene Farbe mit der Farbe in Zylinder Nr. 2. Bearbeiten Sie dann die Auswertungen a) und b).

V3 Geben Sie zu der Lösung in Zylinder Nr. 3 eine kleine Portion festes Kaliumthiocyanat* und beschleunigen Sie das Auflösen durch Rühren. Vergleichen Sie die erhaltene Farbe mit der Farbe in Zylinder Nr. 2 und bearbeiten Sie anschließend die Auswertungen a) und c).

Auswertung

a) Eisen(III)-Ionen und Thiocyanat-Ionen reagieren nach folgender vereinfachter Reaktionsgleichung reversibel zu einer Verbindung, deren wässrige Lösung rot gefärbt ist:

$$\mathbf{Fe^{3+}(aq)} + \mathbf{3SCN^{-}(aq)} \rightleftharpoons \mathbf{Fe(SCN)_3(aq)}$$

leicht bräunlich — farblos — blutrot

Begründen Sie, warum unter den Reaktionsbedingungen aus V1 beide Edukte in der Hinreaktion theoretisch vollständig verbraucht werden können.

b) Deuten Sie das Ergebnis aus V2 mithilfe der Reaktionsgleichung aus a) und schlussfolgern Sie daraus, welches der beiden Edukte bei der Reaktion, die zu der Lösung Nr. 1 führte, nicht vollständig verbraucht wurde.

c) Deuten Sie das Ergebnis aus V3 mithilfe der Reaktionsgleichung aus a) und schlussfolgern Sie daraus, welches der beiden Edukte bei der Reaktion, die zu der Lösung Nr. 3 führte, nicht vollständig verbraucht wurde.

d) Fassen Sie die Ergebnisse aus b) und c) zusammen und treffen Sie eine begründete Aussage darüber, ob die Hinreaktion aus a) vollständig oder unvollständig verläuft.

e) Nehmen Sie an, das Produkt aus der Reaktion von a) steht Ihnen als reiner Feststoff zur Verfügung. Planen Sie auf der Grundlage der Beobachtungen bei V1 bis V3 einen Versuch, mit dem man überprüfen kann, ob die Rückreaktion von a) vollständig oder unvollständig verläuft, und erläutern Sie ausführlich.

Chemisches Gleichgewicht – Stoffebene

Um herauszufinden, *wie weit* die Hin- bzw. die Rückreaktion einer reversiblen Reaktion abläuft, ist es zweckmäßig, Experimente unter definierten Reaktionsbedingungen durchzuführen: Man setzt

- die Edukte genau in dem **Stoffmengenverhältnis** ein, in dem sie miteinander reagieren, und man
- führt die Reaktion in einem **geschlossenen System** (B2) durch.

Diese Bedingungen sind nach dem Zusammengießen der beiden Lösungen aus V1 gegeben, denn die Edukte werden im Stoffmengenverhältnis $n(\mathbf{Fe^{3+}}) : n(\mathbf{SCN^-}) = 1 : 3$ eingesetzt, und die Lösung im Zylinder hat keinen nennenswerten Stoffaustausch mit der Umgebung, kann also als geschlossenes System angesehen werden.

Bei der Zugabe von weiterem Eisen(III)-chlorid zu dieser Lösung tritt eine Farbvertiefung ein (V2), die nur durch die Bildung von zusätzlichem Produkt gemäß der Reaktionsgleichung in Auswertung a) erklärt werden kann. In der Lösung muss demnach nicht umgesetztes Thiocyanat vorhanden gewesen sein. Man könnte nun annehmen, dass dieses durch Wägefehler und Ungenauigkeiten beim Abmessen der Volumina in die Lösung gelangt ist. Teilexperiment V3 widerlegt aber diese Vermutung, denn auch die Zugabe von weiterem Thiocyanat führt zu einer Farbvertiefung: Auch gelöstes Eisen(III)-chlorid muss noch in der Lösung vorgelegen haben. Die Ergebnisse von V2 und V3 zeigen, dass bei V1 keines der beiden Edukte vollständig verbraucht wurde, die Hinreaktion bei V1 also nicht bis zum vollständigen Verbrauch der Edukte ablief. Kontrollversuche würden zeigen, dass auch nach längerer Reaktionszeit neben dem Produkt die beiden Edukte in der Lösung vorhanden sind.

Genaue Untersuchungen einer Vielzahl von Reaktionen haben zu ähnlichen Ergebnissen wie bei V1 bis V3 geführt, die folgendermaßen zusammengefasst werden können:

Bei Reaktionen in *geschlossenen Systemen* laufen weder die Hin- noch die Rückreaktionen vollständig ab. Ganz gleich, ob man von den Edukten oder von den Produkten ausgeht, immer erreicht das System nach einiger Zeit einen Zustand, in dem alle Reaktionsteilnehmer (Edukte und Produkte) in *zeitlich konstanten* Anteilen vorliegen. Man bezeichnet diesen Zustand als **Gleichgewichtszustand** oder einfach als **chemisches Gleichgewicht**.

Aufgaben

A1 Verestert man Ethansäure mit Ethanol im Stoffmengenverhältnis $n(\text{Ethansäure}) : n(\text{Ethanol}) = 1 : 1$ in einer Destillationsapparatur und destilliert den entstehenden, bei tieferen Temperaturen als Ethanol und Ethansäure siedenden Ethansäureethylester ab, so stellt sich kein Gleichgewicht ein. Begründen und erläutern Sie, wie sich dieses Vorgehen auf die Ausbeute an Ester[1] bezogen auf die eingesetzten Edukte auswirkt.

A2 Pflanzen können auch dann gedeihen, wenn sie in feuchter Erde eingepflanzt und unter einer gasdichten Glasglocke an einem hellen Standort aufbewahrt werden (vgl. S. 87, B5). Erklären Sie den Sachverhalt.

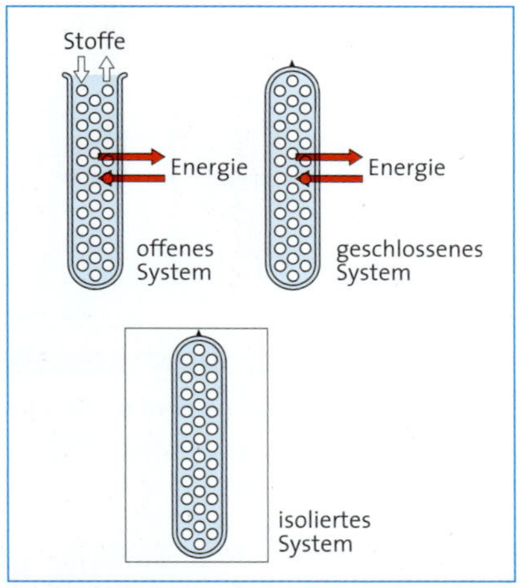

B2 *Systeme, in denen chemische Reaktionen ablaufen können.* ***A:*** *Nennen Sie je ein Beispiel für ein offenes, geschlossenes und isoliertes System aus dem Bereich Küche-Essen-Trinken.*

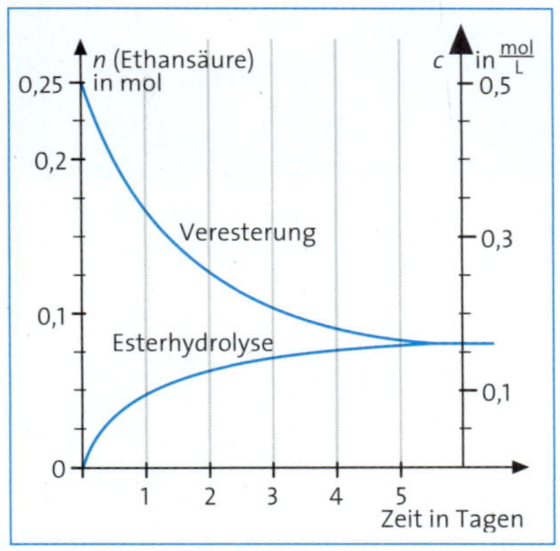

B3 *Änderung der Stoffmenge (Konzentration) von Ethansäure bei der Veresterung und bei der Esterhydrolyse im geschlossenen System.* ***A:*** *Erläutern Sie, wie sich die Reaktionsgeschwindigkeiten vom Start der Reaktion bis zur Einstellung des Gleichgewichts verändern.*

Fachbegriffe

Stoffmengenverhältnis, geschlossenes System, Gleichgewichtszustand, chemisches Gleichgewicht

[1] Quotient aus der theoretisch bei vollständigem Umsatz zu erwartenden und der im Versuch gebildeten Stoffmenge an Ester

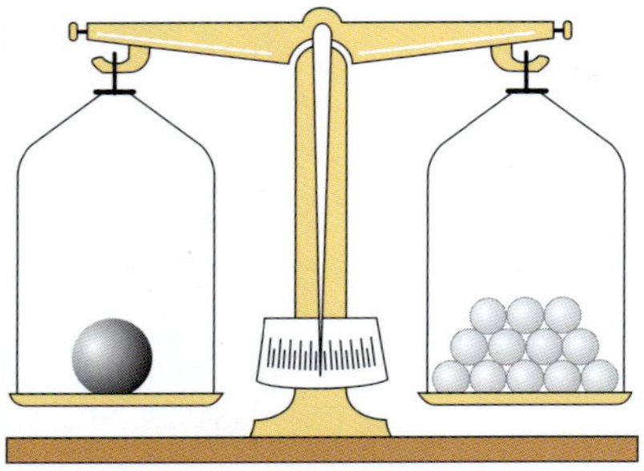

B1 *Auf der Balkenwaage herrscht ein Gleichgewicht.* ***A:*** *Erläutern Sie, um welche Kräfte es sich handelt.*

B2 *Lesen im Toten Meer.* ***A:*** *Erläutern Sie, welche Kräfte sich hier ausgleichen.*

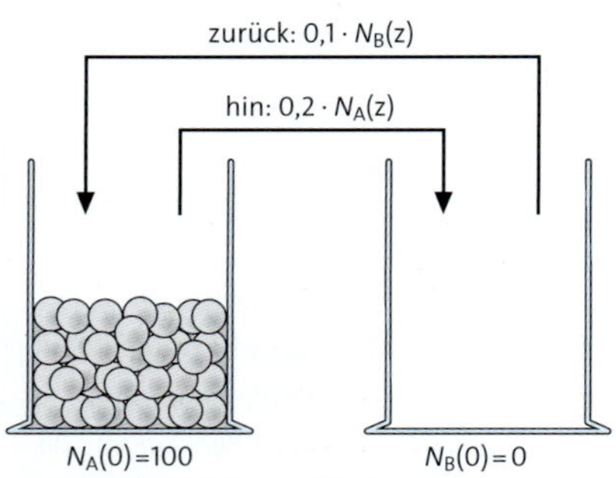

Nr. der Überführung: z	N_A (z)	N_B (z)
0	100	0
1 (hin)	80	20
1 (zurück)	82	18
2 (hin)	66	34
2 (zurück)	69	31
.	.	.
.	.	.
.	.	.

B3 *Skizze zur Durchführung des Urnenmodell-Versuchs (MV1).* ***A:*** *Zeichnen Sie für MV1 ein Diagramm mit z in der Abszisse und $N_A(z)$ und $N_B(z)$ in der Ordinate. Kommentieren Sie die Verläufe der Graphen.*

Ungleiche Gleichgewichte

Modellversuche

MV1 *Urnenmodell* In Gefäß A befinden sich 100 Kugeln, Gefäß B ist leer (B3). Überführen Sie abwechselnd Kugeln aus A in B und aus B in A. Nehmen Sie bei jeder „hin"-Überführung 20 % der in A gerade vorhandenen Kugeln (jeweils auf ganze Zahlen runden!) und bei jeder „zurück"-Überführung 10 % der gerade in B vorhandenen Kugeln. Die Kugelzahlen nach den beiden ersten Überführungen, z = 1 und z = 2 (jede bestehend aus einer „hin"- und einer „zurück"-Überführung) sind in B3 notiert. Führen Sie die Überführungen bis z = 13 fort und tabellieren Sie die Ergebnisse in Ihrem Heft.

MV2 *Saughebermodell* Führen Sie den in B4 skizzierten Versuch mit zwei 100-mL-Zylindern und zwei Glasrohren mit verschiedenen Durchmessern durch. Zu Beginn befinden sich in Zylinder A ca. 70 mL Wasser, Zylinder B ist leer.

MV3 *Computersimulation* Erschließen Sie in *Chemie 2000+ Online* mithilfe der dort angebotenen interaktiven Computersimulation zum Modellversuch MV1 die Zusammenhänge zwischen den Eingabeparametern und den sich einstellenden Gleichgewichten.

Auswertung

a) Stellen Sie Vermutungen darüber an, was sich an den Graphen (MV1, B3) ändern würde, wenn man statt mit $N_A(0) = 100$ Kugeln mit $N_A(0) = 1\,000\,000$ Kugeln starten würde. Begründen Sie Ihre Vermutung und überprüfen Sie sie mithilfe der Computersimulation (MV3).

b) Vergleichen Sie die Gleichgewichte aus B1 und B2 mit den Gleichgewichten, die sich bei MV1 und MV2 einstellen. Nennen Sie Gemeinsamkeiten und Unterschiede und diskutieren Sie in diesem Zusammenhang die Seitenüberschrift „Ungleiche Gleichgewichte".

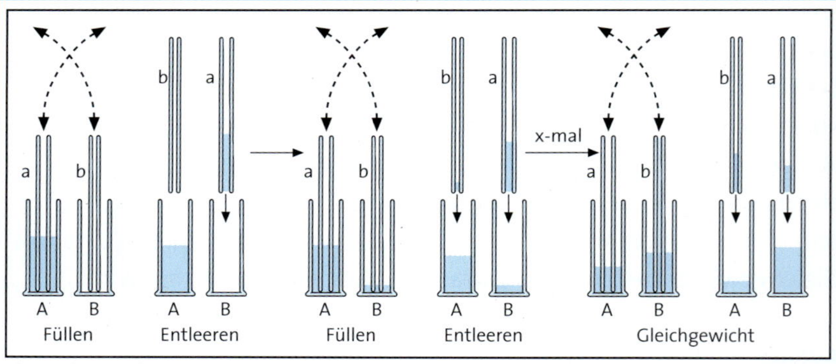

Flüssigkeit gelangt von A nach B, wenn die Rohre a und b gleichzeitig oben mit dem Finger verschlossen und dann über Kreuz entleert werden. Die „reversible Reaktion" setzt mit der „**Hinreaktion**" ein.

Nun gelangt auch Flüssigkeit von B zurück nach A. Es findet auch eine „**Rückreaktion**" statt. Die „Hinreaktion" wirkt sich aber noch stärker aus als die „Rückreaktion".

Nach einiger Zeit sind die in den Rohren im gleichen Takt beförderten Flüssigkeitsportionen gleich groß geworden. Die „Hinreaktion" und „Rückreaktion" heben sich gegenseitig auf: Modell des **Gleichgewichtszustandes**.

B4 *Skizze zur Durchführung und Ergebnis des Saughebermodell-Versuchs (MV2).* ***A:*** *Erläutern und begründen Sie, welche Beobachtungen zu erwarten sind, wenn man den Versuch mit zwei Glasrohren gleichen Durchmessers wiederholt.*

Chemisches Gleichgewicht – Teilchenebene

Wenn auf der stofflichen Ebene keine Änderungen mehr zu beobachten sind, hat eine Reaktion den Zustand des chemischen Gleichgewichts erreicht. In diesem Zustand liegen alle Reaktionsteilnehmer in zeitlich konstanten Stoffmengen bzw. Konzentrationen vor (vgl. S. 89). Daher ist die experimentell bestimmbare **Reaktionsgeschwindigkeit** v_r im chemischen Gleichgewicht gleich null (B5, oberer Teil).

Bewegt sich im chemischen Gleichgewicht also *nichts mehr*, ähnlich wie bei der Balkenwaage (B1) oder beim Schweben in konzentriertem Salzwasser (B2)? „Stillstand" herrscht beim chemischen Gleichgewicht nur auf der Stoffebene. Auf der Ebene der reagierenden Teilchen bedeutet der Zustand des chemischen Gleichgewichts einen Ausgleich zwischen Hin- und Rückreaktion, ähnlich wie bei MV1 bis MV3.

Bezeichnet man die Anzahl der Edukt-Teilchen, die pro Zeitintervall in Produkt-Teilchen umgesetzt werden, als **Reaktionsrate** der Hinreaktion $r_{\rightarrow}$ und definiert entsprechend die Reaktionsrate der Rückreaktion $r_{\leftarrow}$, kann man das chemische Gleichgewicht als den Zustand verstehen, bei dem die Reaktionsrate der Hinreaktion gleich der Reaktionsrate der Rückreaktion (B5, unter Teil) ist:

$$r_{\rightarrow} = r_{\leftarrow}.$$

Beim Gleichgewicht ist damit die Anzahl der in einem Zeitintervall Δt über die Hinreaktion gebildeten Produkt-Teilchen gleich der Anzahl der über die Rückreaktion verbrauchten Produkt-Teilchen. Die Anzahl der Produkt-Teilchen ist somit wie auch die Anzahl der Edukt-Teilchen zeitlich konstant.

Im Gegensatz zum Kräftegleichgewicht bei einer Balkenwaage handelt es sich beim chemischen Gleichgewicht um ein **dynamisches Gleichgewicht**, weil es als Ergebnis fortlaufender, sich einander ausgleichender Vorgänge auf der submikroskopischen Ebene der reagierenden Teilchen zustande kommt.

Zur Veranschaulichung dynamischer Gleichgewichte können **Modellversuche** und **Computersimulationen** herangezogen werden (MV1 bis MV3). Mit diesen lassen sich auch Erkenntnisse darüber gewinnen, wie die Reaktionsraten der Hin- und Rückreaktion ein Gleichgewicht beeinflussen, also ob beim Gleichgewicht die Edukte oder die Produkte überwiegen. Wie bei allen Modellversuchen und Computersimulationen muss jedoch stets ihr Modellcharakter berücksichtigt werden, d.h. die Tatsache, dass sie die Wirklichkeit nur teilweise abbilden.

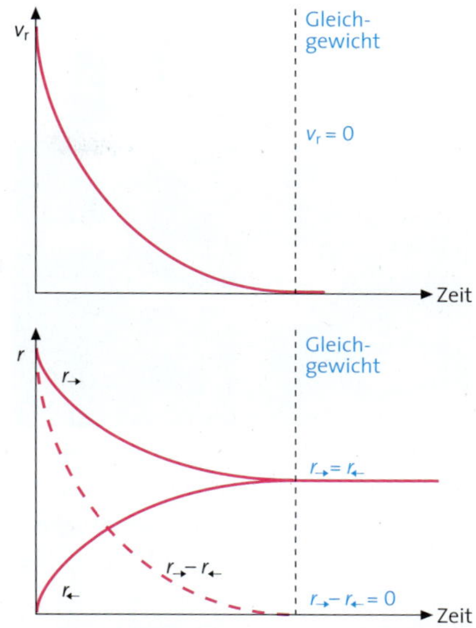

B5 *Zusammenhang zwischen der Reaktionsgeschwindigkeit v_r auf der Stoffebene und den Reaktionsraten $r_{\rightarrow}$ und $r_{\leftarrow}$ auf der Teilchenebene*

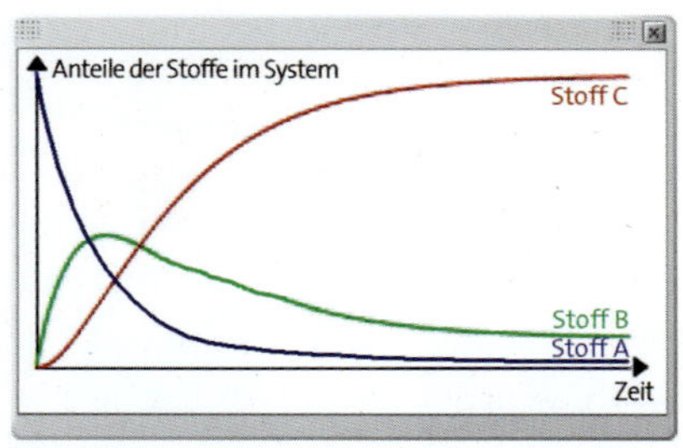

B6 *Ergebnis einer Computersimulation zur Einstellung des Gleichgewichts bei einer Folgereaktion A $\longrightarrow$ B $\rightleftharpoons$ C.* ***A:*** *Ermitteln Sie, bei welchen Eingabeparametern man ein solches Ergebnis erhält.*

Aufgaben

A1 Finden Sie mithilfe der Computersimulation aus *Chemie 2000+ Online* heraus, wie sich das Verhältnis der Reaktionsraten der Hin- und Rückreaktion auf die Anteile des Edukts und des Produkts beim Gleichgewicht A $\rightleftharpoons$ B auswirkt.

A2 Entwickeln Sie einen alternativen Modellversuch zur Veranschaulichung eines dynamischen Gleichgewichts. Präsentieren Sie Ihren Vorschlag den Mitschülern und vergleichen Sie ihn mit MV1 und MV2.

Fachbegriffe

Reaktionsgeschwindigkeit, Reaktionsrate, dynamisches Gleichgewicht, Modellversuche, Computersimulation

B1 *CATO MAXIMILIAN GULDBERG (1836 bis 1902), norwegischer Mathematiker, und PETER WAAGE (1833 bis 1900), norwegischer Chemiker. Sie führten über 300 quantitative Untersuchungen von Gleichgewichten durch und stellten das Massenwirkungsgesetz auf.*

Nach Maß und Gesetz

Hinweise: Gruppenarbeit mit Arbeitsteilung ist empfehlenswert, d.h. ein Teil der Gruppe setzt die Veresterung und die Blindprobe an, ein anderer Teil die Esterhydrolyse und die Blindprobe.
Jedes Gruppenmitglied sollte mindestens eine Titration durchführen.

Versuche

V1 Setzen Sie in je einem 100-mL-Erlenmeyerkolben eine Veresterung, eine Esterhydrolyse und eine Blindprobe an. Mischen Sie dazu die angegebenen Edukte in einem Messzylinder und füllen Sie mit Aceton als Lösevermittler auf ein Gesamtvolumen von 50 mL auf:

a) *Veresterung*: 0,25 mol (15,0 g) Ethansäure*, 0,25 mol (11,5 g) Ethanol* und 0,005 mol (0,48 g) konz. Schwefelsäure*;

b) *Esterhydrolyse*: 0,25 mol (22,0 g) Ethansäureethylester*, 0,25 mol (4,5 g) Wasser und 0,48 g konz. Schwefelsäure*;

c) *Blindprobe*: 0,48 g konz. Schwefelsäure* mit Wasser auf 50 mL Lösung auffüllen.

Die verschlossenen Ansätze a) und b) werden etwa 3 bis 4 Tage magnetisch gerührt. Entnehmen Sie den Versuchsansätzen mit Pipetten 1-mL-Proben, verdünnen Sie diese mit je etwa 50 mL Wasser, versetzen Sie beide mit einigen Tropfen Phenolphthalein-Lösung und titrieren Sie mit Natronlauge*, $c = 0{,}1$ mol/L.

V2 Setzen Sie wie bei V1a) eine Veresterung aus 0,25 mol Ethansäure*, 0,5 mol Ethanol*, 0,48 g konz. Schwefelsäure* und Aceton* bis zu einem Gesamtvolumen von 50 mL an. Titrieren Sie nach 3 bis 4 Tagen 1-mL-Proben wie bei V1.

Auswertung

a) Notieren Sie die Titrationsergebnisse aller Gruppen für jede der drei Proben *Veresterung*, *Esterhydrolyse* und *Blindprobe* in einer Tabelle und berechnen Sie die Mittelwerte der Volumina der verbrauchten Natronlauge.

b) Berechnen Sie anhand der Ergebnisse von a), wie viel mL Natronlauge bei den Proben der Veresterung und der Esterhydrolyse jeweils auf die Neutralisation der Ethansäure entfallen. Vergleichen Sie die Volumina.

c) Zwischen der Stoffmenge n, der Konzentration c und dem Volumen V besteht die Beziehung $n = c \cdot V$. Das Stoffmengenverhältnis für die Neutralisation von Ethansäure mit Natronlauge ist $n(\mathrm{CH_3COOH}) : n(\mathrm{NaOH}) = 1:1$. Berechnen Sie mithilfe dieser Angaben die Stoffmenge n von Ethansäure in den beiden Ansätzen. Beachten Sie dabei, dass Sie nur eine 1-mL-Probe titriert haben.

d) Berechnen Sie die Stoffmengen an Ethanol, Ester und Wasser für beide Ansätze aus der Anfangsstoffmenge $n_0(\mathrm{CH_3COOH})$ von Ethansäure und der beim Gleichgewicht experimentell ermittelten Stoffmenge von Ethansäure $n(\mathrm{CH_3COOH})$.

e) Werten Sie V2 analog V1a) aus. Vergleichen Sie die bei V1a) und V2 umgesetzten Stoffmengen an Ethansäure.

f) Berechnen Sie die Gleichgewichtskonstante K_c für V1 und V2. (*Hinweis*: Bearbeiten Sie diese Aufgabe erst, wenn Sie S. 93 gelesen haben.)

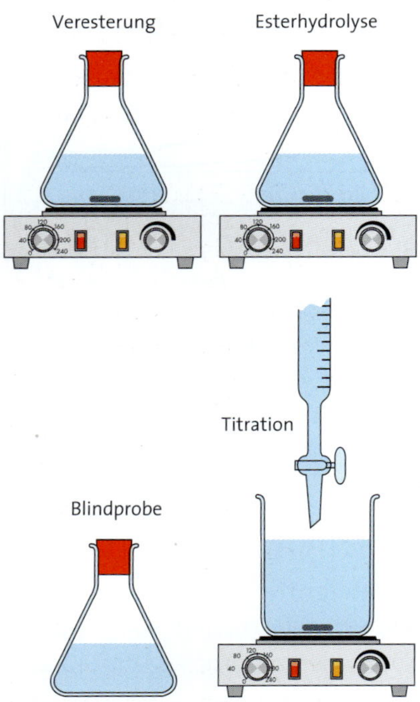

B2 *Versuchsaufbau zu V1 und V2*

Massenwirkungsgesetz und Gleichgewichtskonstante K_c

Bei einer quantitativen Untersuchung des Gleichgewichtzustands stellen wir fest, dass im Gleichgewicht die Konzentration bzw. die Stoffmenge an Ethansäure im Reaktionsgemisch des Veresterungsansatzes gleich der im Esterhydrolyseansatz (V1) ist. Daraus folgt, dass auch die Konzentrationen bzw. die Stoffmengen der anderen Reaktionspartner in beiden Ansätzen jeweils gleich sind.
Mit Überlegungen zu den Vorgängen im Gleichgewicht wird dies verständlich. Dazu betrachten wir eine allgemeine Modell-Reaktion, nach der die Veresterung und die Esterhydrolyse aus V1 verlaufen:

$$A + B \rightleftharpoons C + D.$$

Wenn sich das Gleichgewicht eingestellt hat, ändern sich die Konzentrationen der Edukte und Produkte nicht, also ist die Reaktionsgeschwindigkeit $v_r = 0$ (vgl. A1). Auf der Teilchenebene bedeutet dies aber nicht den Stillstand der Reaktion, sondern dass die Reaktionsraten (vgl. S. 91) der Hin- und Rückreaktion gleich sind: $r_{\rightarrow} = r_{\leftarrow}$.
Unter der Annahme, dass die Reaktionsrate der Hinreaktion $r_{\rightarrow}$ proportional zur Stoßzahl zwischen den A-Teilchen und den B-Teilchen und damit proportional zu deren Konzentrationen ist (B3), gilt:

$$r_{\rightarrow} = k_{\rightarrow} \cdot c(A) \cdot c(B).$$

Der Proportionalitätsfaktor $k_{\rightarrow}$ ist eine Konstante und hat für eine bestimmte Reaktion bei einer bestimmten Temperatur einen charakteristischen Wert. Für die Rückreaktion können wir entsprechend formulieren:

$$r_{\leftarrow} = k_{\leftarrow} \cdot c(C) \cdot c(D).$$

Im Gleichgewicht gilt:

$$r_{\rightarrow} = r_{\leftarrow} \text{ und damit } k_{\rightarrow} \cdot c(A) \cdot c(B) = k_{\leftarrow} \cdot c(C) \cdot c(D).$$

Durch Umformen erhält man:

$$\frac{k_{\rightarrow}}{k_{\leftarrow}} = \frac{c(C) \cdot c(D)}{c(A) \cdot c(B)} \text{ oder mit } \frac{k_{\rightarrow}}{k_{\leftarrow}} = K_c:$$

$$K_c = \frac{c(C) \cdot c(D)}{c(A) \cdot c(B)}.$$

Dieser Zusammenhang zwischen den Konzentrationen der Edukte und denen der Produkte im Gleichgewicht wird als **Massenwirkungsgesetz MWG** bezeichnet.
Das Massenwirkungsgesetz wurde aus quantitativen Untersuchungen an Gleichgewichtsreaktionen hergeleitet (B1). Wie oben dargestellt führen aber auch Überlegungen zum dynamischen chemischen Gleichgewicht zu diesem Ergebnis. Die rechte Seite im Massenwirkungsgesetz ist der **Massenwirkungsquotient *Q***, die linke Seite die **Gleichgewichtskonstante K_c**, die für jede Reaktion bei gegebener Temperatur einen bestimmten charakteristischen Wert hat. Beim Gleichgewicht gilt $K_c = Q$.
Für das Estergleichgewicht zwischen Ethansäure und Ethanol lautet das Massenwirkungsgesetz:

$$K_c = \frac{c(CH_3COOC_2H_5) \cdot c(H_2O)}{c(CH_3COOH) \cdot c(C_2H_5OH)}$$

Die Gleichgewichtskonstante hat bei 20 °C den Wert $K_c = 4$.

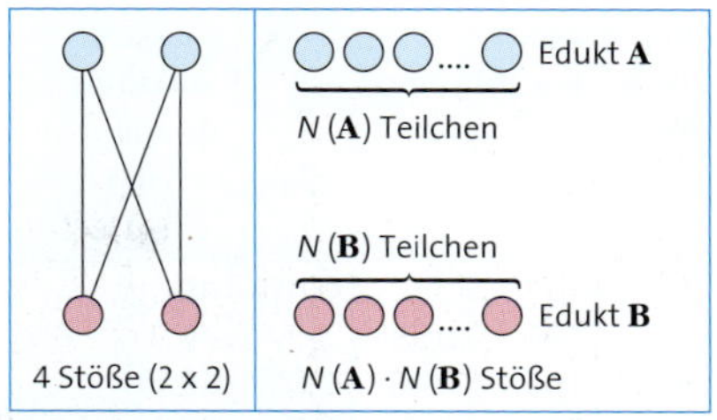

B3 *Modelle und Modellrechnungen zur Anzahl der möglichen Stöße zwischen Edukt-Teilchen A und B*

$$a\,A + b\,B + \ldots \rightleftharpoons m\,M + n\,N + \ldots$$

$$K_c = \frac{c^m(M) \cdot c^n(N) \ldots}{c^a(A) \cdot c^b(B) \ldots}$$

B4 *Massenwirkungsgesetz MWG in allgemeiner Form.* ***A:*** *Formulieren Sie das MWG für die Reaktionen*
$2H_2 + O_2 \rightleftharpoons 2H_2O$ *und*
$Cl_2 + H_2 \rightleftharpoons 2HCl$.

Aufgaben

A1 Unter Reaktionsgeschwindigkeit v_r versteht man die Änderung der Konzentration Δc eines Reaktionsteilnehmers in einem Zeitintervall Δt. Begründen Sie, warum beim Gleichgewicht $v_r = 0$ gilt.

A2 Begründen Sie, warum die Gleichgewichtskonstante K_c beim Gleichgewicht
$Cl_2 + H_2 \rightleftharpoons 2HCl$
dimensionslos ist, beim Gleichgewicht $2H_2 + O_2 \rightleftharpoons 2H_2O$ jedoch die Dimension $L \cdot mol^{-1}$ hat.

A3 Für das Iodwasserstoffgleichgewicht $I_2 + H_2 \rightleftharpoons 2HI$ gilt bei 458 °C: $K_c = 48{,}75$. Leiten Sie daraus ab, ob beim Gleichgewicht der Anteil an Produkt oder der an Edukten überwiegt.

Fachbegriffe

Massenwirkungsgesetz MWG,
Massenwirkungsquotient *Q*,
Gleichgewichtskonstante K_c

Versuch Nr.	Gleichgewichtskonzentration in 10^{-2} mol/L			Massenwirkungsquotient
	$c(\mathbf{HI})$	$c(\mathbf{H_2})$	$c(\mathbf{I_2})$	$\frac{c^2(\mathbf{HI})}{c(\mathbf{H_2}) \cdot c(\mathbf{I_2})}$
1	1,27	0,56	0,059	48,8
2	1,67	0,38	0,15	48,9
3	1,49	0,46	0,097	49,7
4	1,18	0,17	0,17	48,2
5	0,94	0,14	0,14	48,0
6	2,94	0,42	0,42	48,8

B1 *Gleichgewichtskonzentrationen und daraus berechnete Werte für den Massenwirkungsquotienten beim Iodwasserstoffgleichgewicht* $\mathbf{H_2 + I_2 \rightleftharpoons 2HI}$. *Alle Reaktionen wurden bei 458 °C (T = 731 K) durchgeführt.*

Bei den Versuchen Nr. 1, 2 und 3 wurden Wasserstoff und Iod eingesetzt, bei den Versuchen Nr. 4, 5 und 6 nur Iodwasserstoff.

Beispiele für die Anfangskonzentrationen c_0:

Nr. 1: $c_0(\mathbf{H_2}) = 1{,}2 \cdot 10^{-2}$ mol/L

$c_0(\mathbf{I_2}) = 0{,}69 \cdot 10^{-2}$ mol/L

$c_0(\mathbf{HI}) = 0$ mol/L

Nr. 4: $c_0(\mathbf{H_2}) = 0$ mol/L

$c_0(\mathbf{I_2}) = 0$ mol/L

$c_0(\mathbf{HI}) = 1{,}52 \cdot 10^{-2}$ mol/L

Der Mittelwert der Massenwirkungsquotienten aus den 6 Versuchen ergibt einen recht genauen Wert der Gleichgewichtskonstanten $K_c = 48{,}75$.

Mal vorgerechnet

Rechenbeispiel 1

In einem Behälter mit dem Volumen $V = 5$ L hat sich zwischen Stickstoff, Wasserstoff und Ammoniak ein chemisches Gleichgewicht eingestellt. Es liegen folgende Stoffmengen vor: $n(\mathbf{N_2}) = 5{,}05$ mol, $n(\mathbf{H_2}) = 8$ mol, $n(\mathbf{NH_3}) = 0{,}5$ mol. Berechnen Sie die Gleichgewichtskonstante K_c für die Reaktion $\mathbf{3H_2 + N_2 \rightleftharpoons 2NH_3}$ bei der betreffenden Temperatur.

Lösung

a) Reaktionsschema (in diesem Fall gegeben): $\mathbf{3H_2 + N_2 \rightleftharpoons 2NH_3}$

b) Massenwirkungsgesetz:

$$K_c = \frac{c^2(\mathbf{NH_3})}{c^3(\mathbf{H_2}) \cdot c(\mathbf{N_2})} \quad \text{mit} \quad c(\mathbf{NH_3}) = \frac{0{,}5\ \text{mol}}{5\ \text{L}} = 0{,}1\ \text{mol/L};$$

$$c(\mathbf{H_2}) = \frac{8\ \text{mol}}{5\ \text{L}} = 1{,}6\ \text{mol/L} \quad \text{und} \quad c(\mathbf{N_2}) = \frac{5{,}05\ \text{mol}}{5\ \text{L}} = 1{,}01\ \text{mol/L} \quad \text{ist}$$

$$K_c = \frac{(0{,}1\ \text{mol/L})^2}{(1{,}6\ \text{mol/L})^3 \cdot 1{,}01\ \text{mol/L}} = 2{,}41 \cdot 10^{-3}\ \text{L}^2 \cdot \text{mol}^{-2}$$

Rechenbeispiel 2

In einem geschlossenen Behälter werden Wasserstoff und Iod bei $T = 731$ K zur Reaktion gebracht. Die Anfangskonzentrationen betragen: $c_0(\mathbf{H_2}) = 1{,}35 \cdot 10^{-2}$ mol/L, $c_0(\mathbf{I_2}) = 2{,}55 \cdot 10^{-2}$ mol/L. Die Temperatur wird konstant gehalten. Berechnen Sie die Konzentrationen aller Reaktionsteilnehmer im Gleichgewicht.

Lösung

a) Reaktionsschema: $\mathbf{H_2 + I_2 \rightleftharpoons 2HI}$

b) Aus dem Reaktionsschema ist zu entnehmen: $n(\mathbf{H_2}) : n(\mathbf{I_2}) : n(\mathbf{HI}) = 1 : 1 : 2$

c) Bis zur Einstellung des Gleichgewichts hat sich die Konzentration des Wasserstoffs um x mol/L verringert. Damit gilt für die Zahlenwerte der Konzentrationen:

	$c(\mathbf{H_2})$ in mol/L	$c(\mathbf{I_2})$ in mol/L	$c(\mathbf{HI})$ in mol/L
zu Beginn:	$1{,}35 \cdot 10^{-2}$	$2{,}55 \cdot 10^{-2}$	0
im Gleichgewicht:	$1{,}35 \cdot 10^{-2} - x$	$2{,}55 \cdot 10^{-2} - x$	2x

(Aus x mol Wasserstoff und x mol Iod entstehen 2x mol Iodwasserstoff und das Volumen ist konstant.)

d) Die Gleichgewichtskonstante des Iodwasserstoffgleichgewichts beträgt bei $T = 731$ K $K_c = 48{,}75$ (B1). Das MWG lautet in diesem Fall:

$$48{,}75 = \frac{(2x)^2}{(1{,}35 \cdot 10^{-2} - x) \cdot (2{,}55 \cdot 10^{-2} - x)}$$

oder umgeformt: $x^2 - 4{,}25 \cdot 10^{-2}\,x + 3{,}75 \cdot 10^{-4} = 0$

Für die quadratische Gleichung findet man folgende Lösungen: $x_1 = 3 \cdot 10^{-2}$; $x_2 = 1{,}25 \cdot 10^{-2}$.

Die Lösung x_1 kommt nicht in Frage, weil nicht mehr Wasserstoff bzw. Iod verbraucht werden kann, als zu Beginn vorhanden war. Mit der Lösung x_2 erhält man:

$c(\mathbf{H_2}) = 0{,}1 \cdot 10^{-2}$ mol/L; $c(\mathbf{I_2}) = 1{,}3 \cdot 10^{-2}$ mol/L; $c(\mathbf{HI}) = 2{,}5 \cdot 10^{-2}$ mol/L.

Berechnungen mit dem Massenwirkungsgesetz MWG

Für sehr viele chemische Reaktionen sind die Gleichgewichtskonstanten K_c bekannt und in Tabellen aufgeführt. Sie wurden aus experimentell gemessenen **Gleichgewichtskonzentrationen *c*** wie in Rechenbeispiel 1 ermittelt. Mithilfe der Gleichgewichtskonstanten K_c kann man für einen bestimmten Reaktionsansatz mit bekannten **Ausgangskonzentrationen c_0** die Gleichgewichtskonzentrationen *c* aller Reaktionsteilnehmer beim Gleichgewicht berechnen. Für die Praxis ist das wichtig, weil man damit weiß, welche Produktmengen man aus gegebenen Eduktmengen in einer Gleichgewichtsreaktion maximal erhalten kann. Rechenbeispiel 2 zeigt das Verfahren, bei dem folgende Schritte und Überlegungen Schlüsselcharakter haben:

- Die Reaktionsgleichung des betrachteten Gleichgewichts ist der Ausgangspunkt für solche Berechnungen. Ihre Koeffizienten geben für die Reaktionsteilnehmer an, in welchem **Stoffmengenverhältnis** sie an der Reaktion beteiligt sind (z. B. $n(H_2) : n(HI) = 1 : 2$).
- Nach der Definition einer Unbekannten „x“ (wie in Rechenbeispiel 2) wendet man das **Massenwirkungsgesetz** auf die Gleichgewichtskonzentrationen *c* an und löst die erhaltene Gleichung.
- Wenn die Gleichung mehrere mathematische Lösungen hat, muss diejenige ausgewählt werden, die sich widerspruchsfrei in die Problemstellung einfügt.

$2H_2(g) + O_2(g) \rightleftharpoons 2H_2O(g)$
$K_c = 5{,}9 \cdot 10^{67}\ L \cdot mol^{-1}$

$H_2(g) + I_2(g) \rightleftharpoons 2HI(g)$
$K_c = 48{,}75$ bei 458 °C

$2O_2(g) + N_2(g) \rightleftharpoons 2NO_2(g)$
$K_c = 4{,}9 \cdot 10^{-19}\ L \cdot mol^{-1}$

$Cl_2(g) + H_2(g) \rightleftharpoons 2HCl(g)$
$K_c = 2{,}6 \cdot 10^{33}$

$3H_2(g) + N_2(g) \rightleftharpoons 2NH_3(g)$
$K_c = 4{,}6 \cdot 10^{5}\ L^2 \cdot mol^{-2}$

$2SO_2(g) + O_2(g) \rightleftharpoons 2SO_3(g)$
$K_c = 4{,}28 \cdot 10^{24}\ L \cdot mol^{-1}$

B2 *Gleichgewichtskonstanten einiger Reaktionen bei der Standardtemperatur von 25 °C. (Iod ist bei 25 °C fest, deshalb die Angabe bei 458 °C.)*

Aufgaben

A1 Berechnen Sie nach dem Muster aus dem Rechenbeispiel 2 die Konzentration von Iodwasserstoff im Gleichgewicht bei der Temperatur $T = 721$ K ($K_c = 50{,}3$), wenn die Anfangskonzentrationen $c_0(H_2) = 1 \cdot 10^{-3}$ mol/L, $c_0(I_2) = 1 \cdot 10^{-3}$ mol/L und $c_0(HI) = 0$ mol/L betragen.

A2 Bei einer bestimmten Temperatur betragen die Konzentrationen beim Ammoniakgleichgewicht $c(H_2) = 3{,}2$ mol/L, $c(N_2) = 2{,}02$ mol/L und $c(NH_3) = 0{,}4$ mol/L. Berechnen Sie nach dem Muster aus dem Rechenbeispiel 1 die Gleichgewichtskonstante K_c bei dieser Temperatur.

A3 Bei 20 °C ($T = 293$ K) ist die Gleichgewichtskonstante des Estergleichgewichts, das in V1 von S. 92 untersucht wird, $K_c = 4$.
a) Übertragen Sie die Tabelle aus B3 in Ihr Heft, ergänzen Sie sie um die Spalte $c(H_3CCOOC_2H_5)$ und füllen Sie diese aus. b) Berechnen Sie, wie viel Prozent der eingesetzten Ethansäure und des eingesetzten Ethanols beim Versuchsansatz Nr. 3 aus B3 bis zur Einstellung des Gleichgewichts reagiert haben. c) Berechnen Sie das Verhältnis der Anfangskonzentrationen von Ethansäure und Ethanol so, dass die Gleichgewichtskonzentration von Ethansäure nur 10 Prozent von ihrer Anfangskonzentration beträgt.

A4 a) Schreiben Sie für jedes der Gleichgewichte aus B2 das MWG auf und begründen Sie die Einheiten, die für K_c angegeben sind. b) Treffen Sie begründete Aussagen über die Lage jedes einzelnen Gleichgewichts aus B2.

A5 Formulieren Sie nach dem Muster aus B2 die Umsetzung von Kohlenstoffmonooxid und Wasserstoff zu Methan und Wasser und geben Sie an, welche Einheit die Gleichgewichtskonstante K_c in diesem Fall hat.

Nr.	Anfangskonzentrationen	
	$c_0(H_3CCOOH)$ in mol/L	$c_0(C_2H_5OH)$ in mol/L
1	1	0,05
2	1	0,5
3	1	1
4	1	2
5	1	6

B3 *Daten zu A3. Die jeweiligen Gleichgewichtskonzentrationen des Esters sind zu berechnen.*

Fachbegriffe

Gleichgewichtskonzentrationen *c*, Anfangskonzentrationen c_0, Stoffmengenverhältnis, Massenwirkungsgesetz

Die Konzentration als Störfaktor

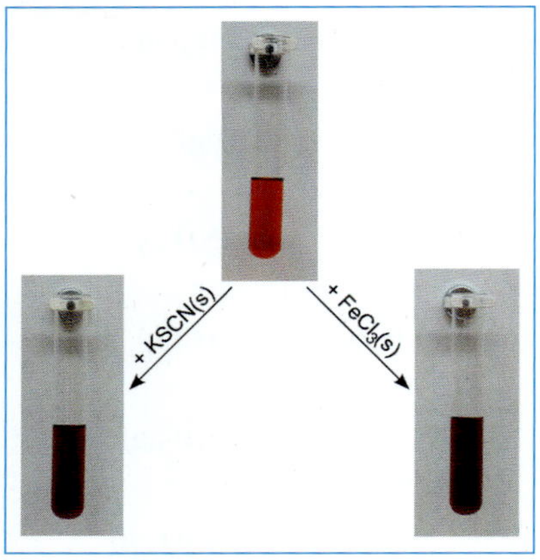

B1 *Systeme im Gleichgewicht vor und nach einer Störung durch Konzentrationsänderung in V1 bis V3, S. 88*

Hinweis: V1 eignet sich für Gruppenversuche. Es kann die übrig gebliebene, rote Lösung aus V1 von S. 88 verwendet oder eine neue Lösung nach der gleichen Vorschrift hergestellt werden.

Versuche

V1 Verteilen Sie ca. 50 mL der blutroten Eisen(III)-thiocyanat-Lösung* aus V1 von S. 88 (B1) auf drei Rggl. Das Rggl. Nr. 1 dient als Vergleichsprobe. Versetzen Sie die Lösung im Rggl. Nr. 2 mit einigen Tropfen Silbernitrat-Lösung*, $w = 2\,\%$, und die Lösung im Rggl. Nr. 3 mit einigen Tropfen Natronlauge*, $c = 0{,}1$ mol/L. Schütteln Sie jeweils und beobachten Sie die Änderungen genau.

LV2 In einem 800-mL-Becherglas wird eine Lösung aus 500 mL Wasser, 2 mL Acetessigsäureethylester (3-Oxobutansäure*) und ca. 1 g Eisen(III)-chlorid-Hexahydrat* hergestellt. Die Lösung wird auf dem Magnetrührer kräftig gerührt und gewartet, bis sich eine tiefrote Farbe eingestellt hat. Unter weiterem kräftigen Rühren werden in einer Portion 50 mL gesättigtes Bromwasser* hinzugefügt. Die Farbänderungen werden ca. 60 s lang beobachtet. Diese Vorgänge (Hinzufügen von Bromwasser, 60 s warten) können mehrmals wiederholt werden.

Auswertung

a) In der Lösung, von der in V1 ausgegangen wird, liegt folgendes Gleichgewicht vor (B1):

$$\underset{\text{leicht bräunlich}}{\mathbf{Fe^{3+}(aq)}} + \underset{\text{farblos}}{\mathbf{3SCN^{-}(aq)}} \rightleftharpoons \underset{\text{blutrot}}{\mathbf{Fe(SCN)_3(aq)}}$$

Formulieren Sie das Massenwirkungsgesetz MWG für dieses Gleichgewicht.

b) Die in den Rggl. Nr. 2 und Nr. 3 gebildeten Niederschläge bestehen aus schwerlöslichem Silberthiocyanat $\mathbf{AgSCN(s)}$ bzw. schwerlöslichem Eisen(III)-hydroxid $\mathbf{Fe(OH)_3(s)}$. Formulieren Sie die Reaktionsgleichungen für die Bildung dieser Niederschläge.

c) Vergleichen Sie die in B1 dargestellten Farbänderungen mit den Farbänderungen in den Rggl. Nr. 2 und Nr. 3 aus V1 und erklären Sie diese Änderungen als „Antwort" des „Systems im Gleichgewicht" auf den „Störfaktor Konzentration".

d) Entwickeln Sie eine Hypothese, wie durch Zusatz einer weiteren Substanz die ursprüngliche rote Farbe in Rggl. Nr. 3 wieder hergestellt werden kann. Begründen und diskutieren Sie Ihre Hypothese mit den Mitschülern und der Lehrkraft, planen Sie den entsprechenden Versuch und führen Sie ihn durch.

e) Der in LV2 eingesetzte Acetessigsäureethylester liegt in einer Keto- und einer Enol-Form (Keto-Enol-Tautomerie) vor, die miteinander im Gleichgewicht stehen:

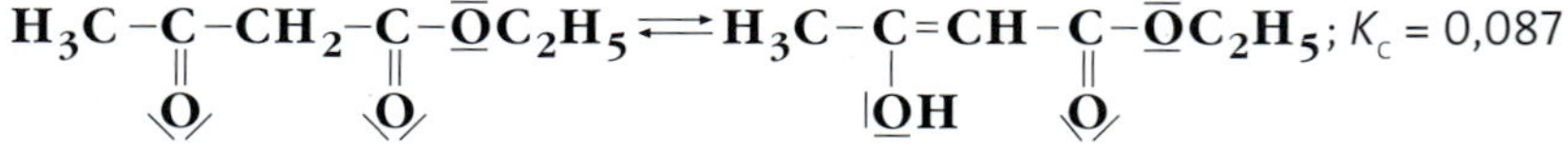

Keto-Form   Enol-Form

Erläutern und begründen Sie anhand des angegebenen Werts der Gleichgewichtskonstante K_c, welches der beiden Isomere beim Gleichgewicht überwiegt.

f) Erläutern und erklären Sie die spontane Rückkehr der roten Farbe nach einer gewissen Zeit (LV2) unter Verwendung der in c) angegebenen Schlüsselbegriffe.

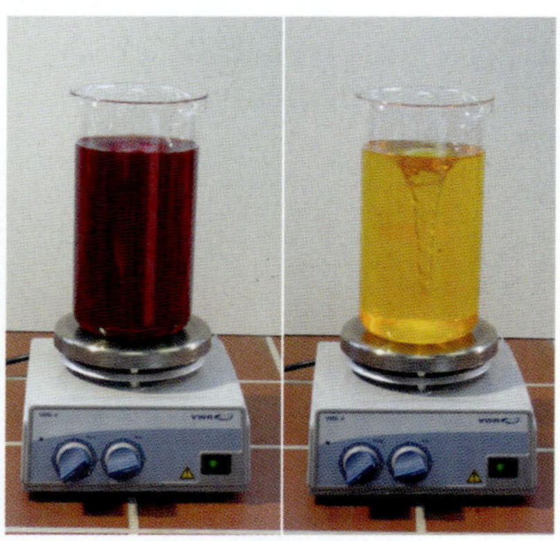

B2 *Die Enol-Form des Esters in LV2 gibt mit Eisen(III)-Ionen eine Rotfärbung, die Keto-Form nicht.* ***A:*** *Erklären Sie die Farbänderung bei LV2 unmittelbar nach der Zugabe von Bromwasser* $\mathbf{Br_2(aq)}$ *und begründen Sie sie mithilfe einer Reaktionsgleichung.*

Prinzip von Le Chatelier[1] und Massenwirkungsgesetz

Die Gleichgewichtsreaktion zwischen Eisen(III)-chlorid, Kaliumthiocyanat und Eisen(III)-thiocyanat in wässriger Lösung kann bei Zimmertemperatur durch Zusatz verschiedener Stoffe „gestört" werden. Wenn der zugegebene Stoff die **Konzentration** eines der *Edukte* erhöht bzw. vermindert, dann „antwortet" das System unter Farbvertiefung bzw. Farbaufhellung der Lösung (B1, V1). Wenn durch Konzentrationsänderung eines Edukts oder Produkts das System aus dem Gleichgewicht gebracht wird, stellt sich ein Gleichgewicht über die Hin- bzw. Rückreaktion erneut ein. Die in B3 dargestellten Auswirkungen der Konzentrationsänderung bei den Edukten gelten für alle Systeme im chemischen Gleichgewicht.

Wenn die Konzentration eines *Produkts* in einem chemischen Gleichgewicht verändert wird, tritt erwartungsgemäß der umgekehrte Effekt auf: Vermindert man die Konzentration des Produkts, bildet sich über die Hinreaktion wieder so viel Produkt, bis der Massenwirkungsquotient Q gemäß dem Massenwirkungsgesetz erneut gleich der Gleichgewichtskonstanten K_c ist. Damit ist beispielsweise zu erklären, warum die Lösung bei LV2 nach dem „Löschen der roten Farbe" durch Zugabe von Bromwasser nach einer bestimmten Zeit plötzlich wieder rot wird: Im Gleichgewicht liegt der Ester nur zu etwa 8 % in der Enol-Form vor, die für die rote Farbe verantwortlich ist (B2, Auswertung e, A2). Bei der Zugabe von Bromwasser werden Brom-Moleküle sehr schnell an die in Enol-Form vorliegenden Moleküle addiert und für die Zeit, in der noch überschüssige Brom-Moleküle vorhanden sind, verschwindet die Enol-Form vollständig aus der Lösung, der Massenwirkungsquotient ist annähernd null. Aus der noch reichlich vorhandenen Keto-Form bildet sich aber über die Hinreaktion des gestörten *Keto-Enol-Gleichgewichts* die Enol-Form nach, und wenn das gesamte zugegebene Brom aufgebraucht ist, bleibt die Enol-Form in der Lösung und liefert mit den Eisen(III)-Ionen die rote Farbe. Aufgrund des niedrigen Wertes von K_c und des daher niedrigen Anteils der Enol-Form beim Gleichgewicht können bei LV2 diese Zyklen wiederholt werden.

Nach dem **Prinzip von Le Chatelier** wird die Störung eines Systems im Gleichgewicht ganz allgemein als Ausübung eines „äußeren Zwangs" aufgefasst, dem das System entgegnet, indem sich eine neue Gleichgewichtslage einstellt, in der die Wirkung durch den ausgeübten Zwang so klein wie möglich gehalten wird („**Prinzip vom kleinsten Zwang**"). Neben Konzentrationsänderungen der Reaktionsteilnehmer können auf chemische Gleichgewichte auch andere Störfaktoren (äußere Zwänge) einwirken (vgl. S. 98).

Aufgaben

A1 Erläutern und begründen Sie die Wirkungen der in B3 dargestellten Konzentrationsänderungen mithilfe des MWG.

A2 Die Bromaddition bei LV2 verläuft schneller als die Hinreaktion im Keto-Enol-Gleichgewicht. Erläutern Sie, warum die Beobachtungen bei LV2 anders wären, wenn das nicht der Fall wäre.

[1] Henry Louis Le Chatelier, franz. Chemiker, 1850 bis 1936

Erhöhung der Konzentration eines Edukts verlagert das Gleichgewicht auf die Seite der Produkte.

↓ $+Fe^{3+}$ ↓ $+SCN^-$

$$Fe^{3+}(aq) + 3SCN^-(aq) \rightleftharpoons Fe(SCN)_3(aq)$$

↓ $-Fe^{3+}$ ↓ $-SCN^-$

Verminderung der Konzentration eines Edukts verlagert das Gleichgewicht auf die Seite der Edukte.

B3 *Einfluss der Edukt-Konzentration auf die Lage eines chemischen Gleichgewichts.* ***A:*** *Im Rggl. Nr. 3 aus V1 kann durch Zutropfen von Salzsäure die rote Farbe wieder hergestellt werden. Finden Sie eine geeignete Erklärung.*

	Methanol 64,5	Ethanol 78,2
Methansäure 100,5	32	54
Ethansäure 118	57	77

B4 *Siedetemperaturen von zwei Alkoholen, zwei Carbonsäuren und ihren Estern in °C*

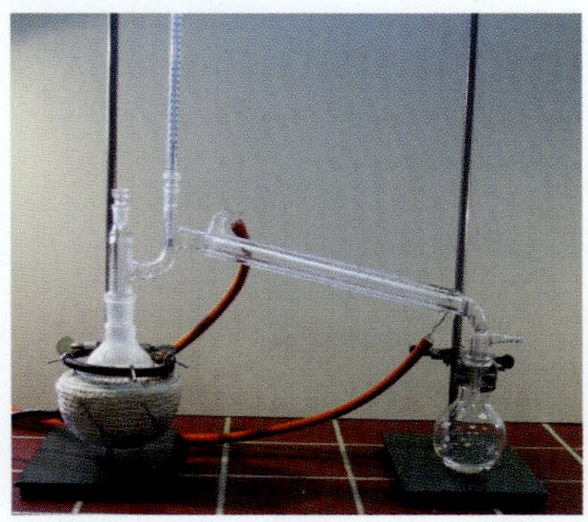

B5 *Vorrichtung zum Abdestillieren eines Esters bei der Estersynthese.* ***A:*** *Erläutern Sie den Einfluss dieser Arbeitsweise auf das Estergleichgewicht.*

Fachbegriffe

Konzentration, Prinzip von Le Chatelier („Prinzip vom kleinsten Zwang")

Die Temperatur und der Druck als Störfaktoren

B1 *„Zaubertinte" (LV1)*

Versuche

LV1 *„Zaubertinte"*: Man stellt eine Lösung aus 2,4 g Cobalt(II)-chlorid-Hexahydrat* in 30 mL Wasser und 30 mL Aceton* her und tropft bei 50 °C so viel konzentrierte Salzsäure* im **Abzug** hinzu, bis diese tiefblau wird (B1). Man prüft, ob sich die Farbe durch Abkühlen unter fließendem Wasser nach Rosarot ändert und ob die Farbänderungen beim Erwärmen (blau) und beim Abkühlen (rosarot) reversibel sind. Wenn das der Fall ist, kann LV2 durchgeführt werden.

LV2 Etwas kalte „Zaubertinte" aus LV1 wird in eine dünne Pipette gezogen. Damit wird ein Filterpapier bemalt oder beschriftet. Die Schrift soll nach dem Trocknen auf dem Papier bei Raumtemperatur nicht sichtbar sein. Das Papier wird über einer elektrischen Heizplatte (oder sehr vorsichtig mit der Feuerzeugflamme) erhitzt, bis die Schrift erkennbar ist. Es wird geprüft, ob die Farbänderungen reversibel sind.

B2 *Die Schrift mit der „Zaubertinte" wird erst beim Erwärmen sichtbar (LV2).*

Auswertung

a) Den Farbänderungen (LV1, LV2) liegt folgendes Gleichgewicht zugrunde:

$$[Co(H_2O)_6]^{2+}(aq) + 4Cl^-(aq) \rightleftharpoons [Co(Cl)_4]^{2-}(aq) + 6H_2O(l);$$

Hexaaquacobalt(II)-Ion rosarot; Tetrachlorocobalt(II)-Ion blau; endotherm

Begründen Sie, warum bei den erwärmten Lösungen die blaue und bei den abgekühlten die rosarote Färbung auftritt.

b) Die verschlossenen Ampullen in B3 zeigen das folgende System im Gleichgewicht bei verschiedenen Temperaturen:

$$2NO_2(g) \rightleftharpoons N_2O_4(g);\ \text{exotherm}$$

Stickstoffdioxid braun; Distickstofftetraoxid farblos

Erläutern und erklären Sie die Farben in B3.

c) Vergleichen Sie die Übereinstimmung des Einflusses der Temperatur (Auswertung a und b) sowie des Drucks (*INFO*) mit dem allgemeinen Prinzip von LE CHATELIER (vgl. S. 97).

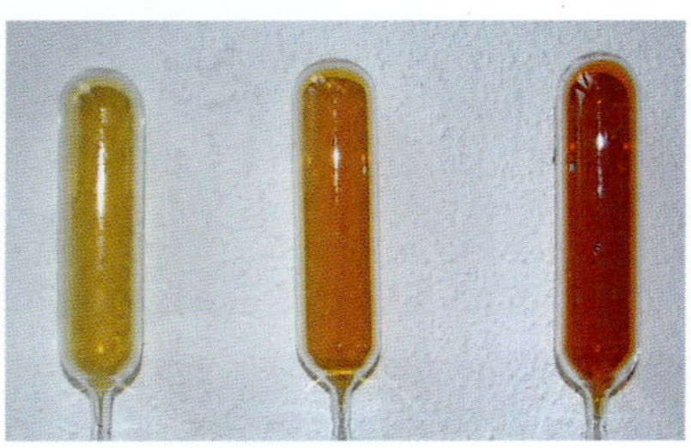

B3 *Das System* $2NO_2 \rightleftharpoons N_2O_4$ *bei T = 5 °C, 25 °C und 80 °C.* ***A:*** *In Chemie 2000+ Online ist ein Versuch zur druckabhängigen Reaktion von Kohlenstoffdioxid mit Wasser beschrieben. Formulieren Sie das Gleichgewicht und vergleichen Sie es mit dem in B3 dargestellten und in INFO beschriebenen Gleichgewicht.*

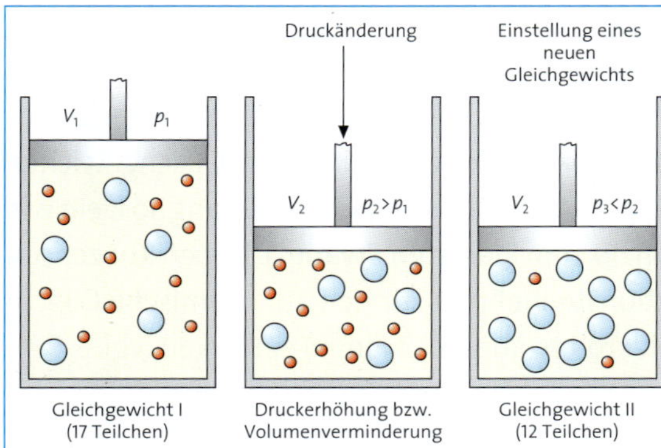

INFO

Komprimiert man ein im Gleichgewicht befindliches System aus Stickstoffdioxid NO_2 (giftig!) und Distickstofftetraoxid N_2O_4 bei gleich bleibender Temperatur, so vertieft sich die braune Farbe kurzfristig. Dann hellt sich die Farbe aber wieder auf: Bei Druckerhöhung verschiebt sich die Lage des Gleichgewichts in die Richtung, die eine Abnahme der Gesamtzahl der Teilchen in der Gasphase (und damit nach der Hypothese von AVOGADRO ein kleineres Volumen der Gasphase) zur Folge hat. Der Wert der Gleichgewichtskonstanten K_c bleibt bei Druckveränderungen konstant, wenn die Temperatur dabei konstant gehalten wird.

Prinzip von Le Chatelier und Gleichgewichtskonstante K_c

In den Gefäßen aus B1 und B3 liegen Systeme im Gleichgewicht vor, die beim Erwärmen und Abkühlen reversibel ihre Farbe ändern. Eine solche Farbänderung wird allgemein als *Thermochromie* bezeichnet und beruht darauf, dass die **Temperatur** die Lage des chemischen Gleichgewichts und damit auch die Gleichgewichtskonstante K_c beeinflusst.
Bei der Angabe der Gleichgewichtskonstanten K_c muss deshalb immer auch die Temperatur genannt werden, für die der angegebene Zahlenwert gilt (vgl. S. 95, B2). Bei einem Gleichgewicht mit endothermer Hinreaktion wie in LV1 und in LV2 nimmt der Wert von K_c mit steigender Temperatur zu, weil die Hinreaktion begünstigt wird. Verläuft die Hinreaktion dagegen exotherm, so läuft bei einer Temperaturerhöhung die endotherme Rückreaktion bevorzugt ab und K_c nimmt bei steigenden Temperaturen kleinere Werte an (B4).
Abgesehen davon bewirkt eine Temperaturerhöhung bei sehr vielen Gleichgewichtsreaktionen auch die Erhöhung der Reaktionsgeschwindigkeit von Hin- *und* von Rückreaktion und damit die raschere Einstellung des Gleichgewichtszustands. Diesen Effekt erzielt man auch durch Zusatz von Katalysatoren (vgl. S. 102). Im Gegensatz zur Temperatur beeinflusst ein Katalysator aber nicht die Lage eines Gleichgewichts.
Gleichgewichte können auch durch Änderungen des **Drucks** beeinflusst werden, jedoch nur dann, wenn mindestens ein Reaktionsteilnehmer als Gas vorliegt. Die Art und Weise, wie der Druck als Störfaktor auf ein chemisches Gleichgewicht wirkt (*INFO*), kann ebenso wie bei den Störfaktoren Temperatur und Konzentration mit dem **Prinzip von Le Chatelier** (vgl. S. 97) verallgemeinert werden.
Die Kenntnisse über die Einflüsse von Konzentration, Temperatur und Druck auf chemische Gleichgewichte macht man sich bei vielen industriellen Prozessen zunutze (A1, B5).

Aufgaben

A1 Alkene werden großtechnisch durch Cracken von langkettigen Alkanen, die im Erdöl enthalten sind, hergestellt. Aus der Fraktion der vier isomeren Butene C_4H_8 wird 2-Methylpropen (Isobuten) nach den Angaben aus B5 abgetrennt. a) Beschreiben Sie mithilfe der Angaben das Trennverfahren und gehen Sie dabei auf den Kreislauf eines Teils der eingesetzten Stoffe ein. b) Leiten Sie aus den Angaben in B5 den Einfluss der Temperatur auf das formulierte Gleichgewicht ab und erläutern Sie, welche Bedeutung das für die Verwirklichung dieses Verfahrens hat.

A2 Die Bildung der nitrosen Gase NO_x (NO und NO_2) durch Reaktion von Stickstoff mit Sauerstoff verläuft endotherm, ihre Umsetzung zu Stickstoff N_2 und anderen Produkten (CO_2 und H_2O) am Autoabgaskatalysator verläuft exotherm. Erläutern und begründen Sie, wie die Temperatur im Katalysatorraum im Vergleich zu der Temperatur im Verbrennungsraum sein sollte, damit möglichst viel von den nitrosen Gasen umgesetzt wird.

A3 Erläutern und begründen Sie, ob die Aktivierungsenergie der Hinreaktion die Lage eines chemischen Gleichgewichts beeinflusst oder nicht.

$$H_2(g) + I_2(g) \rightleftharpoons 2HI(g);\ \text{exotherm}$$

Temperatur T in K	Gleichgewichts-konstante K_c
629	66,7
666	58,8
716	50,0
731	48,8
781	40,0

B4 *Gleichgewichtskonstanten für das Iodwasserstoffgleichgewicht bei verschiedenen Temperaturen.* **A:** *Begründen Sie aus den Zahlenwerten, warum es sich bei der Bildung von Iodwasserstoff um einen exothermen Vorgang handelt.*

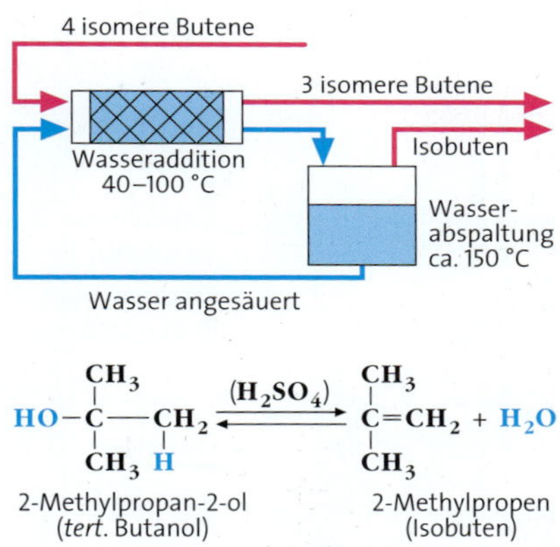

B5 *Von den vier isomeren Alkenen* C_4H_8 *addiert nur Isobuten bei Temperaturen von 40 °C bis 100 °C angesäuertes Wasser.* **A:** *Schreiben Sie die Strukturformeln der anderen drei isomeren Moleküle auf.*

Fachbegriffe

Temperatur, Druck, Prinzip von Le Chatelier

„Herr Geheimrat, es tropft“

B1 *Fritz Haber (1868 bis 1934), Nobelpreis für Chemie 1918 und Carl Bosch (1874 bis 1940), Nobelpreis für Chemie 1931.* **A:** *Informieren Sie sich im Internet über das Leben und Schaffen von F. Haber.*

INFO

Bereits im 19. Jahrhundert wurden Stickstoffverbindungen als Dünger verwendet. In Europa düngte man mit dem aus Chile importierten Chilesalpeter (Natriumnitrat). Die Reserven dieses Salzes waren aber nicht unerschöpflich und drohten bald zur Neige zu gehen. Mithilfe des Stickstoffs aus der Luft sollte Ersatz geschaffen werden. Im Jahr 1889 schrieb der englische Chemiker Sir William Crooks: *„Es ist klar, dass wir hier einem Riesenproblem gegenüberstehen, das den Scharfsinn der Klügsten herausfordert ... . Die Bindung des atmosphärischen Stickstoffs ist eine der großen Entdeckungen, die auf die Genialität der Chemiker warten.“*

Die Herausforderung an die Chemiker war umso größer, da man schon mehrere Jahrzehnte vergeblich nach einem kostengünstigen Verfahren gesucht hatte, Stickstoff aus der Luft chemisch zu binden. Daher war eine der größten Errungenschaften der Chemie vollbracht, als es am 2. Juli 1909 dem jungen Karlsruher Professor Fritz Haber (B1) gelang, die **Ammoniaksynthese** zu verwirklichen (B3). Er stellte seine Entdeckung den Leitern der Badischen Anilin- und Sodafabrik BASF vor. Die BASF beauftragte den 35-jährigen Carl Bosch (B1), das von Haber entdeckte Verfahren im Industriemaßstab umzusetzen. Zur gleichen Zeit suchten Paul Alwin Mittasch und seine Mitarbeiter unter ca. 3000 Stoffen in über 20 000 Versuchen nach einem geeigneten Katalysator, der vor allem billiger sein musste als der von Haber im Laborversuch benutzte Osmium-Katalysator. Im Jahr 1913 konnte die erste Industrieanlage der Welt bei BASF die Ammoniakproduktion aufnehmen.

Während des 1. Weltkriegs wurden allerdings auch große Mengen synthetischen Ammoniaks zur Herstellung von Schießpulver verwendet. Sogar Reiz- und Kampfstoffe sind unter der Leitung von F. Haber entwickelt und auch eingesetzt worden.

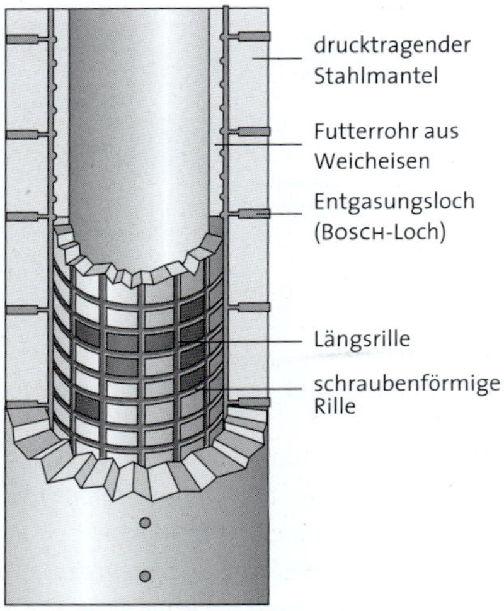

B2 *Hochdruckrohr mit Bosch-Löchern. Bei sehr hohem Druck wird der im Stahl enthaltene Kohlenstoff durch Wasserstoff in Form gasförmiger Kohlenwasserstoffverbindungen aus dem Stahl herausgelöst, sodass dieser spröde wird und den Druck nur für kurze Zeit aushalten kann. Die Röhren, mit denen Carl Bosch und seine Mitarbeiter experimentierten, platzten. Sie mussten die Druckrohre deshalb innen mit einem Mantel aus kohlenstofffreiem Weicheisen versehen, in das Rillen gedreht waren, und zusätzlich kleine Löcher in den äußeren Stahlmantel bohren. Dadurch konnten geringe Mengen diffundierenden Wasserstoffs entweichen.*

Auswertung

a) Erläutern Sie mit den Informationen aus *INFO* die Zwiespältigkeit eines wichtigen technischen Fortschritts.

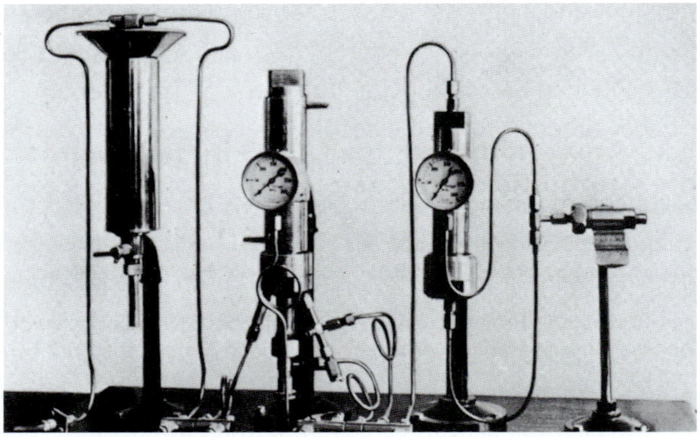

B3 *In dieser Apparatur synthetisierte F. Haber bei 550 °C und 17 500 hPa in Gegenwart eines Osmium-Katalysators 80 g Ammoniak pro Stunde. Die Apparatur steht heute im Deutschen Museum in München. Als Haber das erste flüssige Ammoniak erhielt, sagte er voller Begeisterung zu seinem Lehrer: „Herr Geheimrat, es tropft!“*

Das HABER-BOSCH-Verfahren und seine Geschichte

Man kennt bis heute nur wenige Reaktionen des Stickstoffs bei Raumtemperatur. Zu diesen gehören beispielsweise die Bildung von Lithiumnitrid **Li_3N** und die einiger Komplexverbindungen wie **$[Ru(NH_3)_5(N_2)]Cl_2$** sowie die Bindung des Luftstickstoffs und seine anschließende Überführung in Aminosäuren durch die Bakterien der Wurzelknöllchen von Leguminosen und durch einige Cyanobakterien.

Unter diesen Umständen ist die Synthese von Ammoniak aus Stickstoff und Wasserstoff durch F. HABER im Jahr 1909 bis heute einer der wichtigsten Meilensteine in der Geschichte der Chemie (*INFO*, B1 bis B3).

Unter welchen Reaktionsbedingungen diese schwierige Synthese gelingen konnte, wurde aus den Kenntnissen über das chemische Gleichgewicht, das Massenwirkungsgesetz und das Prinzip von LE CHATELIER abgeleitet. Die Synthese von Ammoniak verläuft exotherm und mit einer Volumenverringerung ab. Es stellt sich folgendes Gleichgewicht ein:

$$\underset{\text{1 Raumteil}}{N_2(g)} + \underset{\text{3 Raumteile}}{3H_2(g)} \rightleftharpoons \underset{\text{2 Raumteile}}{2NH_3(g)} \qquad \Delta_R H^0 = -93 \text{ kJ/mol}$$

Danach sollte bei hohem Druck und niedriger Temperatur gearbeitet werden, um einen möglichst hohen Ammoniakanteil im Gleichgewichtsgemisch zu erhalten (B4). Eine niedrige Arbeitstemperatur kommt aber nicht infrage, weil die Reaktionsgeschwindigkeit selbst bei 200 °C sehr gering ist, sodass das Eduktgemisch sehr lange im Reaktor bleiben müsste. F. HABER wählte eine Arbeitstemperatur von 550 °C und einen Druck von 174 bar, setzte einen Katalysator aus Osmium ein und konnte so in seiner Apparatur (B3) erfolgreich Ammoniak synthetisieren.

Auch moderne Synthesereaktoren werden nach dem **HABER-BOSCH-Verfahren** (B5) immer noch bei Temperaturen um 550 °C betrieben, man arbeitet inzwischen aber bei viel höheren Drücken von 25 MPa bis 35 MPa und in Gegenwart eines ausgeklügelten **Katalysatorsystems**, das wesentlich billiger und zugleich effizienter als der Osmium-Katalysator ist. Dieses Katalysatorsystem besteht aus Eisen(II)-Eisen(III)-oxid **Fe_3O_4** mit Zusätzen aus ca. 2 % Aluminiumoxid **Al_2O_3**, ca. 0,5 % Kaliumoxid **K_2O**, etwas Calciumoxid **CaO** und Siliciumdioxid **SiO_2**.

Die industrielle Ammoniaksynthese nach dem HABER-BOSCH-Verfahren eröffnete bereits im Jahr 1913 den preiswerten Zugang zu einer breiten Palette von Produkten (vgl. S. 102, B2). Heute werden weltweit ca. 100 Mio Tonnen Stickstoff nach dem HABER-BOSCH-Verfahren zu Ammoniak umgesetzt, wobei man in den Industrieanlagen von den **Rohstoffen** Wasser, Luft und Erdgas ausgeht (vgl. S. 102, 103).

Aufgabe

A1 Heute werden moderne Hochdruckreaktoren (B5) aus speziellen Stählen hergestellt, die das Eisenfutter und die BOSCH-Löcher (B2) überflüssig machen. Geben Sie begründet an, welches Element diese Spezialstähle nicht enthalten dürfen.

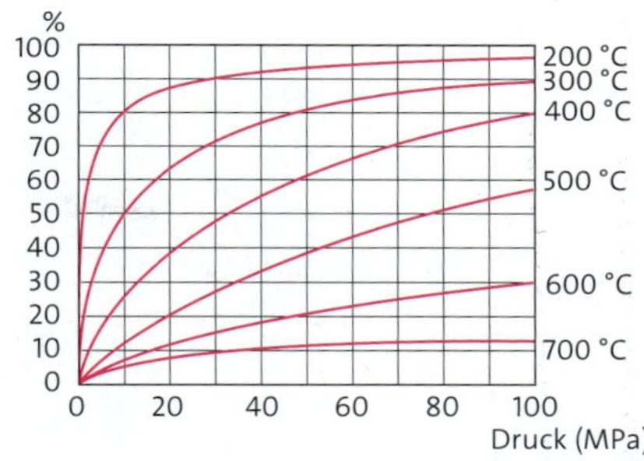

B4 *Einfluss von Druck und Temperatur auf den Ammoniakanteil beim Gleichgewicht.*
A: *Ermitteln Sie den Ammoniakanteil bei 500 °C und 30 MPa.*

B5 *Ein moderner Hochdruckreaktor wiegt fast 400 t, ist 22 m lang und hat einen Durchmesser von 2 m. Er ist aus über 8 500 Teilen, von der 10-mm-Schraube bis zum 60-t-Rohr, zusammengesetzt; in ihm können 50 t Ammoniak pro Stunde produziert werden.*

Fachbegriffe

Katalysatorsystem, HABER-BOSCH-Verfahren, Rohstoffe

Champions League in der industriellen Chemie

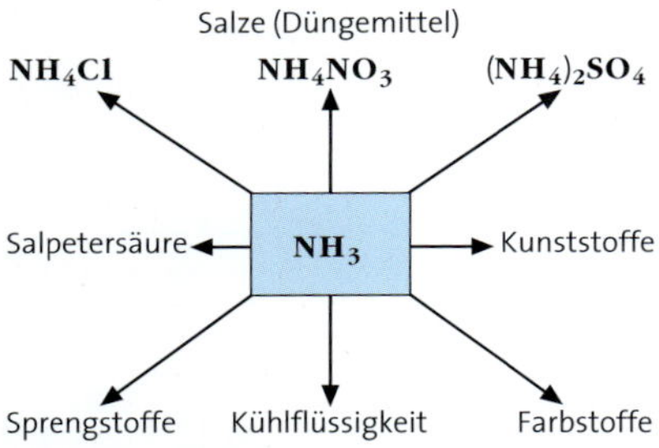

B1 *Wichtige Produkte aus Ammoniak.*
A: *Erläutern Sie, warum Ammoniak „in der Champions League der Industriechemikalien mitspielt".*

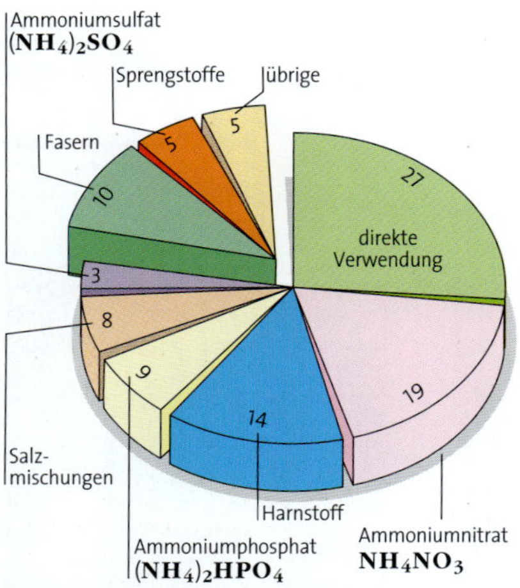

B2 *80 % des weltweit produzierten Ammoniaks werden zur Herstellung von Düngemitteln eingesetzt.* ***A:*** *Formulieren Sie Reaktionsgleichungen für die Synthesen der drei Stickstoffdünger, deren Formeln angegeben sind.*

INFO

Die Ammoniaksynthese hat große wirtschaftliche Bedeutung. Gemessen an der Menge der erzeugten Produkte (B1, B2) ist sie einer der wichtigsten technischen Prozesse überhaupt. Die Überführung von Stickstoff in Ammoniak ist heute die einzig bedeutende Methode, den extrem reaktionsträgen elementaren Stickstoff für Pflanzen verwertbar zu machen. So wären z. B. ohne die Entwicklung der Ammoniaksynthese globale Hungersnöte wohl unvermeidbar, denn nur über den „Umweg" Ammoniak lässt sich der Stickstoff aus der Luft in mineralische Düngemittel für Pflanzen überführen. Obwohl das HABER-BOSCH-Verfahren seit dem Jahr 1913 industriell durchgeführt wird, gelang es erst nach 1960, die Reaktionsschritte am Katalysator, den Mechanismus dieser **heterogenen Katalyse,** aufzuklären. Entscheidend für den Reaktionsablauf am Katalysator ist dessen Oberflächenstruktur und Zusammensetzung (vgl. S. 101). Auf der Katalysatoroberfläche bilden sich durch die Reaktion des Wasserstoffs aus dem Eduktgemisch mit dem Eisenoxid aus dem Katalysator kleine „Eisen-Inseln", die die eigentlich katalytisch wirksamen Zentren sind. An diesen werden Wasserstoff- und Stickstoff-Moleküle schrittweise zu Ammoniak-Molekülen umgesetzt (Auswertung, B4). Der Katalysator setzt so die **Aktivierungsenergie** E_a bei der Ammoniaksynthese von E_a = 230 kJ auf E_a = 10 kJ herab (B5).

Die Industrieanlagen für die Ammoniaksynthese arbeiten nach dem **kontinuierlichen Verfahren** (B3): Die Rohstoffe werden ständig eingespeist und die Anlagen liefern ständig Ammoniak. Die Edukte Stickstoff und Wasserstoff, die nicht reagiert haben, werden nach Abtrennen des Produkts Ammoniak dem Kreislauf erneut zugeführt.

Auswertung

a) Aus B4 geht hervor, dass Wasserstoff-Moleküle bereits bei der Adsorption in Atome getrennt werden. Stickstoff-Moleküle liegen dagegen im adsorbierten Zustand nicht sofort in Atome getrennt vor. Suchen Sie nach einer Begründung für diese Modellannahme und erläutern Sie sie.

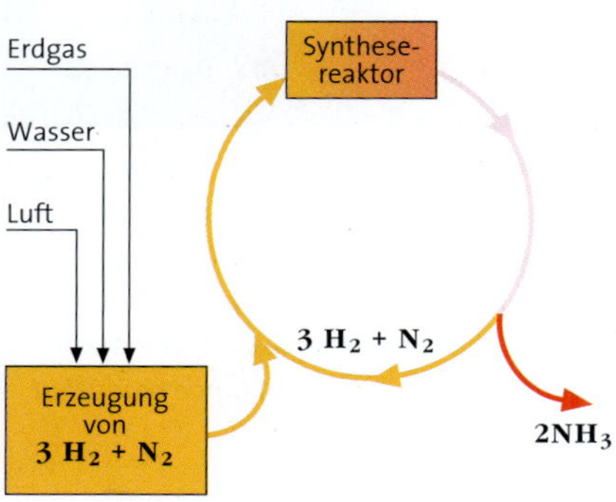

B3 *Rohstoffe und Schritte bei der Ammoniaksynthese nach dem HABER-BOSCH-Verfahren.* ***A:*** *Informieren Sie sich in Chemie 2000+ Online über eine Ammoniaksynthese im Labor und führen Sie sie ggf. durch.*

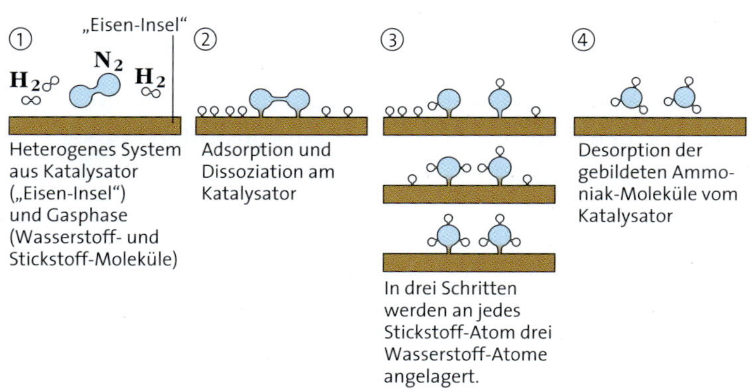

B4 *Modell der heterogenen Katalyse bei der Ammoniaksynthese*

Technische Ammoniaksynthese heute

Eine großtechnische Anlage muss kostengünstig produzieren und sollte die Umwelt möglichst wenig belasten. Dafür sind besonders zwei Faktoren von entscheidender Bedeutung:

1. Der *input* an Stoffen und Energie muss preisgünstig sein.
2. Der *output* an Stoffen und Energie muss möglichst vollständig verwertbar sein.

Daher geht man bei der Ammoniaksynthese heute von den **Rohstoffen** Luft, Wasser und Erdgas (Erdöl oder Kohle) aus und arbeitet in **Industrieanlagen**, die kontinuierlich betrieben werden (B3, B6). Dem **Synthesereaktor**, dem Kern der Anlage, in den das stöchiometrische Gasgemisch ($3H_2 + N_2$) bei hohem Druck eingespeist wird, sind weitere Reaktoren vorgeschaltet, in denen folgende Prozesse ablaufen (B6):

Wassergasprozess (Dampf-Reformierung, *steam reforming*):

$$CH_4(g) + H_2O(g) \rightleftharpoons CO(g) + 3H_2(g); \quad \text{endotherm}$$

Generatorprozess:

$$2CH_4(g) + \underbrace{4N_2(g) + O_2(g)}_{\text{Luft}} \rightleftharpoons 2CO(g) + 4H_2(g) + 4N_2(g); \quad \text{exotherm}$$

Konvertierung von Kohlenstoffmonooxid:

$$CO(g) + H_2O(g) \rightleftharpoons CO_2(g) + H_2(g); \quad \text{exotherm}$$

Das Kohlenstoffdioxid wird aus diesem Gasgemisch durch sog. Druckwäsche, d.h. durch Lösen in Wasser entfernt.

Die **Stoffbilanz** der Anlage zeigt, dass die drei Rohstoffe kontinuierlich zugeführt und das Hauptprodukt Ammoniak und das Kopplungsprodukt Kohlensäure abgeführt werden. Bei den exothermen Prozessen wird mehr Wärme verfügbar als bei den endothermen benötigt wird, sodass ein Teil der Überschusswärme zur Dampferzeugung genutzt werden kann (B6). Die Anlage hat aber dennoch keine positive **Energiebilanz**, da für den Antrieb der Kompressoren „hochwertige" elektrische Energie zugeführt werden muss (ca. 600 kWh pro Tonne Ammoniak).

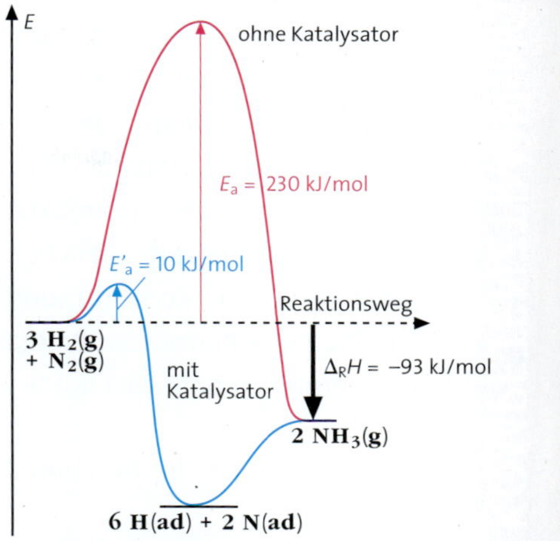

B5 *Aktivierungsenergien bei der nicht katalysierten und bei der katalysierten Ammoniaksynthese*

Aufgaben

A1 Erläutern Sie die Funktionen der in B6 dargestellten Teile der Anlage und ordnen Sie ihnen Reaktionen zu.

A2 Diskutieren Sie die Belastung der Umwelt durch eine Ammoniakanlage mit Stoffen und Energie.

A3 Begründen Sie, warum der Preis von Agrarprodukten von den Öl- und Gaspreisen abhängt.

Fachbegriffe

Rohstoffe, Industrieanlage, Synthesereaktor, Wassergasprozess (Dampf-Reformierung), Generatorprozess, Konvertierung, Stoffbilanz, Energiebilanz

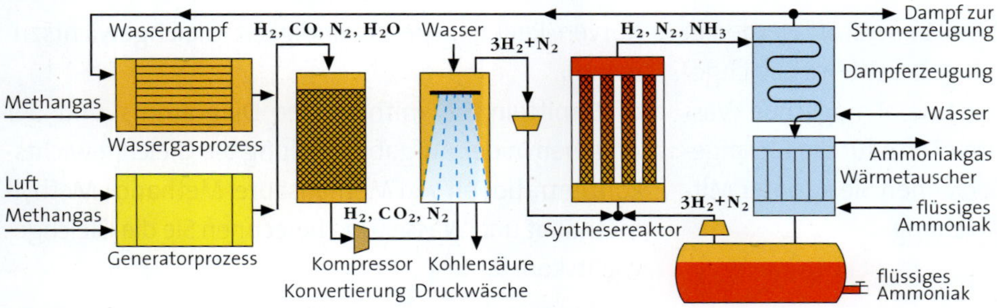

B6 *Fließschema einer Industrieanlage für die Ammoniaksynthese*

A1 Entscheiden Sie begründet, ob folgende Aussagen zum chemischen Gleichgewicht zutreffen oder nicht:
a) Alle Gleichgewichtsreaktionen sind reversibel.
b) Im Gleichgewichtszustand sind die Geschwindigkeiten der Hin- und der Rückreaktion gleich null.
c) Die Geschwindigkeit einer chemischen Reaktion ist unabhängig von der Konzentration der Edukte.
d) Die Produkte endothermer Reaktionen lassen sich durch Energiezufuhr in die Edukte zurückführen.

A2 Formulieren Sie die falschen Aussagen aus A1 in richtige um.

A3 Die Synthese von Ammoniak aus den beteiligten Elementen ist eine exotherme Reaktion. Erläutern Sie, wie diese Tatsache aus B4, S. 101, abgeleitet werden kann.

A4 Unter Normdruck und bei einer Temperatur von 500 °C beträgt die Ausbeute bei der Synthese von Ammoniak nur 0,13 %. Berechnen Sie die Gleichgewichtskonstante K_c.

A5 Gegeben sind folgende Reaktionen:

$$2NO(g) + O_2(g) \rightleftharpoons 2NO_2(g);\quad \text{exotherm}$$

$$CO(g) + NO_2(g) \rightleftharpoons CO_2(g) + NO(g);\quad \text{endotherm}$$

$$3N_2O(g) + 2\,NH_3(g) \rightleftharpoons 4N_2(g) + 3\,H_2O(g);\quad \text{exotherm}$$

Leiten Sie für diese Reaktionen jeweils ab, welche der folgenden Maßnahmen eine Erhöhung der Produktkonzentration zur Folge hat:
a) Temperaturerhöhung, b) Druckminderung, c) Katalysatorzugabe, d) Temperaturerniedrigung, e) Druckerhöhung.

A6 2 mol Wasserstoff und 2 mol Sauerstoff werden in einem 1-L-Gefäß zur Reaktion gebracht. Im Gleichgewichtszustand liegen 2/3 der maximal möglichen Wasserportion vor. a) Stellen Sie den Term für die Gleichgewichtskonstante K_c auf. b) Berechnen Sie K_c unter Mitverwendung der Reaktionsgleichung.

A7 Chlorreiniger enthalten eine Natriumhydroxid-Lösung, die mit Chlorgas versetzt wurde. Dabei läuft folgende exotherme Reaktion ab:

$$2NaOH(aq) + Cl_2(g) \rightleftharpoons NaCl(aq) + NaOCl(aq) + H_2O.$$

Das Gleichgewicht dieser Reaktion liegt nahezu vollständig auf der rechten Seite. Wenn bei der Reinigung zunächst Chlorreiniger und danach stark saurer WC-Reiniger in die Toilette gekippt wird, entsteht für den Betroffenen die Gefahr von Schleimhautentzündungen und Erstickungsanfällen, die sogar zum Tod führen können. Erläutern Sie, warum es zu solchen Unfällen kommen kann.

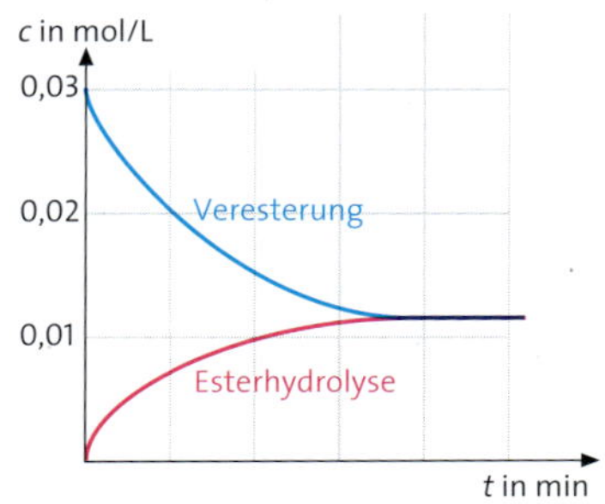

B1 *Konzentrationsänderungen der Methansäure bei der Veresterung und der Esterhydrolyse (A8)*

A8 In einem Kolben (a) werden 0,3 mol Methansäure mit 0,3 mol Methanol verestert. In einem zweiten Kolben (b) werden 0,3 mol Methylmethanat (Methansäuremethylester) mit 0,3 mol Wasser hydrolysiert. In beiden Kolben beträgt das Reaktionsvolumen $V = 1$ L. Die zeitlichen Konzentrationsänderungen der Methansäure wurden gemessen und grafisch aufgetragen (B1).
a) Formulieren Sie die Reaktionsgleichungen für die in den Kolben abgelaufenen Reaktionen.
b) Kommentieren Sie die Kurvenverläufe aus B1 ausführlich (*Stichworte*: Anstieg, Abfall und Steilheit der Kurven, Reaktionsgeschwindigkeit, Gleichgewichtszustand).
c) Ermitteln Sie mithilfe des Diagramms und der Angaben in der Aufgabenstellung die Gleichgewichtskonzentrationen von Methansäure, Methanol, Methylmethanat und Wasser und berechnen Sie die Gleichgewichtskonstante K_c.

A9 Iodwasserstoff $\mathbf{HI(g)}$ reagiert in einem 1-mL-Kolben in einer Gleichgewichtsreaktion zu Iod und Wasserstoff. Bei 425 °C hat die Gleichgewichtskonstante den Wert $K_c = 1{,}82 \cdot 10^{-2}$. Berechnen Sie die Konzentrationen von Iod und Wasserstoff, die mit 0,010 mol Iodwasserstoff dann im Gleichgewicht stehen. Berechnen Sie auch die Anfangsmenge an Iodwasserstoff.

A10 Der Wassergasprozess (vgl. S. 103) bei der technischen Ammoniaksynthese verläuft stark endotherm. Stellen Sie das Massenwirkungsgesetz auf und geben Sie begründete Vorschläge für Maßnahmen an, die zu einer hohen Ausbeute an Wasserstoff führen können.

A11 Die Gleichgewichtskonstante bei der Konvertierung von Kohlenstoffmonooxid mit Wasserdampf zu Kohlenstoffdioxid und Wasserstoff (vgl. S. 103) hat bei 850 °C den Wert $K_c = 1$. Ein Behälter mit $V = 48$ L wird bei 850 °C mit 12 L Kohlenstoffmonooxid, 16 L Kohlenstoffdioxid und 20 L Wasserdampf gefüllt. a) Berechnen Sie das Volumen an Wasserstoff im Gleichgewicht. b) Erläutern und begründen Sie, ob und wie man den Anteil des Wasserstoffs im Gleichgewicht durch Temperatur- bzw. Druckänderung erhöhen kann.

A12 Bei elektrischer Entladung stellt sich in einer Sauerstoff-Atmosphäre ein Gleichgewicht zwischen Sauerstoff und Ozon ein. Die Gleichgewichtskonstante K_c für die Ozonbildung nimmt bei unterschiedlichen Temperaturen folgende Werte an:

Temperatur in K	Betrag von K_c für Ozonbildung
1000	$3{,}6 \cdot 10^{-11}$ L · mol^{-1}
2000	$6{,}3 \cdot 10^{-8}$ L · mol^{-1}
3000	$7{,}7 \cdot 10^{-7}$ L · mol^{-1}
4000	$5{,}6 \cdot 10^{-6}$ L · mol^{-1}

Leiten Sie aus diesen Daten ab, ob die Ozonbildung unter den jeweiligen Bedingungen exotherm oder endotherm verläuft und erläutern Sie.

A13 Wasserstoffperoxid-Lösung $\mathbf{H_2O_2(aq)}$, $w = 30\,\%$, ist nicht stabil und spaltet sich in einer Gleichgewichtsreaktion in Sauerstoff und Wasser. Begründen Sie, warum der Gasdruck in einem luftdicht verschlossenen, halbvoll mit Wasserstoffperoxid-Lösung gefüllten Gefäß bei Raumtemperatur stark zunimmt.

A14 Zur Untersuchung schwerlöslicher Salze wurden vier Salzlösungen einem Kreuzungsexperiment unterzogen. In nachfolgender Tabelle ist mit „x" gekennzeichnet, ob ein Niederschlag entstanden ist:

	$\mathbf{Pb(NO_3)_2(aq)}$	$\mathbf{NaCl(aq)}$	$\mathbf{Na_2SO_4(aq)}$	$\mathbf{AgNO_3(aq)}$
$\mathbf{Pb(NO_3)_2(aq)}$	–	x	x	
$\mathbf{NaCl(aq)}$	x	–		x
$\mathbf{Na_2SO_4(aq)}$	x		–	
$\mathbf{AgNO_3(aq)}$		x		–

a) Schreiben Sie die Formeln der gebildeten Niederschläge auf, z. B. $\mathbf{AgCl(s)}$. b) Schlagen Sie eine experimentelle Vorgehensweise vor, durch die man herausfinden kann, ob es sich bei der Bildung der Niederschläge um Gleichgewichtsreaktionen handelt oder nicht. c) In einem Becherglas befindet sich eine gesättigte Lösung Bariumsulfat mit Bodensatz. Folgendes Gleichgewicht liegt vor: $\mathbf{BaSO_4(s) \rightleftharpoons Ba^{2+}(aq) + SO_4^{2-}(aq)}$.
Geben Sie an, welche Auswirkung eine Zugabe von $\mathbf{Pb(NO_3)_2(aq)}$, $\mathbf{NaCl(aq)}$ bzw. $\mathbf{Na_2SO_4(aq)}$ auf dieses Gleichgewicht hat und begründen Sie jeweils.

A15 Im Gegensatz zur Esterspaltung in saurer oder neutraler Lösung verläuft die Esterhydrolyse in alkalischer Lösung nahezu vollständig, da die sich bildende Säure neutralisiert wird. Erläutern Sie anhand des Massenwirkungsquotienten, wie sich die Neutralisation der Säure auf die Einstellung des Gleichgewichtszustands auswirkt, und begründen Sie, warum die Hydrolyse im Alkalischen fast vollständig verläuft.

A16 Erklären Sie, warum Acetylsalicylsäure erst im alkalischen Milieu des Dünndarms und nicht im Magen in die Bestandteile gespalten wird.

A17 Gegeben sind die Gleichgewichtsreaktionen:

$\mathbf{2SO_2(g) + O_2(g) \rightleftharpoons 2SO_3(g)}$ $\quad \Delta_R H = -196$ kJ/mol

$\mathbf{CO_2(g) + H_2(g) \rightleftharpoons CO(g) + H_2O(g)}$ $\quad \Delta_R H = 41$ kJ/mol

$\mathbf{C(s) + CO_2(g) \rightleftharpoons 2CO(g)}$ $\quad \Delta_R H = 172$ kJ/mol

$\mathbf{N_2(g) + O_2(g) \rightleftharpoons 2NO(g)}$ $\quad \Delta_R H = 181$ kJ/mol

Leiten Sie aus diesen Angaben jeweils günstige Reaktionsbedingungen für eine hohe Ausbeute an Reaktionsprodukten ab.

Protolysegleichgewichte

Säuren und **Basen** kommen in vielen Alltagsprodukten wie auch in der Umwelt vor, saure Zitrusfrüchte und Milchprodukte, Essig und Seifen kennt jeder. Um auch die Reaktionen von Säuren und Basen untereinander und mit anderen Stoffen sowie die unterschiedliche Stärke von Säuren und Basen zu verstehen, führen wir eine Definition ein, die auf dem **Donator-Akzeptor-Konzept** basiert. Durch Anwendung der Kenntnisse über das **chemische Gleichgewicht** und das **Massenwirkungsgesetz MWG** gelingt es dann, charakteristische Größen, Konstanten und mathematische Gleichungen zu entwickeln, mit denen Säuren und Basen nach ihrer Stärke geordnet und quantitativ bestimmt werden können. Die Konzentrationsbestimmungen von Säuren und Basen durch **Titrationen** finden Anwendung in der Lebensmittel- und Umweltanalytik sowie in der Technik und in der Medizin.

Bei der Erschließung dieser Kenntnisse und Verfahren gehen wir folgenden Fragen nach:

1 **Was versteht man unter einer Säure und was unter einer Base?**

2 **Warum können auch Salze sauer oder basisch reagieren?**

3 **Was ist der *p*H-Wert?**

4 **Wie lässt sich der Säure- oder Basegehalt einer Lösung bestimmen?**

5 **Wozu sind Kurven aus Messergebnissen gut?**

6 **Wie verändert sich die Leitfähigkeit bei einer Titration?** EVA

7 **Was hat „hartes" Wasser mit Säuren und Basen zu tun?**

8 **Wie kommt Unempfindlichkeit gegenüber Säuren und Basen zustande?**

B1 *Marie-Anne und Antoine Laurent Lavoisier*

Warum macht es Sinn, beim Thema Säuren und Basen ausgerechnet auf A. L. Lavoisier (B1) zurückzublicken, der doch mit seiner Säure-Definition „voll daneben" lag (vgl. S. 108, B1)? **Erstens**, weil es in diesem Kapitel auch um **quantitative Bestimmungen** geht und Lavoisier der Erste war, der bei seinen systematischen Forschungen über chemische Reaktionen die Massen der Ausgangs- und Endstoffe genau untersuchte. Er setzte dafür die Waage ein und führte die Versuche in geschlossenen Apparaturen durch. So stellte er im Jahr 1772 fest, *„dass der Schwefel beim Verbrennen nicht nur nicht an Gewicht verliert, sondern sogar dazu gewinnt"* und beschloss, diese *„interessanteste Entdeckung, die nach Stahl*[1] *gemacht wurde"*, durch weitere Experimente abzusichern. Das gelang ihm im Jahr 1777, sodass er seine Ergebnisse im Aufsatz *„Sur la combustion en général"* (Über die Verbrennung im Allgemeinen) zusammenfassen konnte. Darin behauptet er, dass sich ein Stoff bei der Verbrennung mit *„etwas"* aus der Luft verbindet. **Zweitens**, weil Lavoisier mit der **Namensgebung** von *Sauer*stoff auf den Begriff *Säure* zurückgriff. Er zeigte in den Jahren 1777 bis 1785, dass dieses *„etwas"* aus der Luft ein Element ist, das er *oxygenium* (griech.) = Säureerzeuger nannte, weil er irrtümlich annahm, Sauerstoff sei in jeder Säure enthalten. Das gilt allerdings nur für sogenannte Sauerstoffsäuren, die aus Nichtmetalloxiden und Wasser entstehen (vgl. z. B. S. 121, B2).

[1] Georg Ernst Stahl entwarf im Jahr 1697 die *Phlogistontheorie* der Verbrennung. Danach entweicht einem Stoff, der verbrennt, etwas, das Stahl *Phlogiston* („Feuerstoff") nannte. Fast hundert Jahre lang waren alle Chemiker von Ruf Anhänger dieser Theorie. Lavoisiers *Sauerstofftheorie* der Verbrennung hat auch heute noch Gültigkeit.

Vom *acidum aceticum*[1] zum Protonendonator[2]

Im **Altertum**, bereits vor über 2000 Jahren, kannte man die wässrige Lösung der Essigsäure. Sie wurde von den Lateinern *acidum aceticum* genannt.

ROBERT BOYLE
(1626–1691)
stellte fest, dass alle Säuren den Pflanzenfarbstoff Lackmus rot färben und Kalkstein zersetzen. Damit stellte er allgemeine Eigenschaften der Säuren heraus, die sie von anderen Stoffen unterscheiden.

ANTOINE L. LAVOISIER
(1743–1794)
beobachtete, dass Nichtmetalloxide sich mit Wasser zu Säuren verbinden. Er kam zu der irrtümlichen Auffassung, dass in allen Säuren Sauerstoff gebunden ist.

JUSTUS VON LIEBIG
(1803–1873)
definierte Säuren als Wasserstoffverbindungen, in denen Wasserstoff durch ein Metall ersetzt werden kann.

SVANTE ARRHENIUS
(1859–1927)
schloss aus der Tatsache, dass wässrige Säurelösungen den elektrischen Strom leiten, dass diese Lösungen Wasserstoff-Ionen $\mathbf{H}^+$ enthalten, und definierte Säuren als Stoffe, die in wässriger Lösung Wasserstoff-Ionen bilden.

JOHANNES NIKOLAUS BRÖNSTED
(1879–1947) und
THOMAS MARTIN LOWRY (1874–1936)
stellten im Jahr 1928 fest, dass nicht das Vorhandensein von Wasserstoff-Ionen in einer wässrigen Lösung das Kriterium für eine Säure ist. Sie definierten eine Säure als Protonendonator.

B1 *Historische Entwicklung der Definition von Säuren.* ***A:*** *Nennen Sie je ein Beispiel für die Definitionen von BOYLE, LAVOISIER, LIEBIG und ARRHENIUS.*

Versuche

V1 Versetzen Sie in je einem Rggl. a) Citronensäure und b) Speisenatron (Natriumhydrogencarbonat*) mit einigen mL Wasser. Schütten Sie die Lösungen aus a) und b) in einem der beiden Rggl. zusammen und beobachten Sie genau.

V2 Füllen Sie in einen Gefrierbeutel jeweils ein halbes Päckchen Speisenatron* und Citronensäure. Mischen Sie den Inhalt gut durch und beobachten Sie die Veränderungen. Geben Sie dann einige mL Wasser hinzu und verschließen Sie den Gefrierbeutel sofort. Beobachten Sie erneut genau.

V3 Lösen Sie in je einem Rggl. etwas Citronensäure a) in Aceton* und b) in destilliertem Wasser. Prüfen Sie die elektrische Leitfähigkeit beider Lösungen bei gleicher Wechselspannung von $U = 6$ V.

LV4 Chlorwasserstoff* wird in einer Apparatur gemäß B2 aus Kochsalz und konzentrierter Schwefelsäure* hergestellt und je 15 s lang in Xylol*, in Methanol* und in dest. Wasser eingeleitet. Die drei Lösungen werden in der Reihenfolge Xylol, Methanol, Wasser auf elektrische Leitfähigkeit überprüft (Wechselspannung, $U = 6$ V). In das Becherglas mit der Xylol-Lösung* wird anschließend ca. 2 cm hoch destilliertes Wasser hinzugefügt und mit einem Glasstab gut durchgerührt. Dann wird erneut die Leitfähigkeit geprüft, indem man den Leitfähigkeitsprüfer langsam in die obere und dann in die untere Schicht einführt.

Auswertung

a) Beschreiben Sie die unterschiedlichen Beobachtungen bei V1 und V2 und schließen Sie daraus auf die Rolle des Wassers für die zugrunde liegende Reaktion.

b) Erklären Sie die Messergebnisse aus V3 mithilfe der ARRHENIUS-Definition von Säuren (B1) und gehen Sie dabei auf die Rolle des Wassers ein.

c) Erläutern Sie, was zu erwarten ist, wenn bei V3 mit Gleichstrom statt mit Wechselstrom gemessen wird. Überprüfen Sie Ihre Vermutung nach Absprache mit der Lehrkraft experimentell.

d) Deuten und erklären Sie die Ergebnisse der Leitfähigkeitsmessungen in LV4.

e) Überprüfen Sie, ob und inwiefern die Aussage „ohne Wasser nicht sauer" für alle Versuchsergebnisse aus V1 bis LV4 zutrifft.

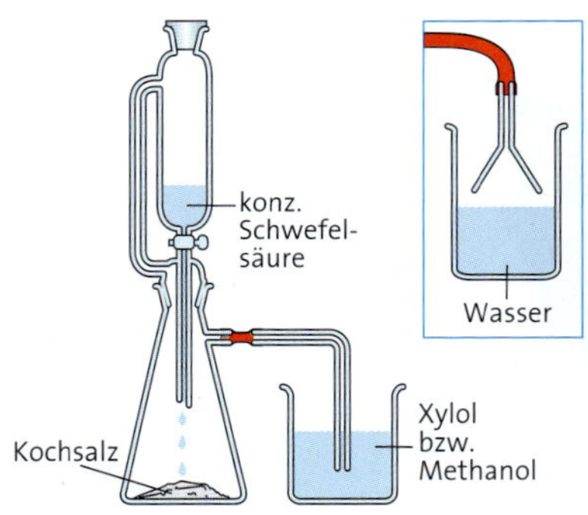

B2 *Skizze zu LV4*

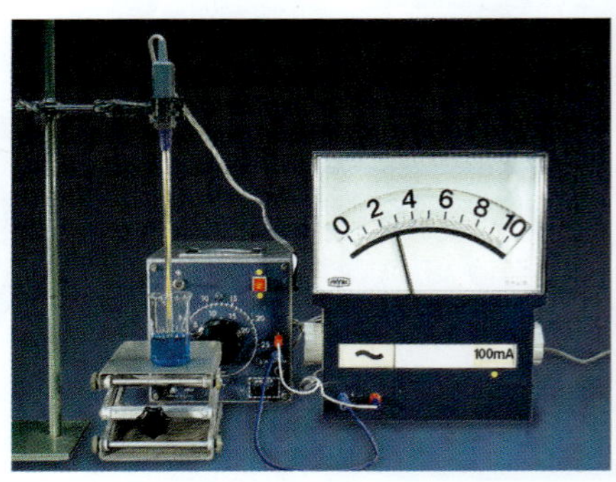

B3 *Messvorrichtung für V3 und LV4*

[1] von *acidus* (lat.) = sauer und *acetus* (lat.) = Essig;
[2] Vgl. Fußnote 4 auf S. 109.

Säure-Base-Definitionen nach Brönsted

Säure und Base ist in der Chemie ein Begriffspaar wie z. B. die Begriffspaare Addition und Subtraktion oder Multiplikation und Division in der Mathematik. Was aber eine Säure bzw. eine Base genau ist, darüber hat es im Laufe der Geschichte ganz unterschiedliche Ansichten gegeben.

Der saure Geschmack bestimmter Stoffe führte zu der Bezeichnung „Säure". Aufgrund der stark ätzenden oder sogar toxischen Eigenschaften einiger Säuren konnte der Geschmack nicht das einzige Kriterium der Definition für eine Säure sein. In den Definitionen des Säurebegriffs der letzten 300 Jahre (B1) spiegeln sich jeweils die großen Fragen der Chemie wieder, die zu der entsprechenden Zeit im Mittelpunkt standen, beispielsweise die Sauerstofftheorie der Verbrennung (Lavoisier), die Zusammensetzung von Verbindungen einer Stoffklasse (Liebig) und die elektrische Leitfähigkeit von Lösungen (Arrhenius).

Die meisten Säuren sind als saure Lösungen bekannt. Viele Säuren sind auch im reinen Zustand flüssig, beispielsweise Essigsäure, Milchsäure, Schwefelsäure und Salpetersäure. Es gibt aber auch feste Säuren, wie Citronensäure und Ascorbinsäure (Vitamin C), und auch gasförmige, beispielsweise Chlorwasserstoff.

Mit den Versuchen V1 bis LV4 wird der Frage „Was ist eine Säure?" nachgegangen und sich der Definition von Brönsted und Lowry als vorläufig beste Definition angeschlossen. Dafür sprechen folgende experimentelle Fakten:

- Citronensäure zeigt ihre Säurewirkung erst, wenn sie in Wasser gelöst vorliegt, z. B. die Reaktion mit Natriumhydrogencarbonat (V1, V2) und die elektrische Leitfähigkeit (V3).
- Chlorwasserstoff entfaltet seine Säureeigenschaften, z. B. die elektrische Leitfähigkeit in Lösung, sehr gut, wenn es in Wasser gelöst ist, schlechter, wenn es in Methanol gelöst ist, und so gut wie gar nicht, wenn es in Xylol gelöst ist (LV4).
- In Xylol gelöster Chlorwasserstoff geht beim Schütteln mit Wasser in die wässrige Phase über und wirkt dort als Säure (LV4).

Demnach sollten Chlorwasserstoff-Moleküle mit Wasser-Molekülen eine Reaktion eingehen, die mit Methanol-Molekülen zwar auch, aber schlechter und mit Xylol-Molekülen so gut wie gar nicht abläuft.

Von dieser Annahme ausgehend definierte Brönsted eine Säure als einen Stoff, dessen Teilchen Protonen (Wasserstoff-Ionen) abgeben („entbinden") können, und eine Base als einen Stoff, dessen Teilchen Protonen aufnehmen (binden) können[3]. Die Kurzform seiner Definitionen lautet:

Säuren sind **Protonendonatoren**[4], **Basen** sind **Protonenakzeptoren**[5].

Reaktionen zwischen Säuren und Basen sind stets mit Protonenübergängen verbunden (B5). Sie werden deshalb **Protolysen**[6] genannt.

[3] Die Begriffe „Säure" und „Base" werden sowohl zur Bezeichnung von Stoffen, z. B. Schwefelsäure, als auch zur Bezeichnung ihrer Teilchen, z. B. Schwefelsäure-Molekül, verwendet. Wir müssen jeweils dem Zusammenhang entnehmen, ob vom Stoff oder von den Teilchen die Rede ist. [4] von *donare* (lat.) = geben, schenken; [5] von *accipere* (lat.) = annehmen; [6] von *lyein* (griech.) = lösen. Bei Protolysen werden zwar Protonen von Säure-Teilchen „gelöst", jedoch nur in dem Maße, wie sie gleichzeitig von einem Base-Teilchen gebunden werden.

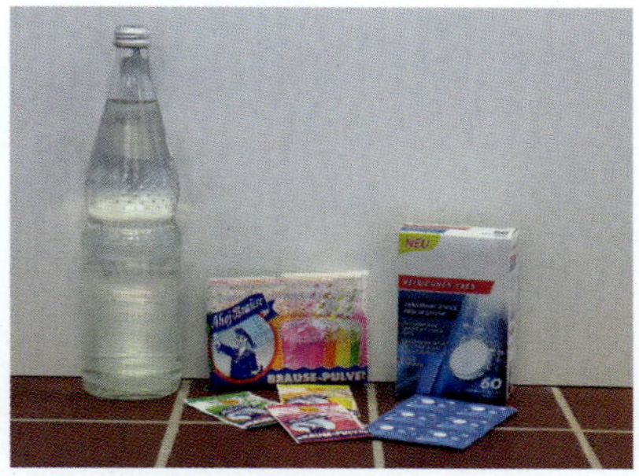

B4 *Saures Sprudelwasser, Brausepulver und Reinigungsmittel für dritte Zähne.* **A:** *Informieren Sie sich auf den Verpackungen über die darin enthaltenen Säuren.*

$$\underset{\text{Säure}}{HCl} + H_2O \xrightarrow{H^+} \underset{\text{Oxonium-Ion}}{H_3O^+} + Cl^-$$

$$\underset{\text{Base}}{NH_3} + H_2O \xrightarrow{H^+} \underset{\text{Hydroxid-Ion}}{OH^-} + NH_4^+$$

B5 *Säuren bilden in wässriger Lösung* ***Oxonium-Ionen*** H_3O^+*, Basen bilden* ***Hydroxid-Ionen*** OH^-*. Hydratisierte Oxonium-Ionen* $H_3O^+(aq)$ *werden als* ***Hydronium-Ionen*** *bezeichnet.*

Aufgaben

A1 Erläutern Sie den Unterschied zwischen der Säure-Definition nach Brönsted und allen anderen Definitionen aus B1.

A2 Stellen Sie einen Zusammenhang zwischen den Begriffen Protonendonator, -akzeptor und den Begriffen Elektronendonator, -akzeptor (vgl. S. 36, 37) dar.

Fachbegriffe

Protonendonator, Protonenakzeptor, Protolyse, Oxonium-Ionen, Hydroxid-Ionen, Hydronium-Ionen

B1 *Fruchtsaft und Speisenatron.* ***A:*** *Informieren Sie sich über die Anwendungen von Speisenatron im Haushalt.*

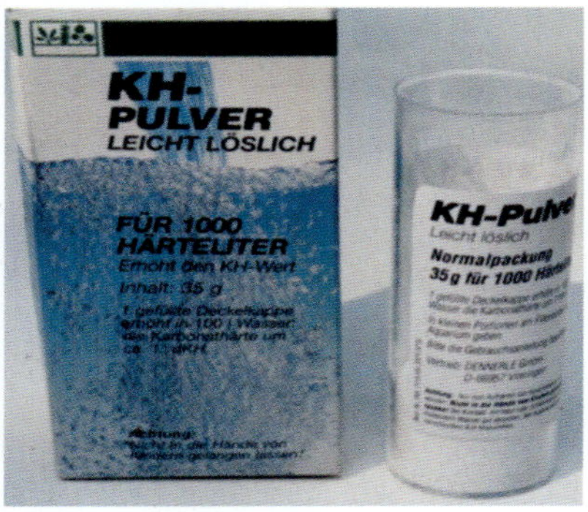

B2 *Zusatzstoff für zu saures Teich- oder Aquarienwasser zur Erhöhung der Carbonathärte (KH).* ***A:*** *Informieren Sie sich über die Zusammensetzung solcher Zusatzstoffe.*

B3 *Indikatorpapiere für Schnelltests mit eingeschränkter pH-Skala*

Können Salze sauer sein?

Versuche

V1 Stellen Sie in 6 Rggl. folgende Lösungen her, indem Sie die angegebenen Stoffe jeweils in ca. 15 mL destilliertem Wasser lösen:
Nr. 1: einige Tropfen Essigsäure*; Nr. 2: einige Tropfen konzentrierte Ammoniak-Lösung*; Nr. 3: eine Spatelspitze Natriumacetat; Nr. 4: eine Spatelspitze Ammoniumchlorid; Nr. 5: eine Spatelspitze Kaliumcarbonat*; Nr. 6: eine Spatelspitze Natriumhydrogensulfat*.
Geben Sie in jedes Rggl. einige Tropfen Bromthymolblau-Lösung und notieren Sie die Farbe der Lösung (B4).

V2 Stellen Sie in je 2 Rggl. folgende Lösungen her, indem Sie jeweils eine Spatelspitze der nachfolgend genannten Stoffe in ca. 15 mL Wasser lösen:
a) Natriumphosphat,
b) Dinatriumhydrogenphosphat,
c) Natriumdihydrogenphosphat,
d) Natriumchlorid.

Fügen Sie jeweils in das eine der beiden Rggl. einige Tropfen Bromthymolblau-Lösung, in das andere Rggl. einige Tropfen Universalindikator-Lösung und notieren Sie die Farben der Lösungen.

V3 Bestimmen Sie den *p*H-Wert von Zitronen-, Orangen- oder Grapefruitsaft mit Indikatorpapier (B3). Geben Sie portionsweise Speisenatron hinzu und messen Sie den *p*H-Wert erneut.

Auswertung

a) Teilen Sie die in V1 und V2 untersuchten Stoffe in Klassen ein, je nachdem, ob ihre wässrige Lösung sauer, alkalisch oder neutral reagiert (B4). Erläutern und begründen Sie, ob dabei etwas Unerwartetes auffällt.

b) Bei der Protolyse von Essigsäure-Molekülen bilden sich neben Oxonium-Ionen auch Acetat-Ionen $\mathbf{H_3CCOO^-(aq)}$. Formulieren Sie die Reaktionsgleichung dieser Protolyse.

c) Natriumacetat ist eine Ionenverbindung, die beim Lösen in Wasser in hydratisierte Natrium-Ionen $\mathbf{Na^+(aq)}$ und hydratisierte Acetat-Ionen $\mathbf{H_3CCOO^-(aq)}$ übergeht. Die Farbe dieser mit Bromthymolblau versetzten Lösung (V1) ist durch die Protolyse einer dieser beiden Ionenarten mit Wasser-Molekülen zu erklären. Formulieren Sie die Reaktionsgleichung dieser Protolyse und erläutern Sie.

d) Versuchen Sie, auch die Farben der anderen Proben (Lösung mit Indikator) aus V1 und V2 durch Reaktionsgleichungen von Protolysen zu erklären.

e) Erklären Sie die Ergebnisse aus V3 mithilfe von Protolysegleichungen.

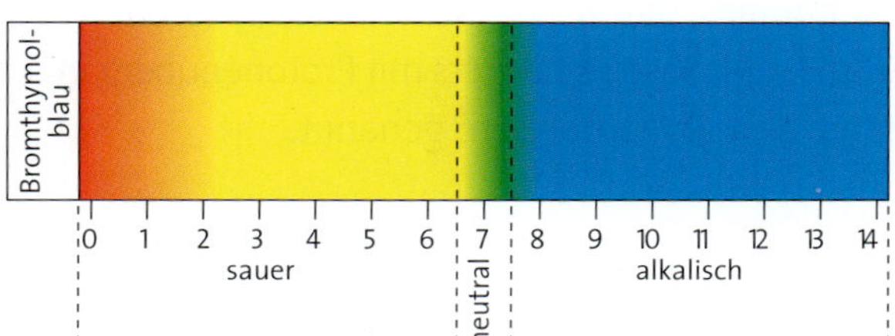

B4 *Der Indikator Bromthymolblau nimmt in saurer, neutraler und alkalischer Lösung die gezeigten Farben an.*

Korrespondierende Säure-Base-Paare

Saure Getränke oder Speisen werden mitunter in der Küche durch Speisenatron „abgestumpft“ (V3). Ebenso werden in Fischzuchten, Gartenteichen und Aquarien Hydrogencarbonate oder Carbonate als Wasserchemikalien eingesetzt, um in den Wässern *p*H-Werte unter 6 zu vermeiden (B2). Mit den genannten Salzen lassen sich also Säuren neutralisieren.

Dass eine Essigsäure-Lösung sauer reagiert und eine Ammoniak-Lösung alkalisch, ist zu erwarten, dass aber die Lösungen der verwendeten Salze in V1 nicht neutral reagieren, verwundert zunächst. Bei V1 reagieren die Ammoniumchlorid-Lösung und die Natriumhydrogensulfat-Lösung sauer (Gelbfärbung des Indikators Bromthymolblau), die Natriumacetat-Lösung und die Kaliumcarbonat-Lösung dagegen alkalisch (Blaufärbung des Indikators). Diese Beobachtungen sind mit folgenden Grundsätzen zu erklären:

1. Protolysen sind stets reversible Reaktionen, bei denen sich die **chemischen Gleichgewichte** in kurzer Zeit einstellen.
2. Aus einer Säure bildet sich bei einer Protolyse ihre **korrespondierende**[1] oder **konjugierte**[2] **Base** und aus einer Base ihre **korrespondierende Säure**.

HA	+	B	$\rightleftharpoons$	HB^+	+	A^-
Säure I		Base II		Säure II korrespondierende Säure der Base II		Base I korrespondierende Base der Säure I

In V1 sind folgende **korrespondierende Säure-Base-Paare**, d. h. Paare aus einer Säure und ihrer korrespondierenden Base, vertreten:

H_3CCOOH/H_3CCOO^-; NH_4^+/NH_3; HCO_3^-/CO_3^{2-}; HSO_4^-/SO_4^{2-}.

Bei jeder Probe stellt sich ein Gleichgewicht ein, an dem eines dieser Säure-Base-Paare beteiligt ist. Beispiele (V1):

Nr. 1:

$$\underset{\text{Säure I}}{H_3CCOOH} + \underset{\text{Base II}}{H_2O} \rightleftharpoons \underset{\text{Säure II}}{H_3O^+} + \underset{\text{Base I}}{H_3CCOO^-}$$

Nr. 3:

$$\underset{\text{Base I}}{H_3CCOO^-} + \underset{\text{Säure II}}{H_2O} \rightleftharpoons \underset{\text{Säure I}}{H_3CCOOH} + \underset{\text{Base II}}{OH^-}$$

Nr. 4:

$$\underset{\text{Säure I}}{NH_4^+} + \underset{\text{Base II}}{H_2O} \rightleftharpoons \underset{\text{Säure II}}{H_3O^+} + \underset{\text{Base I}}{NH_3}$$

An der Formel eines Stoffes allein kann man noch nicht erkennen, ob seine wässrige Lösung sauer, neutral oder alkalisch reagiert (B5). Umfangreichere experimentelle Erfahrungen und tieferes Verständnis der Gleichgewichte, die sich zwischen korrespondierenden Säure-Base-Paaren in wässriger Lösung einstellen, versetzen uns in die Lage, die Eigenschaften einer Salzlösung voraussagen zu können.

[1] von *correspondere* (lat.) = übereinstimmen, sich entsprechen; [2] von *conjungere* (lat.) = verbinden

$HX + H_2O \rightleftharpoons H_3O^+ + X^-$

Neutralsäure

$HX^- + H_2O \rightleftharpoons H_3O^+ + X^{2-}$

Anion-Säure

$HX^+ + H_2O \rightleftharpoons H_3O^+ + X$

Kation-Säure

$X^- + H_2O \rightleftharpoons OH^- + HX$

Anion-Base

$HX + H_2O \rightleftharpoons OH^- + H_2X^+$

Neutralbase

$HX^+ + H_2O \rightleftharpoons OH^- + H_2X^{2+}$

Kation-Base

B5 *Neutrale Teilchen, positiv und negativ geladene Ionen können Säure-Base-Funktion haben.* ***A:*** *Geben Sie an, welche dieser Säure- und Base-Typen in V1 bis V3 vertreten sind, und nennen Sie die entsprechenden Teilchen aus den Versuchen.*

Aufgaben

A1 Erläutern Sie, warum die Säure-Base-Eigenschaften von Salzen mit der BRÖNSTED-Definition besser erklärt werden können als mit den anderen Definitionen aus B1, S. 108.

A2 Einige *Antacida* zur Neutralisation der Magensäure enthalten Aluminiumhydroxid $Al(OH)_3$, andere Natriumhydrogencarbonat $NaHCO_3$. Formulieren Sie Reaktionsgleichungen, in denen deutlich wird, wie jeweils die Basen aus diesen Verbindungen mit Oxonium-Ionen reagieren. Geben Sie jeweils die korrespondierenden Säure-Base-Paare an.

Fachbegriffe

chemisches Gleichgewicht, korrespondierendes oder konjugiertes Säure-Base-Paar, Kation-Säure, Anion-Säure, Kation-Base, Anion-Base

Spurensuche in reinem Wasser

B1 *Der analytische Nachweis von 1 ppt[1] verunreinigender Substanz entspricht dem Auffinden eines Weizenkorns in ca. 100 000 t Weizen, die in einen Güterzug von 20 km Länge hineinpassen.*

Bezeichnung der Reinheitsstufe	Gehalt an Aceton	Preis in Euro/L
„zur Synthese“	99,0%	ca. 9,–
„zur Analyse“	99,5%	ca. 12,–
„UVASOL“ (für Spektroskopie)	99,7%	ca. 30,–

B2 *Reinheitsstufen und Handelspreise der Chemikalie Aceton (Aceton ist ein gutes Lösemittel und vielen als „Nagellackentferner“ bekannt).* ***A:*** *Bestimmen Sie die Masse der Fremdstoffe in den angegebenen Proben bezogen jeweils auf 1 kg Aceton.*

Aufgabe

A1 Nach den Grundlagen der auf den deutschen Arzt HAHNEMANN zurückgehenden Homöopathielehre (1810) nimmt die Kraft aller Arzneien mit steigender Verdünnung zu. Die Verdünnung erfolgt jeweils in Dezimalpotenzen, d.h. im Verhältnis 1 : 10 (D1), 1 : 100 (D2), 1 : 1000 (D3) usw. Diskutieren Sie die Verdünnungen D6 und D23. Wie viele Moleküle eines Wirkstoffes sind in einem Liter der Verdünnung D23 enthalten?

INFO

Das in der Natur verbreitete Wasser ist niemals rein, sondern enthält u.a. Salze, Gase, organische Verbindungen, Bakterien und Stäube. Verhältnismäßig reines Wasser ist aus Regen und Schnee zu gewinnen, besonders rein sind Regen und Schnee aus Neuseeland. Selbst destilliertes Wasser ist kein absoluter Reinstoff; es ist also kein Stoff, der ausschließlich aus Wasser-Molekülen besteht. Destilliertes Wasser enthält u.a. noch gelöstes Kohlenstoffdioxid oder beispielsweise Ionen, die aus der Glasapparatur beim Destillieren herausgelöst wurden. Selbst das reinste je hergestellte Wasser enthält noch etwa 1 ppt[1] an Verunreinigungen. Dass dieses Wasser, dessen Reinheitsgrad man in Prozent mit 99,9999999999 % angeben müsste, schon „sehr rein“ ist, veranschaulicht der Vergleich in B1. Die moderne chemische Analytik ist heute in der Lage, einige Stoffe (z.B. Dioxine) auch dann noch nachzuweisen, wenn sie in einer Konzentration von weniger als 10^{-15} Massenanteilen enthalten sind, d.h. wenn in einer Masse von 1 t nur 0,000001 mg dieses Stoffes enthalten ist.

Versuche

V1 Bestimmen Sie mit einer *p*H-Elektrode (oder mit Spezialindikatorpapier) den *p*H-Wert und mit einem Leitfähigkeitsmessgerät die elektrische Leitfähigkeit verschiedener Wasserproben: Mineralwässer, Leitungswasser, Wasserprobe aus einem Fließ- bzw. stehenden Gewässer, Regenwasser, destilliertes Wasser, vollentsalztes Wasser.

V2 Bestimmen Sie mithilfe von Schnelltestverfahren (Wasseruntersuchungskoffer/Teststäbchen) in den Wasserproben aus V1 den Nitratgehalt und die Wasserhärte (Gesamthärte, Carbonathärte).

Auswertung

Hinweis: Bearbeiten Sie b) und c) erst, wenn Sie S. 113 gelesen haben.

a) Tragen Sie ihre Messdaten in eine Tabelle ein, die Sie nach den Angaben aus B3 anlegen. Erklären Sie ihre Messergebnisse in V1 und V2 und benennen Sie die Teilchen, die für die Größe in der jeweiligen Spalte verantwortlich sind.

b) Bestimmen Sie die Konzentrationen $c(H_3O^+)$ und $c(OH^-)$ aus ihren Messdaten. Berechnen Sie die Anzahl der Oxonium-Ionen $N(H_3O^+)$ in jeweils 1 Liter Wasserprobe unter Verwendung der AVOGADRO-Konstanten $N_A = 6{,}022 \cdot 10^{23}\ mol^{-1}$ ($\vartheta = 22\,°C$) und tragen Sie sie in Ihre Tabelle ein.

c) Ermitteln Sie den Faktor, um den sich die Konzentrationen der Oxonium-Ionen im Regenwasser und im Leitungswasser aus V1 unterscheiden.

Probe	*p*H	$c(H_3O^+)$	$c(OH^-)$	$N(H_3O^+)$	Leitfähigkeit	Gesamthärte	Carbonathärte	Nitratgehalt

B3 *Tabellenkopf zur Auswertung von V1 und V2*

[1] *ppt* (engl.) = part per trillion (Billionstel) entspricht 1 : 1 000 000 000 000, also 10^{-12} oder 1 Mikrogramm in einer Tonne;
ppb (engl.) = part per billion (Milliardstel) entspricht 1 Milligramm in einer Tonne;
ppm (engl.) = part per million (Millionstel) entspricht 1 Gramm in einer Million Gramm (= eine Tonne)

Ionenprodukt des Wassers und *p*H-Wert

Je mehr Ionen im Wasser gelöst sind (V1), umso höher ist die Leitfähigkeit einer Wasserprobe. Genaue Messungen an reinstem Wasser ergeben, dass auch dieses eine geringe elektrische Leitfähigkeit besitzt, es muss also Ionen enthalten. Bei diesen handelt es sich um Hydronium-Ionen und Hydroxid-Ionen, die sich bei der **Autoprotolyse**[2] des Wassers bilden:

$$\underset{\text{Säure I}}{H_2O} + \underset{\text{Base II}}{H_2O} \rightleftharpoons \underset{\text{Säure II}}{H_3O^+} + \underset{\text{Base I}}{OH^-}$$

Bei diesem Gleichgewicht wird erneut die Fähigkeit der Wasser-Moleküle deutlich, sowohl als Protonendonator als auch als Protonenakzeptor zu wirken. Das Wasser-Molekül wird aus diesem Grund als **Ampholyt (amphoteres Teilchen)** bezeichnet. Das Autoprotolysegleichgewicht des Wassers liegt sehr stark auf der linken Seite. Die Rückreaktion (Neutralisationsreaktion) ist gegenüber der Hinreaktion stark bevorzugt. Der Wert der Gleichgewichtskonstanten K_c konnte aus Leitfähigkeitsmessungen bestimmt werden:

$$K_c = \frac{c(H_3O^+) \cdot c(OH^-)}{c^2(H_2O)} = 3{,}258 \cdot 10^{-18} \quad (\vartheta = 22\,°C)$$

1 L Wasser hat bei 22 °C eine Masse von $m = 998$ g. Das entspricht der Stoffmenge $n(H_2O) = 55{,}398$ mol.

Die Konzentration von Wasser bei 22 °C ist also $c(H_2O) = 55{,}398$ mol/L. Die Abnahme der Stoffmenge $n(H_2O)$ durch die Hinreaktion des Autoprotolysegleichgewichts ist so gering, dass sie sich selbst auf die dritte Stelle hinter dem Komma bei $c(H_2O)$ nicht auswirkt. Man bezieht daher die Konzentration des Wassers in die Gleichgewichtskonstante K_c mit ein und erhält eine neue **Konstante K_w**:

$$K_c \cdot c^2(H_2O) = c(H_3O^+) \cdot c(OH^-) = K_w$$

Durch Einsetzen der Zahlenwerte für K_c und $c(H_2O)$ folgt:

$$K_w = c(H_3O^+) \cdot c(OH^-) = 10^{-14}\ \text{mol}^2 \cdot \text{L}^{-2} \quad (\vartheta = 22\,°C)$$

Da die Konstante K_w das Produkt der Konzentrationen der im Wasser enthaltenen Ionen angibt, spricht man vom **Ionenprodukt des Wassers**. Dieser Wert gilt nicht nur für reines Wasser, sondern auch für verdünnte wässrige Lösungen bei 22 °C. Mit dem Ionenprodukt ist jeder Oxonium-Ionenkonzentration eine Hydroxid-Ionenkonzentration zugeordnet und umgekehrt (B5). Um die Oxonium-Ionenkonzentration $c(H_3O^+)$ einer Lösung durch eine kleine positive Zahl angeben zu können, hat man den ***p*H-Wert**[3] einer Lösung als den negativen Zehnerlogarithmus des Zahlenwertes der Konzentration der Oxonium-Ionen einer Lösung definiert[4]:

$$pH = -\lg \{c(H_3O^+)\}$$

[2] von *auto* (griech.) = selbst; [3] *p*H kommt von *puissance de hydrogène* (franz.) oder *pondus hydrogenii* (lat.) = Hochzahl des Wasserstoffs; [4] Die geschwungenen Klammern geben an, dass nur der Zahlenwert von $c(H_3O^+)$ logarithmiert wird.

ϑ in °C	K_w in mol² · L⁻²
10	$0{,}36 \cdot 10^{-14}$
18	$0{,}74 \cdot 10^{-14}$
20	$0{,}86 \cdot 10^{-14}$
22	$1{,}00 \cdot 10^{-14}$
30	$1{,}89 \cdot 10^{-14}$
50	$5{,}6 \cdot 10^{-14}$

B4 *Temperaturabhängigkeit des Ionenprodukts des Wassers K_w*

$c(H_3O^+)$	*p*H		*p*OH	$c(OH^-)$
$10^0 = 1$	0		14	10^{-14}
10^{-1}	1		13	10^{-13}
10^{-2}	2		12	10^{-12}
10^{-3}	3	sauer	11	10^{-11}
10^{-4}	4		10	10^{-10}
10^{-5}	5		9	10^{-9}
10^{-6}	6		8	10^{-8}
10^{-7}	7	neutral	7	10^{-7}
10^{-8}	8		6	10^{-6}
10^{-9}	9		5	10^{-5}
10^{-10}	10		4	10^{-4}
10^{-11}	11	alkalisch	3	10^{-3}
10^{-12}	12		2	10^{-2}
10^{-13}	13		1	10^{-1}
10^{-14}	14		0	$10^0 = 1$

B5 *Zusammenhang zwischen Oxonium-Ionenkonzentration, pH-Wert, Hydroxid-Ionenkonzentration und pOH-Wert. Die Konzentrationen der Ionen sind in mol/L angegeben.*

INFO

Berechnung von $c(H_3O^+)$ in Wasser von $\vartheta = 22\,°C$

Für reines Wasser gilt:
$c(H_3O^+) = c(OH^-)$.

Daraus folgt:
$c(H_3O^+) \cdot c(H_3O^+) = 10^{-14}\ \text{mol}^2/\text{L}^2$
und weiter $c(H_3O^+) = 10^{-7}$ mol/L.
Der *p*H-Wert von reinem Wasser ist damit $pH = -\lg 10^{-7} = 7$.

Auch für *neutrale* Lösungen, d. h. Lösungen, bei denen die Oxonium-Ionenkonzentration und die Hydroxid-Ionenkonzentration gleich sind, gilt: $pH = 7$.

Fachbegriffe

Autoprotolyse, Ampholyt, Ionenprodukt des Wassers K_w, *p*H-Wert

Wie viel Säure ist da drin?

Hinweis: Die Versuche können arbeitsteilig durchgeführt werden.

B1 *Angabe des Essigsäuregehalts in Speiseessig und in Essigessenz.* **A:** *Vergleichen Sie den Essigsäuregehalt von Speiseessig und Essigessenz.*

Versuche

V1 Pipettieren Sie 10 mL Speiseessig in einen Erlenmeyerkolben und verdünnen Sie mit ca. 50 mL destilliertem Wasser. Fügen Sie einige Tropfen Indikator-Lösung (Bromthymolblau oder Phenolphthalein) hinzu und titrieren Sie mit Natronlauge*, $c(\mathbf{NaOH}) = 1\,\text{mol/L}$, bis zum Farbumschlag (B2).

V2 Pipettieren Sie 10 mL frisch gepressten und filtrierten Zitronensaft in einen Kolben und verdünnen Sie mit ca. 10 mL destilliertem Wasser. Titrieren Sie wie bei V1 mit Phenolphthalein und Natronlauge*, $c(\mathbf{NaOH}) = 1\,\text{mol/L}$.

V3 Pipettieren Sie aus einer Autobatterie 5 mL „Batteriesäure*“ in einen mit 50 mL destilliertem Wasser gefüllten Erlenmeyerkolben. Titrieren Sie wie bei V1 mit Phenolphthalein und Natronlauge*, $c(\mathbf{NaOH}) = 1\,\text{mol/L}$. (*Hinweis*: Da „Batteriesäure“ auch Blei-Kationen enthält, wird die Lösung aus diesem Versuch in den Behälter mit Schwermetall-Ionen entsorgt.)

Auswertung

a) Ordnen Sie Ihre Messwerte aus V1 bis V3 in einer Tabelle: Volumen pipettierte Lösung, Volumen verbrauchte Maßlösung, Konzentration Maßlösung, Konzentration der pipettierten Lösung. Diese wird erst nach der Berechnung, vgl. c) und d), eingetragen.

b) Erläutern Sie, welche Rolle die Verdünnung mit destilliertem Wasser spielt.
Hinweis: Die folgenden Auswertungen c) bis d) sind mithilfe der Rechenbeispiele von S. 115 zu lösen.

c) Essigsäure $\mathbf{CH_3COOH}$ bildet bei der Neutralisation mit Natronlauge gelöstes Natriumacetat $\mathbf{CH_3COONa(aq)}$. Werten Sie die in V1 erhaltenen Ergebnisse aus.

d) Berechnen Sie aus den Titrationsergebnissen bei V2 und V3 die Konzentration der Säure in Zitronensaft und in „Batteriesäure“. *Hinweise*: Zitronensaft enthält die dreiprotonige Citronensäure. Nehmen Sie für diese Berechnung an, dass die dritte Protolysestufe erfasst wurde. Bei der „Batteriesäure“ handelt es sich um die zweiprotonige Schwefelsäure, die nach folgender Reaktionsgleichung neutralisiert wird:

$$\mathbf{H_2SO_4(aq) + 2NaOH(aq) \longrightarrow 2H_2O(l) + Na_2SO_4(aq)}$$

B2 *Titrationsvorrichtung: Aus der Bürette wird Maßlösung portionsweise in die Probe gegeben und der Kolben geschwenkt. Die Titration ist beendet, wenn der Indikator umschlägt.*

$c(\mathbf{X}) = \frac{n(\mathbf{X})}{V_{Ls}(\mathbf{X})}$ (1) $n(\mathbf{X}) = \frac{m(\mathbf{X})}{M(\mathbf{X})}$ (2)	$c(\mathbf{X})$: Konzentration von **X** in mol/L $n(\mathbf{X})$: Stoffmenge von **X** in mol $m(\mathbf{X})$: Masse von **X** in g $M(\mathbf{X})$: Molare Masse von **X** in g/mol $V_{Ls}(\mathbf{X})$: Volumen der Lösung **X** in L

Beispiele:

Natronlauge, $c(\mathbf{NaOH}) = 1\,\text{mol/L}$, enthält 1 mol **NaOH** (40 g **NaOH**) in 1 L Lösung.

Salzsäure, $c(\mathbf{HCl}) = 0{,}1\,\text{mol/L}$, enthält 0,1 mol **HCl** (3,65 g **HCl**) in 1 L Lösung.

Schwefelsäure-Lösung, $c(\mathbf{H_2SO_4}) = 2\,\text{mol/L}$, enthält 2 mol $\mathbf{H_2SO_4}$ (196 g $\mathbf{H_2SO_4}$) in 1 L Lösung bzw. 4 mol $\mathbf{H_3O^+}$-Ionen in 1 L Lösung.

B3 *Gleichungen und Größen für die Auswertung von Titrationen.* **A:** *Erweitern Sie die Beispiele analog um Essigsäure, c = 0,1 mol/L, und Kalkwasser, c = 0,005 mol/L.*

Konzentrationsbestimmung durch Titration

Die Neutralisationsreaktion zwischen den Oxonium-Ionen H_3O^+ einer sauren und den Hydroxid-Ionen OH^- einer alkalischen Lösung verläuft sehr rasch und praktisch vollständig zum Produkt Wasser. Diese Tatsache macht es möglich, Säuren und Basen in Lösungen quantitativ durch **Titration** zu bestimmen (B2, V1, V2). Das Experiment muss so angesetzt werden, dass die Stoffmenge eines der beiden Reaktionspartner genau bekannt ist. Dieser ist in der **Maßlösung** bekannter Konzentration enthalten, die über eine **Bürette** in die zu bestimmende Lösung zugefügt wird. Beim **Äquivalenzpunkt** der Titration sind die Stoffmengen der titrierten Säure (Base) und der Base (Säure) aus der Maßlösung gleich. Dieses „Ende" der Reaktion kann durch Farbumschlag eines Indikators ziemlich genau angezeigt werden. Aus dem Volumen der verbrauchten Maßlösung wird die Stoffmenge der titrierten Säure bzw. Base über die Reaktionsgleichung der Neutralisationsreaktion nach dem Rechenweg aus B5 ermittelt.

B4 *Gurken, Fruchtsaft, Entkalker.* ***A:*** *Notieren Sie, welche Säuren in den Gefäßen enthalten sind, planen Sie Versuche zur Bestimmung des Gesamtsäuregehalts und führen Sie sie nach Absprache mit der Lehrkraft durch.*

Rechenbeispiel zu einem Titrationsergebnis

Bei einer Titration von 35 mL Salzsäure mit Natronlauge, $c(\mathbf{NaOH}) = 0{,}1\ mol/L$, wurden bis zum Umschlag des Indikators 20 mL Natronlauge verbraucht.

Berechnung der Konzentration der titrierten Salzsäure:

1. Aufstellen der **Reaktionsgleichung** für die Stoffumsetzung:
   $$\mathbf{HCl(aq) + NaOH(aq) \longrightarrow H_2O(l) + NaCl(aq)}$$
2. Aus der Reaktionsgleichung wird das **Stoffmengenverhältnis** der interessierenden Reaktionspartner abgelesen:
   $n(\mathbf{HCl}) : n(\mathbf{NaOH}) = 1:1$; daraus folgt: $n(\mathbf{HCl}) = n(\mathbf{NaOH})$
3. Ersetzen der Stoffmengen n gemäß Gleichung (1) aus B3:
   $c(\mathbf{HCl}) \cdot V_{Ls}(\mathbf{HCl}) = c(\mathbf{NaOH}) \cdot V_{Ls}(\mathbf{NaOH})$
4. Umformen der Gleichung (3.) nach der gesuchten Größe $c(\mathbf{HCl})$ und Einsetzen der bekannten Zahlenwerte der übrigen Größen:
   $$c(\mathbf{HCl}) = \frac{c(\mathbf{NaOH}) \cdot V_{Ls}(\mathbf{NaOH})}{V_{Ls}(\mathbf{HCl})} = \frac{0{,}1\ mol/L \cdot 20\ mL}{35\ mL} = 0{,}057\ mol/L$$

Berechnung der Masse gelösten Chlorwasserstoffs:

1. und 2. wie oben

3. Zur Bestimmung der Masse des Chlorwasserstoffs wird $n(\mathbf{HCl})$ gemäß Gleichung (2) aus B3 ersetzt:
   $m(\mathbf{HCl}) : M(\mathbf{HCl}) = c(\mathbf{NaOH}) \cdot V_{Ls}(\mathbf{NaOH})$
4. Umformen nach der gesuchten Größe $m(\mathbf{HCl})$, dann $M(\mathbf{HCl}) = 36{,}5\ g/mol$ berechnen und schließlich die Zahlenwerte in die umgeformte Gleichung einsetzen:
   $m(\mathbf{HCl}) = M(\mathbf{HCl}) \cdot c(\mathbf{NaOH}) \cdot V_{Ls}(\mathbf{NaOH})$
   $m(\mathbf{HCl}) = 36{,}5\ g/mol \cdot 0{,}1\ mol/L \cdot 0{,}02\ L = 0{,}073\ g$

B5 *Anwendung der Größengleichungen (B3) bei der Titrationsauswertung*

Aufgaben

A1 50 mL Kalilauge $\mathbf{KOH(aq)}$ werden mit Salzsäure, $c(\mathbf{HCl}) = 0{,}2\ mol/L$, titriert. Die Farbe des Indikators schlägt nach dem Verbrauch von $V_{Ls}(\mathbf{HCl}) = 25\ mL$ um. Berechnen Sie a) die Konzentration der titrierten Kalilauge und b) die Masse des in der Kalilauge enthaltenen Kaliumhydroxids.

A2 Cola enthält Phosphorsäure $\mathbf{H_3PO_4}$, eine **dreiprotonige Säure**. Sie wird mit Natronlauge zu Natriumphosphat $\mathbf{Na_3PO_4}$ umgesetzt. Die Konzentration der Phosphorsäure in einem Cola-Getränk beträgt $c = 0{,}002\ mol/L$. Berechnen Sie das Volumen an Natronlauge, $c(\mathbf{NaOH}) = 0{,}05\ mol/L$, das bei der Titration von 100 mL dieses Cola-Getränks verbraucht wird.

Fachbegriffe

Titration, Maßlösung, Bürette, Äquivalenzpunkt, mehrprotonige Säure

Neutralisation schrittweise

Hinweise: Falls die für Messwerterfassung und -auswertung mit dem Computer notwendige Hard- und Software vorhanden ist, sollte auch diese eingesetzt werden.
V1 und V2 können in Gruppen arbeitsteilig durchgeführt und ausgewertet werden.

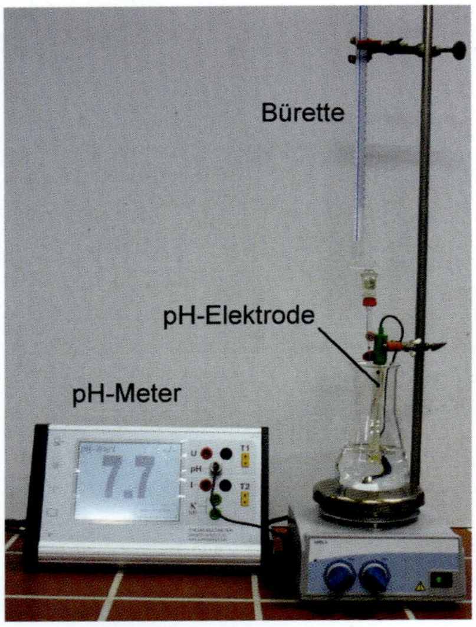

B1 *Vorrichtung für pH-metrische Titrationen*

Versuche

V1 Titrieren Sie 100 mL Salzsäure*, $c(\mathbf{HCl})$ = 0,1 mol/L, der einige Tropfen Bromthymolblau-Lösung zugegeben wurden, in einer Vorrichtung gemäß B1 mit Natronlauge*, $c(\mathbf{NaOH})$ = 1 mol/L. Notieren Sie zuerst den *p*H-Wert der Salzsäure. Lassen Sie die Natronlauge in Portionen von 1 mL zufließen und notieren Sie jedes Mal das Wertepaar: $V_{Ls}(\mathbf{NaOH})$, *p*H-Wert. Beenden Sie die Titration, wenn Sie 18 mL Natronlauge verbraucht haben.

V2 Titrieren Sie 75 mL Salzsäure*, $c(\mathbf{HCl})$ = 0,1 mol/L, wie in V1 und beenden Sie die Titration, wenn Sie 12 mL Natronlauge verbraucht haben.

Auswertung

a) Stellen Sie die Messwertepaare aus V1 bzw. V2 grafisch dar (Abszisse: $V_{Ls}(\mathbf{NaOH})$; Ordinate: *p*H-Wert) und zeichnen Sie eine Ausgleichskurve (Titrationskurve). Vergleichen Sie Ihre experimentelle Kurve mit der Kurve aus B3.

b) Erläutern Sie mathematisch und begründen Sie chemisch, warum die Titrationskurve aus V1 bzw. V2 im gesamten untersuchten Bereich **streng monoton steigend** ist.

c) Teilen Sie Ihre Titrationskurve aus a) sinnvoll in drei Abschnitte ein und erläutern Sie, wie das Verhältnis $c(\mathbf{H_3O^+})/c(\mathbf{OH^-})$ in der Lösung ist, die dem jeweiligen Abschnitt entspricht.

d) Erläutern und begründen Sie, welche(r) der drei in B3 angegebenen Indikatoren für die Anzeige des „Endpunkts" der Titration (Äquivalenzpunkt ÄP) von Salzsäure mit Natronlauge geeignet ist.

Aufgaben

A1 Vergleichen Sie die Genauigkeit, mit der das Volumen der bei einer Titration verbrauchten Maßlösung mit Indikator bestimmt werden kann, mit der bei der Verwendung eines *p*H-Meters.

A2 In einem intensiv gefärbten Fruchtsaft soll der Säuregehalt durch Titration bestimmt werden. Wählen Sie zwischen der Titration mit einem Indikator und einer *p*H-metrischen Titration und begründen Sie Ihre Wahl.

A3 *Hinweis: Lesen Sie zuerst S. 117.* Bei der Titration von 75 mL Natronlauge mit Salzsäure, $c(\mathbf{HCl})$ = 0,5 mol/L, wurde die Titrationskurve aus B2 erhalten.

a) Beschreiben und interpretieren Sie den Kurvenverlauf.

b) Vergleichen Sie die Titrationskurven aus B2 und B3 und erläutern Sie die Gemeinsamkeiten und Unterschiede

c) Begründen Sie, warum der Ordinatenwert des Äquivalenzpunktes in beiden Fällen bei *p*H ≈ 7 liegt.

d) Berechnen Sie die Konzentration der titrierten Natronlauge.

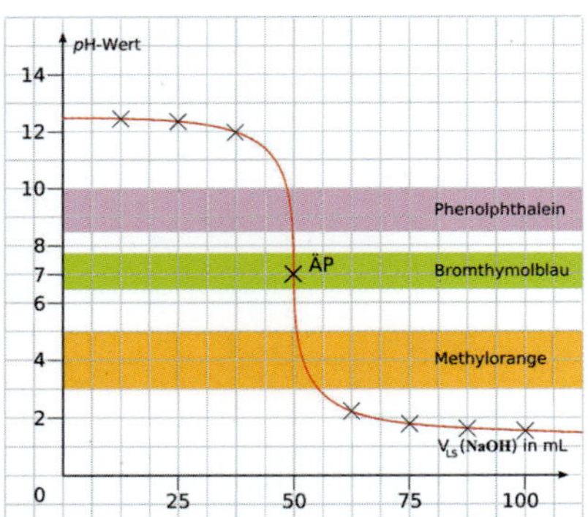

B2 *Titrationskurve zu A3*

Ermittlung und Interpretation von Titrationskurven

Die grafische Darstellung der Ergebnisse einer *p*H-metrischen Titration (V1) liefert eine **Titrationskurve** (B3). Der Kurvenverlauf aus B3 ist typisch für die Titration einer starken Säure mit einer starken Base. Die Kurve verläuft streng monoton steigend. Die Steigung ist aber in den einzelnen Kurvenabschnitten sehr unterschiedlich und zeichnet sich im Bereich des Übergangs aus dem sauren in den alkalischen Bereich durch einen „*p*H-Sprung" aus. Dieser Verlauf wird verständlich, wenn man einige Punkte der Kurve theoretisch berechnet (B4).

1. Punkt: $V_{Ls}(\mathbf{NaOH}) = 0$ mL:
Der *p*H-Wert wird von der Salzsäure, $c = 0{,}1$ mol/L, bestimmt, d. h.:
$pH = -\lg 10^{-1} = 1$.

2. Punkt: $V_{Ls}(\mathbf{NaOH}) = 1$ mL:
Die Konzentration der Oxonium-Ionen ist kleiner geworden, weil die in 1 mL Natronlauge, $c = 1$ mol/L, enthaltenen Hydroxid-Ionen mit ebenso vielen Oxonium-Ionen zu Wasser-Molekülen reagiert haben:

$n(\mathbf{OH^-}) = 0{,}001\ \text{L} \cdot 1\ \text{mol/L} = 0{,}001\ \text{mol}$
hinzugegebene Hydroxid-Ionen

$n(\mathbf{H_3O^+})$	=	$0{,}1\ \text{L} \cdot 0{,}1\ \text{mol/L}$	–	$0{,}001\ \text{mol}$
noch vorhandene Oxonium-Ionen		anfangs vorhandene Oxonium-Ionen		bereits neutralisierte Oxonium-Ionen

$= 0{,}01\ \text{mol} - 0{,}001\ \text{mol} = 0{,}009\ \text{mol} = 9 \cdot 10^{-3}\ \text{mol}$.

Diese $9 \cdot 10^{-3}$ mol Oxonium-Ionen sind in den 100 mL Lösung enthalten (die Volumenzunahme durch die Zugabe von Natronlauge wird vernachlässigt), die Konzentration der Oxonium-Ionen ist:

$c(\mathbf{H_3O^+}) = 9 \cdot 10^{-2}\ \text{mol/L} = 0{,}9 \cdot 10^{-1}\ \text{mol/L}$,

somit hat die Lösung nach Zugabe von 1 mL Natronlauge, $c = 1$ mol/L, den *p*H-Wert: $pH = -\lg(0{,}9 \cdot 10^{-1}) = -\lg 0{,}9 - \lg 10^{-1} = 1{,}05$.

B4 *Berechnung von Punkten auf der Titrationskurve (B3)*

Alle übrigen Punkte aus der Tabelle in B5 werden analog berechnet. Bei den Punkten mit $V_{Ls}(\mathbf{NaOH}) > 10$ mL muss die Konzentration der Oxonium-Ionen aus der Konzentration der überschüssigen Hydroxid-Ionen mithilfe des Ionenprodukts des Wassers K_W berechnet werden.
An der Stelle, an der die Steigung am höchsten ist, ändert sich die Krümmung der Kurve. Dieser Wendepunkt auf der Kurve entspricht dem **Äquivalenzpunkt ÄP** der Titration (B3). Beim Äquivalenzpunkt liegt weder die Säure aus der titrierten Probe noch die Base aus der Maßlösung, mit der titriert wurde, im Überschuss vor. Der Abszissenwert des ÄP gibt genau das Volumen der Maßlösung an, das in die rechnerische Auswertung der Titration (vgl. S. 115) einbezogen werden muss.

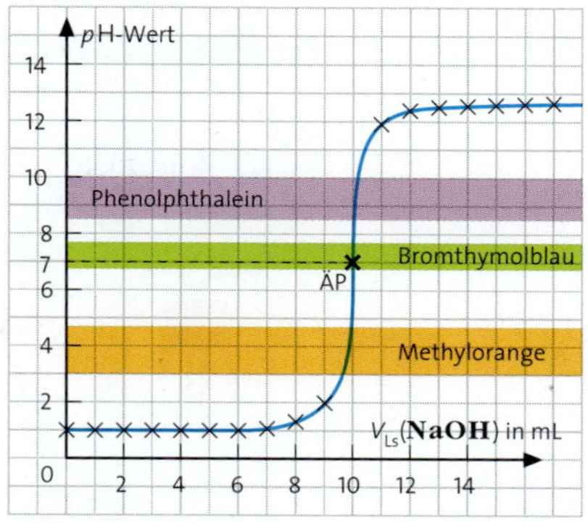

B3 *Titrationskurve von Salzsäure mit Natronlauge*

	$V_{Ls}(\mathbf{NaOH})$ in mL	$c(\mathbf{H_3O^+})$ in mol/L	*p*H-Wert
1. →	0	$1 \cdot 10^{-1}$	1
2. →	1	$0{,}9 \cdot 10^{-1}$	1,05
	2	$0{,}8 \cdot 10^{-1}$	1,1
	.	.	.
	.	.	.
	.	.	.
	9	$0{,}1 \cdot 10^{-1}$	2
	9,9	$0{,}01 \cdot 10^{-1}$	3
	9,99	$0{,}001 \cdot 10^{-1}$	4
	10	$1 \cdot 10^{-7}$	7
8. →	10,01	$10 \cdot 10^{-11}$	10
	10,1	$1 \cdot 10^{-11}$	11
10. →	11	$0{,}1 \cdot 10^{-11}$	12
	.	.	.
	.	.	.
	.	.	.
	20	$0{,}01 \cdot 10^{-11}$	13

B5 *Berechnete Wertepaare $V_{Ls}(\mathbf{NaOH})$/pH-Wert für V1.* **A:** *Überprüfen Sie durch Rechnung nach dem Muster aus B4 (wie bei 2. Punkt) den hier eingetragenen pH-Wert bei $V_{Ls}(\mathbf{NaOH}) = 9{,}9$ mL.*

Fachbegriffe

Titrationskurve, Äquivalenzpunkt

Säuregehalt in Alltagsprodukten und Umweltbereichen

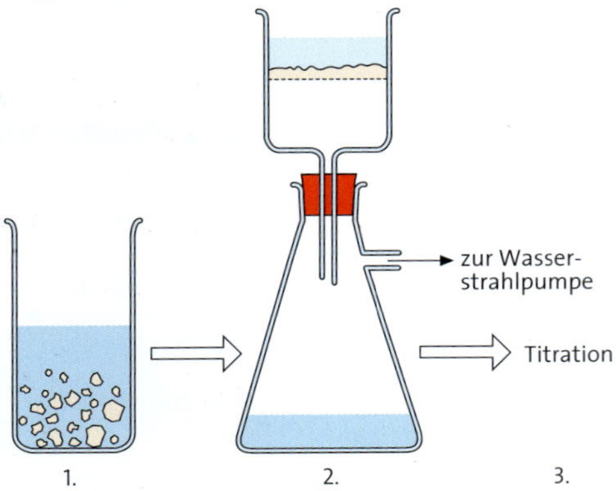

B1 *Skizze zur Säurebestimmung in Brot*

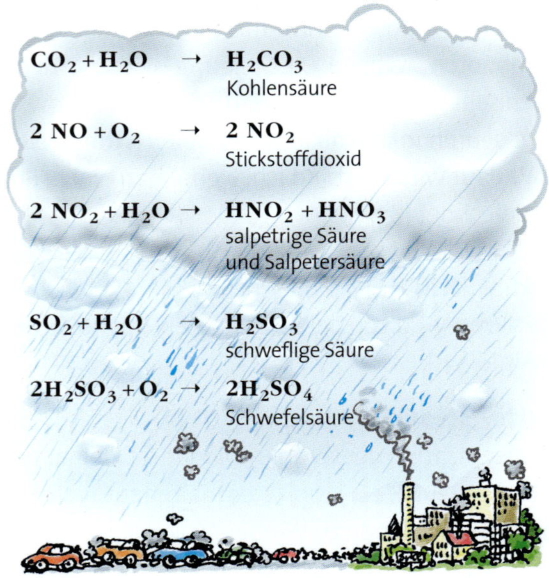

B2 *Entstehung des sauren Regens*

Versuche

V1 Zerkrümeln Sie eine bestimmte Portion Brot mit Konservierungsstoffen (z. B. m = 15 g) gut und weichen Sie die Krümel in einem vorgelegten Volumen dest. Wasser ein (z. B. V = 150 mL). Das Gemisch wird unter gelegentlichem Umrühren mit einem Glasstab ca. 20 min stehen gelassen. Saugen Sie die Lösung dann über eine Fritte mit der Wasserstrahlpumpe ab und titrieren Sie einen Teil der Lösung (z. B. 50 mL) mit Natronlauge*, $c(NaOH)$ = 0,1 mol/L. Wiederholen Sie die Bestimmung unter Verwendung eines anderen Einweichmittels, z. B. Kaliumchlorid-Lösung, $c(KCl)$ = 1 mol/L, anstelle von dest. Wasser.

V2 Führen Sie nach dem gleichen Verfahren wie in V1 die Bestimmung des Säuregehalts in verschiedenen Bodenproben durch. Verwenden Sie dabei von vornherein Kaliumchlorid-Lösung als Extraktionsmittel.

V3 Einige handelsübliche Entkalker für Kaffeemaschinen enthalten Methansäure* (Ameisensäure) $HCOOH$. Erarbeiten Sie ein Verfahren zur Bestimmung des prozentualen Massenanteils an Ameisensäure in einem Entkalker (Arbeitsschritte und Auswertung der Ergebnisse). Führen Sie nach der Absprache mit Ihrer Lehrkraft eine experimentelle Bestimmung einschließlich rechnerischer Auswertung durch.

Auswertung

a) Berechnen Sie bei V1 unter der Annahme, dass die gesamte Säure im Brot der Konservierungsstoff Propansäure H_3CCH_2COOH ist, den Säuregehalt im untersuchten Brot.

Saurer Regen und Versauerung der Weltmeere

Die bei der Verbrennung von Erdgas, Erdöl und Kohle gebildeten Nichtmetalloxide bilden mit Wasser Säuren (B2). Diese können **sauren Regen** mit $pH \approx 4$ verursachen. Natürlicher Regen hat pH-Werte von 5,5 bis 6 wegen des Kohlenstoffdioxids aus der Atmosphäre. Saurer Regen schädigt Pflanzen („Waldsterben") und Gebäude („Steinfraß"). In Europa konnte die Bildung sauren Regens durch technische Maßnahmen zur Reinigung von Abgasen insbesondere bei Fahrzeugen und bei Kraftwerken („Entschwefelung" und „Entstickung" der Abgase) stark zurückgedrängt werden (vgl. *Chemie 2000+ Online*).

Ein schwerer zu lösendes Problem ist die **Versauerung der Weltmeere**. Sie ist ebenfalls eine Folge der massiven Verbrennung von fossilen Brennstoffen. Meerwasser, das mit $pH \approx 8$ normalerweise schwach alkalisch ist, fungiert global gesehen als sogenannte „Kohlenstoff-Senke", weil es über die Hinreaktionen der beiden Gleichgewichte (1) und (2) von S. 120 Kohlenstoffdioxid bindet. Modellrechnungen zufolge werden jährlich ca. 2 000 000 000 Tonnen Kohlenstoff aus dem atmosphärischen Kohlenstoffdioxid im Meerwasser gebunden – entsprechend findet eine fortschreitende Versauerung statt.

Leitfähigkeitstitrationen

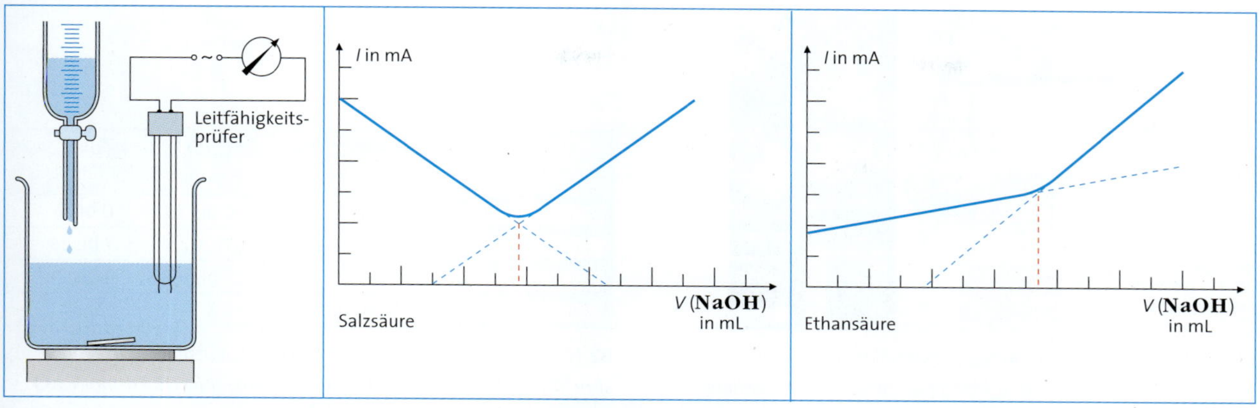

B1 *Versuchsanordnung für Leitfähigkeitstitrationen und Titrationskurven (vereinfacht)*

Versuche

Hinweis: Falls die für Messwerterfassung und -auswertung mit dem Computer notwendige Hard- und Software vorhanden ist, sollte auch diese eingesetzt werden.

V1 Titrieren Sie in der Anordnung aus B1 100 mL Salzsäure, $c = 0{,}01$ mol/L, mit Natronlauge, $c = 0{,}1$ mol/L, bei einer Wechselspannung von 10 V. Lassen Sie die Natronlauge in Portionen von jeweils 1 mL zufließen und notieren Sie die Stromstärke. Beenden Sie die Titration, nachdem Sie 16 mL Natronlauge zugesetzt haben.

V2 Führen Sie V1 mit Ethansäure, $c = 0{,}01$ mol/L, statt Salzsäure durch.

Auswertung

a) Stellen Sie die Ergebnisse aus V1 und V2 grafisch dar, vergleichen Sie Ihre Titrationskurven mit denen aus B1 und erklären Sie die Kurvenverläufe mithilfe von B2 und der Ausführungen in der rechten Spalte (Text, Formeln, Reaktionsgleichungen).

Kation	λ_+ in $\frac{S \cdot m^2}{mol}$	Anion	λ_- in $\frac{S \cdot m^2}{mol}$
H_3O^+	$35{,}0 \cdot 10^{-3}$	OH^-	$19{,}9 \cdot 10^{-3}$
Li^+	$3{,}87 \cdot 10^{-3}$	F^-	$5{,}54 \cdot 10^{-3}$
Na^+	$5{,}01 \cdot 10^{-3}$	Cl^-	$7{,}64 \cdot 10^{-3}$
K^+	$7{,}35 \cdot 10^{-3}$	NO_3^-	$7{,}15 \cdot 10^{-3}$
Ca^{2+}	$11{,}9 \cdot 10^{-3}$	MnO_4^-	$6{,}28 \cdot 10^{-3}$
Ag^+	$6{,}19 \cdot 10^{-3}$	SO_4^{2-}	$16{,}0 \cdot 10^{-3}$
Cu^{2+}	$10{,}7 \cdot 10^{-3}$	CH_3COO^-	$4{,}09 \cdot 10^{-3}$
Fe^{3+}	$20{,}5 \cdot 10^{-3}$		

B2 *Molare Leitfähigkeiten einiger Ionen bei 25 °C*

Titrationskurven und Äquivalenzpunkte bei Leitfähigkeitstitrationen

Der Äquivalenzpunkt bei einer Säure-Base-Titration kann experimentell aus dem Verlauf der Leitfähigkeit der Lösung ermittelt werden. In der Praxis misst man dazu oft statt der Leitfähigkeit die dazu proportionale Stromstärke I (Maßeinheit Ampère) und erhält *amperometrische* Titrationskurven (B1).

Bei der Titration von Salzsäure mit Natronlauge sinkt die Leitfähigkeit, die von der Ionenkonzentration und den Ionenleitfähigkeiten der einzelnen Ionen (B2) abhängt, bis zum Äquivalenzpunkt. Die Oxonium-Ionen der Salzsäure reagieren mit den Hydroxid-Ionen aus der zugesetzten Natronlauge und die weniger gut leitenden Natrium-Ionen werden zugesetzt:

$$\underbrace{H_3O^+(aq) + Cl^-(aq)}_{\text{Salzsäure}} + \underbrace{Na^+(aq) + OH^-(aq)}_{\text{Natronlauge}} \longrightarrow 2\,H_2O(l) + Na^+(aq) + Cl^-(aq)$$

Der anfängliche Anstieg der Leitfähigkeit bei der Titration von Ethansäure wird durch Natrium- und Acetat-Ionen verursacht, die die Ethansäure-Moleküle, die nicht zur Leitfähigkeit beitragen, ersetzen.

Nach dem ÄP tragen die überschüssig zugegebenen Natrium- und Hydroxid-Ionen zur erheblichen Steigung der Leitfähigkeit bei.

Protolysen in hartem Wasser

B1 *Wassersorten aus dem Alltag enthalten Ionen.* **A:** *Ermitteln Sie anhand der Etiketten Art und Menge der Ionen in verschiedenen Mineralwassersorten.*

	Härtebereich	$c(CaO)$ in mmol/L	°d
	1 (weich)	0 bis 1,3	0 bis 7
	2 (mittelhart)	1,3 bis 2,5	7 bis 14
	3 (hart)	2,5 bis 3,8	14 bis 21
	4 (sehr hart)	> 3,8	> 21

B2 *Härtebereiche in Wasser. 1 °d (ein Grad deutscher Härte) entspricht 10 mg Calciumoxid* CaO *in 1 L Wasser (0,1783 mmol* CaO *pro Liter Wasser).*

Wasserhärte

Chemisch reines Wasser wäre für unsere Ernährung untauglich. Die im Trinkwasser gelösten Salze sind lebenswichtige Mineralstoffe, die dem Körper zugefügt werden müssen. Sie verursachen aber auch die Härte des Wassers. An der Wasserhärte sind verschiedene Ionen (B1) und folgende Gleichgewichte beteiligt:

$$CO_2(g) \rightleftharpoons CO_2(aq) \quad (1)$$

$$2H_2O(l) + CO_2(aq) \rightleftharpoons H_3O^+(aq) + HCO_3^-(aq) \quad (2)$$

Mineralwasser „mit Kohlensäure" hat danach einen deutlich niedrigeren *p*H-Wert als Leitungswasser. Beim Aufschrauben der Flasche entweicht das Kohlenstoffdioxid $CO_2(g)$ aus dem Gasraum über der Flüssigkeit, das obere Gleichgewicht verschiebt sich nach links und infolgedessen auch das zweite. Es heißt im Volksmund „die Säure verflüchtigt sich".

Wenn sich aus Leitungswasser an heißen Geräteteilen wie beispielsweise dem Tauchsieder allmählich Calciumcarbonat (Kalkstein) absetzt, läuft folgende endotherme Hinreaktion ab:

$$Ca^{2+}(aq) + 2HCO_3^-(aq) \rightleftharpoons CaCO_3(s) + CO_2(g) + H_2O(l) \quad (3)$$

Dagegen wird in saurer Lösung Calciumcarbonat nach

$$CaCO_3(s) + 2H_3O^+(aq) \rightleftharpoons Ca^{2+}(aq) + 3H_2O(l) + CO_2(g) \quad (4)$$

gelöst.

Kalk im Wasser

Der Kalkgehalt von Wasser, der im Wesentlichen auf gelöstem Calciumhydrogencarbonat beruht, lässt sich mithilfe einer Leitfähigkeitstitration (vgl. S. 119) bestimmen. Dabei nutzt man aus, dass die in kalkhaltigem Wasser gelösten Calcium-Ionen mit Oxalsäure zu schwerlöslichem Calciumoxalat CaC_2O_4 reagieren.

Versuche

V1 *Bestimmung des Kalkgehalts in Wasser*: Titrieren Sie in einer Vorrichtung für Leitfähigkeitstitrationen (vgl. S. 119, B1) 200 mL Leitungswasser mit Ethandisäure-Lösung* (Oxalsäure-Lösung*), c = 0,1 mol/L (6,13 g Oxalsäure-Dihydrat* $H_2C_2O_4 \cdot 2H_2O$ in 500 mL Lösung). Legen Sie eine Wertetabelle an, notieren Sie die Beobachtungen, und zeichnen Sie die Titrationskurve nach dem Muster aus B1, S. 119.

V2 Führen Sie die Kalkbestimmung gemäß der Vorschrift aus V1 mit verschiedenen Mineralwässern durch.

Auswertung

a) Formulieren Sie die Reaktionsgleichung für das Ausfällen von Calciumoxalat $CaC_2O_4(s)$.

b) Erklären Sie den Verlauf der Titrationskurven und berechnen Sie die Konzentration der Calcium-Ionen bei V1 (V2) und die auf den Calcium-Ionen beruhende Wasserhärte in Grad deutscher Härte °d (B2).

Protolysen in hartem Wasser

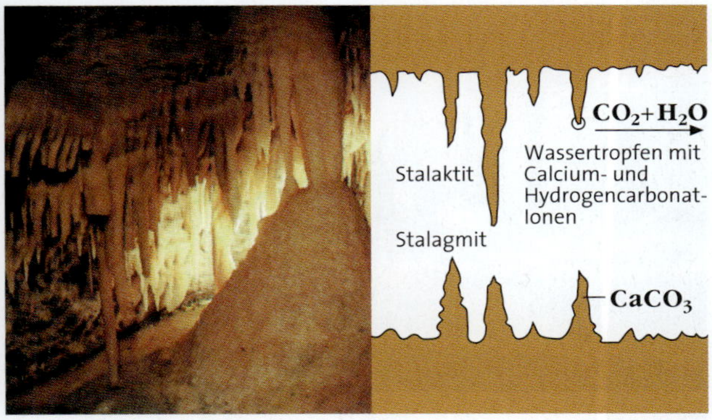

B3 *Tropfsteinhöhle und Modell zur Stalaktiten- und Stalagmitenbildung*

Tropfsteinhöhlen

Tropfsteinhöhlen sind eindrucksvolle Beweise für einen natürlichen Stoffkreislauf, dessen Grundsubstanz der Kalkstein, das Calciumcarbonat $CaCO_3$, ist. Beim Durchsickern des mit Kohlenstoffdioxid beladenen Wassers durch die Kalkgebirge läuft die Rückreaktion des Gleichgewichts (3) von S. 120 ab, beim Ausbilden der Tropfsteine die Hinreaktion. Kalkstein gelangt dadurch aus den Gebirgsfelsen in die Stalaktiten und Stalagmiten. Die Bildung von löslichem Calciumhydrogencarbonat $Ca(HCO_3)_2$ aus vorher ausgefälltem Calciumcarbonat kann experimentell demonstriert werden (B4).

Aufgabe

A1 Erkunden Sie in *Chemie 2000+ Online* die Flash-Animation über Tropfsteinhöhlen. Erläutern Sie das entscheidende Protolysegleichgewicht und die Faktoren, die es beeinflussen.

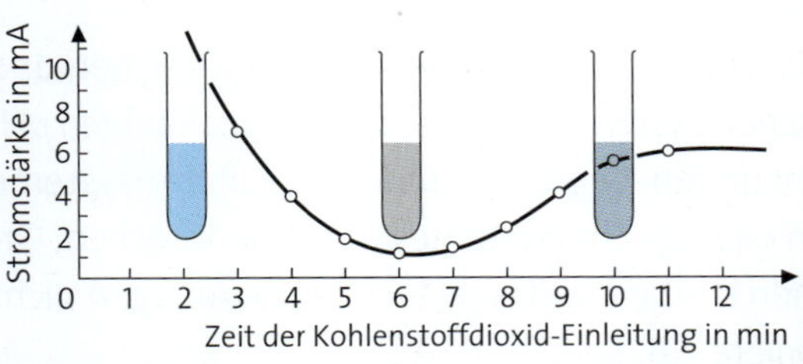

B4 *Beim Einleiten von Kohlenstoffdioxid trübt sich Kalkwasser, beim weiteren Einleiten klart es wieder auf. Dabei sinkt die Stromstärke zunächst und steigt dann wieder an (vgl. S. 119).* ***A:*** *Erklären Sie die Veränderungen mithilfe von Reaktionsgleichungen.*

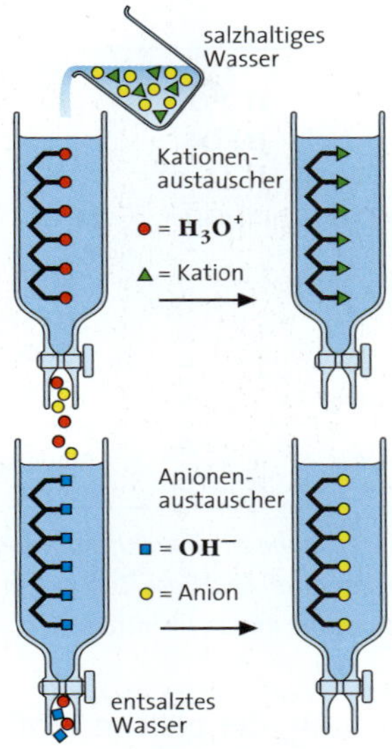

B5 *Vollentsalzung von Wasser durch Ionenaustausch.* ***A:*** *Erläutern Sie, wie die Kationen und die Anionen ausgetauscht werden und wie man die beladenen Säulen wieder einsatzbereit machen kann.*

Ionenaustauscher für hartes Wasser

Um Kalkablagerungen beim Waschen und an technischen Geräten zu verhindern, wird das ionenhaltige, harte Wasser entionisiert. Durch Abkochen kann die **Carbonathärte** beseitigt werden, weil sich dabei festes Calciumcarbonat abscheidet (vgl. S. 120).

Durch **Ionenaustausch** können alle Kationen aus dem harten Wasser durch hydratisierte Oxonium-Ionen, alle Anionen durch hydratisierte Hydroxid-Ionen ersetzt werden (B5; organische Verbindungen allerdings nicht). Man erhält entionisiertes Wasser. Die mit Kationen bzw. mit Anionen beladenen Säulen können mit Salzsäure bzw. Natronlauge regeneriert werden.

Aufgaben

A2 Die Reaktion am Kationenaustauscher, hier einem Polymer mit Sulfonsäure-Seitengruppen $-SO_3H$, zeigt vereinfacht folgendes Gleichgewicht:

$$2R{-}SO_3H + Mg^{2+}(aq) + 2H_2O(l) \rightleftharpoons (R{-}SO_3^-)_2Mg^{2+} + 2H_3O^+(aq)$$

Erläutern Sie, wie das Gleichgewicht beim Regenerieren des sauren Ionenaustauschers beeinflusst wird.

A3 Vergleichen Sie die Herstellung von „reinem" Wasser durch Destillation mit der durch Ionenaustausch. Nennen Sie Vor- und Nachteile bezüglich Reinheit und Aufwand beim Reinigen.

Puffersysteme

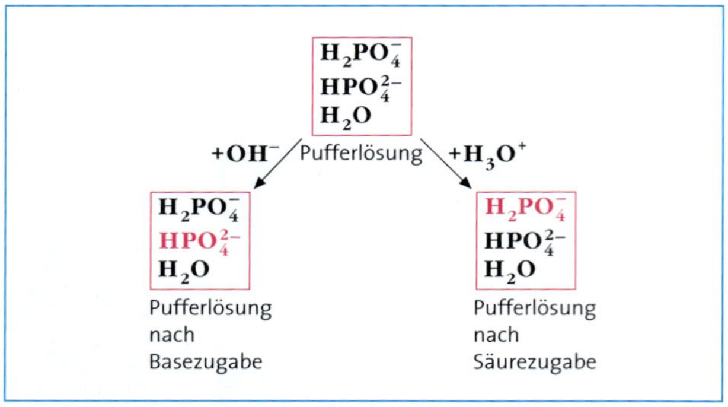

B1 *Bei Base- oder Säurezugabe zu einer Pufferlösung (hier: Phosphat-Puffer) bleiben die Säure- und Base-Teilchen in der Lösung die gleichen, es ändern sich aber ihre Konzentrationen.*

B2 *Biogasgewinnung (bis zu 70 % Methan) aus dem Klärschlamm kommunaler Kläranlagen. Methanbakterien produzieren aus Biomasse Methan. Dabei muss der pH-Wert im Behälter konstant zwischen pH = 5,8 und pH = 6,5 gehalten werden.*

Eine wässrige Lösung, die gleiche Stoffmengen von Natriumdihydrogenphosphat und Dinatriumhydrogenphosphat enthält, reagiert neutral. Im Gegensatz zu ebenfalls neutralem Wasser ändert dieser **Phosphat-Puffer** (B1) aber seinen *p*H-Wert auch dann nur ganz geringfügig, wenn man eine starke Säure oder eine starke Base hinzufügt. Auch eine ähnliche **Pufferlösung** aus Essigsäure und Natriumacetat bzw. aus Natriumhydrogencarbonat und Natriumcarbonat ist „*p*H-unempfindlich" gegenüber Salzsäure und Natronlauge, wenngleich ihr *p*H-Wert von vorneherein im sauren (**Acetat-Puffer**) bzw. alkalischen Bereich (**Carbonat-Puffer**) liegt.

Lösungen, die bei Zugabe von Säuren oder Basen ihren *p*H-Wert nur geringfügig ändern, heißen **Säure-Base-Puffer** (**Pufferlösungen**; **Puffersysteme**).

Der *p*H-Wert des Phosphat-Puffers liegt im neutralen Bereich, weil in ihm die **Puffersäure** $\mathbf{H_2PO_4^-}$ und die **Pufferbase** $\mathbf{HPO_4^{2-}}$ in gleichen Anteilen enthalten sind und $pK_s(\mathbf{H_2PO_4^-}) \approx pK_b(\mathbf{HPO_4^{2-}}) \approx 7$ gilt. Wird dieser Pufferlösung Säure zugesetzt, so werden die darin enthaltenen Oxonium-Ionen durch die Hydrogenphosphat-Ionen $\mathbf{HPO_4^{2-}}$ der Pufferbase aus dem Phosphat-Puffer „abgefangen"; dabei werden Wasser-Moleküle und Ionen der korrespondierenden Puffersäure $\mathbf{H_2PO_4^-}$ gebildet (B1). Die Säurezugabe führt also zu einer Zunahme der Konzentration der Puffersäure $\mathbf{H_2PO_4^-}$ und einer Abnahme der Konzentration der Pufferbase $\mathbf{HPO_4^{2-}}$.

Da die Puffersäure nur geringfügig protolysiert, bewirkt dies insgesamt ein leichtes Absinken des *p*H-Wertes der Lösung. Entsprechend führen die Konzentrationsänderungen nach der Basezugabe (B1) nur zu einem leichten Anstieg des *p*H-Werts.

Ein Puffersystem kann selbstverständlich nicht beliebig viele Oxonium-Ionen bzw. Hydroxid-Ionen „abfangen". Beim allmählichen Verbrauch der betreffenden Pufferkomponenten verschwindet die Fähigkeit des Systems abzupuffern, d. h. die **Pufferkapazität** ist erschöpft. Mithilfe der **Henderson-Hasselbalch-Gleichung** lässt sich ein Puffersystem berechnen:

$$pH = pK_s + \lg \frac{c(\text{korrespondierende Base})}{c(\text{Säure})}$$

Danach ist der *p*H-Wert eines Puffersystems, bei dem *c*(korrespondierende Base)/*c*(Säure) = 1 : 1 ist, gleich dem pK_s-Wert der Säure. Wird die Konzentration der Säure gegenüber der Konzentration der Base auf das 10-Fache erhöht, sinkt der *p*H-Wert um nur eine Einheit und umgekehrt.

Säure-Base-Puffer kommen in vielen natürlichen und technischen Systemen vor, in denen die zulässigen *p*H-Schwankungen begrenzt sind. Ohne Puffersysteme würden ökologische Systeme zusammenbrechen, Organismen sterben und viele technische Anlagen nicht funktionieren (B2).

A1 Nennen und formulieren Sie je ein korrespondierendes Säure-Base-Paar, bei dem die Säure a) ein Molekül, b) ein Anion und c) ein Kation ist.

A2 Ordnen Sie folgende Teilchen den Säuren bzw. Basen zu: $H_2SO_4^-$, PO_4^{3-}, HI, CH_3COOH, HNO_3, NH_3, HCN, S^{2-}, NH_4^+. Formulieren Sie die Reaktionsgleichung für die korrespondierenden Säure-Base-Paare in wässriger Lösung.

A3 Durch Einleiten von Chlorwasserstoff in Wasser bei 22 °C wird die Hydronium- bzw. Oxonium-Ionenkonzentration auf $c(H_3O^+) = 2{,}5 \cdot 10^{-4}$ mol/L gebracht. a) Berechnen Sie den *p*H-Wert dieser Lösung. b) Berechnen Sie die Konzentration der Hydroxid-Ionen $c(OH^-)$.

A4 Berechnen Sie die Oxonium-Ionenkonzentration $c(H_3O^+)$ und die Hydroxid-Ionenkonzentration $c(OH^-)$ einer Lösung mit *p*H = 2,5.

A5 Geben Sie anhand der *p*H-Werte der Skala jeweils an, um welchen Faktor die Oxonium-Ionenkonzentration $c(H_3O^+)$ in der erstgenannten Flüssigkeit größer bzw. kleiner ist: a) Magensaft – saurer Regen; b) reines Wasser – Magensaft; c) Magensaft – Darmsaft.

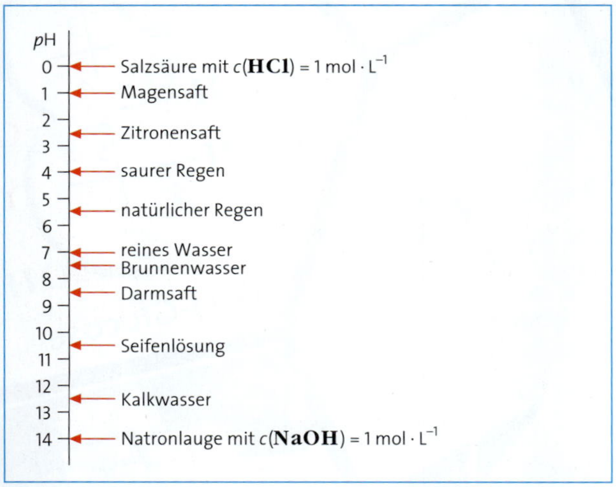

B1 *pH-Werte einiger Flüssigkeiten (A5)*

A6 In 500 mL Hefeweißbier wurde eine Stoffmenge an Oxonium-Ionen von $n(H_3O^+) = 1 \cdot 10^{-6}$ mol ermittelt. Berechnen Sie den *p*H-Wert des Getränks ohne und nach Zusatz einer Zitronenscheibe, die dem Bier 5 mL Zitronensaft mit einem *p*H-Wert von 2,2 zufügt.

A7 Im Blut wird Kohlenstoffdioxid in gelöster Form, als Kohlensäure und als Hydrogencarbonat-Ion transportiert. a) Geben Sie die zugehörigen Gleichgewichtsreaktionen an. b) Erläutern Sie mithilfe von Reaktionsgleichungen, warum das Ausatmen von Kohlenstoffdioxid den *p*H-Wert im Blut ansteigen lässt.

A8 Im Keller eines Chemielabors werden größere Mengen Salpetersäure unbekannter Konzentration gefunden. Um zu wissen, wie mit diesem Fund verfahren werden soll, wird die Konzentration durch Titration mit Kalilauge, $c(KOH)$ = 0,02 mol/L, bestimmt. Als das verwendete *p*H-Meter 7,00 anzeigt, sind gerade 6,25 mL Kalilauge zu 125 mL Salpetersäure zugegeben worden. a) Berechnen Sie die Konzentration der Salpetersäure. b) Berechnen Sie die fehlenden Werte der folgenden Tabelle (der Rechenweg muss klar nachvollziehbar sein):

V(KOH) in mL	*p*H	Bemerkung
0		Anfangspunkt
1,5		–
	4,5	–
		Äquivalenzpunkt
		doppelte Stoffmenge Maßlösung

c) Zeichnen Sie unter Verwendung der Wertetabelle von b) den Verlauf der Titrationskurve.

A9 Zur Bestimmung des Gehalts an Oxalsäure HOOCCOOH in einer Lösung werden 40 mL dieser Lösung mit Natronlauge der Konzentration $c(NaOH)$ = 0,1 mol/L bis zum Äquivalenzpunkt titriert. Dabei werden 20 mL der Lauge verbraucht. Berechnen Sie den Gehalt der Oxalsäure in der Lösung.

A10 Schlagen Sie ein Puffersystem vor, mit dem man bei *p*H = 9 puffern kann. Berechnen Sie das genaue Säure-Base-Verhältnis *c*(Base) : *c*(Säure).

A11 Eines der Puffersysteme im Blut ist das System Kohlensäure/Hydrogencarbonat. Berechnen Sie das Verhältnis $c(H_2CO_3) : c(HCO_3^-)$ im Blut bei *p*H = 7,36.

Kohlenhydrate und Stereoisomerie

Kohlenhydrate (Zucker, Saccharide) sind an unserem Körperbau zwar in viel geringerem Maße beteiligt als Wasser, Eiweißstoffe, Fette und Salze, spielen aber in unserer Ernährung die größere Rolle (B1). Eine erwachsene Person sollte pro Tag etwa 350 g Kohlenhydrate zu sich nehmen, dabei aber nicht allzu oft zu „süßen" Speisen greifen, die reich an dem **Monosaccharid Glucose** oder dem nicht lebensnotwendigen **Disaccharid Saccharose (Haushaltszucker)** sind. Diese können leicht „dick" machen und fördern Karies.
Kohlenhydrate sollten überwiegend in Form von pflanzlicher **Stärke** aufgenommen werden, einem **Polysaccharid**, das im Verdauungstrakt hydrolytisch zu Glucose gespalten wird.
Das **Polysaccharid Cellulose** ist dagegen von Menschen nicht verdaubar, wird aber industriell z. B. zu Textilfasern verarbeitet. In diesem Kapitel erschließen wir die **Strukturen** der Kohlenhydrat-Moleküle sowie und die damit einhergehenden **chemischen Eigenschaften** und **biologischen Auswirkungen** der Kohlenhydrate, indem wir folgenden Fragen und Stichworten nachgehen:

1 **Kohlenhydrate sind Bestandteile unserer täglichen Nahrung. Was sind sie aus chemischer Sicht?**

2 **Stereoisomerie – als eine Folge der räumlichen Struktur von Kohlenhydrat-Molekülen**

3 **Glucose (Traubenzucker) ist das wichtigste Monosaccharid, aber nur ein Stereoisomer unter vielen.**

4 **Wie wird aus einem Mono- ein Disaccharid?**

5 **Der Haushaltszucker Saccharose ist ein Disaccharid aus Glucose und Fructose.**

6 **Unser Hauptnahrungsmittel Stärke ist ein Polysaccharid aus Glucose-Einheiten.**

7 **Cellulose ist die häufigste organische Verbindung, eng verwandt mit Stärke und doch ganz anders.**

8 **Cellulose kann chemisch veredelt und damit ein wichtiger Wirtschaftsfaktor werden.** EVA

9 **Wie werden unsere Nährstoffe im Körper „verbrannt"?** EVA

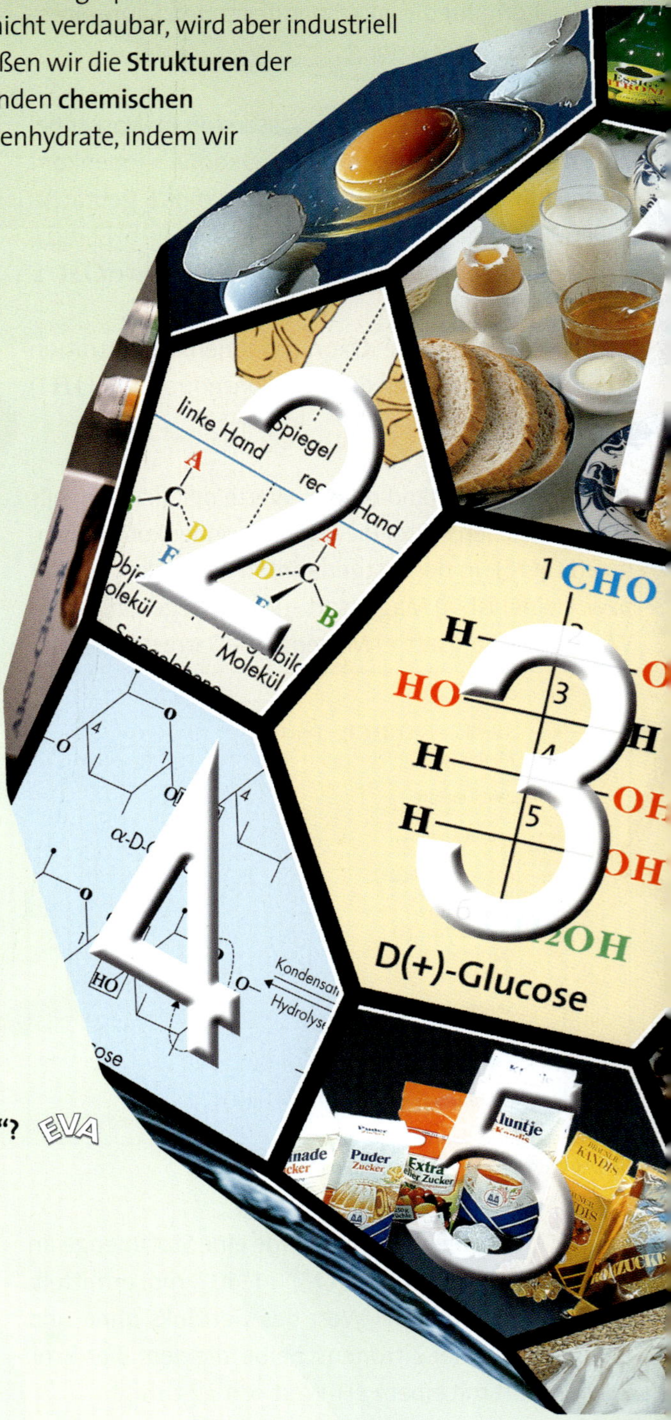

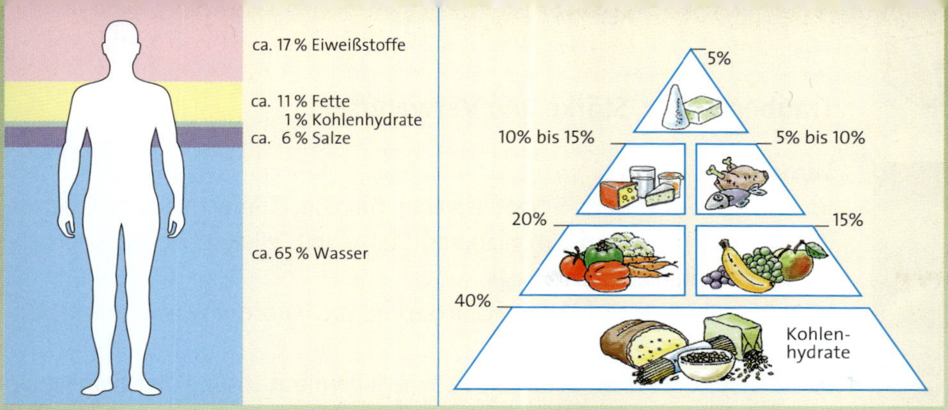

B1 *Kohlenhydrate als Bestandteil unseres Körpers und unserer Ernährung: die „Ernährungspyramide"*

EMIL FISCHER (1852 bis 1919) erhielt im Jahr 1902 den Nobelpreis für Chemie als Anerkennung für grundlegende Arbeiten auf dem Gebiet der Kohlenhydrate. Er trug entscheidend zur Strukturaufklärung der Glucose bei und stellte Regeln auf, nach denen die Formeln (FISCHER-Projektionsformeln) von Stereoisomeren der Zucker-Moleküle gezeichnet und benannt werden (vgl. S. 129). Seine These, dass bei der Vergärung von Zucker die beteiligten Moleküle konfigurativ-strukturell zueinander passen müssen, ist der Vorläufer des heutigen Schlüssel-Schloss-Prinzips (vgl. S. 79).
Der wissenschaftliche Werdegang führte EMIL FISCHER durch ganz Deutschland. Geboren wurde er in der Nähe von Euskirchen, ging dort zur Schule und schloss das Abitur als Jahresbester ab. Er studierte Chemie an der Universität Bonn, promovierte in Straßburg über Fluoreszein und habilitierte in München, wo er bereits mit 27 Jahren zum Professor ernannt wurde. Weitere Professuren folgten in Erlangen, Würzburg und Berlin. Anhand der Münchner Vorlesungen von EMIL FISCHER erstellte HANS BEYER, einer seiner Studenten, das *Lehrbuch für Organische Chemie*, das auch heute noch als Standardwerk gilt.

B1 *Ein gedeckter Frühstückstisch.* ***A:*** *In welchen dieser Speisen sind Zucker, Stärke und „Verwandte" enthalten?*

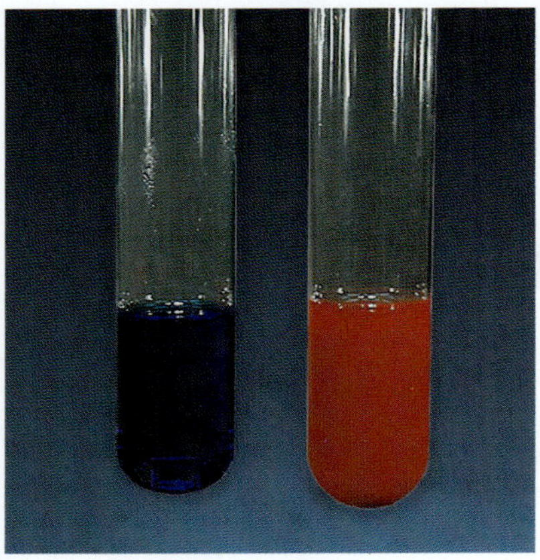

B2 *Fehling-Probe (V4).* ***A:*** *Untersuchen Sie angeschnittene Äpfel, Orangen, Trauben und Kartoffeln mit Glucose-Teststreifen.*

B3 *Fructose-Nachweis (V5)*

Traubenzucker, Stärke und Verwandte

Versuche

V1 Erhitzen Sie jeweils 3 Spatelspitzen Glucose (Traubenzucker), Fructose (Fruchtzucker), Saccharose (Rohrzucker), Stärke und Cellulose im Rggl. Beobachten Sie die kalten Zonen der Rggl.

V2 Prüfen Sie die Löslichkeit von Glucose und Saccharose in Wasser und in Heptan*.

V3 *Silberspiegel-Probe*: Geben Sie zu 5 mL Silbernitrat-Lösung* in einem neuen Rggl. tropfenweise verd. Natronlauge*, bis sich ein schwarzbrauner Niederschlag bildet. Tropfen Sie dann so viel verd. Ammoniak-Lösung* hinzu, bis sich der Niederschlag wieder auflöst. Geben Sie dann Glucose-Lösung (0,5 g in wenig Wasser) zu und stellen Sie das Rggl. in ein warmes Wasserbad. Beobachten Sie die Ablagerung an der Innenwand des Rggl.

V4 *Fehling-Probe*: Geben Sie in ein Rggl. je 2 mL Fehling I*- und Fehling II*-Lösung, schütteln Sie und versetzen Sie dann mit 1 mL Glucose-Lösung. Erwärmen Sie im heißen Wasserbad und beobachten Sie die Farbe und den sich absetzenden Niederschlag (B2). Führen Sie die Fehling-Probe auch mit Fructose durch.

V5 *Spezifischer Fructose-Nachweis* (Seliwanow-Reaktion): Geben Sie zu 3 mL Fructose-Lösung (als Vergleich Glucose-Lösung) ca. 3 mL Resorcin-Salzsäure-Lösung* (1 Spatelspitze Resorcin in 20 mL Salzsäure*, w = 10 %). Erhitzen Sie das Rggl. in siedendem Wasser und beobachten Sie die Farbe (B3). Führen Sie diesen Versuch auch mit Fruchtsäften und -stücken durch.

Auswertung

a) Protokollieren Sie die Beobachtungen bei V1 bis V5 (ggf. tabellarisch).

b) Erläutern Sie, wie man überprüfen kann, ob die bei V1 gebildeten Tröpfchen an der kalten Wand des Rggl. Wasser sind.

c) Erklären Sie das Löslichkeitsverhalten in V2 anhand von B4.

d) Bei V3 läuft folgende Reaktion ab (R = Rest aus dem Glucose-Molekül):

$$R{-}C(=\overline{\underline{O}})H + 2\,Ag^{+} + 2\,|\overline{\underline{O}}H^{-} \longrightarrow R{-}C(=\overline{\underline{O}}){-}\overline{\underline{O}}{-}H + 2\,Ag + H_2O$$

Übernehmen Sie die Gleichung in Ihr Heft, geben Sie die Oxidationszahlen bei den Edukten und Produkten an und entscheiden Sie, welche Atome hier oxidiert bzw. reduziert werden.

e) Bei der Fehling-Probe in V4 reagiert die Aldehyd-Gruppe zu einer Carboxy-Gruppe. Kupfer(II)-Ionen Cu^{2+} werden dabei zu Kupfer(I)-Ionen Cu^{+} umgesetzt und als rotbraunes Kupfer(I)-oxid Cu_2O ausgefällt. Formulieren Sie die Reaktionsgleichung mit Angabe der Oxidationszahlen und bestimmen Sie die Reaktionsart.

Kohlenhydrate $C_m(H_2O)_n$

In Brot ist Stärke, in Marmelade und Haushaltszucker ist Saccharose und in Fruchtsaft wie im Honig sind Glucose (Traubenzucker) und Fructose (Fruchtzucker) enthalten (B1). Alle diese Stoffe lösen sich gut in Wasser, sind unlöslich in Heptan und anderen Kohlenwasserstoffen und spalten beim Erhitzen Wasser ab.

Glucose und Fructose haben beide die molare Masse M = 180 g/mol, es sind zwei Isomere der Summenformel (Molekülformel) $C_6H_{12}O_6$, die auch $C_6(H_2O)_6$ geschrieben werden kann. Darin wird deutlich, dass am Aufbau dieser Moleküle neben Kohlenstoff-Atomen nur Wasserstoff- und Sauerstoff-Atome im gleichen Atomanzahlverhältnis wie im Wasser-Molekül beteiligt sind. Gleiches gilt für die Moleküle der Saccharose mit $C_{12}H_{22}O_{11}$ oder $C_{12}(H_2O)_{11}$ sowie für die Moleküle der Stärke und die der Cellulose: Alle lassen sich mit der allgemeinen Molekülformel $C_m(H_2O)_n$ beschreiben, weshalb man die Klasse dieser Stoffe als **Kohlenhydrate** bezeichnet. Die gute Wasserlöslichkeit der meisten Kohlenhydrate (*Ausnahme* Cellulose, vgl. S. 139) erklärt sich durch die Existenz mehrerer Hydroxy-Gruppen in den Molekülen, die mit Wasser-Molekülen Wasserstoffbrückenbindungen bilden. Glucose zeigt – wie für Aldehyde charakteristisch – sofort eine positive FEHLING- sowie Silberspiegel-Probe, Fructose dagegen erst nach einiger Zeit (B7), kann aber mit Resorcin-Salzsäure-Lösung spezifisch nachgewiesen werden (V3, V4, V5). Diese experimentellen Befunde unterstützen die in B4 angegebenen Konstitutionsformeln für Glucose und Fructose. In diesen wird deutlich, dass das Glucose-Molekül neben fünf Kohlenstoff-Atomen mit je einer Hydroxy-Gruppe eine *Alde*hyd-Gruppe **–CHO** enthält: Glucose ist eine **Aldose**. Im Fructose-Molekül befindet sich dagegen eine *Keto*-Gruppe, Fructose ist eine **Ketose**.

Die Moleküle von Glucose wie von Fructose liegen vorwiegend in einer ringförmigen Struktur vor (B5, B6), die aus der entsprechenden kettenförmigen Struktur durch intramolekulare Addition einer Hydroxy-Gruppe an die Carbonyl-Gruppe entsteht (vgl. S. 133). Während man die kettenförmigen Strukturen am besten durch FISCHER-Projektionsformeln wiedergibt, eignen sich für die Darstellung der ringförmigen die HAWORTH-Projektionsformeln (B4 bis B6).

Glucose und Fructose sind Einfachzucker, **Monosaccharide**. Saccharose ist ein Zweifachzucker, ein **Disaccharid**, und lässt sich hydrolytisch in Glucose und Fructose spalten (vgl. S. 135). Stärke und Cellulose bestehen aus Makromolekülen, die durch Polykondensation sehr vieler Glucose-Moleküle gebildet wurden. Beides sind damit Vielfachzucker, **Polysaccharide**, des gleichen Monomers (vgl. S. 136 f).

Aufgabe

A1 Erklären Sie, warum Fructose erst nach längerem Erhitzen eine positive FEHLING-Probe liefert.

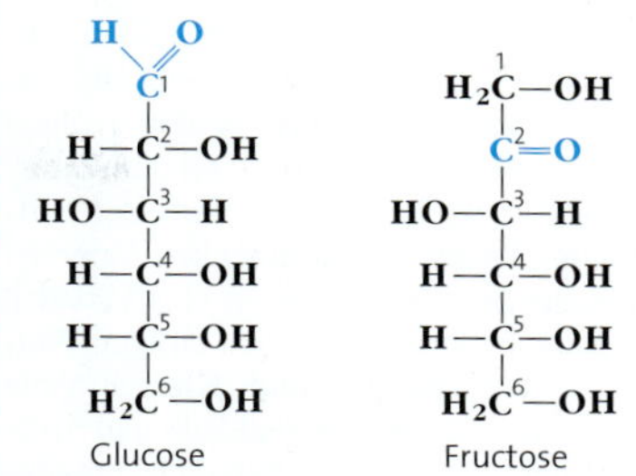

B4 *FISCHER-Projektionsformeln (vgl. S. 129) eines Glucose- und eines Fructose-Moleküls: Glucose ist eine Aldose, Fructose eine Ketose.*

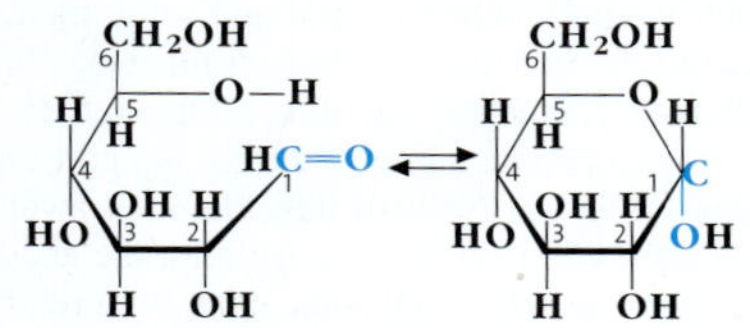

B5 *Übergänge zwischen Ketten- und Ringstruktur bei einem Glucose-Molekül (HAWORTH-Projektion; vgl. S. 132)*

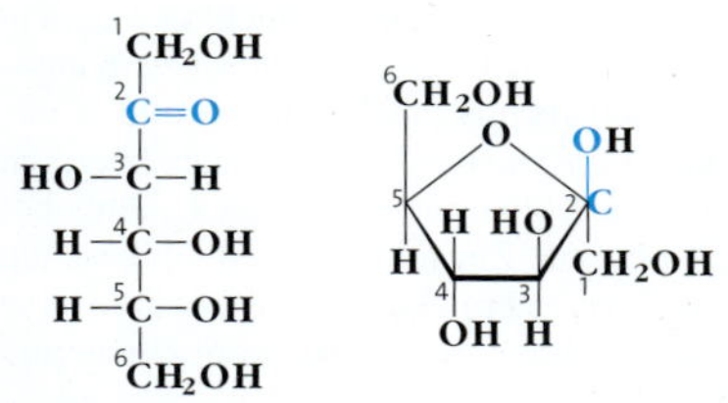

B6 *Ketten- und Ringstruktur eines Fructose-Moleküls (FISCHER- bzw. HAWORTH-Projektion)*

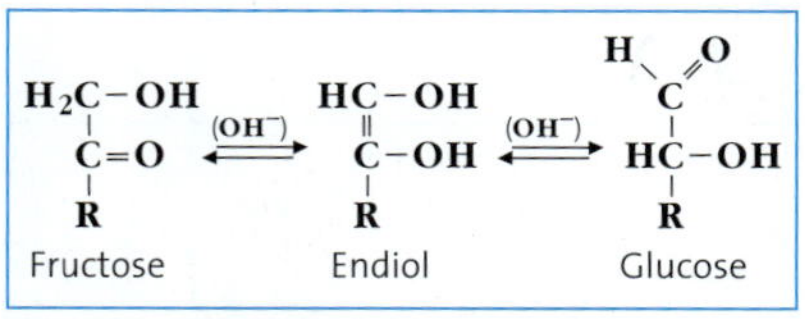

B7 *In alkalischer Lösung isomerisiert Fructose zu Glucose:* ***Keto-Enol-Tautomerie****.*
A: *Nennen Sie die Strukturunterschiede in den drei Isomeren.*

Fachbegriffe

Kohlenhydrate $C_m(H_2O)_n$, Aldose, Ketose, Monosaccharid, Disaccharid, Polysaccharid, Keto-Enol-Tautomerie

Wenn Kinder lernen müssen, sich selbständig anzuziehen, dann fließen häufig Tränen. Schlüpft der Knirps zum Beispiel mit dem linken Ärmchen in den rechten Hemdsärmel,dann führt dies schnell zu ärgerlichen Verwicklungen. Und mit der Fortbewegung hapert es, wenn nach längeren Mühen der linke Stiefel am rechten Füßchen sitzt. Manche lernen erst nach einigen Wutanfällen, daß Körper und Kleider viele Asymmetrien aufweisen, daß Bild und Spiegelbild häufig zwar zum Verwechseln ähnlich, aber keineswegs identisch sind ...

Vor einem ähnlichen Problem wie die Kinder beim Anziehen stehen häufig auch Biochemiker beim Herstellen von Naturstoffen. Denn was für den Körper gilt, stimmt auch für die Moleküle die ihn aufbauen. Genauso wie unsere beiden Füße, Arme, Beine, Lungenflügel oder Ohren chiral und somit nicht identisch sind (man stelle sich nur vor, ein Chirurg versuchte, ein linkes Ohr auf die rechte Kopfseite zu verpflanzen), so gibt es eine Fülle von Naturstoffen, die sich zwar gleichen wie Bild und Spiegelbild, die aber dennoch grundverschieden sind, Während die eine Form für den Körper lebenswichtig sein kann, mag die andere für ihn unbrauchbar oder gar gefährlich sein. Dies, obwohl die beiden Enantiomeren die gleiche chemische Formel haben.

Ernährungsbewußte Zeitgenossen wissen zum Beispiel, daß es eine „rechtsdrehende" und eine „linksdrehende" Milchsäure etwa in Joghurtprodukten gibt. Erstere spielt in unserem Stoffwechsel eine wichtige Rolle ...
Mit der linksdrehenden Milchsäure hingegen kann der Körper nichts anfangen. Ähnliches gilt für viele Zucker. Während Glukose ein wichtiger Energielieferant ist, würde eine Diät mit ihrem Spiegelbild zum Hungertod führen ...

Die Herstellung chiraler Moleküle durch sogenannte asymmetrische Synthesen gilt dementsprechend als hohe Kunst ...

B1 *Auszug aus einem Artikel von* HANS SCHUH, *DIE ZEIT, Nr. 44, 26. Okt. 1990*

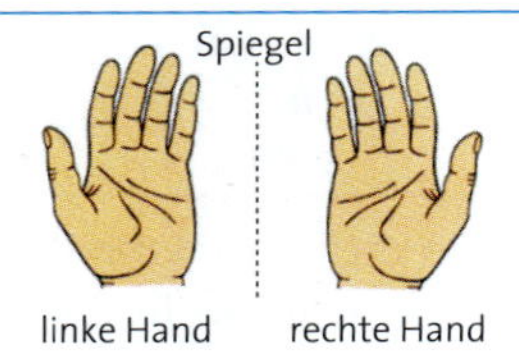

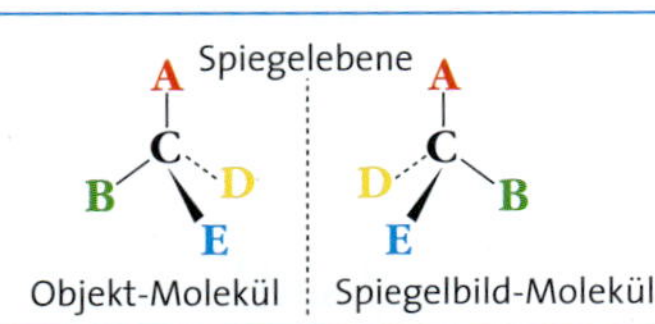

B2 *Die linke und die rechte Hand sind chirale Objekte.* ***A:*** *Nennen Sie drei andere chirale Körperteile.*

Haute Couture für Kohlenhydrate

INFO

Es gibt isomere Verbindungen, deren Moleküle wie ein Objekt und sein Spiegelbild anzusehen sind. Ein solches Objekt, ein solches Molekül, das selbst keine Spiegelebene besitzt, bezeichnet man als **chiral**[1]. So ist ein Molekül z. B. chiral, wenn vier verschiedene Substituenten an ein Kohlenstoff-Atom gebunden sind. Dieses bezeichnet man dann als **asymmetrisches Kohlenstoff-Atom**. Zu einem Molekül mit einem asymmetrischen Kohlenstoff-Atom gibt es ein Spiegelbild-Molekül (B3, B4). Zwei Stoffe, deren Moleküle sich wie Objekt und Spiegelbild verhalten, bezeichnet man als **optische Isomere** oder **Enantiomere**[2]. Ihre Moleküle sind chiral und haben verschiedene **Konfigurationen**, d. h. verschiedene räumliche Anordnungen der Substituenten an den asymmetrischen Kohlenstoff-Atomen. Optische Isomere (Enantiomere) haben weitgehend gleiche physikalische und chemische Eigenschaften. Allerdings drehen sie die Ebene des polarisierten Lichts (vgl. S. 130) in entgegengesetzte Richtungen. Das chemische Verhalten von Enantiomeren gegenüber anderen Stoffen aus chiralen Molekülen kann vollkommen unterschiedlich sein. Das ist bei lebenswichtigen Reaktionen in Organismen von herausragender Bedeutung (vgl. Zeitungstext in B1).

Auswertung

a) Begründen Sie, ob ein geometrischer Würfel und ob ein Spielwürfel ein chirales Objekt ist.

b) Die chemisch korrekte Bezeichnung von Milchsäure ist 2-Hydroxypropansäure (B3), die Halbstrukturformel lautet $H_3CCH(OH)COOH$. Begründen Sie, warum es zwei optische Isomere (Enantiomere) von Milchsäure gibt, die rechtsdrehende und die linksdrehende Milchsäure.

c) Schreiben Sie die räumliche Strukturformel eines 2-Brombutan-Moleküls und die eines 2-Brompropan-Moleküls nach dem Muster aus B3 auf. Begründen Sie, warum das erste chiral ist und das zweite nicht.

d) Suchen Sie im Internet nach zwei Beispielen von Stoffen, deren Enantiomere unterschiedliche physiologische Wirkung haben.

e) Bei einem Molekül mit z Chiralitätszentren gibt es 2^z optische Isomere. Ermitteln Sie die Anzahl der optischen Isomere beim Aromastoff Menthol aus dem Pfefferminzöl.

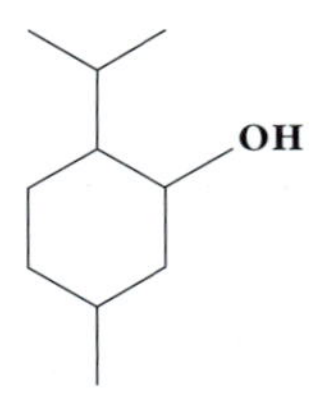

Menthol

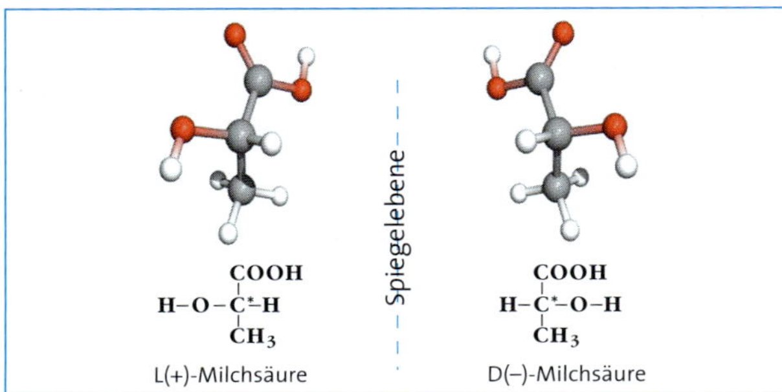

B3 *Kugelstab-Modelle und* FISCHER*-Projektionsformeln von Milchsäure-Molekülen*

[1] von *cheir* (griech.) = Hand; [2] von *enantios* (griech.) = entgegengesetzt, gegensätzlich

Stereoisomerie bei chiralen Molekülen

Stereoisomerie (optische Isomerie, Raumisomerie) tritt bei Molekülen mit gleicher Konstitution, aber unterschiedlicher Konfiguration, d. h. unterschiedlicher räumlicher Anordnung der Atome, auf. Da die Moleküle von Kohlenhydraten mehrere **asymmetrische Kohlenstoff-Atome** besitzen, sind sie **chiral** (*INFO*, B2, B3) und kommen in Form verschiedener Stereoisomere vor. Stereoisomere können **optisch aktiv** sein, d. h. die Ebene des polarisierten Lichts nach rechts oder nach links drehen (vgl. S. 130). Zur Kennzeichnung der Stereoisomere werden die Buchstaben D und L eingesetzt[3]. Dabei ist Glycerinaldehyd (B4) Bezugssubstanz: Die Konfiguration mit der Hydroxy-Gruppe auf der rechten Seite wird vereinbarungsgemäß als D-Konfiguration und die mit der Hydroxy-Gruppe auf der linken Seite als L-Konfiguration bezeichnet. In gleicher Weise verfährt man bei anderen Molekülen.

Nach der Konvention von Emil Fischer (vgl. S. 125) schreibt man bei einem Kohlenhydrat-Molekül die Kette der Kohlenstoff-Atome von oben nach unten, wobei das Kohlenstoff-Atom mit der höchsten Oxidationszahl oben (wie bei Glucose) oder nahe am oberen Ende steht (wie bei Fructose). Die Substituenten (Hydroxy-Gruppen und Wasserstoff-Atome) werden nach rechts und nach links gesetzt. Monosaccharid-Moleküle erhalten die Bezeichnung D oder L nach der Konfiguration an dem Chiralitätszentrum, das von der Carbonyl-Gruppe am weitesten entfernt ist (B4).

Molekül-Konfigurationen können mit Molekül-Modellen und dreidimensionalen Computer-Graphiken nachgebaut und überprüft werden. Aus der Konfiguration kann man *nicht* die Drehrichtung eines optisch aktiven Stoffs herleiten. Sie wird experimentell bestimmt (vgl. S. 130).

Bei Molekülen mit z Chiralitätszentren (*Kennzeichnung:* *) gibt es maximal 2^z Stereoisomere. Neben D-Glucose gibt es danach weitere 15 Isomere der D-Reihe von Aldohexosen. Die Zahl der optischen Isomere verringert sich aber, wenn es innerhalb des Moleküls eine Spiegelebene gibt, wie bei der Weinsäure (B5). Bei den Molekülen der Meso-Weinsäure kommt es zu einer intramolekularen Kompensation der Drehwirkung der einen Molekülhälfte durch die Wirkung ihrer spiegelbildlichen Gegenhälfte, sodass Meso-Weinsäure optisch inaktiv ist. Sie unterscheidet sich aber in ihren physikalischen und chemischen Eigenschaften von ihren optischen Isomeren und kann durch übliche Methoden von diesen getrennt werden. Dagegen bilden D- und L-Weinsäure ein Paar von **Enantiomeren** (vgl. *INFO*) mit gleichen Eigenschaften (B5). Sie können aus einem 1:1 Gemisch, einem **Racemat**, nur durch spezielle Methoden unter Einsatz anderer chiraler Substanzen oder Objekte getrennt werden. Stoffe wie die Meso-Weinsäure und die D- bzw. L-Weinsäure, die stereoisomer, aber nicht enantiomer zueinander sind, bezeichnet man als **Diastereoisomere**[4].

[3] von *dexter* (lat.) = rechts und *laevus* (lat.) = links; [4] von *dias* (griech.) = entgegen und *stereos* (griech.) = fest, körperhaft

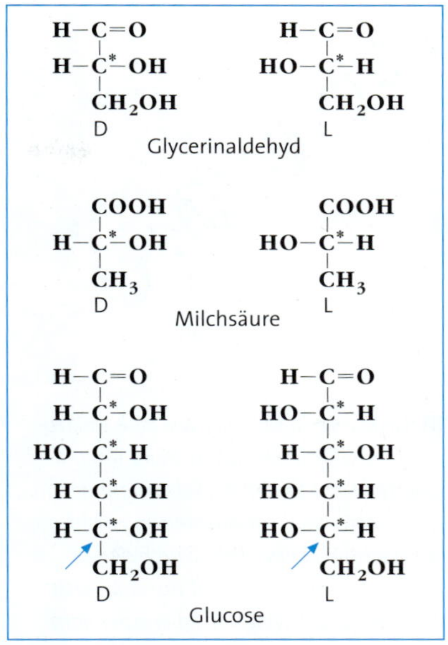

B4 *Fischer-Projektionsformeln und Konfigurationen (vgl. auch Konvention nach Fischer im Text)*

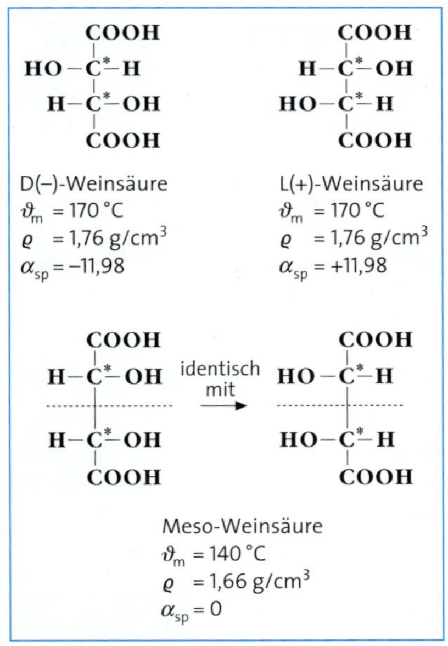

B5 *Isomere Weinsäuren (Dihydroxybutansäuren).* **A:** *Warum gibt es bei der Weinsäure nicht $2^2 = 4$ Stereoisomere?*

Fachbegriffe

Stereoisomerie, chirales Objekt, asymmetrisches Kohlenstoff-Atom, optisch aktiver Stoff, Enantiomere, Racemat, Diastereoisomere

Optische Aktivität und Polarimetrie

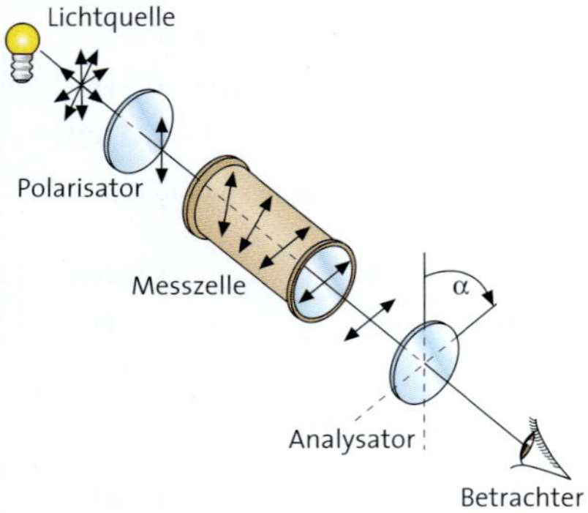

B1 *Licht verhält sich hier wie eine elektromagnetische Schwingung. Beim unpolarisierten Licht finden die Schwingungen in jeder beliebigen, zur Ausbreitungsrichtung senkrechten Ebene statt. Durch den Polarisationsfilter gelangt nur noch Licht, bei dem die Schwingungsebene der vom Filter vorgegebenen Ebene entspricht.*

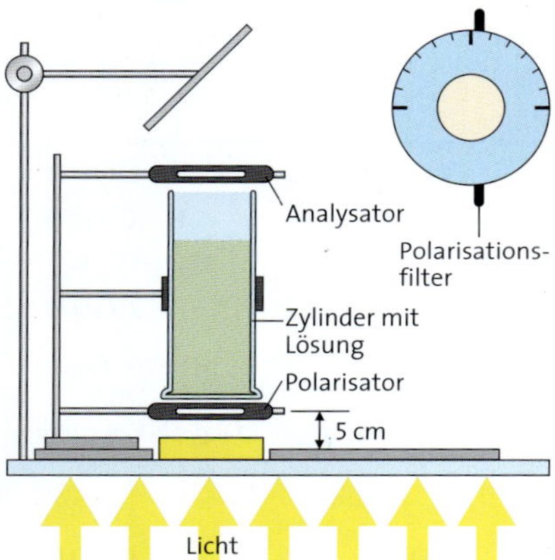

B2 *Polarimetrie mit Tageslichtprojektor und gelbem Licht (λ ≈ 600 nm).* **A:** *Bis auf den Bereich, auf dem die gelbe Glasscheibe liegt, wird mit Aluminiumfolie abgedeckt. Warum wohl?*

INFO

Verbindungen wie Milchsäure und Glucose, deren Moleküle ein oder mehrere asymmetrische (chirale) Kohlenstoff-Atome besitzen, sind optisch aktiv: Sie drehen die Ebene des polarisierten Lichts (B1). Dies kann man mit einem Polarimeter nachweisen. Darin wird Licht durch einen Polarisator gelenkt, der nur eine Schwingungsebene des Lichts durchlässt. Steht ein zweiter Polarisator, der Analysator, im 90°-Winkel zum Polarisator, lässt er kein Licht durch. Bringt man nun wie in B1 eine optisch aktive Substanz, z. B. α-D-Glucose-Lösung zwischen Polarisator und Analysator, so tritt eine Aufhellung ein. Dreht man den Analysator bis wieder vollständige Dunkelheit herrscht, kann man messen, um welchen Winkel das polarisierte Licht durch die Lösung gedreht wurde. Dabei gilt der in B3 erläuterte Zusammenhang. Bei der Bezeichnung optisch aktiver Substanzen gibt man die Richtung, in die sie die Ebene des polarisierten Lichts drehen, mit (+) bzw. (–) an. Eine Drehung im Uhrzeigersinn bei Blick in Richtung der Lichtquelle bezeichnet man mit (+), rechtsdrehend.

Versuche

V1 Stellen Sie den Analysator eines Polarimeters mit Tageslichtprojektor (B2) so ein, dass bei der Anzeige 0 grd kein Lichtfleck auf der Wand zu sehen ist. Stellen Sie in den Strahlengang nun einen Zylinder mit frisch hergestellter D(+)-Glucose-Lösung (50 g α-D-Glucose in 200 mL Lösung, Füllhöhe 20 cm) und beobachten Sie die Projektionswand. Drehen Sie den Analysator so, dass der Lichtfleck wieder ganz verschwindet. Notieren Sie Winkel, Drehrichtung und die Zeit, die seit der Herstellung der Lösung vergangen ist. Messen Sie den Drehwinkel erneut nach 15 und nach 30 min.

V2 Stellen Sie Fructose-Lösung (50 g D(–)-Fructose in 200 mL Lösung) her und messen Sie den Drehwinkel wie bei V1 sofort, nach 5 und nach 10 min.

V3 Stellen Sie Saccharose-Lösungen (75 g, 50 g und 25 g Saccharose in jeweils 200 mL Lösung) her und messen Sie die Drehwinkel.

Auswertung

a) Berechnen Sie mithilfe der Gleichung aus B3 aus den gemessenen Anfangswerten der Drehwinkel von V1 bis V3 die spezifischen Drehungen für D(+)-Glucose und D(–)-Fructose und vergleichen Sie mit den in B3 angegebenen Daten.

b) Worauf deuten die zeitlichen Änderungen der Drehwinkel bei V1 bis V3 hin?

c) Wie könnte man die Abhängigkeit des Drehwinkels von der Schichtdicke der Lösung experimentell überprüfen?

Verbindung	Spezifische Drehung in $grd \cdot cm^3 \cdot g^{-1} \cdot dm$
D(+)-Glucose	+ 52
α-D(+)-Glucose	+ 112
β-D(+)-Glucose	+ 19
D(–)-Fructose	– 92
Saccharose	+ 66
L(+)-Alanin	+ 1,6
D(–)-Alanin	– 1,6

Bei der Polarimetrie gilt folgender Zusammenhang: $\alpha = \alpha_{sp} \cdot \beta \cdot l$

α: gemessener Drehwinkel in grd

α_{sp}: spezifische Drehung, eine Stoffkonstante in $grd \cdot cm^3 \cdot g^{-1} \cdot dm^{-1}$

β: Massenkonzentration der Lösung in $g \cdot cm^{-3}$

l: Schichtdicke der Lösung in dm

B3 *Polarimetrie-Gleichung und spezifische Drehungen einiger Verbindungen in wässriger Lösung bei Gelblicht (λ = 600 nm)*

α-D(+)-Glucose – ein Stereoisomer unter vielen

Das offenkettige Glucose-Molekül enthält vier asymmetrische Kohlenstoff-Atome: C2, C3, C4 und C5 (B4). **D-Glucose** ist daher unter den Monosacchariden mit der Molekülformel $C_6H_{12}O_6$ und einer Aldehyd-Gruppe, den **Aldohexosen**, nur eines von insgesamt $2^4 = 16$ **Stereoisomeren**. Die acht Isomere der **D-Reihe** sind in B4 angegeben. Bei den Isomeren der L-Reihe steht die Hydroxy-Gruppe am Kohlenstoff-Atom C5 links.

Bei der **Atmung** wird D-Glucose in den Körperzellen vollständig oxidiert und nach folgender Bruttogleichung zu Kohlenstoffdioxid und Wasser abgebaut:

$$C_6H_{12}O_6 + 6\ O_2 \longrightarrow 6\ CO_2 + 6\ H_2O \qquad \Delta_R G^1 = -2880\ \text{kJ/mol}$$

Durch Kristallisation aus einer kalten, wässrigen Glucose-Lösung erhält man reine **α-D(+)-Glucose**, durch Auskristallisieren bei Temperaturen über 98 °C dagegen β-D(+)-Glucose. Diese beiden als **Anomere** bezeichneten Isomere der D(+)-Glucose unterscheiden sich nur in der Konfiguration am Kohlenstoff-Atom C1, das bei der Halbacetal-Bildung (Ringbildung) aus der offenkettigen Form chiral wird (vgl. S. 132, B3).

α- und β-D(+)-Glucose können sich in wässriger Lösung über die offenkettige Molekülform ineinander umwandeln (vgl. S. 132, B3). Da die beiden Anomere verschieden starke spezifische Drehungen aufweisen, geht damit die Änderung des Drehwinkels des polarisierten Lichts einher (V1, V2, B3). Dieses Phänomen wird als **Mutarotation** bezeichnet. Auch andere Saccharide, z.B. Fructose, zeigen Mutarotation, da sich auch in einer Fructose-Lösung α- und β-Anomere ineinander umwandeln.

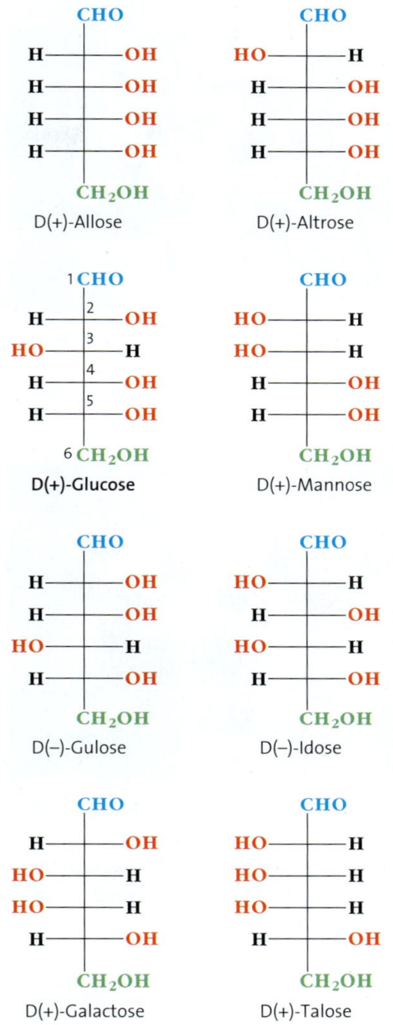

B4 *FISCHER-Projektionsformeln der Aldohexosen aus der D-Reihe*

Aufgaben

A1 Erläutern Sie die strukturellen Unterschiede zwischen den Molekülen von D(+)-Glucose, α-D(+)-Glucose und β-D(+)-Glucose.

A2 Schreiben Sie die FISCHER-Projektionsformel von L-Glucose auf.

A3 Erläutern und begründen Sie die Mutarotation bei einer wässrigen Lösung aus α-D(+)-Glucose mithilfe der Angaben aus B3 und aus B3, S. 132.

A4 Berechnen Sie die Anzahl der stereoisomeren Aldopentosen $C_5H_{10}O_5$ und schreiben Sie die FISCHER-Projektionsformel der Isomere aus der D-Reihe auf.

A5 Suchen Sie unter *Chemie 2000+ Online > Chemie interaktiv > 3D Moleküle* den Molekül-Viewer und betrachten Sie die Stereoisomere von Milchsäure- und verschiedenen Monosaccharid-Molekülen in verschiedenen Modelldarstellungen und unter verschiedenen Blickwinkeln. Geben Sie an, in welcher Darstellungsweise die Geometrie von Stereoisomeren am besten veranschaulicht werden kann.

Fachbegriffe

Stereoisomere, Aldohexosen, D-Reihe, Atmung, Anomere, Mutarotation

[1] Vgl. zu $\Delta_R G$ S. 82

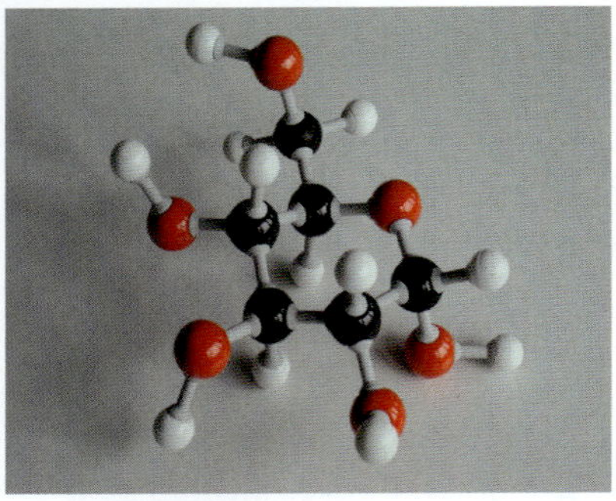

B1 *Kugelstab-Modell eines α-D-Glucopyranose-Moleküls*

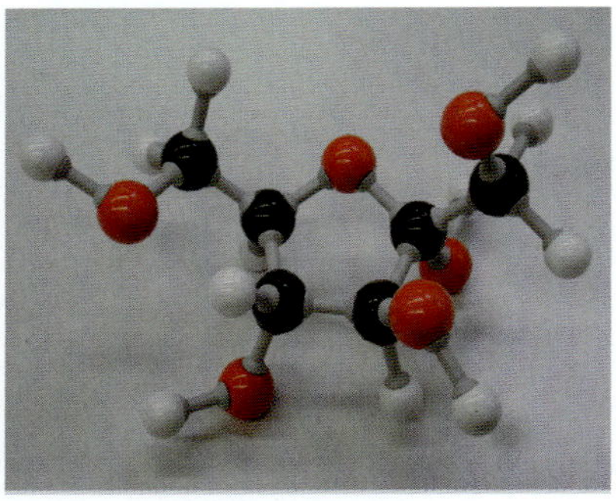

B2 *Kugelstab-Modell eines α-D-Fructofuranose-Moleküls.* **A:** *Bauen Sie das Modell eines β-D-Fructofuranose-Moleküls, dem Baustein von Saccharose (Haushaltszucker).*

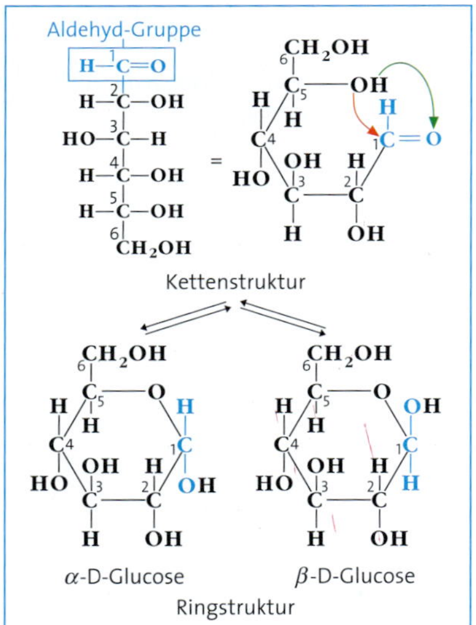

B3 *Ketten- und Ringstrukturen des D-Glucose-Moleküls.* **A:** *Erläutern Sie den Unterschied zwischen α- und β-D-Glucose-Molekülen (vgl. auch Auswertung a).*

Verknüpfungsprinzipien in und zwischen Kohlenhydrat-Molekülen

INFO

Die beiden wichtigsten natürlichen Monosaccharide **Glucose** und **Fructose** bilden **intramolekulare Halbacetale**.

Halbacetale sind die Produkte einer **nucleophilen Addition** einer Hydroxy- an eine Carbonylverbindung: Dabei wird das partiell positiv geladene Kohlenstoff-Atom der Carbonyl-Gruppe durch ein freies Elektronenpaar des Sauerstoff-Atoms einer Hydroxy-Gruppe nucleophil angegriffen, wodurch sich zwischen diesen eine kovalente Bindung ausbildet. Gleichzeitig wechselt das Proton der „angreifenden" Hydroxy-Gruppe an das Sauerstoff-Atom der Carbonyl-Gruppe, sodass dieses Kohlenstoff-Atom nun eine Hydroxy-Gruppe trägt.

Bei einem **Glucose-Molekül** erfolgt eine solche nucleophile Addition **intramolekular** durch die Hydroxy-Gruppe des Kohlenstoff-Atoms C5 an das Kohlenstoff-Atom C1 der Carbonyl-Gruppe (B3). In seiner **Halbacetalform** enthält das Glucose-Molekül somit einen Sechserring aus einem Sauerstoff-Atom und fünf Kohlenstoff-Atomen (*Pyranring*) und die Carbonyl-Gruppe existiert als solche nicht mehr, sie ist „maskiert". Glucose ist damit eine **Glucopyranose** (B1).

Die Ausbildung der Ringstruktur nach B3 hat mehrere Folgen. So wird durch die Maskierung der im kettenförmigen Glucose-Molekül sehr leicht oxidierbaren Aldehyd-Gruppe ein „Schutz" gegen Oxidationsmittel erreicht. Mit der intramolekularen Addition an die Carbonyl-Gruppe geht zudem die Bildung eines weiteren asymmetrischen Kohlenstoff-Atoms (C1 in B3), also eines neuen Chiralitätszentrums im Glucose-Molekül einher (B3). Von den beiden damit vorliegenden Isomeren (Anomeren, vgl. S. 131; B3, B4) existiert im reinen, festen Zustand ausschließlich die α-D-Glucose. In wässriger Lösung reagiert diese über die offenkettige Form zu β-D-Glucose, bis sich schließlich ein Gemisch aus ca. 40 % α-D-Glucose und ca. 60 % β-D-Glucose ergibt, das in dieser Zusammensetzung konstant bleibt. Man spricht dann von einem Gleichgewicht zwischen α-D-Glucose und β-D-Glucose.

Bei einem **Fructose-Molekül** (vgl. S. 127, B4) sind die Keto-Gruppe des Kohlenstoff-Atoms C2 und eine Hydroxy-Gruppe des Kohlenstoff-Atoms C5 oder C6 an der Halbacetalbildung beteiligt. Im ersten Fall kommt es zur Ausbildung eines Fünferrings mit Sauerstoff-Atom (*Furanring*) und Fructose liegt als **Fructofuranose** vor (B2). Anderenfalls entsteht Fructopyranose, deren Moleküle einem Sechserring mit Sauerstoff-Atom enthalten.

Auswertung

a) Übernehmen Sie die Formel aus B3 oben rechts in Ihr Heft, zeichnen Sie die freien Elektronenpaare an den Sauerstoff-Atomen ein, die bei der Bildung des Halbacetals beteiligt sind, und erklären Sie die Bedeutung des roten und des grünen Pfeils.

b) Formulieren Sie analog zu B3 die Bildung des Fructofuranose-Fünferrings.

c) Begründen Sie, warum und wie es auch bei der Glucose zur Bildung eines intramolekularen Halbacetals mit einem fünfgliedrigen Ring (Glucofuranose) kommen kann.

Intramolekulare Halbacetale und intermolekulare Glycoside

Monosaccharid-Moleküle bilden einerseits **intramolekulare Halbacetale** (*INFO*, B1 bis B4). Nach einem anderen, einfachen Verknüpfungsprinzip können sie aber auch miteinander (**intermolekular**) durch Kondensationsreaktionen zu Di- und weiter zu Polysacchariden reagieren (B6). Dabei wird zwischen zwei Monosaccharid-Molekülen jeweils ein Wasser-Molekül abgespalten. Wenn diese Abspaltung zwischen der Hydroxy-Gruppe des Kohlenstoff-Atoms C1 des einen Glucose-Monomers und der Hydroxy-Gruppe des Kohlenstoff-Atoms C4 eines anderen Glucose-Monomers erfolgt, bildet sich zwischen den beiden Glucose-Bausteinen eine **1,4-glycosidische Bindung** aus.

Solche Bindungen sind für die Stärke- wie auch für die Cellulose-Moleküle charakteristisch. Das Verknüpfungsmuster ist zwar bei beiden Polysacchariden gleich (B6), die Konfiguration am Kohlenstoff-Atom C1 der verknüpften Glucose-Bausteine ist aber unterschiedlich. In den Maltose- und Stärke-Molekülen sind jeweils α-D-Glucose-Moleküle (B3) α-1,4-glycosidisch miteinander verknüpft, in den Cellobiose- und Cellulose-Molekülen liegen dagegen β-1,4-glycosidische Bindungen zwischen β-D-Glucose-Molekülen vor. Infolgedessen liegen Stärke-Makromoleküle in einer *schraubenförmig* gewundenen Kette und Cellulose-Makromoleküle in einer *fadenförmigen* Kette aus Glucopyranose-Ringen (vgl. S. 136, B4) vor. Das Beispiel Stärke (vgl. S. 136, 137) und Cellulose (vgl. S. 138, 139) zeigt deutlich, zu welch großen Eigenschaftsunterschieden geringe strukturelle Unterschiede führen können.

Aufgaben

A1 Erstellen Sie die Strukturformel von Trehalose, einem α,α-1,1-glycosidisch verknüpften Disaccharid aus zwei α-D-Glucose-Bausteinen, das in Insekten und Pilzen vorkommt. Stellen Sie eine begründete Hypothese bezüglich des Ausgangs der FEHLING-Probe mit Trehalose auf.

A2 Erläutern Sie, warum ein Disaccharid aus 1,2-verknüpften Glucose-Monomeren eine andere *Konstitution* hat als eines aus 1,4-verknüpften Glucose-Bausteinen. Begründen Sie, warum es bei dem 1,4-verknüpften Disaccharid auch unterschiedliche *Konfiguration* geben kann. (*Hinweis:* Vgl. die Isomerie-Tabelle am Ende des Buches.)

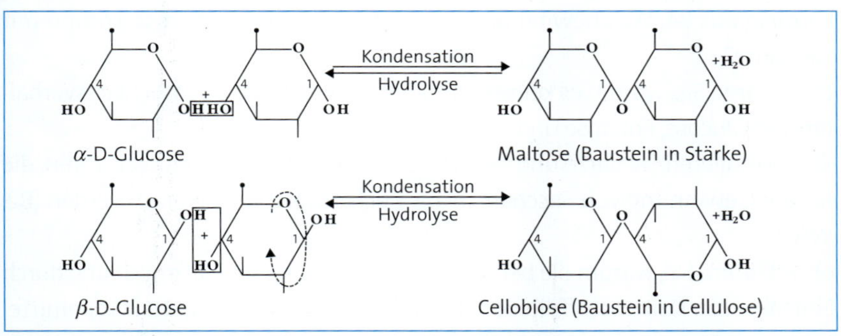

B6 *1,4-glycosidische Verknüpfung von α-D-Glucose-Bausteinen in einem Maltose-Molekül und von β-D-Glucose-Bausteinen in einem Cellobiose-Molekül. (Diese Disaccharid-Moleküle sind die Bausteine der Makromoleküle von Stärke bzw. Cellulose.)*

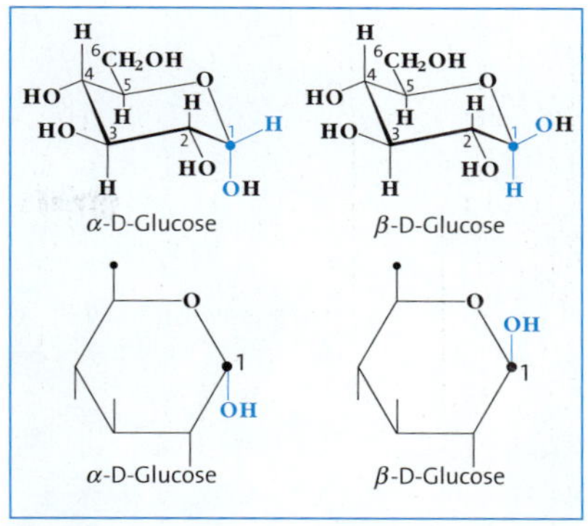

B4 *Räumliche Strukturformeln (Sessel-Konformationen, oben) und vereinfachte HAWORTH-Projektionsformeln von α-und β-D-Glucose.* **A:** *Identifizieren und beschreiben Sie die Bedeutung der Striche und des Strichs mit endständigem Punkt in den HAWORTH-Projektionsformeln.*

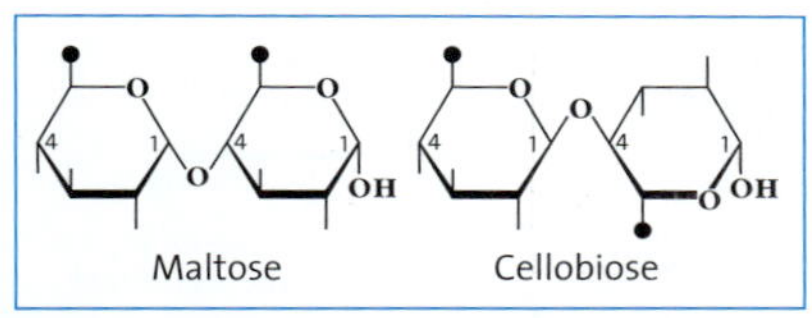

B5 *Maltose entsteht beim Abbau von Stärke, Cellobiose beim Abbau von Cellulose.* **A:** *Erklären Sie den Sachverhalt mithilfe von B6.*

Fachbegriffe

intramolekulare Halbacetale, nucleophile Addition, Pyranose, Furanose, intermolekulare Verknüpfung, glycosidische Bindung

B1 *Zuckerrohr enthält Saccharose mit einem Massenanteil von 15 – 17 %, bei Zuckerrüben beträgt er 20 %.*

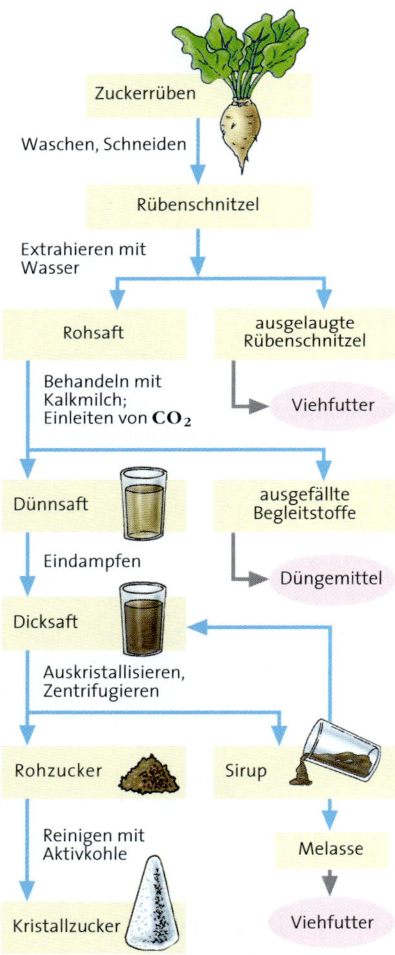

B2 *Von der Rübe zum Zucker.* ***A:*** *Falls möglich, besuchen Sie mit Ihrem Kurs eine nahe gelegene Zuckerfabrik.*

Das süße Geheimnis von Rohr und Rübe

Versuche

LV1 In einem hohen Becherglas durchfeuchtet man 5 Teelöffel Saccharose (feinen Haushaltszucker) mit wenig Wasser. Dann gibt man 5 mL konz. Schwefelsäure* zu und beobachtet die Veränderungen.

V2 Führen Sie die Fehling-Probe (vgl. S. 126) mit Saccharose durch.

V3 Führen Sie V1 und V2 von S. 126 mit Saccharose durch (falls nicht schon geschehen).

V4 Versetzen Sie 10 mL Saccharose-Lösung, $w = 5\,\%$, mit 2 mL verd. Salzsäure* und erhitzen Sie 5 min zum Sieden (Siedesteinchen). Neutralisieren Sie nach dem Abkühlen mit Natriumhydrogencarbonat* (mit *p*H-Papier testen).

a) Führen Sie mit einem Teil der Lösung die Fehling-Probe durch. b) Prüfen Sie die Lösung mit Glucose-Testpapier. c) Führen Sie mit einem Teil der Lösung den Fructose-Test (vgl. S. 126) durch.

INFO

Saccharose, der Stoff, der auch unser Haushaltszucker ist, kommt in vielen Früchten vor, in höherer Konzentration in Zuckerrohr und in Zuckerrüben. In Deutschland gewinnt man Saccharose aus Zuckerrüben (B2). Nach der Ernte müssen diese sofort verarbeitet werden, da ihr Zuckergehalt beim Lagern abnimmt. Die gewaschenen und zerkleinerten Rüben werden mit heißem Wasser bei etwa 80 °C extrahiert, dann abgepresst. Der dunkelbraune Rohsaft wird mit Kalkmilch versetzt, um Nichtzuckerstoffe wie Pflanzensäuren und Eiweißstoffe auszufällen. Anschließend wird Kohlenstoffdioxid eingeleitet, um nun die Calcium-Ionen auszufällen. Nach dem Abfiltrieren wird der Dünnsaft im Vakuum eingedampft, bis der entstehende Dicksaft zu kristallisieren beginnt. Der braune Rohzucker wird abzentrifugiert und der Sirup teilweise wieder zum Dicksaft gegeben, teilweise als Melasse weiterverwendet. Zur Reinigung wird Zucker aufgelöst und mit Aktivkohle behandelt. Nach dem Eindampfen kristallisiert reiner Zucker aus.

Auswertung

a) Welchen Hinweis gibt LV1 auf die in Saccharose-Molekülen enthaltenen Atomsorten (Elemente)? Inwiefern unterstützt das Ergebnis die Bezeichnung „Kohlenhydrat“ auch für Saccharose?

b) Erklären Sie das Ergebnis der Fehling-Proben aus V2 und V4 mithilfe der Formeln aus B4. Was bewirkt danach das Sieden von Saccharose-Lösung mit Salzsäure?

c) Erklären Sie, warum es keine sichtbaren Unterschiede im Löslichkeitsverhalten von Glucose, Fructose und Saccharose gibt.

d) Formulieren Sie kurze und exakte Beschreibungen der Trennverfahren, die bei der Gewinnung von Saccharose aus Zuckerrüben angewandt werden (B2, *INFO*).

e) Erläutern Sie, warum die bei der Zuckergewinnung mit Kalkmilch und durch Einleiten von Kohlenstoffdioxid ausgefällten Begleitstoffe gute Düngemittel sind.

f) Planen Sie in Anlehnung an das technische Verfahren zur Zuckergewinnung eine Versuchsreihe, die im Schullabor durchgeführt werden kann.

Saccharose und andere Disaccharide

Die in vielen Früchten und Pflanzen enthaltene **Saccharose** (*INFO*) verwenden wir als „Zucker" in verschiedenen Formen (B3) zum Süßen von Speisen und auch von Getränken, da sie sich wie Glucose und Fructose sehr gut in Wasser löst. Beim Erhitzen *karamellisiert* Saccharose. Dabei laufen komplexe Reaktionen ab, durch die Aroma- und Geschmacksstoffe entstehen und der Zucker eine gelbbraune Farbe annimmt (Karamellzucker).

Saccharose zeigt im Gegensatz zu Glucose keine positive FEHLING-Probe (V2). Das deutet darauf hin, dass Saccharose-Moleküle keine (ringförmigen) Halbacetale (vgl. Glucose-Molekül, S. 133) sind, die sich leicht in die (offenkettige) Aldehydform umwandeln und eine positive FEHLING-Probe bewirken würden.

Saccharose ist ein **Disaccharid**: Ein Saccharose-Molekül besteht aus einem α-D-Glucose- und einem β-D-Fructose-Baustein (B4), die beide über die Hydroxy-Gruppe ihrer Halbacetal-Gruppe acetalartig miteinander verknüpft sind. Damit liegt im Saccharose-Molekül eine Sauerstoffbrücke zwischen dem C1-Atom des Glucose- und dem C2-Atom des Fructose-Bausteins vor, die somit hier **α-1,2-glycosidisch** verknüpft sind. Durch die acetalartige Verknüpfung im Saccharose-Molekül sind die Halbacetal- und damit die „maskierten" Carbonyl-Gruppen der beiden Bausteine „blockiert", mit der Folge, dass der Saccharose die für die Monosaccharide typischen Eigenschaften (wie die positive FEHLING-Probe) fehlen. B4 zeigt die 1,2-glycosidische Verknüpfung im Saccharose-Molekül, die sich somit von der **1,4-glycosidischen** Verknüpfung bei Stärke und Cellulose (vgl. S. 133) durch die Positionen und die Art der beteiligten Hydroxy-Gruppen unterscheidet.

Maltose, Malzzucker, findet sich in keimenden Samen (Gerstenmalz) und ist ein Zwischenprodukt beim biochemischen Stärkeabbau. Die Moleküle dieses Disaccharids setzen sich aus zwei Glucose-Bausteinen zusammen, die **α-1,4-glycosidisch** miteinander verknüpft sind. Auch die Moleküle des Disaccharids **Cellobiose**, dem Abbauprodukt der Cellulose, bauen sich aus zwei Glucose-Einheiten auf, die hier aber **β-1,4-glycosidisch** miteinander verbunden sind (vgl. S. 133, B5, B6).

Disaccharide hydrolysieren zu Monosacchariden. Erhitzt man beispielsweise Saccharose mit verdünnter Salzsäure, so wird das Saccharose-Molekül unter Anlagerung eines Wasser-Moleküls in ein α-D-Glucose-Molekül und ein β-D-Fructose-Molekül gespalten:

$$\underset{\text{Saccharose}}{C_{12}H_{22}O_{11}} + H_2O \rightleftharpoons \underset{\text{Glucose}}{C_6H_{12}O_6} + \underset{\text{Fructose}}{C_6H_{12}O_6}$$

Das bei dieser Hydrolyse entstehende Gemisch der beiden Monosaccharide zeigt eine positive FEHLING-Probe.

Aufgabe

A1 Die Wasserlöslichkeit von Zucker (Saccharose) ist viel größer als die von Kochsalz (bei 20 °C lösen sich 204 g Zucker, aber nur 36 g Natriumchlorid in 100 g Wasser). Erklären Sie diesen Sachverhalt.

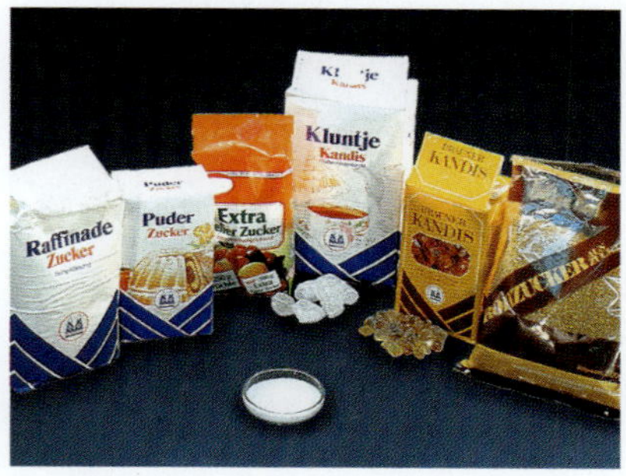

B3 *Saccharose ist als „Zucker" in vielfältiger Form im Handel. Saccharose muss man aber nicht zu sich nehmen, da der Körper die lebensnotwendige Glucose auch aus Stärke erhält. Ein Zuviel an Zucker wandelt der Körper in Fett um und speichert es.*

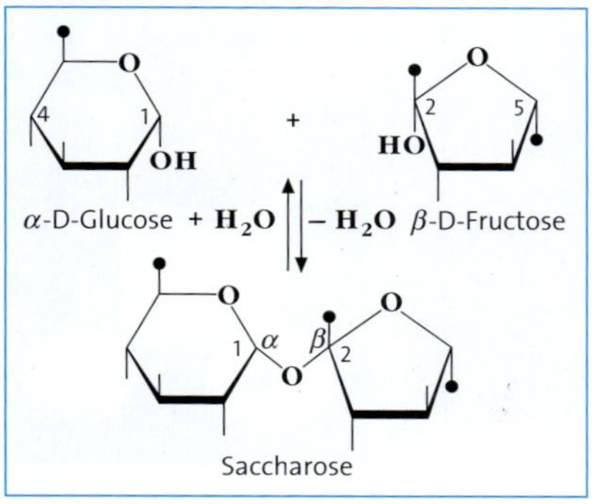

B4 *Glycosidische Bindung und Struktur des Saccharose-Moleküls.* **A:** *Schreiben Sie die HAWORTH-Projektionsformel des Saccharose-Moleküls nach S. 127, B5 und B6, auf.*

Aufgabe

A2 Erklären Sie mit B3, S. 130, dass bei der Hydrolyse von Saccharose in einem Polarimeter zu beobachten ist, dass aus einer rechtsdrehenden Lösung eine linksdrehende entsteht (*Inversion* der Saccharose).

Fachbegriffe

Saccharose, Disacccharid, Maltose, Cellobiose, 1,2- und 1,4-glycosidische Verknüpfung

Das feste Nahrungsmittel Nr. 1

B1 *Die Körner von Gerste enthalten Stärke, ihre Hüllen bestehen wie die anderen Pflanzenteile aus Cellulose.*

Versuche

V1 Lösen Sie 1 g Stärke in 100 mL Wasser durch Aufkochen. Die abgekühlte Stärke-Lösung wird für weitere Versuche benötigt.

V2 *Stärkenachweis*: a) Tropfen Sie zu einer Probe Stärke-Lösung einige Tropfen Iod-Kaliumiodid-Lösung* (LUGOL'sche-Lösung*) und beobachten Sie die Farbe. b) Tropfen Sie auf eine durchgeschnittene Kartoffel (einen durchgeschnittenen Apfel) Iod-Kaliumiodid-Lösung* und beobachten Sie die Auftropfstelle. c) Übergießen Sie Nudeln (Brotkrümel) mit Wasser, erhitzen Sie einige Minuten und testen Sie die Lösung mit Iod-Kaliumiodid-Lösung*.

V3 Geben Sie zu 50 mL Stärke-Lösung in einem Erlenmeyerkolben 5 mL verd. Salzsäure* und erhitzen Sie zum Sieden. Entnehmen Sie alle 3 min mit einer Pipette eine Probe, kühlen Sie sie unter fließendem Wasser ab und führen Sie den Stärkenachweis nach V2 durch. Wenn der Nachweis negativ ausfällt (keine Blaufärbung) neutralisieren Sie die Reaktionslösung mit Natriumhydrogencarbonat* (Test mit *p*H-Indikatorpapier) und halten Sie dann einen Glucose-Teststreifen in die Lösung.

V4 Wiederholen Sie V3, indem Sie der Stärke-Lösung ca. 5 mL Speichel statt Salzsäure hinzufügen und nicht zum Sieden, sondern nur auf ca. 37 °C erhitzen. Die Neutralisation mit Natriumcarbonat ist in diesem Fall nicht notwendig.

B2 *Nachweis von Stärke mit Iod-Kaliumiodid-Lösung (V2)*

Auswertung

a) Die blaue Farbe beim Stärke-Nachweis mit Iod-Kaliumiodid-Lösung kommt durch die Einlagerung von Iod-Molekülen in den Spiralwindungen der Stärke-Makromoleküle zustande. Erklären Sie, warum dieser Nachweis bei Cellulose negativ ausfällt.

b) Wie würden Sie vorgehen, um Stärke in Weizen- und Maiskörnern nachzuweisen? Diskutieren Sie den Vorschlag mit Ihrer Lehrerin oder Ihrem Lehrer und führen Sie den Nachweis durch.

c) Deuten und erklären Sie die Versuchsergebnisse aus V3. Formulieren Sie dazu auch ein Reaktionsschema unter Verwendung von HAWORTH-Projektionsformeln.

d) Stellen Sie eine begründete Vermutung auf, warum bei V4 nicht zum Sieden erhitzt werden darf.

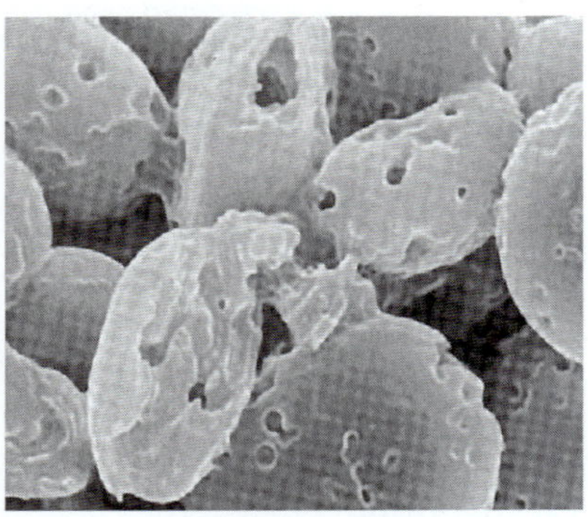

B3 *Elektronenmikroskopisches Bild von Stärkekörnern in gekeimten Getreidekörnern.* **A:** *Erläutern Sie, worauf die Löcher in den Körnern hindeuten.*

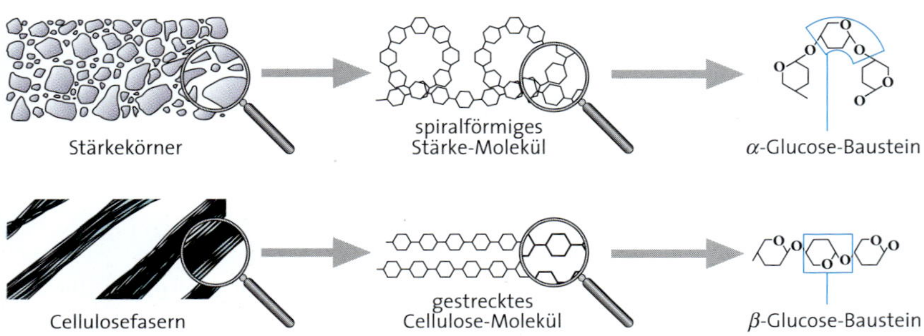

B4 *Modelle zum Erscheinungsbild und zur Struktur von Stärke und Cellulose.* **A:** *Erläutern Sie, welche Informationen jedes der drei Modellpaare für Stärke und Cellulose enthält.*

Stärke – ein Polysaccharid aus α-D-Glucose

Stärke ist das wichtigste Kohlenhydrat in unserer Nahrung. Sie wird in Pflanzenzellen, z. B. in Kartoffeln oder Getreidekörnern, als Reservestoff gespeichert. Aus „chemischer Sicht" ist Stärke ein **Polysaccharid** aus 1,4-glycosidisch verknüpften α-D-Glucose-Einheiten (B4 und S. 133). Pflanzliche Stärke, z. B. Kartoffelstärke, besteht aus zwei Stärke-Arten, zu ca. 20 % aus gut wasserlöslicher **Amylose**, deren lineare, spiralförmig gewundenen Makromoleküle 100 bis 1400 Glucose-Einheiten enthalten, und zu ca. 80 % aus **Amylopektin** (B6). Dessen teilweise verzweigte Makromoleküle sind aus mehr als 10 000 Glucose-Einheiten aufgebaut. Bei zunehmender Molekülgröße wird Amylopektin selbst in heißem Wasser immer schlechter löslich. Ebenfalls wasserunlöslich ist **Glycogen** (B6), das Reservekohlenhydrat in tierischen und menschlichen Organismen. Die stark verzweigten Glycogen-Makromoleküle enthalten mehr als 100 000 α-D-Glucose-Einheiten, die wie im Amylopektin in der Hauptkette 1,4-glycosidisch und an den Verzweigungsstellen 1,6-glycosidisch verknüpft sind (B6).

Stärke kann sehr einfach durch Blaufärbung mit Iod-Kaliumiodid-Lösung (LUGOL'sche-Lösung) nachgewiesen werden (V2, B2, Auswertung a). Bei der Verdauung wird die Stärke erst zu Glucose hydrolysiert, die dann im Rahmen der Glycolyse weiter abgebaut wird. Die Hydrolyse beginnt bereits im Mund, da Speichel stärkespaltende Enzyme enthält (V4). Während Enzyme aus Proteinen bestehen und bei höheren Temperaturen, z. B. in siedendem Wasser, inaktiv werden, kann die Stärke-Hydrolyse mit Salzsäure als Katalysator durch Erhitzen bis zum Sieden beschleunigt werden.

Stärke ist nicht nur ein Hauptnahrungsmittel, sondern auch ein wichtiger **nachwachsender Rohstoff** (B7), der im Gegensatz zu Cellulose beispielsweise zu Bioethanol vergoren werden kann. Ökologisch und ökonomisch ist diese Methode allerdings problematisch, weil riesige Regenwaldflächen gerodet oder landwirtschaftliche Flächen statt für die Produktion von Nahrungsmitteln für die von Treibstoffen für Fahrzeuge genutzt werden. Dank ihrer guten Quelleigenschaften (A3) kann Stärke auch für die Erzeugung von Folien, Verpackungen und Essgeschirr verwendet werden, die nach dem Gebrauch kompostierbar und theoretisch sogar essbar sind.

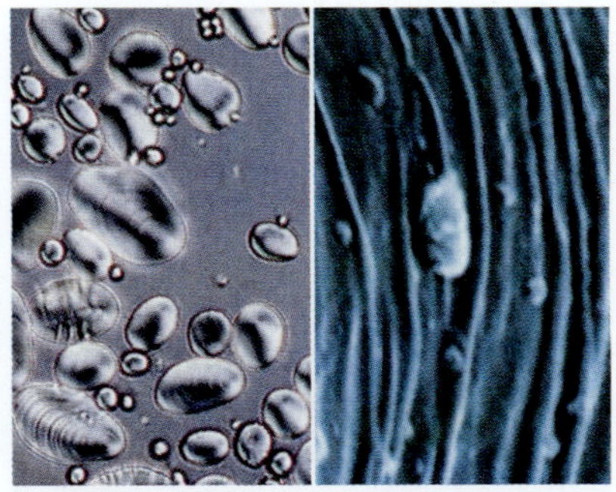

B5 *Kartoffelstärke unter dem Lichtmikroskop (links) und Cellulose im Elektronenmikroskop (rechts).* ***A:*** *Informieren Sie sich über die Vergrößerungsfaktoren bei den beiden Mikroskoptypen.*

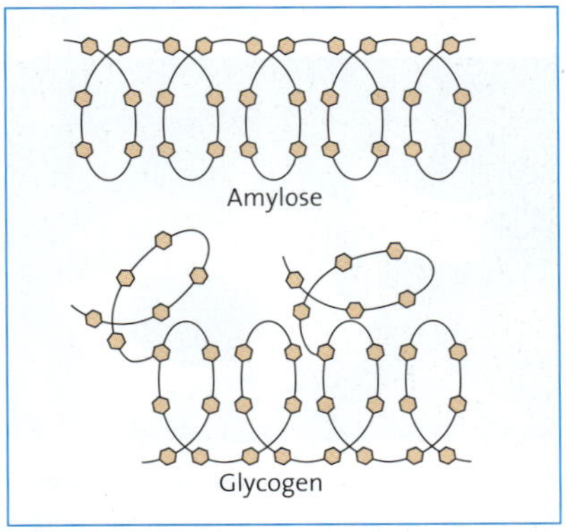

B6 *Verschiedene Stärke-Arten*

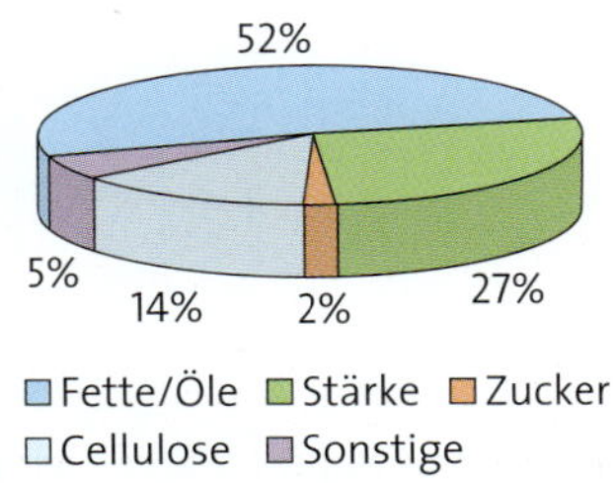

B7 *Einsatz von nachwachsenden Rohstoffen im Chemiebereich (Deutschland)*

Aufgaben

A1 Stellen Sie anhand eigener Recherchen im Supermarkt eine Liste aus mindestens 10 Fertigprodukten auf, die Stärke nicht als Hauptbestandteil, sondern als Eindickungsmittel enthalten.

A2 Orientieren Sie sich an B6 von S. 133 und formulieren Sie eine 1,4-glycosidische Verknüpfung, die weder in Stärke noch in Cellulose vorkommt. Erläutern und begründen Sie Ihren Vorschlag.

A3 Eine Portion Stärke quillt in Wasser, d. h. sie vergrößert ihr Volumen und wird klebrig. Erklären Sie diesen Vorgang mithilfe von Teilchenmodellen und geeigneten Fachbegriffen.

Fachbegriffe

Stärke, Polysaccharid, Amylose, Amylopektin, Glycogen, nachwachsende Rohstoffe

Die häufigste organische Verbindung

B1 *Tropischer Regenwald.* ***A:*** *Erläutern Sie, warum und wie hier große Mengen an Kohlenhydraten entstehen.*

Versuche

V1 *Herstellung der Iod-Zinkchlorid-Lösung**: Stellen Sie eine Zinkchlorid-Lösung* aus 10 g wasserfreiem Zinkchlorid* in 5 mL dest. Wasser und eine Lösung aus 1,05 g Kaliumiodid und 0,25 g Iod* in 2,5 mL dest. Wasser her. Mischen Sie beide Lösungen in einer Vorratsflasche.

Cellulose-Nachweis: Beträufeln Sie ein Stück Zellstoff oder Baumwolle mit Iod-Zinkchlorid-Lösung* (B2).

V2 **Schutzbrille!** Untersuchen Sie ein Stück Baumwolle auf Beständigkeit gegenüber Säuren und Laugen, indem Sie je eine Stoffprobe für 15 bis 20 min in Salzsäure*, $c = 5$ mol/L, und in Natronlauge*, $c = 5$ mol/L, legen. Waschen Sie die Proben mit Wasser aus und trocknen Sie sie. Notieren Sie die Beschaffenheit (Aussehen der Fasern, Rauheit, Steifheit) der Proben. Gehen Sie analog vor, wobei Sie zwei Stücke Baumwolle in Säure bzw. Lauge vorsichtig 10 min kochen.

V3 **Schutzbrille und -handschuhe!** Testen Sie die Beständigkeit von Baumwolle gegenüber Oxidationsmitteln, z. B. Wasserstoffperoxid*, $w = 5\%$, und Reduktionsmitteln, z. B. Natriumdithionit*, $w = 5\%$. Legen Sie dazu je eine Stoffprobe für 15 bis 20 min in eine wässrige Lösung des Oxidations- bzw. Reduktionsmittels, waschen und trocknen Sie anschließend.

LV4 **Schutzbrille!** Man verrührt einen Bausch Watte (oder Filterpapierschnipsel) mit 5 mL Schwefelsäure*, $w = 80\%$, bis sich die Watte gelöst hat. Dann gibt man vorsichtig 40 mL Wasser hinzu und erhitzt 10 min zum Sieden. Nach dem Abkühlen neutralisiert man die Lösung mit Natriumhydrogencarbonat (Test mit *p*H-Indikatorpapier) und hält einen Glucose-Teststreifen hinein.

B2 *Positiver Cellulose-Nachweis bei einem Stück Baumwollstoff.* ***A:*** *Schlagen Sie weitere Materialien vor, bei denen man einen positiven Cellulose-Nachweis erhalten müsste, und testen Sie diese.*

Auswertung

a) Beim Cellulose-Nachweis in V1 kommt es zu einer Schwarzblaufärbung der benetzten Stellen (B2). Bei dieser für die Cellulose typischen Farbreaktion sind neben der Einlagerung von Iod-Molekülen zwischen die einzelnen Stränge der Makromolekülketten auch Bindungen von Zink-Ionen zu den Hydroxy-Gruppen der Cellulose sowie zu den Triiodid-Ionen $\mathbf{I_3^-}$ beteiligt. Beschreiben Sie den Unterschied zum Iod-Stärke-Nachweis (vgl. S. 136, Auswertung a).

b) Erläutern Sie die Konsequenzen, die sich aus V2 und V3 in Bezug auf die Einsatzmöglichkeiten und die Waschbarkeit von Baumwollstoff ergeben.

c) Stellen Sie Gemeinsamkeiten und Unterschiede bei den Experimenten zur Hydrolyse von Cellulose (LV4) und von Stärke (vgl. S. 136) fest.

INFO

Cellulose und Papier: Papier wird heute industriell aus **Holz** hergestellt. Holz besteht zu 40 bis 50 % aus Cellulose, die als Erstes von den anderen Holzbestandteilen (Lignin, etwa 30 %, und Hemicellulosen, bis zu 25 %) abgetrennt werden muss. Durch Behandlung des geschnitzelten Holzes mit Schwefelverbindungen wird Lignin in wasserlösliche Ligninsulfonsäuren überführt, die dann zusammen mit den Hemicellulosen mit viel Wasser ausgespült und so von der Cellulose abgetrennt werden. Um weißes Papier zu erhalten, muss der nun vorliegende braune Brei entfärbt werden. Dafür werden verbliebene, farbgebende Ligninreste bei Cellulose aus Holz genau wie Druckerschwärze und -farbe bei Cellulose aus **Recyclingpapier** mit Ozon, Wasserstoffperoxid und anderen Oxidationsmitteln oxidiert und erneut ausgewaschen. Diesem gebleichten Zellstoff setzt man für hochwertiges Papier Weißmacher und Bindemittel wie Barium- und Calciumsulfat, Aluminiumsilicat (Kaolin) bzw. Leimstoffe hinzu.

Cellulose – ein Polysaccharid aus β-D-Glucose

Cellulose bildet als Gerüstsubstanz den Hauptbestandteil der pflanzlichen Zellwände und ist somit das am häufigsten vorkommende Kohlenhydrat. Baumwolle (B3) und verschiedene Fasern wie Hanf und Flachs sind nahezu reine Cellulose, in Holz ist sie zu etwa 50 % enthalten (vgl. *INFO*). Cellulose ist der wichtigste Ausgangsstoff für die Textil- und Papierindustrie.
Cellulosefasern enthalten mehrere lineare Makromolekülketten, in denen viele Tausend Glucose-Bausteine über β-1,4-glycosidische Bindungen miteinander verknüpft sind. Diese Ketten lagern sich über Wasserstoffbrückenbindungen zu **Mikrofibrillen** zusammen (B4), wobei sich die einzelnen Stränge in parallelen oder antiparallelen Schichten ausrichten. Die Mikrofibrillen ordnen sich wiederum zu Fasern, den **Makrofibrillen**, an.
Der bedeutendste pflanzliche Textilrohstoff ist die **Baumwolle**, die mit einem Anteil von 85 bis 91% den höchsten Cellulosegehalt aller Pflanzen hat. Jährlich werden etwa 19 Millionen Tonnen Baumwolle von der in den Tropen und Subtropen wachsenden Baumwollpflanze geerntet. Wenn deren Fruchtkapseln aufplatzen, quillt die Baumwolle in weißen Bäuschen heraus (B3).
Holzcellulose (**Holzzellstoff**) lässt sich im Gegensatz zur Baumwolle nicht direkt verspinnen. Ihre Makromoleküle sind über Wasserstoffbrückenbindungen zu festen Faserbündeln miteinander verbunden. Diese müssen zunächst unter Einwirkung von Natronlauge getrennt werden. Dabei wird ein Teil der Hydroxy-Gruppen in den Cellulose-Molekülen deprotoniert, die Cellulose quillt auf und die Molekülketten werden stark verkürzt. Durch Zusatz von Kohlenstoffdisulfid wird die entstandene Alkalicellulose in eine orangegelbe, zähflüssige und spinnfähige Masse, das **Cellulosexanthogenat**[1] (Viskose, B5), überführt. Nach erneutem Lösen in Natronlauge und Nachreifen wird die Masse in ein schwefelsäure- und salzhaltiges Fällbad überführt, in dem die viskose Lösung durch Spinndüsen gepresst wird. Man erhält einen festen Faden, die **Viskosefaser**. Sie besteht wieder aus reiner Cellulose und wird daher auch als **Regeneratfaser** bezeichnet. Gießt man das Cellulosexanthogenat aus breiten Filmgießern in das saure Fällbad und behandelt die regenerierte Cellulose mit Glycerin als Weichmacher, dann entsteht eine Viskosefolie, das **Cellophan**.

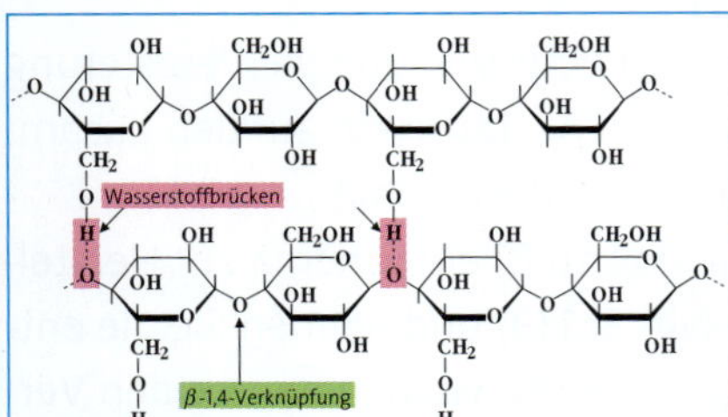

B4 *Zwischen den Cellulose-Makromolekülen bilden sich Wasserstoffbrückenbindungen aus.*

$$\text{Cell-OH} + \text{NaOH} \longrightarrow \text{Cell-O}^{\ominus}\text{Na}^{+} + \text{H}_2\text{O}$$

$$\text{Cell-O}^{\ominus}\text{Na}^{+} + \text{CS}_2 \longrightarrow \text{Cell-O-C(=S)-S}^{\ominus}\text{Na}^{+}$$

$$2\,\text{Cell-O-C(=S)-S}^{\ominus}\text{Na}^{+} \xrightarrow{\text{H}_2\text{SO}_4} 2\,\text{Cell-OH} + \text{Na}_2\text{SO}_4 + 2\,\text{CS}_2$$

B5 *Reaktionsschritte bei der Herstellung von Viskosefasern.* ***A:*** *Wie erklärt sich die Löslichkeit der Alkalicellulose und die des Cellulosexanthogenats?*

[1] von *xanthos* (griech.) = gelb und *gennas* (griech.) = erzeugen

B3 *Baumwollpflanze.* ***A:*** *Informieren Sie sich im Internet über die Ernte und Verarbeitung von Baumwolle.*

Aufgaben

A1 Erklären Sie die lineare, faserartige Ausrichtung von Cellulose-Molekülen im Vergleich zum spiralförmigen Bau von Stärke-Molekülen. (*Hinweis*: Vgl. S. 133, B6 und S. 136, B4.)

A2 Erläutern Sie, inwieweit sich die Regeneratfaser von der ursprünglich eingesetzten Holzcellulosefaser unterscheidet.

A3 Holz besteht zu 40 bis 50 % aus Cellulose. In Deutschland wird Cellulose aus Holz gewonnen und kommt als „Zellstoff" in den Handel. Warum gewinnt man keinen Zellstoff aus Baumwolle, die zu 80 bis 90 % aus Cellulose besteht?

A4 Wasser zieht in die Regeneratfaser Viskose etwas schlechter ein als in direkt versponnene Baumwolle. Erklären Sie den Sachverhalt.

Fachbegriffe

Cellulose, Mikrofibrillen, Makrofibrillen, Baumwolle, Holzcellulose (Holzzellstoff), Cellulosexanthogenat, Viskosefaser, Regeneratfaser, Cellophan

Modifizierte Cellulose für Textilien und andere Produkte

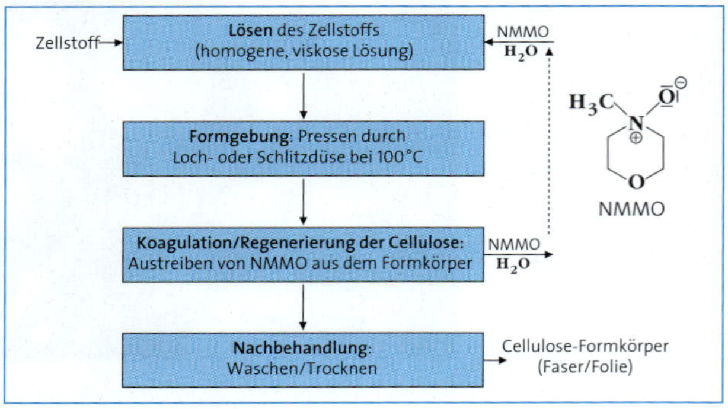

B1 *Herstellung von Lyocellfasern.* ***A:*** *Begründen Sie, warum Lyocellfasern zu 100 % biologisch abgebaut werden können.*

B2 *Textilie aus Acetatseide.* ***A:*** *Begründen Sie, warum man einen Fleck von einem Abendkleid aus Acetatseide nicht mit Nagellackentferner behandeln sollte.*

In einem Cellulose-Makromolekül hat jede Glucose-Einheit drei freie Hydroxy-Gruppen, die sich substituieren lassen. So sind z. B. verschiedene Cellulosenitrate durch Nitrierung mit Salpetersäure und Celluloseacetate durch Veresterung mit Essigsäure herstellbar. Solche chemisch modifizierten Cellulosefasern sind **halbsynthetische Fasern**. Die nitrierten Produkte, wie die durch dreifache Substitution erzeugte Schießbaumwolle oder das Celluloid, aus dem u. a. Tischtennisbälle gefertigt werden, sind für die Textilherstellung wenig relevant.

Lyocellfasern (**Regeneratfasern**) werden nach dem neuartigen Aminoxid-Verfahren aus Zellstoff von Bäumen aus Zuchtplantagen und unter Verwendung eines organischen Lösemittels wie N-Methyl-Morpholin-N-Oxid NMMO hergestellt (B1). Lyocellfasern findet man in Damenoberbekleidung, Hemden und Dessous.

Löst man rohe Cellulose in einer Lösung des tiefblauen Tetraamminkupfer(II)hydroxid-Komplexes (SCHWEIZERS Reagenz) und presst die entstandene hochviskose Masse durch feine Spinndüsen in schnell strömendes Wasser, so werden Kupferseidefäden ausgefällt und gestreckt. **Kupferseide** wird für Oberbekleidung, Futterstoffe und Unterwäsche verwendet.

Acetatfasern (Celluloseacetat, „Acetatseide") gewinnt man aus Cellulose durch die Behandlung mit Essigsäureanhydrid oder Essigsäure in Gegenwart von Schwefelsäure. Dabei entsteht zunächst das Triacetat. Durch Erwärmen und Zugabe von Wasser wird ein geringer Anteil der Acetat-Gruppen wieder abgespalten und man erhält Celluloseacetat, das im Molekülbau kürzere Ketten aufweist. Pro Glucose-Baustein sind durchschnittlich zwei bis zweieinhalb Hydroxy-Gruppen zu Acetat-Gruppen verestert. Nach Lösen des Celluloseacetats in Aceton werden die Fasern dann nach dem Trockenspinnverfahren[1] hergestellt.

Acetatfasern werden für Abendgarderobe, Futterstoffe und Samt, aber auch für Zigarettenfilter und Acetatkabel verwendet.

In Kombination mit Weichmachern erhält man aus Celluloseacetat einen thermoplastischen Kunststoff, der zur Herstellung von Griffen bei Werkzeugen, Tastaturen, Lenkrädern oder Kugelschreibern genutzt wird.

Aufgaben

A1 Erläutern Sie, warum die Herstellung von Kupferseide nach dem beschriebenen Verfahren problematisch für die Umwelt ist[1].

A2 Formulieren Sie einen Ausschnitt aus der Struktur des bei der Herstellung von Celluloseacetat primär entstehenden Triacetats.

A3 Erläutern Sie, welche Auswirkung die Veresterung bei der Herstellung von Acetatfasern auf den Zusammenhalt der Makromolekülketten hat.

A4 Erstellen Sie analog zu B1 ein Schema zur Herstellung von Viskose (vgl. S. 139) und nennen Sie die entscheidenden Unterschiede zwischen den beiden Verfahren.

[1] Vgl. Spinnverfahren für Chemiefasern in *Chemie 2000+ Online*: 1. Nassspinn-, 2. Trockenspinn- und 3. Schmelzspinnverfahren.

Die Oxidation von Glucose

B1 *Verbrennung von Glucose: Glucose reagiert unmittelbar mit Sauerstoff.*

B2 *„Blue-Bottle-Versuch": Blaufärbung zu Beginn des Versuchs und nach dem Schütteln; rechts: nach dem Stehenlassen.* **A:** *Erklären Sie den mehrfach möglichen Farbwechsel beim Blue-Bottle-Versuch.*

Versuche zur Glucose-Oxidation

In den Körperzellen reagiert Glucose nicht unmittelbar mit Sauerstoff zu Kohlenstoffdioxid und Wasser (B1). Vielmehr erfolgt die Oxidation der Glucose in einer Abfolge zahlreicher Reaktionsschritte. Dies veranschaulicht der sogenannte **Modellversuch** *„Blue-Bottle-Versuch"*.

Versuch

V1 *„Blue-Bottle-Versuch"*: Füllen Sie einen Rundkolben zur Hälfte mit Glucose-Lösung, $w = 10\,\%$, und fügen Sie Methylenblau-Lösung hinzu (einige Körnchen Methylenblau in 100 mL Wasser) bis eine Hellblaufärbung entsteht. Füllen Sie anschließend mit verdünnter Natronlauge* auf, sodass ein Viertel des Rundkolbens frei bleibt. Lassen Sie die Lösung einige Minuten bis zur Entfärbung stehen. Verschließen Sie mit einem Stopfen und schütteln Sie. Der Farbwechsel (B2) lässt sich mehrfach wiederholen.

Bei der stufenweisen Oxidation wird Glucose durch Methylenblau zu Gluconsäure oxidiert, wobei Methylenblau reduziert und dadurch entfärbt wird. Die bei der Oxidation der Glucose frei werdenden Elektronen werden dann vom reduzierten Methylenblau auf den Luftsauerstoff übertragen. Methylenblau fungiert somit als Elektronenvermittler (B3). Gluconsäure ist ein erstes Oxidationsprodukt der Glucose, das nun in einem weiteren Schritt seinerseits oxidiert werden könnte.

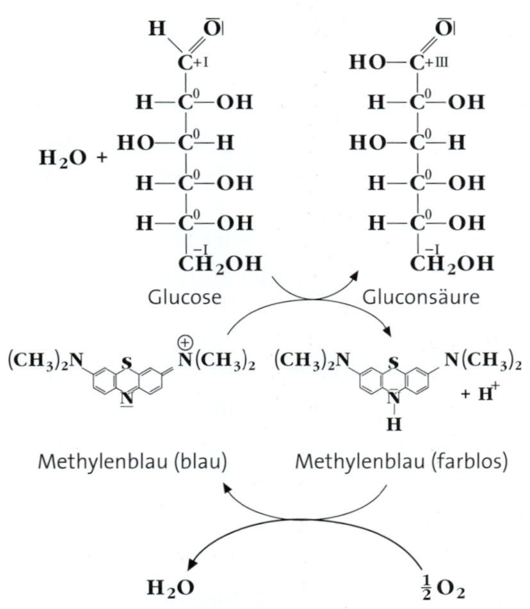

B3 *Reaktionsschema zu V1.* **A:** *Wie viele Elektronen werden in dem Reaktionsschema von einem Glucose-Molekül auf ein Sauerstoff-Molekül übertragen?* **A:** *Methylenblau wirkt als Elektronenvermittler zwischen Glucose und Sauerstoff. Erläutern Sie diese Funktionsweise.* **A:** *Vergleichen Sie die Oxidation der Glucose von V1 mit der Verbrennung in B1.*

Concept Map, eine Begriffs-Landkarte zu „Kohlenhydraten"

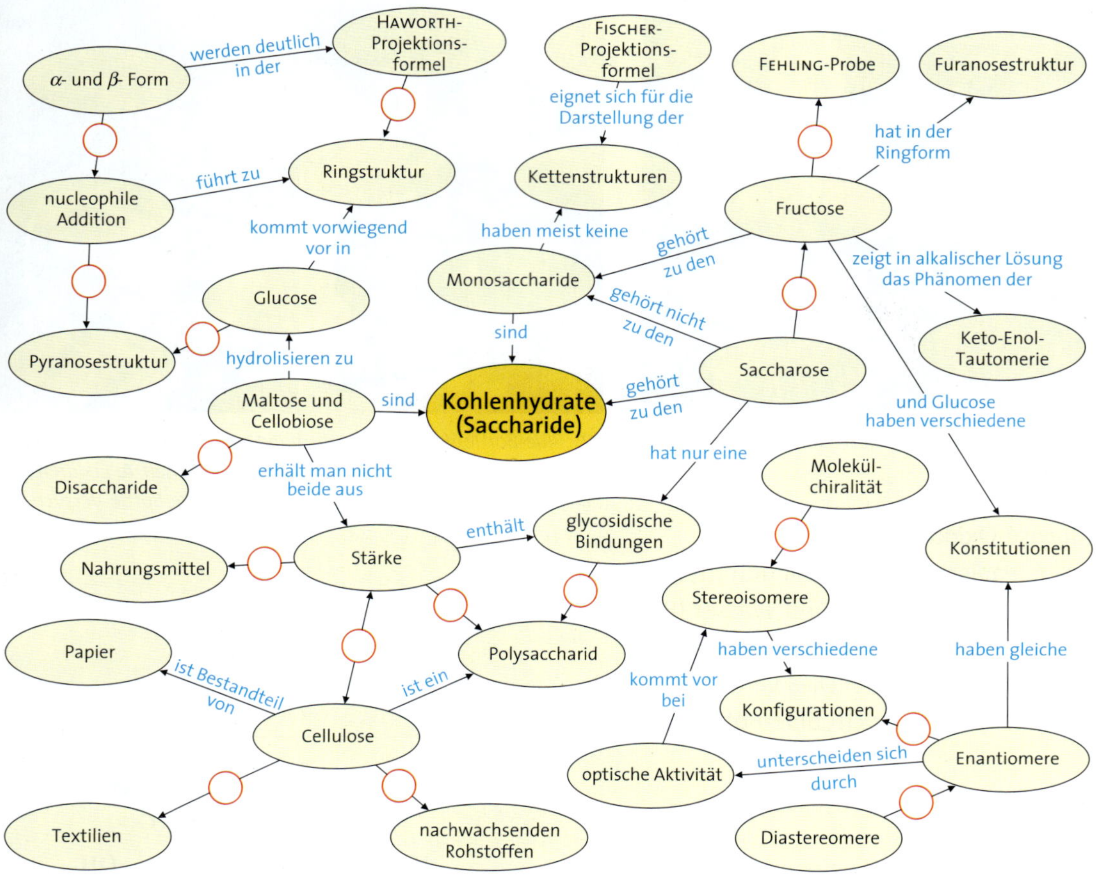

B1 ***Concept Map*** *zum zentralen Begriff „Kohlenhydrat (Saccharide)". Zu den in den Ovalen genannten (Schlüssel-)****Begriffen*** *sind bereits einige* ***Relationen*** *in Blau auf den Pfeilen angegeben, die je zwei Begriffe sinnvoll miteinander in Verbindung bringen, z. B. Stärke ist ein Polysaccharid.*

A1 Fertigen Sie eine Kopie dieser Seite an und ergänzen Sie die Concept Map aus B1, indem Sie aus der folgenden Liste jeweils die Nummer der zutreffenden Relation in den roten Kreis auf dem Pfeil zwischen zwei Begriffe eintragen.

Zuzuordnende Relationen:

1 gibt nach längerem Erhitzen eine positive
2 ist Voraussetzung für
3 kommt vorwiegend vor in
4 sind zwei
5 gehört zu den
6 eignet sich für die Darstellung von
7 haben verschiedene
8 sind keine
9 ist ein
10 kommen vor in jedem
11 entstehen durch
12 führt zur
13 ist das wichtigste feste
14 dient der Herstellung von
15 hat andere biochemische Eigenschaften als
16 enthält einen Baustein aus

A2 Konstruieren Sie (ggf. in Gruppen) Concept Maps zu einem anderen zentralen Begriff aus diesem Kapitel oder aus diesem Buch. Vergleichen Sie die von verschiedenen Personen erarbeiteten Concept Maps, indem Sie a) die eingetragenen Begriffe und b) die eingetragenen Relationen analysieren und bewerten.

A3 Glucose und Fructose sind *Hexosen*, weil ihre Moleküle sechs Kohlenstoff-Atome enthalten. Schreiben Sie die FISCHER-Projektionsformeln zweier *Pentosen* $C_5H_{10}O_5$ auf, von denen eine eine Aldose und die andere eine Ketose ist.

A4 Zu welcher Art von Wechselwirkungen kommt es zwischen den Molekülen eines Kohlenhydrats und Wasser-Molekülen? Erklären Sie, warum Mono- und Disaccharide sehr gut wasserlöslich sind, Amylose nur mäßig und Cellulose praktisch nicht.

A5 Formulieren Sie die Reaktionsgleichungen für die vollständige Verbrennung von Glucose und für die von Saccharose.

A6 Überprüfen Sie, ob die Summenformel (Molekülformel) der Essigsäure der allgemeinen Summenformel für Kohlenhydrate entspricht. Entscheiden und begründen Sie dann, ob Essigsäure ein Kohlenhydrat ist.

A7 Sorbit (1,2,3,4,5,6-Hexanhexol) wird als Zuckerersatzstoff eingesetzt und ist sowohl für Zuckerkranke als auch zur Vorbeugung von Karies geeignet. a) Schreiben Sie die Konstitutionsformel (Valenzstrichformel) von Sorbit auf. b) Ist Sorbit ein Kohlenhydrat? Begründen Sie Ihre Antwort. c) Erklären Sie, warum Sorbit für Zuckerkranke und zur Kariesvorbeugung geeignet ist.

A8 Glucose kann in der Ringform statt als Glucopyranose (vgl. S. 132) auch als Glucofuranose, d. h. als fünfgliedriger Ring vorliegen (nur zu 1%). Formulieren Sie die Bildung von Glucofuranose in Anlehnung an die Bildung von Glucopyranose (vgl. S. 132, B3) mit HAWORTH-Projektionsformeln.

A9 Bestimmen Sie begründet die Anzahl der optischen Isomere bei a) Fructose (offenkettige Form) und b) Citronensäure (3-Carboxy-3-hydroxypentandisäure).

A10 a) Nennen Sie die Arten von Stärke und erklären Sie ihre unterschiedlichen Wasserlöslichkeiten (vgl. S. 137). b) Beurteilen Sie die Verwendbarkeit der verschiedenen Arten von Stärke für die Herstellung von essbarem Verpackungsmaterial.

A11 Die auf S. 141 in B3 formulierte Oxidation von Glucose zu Gluconsäure ist unvollständig. a) In welchen Versuchen aus diesem Kapitel läuft diese Oxidation ab? Begründen Sie Ihre Antwort. b) Treffen Sie eine Aussage über die Anzahl der möglichen Oxidationsprodukte von Glucose und formulieren Sie zwei Beispiele für solche Produkte.

A12 D-Xylose ist eine Aldose mit der molaren Masse $M = 150$ g/mol, die u. a. bei der *Hydrolyse* von Holz*gummi* mit verdünnten *Säuren* entsteht. Aus ihr wird durch Reaktion mit Wasserstoff der *Zuckeraustauschstoff Xylit* hergestellt. In der FISCHER-Projektionsformel von Xylose sind die Hydroxy-Gruppen abwechselnd rechts und links angeordnet.

a) Zur Bestimmung der Anzahl der Hydroxy-Gruppen im Molekül wurden 0,13 g Xylose mit 0,01 mol wasserfreier Ethansäure versetzt und mit Natronlauge, c = 0,1 mol/L, titriert. Der Verbrauch an Natronlauge betrug 67 mL. Berechnen Sie aus *diesen Angaben* die Anzahl der Hydroxy-Gruppen im Xylose-Molekül und geben Sie die Reaktionsgleichung für diese Reaktion unter Verwendung von Strukturformeln in der FISCHER-Projektion an.

b) Bei der Bestimmung des Drehwinkels in einem Polarimeter mit einer 20 cm langen Küvette wurde frisch zubereitete α-D-Xylose-Lösung, w = 0,2 g/cm^3, über einen längeren Zeitraum untersucht. Man beobachtete eine Veränderung des Messwerts bis zu einem konstanten Endwert von 8 grd. Erklären Sie die Beobachtung auch unter Verwendung einer Reaktionsgleichung in HAWORTH-Schreibweise und berechnen Sie den spezifischen Drehwinkel für D-Xylose.

c) Geben Sie die Reaktionsgleichung für die Herstellung von Xylit an. Bestimmen Sie die Reaktionsart dieser Reaktion.

Aminosäuren und Proteine

Lebewesen sind äußerst komplexe Systeme, in denen zahlreiche Stoffe und Reaktionen dazu beitragen, dass die Organismen „leben". Die enorme Vielfalt von biologischen Formen und Funktionen beruht auf Strukturen und Vorgängen, bei denen **Proteine**, die **Eiweißstoffe**, eine zentrale Rolle spielen. Unser Körper verfügt, wie die gesamte Natur, über einen immensen Pool an verschiedenen Protein-Molekülen. Sie alle werden jedoch aus einer recht überschaubaren Anzahl von etwa 20 **Aminosäuren** aufgebaut.
Proteine werden heute im Rahmen der „Life Sciences" untersucht. Diese Schnittmenge aus Forschungsfeldern der Chemie, Biologie, Medizin und Technik beschäftigt sich mit lebenden Organismen, unter denen der Mensch selbst das wichtigste Forschungsobjekt ist. Deshalb steht in diesem Kapitel unser eigener Körper im Mittelpunkt. Die darin ablaufenden Prozesse möglichst gut zu kennen und zu verstehen, entspricht einerseits der natürlichen Neugier des Menschen. Andererseits erhofft man sich von diesen Kenntnissen auch praktische Hilfen für ein gesundes und angenehmes Leben je nach persönlichen Ansprüchen und Vorlieben.
Die folgenden Fragen und Stichworte werden uns bei der Erschließung des **Zusammenhangs Struktur – Eigenschaften – biologische Funktionen** von Aminosäuren und Proteinen leiten:

1 **Wie versorgen wir unseren Körper mit Proteinen, den Eiweißstoffen?**

2 **Von der Aminosäure zum Protein – Wie geht das?**

3 **Wodurch zeichnen sich Protein-Moleküle aus?**

4 **Was passiert mit den Proteinen beim Zubereiten von Speisen?**

5 **Wie kommt es zu einer biologischen Funktionseinheit auf der Basis von Proteinen?**

6 **Desoxyribonucleinsäure – molekularer Träger der Erbinformation**

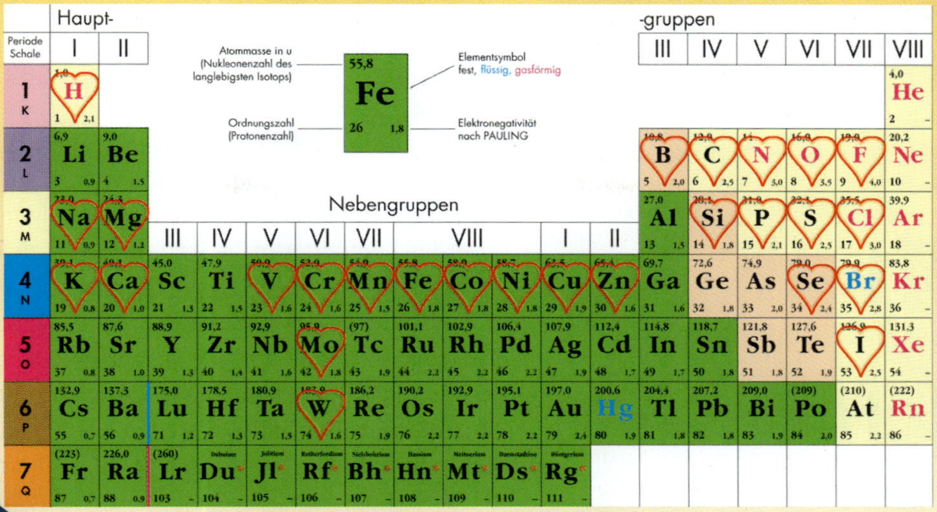

B1 *Die 27 „Elemente des Lebens" und ihre Positionen im Periodensystem*

Bei der Auswahl der chemischen Elemente, die bei der Evolution des Lebens auf unserem Planeten eine Rolle spielen, war die Natur recht geizig. Nur vier Elemente, Sauerstoff, Kohlenstoff, Wasserstoff und Stickstoff, sind an 95 % der Masse eines Menschen beteiligt. Insgesamt benötigte die Evolution nur 27 von den über 90 natürlich vorkommenden Elementen (B1) „für den Menschen". Die elementare Zusammensetzung des menschlichen Körpers lässt sich ganz nüchtern durch die folgenden Symbole und Zahlen darstellen (die Angaben der Elemente sind in Massenprozent):

O (56,1 %), **C** (28 %), **H** (9,3 %), **N** (2 %), **Ca** (1,5 %), **Cl** (1 %), **P** (1 %) und **S**, **Fe**, **Zn**, **I**, **F**, **Cu**, **Mg**, **K**, **Na**, **Se**, **Co**, **V**, **Cr**, **Mo**, **W**, **Mn**, **Ni**, **Br**, **B** und **Si** (zusammen 1,1 %).

Allerdings sagt das wenig über die Chemie aus, die in uns abläuft, denn keines der aufgezählten Elemente kommt atomar im Körper vor. Die Vielfalt von Teilchen in unserem Körper ist unvorstellbar groß. Sie reicht von kleinen Ionen und Molekülen wie Natrium-Ionen Na^+ und Kalium-Ionen K^+ bzw. Wasser-Molekülen H_2O, Stickstoffmonooxid-Molekülen **NO** und Kohlenstoffmonooxid-Molekülen **CO** bis zu supramolekularen Systemen aus Riesenmolekülen und/oder -ionen.

Unentbehrlich – auch für Vegetarier

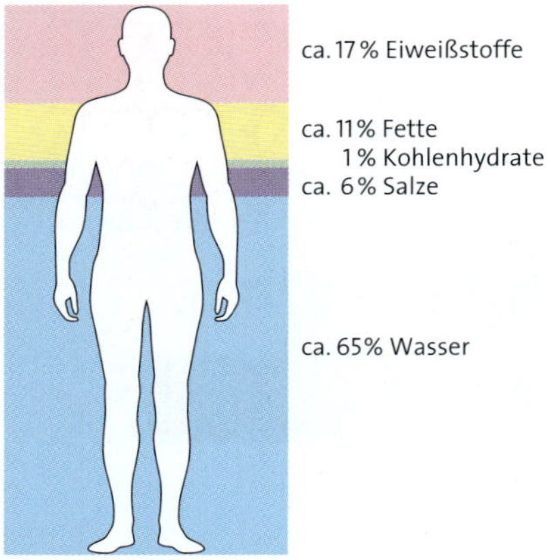

B1 *Zusammensetzung unseres Körpers.* **A:** *Erläutern Sie, ob die Anteile der angegebenen Stoffe am Aufbau unseres Körpers in etwa den Anteilen, in denen wir diese Stoffe zu uns nehmen, entsprechen.*

Versuche

Hinweis: Die Versuche V1 bis V5 werden mit wässrigen Lösungen von Eiklar (Eiweiß), Gelatine (oder Gummibärchen), Pepton (teilweise gespaltenes Eiweiß) und einigen Aminosäuren, beispielsweise Glycin, Glutaminsäure, Lysin und Tyrosin, durchgeführt. Um die Stoffe schneller zu lösen, kann erhitzt werden. Die Versuche können arbeitsteilig in Gruppen durchgeführt werden.

V1 *Elementnachweise:* Informieren Sie sich gruppenweise über die Nachweise der Elemente Wasserstoff, Kohlenstoff, Stickstoff und Schwefel in organischen Verbindungen und führen Sie die Nachweise durch.

V2 *Biuretreaktion:* Geben Sie zu je 3 mL Lösung der oben (unter *Hinweis*) genannten Stoffe je 1 mL Natronlauge*, c = 1 mol/L. Fügen Sie anschließend je 10 Tropfen Kupfersulfat-Lösung*, c = 0,1 mol/L, hinzu und beobachten Sie.

LV3 *Xanthoproteinreaktion* (**Abzug**)*:* Man gibt zu je 3 mL Lösung der oben genannten Stoffe je 4 mL konz. Salpetersäure*, erhitzt vorsichtig und beobachtet .

V4 *Ninhydrinreaktion:* Tupfen Sie auf ein Filterpapier mit einer Glaskapillare je einen Fleck aus Lösungen der oben genannten Stoffe. Besprühen Sie das Filterpapier mit Ninhydrin-Reagenz und erhitzen Sie es mit dem Fön.

V5 *Tyndall-Effekt:* Füllen Sie 5 bis 10 mL Lösung der oben genannten Stoffe jeweils in eine flache Küvette und richten Sie den Strahl eines Laserpointers von der Seite in die Lösung. Betrachten Sie den Strahlengang genau.

Auswertung

a) Die Ergebnisse aus V5 erlauben Aussagen darüber, welche der untersuchten Proben Makromoleküle enthalten und welche nicht. Erläutern Sie warum, und deuten Sie die Versuchsergebnisse.

b) Kommentieren und beurteilen Sie die Richtigkeit Ihrer Ergebnisse aus V1 anhand der in B2 und B5 angegebenen Formeln.

c) Bei der *Biuretreaktion* reagieren Peptid-Gruppen **-NH-CO-** mit Kupfer-Ionen Cu^{2+} zu rotvioletten Komplexen (vgl. Kap. 12). Deuten und erklären Sie die Ergebnisse aus V2.

d) Aromatische Seitengruppen (vgl. S. 204) in Aminosäuren und Proteinen werden mit Salpetersäure zu gelben Verbindungen nitriert (*Xanthoproteinreaktion*). Welche der in LV3 untersuchten Proben enthalten aromatische Reste?

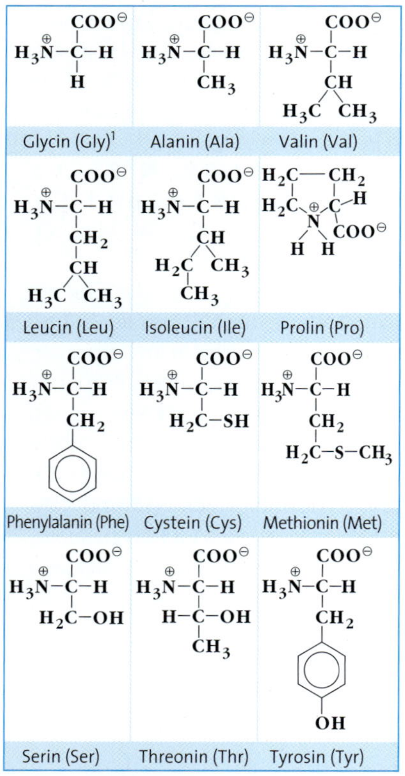

B2 *α-Aminosäuren (Fischer-Projektionsformeln) mit unpolaren und mit polaren Resten (vgl. auch B5).* **A:** *Wodurch unterscheidet sich Prolin von allen anderen?*

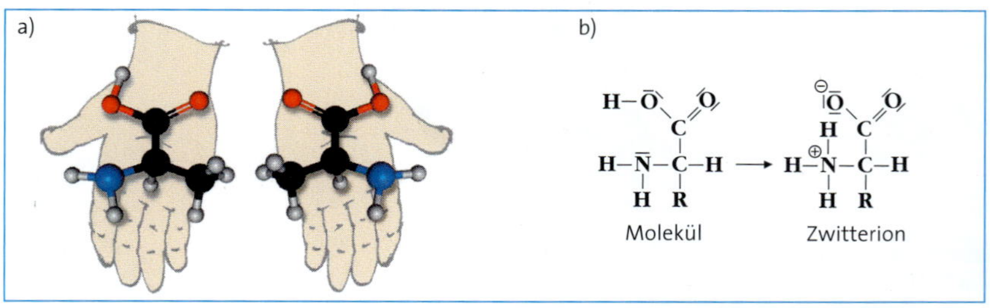

B3 *Zwei charakteristische Merkmale von α-Aminosäuren: Spiegelbild-Isomerie (a) und intramolekulare Autoprotolyse unter Bildung eines Zwitterions (b).* **A:** *Begründen Sie, welche Aminosäure aus B2 keine Spiegelbild-Isomerie aufweist.*

Aminosäuren – Bausteine der Eiweiße

Proteine (**Eiweiße**) sind makromolekulare Bestandteile aller Zellen in Organismen. Bei der Zusammensetzung des menschlichen Körpers stellen sie mit 17 % den größten Teil der organischen Verbindungen (B1). In Muskeln und Haaren dienen sie als *Bau- und Gerüststoffe*. Als *Enzyme* (vgl. S. 78 f) katalysieren sie im Cytoplasma biochemische Reaktionen, als *Hormone* (vgl. S. 154) wirken sie als Botenstoffe und als *Antikörper* im Blut wehren sie Krankheitserreger wie Viren und Bakterien ab.

Der Tagesbedarf an Eiweißstoffen in der Nahrung liegt für einen erwachsenen Menschen bei etwa 60 g bis 70 g. Im Körper werden die Makromoleküle der Eiweiße aus der Nahrung hydrolytisch in monomere **Aminosäuren** gespalten, aus denen dann die körpereigenen Proteine synthetisiert werden. In Protein-Molekülen kommen die Reste aus „nur" etwa 20 **α-Aminosäuren** vor (B2, B3, B5). Einen Eindruck davon, wie viele Protein-Moleküle aus diesen gebildet werden können, vermittelt das Beispiel aus A2.

Die Bezeichnung α-Aminosäure gibt an, dass an einem Kohlenstoff-Atom des Moleküls sowohl eine **Amino-Gruppe $-NH_2$** als auch eine **Carboxy-Gruppe $-COOH$** gebunden sind. An diesem Kohlenstoff-Atom befindet sich außerdem immer auch ein Wasserstoff-Atom. Der einzige Unterschied zwischen den einzelnen α-Aminosäuren besteht also in dem **Rest –R** (Seitengruppe) an dem Kohlenstoff-Atom, das die Amino- und die Carboxy-Gruppe trägt (B2, B5). Außer bei Glycin ist dieses Kohlenstoff-Atom daher bei allen α-Aminosäuren **asymmetrisch**. Das hat zur Folge, dass an diesem Kohlenstoff-Atom L- oder D-Konfiguration vorliegen kann, es also zwei **Konfigurationen** jeder α-Aminosäure gibt. In den Organismen kommen ausschließlich α-Aminosäuren mit L-Konfiguration vor.

Der menschliche Körper kann die meisten der benötigten Aminosäuren bei ausreichendem und ausgewogenem Angebot an Nährstoffen selbst synthetisieren. Einige *essentielle* Aminosäuren (Val, Met, Thr, Phe, Ile, Leu, Try, Lys) können jedoch nicht synthetisiert werden und müssen dem Körper daher mit der Nahrung zugeführt werden.

Eine gemeinsame Eigenschaft aller α-Aminosäuren ist die **intramolekulare Autoprotolyse**, d.h. der Protonenübergang von der Carboxy-Gruppe zur Amino-Gruppe innerhalb eines Moleküls unter Bildung eines **Zwitterions**. Die in B3 formulierte Protolysereaktion verläuft nahezu vollständig nach rechts, weshalb alle 20 α-Aminosäuren in B2 und B5 als Zwitterionen dargestellt sind.

B4 *Werbung für aminosäurehaltige Präparate.* **A:** *Auf welche Wirkung einer an Aminosäuren reichen Nahrung wird hier hingewiesen?*

Aufgaben

A1 Nennen Sie unter den Aminosäuren aus B2 und B5 diejenigen, die a) einen aromatischen Ring (vgl. S. 204) und b) Schwefel-Atome im Molekül haben.

A2 Mit den 20 verschiedenen Aminosäure-Einheiten kann auf 2432902008176640000 Arten eine Kette aus 20 Bausteinen aufgereiht werden. Überlegen Sie, wie man auf diese Zahl kommt, indem Sie analoge Rechenbeispiele für 3, 4 und 5 Bausteine aufstellen und lösen. Wie lautet die Rechenformel?

Fachbegriffe

Proteine (Eiweiße), α-Aminosäure, asymmetrisches Kohlenstoff-Atom, Konfiguration, intramolekulare Autoprotolyse, Zwitterion

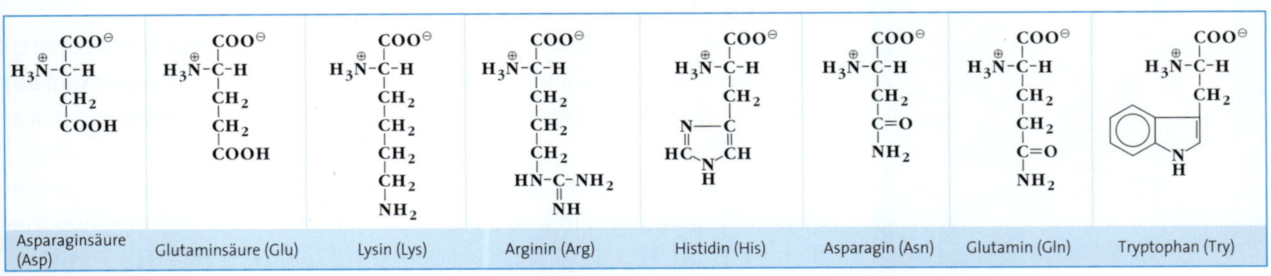

B5 *α-Aminosäuren (Fischer-Projektionsformeln) mit einer zweiten Carboxy- oder Amino-Gruppe und Derivate (vgl. auch B2)*

Geschmacksverstärker – frei und gebunden

B1 *Kartoffelchips und Chinafood – lecker auch dank Natriumglutamat (vgl. Zutaten)*

Lebensmittel	freies Glutamat mg/100 g	gebundenes Glutamat mg/100 g
Parmesankäse	1200	9800
Hühnerfleisch	45	3300
Rindfleisch	35	2800
Schweinefleisch	25	2300
Lammfleisch	20	2700
Eier	25	1600
Makrelen	35	2400
Lachs	20	2200
Mais	130	1800
Tomaten	140	240
Bohnen	200	5600
Kartoffeln	100	270
Möhren	35	200

B2 *Natriumglutamat in Lebensmitteln.*
A: *Vergleichen Sie das Verhältnis freies/gebundenes Glutamat bei Fleisch und bei Gemüse. Was fällt auf?*

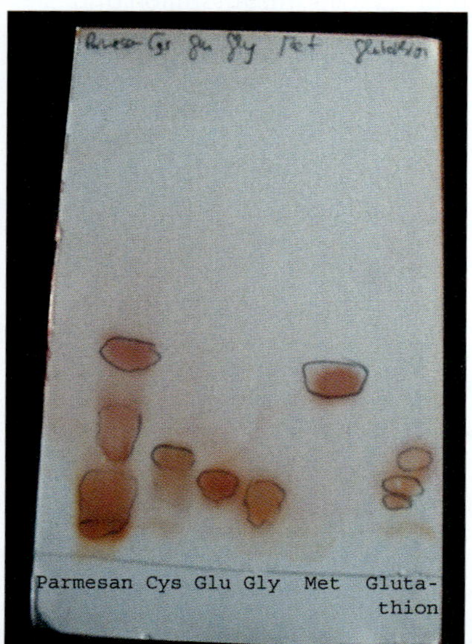

B3 *Dünnschichtchromatogramm zu V1*

INFO

Jeder Koch weiß, dass der Geschmack einer Speise nicht alleine von den Zutaten, sondern auch von der Art der Zubereitung abhängt. Beides ist entscheidend dafür, wie uns die Speise schmeckt, wenn sie auf den Tisch kommt. Neben *süß*, *sauer*, *salzig* und *bitter* gibt es auch eine *fünfte* Geschmacksrichtung. In der westlichen Welt ursprünglich wenig bekannt ist sie bezeichnend für die chinesische und japanische Küche: *umami* auf Japanisch, *herzhaft* oder *fleischig* auf Deutsch. Der *umami*-Geschmack wird hauptsächlich durch Natriumglutamat, das Natriumsalz der Glutaminsäure, hervorgerufen (vgl. S. 147, B5). Heutzutage werden Geschmacksverstärker mit Natriumglutamat überall eingesetzt, nicht nur in Schnellimbissbuden, Chinarestaurants und Pizzerien, sondern auch in Trendrestaurants und Speiselokalen der gehobenen Klasse. Natriumglutamat kommt nämlich in vielen Lebensmitteln vor und damit auch in deren Extrakten, sowie in Saucen, Konzentraten etc., die man daraus herstellt. Fleisch, Fisch und Milchprodukte enthalten insgesamt wesentlich mehr Glutamat als Gemüse (*Ausnahme*: Bohnen, v.a. Sojabohnen), wobei der überwiegende Teil des Glutamats in diesen Nahrungsmitteln gebunden ist, d.h. Bestandteil von Peptiden und Proteinen (vgl. S. 151), aus denen es erst beim Kochen, Backen, Braten oder Garen freigesetzt wird.

Versuche

V1 Geben Sie in drei Erlenmeyerkolben je 0,3 g a) Glutathion (Tripeptid: Glu-Cys-Gly), b) Parmesankäse und c) Pepton (Eiklar). Fügen Sie je 20 mL konz. Salzsäure und 8 mL Wasser hinzu. Schütteln Sie gut durch und stellen Sie die Proben über Nacht mit gesichertem Glasschliffstopfen in den Trockenschrank bei 100 °C. Bringen Sie die Hydrolysate mit Natronlauge auf *p*H = 5 und trennen Sie sie dünnschichtchromatografisch auf Kieselgel (B3). Benutzen Sie als Vergleichsproben Lösungen einiger Aminosäuren, beispielsweise Gly, Ala, Glu, Cys, Met (vgl. S. 146, 147, B2 und B5). Verwenden Sie als Fließmittel für die DC ein Gemisch aus 1-Butanol : Eisessig : Wasser in den Volumenanteilen 4 : 1 : 1. Zur Sichtbarmachung der Flecke wenden Sie die Ninhydrin-Reaktion an (vgl. S. 146, V4).

V2 Bestrahlen Sie 10 mL frische Milch in einer offenen Petrischale aus 15 cm Entfernung 10 min lang mit einer 250-W-UV-Lampe und testen Sie anschließend den Geruch. (*Hinweis:* Einen ähnlichen Effekt erhält man bei einstündiger Bestrahlung im starken Sonnenlicht.)

Auswertung

a) Interpretieren Sie die DC-Ergebnisse bei V1. Welche Aminosäuren konnten Sie in den Hydrolyseprodukten von Glutathion, Pepton und Parmesankäse nachweisen? Erläutern Sie, in welcher der drei Proben Glutaminsäure am besten erkennbar ist.

b) Bei Bestrahlung mit UV-Licht bilden Proteine mit Cystein-Bausteinen Schwefelverbindungen mit üblem Geruch und Geschmack (V2), darunter Methional $\mathbf{CH_3SCH_2CH_2CHO}$ und Dimethyldisulfid $\mathbf{CH_3S_2CH_3}$. Formulieren Sie die Valenzstrichformeln dieser beiden Verbindungen.

Peptide – Kondensationsprodukte von Aminosäuren

Der Geschmacksverstärker Glutamat, das Natriumsalz der Glutaminsäure, liegt in Lebensmitteln häufig gebunden vor. Oft wird es erst beim Zubereiten einer Speise durch Hydrolyse von **Peptiden** freigesetzt. Peptide sind Kondensationsprodukte aus Aminosäuren. Die Bildung und die Hydrolyse eines Dipeptid-Moleküls verlaufen wie in folgendem Beispiel:

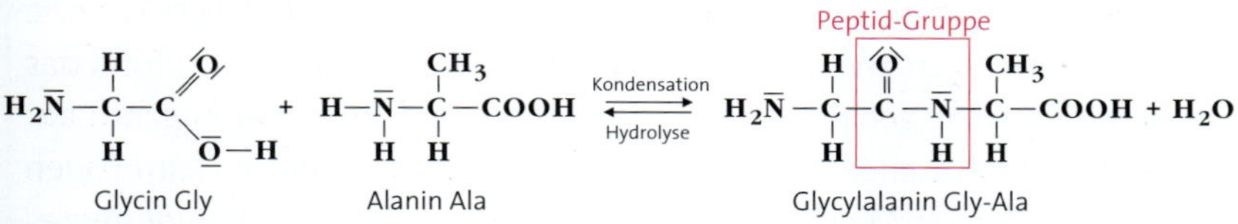

Auf den ersten Blick sieht die Synthese eines Peptids recht einfach aus. Auf molekularer Ebene wird durch Kondensation unter Abspaltung eines Wasser-Moleküls eine **Peptid-Gruppe** (B4) gebildet. Folgende Überlegungen zeigen uns, dass der Fall komplizierter ist: Aus Glycin und Alanin kann außer dem formulierten Produkt Glycylalanin Gly-Ala auch Alanylglycin Ala-Gly gebildet werden. Bei 20 verschiedenen Aminosäuren sind alleine 20^2 verschiedene Dipeptide, 20^3 Tripeptide, also 20^k Peptide mit k Aminosäure-Bausteinen im Molekül formulierbar. Um ein Tripeptid mit vorgegebener **Sequenz**[1], beispielsweise Glutathion (Glu-Cys-Gly), zu synthetisieren, wäre es nicht zweckmäßig, die drei Aminosäuren gleichzeitig in einem Gefäß zur Reaktion zu bringen. Es würde sich ein Gemisch aus vielen verschiedenen **Oligopeptiden**[2] und **Polypeptiden**[3] bilden. Für die Synthese von Peptiden im Labor sind aufwendige Verfahren, die nur in Stufen und mit speziellen Techniken ablaufen, nötig.

Umso erstaunlicher ist es, dass in lebenden Organismen die richtigen Peptide zum richtigen Zeitpunkt in der richtigen Menge synthetisiert werden. Das bekannteste Beispiel ist das den Blutzuckerspiegel regulierende Hormon *Insulin*, dessen Moleküle aus zwei Peptidketten mit insgesamt 51 Aminosäure-Einheiten aufgebaut sind (vgl. S. 154). Fehlt Insulin im Körper, so erhöht sich der Blutzuckerspiegel (Diabetes). Das Hormon *Oxytocin*, ein Oligopeptid aus neun Aminosäure-Einheiten (Sequenz: Cys-Try-Ile-Gln-Asn-Cys-Pro-Leu-Gly)[4] löst beim Geburtsvorgang Wehen aus.

Die gezielte und hocheffiziente Synthese von Peptiden in Organismen ist ebenso wie deren hydrolytischer Abbau nur mithilfe von **Enzymen** (Biokatalysatoren) möglich. Enzyme bestehen aus **Proteinen**, Polypeptiden aus über 100 Aminosäure-Bausteinen, und enthalten in der Regel auch Metall-Atome oder -Ionen. Durch zwischenmolekulare Wechselwirkungen richtet sich das Peptid-Molekül am Enzym so aus, dass genau die richtige Bindung aufgetrennt oder geknüpft werden kann (B5).

Aufgabe

A1 Erläutern Sie, warum es bei jedem der in B4 mit C_α bezeichneten Kohlenstoff-Atome zu einer Verdrillung der beiden Ebenen zueinander kommt.

[1] von *sequentia* (lat.) = Aufeinanderfolge, Reihenfolge; [2] von *oligos* (griech.) = wenig; bis zu 10 Aminosäure-Bausteine

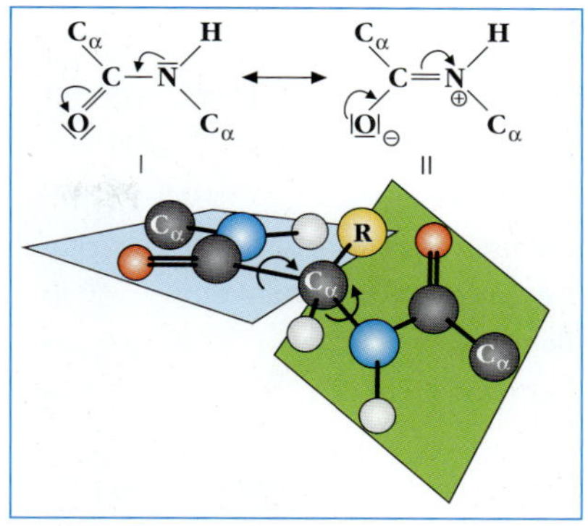

B4 *Die Peptid-Gruppe ist mesomeriestabilisiert (vgl. S. 204). Alle Atome der Peptid-Gruppe und das α-C-Atom liegen in einer Ebene, die jedoch zur Ebene der benachbarten Peptid-Gruppe verdrillt ist (vgl. A1).*

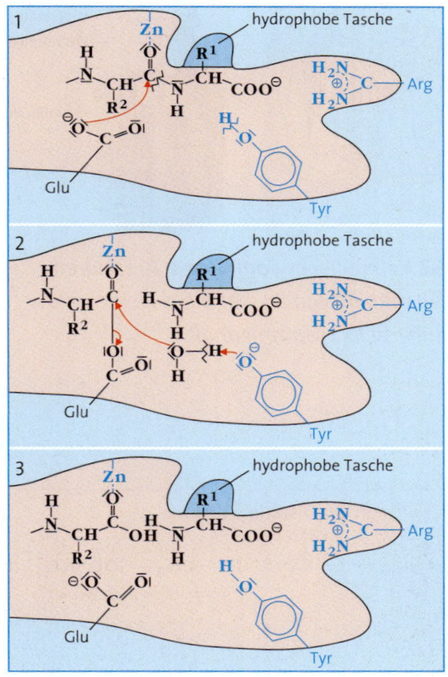

B5 *Wirkungsweise des Enzyms Carboxypeptidase bei C-terminalem Abbau eines Peptids. Schrittfolge: 1, 2, 3.*

Fachbegriffe

Peptid, Peptid-Gruppe, Oligopeptid, Polypeptid, Sequenz, Enzyme, Proteine

[3] von *polys* (griech.) = viel; 10 bis 100 Aminosäure-Bausteine; [4] Die N-terminale Aminosäure, d. h. der Aminosäure-Rest mit der noch freien Amino-Gruppe, steht jeweils vorne.

Anzahl	90 000–150 000
Haardichte	ca. 200/cm²
Durchmesser	0,04–0,1 mm
Monatliches Wachstum	1 cm
Gesamte tägliche Produktion	30 m
Belastbarkeit bis zu	100 g/Haar
Dehnbarkeit bis zu	50 %
Täglich ausfallende Haare	50–100

B1 *Eigenschaften von Kopfhaaren*

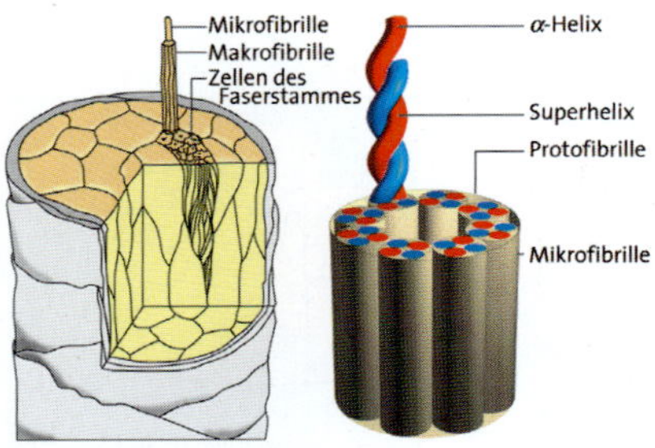

B2 *Aufbau eines Kopfhaares.* ***A:*** *Erklären Sie mithilfe von B4 was die α-Helices in der Superhelix zusammenhält.*

1. Öffnen der Disulfid-Brücken

$$\text{Cys}-\text{S}-\text{S}-\text{Cys} + 2\,\text{HS}-\text{CH}_2-\text{COO}^{\ominus}\text{NH}_4^{+}$$

Ammoniumthioglycolat

$$\downarrow$$

$$\text{Cys}-\text{SH} + \text{HS}-\text{Cys} +$$

$$\text{H}_4\text{N}^{+\ominus}\text{OOC}-\text{CH}_2-\text{S}-\text{S}-\text{CH}_2-\text{COO}^{\ominus}\text{NH}_4^{+}$$

2. Schließen der Disulfid-Brücken

$$\text{Cys}-\text{SH} + \text{HS}-\text{Cys} + \text{H}_2\text{O}_2$$

$$\downarrow$$

$$\text{Cys}-\text{S}-\text{S}-\text{Cys} + 2\,\text{H}_2\text{O}$$

B3 *Chemie der Dauerwelle.* ***A:*** *Begründen Sie, welche Atome beim „Öffnen" der Disulfid-Brücken reduziert, beim „Schließen" oxidiert werden.*

Chemie der Dauerwelle

INFO

Eine Fönfrisur ist ruiniert, wenn man mit ihr durch den Regen läuft. Dagegen hält eine Dauerwelle mehrere Monate, auch bei täglichem Waschen und Fönen der Haare. Die Erklärung ist einfach:

Bei feuchten Haaren liegen die Ammonium-, Carboxylat- und Hydroxy-Gruppen der Aminosäure-Reste in den Protein-Molekülen hydratisiert vor. Die Wechselwirkungen zwischen den Makromolekülen sind schwach und das Haar nimmt seine genetisch vorgegebene Form ein. Wird eine Zugkraft angesetzt, so verrutschen die Protein-Moleküle gegeneinander. Beim Fönen werden die Wasser-Moleküle ausgetrieben und es kommt zu Ion-Ion-Anziehungskräften und Wasserstoffbrückenbindungen zwischen den Makromolekülen, und zwar in der verrutschten Position. Das Haar erhält zeitweise die gewünschte Form, die allerdings beim Anfeuchten wieder verschwindet.

Auch bei der Erzeugung einer Dauerwelle werden die Protein-Moleküle aus dem Haar aus ihrer natürlich gewachsenen Lage durch Auftrennen und Neuknüpfen von Wechselwirkungen in eine neue, künstliche Position gebracht. Im Gegensatz zur Fönfrisur werden hier Elektronenpaarbindungen (kovalente Bindungen) getrennt und neu geknüpft. Es handelt sich dabei um Disulfid-Brücken **–S-S–**, die durch Reduktion geöffnet und durch Oxidation wieder geschlossen werden (B3).

Versuche

V1 Befestigen Sie eine abgeschnittene Haarlocke auf einem Lockenwickler in der gewünschten Form und tauchen Sie sie in ein Bad aus 10 mL Thioglycolsäure*, 50 mL dest. Wasser und 25 mL Ammoniak-Lösung*, $w = 10\,\%$. Lassen Sie die Lösung ca. 15 min einwirken und waschen Sie anschließend mit Wasser. Fixieren Sie dann durch Eintauchen in eine Wasserstoffperoxid-Lösung*, $w = 2\,\%$, die mit Citronensäure auf $pH = 2{,}5$ bis $pH = 3$ eingestellt wurde. Waschen Sie nach dem Fixieren erneut mit Wasser, entfernen Sie den Lockenwickler und trocknen Sie mit dem Fön. Testen Sie die Beständigkeit der Dauerwelle gegen Wind und Feuchtigkeit.

V2 Verfahren Sie mit zwei Haarproben wie in V1, jedoch a) ohne Zusatz von Ammoniak-Lösung im ersten Arbeitsschritt und b), indem Sie den zweiten Arbeitsschritt (das Fixieren) ganz weglassen. Vergleichen Sie die so erhaltenen Ergebnisse mit dem Ergebnis aus V1.

Auswertung

a) Erläutern Sie, welche der in B6 angegebenen Wechselwirkungen (Bindungen) bei der Fönfrisur geöffnet und geschlossen werden. Benennen Sie die Prozesse, die dabei auf der Teilchenebene ablaufen (*Hinweis: INFO*).

b) Auch eine Fönfrisur kann gegen „Wind und Regen" stabilisiert werden. Dafür geeignete Sprays und Gele enthalten neben Lösemitteln und Riechstoffen u. a. auch Polymere. Wie ist die Haltbarkeit der Frisur nach Spray- oder Gelbehandlung zu erklären?

c) Bei der Dauerwelle werden 20 % bis 40 % der im Haar vorhandenen Disulfid-Brücken geöffnet und an anderer Stelle wieder geschlossen (B3). Erläutern Sie, was „an anderer Stelle" genau heißt.

Sekundär- und Tertiärstruktur von Proteinen

Nicht nur Haarstyling und Kosmetik *an* unserem Körper basieren auf der Chemie von Proteinen, auch Reaktionen *in* unserem Körper sind ohne Proteine kaum möglich. Um einen tieferen Einblick in die dabei ablaufenden Prozesse zu erhalten, betrachten wir die Struktur (Konstitution, Konfiguration und Konformation)[1] der Protein-Makromoleküle genauer.

Die **Primärstruktur** eines Proteins wird durch die Art und Anzahl der Aminosäure-Einheiten und ihre Verknüpfungsfolge (Sequenz) im Protein-Makromolekül festgelegt. Die Primärstruktur wird durch **Sequenzanalyse** ermittelt, also durch schrittweise Abkopplung und anschließenden Nachweis der einzelnen Aminosäure-Moleküle. Das kann durch N-terminalen[2] oder C-terminalen[2] Abbau erfolgen, je nachdem, ob immer ein Aminosäure-Molekül vom Molekülende mit der Amino-Gruppe $-NH_2$ oder vom Ende mit der Carboxy-Gruppe $-COOH$ abgespalten wird. Ein C-terminaler Abbau kann beispielsweise mithilfe der *Carboxypeptidase* (vgl. S. 149, B5), einem Enzym aus 307 Aminosäure-Bausteinen, erfolgen.

Zwischen der **N–H** Gruppe einer Peptid-Gruppe (vgl. S. 149, B4) und der **C=O** Gruppe einer anderen Peptid-Gruppe, die zur ersten günstig liegt, bildet sich eine Wasserstoffbrückenbindung aus. Diese sind in der Summe so stark, dass sie Molekülfragmenten oder dem gesamten Molekül eine bestimmte Konformation verleihen, die man als **Sekundärstruktur** des Peptid- (oder Protein-) Moleküls bezeichnet. Die beiden häufigsten „geordneten" Konformationen sind die **α-Helixstruktur** und die **β-Faltblattstruktur** (B4, B5). Bei der *Carboxypeptidase* liegen 38 % des Moleküls als α-Helix und 17 % als β-Faltblatt vor. Zusammen mit den restlichen 45 %, in denen sich die Molekülfragmente räumlich aufgrund der weiteren Wechselwirkungen zwischen den Aminosäure-Resten (B6) ordnen, ergibt sich die **Tertiärstruktur** des Proteins (vgl. auch S. 153). Sowohl die Sekundärstruktur als auch die Tertiärstruktur eines Protein-Moleküls sind bereits durch die Aminosäuresequenz, d. h. durch die Primärstruktur vorgegeben.

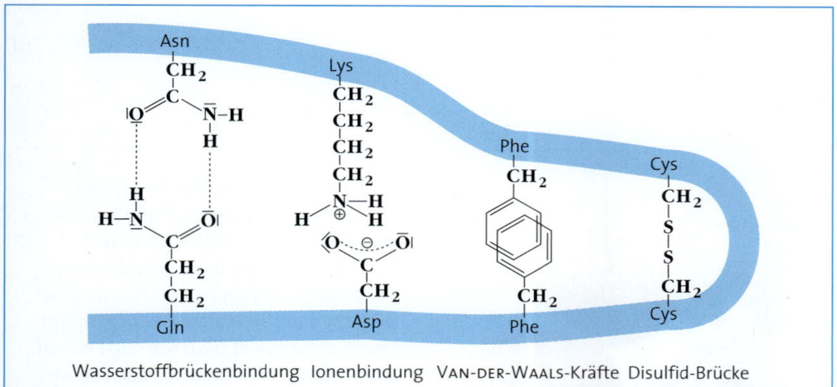

B6 *Wechselwirkungen und Bindungen, zu denen es zwischen den Aminosäure-Resten in Protein-Molekülen kommen kann.* **A:** *Ordnen Sie diese Wechselwirkungen (Bindungen) nach abnehmender Stärke.*

[1] Konstitution, Konfiguration, Konformation – vgl. Tabellen zur Isomerie hinten im Buch; [2] von *terminer* (franz.) = beendigen, begrenzen

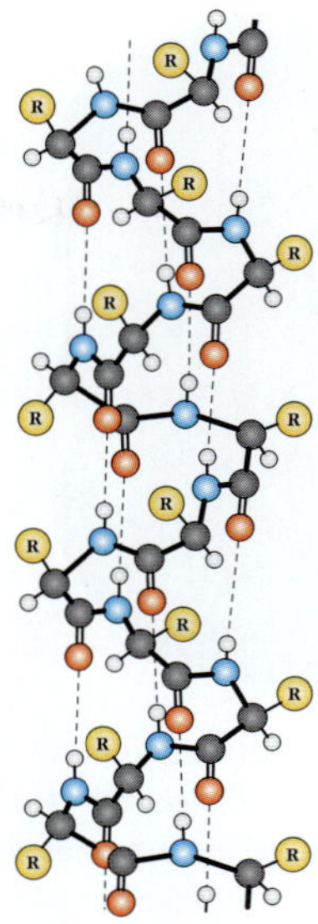

B4 *α-Helixstruktur.* **A:** *Geben Sie an, welche Atome jeweils an Wasserstoffbrückenbindungen beteiligt sind.*

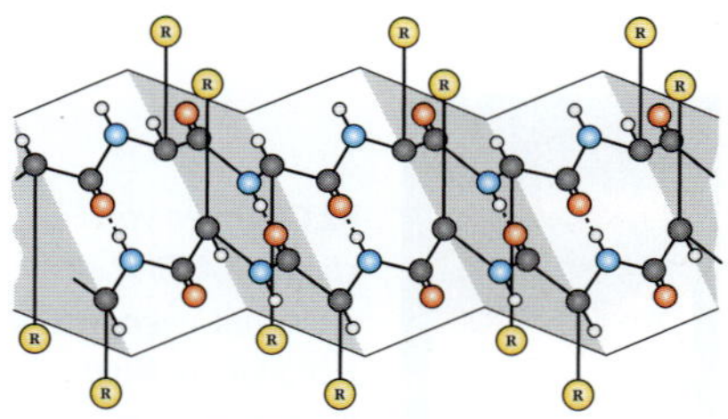

B5 *β-Faltblattstruktur.* **A:** *Erläutern Sie, warum es zu der zickzackförmig gefalteten Fläche kommt.*

Aufgaben

A1 Begründen Sie, ob sich bei den Molekülen aus B4 und B5 intra- oder intermolekulare Wasserstoffbrückenbindungen ausbilden.

A2 Blei- und Kupfersalze sowie große Mengen Alkohol können lebenswichtige Enzyme blockieren, d. h. unwirksam machen. Erklären Sie den Sachverhalt.

Fachbegriffe

Primärstruktur, Sequenzanalyse, Sekundärstruktur, α-Helixstruktur, β-Faltblattstruktur, Tertiärstruktur

Wirre Knäule – hochgeordnet

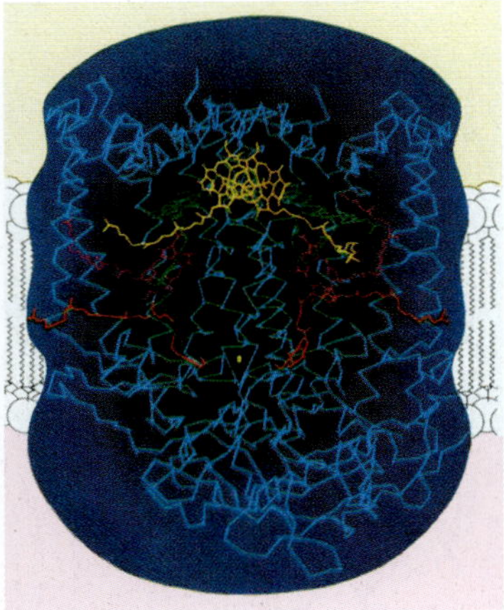

B1 *Computergrafik eines Fotosynthesezentrums[1]. Vier Protein-Moleküle bilden den überwiegenden Teil und sind blau dargestellt, die Farbstoff-Moleküle bunt. Der Punkt in der Mitte stellt ein Eisen-Ion dar. Das gesamte Reaktionszentrum ist in eine Membran (Doppellipidschicht) eingebettet.* **A:** *Kommentieren Sie den Titel dieser Seite anhand der Graphik.*

B2 *Gerinnen von Eiklar (V1).* **A:** *Blut gerinnt im Gegensatz zu Eiklar auch bei Raumtemperatur und ohne Zusatz von weiteren Stoffen. Woran könnte das liegen?*

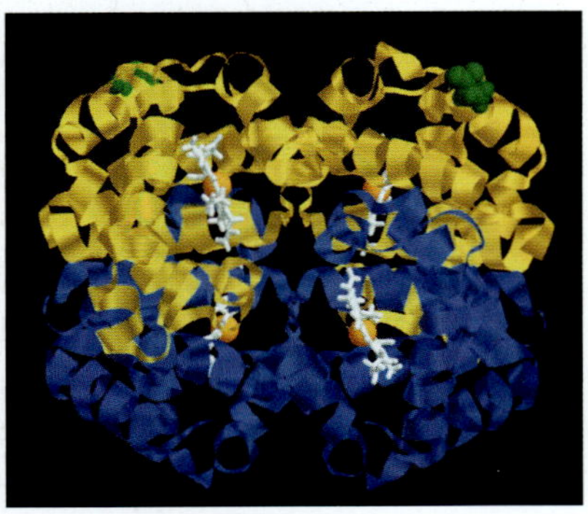

B3 *Quartärstruktur des Proteinteils von Hämoglobin.* **A:** *Welchen weiteren, farbgebenden Baustein enthält Hämoglobin?*

[1] Es handelt sich hier um das Reaktionszentrum von Purpurbakterien der Gattung *Rhodopseudomonas*.

Versuche

V1 Verdünnen Sie in einem 50-mL-Becherglas ein Eiklar mit wenig Wasser, streuen Sie etwas Kochsalz hinein und verrühren Sie gut. a) Erhitzen Sie in einem Rggl. 5 mL dieser Lösung. Beobachtung? b) Versetzen Sie in drei weiteren Rggl. je 5 mL der Eiklar-Lösung mit i) 5 mL Salzsäure*, *c* = 5 mol/L, ii) Natronlauge*, *c* = 5 mol/L, und iii) gesättigter Eisen(III)-chlorid-Lösung und vergleichen Sie die Beobachtungen.

V2 Geben Sie zu 100 mL Milch portionsweise 6 mL Essigsäure-Lösung*, *c* = 2 mol/L. Beobachten und filtrieren Sie das Gemisch dann durch Glaswolle, beobachten Sie erneut.

V3 Verrühren Sie zerschnittene, grüne Blätter im Mörser und extrahieren Sie die Blattpigmente in ca. 15 mL Methanol* oder 15 mL Ethanol*. Geben Sie die Blattextrakt-Lösung in eine Petrischale und stellen Sie dicht daneben eine zweite Petrischale mit zerschnittenen (ggf. auch verriebenen) Blättern, aus denen die Pigmente jedoch nicht extrahiert wurden. Betrachten Sie die Inhalte der beiden Petrischalen gleichzeitig im Licht einer UV-Handlampe (λ = 366 nm).

Auswertung

a) Bei V1 und V2 werden Proteine *denaturiert*. Beschreiben Sie anhand der Versuchsbeobachtungen, welche Eigenschaften der Proteine sich bei der Denaturierung ändern. (*Hinweis:* Umgangssprachlich bezeichnet man die Denaturierung von Proteinen hier auch als Gerinnung.)

b) Benennen und beschreiben Sie Vorgänge auf der molekularen Ebene, die bei V1 und V2 zur Denaturierung führen können. (*Hinweise:* Denken Sie an mögliche Wechselwirkungen und Reaktionen zwischen funktionellen Gruppen der Aminosäure-Reste und an Bildung von Komplexen mit Metall-Ionen.)

c) Chlorophyll-Moleküle absorbieren UV-Licht und übertragen die aufgenommene Energie an benachbarte Moleküle, jedoch nur dann, wenn sie in eine geeignete Matrix aus Protein-Molekülen eingebettet sind. Sonst emittieren sie einen Teil der aufgenommenen Energie als rote Fluoreszenz (vgl. S. 201). Beurteilen Sie diese Aussagen anhand der Ergebnisse aus V3.

Rote Blutkörperchen (Erythrozyten) transportieren Sauerstoff und Kohlenstoffdioxid, weiße Blutkörperchen (Leukozyten) sind für die Abwehr von Krankheitserregern zuständig und Blutplättchen aktivieren die Blutgerinnung. Die Blutflüssigkeit (Blutplasma) enthält u.a. Cholesterin, Glucose, freie Aminosäuren und Natrium-, Chlorid- und Hydrogencarbonat-Ionen.

B4 *Wichtige Bestandteile des Bluts.* **A:** *Stellen Sie eine begründete Vermutung auf, warum Fibrinogen, das Schlüsselprotein für die Blutgerinnung, vor der Analyse von Blutplasma entfernt wird.*

Quartärstruktur von Proteinen und Proteide

Was in B1 wie ein wirres Knäuel aussieht, ist in Wirklichkeit ein hoch organisiertes System, das eine genau definierte Struktur haben muss, wenn es tatsächlich photosynthetisch aktiv sein soll. Es besteht aus mehreren Polypeptidketten und zusätzlichen Bausteinen, die keine Polypeptide sind. Solche **supramolekularen Systeme** aus Polypeptiden und anderen molekularen oder ionischen Bausteinen bezeichnet man als **Proteide**. Proteide enthalten **prosthetische Gruppen**[2], beispielsweise einen Kohlenwasserstoff-Rest wie beim Rhodopsin (vgl. S. 155). Um funktionstüchtig zu sein, muss nicht nur jede einzelne Polypeptid-Einheit in einem Proteid die richtige **Tertiärstruktur** (vgl. S. 151) haben, die Einheiten müssen auch genau in der richtigen räumlichen Ausrichtung zueinander und zu den übrigen Bestandteilen des Systems zusammengefügt sein. Diese **Quartärstruktur** des Proteids enthält nun die Information für seine auszuübende biologische Funktion. Die Quartärstrukturen des photosynthetischen Zentrums (B1), des Hämoglobins (B3) und des Rhodopsins (vgl. S. 155, B3) sind Beispiele dafür, dass auch kleinste biologische Funktionseinheiten aus mehreren chemischen Komponenten bestehen. Die Polypeptidketten darin weisen in der Regel nur abschnittsweise eine regelmäßige α-Helixstruktur auf, während andere Kettenabschnitte auf den ersten Blick chaotisch angeordnet erscheinen. Doch genau diese konformationell sehr beweglichen Bereiche sind für die molekulare Erkennung verantwortlich (vgl. S. 79 f).

Die Tertiär- und Quartärstrukturen der Polypeptidketten sind keineswegs starr, sondern verändern sich beim „Andocken" anderer Moleküle, Molekülfragmente oder Ionen. Wenn Proteine auf über 60 °C erhitzt oder mit Säuren, Laugen oder Schwermetall-Ionen versetzt werden, findet ihre **Denaturierung** statt. Dabei können auch chemische Prozesse ablaufen, beispielsweise die Bildung von Ester-, Peptid- oder Etherbrücken zwischen den Aminosäure-Resten.

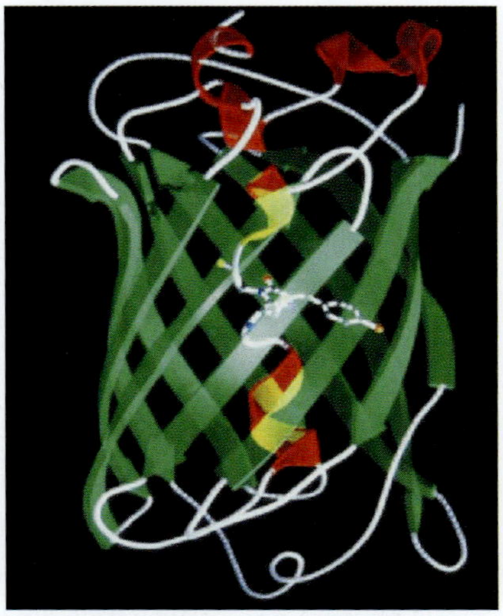

B5 *Quartärstruktur von Green Fluorescent Protein GFP – Grundlage für die Verleihung des Chemienobelpreises 2008 an M. CHALFIE, O. SHIMORMURA UND R. TSIEN.* **A:** *Welche strukturelle Gemeinsamkeit haben das GFP und das Rhodopsin (vgl. S. 155, B3)?*

B6 *Chemisches Knowhow über die Denaturierung von Proteinen hilft beim Zubereiten von Fleischgerichten.* **A:** *Nennen und erläutern Sie Unterschiede zwischen einer gegrillten und einer gekochten Wurst.*

Aufgaben

A1 Polypeptidketten können in Modellen als Zick-Zack-Linien (B1) oder als Bänder kombiniert mit Schleifen (B3, B5) dargestellt werden. Diskutieren Sie Vor- und Nachteile dieser Darstellungsweisen.

A2 Es gibt **Globuline** (**Sphäroproteine**) und **Faserproteine** (**Skleroproteine**). Bei Globulinen nehmen die makromolekularen Einheiten die Formen von Kugeln an, die nach außen hin polare und ionische Gruppen aufweisen, bei Faserproteinen bilden sie lang gestreckte Makromolekülstränge, deren polare und ionische Gruppen sich größtenteils gegenseitig anziehen. Welche Vermutungen können Sie über die Wasserlöslichkeit von Globulinen und Skleroproteinen aufstellen? Begründen Sie diese.

A3 Nennen Sie jeweils Aminosäure-Reste, zwischen denen bei der Denaturierung eines Proteins a) Ester-, b) Peptid- und c) Etherbrücken gebildet werden können.

Fachbegriffe

supramolekulares System, Proteid, prosthetische Gruppe, Tertiärstruktur, Quartärstruktur, Denaturierung

[2] von *prostheikos* (griech.) = zusätzlich

Insulin – ein Peptidhormon

Insulin und die Zuckerkrankheit

Etwa 10 Millionen Deutsche leiden an der Zuckerkrankheit *Diabetes mellitus*[1]. Ursache dieser Krankheit ist der Mangel oder das völlige Fehlen des Hormons **Insulin**, das zusammen mit dem Hormon **Glucagon**, das als Antagonist des Insulins fungiert, für die Regulation des Blutzuckerspiegels verantwortlich ist.

Die Zuckerkrankheit war bereits im Altertum bekannt. Der Arzt konnte die Krankheit durch den süßen Geschmack des Urins eines Patienten feststellen. Bis zu Beginn des letzten Jahrhunderts bedeutete die Diagnose „Diabetes" das Todesurteil, die Krankheit war nicht heilbar. Im Jahr 1921 gelang den Kanadiern C. Best und F. Banting die Isolierung des **Polypeptids Insulin**, das in den Inselzellen der Bauchspeicheldrüse produziert wird. Durch regelmäßige Injektion von Insulin konnten sie den Blutzuckerspiegel von Zuckerkranken dauerhaft normalisieren. Im Jahr 1955 folgte die Aufklärung der vollständigen Aminosäuresequenz, d. h. der vollständigen Primärstruktur des Insulins (B1), durch Frederick Sanger, der dafür im Jahr 1958 den Nobelpreis für Chemie erhielt.

In Folge der Entdeckungen von C. Best und F. Banting begann die Gewinnung von Insulin für therapeutische Zwecke aus den Bauchspeicheldrüsen von geschlachteten Rindern und Schweinen. Heute kann man dank Anwendung der Gentechnik Humaninsulin durch Bakterien herstellen lassen, sodass für alle Diabetiker ausreichend Insulin zur Verfügung steht.

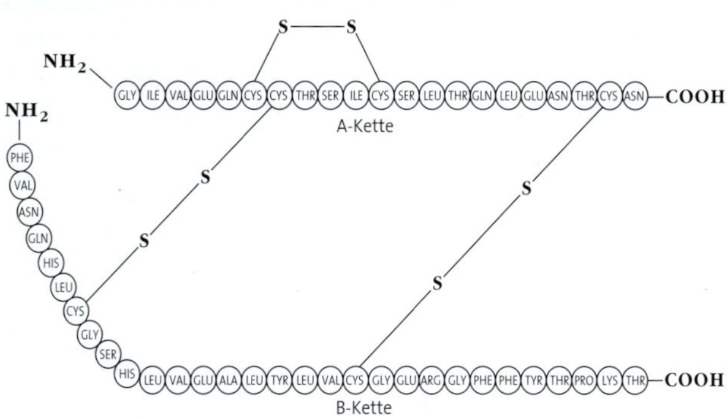

B1 *Die Aminosäuresequenz des menschlichen Insulins (Humaninsulin), das aus zwei Peptidketten besteht.* ***A:*** *Informieren Sie sich über die Unterschiede zwischen Human- und Schweine- bzw. Rinderinsulin.*

[1] *Diabetes mellitus* bedeutet „honigsüßer Durchfluss".

Hormonwirkung und Rezeptortheorie

Die molekularen Abläufe, die durch Hormone wie z. B. das Insulin gesteuert werden, verlaufen nach dem in B2 dargestellten Mechanismus. Ein Hormon-Molekül bindet nach dem *Schlüssel-Schloss-Prinzip* an einen **Rezeptor**, ein in der Zellmembran gebundenes Protein. Der mit dem Hormon besetzte Rezeptor bindet nun wiederum das Enzym **Adenylatcyclase**, das dadurch aktiviert wird. Es wandelt daraufhin im Zellinneren **Adenosintriphosphat** (ATP) unter Freisetzung von zwei Phosphat-Resten in **cyclisches Adenosinmonophosphat** (c-AMP) um. Dies löst in der Zelle eine komplexe Reaktionsfolge aus, an deren Ende die Wirkung des Hormons (z. B. Glucoseaufnahme) eintritt.

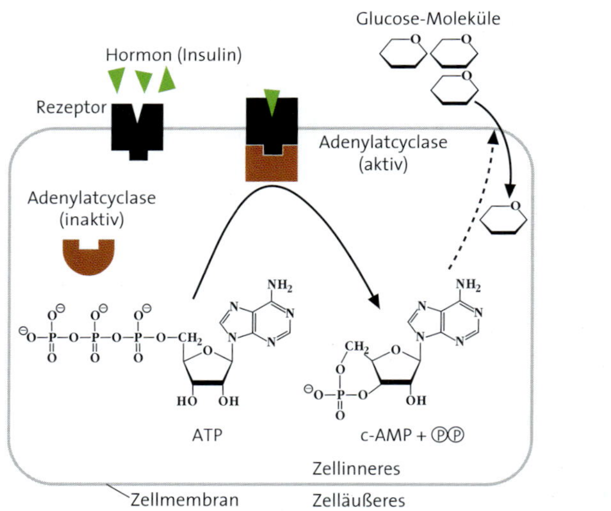

B2 *Auslösung einer Zellreaktion durch Einwirkung eines Hormon-Moleküls nach der Rezeptortheorie.* ***A:*** *Formulieren Sie für die Bildung von cyclischem AMP (c-AMP) aus Adenosintriphosphat (ATP) die vollständige Reaktionsgleichung. Erläutern Sie den Reaktionsablauf unter Nennung entsprechender Reaktionstypen (Hinweis: ⓅⓅ= Diphosphat* $HP_2O_7^{3-}$*).*

Aufgaben

A1 Diabetes kann nicht nur durch Insulinmangel, sondern auch durch Mangel an Rezeptor-Molekülen entstehen. Begründen Sie dies mithilfe der Rezeptortheorie. Welche Ursachen für Diabetes könnte es noch geben?

A2 Erläutern Sie, warum Glucose nicht ohne die Insulinwirkung durch Diffusion ins Zellinnere gelangen kann.

Proteine und Farbstoffe in biologischen Funktionseinheiten

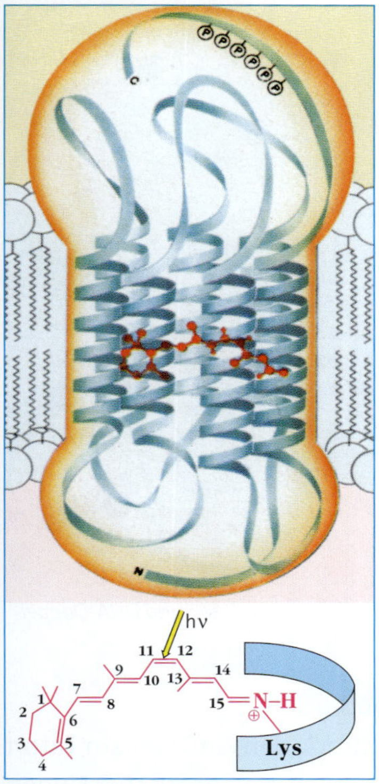

B1 *Ein 11-cis-Retinal-Rest ist Teil des Rhodopsins in den Stäbchenzellen des Auges.*

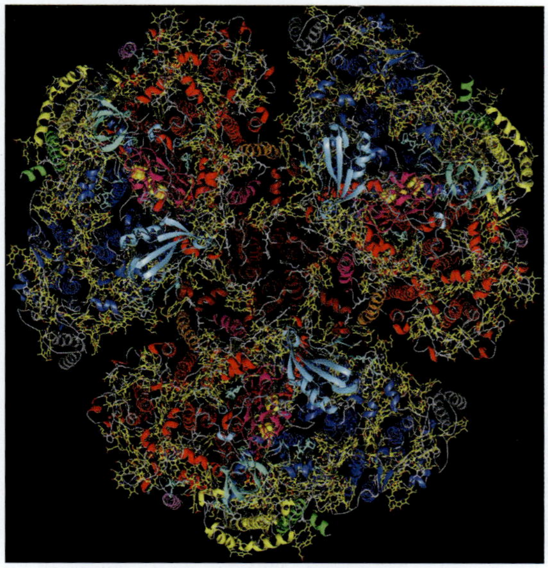

B2 *Das Fotosystem I-Trimer – eine biologische Funktionseinheit mit ästhetischer Struktur. Die Spiralen und Schleifen stellen Abschnitte aus Protein-Molekülen dar.*

Opsin – das Protein im Sehzentrum

Die Stäbchenzellen von der Netzhaut unserer Augen enthalten **Opsin**, ein Protein aus 348 Aminosäure-Bausteinen (vgl. blaues Band in B1). Opsin hat sieben Molekülabschnitte mit α-Helixstruktur, die siebenmal eine Membran (Doppellipidschicht) durchstoßen. Oben und unten sind diese Helices durch Schleifen, die „Zufallsknäuel" bilden, verbunden. An eine der Helices, etwa in der Membranmitte, ist ein **11-*cis*-Retinal**-Rest (**Vitamin-A-Aldehyd**) über eine Lysin-Einheit an Opsin gebunden. Diese lichtempfindliche biologische Funktionseinheit aus Opsin und 11-*cis*-Retinal wird **Rhodopsin** genannt. In ihr beginnt der Sehvorgang mit einer *cis-trans (Z-E)* Isomerisierung am 11-*cis*-Retinal-Rest, durch die sich der im Opsin eingebettete Retinal-Rest etwas „streckt". Das ruft in den äußeren Schleifen eine geringfügige Änderung der Tertiärstruktur des Opsin-Makromoleküls hervor. Die entsprechenden Stellen werden damit aktiv für ein bestimmtes Enzym-Molekül (Transducin), das dort „andocken" und eine ganze Folge von biochemischen Reaktionen auslösen kann, durch die das Aktionspotenzial für den Sehnerv aufgebaut wird (vgl. auch *Chemie 2000+ Online*).

Proteine im Fotosynthesezentrum

Die Zentren der „Lichtmaschinen" in Fotosynthese treibenden Organismen sind noch viel komplexer als die des Rhodopsins. Gleichwohl zeichnen sie sich durch einen hohen Grad an Symmetrie aus, was sie in Computergrafiken als Gebilde vollkommener Ästhetik erscheinen lässt (B2). Für die erste vollständige Strukturaufklärung eines Fotosynthesezentrums erhielten Hartmut Michel, Robert Huber und Johann Deisenhofer im Jahr 1988 den Nobelpreis für Chemie. Es gelang ihnen, den Protein-Farbstoff-Komplex des Bakteriums *Rhodopseudomonas Viridis* zu isolieren und durch Röntgenstrukturanalyse aufzuklären.
Der größte Teil eines Fotosynthesezentrums besteht aus Protein-Molekülen. In diese Proteindomänen sind mehrere Farbstoff-Moleküle eingebettet, darunter Chlorophyll a, Chlorophyll b und β-Carotin, und der gesamte Protein-Farbstoff Komplex ist in einer Membran (Doppellipidschicht) fixiert.

Aufgabe

A1 Informieren Sie sich unter *Chemie 2000+ Online* über die Rolle von Proteinen bei der Erregungskaskade im Sehprozess und bei der Erstellung des „genetischen Fingerabdrucks".

Desoxyribonucleinsäure DNA – molekulare Träger der Erbinformation

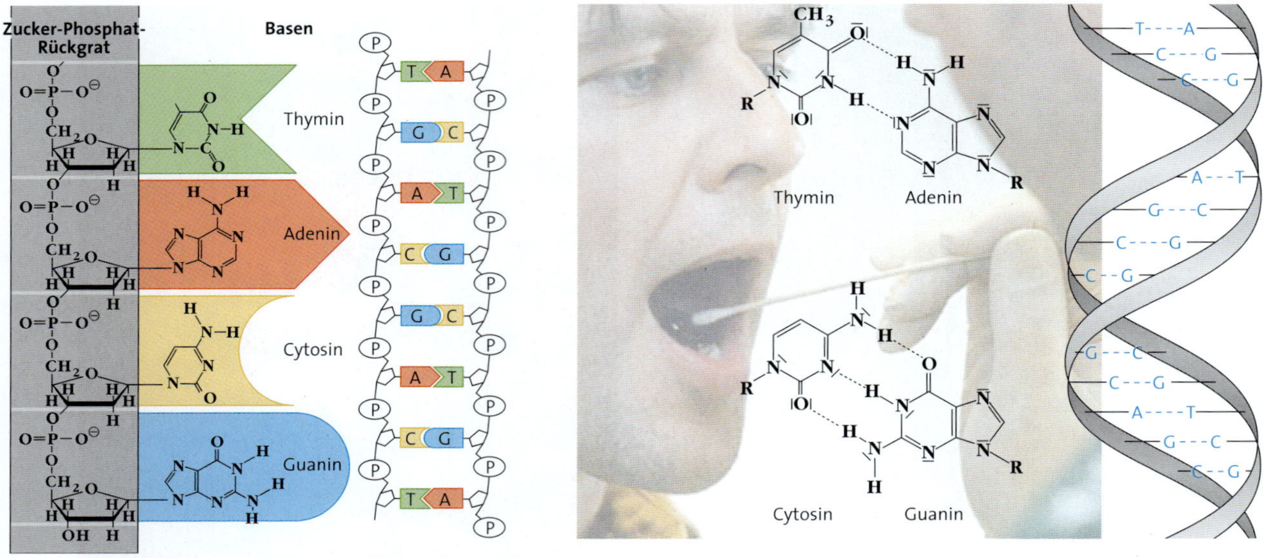

B1 *DNA-Ausschnitt mit vier Nucleotiden und vereinfachter DNA-Doppelstrang (links), Basenpaare mit Wasserstoffbrücken und DNA-Doppelhelix (rechts).* ***A:*** *Vergleichen Sie diese Doppelhelix mit der α-Helix bei einem Protein-Molekül (vgl. S. 151, B4).*

Struktur der DNA

Unter den Biomolekülen nimmt die **Desoxyribonucleinsäure DNA** einen besonderen Platz ein, weil in ihr jeweils das Erbgut eines Lebewesens gespeichert ist. Wie bei Proteinen sind auch die DNA-Moleküle Makromoleküle. Die sich repetierenden Bausteine in einem DNA-Molekül sind aber nicht Aminosäure-Reste, sondern **Nucleotide** (B1). Jedes Nucleotid besteht aus einem Phosphorsäure-Rest, dem Rest eines Monosaccharids, der **Desoxyribose**, und einem **Nucleinbase**-Rest. Die Moleküle der vier Nucleinbasen Adenin (A), Thymin (T), Guanin (G) und Cytosin (C) enthalten Fünfer- und Sechserringe aus Kohlenstoff- und Stickstoff-Atomen und verdanken ihren basischen Charakter den Amino-Gruppen. Die DNA liegt als Polynucleotid-Doppelstrang vor. Ein solcher Doppelstrang entsteht aus zwei Nucleotidketten durch Paarung der gegenüberliegenden, komplementären Basen-Reste von Adenin (A) und Thymin (T) bzw. Cytosin (C) und Guanin (G) (B1). Es sind nur die Basenpaarungen A-T und C-G möglich, weil die molekulare Struktur der vier Basen vorgibt, dass zwischen Adenin und Thymin zwei, zwischen Cytosin und Guanin dagegen drei Wasserstoffbrückenbindungen ausgebildet werden können (B1).
Insgesamt verleiht das der DNA eine hohe chemische Stabilität.

Der genetische Fingerabdruck

Anders als der Fingerabdruck, den ein Täter am Tatort unmittelbar zurücklässt, muss ein genetischer Fingerabdruck erst durch ein gentechnisches Verfahren erzeugt werden. Dabei wird die Desoxyribonucleinsäure eines Tatverdächtigen mit DNA-Spuren am Tatort verglichen. Der Genvergleich wird nicht mit der gesamten DNA durchgeführt, sondern nur mit repetitiven Basenabfolgen, bei denen sich eine bestimmte Basenabfolge z. B. aus vier Basen mehrmals (etwa 3-bis 30-mal) hintereinander wiederholt. Die Anzahl an Wiederholungen kann von Mensch zu Mensch unterschiedlich sein. Die DNA-Abschnitte mit den Wiederholungen bezeichnet man als Minisatelliten. Der Vergleich nur eines Minisatelliten allein reicht nicht, um die DNA eines Verdächtigen eindeutig einer Spurenprobe zuzuordnen. Daher werden in der Kriminalistik etwa 8 bis 15 Minisatelliten für einen Identitätsnachweis herangezogen.

Aufgaben

A1 Benennen eine Basenabfolge aus vier Nucleinbasen in der DNA aus B1, die sich in einem Minisatteliten wiederholen müsste.

A2 Erläutern und begründen Sie, warum die DNA trotz der darin enthaltenen Nuclein*basen* als Nuclein*säure* bezeichnet wird.

A1 Formulieren Sie das Kation, das Monoanion und das Dianion der Glutaminsäure (vgl. S. 147, B5). Nennen und formulieren Sie die Ionen, die aus Arginin gebildet werden können.

A2 Schreiben Sie die Valenzstrichformel eines Tripeptids aus Glycin, Alanin und Valin (vgl. S. 146, B2 und S. 149) und benennen Sie es.

A3 Schreiben Sie die Valenzstrichformel des Tetrapeptids His-Asn-Val-Leu (Histidyl-Asparagyl-Valinyl-Leucin). (*Hinweise:* Die Formeln der Aminosäuren finden Sie in B2 und B5 von S. 146, 147. Die N-terminale Aminosäure, d.h. der Aminosäure-Rest mit der noch freien Amino-Gruppe, kommt im Namen zuerst vor.)

A4 Wie viele Sequenz-Möglichkeiten gibt es bei einem Tripeptid a) aus zwei verschiedenen Aminosäuren und b) aus drei verschiedenen Aminosäuren?

A5 *Valinomycin* (B1), ein sogenannter *Ionen-Carrier*, besteht aus cyclischen Molekülen, in die u.a. die beiden Stereoisomere einer Aminosäure eingebaut sind.
a) Geben Sie an, um welche Aminosäure es sich handelt und mit welchen Buchstaben die Reste gekennzeichnet sind. b) Erklären Sie, warum die Peripherie dies Rings hydrophob ist. c) Erläutern Sie, welche Art von Kräften das Kalium-Ion im Zentrum des Rings halten.

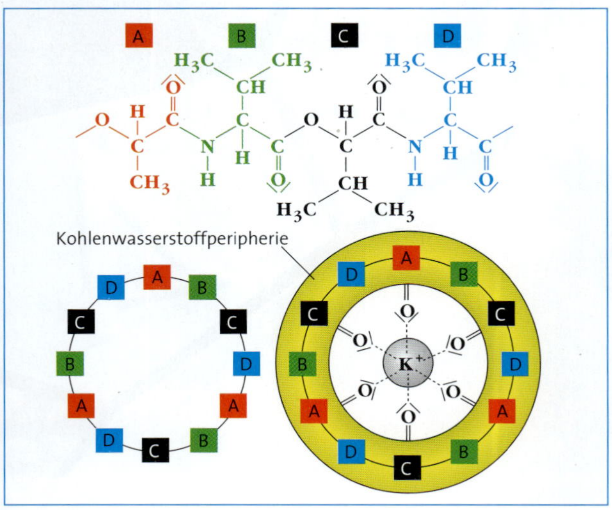

B1 *Valinomycin kann Kalium-Ionen komplexieren und durch eine Zellmembran (Doppellipidschicht) transportieren.*

A6 Erläutern Sie, wodurch die Sekundärstruktur eines Peptids oder eines Proteins und wodurch die Tertiärstruktur eines Proteins bestimmt wird.

A7 Als Sekundärstrukturen bilden sich α-Helices vorwiegend intramolekular und β-Faltblätter vorwiegend intermolekular (vgl. S. 151, B4, B5). Erläutern und begründen Sie diesen Sachverhalt.

A8 Proteine aus dem Hühnereiweiß denaturieren, indem sie ausfallen, wenn man die Eiweiß-Lösung a) erhitzt, sie b) mit 96 %igem Ethanol oder c) mit Kupfersulfat-Lösung versetzt. Erläutern Sie mithilfe von B6, S. 151, welche dort angegebenen Wechselwirkungen zwischen den Aminosäure-Resten sich in jedem der drei Fälle ändern können, und fertigen Sie für die Wechselwirkungen bei der Zugabe von Kupfer-Ionen Cu^{2+} eine Zeichnung an.

A9 Eierschalen bestehen hauptsächlich aus Calciumcarbonat $CaCO_3$. Planen Sie unter Berücksichtigung der Analysedaten aus B2 je einen Versuch zum Nachweis von Eiweißen im Eiklar und in der Eierschale. Diskutieren Sie Ihren Vorschlag mit der Lehrkraft und führen Sie die Versuche durch.

A10 Welche Farbstoffe vermuten Sie im Eidotter? Begründen Sie Ihre Antwort. Durch welche Futterzusätze kann die Farbintensität der Dotterfarbe von Hühnereiern erhöht werden?

A11 Erstellen Sie nach dem Muster aus B1 von S. 142 eine Concept map mit dem Zentralbegriff „Proteine".

Analysedaten eines Hühnereis:

Schale: 95,1 % Mineralstoffe, 3,3 % Eiweiße, Wasser, Porphyrine u. a.

Eiklar: 10,6 % Eiweiße, 0,9 % Kohlenhydrate, 0,6 % Mineralstoffe, 0,03 % Fette, Wasser, Vitamine u. a.

Eidotter: 32,6 % Fette, 16,6 % Eiweiße, 1,1 % Mineralstoffe, 1 % Kohlenhydrate, Wasser, Vitamine, Farbstoffe u. a.

B2 *Ein Hühnerei enthält alles, was ein Embryo bis zum Schlüpfen benötigt, um heranzuwachsen. Gleiches gilt auch für die Eier anderer Tiere.*

Fette, Tenside und Waschmittel

Fette und **Öle** kommen in pflanzlichen Samen und Kernen wie auch in Tieren und Menschen vor. Sie bilden eine wichtige Stoffklasse organischer Verbindungen, deren Moleküle nur aus Kohlenstoff-, Wasserstoff- und Sauerstoff-Atomen bestehen und die Ester-Gruppe als gemeinsames Strukturmerkmal haben: Alle Fette und Öle sind **Ester** des dreiwertigen Alkohols Glycerin. Dennoch gibt es verschiedenste Fette und Öle, feste und flüssige, die unterschiedliche Auswirkungen auf die Ernährung haben können.
Die in den Fetten und Ölen chemisch gebundenen **Fettsäuren** bestehen aus langkettigen Monocarbonsäure-Molekülen mit gesättigten oder ungesättigten Kohlenwasserstoff-Resten. Die Anionen der Fettsäuren sind waschaktive **Tenside**. Seifen und Waschmittel, aber auch andere Körperpflegeprodukte und Kosmetika enthalten Tenside, die somit Teil unseres Alltags sind.
Am Beispiel der Fette und Tenside wird das **Struktur-Eigenschaft-Konzept** besonders gut deutlich, wenn man folgenden Fragen und Strichworten nachgeht.

1 **Wie gewinnt man Fette und welche Strukturmerkmale kennzeichnen die Fett-Moleküle?**

2 **Was unterscheidet *gesunde* und *ungesunde* Fette?**

3 **Wie wird aus Fett Seife?**

4 **Was ist entscheidend für die Wirkung eines Tensids?**

5 **Welche Stoffe sind in Waschmittel enthalten und was bewirken sie?**

6 **Tenside „stecken" auch in Kosmetika** EVA

7 **Wie kommen Seifenblasen zustande?** EVA

Fette sind ein notwendiger Bestandteil unserer Ernährung und ihre biologischen Funktionen vielfältig: Fettschichten bewahren den Körper vor dem Auskühlen und umhüllen wichtige Organe zum Schutz vor Verletzungen. Fette lösen aber auch wichtige Vitamine und Hormone und machen sie dem Körper dadurch zugänglich. Vor allem sind Fette ein sehr guter **Energiespeicher**, Kohlenhydrate werden in Fette umgewandelt. Tiere können sogar allein mit der in Form eines Fettpolsters gespeicherten Energie während ihres mehrmonatigen Winterschlafs ohne Nahrungsaufnahme überleben.

Schon seit Jahrtausenden verwenden die Menschen Fette auch zur Herstellung von **Seifen**. Sumerische Tontafeln überliefern, dass aus tierischen Fetten und Pottasche die ersten Seifen hergestellt wurden. Mit ihrer industriellen Produktion Anfang des zwanzigsten Jahrhunderts wurde dann aus dem Luxusgut Seife der Wohlhabenden ein „für alle“ erschwinglicher Alltagsstoff. Infolgedessen stiegen die Hygienestandards und die „Volksgesundheit“ besserte sich in hohem Maße. Heutige Waschmittel sind regelrechte Hightech-Produkte aus einer ausgefeilten Mischung an verschiedenen Tensiden und anderen Inhaltsstoffen für ein optimales Waschergebnis bei möglichst geringem Energie- und Wasserverbrauch.

B1 *Löschen eines Fettbrands.* **A:** *Überlegen Sie, warum man Fett- und Ölbrände nicht mit Wasser löscht.* **A:** *Woran kann man erkennen, dass in Fetten und Ölen das Element Kohlenstoff gebunden vorkommt?*

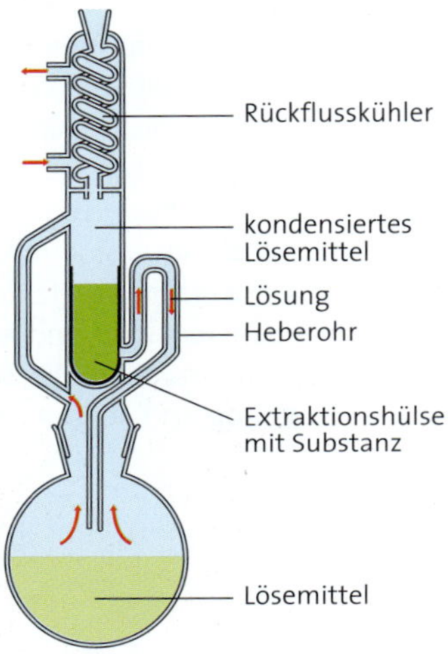

B2 *Soxhlet-Apparatur zur kontinuierlichen Extraktion von Pflanzenölen.* **A:** *Erläutern Sie die Funktionsweise.*

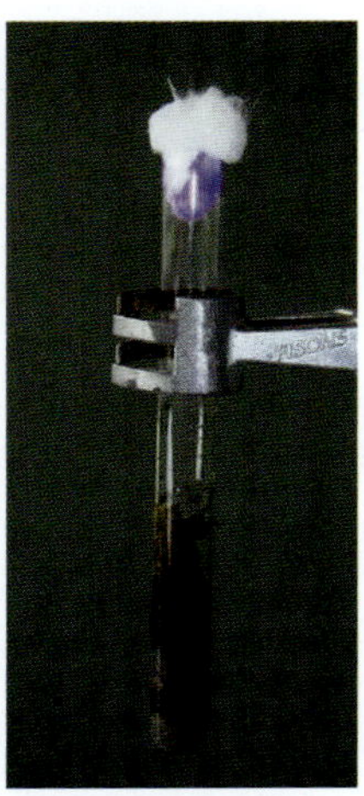

B3 *Nachweis des in LV5 gebildeten Acroleins durch* SCHIFFS*-Reagenz*

Vorsicht – heiß und fettig!

Versuche

V1 Zerreiben Sie Sonnenblumenkerne, Erdnusskerne, Leinsamen oder Rapssamen in einer Reibschale, geben Sie einige Milliliter Heptan* zu und reiben Sie einige Zeit weiter. Dekantieren Sie die Lösung dann in eine Petrischale. Lassen Sie das Heptan* verdampfen und tüpfeln Sie eine kleine Menge des Rückstands auf ein Papiertuch (**Fettfleckprobe**). Tüpfeln Sie zum Vergleich reines Heptan* auf das Tuch.

V2 Überprüfen Sie in je einem Rggl. die Löslichkeit von Öl, Butter, Margarine und Schweineschmalz in a) Wasser, b) Ethanol* und c) Heptan* (oder Benzin*).

V3 Geben Sie in getrennte Reagenzgläser gleiche Portionen von Butter, Butterschmalz, Kokosfett, verschiedenen Margarinesorten und Stearinsäure. Stellen Sie die Rggl. in ein Wasserbad mit kaltem Wasser und einem Thermometer. Erwärmen Sie langsam. Beobachten und notieren Sie das Schmelzverhalten der Fettproben, während Sie die Temperatur des Wassers kontinuierlich messen und ebenfalls notieren.

V4 Schmelzen Sie in einem schwer schmelzbaren, großen Reagenzglas einen Spatellöffel Palminfett und versetzen Sie vorsichtig mit 10 mL Natronlauge*, c = 2 mol/L. Lassen Sie die Lösung unter ständigem Schwenken 5 min schwach sieden. Geben Sie nach dem Abkühlen 10 mL Kochsalz-Lösung hinzu. Füllen Sie mit 10 mL Wasser auf, verschließen Sie das Reagenzglas und schütteln Sie. Schütteln Sie auch ein mit Palminfett und 10 mL Wasser gefülltes Reagenzglas zum Vergleich.

LV5 **Abzug!** In ein Rggl. wird 2 cm hoch Kaliumhydrogensulfat* gefüllt. Es wird bis zur Schmelze erhitzt, dann werden mit einer Pipette vorsichtig einige Tropfen Glycerin (Propan-1,2,3-triol) zugefügt. Es wird weiter erhitzt, wobei ein mit SCHIFFS-Reagenz getränkter Wattebausch locker auf das Rggl. gesteckt (B3) und anschließend der Geruch geprüft wird. Der Versuch wird mit Olivenöl anstelle von Glycerin wiederholt.

Auswertung

a) Vergleichen Sie die Methode der Fettgewinnung in V1 mit der in der Apparatur aus B2.

b) Schließen Sie begründet aus dem Löslichkeitsverhalten der Öle und Fette in V2 auf ein Strukturmerkmal ihrer Moleküle.

c) Vergleichen Sie das Schmelzverhalten der Fette in V3 mit dem der Stearinsäure (Octadecansäure).

d) Bei V4 bilden sich Natriumsalze der Fettsäuren (Seifen) und Glycerin (Propan-1,2,3-triol). Formulieren Sie die Reaktionsgleichung mit dem Fett aus B4 und deuten Sie die Schaumbildung.

e) In LV5 wirkt Kaliumhydrogensulfat als wasserabspaltendes Mittel. Aus Glycerin (Propan-1,2,3-triol) wird Acrolein (Propenal) gebildet, das an dem stechenden Geruch zu erkennen ist. Stellen Sie die Reaktionsgleichung auf und begründen Sie, um welche Art von Reaktion es sich handelt.

Fette und Öle – Ester aus der Natur

Fette und Öle verwendet man gerne zum Backen, Braten und Frittieren. Fettspritzer und Fettflecke auf Textilien lassen sich mit Wasser schlecht entfernen, besser eignen sich unpolare Lösemittel als Reinigungsmittel (V2). Daraus ist zu schließen, dass Fette aus unpolaren Molekülen bestehen. Einen Fettbrand (B1) darf man nicht mit Wasser löschen: Da Fette und Öle eine geringere Dichte als Wasser haben, sinkt Löschwasser unter das Fett und reißt beim Verdampfen brennendes Fett mit in die Höhe.

Fette und Öle sind Naturprodukte. In Lebewesen werden sie unter der Haut und zwischen den Muskeln gespeichert. Sie sind wichtige Energielieferanten und gehören neben den Kohlenhydraten und Eiweißen zu den grundlegenden Nährstoffen. Der Brennwert von Fett ist mit ca. 38 kJ/g etwa doppelt so hoch wie der von Kohlenhydrat und Eiweiß mit je ca. 17 kJ/g. Auch als Lösemittel für hydrophobe Stoffe wie z. B. die Vitamine A, D und E sowie die Sexualhormone sind Fette lebensnotwendig. Der durchschnittliche Tagesbedarf eines Menschen an Fett liegt bei ca. 50 g.

Obwohl es verschiedenste Fette und Öle gibt, sind ihre Moleküle ähnlich aufgebaut. Jedes Fett-Molekül besteht aus einem Molekülrest des dreiwertigen Alkohols Glycerin (Propan-1,2,3-triol), der über Ester-Gruppen mit drei Fettsäure-Molekül-Resten verknüpft ist. Daraus resultiert die Bezeichnung der Fette als **Triacylglycerine** oder **Triglyceride**.

Durch irreversible Verseifung der Ester mit Natronlauge (V4) lassen sich die Fettsäure-Reste vom Glycerin-Rest trennen. Die Natriumsalze der Fettsäuren sind die **Seifen**, die das Wasser zum Schäumen bringen. Die Acrolein-Probe (LV5) zeigt den Glycerin-Baustein der Fett-Moleküle an.

Fette sind keine Reinstoffe, sondern Stoffgemische aus Triglyceriden, deren Moleküle verschiedene Fettsäure-Reste aufweisen (B5). Fette haben deshalb keine definierten Schmelztemperaturen, sondern **Schmelzbereiche** (V3).

Einige der in Fetten gebundenen Fettsäuren wie Linolsäure und Arachidonsäure gehören zu den essentiellen Fettsäuren, sie können nicht vom Körper synthetisiert, sondern müssen ihm über die Nahrungsfette zugeführt werden.

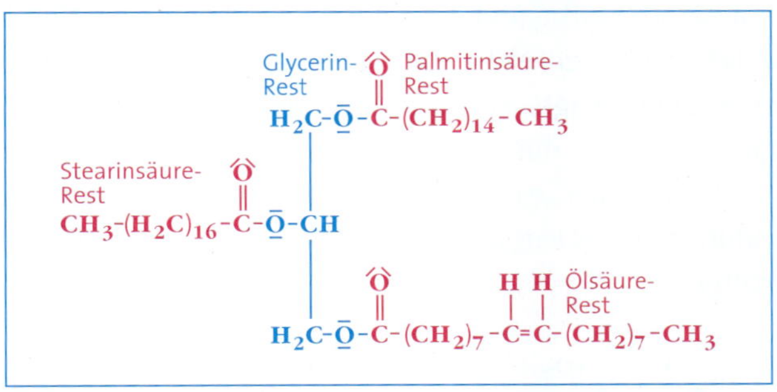

B4 *Halbstrukturformel eines Triglycerid-Moleküls mit verschiedenen Fettsäure-Resten.*
A: *Wie viele verschiedene Fett-Moleküle sind aus einem Glycerin-Molekül und zwei verschiedenen Fettsäure-Molekülen zu konstruieren?* ***A:*** *Erklären Sie mit Fachbegriffen und B4, warum Fette nicht wasserlöslich sind, und beurteilen Sie die Wasserlöslichkeit von Fettsäuren und Glycerin.*

Fettsäure	Butterfett	Olivenöl	Kokosfett
C_3H_7COOH Buttersäure	3	–	–
$C_{11}H_{23}COOH$ Laurinsäure	3	–	49
$C_{13}H_{27}COOH$ Myristinsäure	9	2	15
$C_{15}H_{31}COOH$ Palmitinsäure	25	15	9
$C_{17}H_{35}COOH$ Stearinsäure	13	2	3
$C_{17}H_{33}COOH$ Ölsäure	29	71	5
$C_{17}H_{31}COOH$ Linolsäure	2	8	2
$C_{17}H_{29}COOH$ Linolensäure	1	–	–
andere	15	2	17

B5 *Prozentualer Anteil einzelner Fettsäuren in Nahrungsfetten.* ***A:*** *Geben Sie an, welche Fettsäuren vor allem am Aufbau der Fett-Moleküle beteiligt sind.*

B6 *Milchprodukte mit reduziertem Fettanteil*

Aufgaben

A1 Informieren Sie sich unter *Chemie 2000+ Online* über den empfohlenen Fettanteil an der Ernährung. Vergleichen Sie mit Ihrer eigenen Ernährung.

A2 Beurteilen Sie die Tatsache, dass immer mehr fettreduzierte Lebensmittel (B6) auf dem Markt sind.

Fachbegriffe

Triacylglycerin/Triglycerid, Seife, Schmelzbereich

Gesättigt oder ungesättigt?

B1 *Olivenöl und Sonnenblumenkernöl kurz nach der Entnahme aus dem Kühlschrank (links) und nach längerem Stehenlassen (rechts).* ***A:*** *Informieren Sie sich über die Zusammensetzung der beiden Öle und vergleichen Sie diese.*

Stearinsäure $C_{17}H_{35}COOH$ Ölsäure $C_{17}H_{33}COOH$

B2 *Stearinsäure ist bei Raumtemperatur fest, Ölsäure flüssig.* ***A:*** *Setzen Sie ein Stearinsäure- und ein Ölsäure-Molekül mithilfe eines Molekülbaukastens zusammen und vergleichen Sie die Strukturen.*

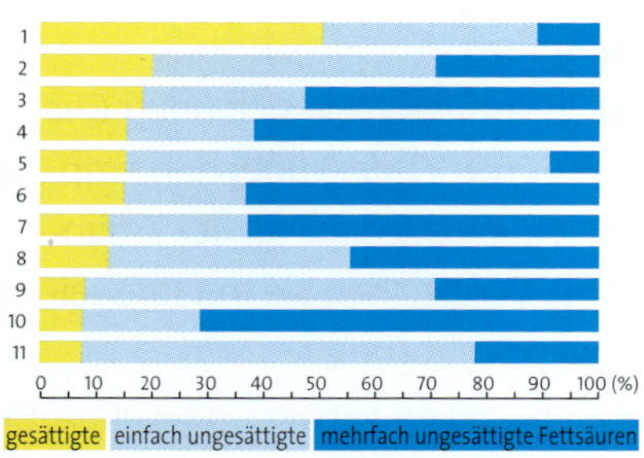

B3 *Fettsäurezusammensetzung verschiedener Speiseöle: 1 Palmöl, 2 Erdnussöl, 3 Kürbiskernöl, 4 Weizenkeimöl, 5 Olivenöl, 6 Sojaöl, 7 Sesamöl, 8 Sonnenblumenöl, 9 Rapsöl, 10 Walnussöl, 11 Mandelöl.* ***A:*** *Bei welchen der genannten Öle ist es besonders ratsam, das Haltbarkeitsdatum zu beachten?*

Versuche

V1 Lösen Sie in einem Rggl. 1 g Schmalz, in einem zweiten 1 g Speiseöl in 10 mL Heptan*, geben Sie in beide 5 mL Bromwasser* hinzu und schütteln Sie gut durch.

V2 Lösen Sie in vier verschiedenen Reagenzgläsern je etwa 0,5 g Ölsäure, Stearinsäure, Kokosfett und Olivenöl in Heptan*. Geben Sie tropfenweise unter Schütteln Brom-Lösung* zu (hergestellt aus 0,1 mL Brom* in 20 mL Heptan*), bis die Bromfärbung bestehen bleibt. Vergleichen Sie die bis zur bleibenden Färbung benötigte Tropfenzahl an Brom-Lösung bei den vier Proben.

Hinweis: Weitere Versuche zur Charakterisierung von Fetten und Ölen (Iodzahl, Verseifungszahl) können nach den Angaben der EVA-Online Seiten (z. B. im Seminar) durchgeführt und ausgewertet werden.

Auswertung

a) Erklären Sie sämtliche Farbänderungen, die Sie bei V1 beobachten.

b) Formulieren Sie für die Reaktion von Ölsäure $C_{17}H_{33}COOH$ mit Brom (V2) die Reaktionsgleichung.

INFO Fetthärtung

Auf den Verpackungen von Margarine und anderen Fetten findet man häufig Hinweise auf „gehärtete Fette". Bei der Fetthärtung werden ungesättigte Fettsäuren mit Wasserstoff bei Temperaturen zwischen 150 °C und 200 °C, unter Druck und mit Nickel als Katalysator zur Reaktion gebracht. Bei dieser auch als **Fetthydrierung** bezeichneten Reaktion wird Wasserstoff an eine Doppelbindung nach folgender Gleichung addiert:

$$\underset{\text{Ölsäure, } \vartheta_m = 16\,°C}{C_{17}H_{33}COOH + H_2} \xrightarrow{\text{Ni-Katalysator}} \underset{\text{Stearinsäure, } \vartheta_m = 70\,°C}{C_{17}H_{35}COOH}$$

Ungesättigte Fettsäuren werden so durch Hydrierung in gesättigte umgewandelt. Ein Fett erhält dadurch eine festere Konsistenz, weil gesättigte Fettsäuren gegenüber ungesättigten Fettsäuren mit gleicher Anzahl an Kohlenstoff-Atomen im Molekül eine höhere Schmelztemperatur besitzen. Der Nickel-Katalysator ist giftig und muss nach der Hydrierung entfernt werden. Eine zusätzliche Folge der Fetthärtung ist die längere Haltbarkeit der gewonnenen Fette. Ungesättigte Fettsäuren reagieren unter dem Einfluss von Mikroorganismen leicht mit Luftsauerstoff, mit der Folge, dass die entsprechenden Fette schneller verderben und ranzig werden. Dabei werden die Doppelbindungen eines Fettsäure-Moleküls durch Sauerstoff-Moleküle oxidativ gespalten:

Die entstehenden Alkanale verursachen den unangenehmen Geruch ranzigen Fetts und sind außerdem gesundheitsschädlich, da sie wichtige Vitamine im Körper desaktivieren.

Molekülstruktur und Eigenschaften von Triglyceriden

Alle Fette und Öle sind Triglyceride, die sich lediglich in der Zusammensetzung ihrer Fettsäure-Reste unterscheiden. Versetzt man gleiche Mengen von Fetten, Ölen und typischen, in Triglyceriden gebundenen Fettsäuren mit Brom-Lösung, stellt man fest, dass sie unterschiedlich reagieren (V2). Bei Pflanzenölen wird bis zu einer bleibenden Färbung mehr Brom-Lösung verbraucht als bei festen Fetten. Da bei der jeweils ablaufenden Reaktion Brom-Moleküle aus der Brom-Lösung an Doppelbindungen der Fettsäure-Reste bzw. der Fettsäure-Moleküle addiert werden, müssen Triglycerid-Moleküle von Pflanzenölen mehr Doppelbindungen enthalten als Triglycerid-Moleküle fester Fette: Die Moleküle der Öle enthalten mehr ungesättigte Fettsäure-Reste als die der Fette. Je nach Anzahl von Doppelbindungen pro Fettsäure-Rest unterscheidet man zwischen einfach und mehrfach ungesättigten Fettsäure-Resten (B3, B4).

Ungesättigte Fettsäuren sind reaktiver als gesättigte Fettsäuren, weshalb die **Oxidationsstabilität** eines Fetts bzw. Öls mit dem Anteil ungesättigter Fettsäure-Reste abnimmt. Bei Oxidationsreaktionen von Fetten, die durch Metall-Ionen katalysiert werden können, entstehen kurzkettige, freie Fettsäuren oder Aldehyde, die die Fette ranzig riechen lassen.

Auch die unterschiedlichen Schmelzbereiche der Fette und Öle stehen in Zusammenhang mit den unterschiedlichen Molekülstrukturen der Fettsäure-Reste. Gesättigte Fettsäure-Moleküle sind linear gebaut. Die Moleküle der in Fetten und Ölen vorkommenden ungesättigten Fettsäuren liegen überwiegend in der *cis*-Konfiguration vor und weisen einen „Knick“ auf (B4). Fett-Moleküle mit vorwiegend gesättigten Fettsäure-Resten können sich daher besser parallel zueinander anordnen. Dies hat zur Folge, dass mehr **VAN-DER-WAALS-Kräfte** zwischen ihnen wirken können als zwischen solchen mit gewinkelt gebauten Fettsäure-Resten (B5). Fette mit einem hohen Anteil an ungesättigten Fettsäure-Resten im Molekül sind bei Raumtemperatur flüssig, also Öle. Nicht nur der Anteil an ungesättigten Fettsäure-Resten, auch die Länge der Kohlenwasserstoffketten beeinflusst die Lage des Schmelzbereichs.

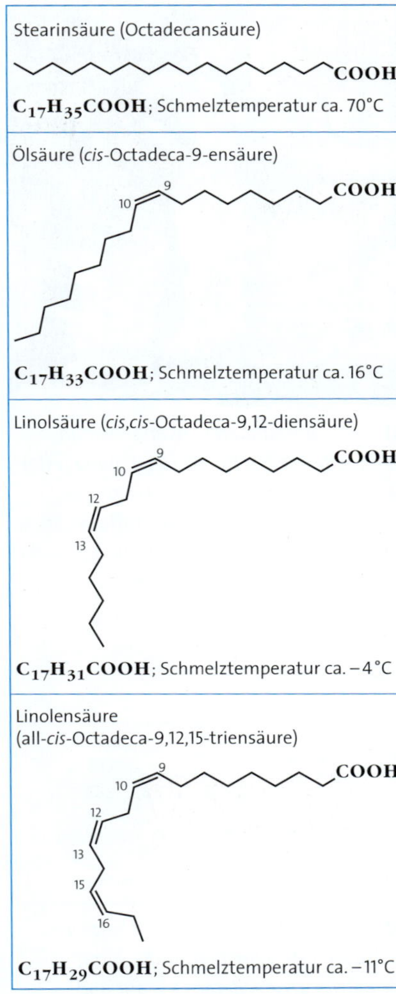

B4 *Gerüstformeln gesättigter und ungesättigter Fettsäuren mit 18 Kohlenstoff-Atomen.* **A:** *Begründen Sie die unterschiedlichen Schmelztemperaturen der drei ungesättigten Fettsäuren.*

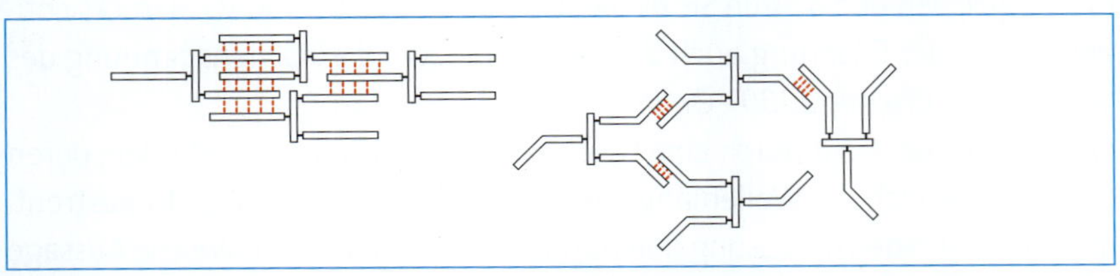

B5 *VAN-DER-WAALS-Kräfte (-----) zwischen benachbarten Triglycerid-Molekülen mit gesättigten (links) bzw. mit ungesättigten Fettsäure-Resten*

Aufgabe

A1 Formulieren Sie für die Hydrierung von einem Fett-Molekül mit drei Linolsäure-Resten die Reaktionsgleichung. Kennzeichnen Sie auch relevante Oxidationszahlen.

Fachbegriffe

Fetthärtung, Fetthydrierung, *cis*-Fettsäuren, VAN-DER-WAALS-Kräfte, Oxidationsstabilität

Vom Fett zur Seife

B1 *Im 19. Jahrhundert verwendete man beim Seifensieden für die Herstellung fester Seifenstücke Rindertalg und Holzasche.*
A: *Recherchieren Sie, welche Stoffe im Laufe der Geschichte der Seifenherstellung für das Seifensieden eingesetzt wurden.*

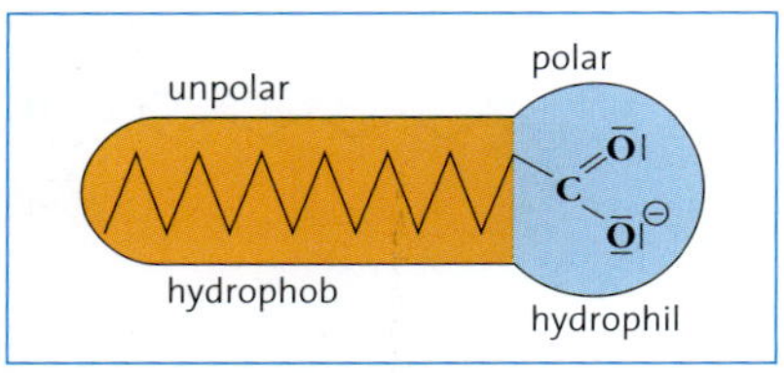

B2 *Fettsäure-Anion: Seifen sind Salze der Fettsäuren.* **A:** *Schreiben Sie die Summenformel des abgebildeten Ions auf und benennen Sie es.*

B3 *Beobachtung bei V1 nach dem Aussalzen.*
A: *Beschreiben und erklären Sie, was im Becherglas zu sehen ist.*

Versuche

Hinweis: V2 bis V6 können sowohl mit einer Lösung käuflicher Seife als auch mit einer Lösung des in V1 selbst hergestellten festen Produkts durchgeführt werden.

V1 *Achtung:* Spritzgefahr! Schmelzen Sie vorsichtig 10 g Fett (Schweineschmalz) in einem 250-mL-Becherglas. Geben Sie unter Rühren vorsichtig 50 mL Natronlauge*, c = 5 mol/L, hinzu und lassen Sie die Lösung unter ständigem Rühren ca. 10 min sieden. Nach dem Abkühlen gießen Sie die Lösung in ein Becherglas mit 100 mL gesättigter Kochsalz-Lösung. Entnehmen Sie nach einiger Zeit das oben schwimmende Produkt und messen Sie dessen *p*H-Wert. Teilen Sie mit einem Spatel eine kleine Menge dieses Produkts ab, geben Sie es in ein zur Hälfte mit Wasser gefülltes Rggl., verschließen Sie dieses mit einem Stopfen und schütteln Sie kräftig.

V2 Füllen Sie eine Petrischale zur Hälfte mit Wasser und bestreuen Sie die Oberfläche mit Schwefel- oder Kohlepulver. Geben Sie aus einer Tropfpipette einen Tropfen Seifenlösung mitten in die Schale.

V3 Setzen Sie mit einer Tropfpipette vorsichtig auf ein sauberes Stück Baumwolle einen Tropfen Wasser und einen Tropfen Seifenlösung ab. Beobachten Sie die Tropfenformen.

V4 *Tyndall-Effekt:* Füllen Sie eine flache Küvette mit Seifenlösung. Richten Sie den Strahl eines Laserpointers von der Seite in die Lösung. Betrachten Sie den Strahlengang. Verfahren Sie analog mit Kochsalz-Lösung.

V5 Bewegen Sie ein Stück mit Kohlepulver und ein Stück mit Fett eingeriebene Baumwolle in einer Seifenlösung hin und her. Wiederholen Sie den Versuch mit Wasser statt der Seifenlösung.

V6 Füllen Sie je ein Rggl. mit dest. Wasser, Leitungswasser bzw. Calciumhydrogencarbonat-Lösung. Geben Sie in jedes Rggl. einen Tropfen Seifenlösung, verschließen Sie die Rggl. und schütteln Sie jeweils 1 min.

Auswertung

a) Formulieren Sie für die Reaktion von Fett mit Natronlauge (V1) die Reaktionsgleichung. Begründen Sie, welches der Produkte als Feststoff und welches gelöst vorliegt.

b) Vergleichen und deuten Sie die Beobachtungen zu V2 und V3. Berücksichtigen Sie bei der Erklärung auch die Animation zur Oberflächenspannung des Wassers aus *Chemie 2000+ Online*.

c) Richtet man Licht durch eine Lösung, in der sich Teilchen befinden, deren Größe im Bereich der Wellenlänge des Lichts liegt, so wird das Licht gestreut, und man kann den die Lösung durchdringenden Strahl sehen. Welche Aussage erlaubt die Beobachtung aus V4 bezüglich der Seifen-Moleküle? Beziehen Sie die Bildung von Micellen (B4) in Ihre Überlegung mit ein. Warum wird der Versuch auch mit Kochsalz-Lösung durchgeführt?

d) Deuten Sie die Beobachtung von V5 mithilfe von B2 und B3.

e) In V6 wird hartes Wasser in Form der Calciumhydrogencarbonat-Lösung verwendet. Welche Konsequenzen für den Waschvorgang ergeben sich aus der Beobachtung?

Seifen – Herstellung und Eigenschaften

Seifen wurden bereits in der Zeit um 2500 v. Chr. hergestellt, aber erst seit Anfang des zwanzigsten Jahrhunderts allmählich zu Alltagsprodukten „für jedermann“ (vgl. S. 159).

Seifen nennt man die Natrium- und Kaliumsalze der Fettsäuren, die durch die Verseifung von Fetten hergestellt werden. Allgemein bezeichnet man die **alkalische Hydrolyse** eines Esters als **Verseifung**. Dabei wird die Ester-Gruppe der Fett-Moleküle gespalten.

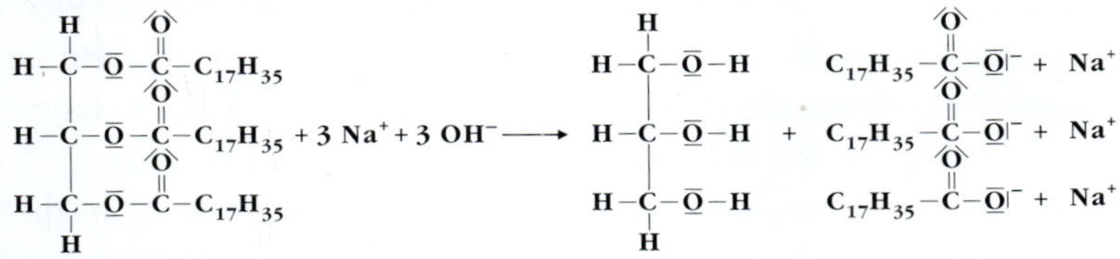

Fettsäuretriglycerid (Fett) Natronlauge Glycerin Natriumsalz der Fettsäure

Bei der Verseifung von Fetten bildet sich als Alkohol-Komponente Glycerin und die Carboxylat-Ionen der Fettsäuren liegen als Natriumsalze (bei Kernseifen) oder als Kaliumsalze (bei Schmierseifen) vor.

Aufgrund des unpolaren „Schwanzes“ und des polaren „Kopfes“ der Seifen-Anionen (B2) sind Seifen hydrophob und hydrophil. Stoffe mit dieser Eigenschaft nennt man **amphiphil**[1].

Seifen setzen die **Oberflächenspannung des Wassers** herab (V2, V3), indem die polaren Köpfe ihrer Anionen in die Lösung hineintauchen, die unpolaren Schwänze herausragen (B4). Eine Seifenlösung hat deshalb ein gutes **Benetzungsvermögen** (V3). Innerhalb einer wässrigen Seifenlösung orientieren sich die Seifen-Anionen so, dass die unpolaren Reste einander zugewandt sind und durch VAN-DER-WAALS-Kräfte zusammengehalten werden. Dadurch entsteht ein kugelförmiger Teilchenverband, die **Micelle**. Die Außenseite der Micelle bilden die polaren Köpfe, die mit den Wasser-Molekülen wechselwirken (B4). In den unpolaren Innenraum der Micelle können unpolare Moleküle eingeschlossen werden: Rußpartikel oder Fettflecken können mit Seifenlösung von einer verschmutzten Faser abgewaschen werden (B4, V5). In der Lösung sind die Micellen kolloidal verteilt, sodass die Schmutzpartikel in der Lösung gehalten werden.

Befinden sich in einer Seifenlösung auch Calcium-Ionen, z.B. bei der Verwendung von hartem Wasser, bilden sich durch Ionenaustausch schwerlösliche **Kalkseifen** (V6). Die Kalkseifen setzen sich als schmieriger Rückstand im Waschbecken und auf den Stofffasern ab und die Waschkraft der Seife kann sich nicht entfalten.

Aufgaben

A1 Formulieren Sie nach dem Muster von dieser Seite die Verseifungsreaktion des Triglycerids aus B4 von S. 161.

A2 Erklären Sie anhand von B4, warum sich das von der Haut oder der Faser abgelöste Fett nicht wieder dort ablagern kann.

A3 Erläutern Sie, was eine Kalkseife ist und geben Sie die Zusammensetzung einer Kalkseife mithilfe geeigneter Formeln an.

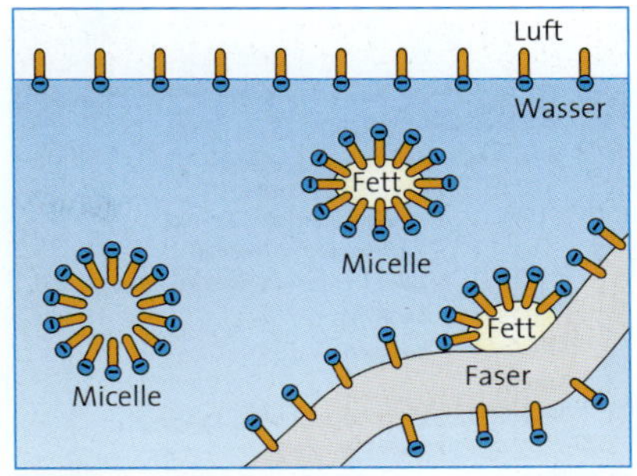

B4 *Grenzflächenanordnung der Seifen-Anionen und Micellenbildung.* ***A:*** *Erläutern Sie das Entstehen von Micellen. Welche Schmutzteilchen können mit Seife gut von der Faser entfernt werden?*

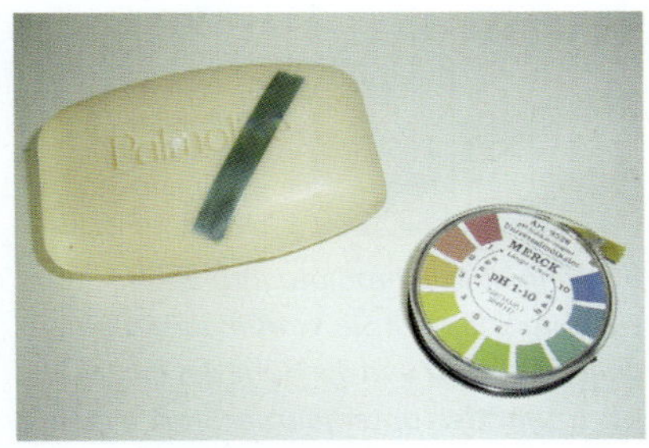

B5 *Die alkalische Reaktion von Seife kann infolge teilweiser Hydrolyse von Proteinen zu einem Aufweichen der oberen Hautschichten führen. Die Haut wird dadurch leichter mikrobiell angreifbar. Auch kann es bei einem pH-Wert außerhalb des pH-Bereichs von 2 – 7 zu einer Schädigung von Fasern (z.B. von Wolle) kommen.* ***A:*** *Erläutern und begründen Sie die Konsequenzen für das Händewaschen sowie für das Waschen von Haaren und Wolle mit Seifenlauge.*

Fachbegriffe

Seife, Verseifung, alkalische Esterhydrolyse, amphiphil, Benetzungsvermögen, Oberflächenspannung des Wassers, Micelle, Kalkseife

[1] von *amphi* (griech.) = beides und von *philos* (griech.) = Freund

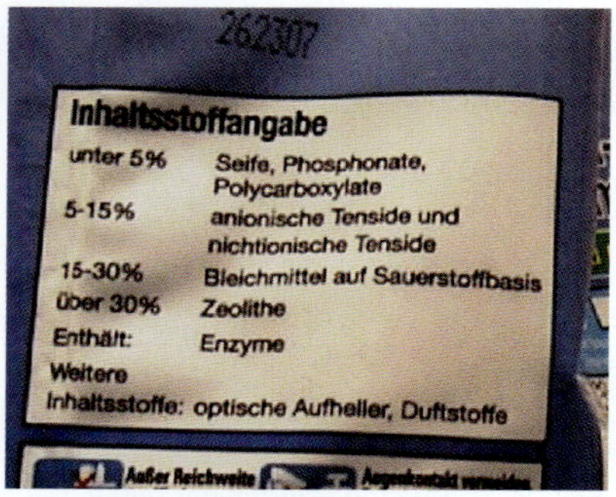

B1 *Inhaltsstoffe eines Vollwaschmittels.* ***A:*** *Welche verschiedenen Arten von Tensiden sind enthalten?*

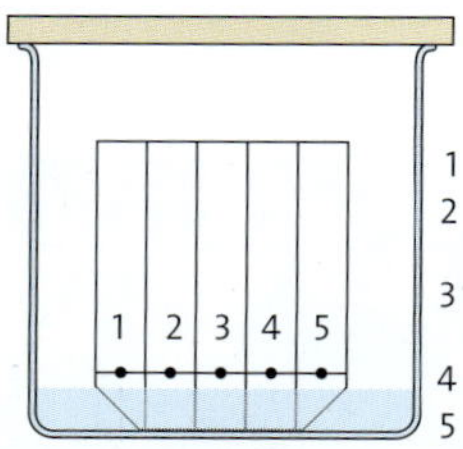

B2 *Dünnschichtchromatographie-Anleitung zu V5.* ***A:*** *Erläutern Sie, warum die Kammer abgedeckt wird und die Höhe des eingefüllten Laufmittels unterhalb der Startflecken liegen sollte.*

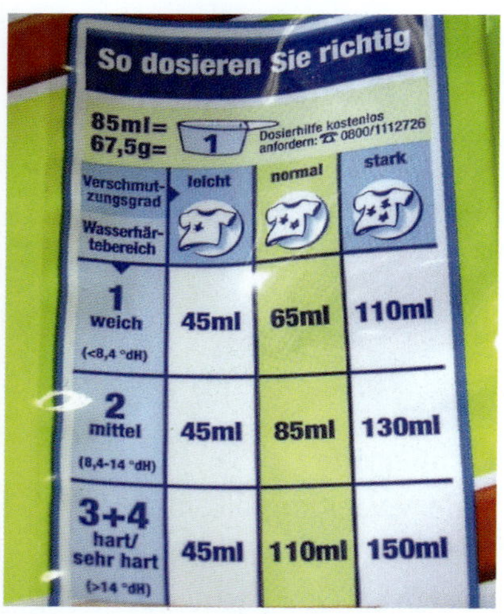

B3 *Dosierungsanweisung für effektives Waschen.* ***A:*** *Erklären Sie unter Bezug auf V3 die unterschiedlichen Dosierungen. Welche Folge hätte eine zu niedrige Dosierung?*

Schaumschläger

Versuche

V1 Lösen Sie in einem Kolben 2,5 g Dodecanol in einer Mischung aus 5 mL Diethylether* und 1,5 mL konz. Schwefelsäure*. Verschließen Sie den Kolben und lassen Sie die Lösung unter Rühren mehrere Stunden stehen. Gießen Sie die Lösung dann in einen Erlenmeyerkolben mit 5 mL Wasser und 1 Tropfen Phenolphthalein-Lösung. Neutralisieren Sie überschüssige Schwefelsäure mit Natronlauge*, $c = 2$ mol/L, bis der Indikator gerade eben Rotfärbung zeigt. Diese kann durch Zugabe eines Tropfens verd. Essigsäure wieder entfernt werden. Geben Sie eine Probe der Lösung in ein Rggl., verschließen und schütteln Sie es.

V2 Führen Sie die Versuche V2 bis V6 von S. 164 mit der in V1 selbst hergestellten Tensidlösung und mit einer wässrigen Waschmittellösung durch.

V3 Füllen Sie je 5 mL Tensidlösung in 5 Rggl. Geben Sie in je ein Rggl. je 1 mL folgender Lösungen: Kalkwasser, Magnesiumchlorid-Lösung, Natriumchlorid-Lösung, Speiseessig und dest. Wasser. Schließen Sie die Rggl. und schütteln Sie sie gleichzeitig 30 s lang. Vergleichen Sie über 10 min die Schaumhöhen in Zeitabständen von jeweils einer Minute. Verfahren Sie analog mit Seifenlösung.

V4 Füllen Sie je ein Rggl. zur Hälfte mit Wasser bzw. Seifen-(oder Tensid-)lösung. Geben Sie in beide Rggl. je 1 mL Salatöl, verschließen Sie und schütteln Sie kräftig. Vergleichen Sie den Zeitraum, bis sich Öl und Wasser bzw. Öl und Seifenlösung wieder getrennt haben.

V5 *Nachweis von anionischen und kationischen Tensiden:* Lösen Sie Tensidproben und säuern Sie diese mit verd. Schwefelsäure leicht an. Geben Sie jeweils 1 bis 2 Tropfen Tensidprobe zu je 1 mL Tensidindikator, überschichten Sie mit 1 mL Ethylacetat und schwenken Sie die Proben leicht. (*Hinweise*: a) Tensidindikator: 50 mL Methylenblau und 50 mg Methylorange werden getrennt in je ca. 30 mL dest. Wasser gelöst, dann gemischt, 5 mL Schwefelsäure, $c = 0{,}1$ mol/L, werden zugegeben, mit dest. Wasser wird auf 100 mL aufgefüllt. b) *Färbung*: anionisch: blau; kationisch: gelb; nichtionisch, kein Tensid: farblos.)

Auswertung

a) Bei V1 findet eine Veresterung des Dodecanols mit Schwefelsäure statt. Formulieren Sie die Reaktionsgleichung.

b) Vergleichen Sie das Verhalten von Seifenlösung mit dem der Tensidlösung aus V2 und einer Waschmittellösung.

c) Deuten Sie Ihre Beobachtung von V3 und erklären Sie den Sinn des Einsatzes der verschiedenen Reagenzien.

d) Durch das Schütteln in V4 vermischen sich die beiden ineinander unlöslichen Phasen zu einer Emulsion. Welche Funktion hat das Tensid?

e) Fassen Sie Ihre Ergebnisse zu V5 tabellarisch zusammen (*Hinweis*: Die Tabelle enthält drei Spalten: **Probe** (dest. Wasser; Aniontensid (Vergleichsprobe); Kationtensid (Vergleichsprobe); Vollwaschmittel; Colorwaschmittel; Feinwaschmittel; Weichspüler – **Färbung der organ. Phase** – **Ergebnis**).

Anionische, kationische und nichtionische Tenside

Seifen sind die ältesten aller Waschmittel; heute werden sie im Waschprozess aber oft durch synthetische **Tenside** ersetzt, da Seifenlösungen alkalisch sind und sich in saurer Lösung schwerlösliche Fettsäuren bilden.
Als Tenside bezeichnet man alle waschaktiven Substanzen, deren Teilchen wie das Seifen-Anion ein unpolares, hydrophobes und ein polares, hydrophiles Ende haben.
Aufgrund ihrer Molekülstruktur sind Tenside **grenzflächenaktiv** (verringern die Grenzflächenspannung, vgl. S. 165, B3) und zeigen ein gutes Dispergiervermögen: Sie können flüssige und feste Teilchen umnetzen, von der Faser ablösen und in Micellen einschließen. Die nach außen gerichteten polaren Köpfe der Tensid-Teilchen verhindern durch elektrostatische Abstoßung ein erneutes Zusammenlagern der Schmutzpartikel, die so in der Waschflotte in der Schwebe gehalten werden und eine stabile Schmutzemulsion bilden (vgl. S. 164, V2 bzw. V5).
Man unterscheidet allgemein ionische und nichtionische Tenside.
Bei **anionischen Tensiden** sind die polaren Köpfe negativ geladene Atomgruppen wie die Carboxylat- $\mathbf{-COO^-}$, Sulfat- $\mathbf{-O{-}SO_3^-}$ oder Sulfonat-Gruppe $\mathbf{-SO_3^-}$. **Alkylbenzolsulfonate** gehören zu den am häufigsten in Waschmitteln verwendeten, vollsynthetischen Tensiden. Anionische Tenside sind gut wasserlöslich und bis 95 °C im alkalischen Milieu beständig, können allerdings in hartem Wasser schwerlösliche Kalkseifen bilden.

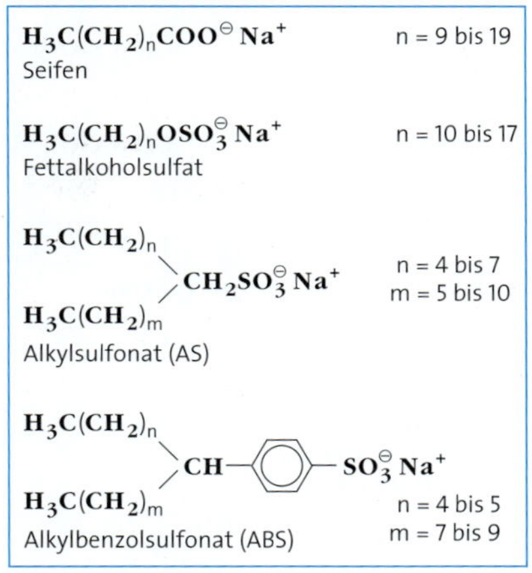

B4 *Beispiele für Seifen und* ***anionische Tenside****. A: Vergleichen Sie den Bau der Seifen-Anionen mit dem der Alkylbenzolsulfonat-Anionen.*

Fachbegriffe

Tenside, grenzflächenaktiv, anionische Tenside, Alkylbenzolsulfonate

extra Die Tensid-Teilchen **kationischer Tenside** tragen positiv geladenen Köpfe, meist mit einem quartären Stickstoff-Atom. Da Textilfasern oft negativ geladen bzw. polarisiert sind, ist eine Ablösung umhüllter Schmutzpartikel von der Faser mittels kationischer Tenside erschwert. Eine Anlagerung der positiven Köpfe dieser Tenside an die Fasern bewirkt dagegen eine Hydrophobierung der Textiloberfläche nach außen, sodass die Fasern nicht verkleben und weich bleiben. Kationische Tenside eignen sich somit als Weichspüler.
In den Molekülen **nichtionischer Tenside** stellen Ether- und Hydroxy-Gruppen den polaren Molekülteil. Die Waschkraft dieser Tenside ist bei niedrigen Temperaturen besser als z. B. die der Fettalkoholsulfate, auch sind sie gegenüber hartem Wasser unempfindlich. In Waschmitteln werden Kombinationen aus anionischen und nichtionischen Tensiden eingesetzt. **Zuckertenside**, Alkylpolyglucoside APG, gewinnt man aus nachwachsenden pflanzlichen Rohstoffen wie Kokosnussöl und Stärke (Glucose-Lieferant). Sie werden in Wasch- und Geschirrspülmitteln wie auch in Baby-Shampoos und Gesichtsreinigern eingesetzt.

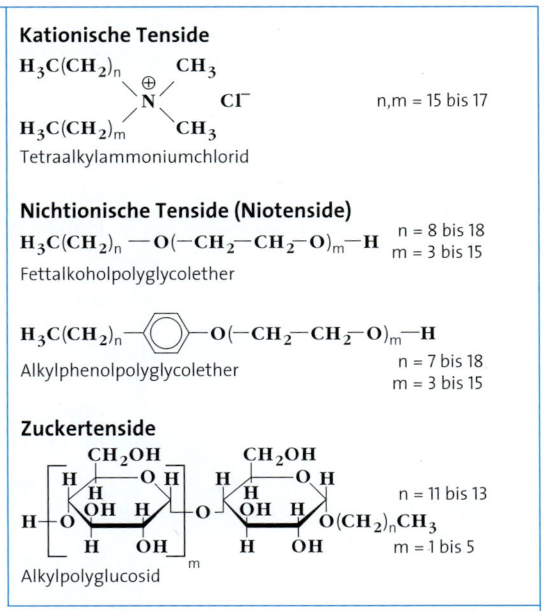

B5 *Verschiedene Tensid-Typen. A: Stellen Sie eine begründete Vermutung auf, ob Zuckertenside biologisch abbaubar sind.*

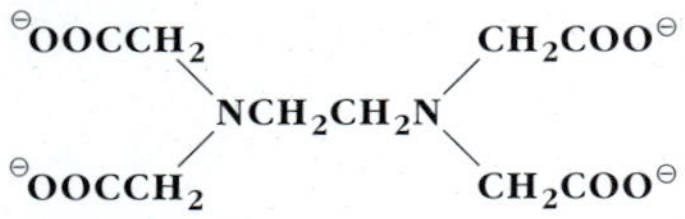

EDTA Ethylendiamintetraacetat

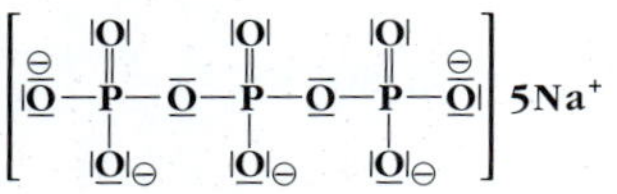

Pentanatriumtriphosphat

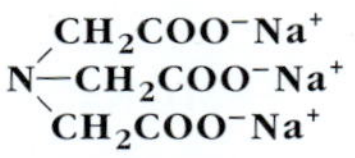

Natriumnitrilotriacetat NTA

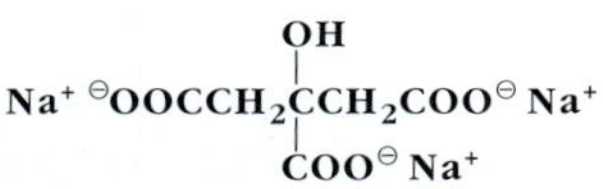

Natriumcitrat

$xNa_2O \cdot yAl_2O_3 \cdot 2SiO_2$

Zeolith
(Natriumaluminiumsilicat)

$Na_{12}(AlO_2)_2(SiO_2)_{12} + 27H_2O$

Porenöffnung 410 nm

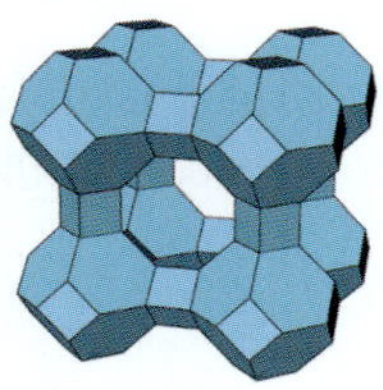

B1 *Komplexbildner*

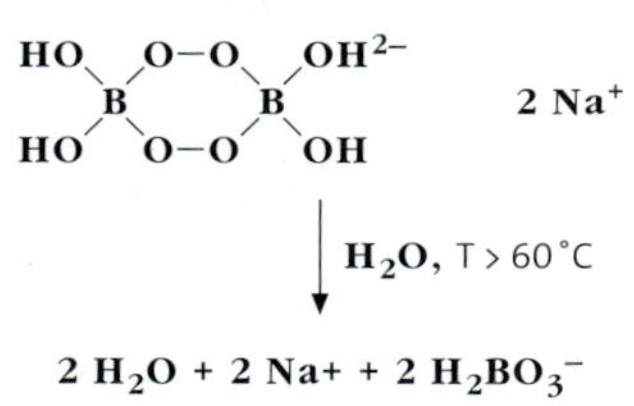

B2 *Vorgang beim Lösen von Perborat in Wasser.* **A:** *Erklären Sie die Bildung von Sauerstoff (V3).*

Moderne Waschmittel – nicht nur Tenside

Versuche

V1 Füllen Sie drei Bechergläser mit a) 100 mL dest. Wasser, b) 100 mL Leitungswasser[1] und c) 100 mL Leitungswasser unter Zusatz von 30 mL Ethylendiamintetraacetat-Lösung* **EDTA**, c = 0,01 mol/L. Tropfen Sie jeweils 5 mL ethanolische Kernseifenlösung* zu und rühren Sie gut um. Vergleichen Sie die Schaumbildung nach dem Schütteln.

V2 Geben Sie etwa 4 mL dest. Wasser, 5 Tropfen Eisen(III)-chlorid-Lösung, 2 Tropfen verd. Salzsäure und 5 Tropfen Ammoniumthiocyanat-Lösung in ein Reagenzglas. Fügen Sie anschließend eine große Spatelspitze Zeolith A hinzu und schütteln Sie. Wiederholen Sie mit den unterschiedlichen Waschmitteln.

V3 a) Geben Sie in ein Reagenzglas einen Spatellöffel Natriumperborat und 2 mL dest. Wasser. Erhitzen Sie die Lösung kräftig und führen Sie über der Lösung die Glimmspanprobe durch. b) Übergießen Sie etwa 0,5 g Waschmittel in einer kleinen Porzellanschale mit etwa 4 mL Methanol*. Fügen Sie 1-2 mL konz. Schwefelsäure hinzu und erwärmen Sie kurz mit dem Bunsenbrenner auf einem Dreifuß mit Drahtnetz. Anschließend entzünden Sie die entweichenden Dämpfe vorsichtig mit der Brennerflamme. Die grüne Flammenfärbung ist ein Nachweis für Perborat. c) Füllen Sie vier 250-mL-Bechergläser etwa zur Hälfte mit Wasser und erhitzen Sie nach Zugabe von etwa 2 g von Natriumperborat, einem pulverförmigen Waschmittel und einem flüssigen Waschmittel auf ca. 70–80 °C. Nach Erreichen der Temperatur teilen Sie ein mit Kirschsaft oder Tinte angeschmutztes Gewebestück in vier gleichgroße Stücke und tauchen es mithilfe des Glasstabes in die Lösungen.

V4 Tragen Sie auf je ein Stück Filterpapier eine Lösung verschiedener Waschmittel (Voll-, Color-, Flüssigwaschmittel) auf und betrachten Sie das Filterpapier nach dem Trocknen unter UV-Licht.

V5 Füllen Sie zwei 250-mL-Bechergläser etwa zur Hälfte mit Wasser und mit je 1 mL der verd. Farbstofflösung (Basilenbraun E-RA, w = 0,25 %) versetzt. Geben Sie dazu etwa 2,5 g Voll- bzw. Colorwaschmittel. Anschließend tauchen Sie in jedes Becherglas ein Stück Baumwollgewebe, die ca. 1 bis 2 min. mit einem Glasstab bewegt werden. Danach spülen Sie die Gewebeproben sofort unter klarem Wasser ab.

Auswertung

a) Erstellen Sie ein tabellarisches Protokoll zu allen durchgeführten Versuchen. Die Tabelle soll drei Spalten enthalten: Nummer des Versuchs, Beobachtungen und Ergebnisse, Deutung und Erklärung.

b) Stellen Sie die Reaktionsgleichung für die Reaktion von Eisen(III)-Ionen Fe^{3+} mit Thiocyanat-Ionen SCN^- auf. Erläutern Sie die Funktion des Ionenaustauschers.

c) Geben Sie an, in welchen Waschmitteln sich Perborat und optische Aufheller nachweisen lassen. Begründen Sie den Einsatz von Perborat als Bleichmittel und die Wirkungsweise optischer Aufheller. Erläutern Sie die Wirkungsweise optischer Aufheller in modernen Waschmitteln.

d) Erläutern Sie den Vorteil, den Waschmitteln mit Verfärbungsinhibitoren bieten.

[1] Verwenden Sie bei sehr weichem Leitungswasser eine Calciumchlorid-Lösung*, $w(CaCl_2)$ = 1 %.

Inhaltsstoffe eines Vollwaschmittels

Beim Waschen mit hartem Wasser lagert sich an Teilen der Waschmaschine und an Textilfasern leicht Kalk ab, da Calcium-Ionen aus dem Wasser mit Tensid-Anionen aus Waschmitteln schwerlösliche Salze bilden (V1). Zur Vermeidung werden Wasch- und Reinigungsmitteln **Wasserenthärter** zugesetzt. Diese enthärten das Wasser und unterstützen den Waschvorgang, indem sie helfen, die durch die Tenside gebildeten Schmutzmicellen wegzutragen. Zu den wichtigsten Wasserenthärtern zählen Salze mehrprotoniger Säuren, die mit Calcium-Ionen **Komplexe**[2] bilden, und **Zeolithe**[3], die in ihren Hohlräumen Natrium-Ionen gegen Calcium-Ionen austauschen (B1, B2). In beiden Fällen werden die im Wasser gelösten Calcium-Ionen gebunden, das *harte* Wasser wird *weich*.
Die Wasserenthärter müssen umweltverträglich sein, da sie den größten Massenanteil an einem Vollwaschmittel haben und nach dem Waschvorgang ins Abwasser gelangen. Früher wurden als Enthärter vorwiegend Phosphate verwendet durch die Flüsse und Seen erheblich belastet wurden, mancherorts sogar abstarben. Der Phosphatanteil in Waschmitteln ist heute durch Zusatz umweltverträglicher Zeolithe reduziert.
Außer Tensiden und Wasserenthärtern enthält ein Vollwaschmittel eine ganze Liste von Komponenten (B4), die spezielle Reinigungsaufgaben übernehmen. **Bleichmittel**, z. B. *Perborate* und *Percarbonate*, setzen bei höheren Temperaturen aktiven Sauerstoff frei und bewirken den oxidativen Abbau von Obst- und Gemüseflecken. **Enzyme** helfen beim Entfernen von Eigelb-, Milch- und Stärkeflecken, weil sie als Katalysatoren bei der Hydrolyse großer Biomoleküle wirken. **Optische Aufheller** bleiben am Waschgut haften. Sie absorbieren die geringen UV-Anteile aus dem Tageslicht und strahlen blaues Licht aus (vgl. Fluoreszenz, S. 201). Dadurch erscheint auch ältere Wäsche, die bereits einen Gelbstich hat, strahlend weiß (B3). **Schauminhibitoren** verhindern übermäßige Schaumbildung bei Trommelwaschmaschinen. Verfärbungsinhibitoren verringern das Ablösen von Textilfarbstoffen und das Absetzen abgelöster Textilfarbstoffe auf anderen Textilien.

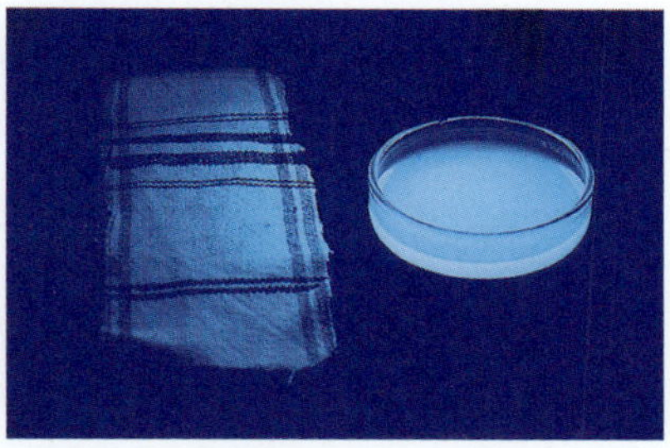

B3 *Weißgetönter Gewebeteil und Weißtöner-Lösung.* **A:** *Beurteilen Sie, ob Wäsche beim Weißtönen sauberer wird.*

Wirkstoff	Funktion	Massenanteil in %
Anionische Tenside	Schmutzlöser	5 – 10
Nichtionische Tenside	Schmutzlöser	1 – 5
Pentanatriumtriphosphat	Enthärter	0 – 40
Zeolith A	Enthärter	0 – 30
Natriumperborat	Bleichmittel	15 – 35
Bleichaktivatoren, Stabilisatoren	Regulation der Perborat-Zersetzung	2 – 4
Enzyme	Schmutzlöser	0,3 – 1
Optische Aufheller	Erhöhung des Weißeindrucks	0,1 – 0,3
Seifen	Schauminhibitor	1 – 5
PVP	Verfärbungsinhibitor	0,5
Parfümöle	Geruchsverbesserung	0,1 – 0,2
Natriumsulfat	Lagerungsfähigkeit	5 – 15

B4 *Zusammensetzung eines Vollwaschmittels*

Aufgaben

A1 In B1 und B2 sind Natriumsalze von vier mehrprotonigen Säuren angegeben. Benennen Sie diese vier Säuren und geben Sie in jedem Einzelfall an, wie viele Protonen das Molekül der betreffenden Säure abgeben kann.

A2 Werbeaussagen beziehen sich oft auf einzelne Bestandteile im Waschmittel. Nennen Sie einige Beispiele, indem Sie Produkte aus dem Handel mit der Liste aus B4 vergleichen.

A3 Informieren Sie sich über die Struktur und die Eigenschaften von Perboraten und Percarbonaten.

Fachbegriffe

Wasserenthärter, Komplexe, Zeolithe, Bleichmittel, Enzyme, optische Aufheller, Schauminhibitoren, Verfärbungsinhibitoren

[2] vgl. Kapitel 11; [3] Aluminosilikate mit käfigartigen Hohlräumen, in denen Kationen gebunden werden, vgl. S. 220.

Tenside in Emulsionen und Kosmetika

Versuche

Hinweise: Es bietet sich an, die Untersuchungen zu Emulsionstypen (V2 bis V6) arbeitsteilig durchzuführen.

V1 *Aussalzen*: Füllen Sie mehrere Rggl. jeweils ca. 1 cm hoch mit je einer Creme oder Lotion Ihrer Wahl, rühren Sie wenig (eine halbe Spatelspitze) Kochsalz ein und lassen sie die Rggl. erschütterungsfrei stehen. Was ist nach 5–10 min zu beobachten?

V2 *Abwaschtest:* Streichen Sie je einen dicken Fleck Körperlotion und Sonnencreme auf Ihren Unterarm (B1). Halten Sie den bestrichenen Arm unter fließendes, kaltes Wasser. Beobachten Sie die Stellen, an denen die Proben aufgetragen wurden, anschließend genau.

V3 Geben Sie je 2–3 Tropfen einer Lotion oder Creme Ihrer Wahl in zwei Rggl. Fügen Sie 10 mL Wasser bzw. Öl (Speiseöl) hinzu und schütteln Sie.

V4 Füllen Sie zwei Rggl. jeweils ca. 1 cm hoch mit einer Creme oder Lotion Ihrer Wahl. Geben Sie in ein Rggl. wenige Kristalle Sudanrot, in das andere wenige Kristalle Methylenblau. Salzen Sie ggf. aus und beobachten Sie, in welcher der sich bildenden Phasen die Färbung auftritt. Testen Sie in weiteren Rggl. die Löslichkeit beider Farbstoffe in Wasser bzw. Öl (Speiseöl) (B2).

V5 Tupfen Sie je eine kleine Probe verschiedener Cremes und Lotionen auf ein Stück Papier und betrachten Sie nach wenigen Minuten die Rückseite des Papiers. Verwenden Sie als Referenz je einen Tropfen Wasser und Öl.

Auswertung

a) Vergleichen Sie das Aussehen ihrer Cremes (Lotionen) vor und nach der Salzzugabe in V1 und erläutern Sie, was das Aussalzen bewirkt.

b) Emulsionen, die aus einem kleinen Anteil Wasser und einem großen Anteil Öl bestehen, bezeichnet man als W/O-Emulsion (*W*asser-in-*Ö*l), umgekehrt bestehen O/W-Emulsionen aus einem kleinen Anteil *Ö*l in *W*asser. Ordnen Sie die Produkte aus V2 und V3 den beiden Emulsionstypen zu.

c) O/W-Emulsionen lassen sich leicht mit Wasser verdünnen, W/O-Emulsionen mit Öl. Was müsste man zu einer Sonnencreme zufügen, um ein verdünntes, homogenes Sprühpräparat herzustellen?

d) Ordnen Sie zu, welche Emulsionstypen sich mit welchem in V4 verwendeten Farbstoff nachweisen lassen (B2).

B1 *Proben nach dem Aussalzen (links; V1) und Abwaschtest (V2).* **A:** *Planen Sie einen Kurzversuch, mit dem Sie ermitteln, welches die wässrige Phase in den beiden Gläsern ist.*

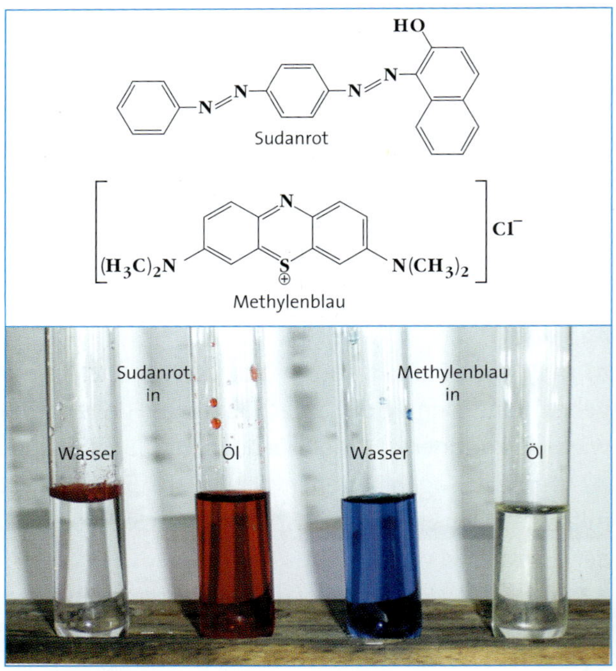

B2 *Gerüstformeln von Sudanrot und Methylenblau und ihre Löslichkeiten in Wasser und Öl.* **A:** *Begründen Sie, welcher der Farbstoffe hydrophil und welcher lipophil ist.*

Tenside in Emulsionen und Kosmetika

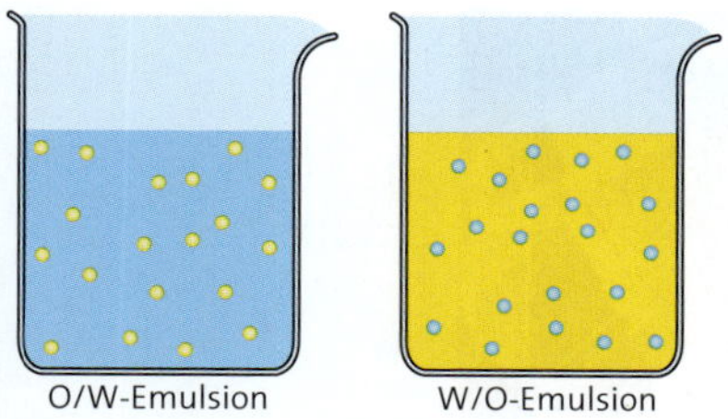

B3 *O/W- und W/O-Emulsion.* ***A:*** *Begründen Sie, warum in beiden Fällen ein heterogenes System vorliegt.*

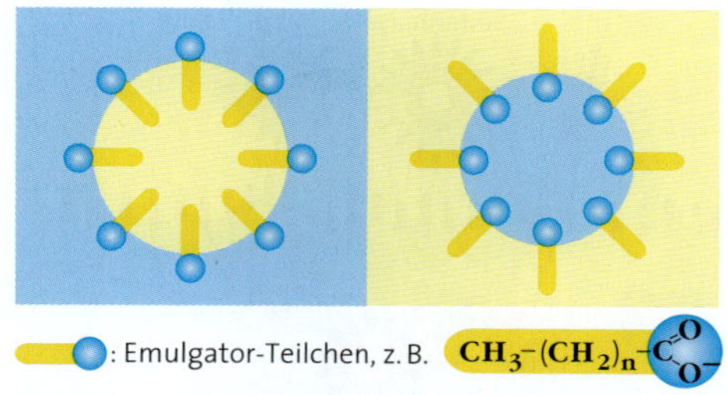

B4 *Orientierung der Emulgator-Teilchen in O/W- und W/O-Emulsionen.* ***A:*** *Benennen Sie die hydrophile und die lipophile Gruppe.*

Viele kosmetische Präparate (z. B. Cremes, Lotionen) sind Emulsionen aus Wasser und Öl. Bei der Herstellung werden die wässrige und die ölhaltige Komponente durch intensives Rühren oder Schütteln sehr fein ineinander dispergiert (verteilt). Eine der beiden Phasen liegt dann in Form winziger Tröpfchen vor und bildet die innere Phase, die andere ist die kontinuierliche, äußere Phase. Letztere ist auch bei den verschiedenen Methoden zur Bestimmung des Emulsionstyps die wirksame Phase (V2, V4, V5). Eine Emulsion lässt sich immer nur mit der äußeren Phase verdünnen, die Zugabe der inneren Phase führt zur Ausbildung einer Phasengrenze (V3). Man unterscheidet zwischen **Öl-in-Wasser(O/W)-Emulsionen** und **Wasser-in-Öl(W/O)-Emulsionen** (B3), wobei die jeweils letztgenannte die äußere Phase ist. O/W-Emulsionen sind in der Anwendung häufiger vertreten. Sie verteilen sich gut auf der Haut, ziehen schnell ein und werden daher z. B. für Tagescremes und Körperlotionen verwendet. W/O-Emulsionen dienen u. a. als Nachtcremes. Sie hinterlassen einen schützenden Film, der sich auch günstig auf die Feuchtigkeitsanreicherung in den äußersten Hautschichten auswirkt, weil das aufgetragene Öl die Wasserdampfabgabe der Haut vermindert.

Durch Zugabe von **Emulgatoren** (Stabilisatoren) wird verhindert, dass bei sehr langem Stehen eine Auftrennung in makroskopisch sichtbare Phasen durch Bildung größerer Flüssigkeitströpfchen und Aufrahmen bzw. Absetzen aufgrund des Dichteunterschieds erfolgt. Ein Emulgator setzt die Grenzflächenspannung zwischen den beiden Flüssigkeitsphasen herab.

Die Emulgator-Moleküle adsorbieren an den Phasengrenzflächen. Es kommt zur Aggregation und Bildung eines Adsorptionsfilms um die Tröpfchen (B4; vgl. auch S. 165). Dadurch sowie durch sterische und elektrostatische Abstoßung wird die Verschmelzung zu Tröpfchen verhindert. Die Emulsion bleibt über längere Zeit unverändert, sie ist **metastabil**.

Tenside sind als amphiphile Stoffe (vgl. S. 164 bis 167) hervorragend als Emulgatoren in Kosmetika[1] geeignet.

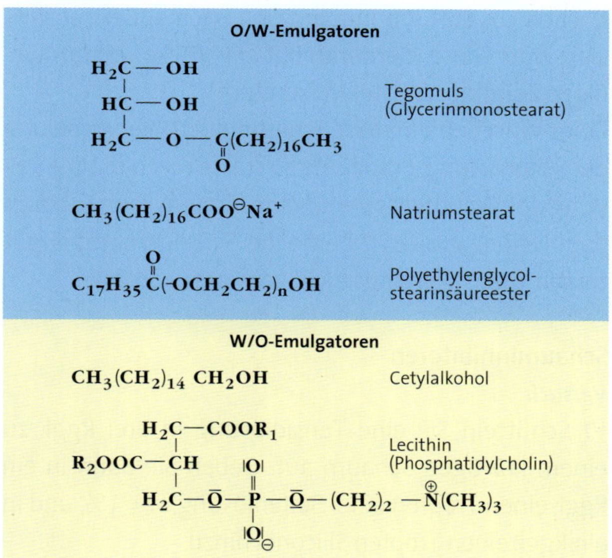

B5 *Halbstrukturformeln einiger Emulgatoren für O/W- bzw. für W/O-Emulsionen.* ***A:*** *Erklären Sie jeweils, warum der angegebene Emulgator den entsprechenden Emulsionstyp stabilisiert.*

Aufgabe

A1 Im Eidotter findet man viel Lecithin (B5). Welche Funktion könnte es darin haben?

[1] Über weitere Komponenten in Kosmetika, insbesondere in Cremes, Deos, Selbstbräunern und Sonnenschutzmitteln, sind unter *Chemie 2000+ Online* Informationen, Versuche und Aufgaben zu finden.

Seifenblasen, Schauminhibitoren und Zellmembranen

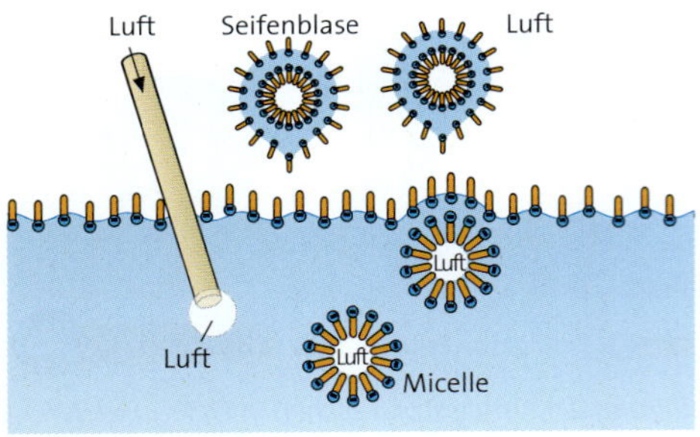

B1 *Bildung von Seifenblasen*

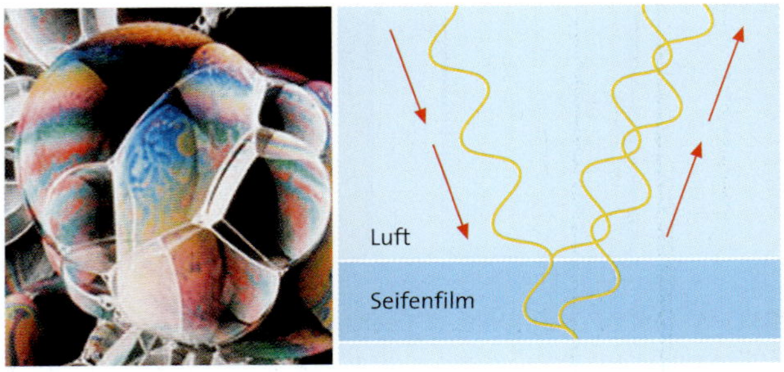

B2 *Schillernde Seifenblase und Schema zur Interferenz an Seifenblasen reflektierter Lichtstrahlen.* ***A:*** *Erklären Sie, warum Seifenblasen kurz vor dem Platzen keine Färbung mehr zeigen.*

Bildung von Seifenblasen und Schaum

Eine Seifenblase entsteht, wenn Luft durch Einblasen oder Verwirbelung in eine Seifenlösung gelangt: Die Seifen-Anionen orientieren sich mit ihren unpolaren Resten zur Luft und mit ihren polaren Köpfen zur wässrigen Lösung. Steigt die so gebildete Micelle in der Lösung nach oben, durchstößt sie die mit Seifen-Anionen beladene Oberfläche. Dabei bildet sich ein dünner Wasserfilm, der durch Seifen-Anionen an den beiden Grenzflächen zur Luft (im Inneren und nach außen) stabilisiert wird. Diese **Membran** hat eine Dicke von nur wenigen Zehntausendstel Millimetern.

Beim Waschen entsteht Schaum durch Verwirbelung der Seifenlösung. Er soll eine zu starke mechanische Reibung des Waschguts verhindern. Zudem kann Schaum dank seiner großen Oberfläche Schmutzpartikel gut tragen, diese allerdings nicht von Fasern ablösen.

Schauminhibitoren

Versuch

V1 Schütteln Sie eine Tensidlösung in drei Rggl. zu einem kräftigen Schaum auf. Geben Sie dann in ein Rggl. einen Tropfen einer Seifenlösung, $w \approx 1\,\%$, und in ein Rggl. einen Tropfen Siliconöl hinzu.

Seifen können den Schaum einer Tensidlösung zerstören, mit hartem Wasser bilden sie zudem schwerlösliche Kalkseifen (vgl. S. 165). Dennoch enthält ein Waschmittel „Seife < 5 %" und „5–15 % anionische und nichtionische Tenside" (vgl. S. 164, B1). Dies verwundert zunächst. Aber beim Waschen mit einem Waschmittel muss genau die „richtige Menge" an Schaum gebildet werden, da zu viel Schaum die mechanische Bewegung des Waschguts behindern und damit zu einem größeren Tensidbedarf bei gleicher Waschkraft führen würde. Zur Regulierung wird dem Waschmittel deshalb Seife zugesetzt. Seifen, deren Anionen mehr als 20 Kohlenstoff-Atome enthalten, sind wirksame **Schauminhibitoren**: Die Teilchen der sich bildenden, unlöslichen Kalkseifen lagern sich in die Membran der Blasen ein und setzen die Elastizität herab, sodass die Blasen schneller platzen.

Das Schillern von Seifenblasen

Seifenblasen faszinieren vor dem Zerplatzen durch ihr schillerndes Farbspiel. Dieses Schillern ist auf ihre dünne Membran zurückzuführen. Trifft auf diese ein Lichtstrahl, wird er sowohl an der Außenseite als auch an der Innenseite reflektiert. Die an der inneren Oberfläche reflektierten Lichtstrahlen legen einen längeren Weg zurück. Die parallelen reflektierten Lichtstrahlen weisen daher einen **Phasenunterschied** auf, d. h. ihre Wellen verlaufen nicht mehr synchron (B2). Da sich weißes Licht aus verschiedenen Farben, also aus Licht verschiedener Wellenlängen, zusammensetzt, wird in Abhängigkeit von der Membrandicke eine Farbe des Spektrums durch Interferenz ausgelöscht. Die Oberfläche der Seifenblase sieht man an dieser Stelle in ihrer Komplementärfarbe. Wäre die Membrandicke einer Seifenblase einheitlich, so würde sie nur in einer Farbe erscheinen. Da der Flüssigkeitsfilm der Membran aber der Schwerkraft ausgesetzt ist, ändert sich ihr Durchmesser ständig. Infolgedessen variiert auch die Farbzusammensetzung der Oberfläche.

A1 Ester können durch Katalyse mit Laugen oder mit Säuren gespalten werden. Bei der alkalischen Esterspaltung entstehen Glycerin und die Fettsäuresalze, bei der sauren Esterspaltung Glycerin und die freien Fettsäuren. a) Erklären Sie, wie es zu den verschiedenen Produkten kommt. b) Leiten Sie aus der Betrachtung der Molekülstruktur der Produkte ab, warum der letzte Reaktionsschritt bei der alkalischen Esterspaltung im Gegensatz zur sauren Esterspaltung irreversibel ist.

A2 Erklären Sie, warum die Verwendung von „pH-neutralen" Waschpasten für die Haut verträglicher ist als die Verwendung von Seife.

A3 Zu welchen Arten von Wechselwirkungen kommt es a) innerhalb einer Micelle und b) zwischen Micelle und Umgebung? Unterscheiden Sie zwischen ionischen und nichtionischen Tensiden.

A4 Stellen Sie schematisch dar, wie sich Tensid-Moleküle an den Oberflächen von Tetrachlormethan, von Wasser sowie auf Glas orientieren.

A5 Mit einer Seifenlösung lässt sich der Gehalt an Calcium-Ionen in einer Lösung ermitteln. Hierzu gibt man eine Kaliumpalmitat-Lösung, $c = 0{,}1$ mol/L, tropfenweise zu 100 mL der Probelösung. Nach Zugabe von jeweils 1 mL Palmitat-Lösung wird das Gefäß verschlossen und kräftig geschüttelt. Sobald sich ein stabiler Schaum bildet, wird der Verbrauch an Palmitat-Lösung notiert. a) Zeichnen Sie die Strukturformel für Kaliumpalmitat. b) Erläutern Sie die chemischen Grundlagen des beschriebenen Verfahrens. c) Berechnen Sie die Konzentration der Calcium-Ionen für den Fall, dass 5 mL Palmitat-Lösung verbraucht wurden.

A6 Erstellen Sie mit den Informationen aus diesem Kapitel ein Poster über die verschiedenen Arten von Tensiden mit ihren jeweiligen Eigenschaften und Einsatzgebieten.

A7 Der französischer Chemiker M. E. CHEVREUL, der als der Begründer der Fettchemie gilt, begann seine Untersuchungen im Jahr 1811 mit einer Analyse einer Probe Seife. Er entdeckte, dass sich beim Lösen der Seife in Wasser und Behandeln mit Salzsäure eine perlmuttfarbene, auf der Oberfläche schwimmende Schicht bildet, und ermittelte, dass diese Schicht aus verschiedenen Fettsäuren besteht. In einer 12-Jahres-Studie wurde eine Vielzahl tierischer Fette gefunden, sodass die Aufklärung der Struktur von Seifen ermöglicht war.

a) Formulieren Sie an einem selbstgewählten Beispiel die Reaktionsgleichung zur Herstellung einer Seife aus einem tierischen Fett. Benennen Sie die Reaktionsteilnehmer und nennen Sie die Reaktionsbedingungen für die Durchführung dieser Reaktion.

b) Eine kleine Portion Kernseife wird in Wasser gelöst und die Lösung auf sechs Reagenzgläser verteilt. Danach werden folgende Stoffe zugegeben: a) Universalindikator-Lösung; b) Pflanzenöl; c) Calciumnitrat-Lösung; d) verdünnte Salzsäure.

Notieren Sie die Beobachtungen und begründen Sie das Verhalten der Seifenlösungen.

c) Auf einem Tischtuch befinden sich Flecke, die aus folgenden Stoffen bestehen: Honig, Pflanzenöl, Kirschsaft, Eigelb und Ruß. Erläutern Sie, wie diese Verunreinigungen beim Waschen mit einem modernen Vollwaschmittel beseitigt werden können.

A8 Auf manchen Waschmittelpackungen sind die allgemeinen Inhaltsstoffe der Waschmittel angegeben. So findet man z. B. die Begriffe *anionische Tenside*, *Enzyme*, optische Aufheller, Perborat, Seifen.

Erläutern Sie die Funktion dieser Stoffe beim Waschprozess.

A9 Die Inhaltsstoffe der Waschmittel gelangen mit dem Abwasser in die Gewässer und belasten je nach Schadstoffkonzentration und biologischer Abbaubarkeit die Umwelt. a) Erklären Sie die Auswirkungen der Tenside und der Phosphate auf das ökologische Gleichgewicht der Gewässer. b) Durch welche Maßnahmen wurde die Umweltbelastung durch Waschmittel reduziert? Wie kann man im privaten Haushalt zur weiteren Reduzierung der Gewässerbelastung durch Waschmittel beitragen?

Struktur und Eigenschaften von Kunststoffen

Kunststoffe nutzen wir „rund um die Uhr" und in allen Bereichen unseres Alltags. Wir beginnen morgens mit der Zahnbürste, arbeiten oft bis zum Abend mit dem Laptop und schließen den Tag mit einem entspannten Griff in die Chipstüte. Insbesondere bei innovativen Anwendungen, beispielsweise dem Bau von leichten Autos, Flugzeugen und Raumfähren oder der Fertigung von medizinischen Geräten und Implantaten sind Kunststoffe die Materialien der Wahl.
Wie die Bezeichnung andeutet, werden die Kunststoffe künstlich, d.h. durch chemische Veränderungen aus natürlichen Rohstoffen gewonnen. Allerdings gehören nicht alle künstlich hergestellten Stoffe zur Klasse der Kunststoffe. Viele der synthetischen Verbindungen werden umgangssprachlich als „**Plastik**" bezeichnet, etwa dann, wenn sie als Verpackungsmaterial dienen. Die Verbindungen synthetischer *und* natürlicher **Textilfasern**, von elastischem **Gummi**, harten und weichen **Schaumstoffen** und vielen anderen Werkstoffen sind mit „Plastik" chemisch verwandt. Worin diese chemische Verwandtschaft besteht und wie man sich die Kenntnisse darüber zunutze machen kann, wird in diesem Kapitel mit dem **Struktur-Eigenschaft-Konzept** erschlossen, indem man folgenden Fragen nachgeht:

1 **PE, PP, PVC ... – Was bedeuten diese Abkürzungen und welches chemische Merkmal steckt dahinter?**

2 **Von hart bis weich, von plastisch bis elastisch – Wie können diese Eigenschaften der Kunststoffe beeinflusst werden?**

3 **Welche Kunststoffe kommen in Textilfasern für Alltagskleidung, Sport und Freizeit vor und warum?**

4 **Welche speziellen Strukturmerkmale und Synthesemöglichkeiten gibt es für Kunstfasern und Schaumstoffe?**

5 **Sind Kunststoffe biologisch abbaubar? Welche Möglichkeiten gibt es, gebrauchte Kunststoffe wiederzuverwerten?**

6 **Was sind innovative Kunststoffe, welche Beispiele gibt es und wonach wird geforscht?**

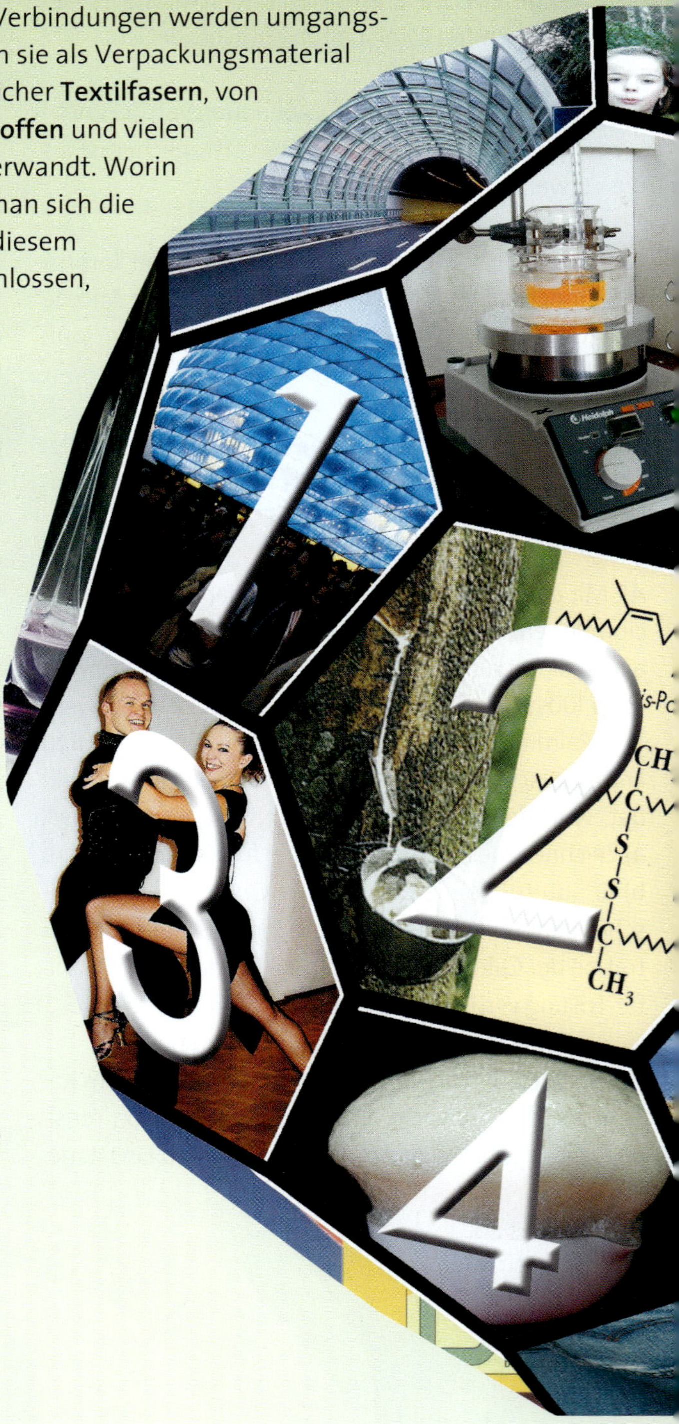

B1 *Modernen Textilien und Geräten für Freizeit und Sport liegen synthetische Makromoleküle zugrunde.*

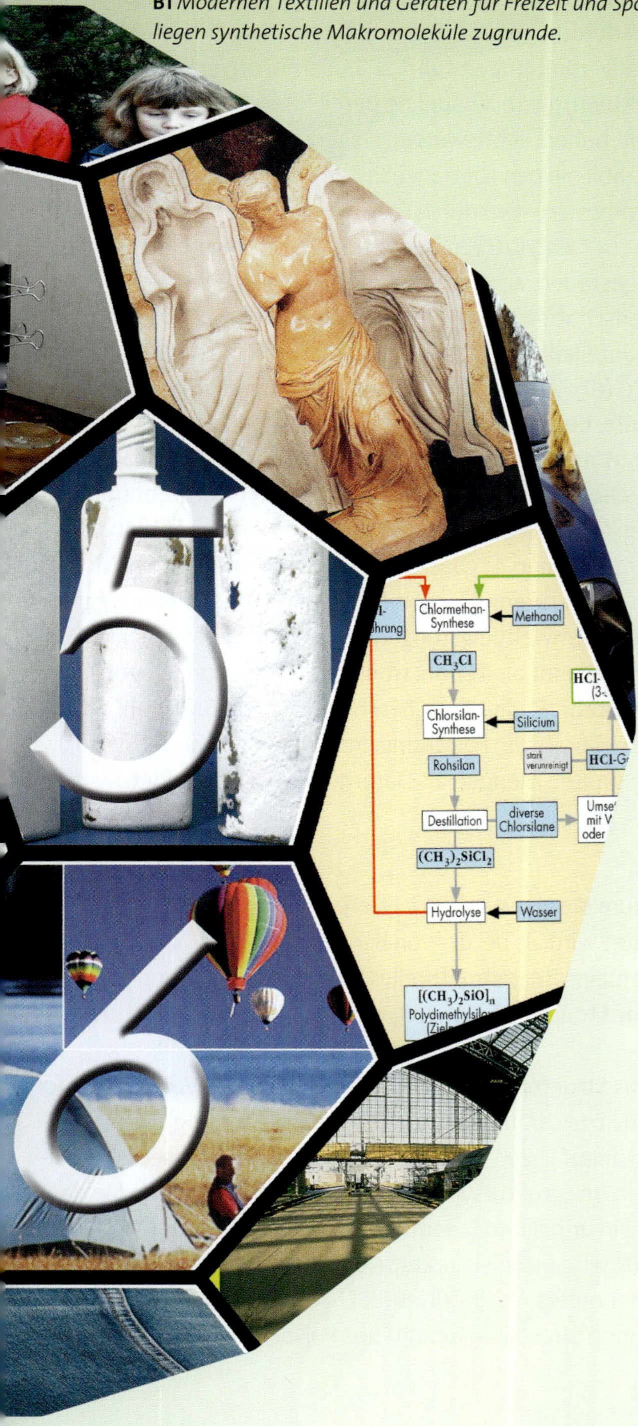

B2 *HERMANN STAUDINGER mit Modellen, die Fragmente von Makromolekülen zeigen*

H. STAUDINGER und die Makromoleküle

HERMANN STAUDINGER (1881 bis 1965) erkannte bereits im Jahr 1910 bei Arbeiten mit Isopren, dass die damals gängige Annahme über die Struktur von Naturkautschuk nicht stimmen konnte. Er schlug im Mai 1922 den Begriff **Makromolekül** vor, mit dem er die molekulare Struktur von Naturkautschuk (vgl. S. 179) und anderen Naturstoffen wie Stärke und Cellulose (vgl. S. 133) erklären wollte. Doch er stieß bei seinen Fachkollegen auf Widerspruch und Ablehnung, sodass es Jahre dauerte, bis sich sein Konzept der Makromoleküle durchsetzen konnte.

Zunächst fand STAUDINGER experimentelle Stützen für die Existenz von Makromolekülen, als er von dem einfachen und kleinen Molekül Styrol (vgl. S. 176) ausgehend Polystyrol synthetisierte. Ein weiterer entscheidender Schritt gelang ihm, als er nach einem Treffen mit W. H. CAROTHERS im Jahr 1935 begann, verdünnte Lösungen von Polyamiden und anderen synthetischen Polymeren zu untersuchen. Dabei stellte er fest, dass es zwischen der Viskosität einer Lösung und der molaren Masse des darin enthaltenen makromolekularen Stoffs eine Beziehung gibt, die sich durch eine mathematische Gleichung exakt formulieren lässt. Schließlich zeigte STAUDINGER als Erster, wie man gezielt Makromoleküle als Modelle entwerfen kann, um sie dann zu synthetisieren. Eines seiner zahlreichen Bücher, die im Jahr 1947 erschienene *Makromolekulare Chemie und Biologie*, war wegweisend für die Entwicklung in diesen Naturwissenschaften.

Für seinen großen Beitrag zum Verständnis der Polymere wurde HERMANN STAUDINGER im Jahr 1953 mit dem Nobelpreis für Chemie ausgezeichnet.

Polyethen PE, Polypropen PP, Polyvinylchlorid PVC & Co

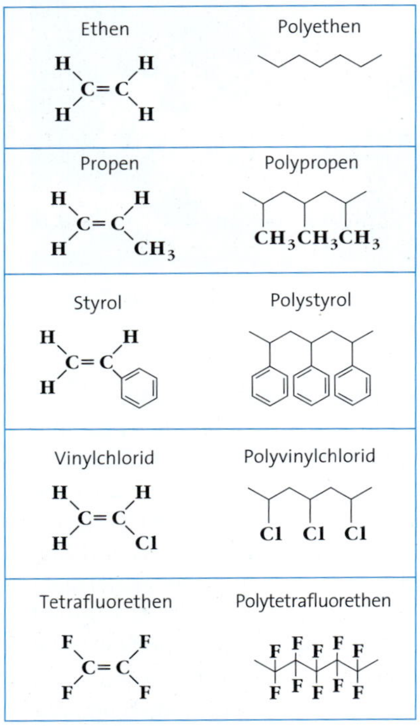

B1 *Monomere und Strukturausschnitte ihrer Polymere*

B2 *Der obere Schriftzug „PE-LD" ist mit einer Polyethen-Folie niedriger Dichte (low-density PE) abgedeckt, der untere, kaum erkennbare Schriftzug „PE-HD" mit einer Polyethen-Folie hoher Dichte (high-density PE).*
A: *Erklären Sie die dargestellte Beobachtung.*

INFO

Polyethen PE (Polyethylen) ist unter den Kunststoffen das chemisch einfachste und technisch wichtigste Polymerisat. Nach dem Hochdruck-Verfahren wird Ethen durch Radikalkettenreaktionen, die mit Sauerstoff oder Peroxiden gestartet werden, polymerisiert. Da die so gebildeten Makromoleküle viele Verzweigungen haben und sich daher nur schlecht aneinander lagern können, hat dieses Polyethen eine geringe Dichte. Aus ihm werden Folien, Filme, Haushaltswaren und Verpackungsmaterial hergestellt. Die Polymerisation nach dem Niederdruck-Verfahren mit ZIEGLER-NATTA[1] Katalysatoren aus Übergangsmetallverbindungen führt zu linearen, unverzweigten Polyethylen-Makromolekülen, die teilkristalline Bereiche ausbilden können. Aus diesem Polyethen mit hoher Dichte werden Gegenstände gefertigt, die auch bei Belastung formstabil bleiben (Getränkekästen).
Polypropen PP (Polypropylen) wird durch Polymerisation von Propen (B1) mithilfe von ZIEGLER-NATTA Katalysatoren hergestellt. Diese Polymerisation kann stereospezifisch so gesteuert werden, dass man Polypropen-Sorten mit unterschiedlichen Eigenschaften, die die verschiedensten Anwendungen, von Textilfasern bis zu Bauteilen von Haushaltsgeräten, ermöglichen.
Polyvinylchlorid PVC (B1) ist einer der preiswertesten und am meisten verwendeten Kunststoffe, beispielsweise für Rohrleitungen. Durch Zusatz von Weichmachern ändert man die Eigenschaften von PVC und erhält Materialien für Fußbodenbeläge oder Lederimitationen. Bei der Verbrennung von Müll aus PVC können Chlorwasserstoff und giftige organische Chlorverbindungen entstehen und mit den Abgasen in die Umwelt entweichen. Moderne Anlagen steuern die Verbrennung von PVC-Müll und die Reinigung der Abgase so, dass sich die Umweltbelastung in vertretbaren Grenzen hält.
Polytetrafluorethen, bekannt als **Teflon**, ist nicht brennbar und gegen Hitze und Chemikalien resistent. Es dient zur Beschichtung von Bratpfannen, als Dichtungsmaterial bei Geräten in Forschung, Industrie, Verkehr und Medizin.
Polystyrol PS wird in großen Mengen als Dämmmaterial verwendet.

Auswertung

a) Erläutern Sie, warum die Umwelt bei der Verbrennung von Müll aus PE und PP nicht stärker belastet wird als bei der von Benzin oder Heizöl.

b) Nennen Sie ein gemeinsames strukturelles Merkmal aller Monomere aus B1 und teilen Sie die fünf Monomere sinnvoll in zwei Gruppen ein. Erläutern Sie Ihre Einteilung.

c) Übertragen Sie das Struktursymbol für PVC aus B1 in eine Valenzstrichformel des angegebenen Strukturausschnitts (*Hinweis*: vgl. Anhang).

d) Informieren Sie sich auf S. 204 über die Bedeutung des Sechsecks mit den drei Doppelbindungen im Struktursymbol des Styrols in B1. Erklären Sie dann, warum sich Polystyrol in unpolaren Lösemitteln viel besser löst als PVC.

e) **Polyacrylnitril PAN** wird in vielen Textilfasern verwendet. Die vereinfachte Strukturformel des Monomers Acrylnitril lautet **$H_2C=CHCN$**. Formulieren Sie in Anlehnung an B1 einen Strukturausschnitt aus Polyacrylnitril.

---

[1] KARL ZIEGLER (1898 bis 1973), Prof. am MPI in Mülheim/Ruhr und GIULIO NATTA (1903 bis 1979), Prof. in Turin, erhielten für ihre Katalysatoren im Jahr 1963 gemeinsam den Nobelpreis für Chemie.

Struktur und Eigenschaften von Polymeren

Fassade und Bedachung der Münchner Sportarena (B3) bildet ein Kunststoff, der extrem reißfest, nicht brennbar, selbstreinigend und transluszent (durchscheinend) ist. Er kann in weißer, roter oder blauer Farbe durchleuchtet werden. Dieser Kunststoff trägt den Handelsnamen **ETFE**, eine Abkürzung, die zeigt, dass die Makromoleküle von ETFE **E**then- und **T**etra**f**luor**e**then-Einheiten enthalten. Solche Polymere mit Struktureinheiten aus zwei oder mehreren Monomeren bezeichnet man als **Copolymere**. Das Beispiel ETFE zeigt, dass bereits durch Copolymerisation zweier einfacher Monomere mit verschiedenen Eigenschaften neue polymere Materialien „nach Wunsch" kreiert werden können.

Die unterschiedlichen Eigenschaften der Polymere (*INFO*) werden vor allem durch die Substituenten an den Kohlenstoff-Atomen der Hauptkette im Makromolekül bestimmt. Der **Verzweigungsgrad** der Makromoleküle ist ein weiteres strukturelles Merkmal, das Einfluss auf die Materialeigenschaften der Polymere hat (*INFO*).

Die Eigenschaften von Polymeren sind zudem von den Molekülmassen, also letztlich von der Anzahl der in einem Makromolekül enthaltenen Monomer-Einheiten, dem **Polymerisationsgrad n**, abhängig. Niedermolekulares Polyisobuten (Polymethylpropen) mit $50 < n < 100$ ist klebrig, hochmolekulares Polyisobuten mit $n > 1000$ elastisch. Bei sehr hohen Polymerisationsgraden geht die Elastizität verloren, die Festigkeit nimmt zu. B4 zeigt, dass Polymere eines Monomers in unterschiedlichen Polymerisationsgraden sehr unterschiedliche Anwendungen finden können. Ultrahochmolekulares Polyethen mit Molekülmassen von mehr als 1 000 000 u eignet sich dank seiner hohen Festigkeit und Gleitfähigkeit zur Herstellung künstlicher Hüftgelenke.

B3 *Die Fassade der Münchner Sportarena besteht aus nur 0,2 mm dicken ETFE-Kissen mit speziellen Eigenschaften.* **A:** *Formulieren Sie einen Molekülausschnitt aus dem Copolymer ETFE (vgl. Text).*

B4 *Je nach Polymerisationsgrad findet Polyisobuten Anwendung in Klebeflächen von Verbandpflastern, Kaugummi oder Dachfolien.*

Aufgabe

A1 Polymethylmethacrylat ist ein synthetischer, glasähnlicher Kunststoff, der durch die Polymerisationsreaktion aus Methacrylsäuremethylester

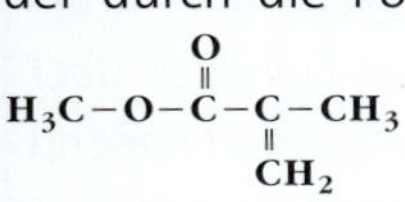

hergestellt wird.

a) Formulieren Sie einen Strukturausschnitt des Makromoleküls.

b) Der mittlere Polymerisationsgrad kann bestimmt werden, indem man das Polymer in einem geeigneten Lösemittel löst und die Zeit misst, die ein bestimmtes Volumen dieser Lösung benötigt, um durch eine vorgegebene Öffnung zu fließen. Unter standartisierten Bedingungen (Art des Polymers und des Lösemittels, Temperatur, Druck, Geräteabmessungen) kann man mithilfe tabellierter Konstanten den mittleren Polymerisationsgrad berechnen. Planen Sie einen einfachen Versuch, mit dem man herausfinden kann, welche von zwei Polymethylmethacrylat-Proben einen höheren Polymerisationsgrad hat.

Fachbegriffe

Copolymer, Verzweigungsgrad, Polymerisationsgrad

B1 *Beim Erhitzen und beim Einwirken von Kräften verhalten sich Kunststoffe unterschiedlich.* ***A:*** *Erklären Sie mithilfe von Molekülstrukturen, warum Plexiglas® ein Thermoplast und Bakelit (INFO) ein Duroplast ist.*

Hart oder weich, plastisch oder elastisch?

Versuche

V1 Erwärmen Sie Gegenstände aus verschiedenenen Kunststoffen (Plastiklöffel, Joghurtbecher aus PE und PP, Schlauch aus PVC, Getränkeflasche aus PET, Steckdose aus Bakelit) mit dem Heißluftfön und prüfen Sie die Verformbarkeit im erwärmten Zustand.

V2 Erweitern Sie beim erwärmten Ende eines PVC-Schlauchs den Innendurchmesser mit einem geeigneten Gegenstand. Vergleichen Sie den Durchmesser nach dem Abkühlen mit dem ursprünglichen Durchmesser an dem nicht manipulierten Ende des Schlauches.

V3 Geben Sie die Kunststoffgegenstände aus V1 oder Kunststoffproben aus den entsprechenden Materialien a) in ein Becherglas mit Wasser und b) in eines mit konz. Kochsalz-Lösung, $c = 1{,}18\ g \cdot cm^{-3}$, und prüfen Sie das Schwimm- bzw. Sinkverhalten.

V4 Befestigen Sie einen Gegenstand an einem Gummiband und hängen Sie es an einer Stativklemme so auf, dass es gestreckt ist und der Gegenstand auf einer oberschaligen Digitalwaage aufliegt. Diese zeigt eine Masse an, die wegen der Aufhängung geringer ist als die tatsächliche Masse des Gegenstandes. Erwärmen Sie nun das Gummiband von der Seite mit einer Infrarotlampe und beobachten Sie die Änderung der Anzeige an der Digitalwaage. Lassen Sie anschließend abkühlen und beobachten Sie die Anzeige weiter.

Auswertung

a) Protokollieren Sie die Ergebnisse aus V1 tabellarisch und ordnen Sie die Kunststoffe, aus denen Ihre Gegenstände sind, den Kunststofftypen aus B1 zu.

b) Vergleichen Sie Ihre Ergebnisse aus V3 mit den Angaben aus B4 und erklären Sie die Dichteunterschiede zwischen PE bzw. PP und PVC.

c) Lesen Sie S. 179 und erklären Sie dann, warum sich das Gummiband in V4 beim Erwärmen zusammenzieht.

INFO **Bakelit** wurde im Jahr 1907 als erster vollsynthetische Kunststoff von L. H. BAKELAND aus Phenol und Methanal hergestellt und wird daher auch „der historische Duroplast" genannt. Mit seinen Eigenschaften als Duroplast und Isolator fand Bakelit ab 1910 vor allem in der Elektrogerätebranche Anwendung, ohne dass seine makromolekulare „Netzwerk"-Struktur bekannt war. Bei der Synthese von Bakelit werden zunächst zwei Phenol-Einheiten über eine Methylen-Gruppe **-CH_2-** aus einem Methanal-Molekül verknüpft. Anschließend kommt es zu weiteren Verknüpfungen dieser Art in den *ortho*- und *para*-Stellungen der 2. Zwischenstufe und somit zur Ausbildung eines dreidimensionalen molekularen Netzwerks, dem strukturellen Merkmal aller Duroplaste (B2):

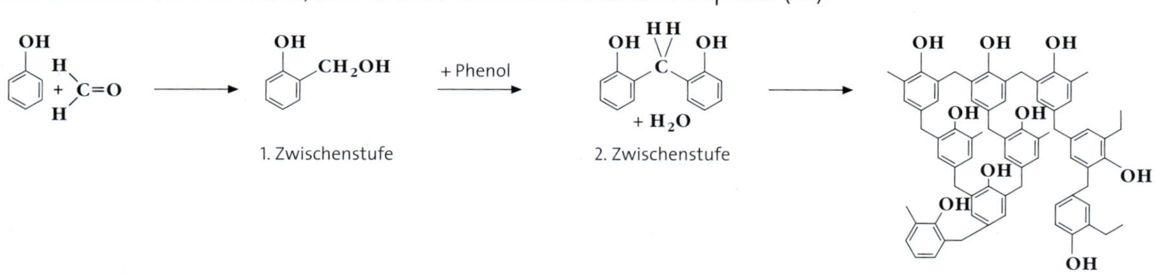

Thermoplaste, Duroplaste, Elastomere

Einige Kunststoffe werden beim Erwärmen weich und verformbar (V1). Diese **Thermoplaste** behalten beim Abkühlen die Form, die ihnen im warmen Zustand gegeben wurde (V2). Zu den Thermoplasten gehören Polyethen PE, Polypropen PP, Polyvinylchlorid PVC, Polymethylmethacrylat PMMA (Plexiglas®) und andere Kunststoffe aus linearen Makromolekülen (B2). Die kettenförmigen Makromoleküle der Thermoplaste bilden ungeordnete Molekülknäuel „wie Spaghetti auf einem Teller" (B3 links). Polymere mit dieser Molekülstruktur sind in der Regel weich, glasartig, transparent und spröde. Ordnen sich Molekülabschnitte in Teilbereichen parallel an (B3 rechts), entstehen **Kristallite**, die das Material härter machen. An den Kristalliten wird das Licht gestreut und reflektiert, sodass Thermoplaste mit hohem Kristallinitätsgrad intransparent sind.

Kunststoffe wie Bakelit (*INFO*), die aus dreidimensional vernetzten Makromolekülen aufgebaut sind, erweichen beim Erwärmen nicht. Bei sehr starkem Erhitzen zersetzen sie sich. Diese nicht verformbaren Polymere nennt man **Duroplaste**. Es handelt sich um Kunststoffe mit großer Festigkeit und Wärmebeständigkeit. Um Gegenstände aus Duroplasten zu fertigen, werden die Makromoleküle gleich in formgebenden Gefäßen erzeugt.

Kunststoffe, die zwar dehn- und formbar sind, aber ihre ursprüngliche Form wieder annehmen, wenn die Zug- oder Druckspannung nachlässt, sind **Elastomere**. Sie bestehen aus linearen Polymeren, die an wenigen Stellen miteinander quervernetzt sind (B2).

Beim **Vulkanisieren**, d.h. dem Erhitzen mit Schwefel bei 150 °C, von *cis*-Polyisopren (**Naturkautschuk**, B5) werden die linearen Makromoleküle an einigen Stellen über zwei oder mehrere Schwefel-Atome kovalent miteinander verknüpft. Das so erhaltene Material findet als **Gummi** zahlreiche Anwendungen.

lineare Makromoleküle: *Thermoplast*

dreidimensional vernetzte Makromoleküle: *Duroplast*

schwach vernetzte Makromoleküle: *Elastomer*

B2 *Modelle für Makromoleküle in Thermoplasten, Duroplasten und Elastomeren*

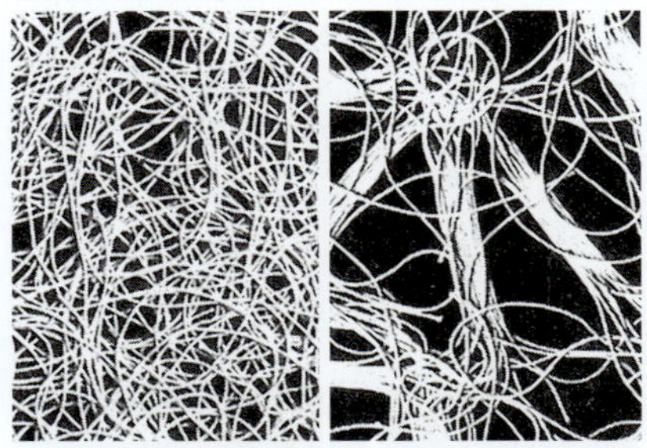

B3 *„Spaghetti-Modell" für Thermoplaste*

Kunststoff Dichte in $g \cdot cm^{-3}$	Verhalten bei Erhitzen
Polyethen PE 0,92 bis 0,96	brennt leuchtend, tropft
Polyvinylchlorid PVC 1,28	brennt nur in der Flamme
Polystyrol PS 1,06	brennt stark rußend
Polyamid PA 1,10	brennt nur in der Flamme, tropft
Polyester PET 1,30	brennt leuchtend, rußt
Bakelit 1,25	brennt nicht, verkohlt

B4 *Dichte und Brennbarkeit einiger Kunststoffe.* **A:** *Erklären Sie, wie man nachweisen könnte, dass die Verbrennungsgase von PVC Chlorwasserstoff enthalten.*

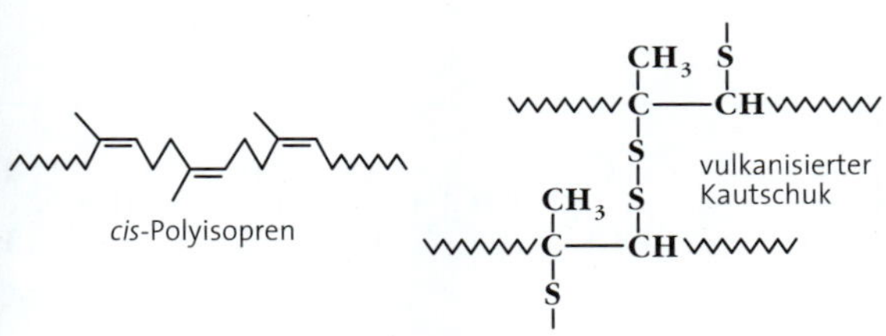

B5 *Latex aus dem Kautschukbaum, Molekülausschnitt von cis-Polyisopren und vulkanisiertem Kautschuk.* **A:** *Erläutern Sie, warum Kautschuk erst nach dem Vulkanisieren elastisch ist.*

Aufgabe

A1 Wird eine thermoplastische Polyethen-Folie beim Dehnen transparenter oder weniger transparent? Begründen Sie Ihre Antwort und überprüfen Sie sie auch experimentell.

Fachbegriffe

Thermoplast, Kristallit, Duroplast, Elastomer, Naturkautschuk, Vulkanisieren, Gummi

Spinnbares aus der Retorte

B1 *Strumpfhose aus Polyamid – ein Hauch von Textil auf der Haut.* ***A:*** *Welche Eigenschaften müssen Makromoleküle für solche Textilien haben?*

Versuche (Schutzbrille!)

LV1 Man löst 2,17 g Hexandiamin* (1,6-Diaminohexan) und 0,8 g Natriumhydroxid* in 50 mL Wasser, gibt zwei Tropfen Phenolphthalein-Lösung dazu und überschichtet diese Lösung mit einer Lösung aus 2 mL Sebacinsäuredichlorid* (Decansäuredichlorid) in 50 mL Heptan*. Die dünne Haut, die sich an der Phasengrenze bildet, wird mit einer Pinzette herausgezogen und an einem Glasstab befestigt. Durch Drehen kann ein langes Nylonseil auf den Glasstab gewickelt werden (B2).

V2 Geben Sie in vier Rggl. 5 mL Methylmethacrylat* MMA (oder Styrol*). Fügen Sie in Rggl. Nr. 1 50 mg und in Rggl. Nr. 2 100 mg des thermischen Radikalkettenstarters AIBN* (B3) hinzu. Geben Sie in Rggl. Nr. 3 50 mg und in Rggl. Nr. 4 100 mg des Starters BPO* (B3).Schütteln Sie die Rggl., bis sich die Starter gelöst haben. Hängen Sie die Rggl. dann in ein Wasserbad, das eine Temperatur von 60 °C, 70 °C bzw. 80 °C hat. Notieren Sie die folgenden Parameter Ihrer Proben: Name des Starters, Menge des Starters und Temperatur des Wasserbades. Prüfen Sie durch Schütteln in 5-min-Abständen die Zähigkeit der Inhalte in den Rggl. Tabellieren Sie Ihre Beobachtungen. Lassen Sie Ihre Rggl. bis zur nächsten Chemiestunde im Abzug stehen und prüfen Sie die Inhalte dann erneut. Wenn sie ganz fest sind (Prüfung mit einem Glasstab), schlagen Sie die Gläser kaputt.

B2 *Der Nylonseiltrick (LV1).* ***A:*** *Warum ist es nicht günstig, in einem engen, hohen Becherglas zu arbeiten?*

Auswertung

a) Bei LV1 läuft die in B4 formulierte Reaktion ab. Begründen Sie, warum es sich dabei um eine Polykondensation und nicht um eine Polymerisation handelt.

b) Begründen Sie, warum die Polykondensation in LV1 an der Phasengrenze abläuft.

c) Erläutern und begründen Sie, welchen Einfluss eine Polykondensation an der Phasengrenze auf den Umsatz der Edukte hat.

d) Warum ist es günstig, die wässrige Lösung bei LV1 alkalisch (und nicht neutral oder sauer) zu machen? Erläutern Sie Ihre Antwort auch mithilfe einer Reaktionsgleichung.

e) Ordnen Sie die Polymerproben aus V2 nach steigender Qualität. (Gute Qualität bedeutet, dass die erhaltene Probe *fest*, *klar* und *transparent* ist und möglichst keine eingeschlossenen Gasbläschen enthält.)

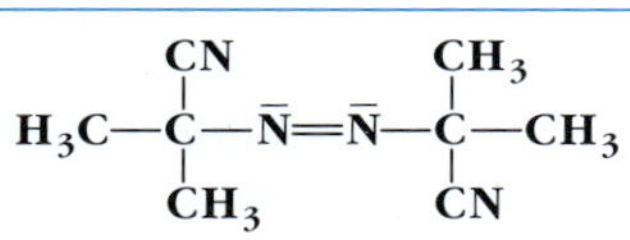

AIBN: **A**zo**iso**buttersäure**nitril** (50 °C – 80 °C)

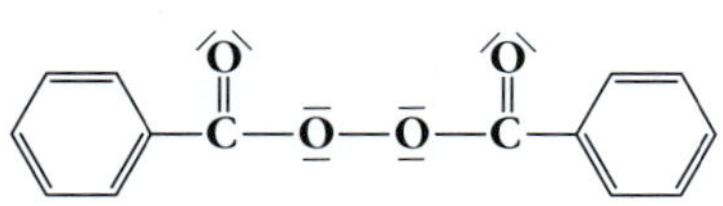

BPO: Di**b**enzoyl**per**o**x**id (60 °C – 85 °C)

B3 *Gerüstformeln (Struktursymbole) der Starter zu V2.* ***A:*** *Informieren Sie sich im Internet über die homolytische Radikalbildung bei den beidenStartern AIBN und BPO.*

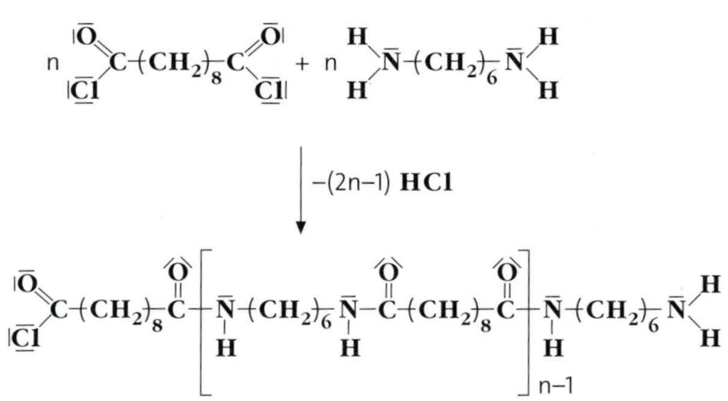

B4 *Reaktionsschema zur Bildung des Nylonseils in (LV1; B2).* ***A:*** *Begründen Sie, warum für die beiden Edukte der Polykondensationsreaktion verschiedene Lösemittel verwendet werden.*

Polykondensation und Polymerisation

Wenn ein Textil zart und transparent aussehen, aber auch elastisch und reißfest sein soll, sind Naturseide oder Polyamide die Materialien der Wahl. Chemisch gesehen hat allerdings die zarte Bluse aus Naturseide mit einer groben Strickjacke aus Schafswolle mehr gemeinsam als mit einem hauchdünnen Nylonstrumpf. Während Naturseide und Schafswolle Polypeptide (vgl. S. 149) aus ca. 20 verschiedenen Aminosäure-Bausteinen sind, erzeugt man synthetische Polyamide in der Regel aus zwei oder sogar nur einem Monomeren. Natürliche Polypeptide werden genau wie synthetische Polyamide durch **Polykondensation** gebildet. Bei diesem Reaktionstyp verknüpfen sich Monomer-Einheiten zu Makromolekülen, indem formal kleine Moleküle aus den Monomer-Molekülen abgespalten werden. Bei LV1 sind das Chlorwasserstoff-Moleküle, die jedoch durch die Natronlauge in der wässrigen Phase sofort neutralisiert werden (B4).

Kunststoffe wie Polymethylmethacrylat PMMA (Plexiglas), Polystyrol PS und andere (vgl. S. 176, B1) werden durch **Polymerisation** der entsprechenden Monomere hergestellt (V2). Die dabei ablaufende Reaktion ist eine Verknüpfung vieler identischer Monomer-Einheiten zu dem Polymer. Die Reaktion verläuft nach dem **Radikalketten-Mechanismus** mithilfe eines **Starters** oder **Initiators** (B3). In den folgenden Reaktionsgleichungen der charakteristischen Schritte bei der Polymerisation von Methylmethacrylat MMA wird der Starter vereinfacht als R-R formuliert:

1. Startreaktion: $R{-}R \xrightarrow[\text{(Licht)}]{\text{Wärme}} 2\,R\cdot$ (1)

2. Kettenreaktionen:

Das Produkt-Radikal aus (3) reagiert mit einem weiteren MMA-Molekül, das dabei entstehende Radikal wieder mit einem MMA-Molekül usw. Die Radikale wachsen so zu langkettigen Makroradikalen M· an.

$$R\cdot + H_2C{=}C(CH_3)(COOCH_3) \longrightarrow R{-}CH_2{-}\dot{C}(CH_3)(COOCH_3) \quad (2)$$

$$R{-}CH_2{-}\dot{C}(CH_3)(COOCH_3) + H_2C{=}C(CH_3)(COOCH_3) \longrightarrow R{-}CH_2{-}C(CH_3)(COOCH_3){-}CH_2{-}\dot{C}(CH_3)(COOCH_3) \quad (3)$$

3. Abbruchreaktionen: $M\cdot + \cdot R \longrightarrow M - R$ und $M\cdot + \cdot M \longrightarrow M - M$ (4)

Mit fortschreitender Polymerisation härtet sich das Reaktionsgemisch (V2). Lokale Erwärmungen in der Reaktionsmasse können zum Verdampfen des Monomers führen, wodurch sich Gasbläschen bilden, die sich qualitätsmindernd auf das Produkt auswirken.

Aufgabe

A1 Aus Hexansäure (Adipinsäure) $HOOC(CH_2)_4COOH$ und 1,6-Diaminohexan (Hexandiamin) $H_2N(CH_2)_6NH_2$ erhält man durch Polykondensation unter Abspaltung von Wasser das Polyamid Nylon 6.6. Formulieren Sie die Reaktionsgleichung nach dem Muster aus B4.

B5 *Seidenraupe beim Spinnen der Seide.* ***A:*** *Recherchieren Sie im Internet die Struktur von Naturseide.*

B6 *Fasern aus Polyamiden prägen Textilien für Sport und Freizeit.* ***A:*** *Recherchieren Sie im Internet, welche Sporttextilien aus Polyamiden hergestellt werden.*

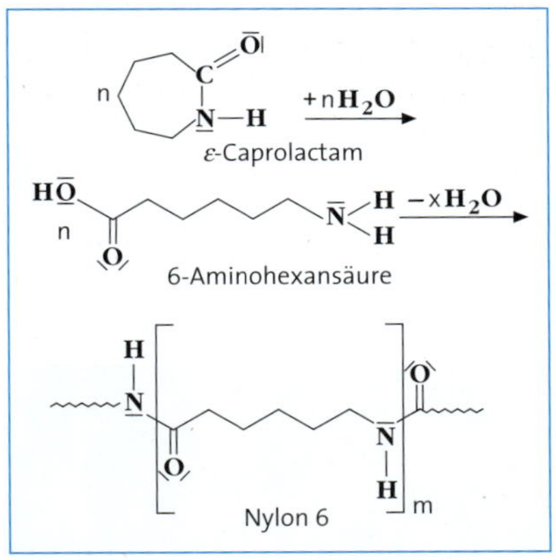

B7 *Schema für die Bildung von Nylon 6 (Perlon).* ***A:*** *Erläutern Sie die Bezeichnungen Nylon 6.6 und Nylon 6 anhand der Formeln in der Textspalte und in diesem Bild.*

Fachbegriffe

Polykondensation, Polymerisation, Radikalketten-Mechanismus, Starter (Initiator)

Fäden und Schäume

B1 *Schäumen eines Polyurethans (V3).*
A: Begründen Sie, ob die Masse des Schaleninhalts bei V3 zunimmt.

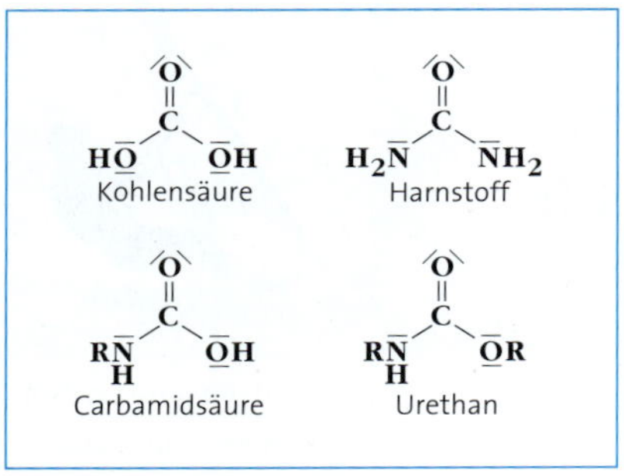

B2 *Valenzstrichformeln der Moleküle von Kohlensäure und einigen Derivaten. A: Formulieren Sie die Urethan-, die Ester- und die Peptid-Gruppe in Ihrem Heft und erläutern Sie, was die Urethan-Gruppe a) von der Ester- und b) von der Peptid-Gruppe unterscheidet.*

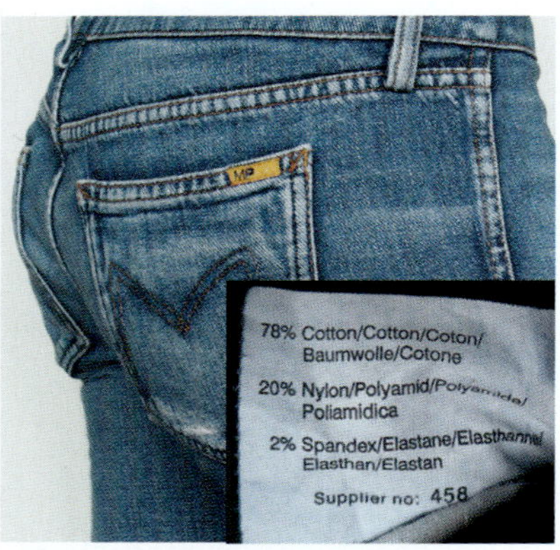

B3 *Fasern in modernen Jeans. A: Erstellen Sie eine Liste Ihrer Kleidungsstücke und der darin enthaltenen Fasern.*

Versuche

Vorsicht! Abzug und Schutzbrille bei allen Versuchen benutzen!

V1 Mischen Sie in einem Rggl. 2 g zermörsertes Phthalsäureanhydrid* mit 2 mL Glycerin und einigen Tropfen konz. Schwefelsäure*. Verschließen Sie das Rggl. mit Glaswolle und erhitzen Sie, bis sich eine klare Lösung bildet. Erhitzen Sie weiter und prüfen Sie das Kondensat im oberen Teil des Rggl. mit weißem Kupfersulfat. Prüfen Sie nach dem Abkühlen die Masse im Rggl. mit dem Glasstab.

V2 Füllen Sie in ein 50-mL-Becherglas 1 cm hoch käufliche Milchsäure, w = 85 %, und stellen Sie es für ca. 5 Tage bei 120 °C in den Trockenschrank. Vergleichen Sie die Viskosität des Produkts mit der des Edukts. Entnehmen Sie eine Produktprobe von ca. 200 mg, die Sie genau abwiegen. Lösen Sie die Probe in 20 mL Aceton* und fügen Sie 20 mL Wasser und 4 Tropfen Phenolphthalein-Lösung hinzu. Titrieren Sie die Lösung mit Natronlauge, c = 0,1 mol/L.

V3 Geben Sie in eine Porzellanschale 1 cm hoch Desmodur* (Diisocyanat-Komponente) und etwa die gleiche Menge Desmophen* (Diol-Komponente). Rühren Sie mit einem Holzstäbchen gut durch, beobachten Sie den Quellprozess und testen Sie das Produkt anschließend mit einem Holzstäbchen (B1).

Auswertung

a) Formulieren Sie die Polykondensation aus V1 zwischen Glycerin (1,2,3-Propantriol) und Phthalsäure nach dem Muster von S. 183.

b) Formulieren Sie die bei V2 ablaufende Polykondensation. Warum reicht hier das eine Edukt Milchsäure aus, um einen Polyester zu synthetisieren?

c) Werten Sie das Titrationsergebnis aus V2 aus und berechnen Sie die molare Masse der entstandenen Polymilchsäure. (*Hinweis:* Bei der Titration reagieren die Stoffe im Verhältnis n(Polymilchsäure) : $n(NaOH)$ = 1 : 1.)

d) Erläutern Sie, warum es sich bei der Bildung von Polyurethan-Molekülen (B4) um eine Polyaddition und nicht um eine Polykondensation handelt.

e) Erläutern Sie ausführlich, warum für die Schäumung in V3 Spuren von Wasser notwendig sind (B4 unten).

f) Warum ist das Kohlenstoff-Atom aus der Isocyanat-Gruppe (B4) für einen nucleophilen Angriff durch das Sauerstoff-Atom der Hydroxy-Gruppe besonders gut geeignet?

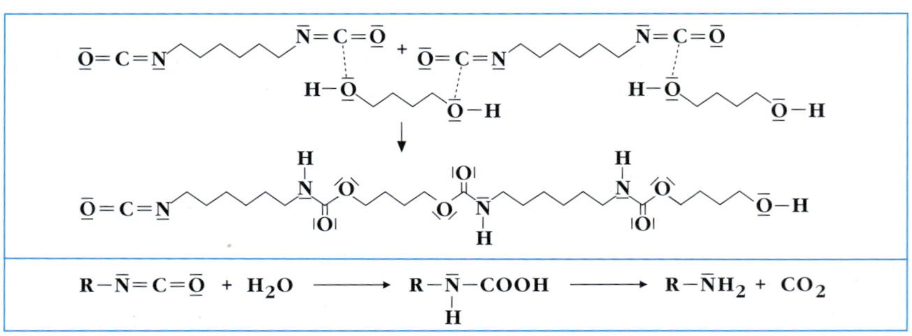

B4 *Reaktionsschemata zur Bildung (oben) und Schäumung eines Polyurethans (V3)*

Polyester durch Polykondensation und Polyurethane durch Polyaddition

Prinzipiell sind alle Materialien aus linearen Makromolekülen spinnbar. Die kettenförmigen Moleküle orientieren sich bereits beim Pressen durch eine Düse teilweise entlang der Streckrichtung, nachträgliches Strecken vervollständigt die Orientierung. Wie gut sich die Faser für die Herstellung von Textilien eignet, hängt allerdings von der chemischen Beschaffenheit der Makromoleküle ab. Als besonders günstig für Textilwaren erweisen sich Fasern aus synthetischen Makromolekülen, die den Klassen der **Polyester**, **Polyacrylate** und **Polyurethane** angehören.
Der Polyester, das Polyethylenterephthalat PET, ist ein glasklarer Feststoff, aus dem beispielsweise Getränkeflaschen hergestellt werden. PET wird durch **Polykondensation** hergestellt, entweder aus Terephthalsäure (Benzol-1,4-dicarbonsäure) und Ethylenglycol (Ethan-1,2-diol) durch **Veresterung** nach folgendem Schema

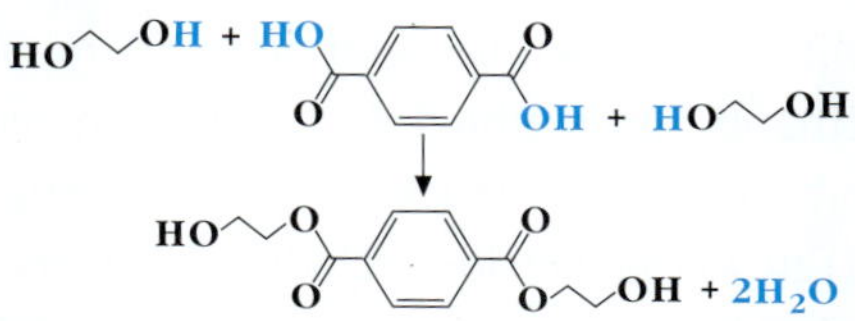

oder durch **Umesterung** aus Dimethylterephthalat und Ethylenglycol unter Abspaltung von Methanol.
Aus geschmolzenem PET werden bei Temperaturen von ca. 280 °C nach dem Schmelzspinnverfahren Filamente erzeugt und zu Fasern versponnen. Polyesterfasern haben einen angenehm weichen Griff, sind formstabil, pflegeleicht und überaus strapazierfähig. Sie eignen sich besonders gut für Bekleidungstextilien wie Sakkos, Hosen, Blusen und Röcke. Da die Polyesterfaser thermoplastisch ist, kann man bei Hosen oder Plissee-Röcken durch Hitze dauerhaft Falten fixieren. Man findet Polyesterfasern auch in Heimtextilien (Bettwäsche, Gardinen etc.) und in technischen Textilien für Planen, Zelte, Airbags und Sicherheitsgurte. Fasern aus Polyester werden oft in Abmischungen mit anderen Fasern verarbeitet, wodurch Eigenschaften wie die Feuchtigkeitsaufnahme und die Elastizität weiter verbessert werden.
Fasern aus Polyacrylnitril PAN werden durch **Polymerisation** von Acrylnitril $H_2C{=}CHCN$ und anschließendem Nassspinnen (B5) hergestellt und eignen sich für Strickwaren, Bodenbeläge, Möbelstoffe, Markisen und Verdecke für Cabriolets.
Polyurethan- oder **Elastanfasern** erhält man durch **Polyaddition** (B4) und Trockenspinnverfahren. Sie werden wegen ihrer Elastizität ausschließlich in Kombination mit anderen Fasern eingesetzt (B3, B4).

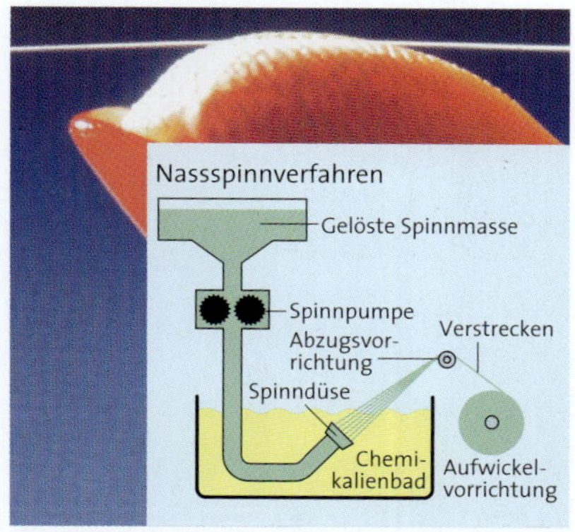

B5 *Ein Faden entsteht, wenn man spinnbares Material durch eine feine Düse drückt.*
A: *Warum sind Materialien aus linearen Makromolekülen spinnbar?*

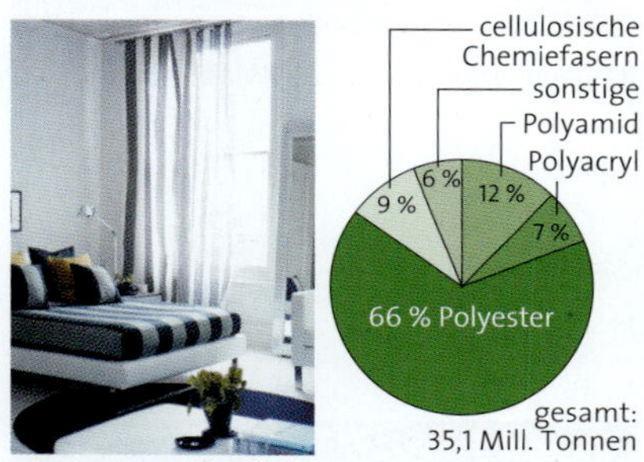

B6 *Textilien aus Polyester und Anteile verschiedener Chemiefasern an der Weltproduktion*

B7 *Mikrofasern aus Polyester, Polyamid oder Polyacryl sind 60-mal dünner als menschliches Haar und haben verschiedene Profile. Sie machen das Textil geschmeidig und hautfreundlich.*

Aufgabe

A1 Nennen Sie anhand der Inhalte von S. 176, 177 und S. 180 bis 183 Gemeinsamkeiten und Unterschiede von Polykondensation, Polymerisation und Polyaddition.

Fachbegriffe

Polyester, Polykondensation, Veresterung, Umesterung, Polyacryl, Polyurethan (Elastan), Polyaddition

B1 *Depolymerisation von PMMA nach V2*

B2 *Bahnhofsdach und CD aus Polycarbonat.* ***A:*** *Formulieren Sie den Molekülausschnitt des Polycarbonats ...O(CO)ORO(CO)ORO... als Valenzstrichformel.*

Aus alt mach neu

Versuche (Schutzbrille! Schutzscheibe!)

V1 Planen Sie mithilfe der Angaben von S. 179 einen Versuch zur Trennung eines Gemisches aus Kunststoffabfällen, die PVC, PE und PP enthalten. Besprechen Sie den Vorschlag mit der Lehrkraft und führen Sie den Versuch durch.

V2 Geben Sie in ein großes Rggl. mit seitlichem Ansatz Raspel aus Polymethylmethacrylat PMMA und einige Kupferspäne (B1). Bringen Sie das PMMA im **Abzug(!)** mit dem Brenner zum Schmelzen und erhitzen Sie dann vorsichtig weiter, wobei Sie die austretenden Dämpfe bis auf den Boden eines mit Eiswasser gekühlten Rggl. einleiten. Achten Sie darauf, dass sie dort kondensieren. Notieren Sie die Temperatur der austretenden Dämpfe. Erzeugen Sie auf diese Weise ca. 1 mL Kondensat und stellen Sie dann den Brenner aus. Prüfen Sie vorsichtig den Geruch des Kondensats und vergleichen Sie ihn mit dem von Methylmethacrylat* MMA. Versetzen Sie in einem anderen Rggl. 3 mL Bromwasser mit einigen Tropfen des Kondensats und schütteln Sie durch. Beobachtung? (*Hinweis*: Das große Rggl. kann mit Aceton gereinigt werden.)

LV3 In einen Kolben mit Rückflusskühler gibt man 50 mL Natronlauge*, c = 5 mol/L, und 20 mL Ethanol*. Man erhitzt die Lösung zum Sieden und gibt dann ca. 5 g klein geschnittene Polyesterstücke (z. B. Getränkeflasche aus Polyethylenterephthalat PET) zu. Allmählich löst sich der Polyester auf. Nach dem Abkühlen gießt man die Reaktionsmischung in 50 mL Wasser, filtriert und säuert eine Probe aus ca. 20 mL Filtrat mit konz. Salzsäure* an. Dabei scheidet sich die Terephthalsäure als weißer Brei ab.

Auswertung

a) Worauf beruht die Trennung der Kunststoffproben bei dem von Ihnen geplanten Versuch V1? Begründen Sie, warum sich PVC und PET auf diese Weise nicht trennen lassen.

b) Bei V2 wird Polymethylmethacrylat PMMA zu Methylmethacrylat MMA depolymerisiert. Nennen und deuten Sie alle Versuchsbeobachtungen, die das belegen, und formulieren Sie die Reaktionsgleichung für den Nachweis mit Bromwasser.

c) Begründen Sie, warum bei der Hydrolyse von Polyethylenterephthalat PET in LV3 die Terephthalsäure erst beim Ansäuern des Filtrats ausfällt.

d) Erklären Sie mithilfe von Valenzstrichformeln, warum das zweite Hydrolyseprodukt aus PET in LV3 nicht sichtbar wird.

e) Vergleichen Sie die Wiedergewinnung von Monomeren aus Makromolekülen in V2 mit der in LV3 hinsichtlich des Arbeitsaufwandes und der Reinheit der erhaltenen Monomere.

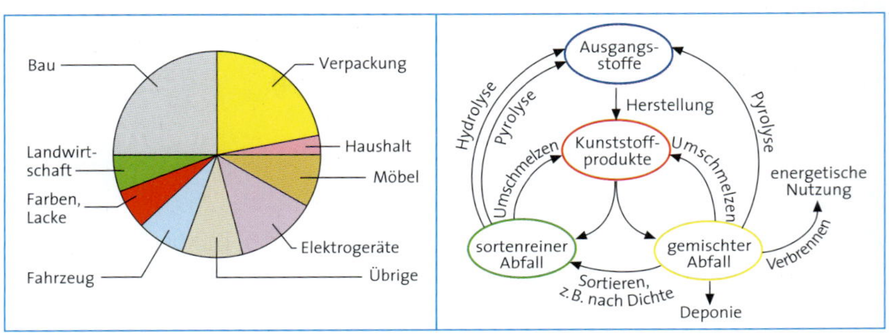

B3 *Verwendung von Kunststoffen (links) und Kunststoff-Kreislauf.* ***A:*** *Begründen Sie, warum sortenreiner Plastikmüll am besten recycelt werden kann und überlegen Sie, wie Sie persönlich ohne viel Aufwand Kunststoffmüll reduzieren können.*

Recycling von Kunststoffen

Kunststoffe sind an Luft und bei Feuchtigkeit sehr beständige Werkstoffe. Weder rosten sie wie Metalle noch faulen sie wie Holz. Gerade diese Beständigkeit wird aber zum Problem, wenn es darum geht, Gegenstände aus Kunststoffen zu entsorgen oder wiederzuverwerten.

Das vollständige stoffliche **Recycling** von Kunststoffen, d.h. die Wiedergewinnung der Monomere, aus denen dann erneut Makromoleküle synthetisiert werden können, gelingt nur bei sortenreinen Abfällen: Polymethylmethacrylat kann relativ einfach durch **Pyrolyse** (Erhitzen in Abwesenheit von Luft) zu Methylmethacrylat depolymerisiert werden (V2). Polyester, Polyamide, Polycarbonate und andere durch Polykondensation erhaltene Makromoleküle können durch **Hydrolyse** (Reaktion mit Wasser; LV3) in ihre Monomere gespalten werden.

Bei gemischten Abfällen ist ein stoffliches Recycling durch Pyrolyse zwar möglich (B3, B4), man erhält aber keine reinen Monomere, sondern Gemische aus niedrigmolekularen Verbindungen wie Methan, Ethen, Propen, Butadien, Benzol, Toluol u.a. (B4). Sie sind im Pyrolysegas und in den Pyrolyseölen enthalten und können als Ausgangsstoffe für verschiedene chemische Synthesen, nicht jedoch direkt zur Wiederherstellung der pyrolysierten Kunststoffe, dienen.

Sowohl sortenreiner als auch gemischter Abfall kann durch **Umschmelzen** oder Schreddern und Neupressen zu Gegenständen wie Parkbänken oder Schallwänden an Autobahnen verarbeitet werden (B5).

Beim **Verbrennen** haben Kunststoffe einen hohen Heizwert, sodass man insbesondere gemischte Abfälle der **energetischen Nutzung** in Müllverbrennungsanlagen zuführt. Die Verbrennungsprodukte einiger Kunststoffe sind die gleichen wie bei der Verbrennung von Benzin und Diesel. Bei der Verbrennung von Polyvinylchlorid können aber auch Wasserstoffchlorid und giftige Dioxine entstehen, die in speziellen Rauchwaschanlagen zurückgehalten werden müssen. Aus ökologischer Sicht bleibt die Verbrennung von Kunststoffmüll aber umstritten.

Bestimmte Kunststoffe können durch Mikroorganismen in die Ausgangsmonomere gespalten werden. Dies gelingt vor allem dann, wenn die entsprechenden Makromoleküle bereits durch Mikroorganismen aufgebaut wurden. Der Kunststoff Polyhydroxybutansäure PHB ist solch ein kompostierbarer Kunststoff (B6). Er wird durch bestimmte Bakterien synthetisiert, dient der Herstellung von Flaschen, Folien oder auch selbstauflösenden chirurgischen Fäden und wird durch verschiedene Enzyme abgebaut.

Aufgaben

A1 Nennen Sie fünf Kunststoffe, bei deren vollständiger Verbrennung die gleichen Produkte entstehen wie bei der von Benzin und Diesel.

A2 Umschmelzen und Neupressen werden als Material-Recycling, Pyrolyse und Hydrolyse als Rohstoff-Recycling und Müllverbrennungen als energetisches Recycling bezeichnet. Erläutern Sie diese Bezeichnungen.

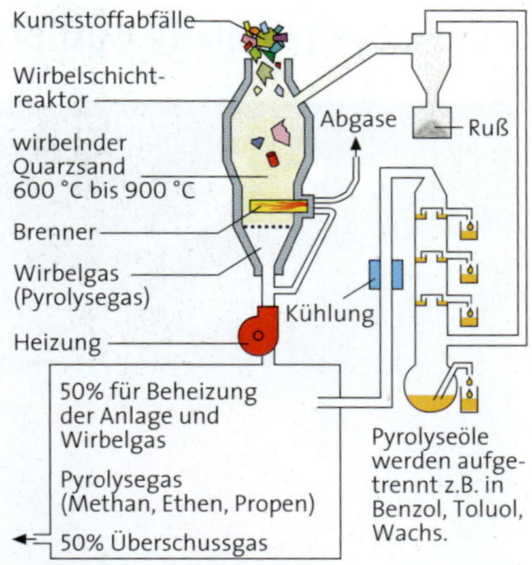

B4 *Pyrolyseanlage.* ***A:*** *Beschreiben Sie Aufbau und Funktionsweise der Anlage.*

B5 *Recycling von Kunststoffabfällen zu Schallschutzwänden*

B6 *Formulieren Sie einen Ausschnitt aus einem β-Polyhydroxybutansäure-Molekül. Der kompostierbare Kunststoff PHB ist ein Polykondensat aus Hydroxybutansäure* $H_3CCH(OH)CH_2COOH$.

Fachbegriffe

Recycling, Pyrolyse, Hydrolyse, Verbrennen, energetische Nutzung

Innovative Textilien – Outfit für Lifestyle und Sport

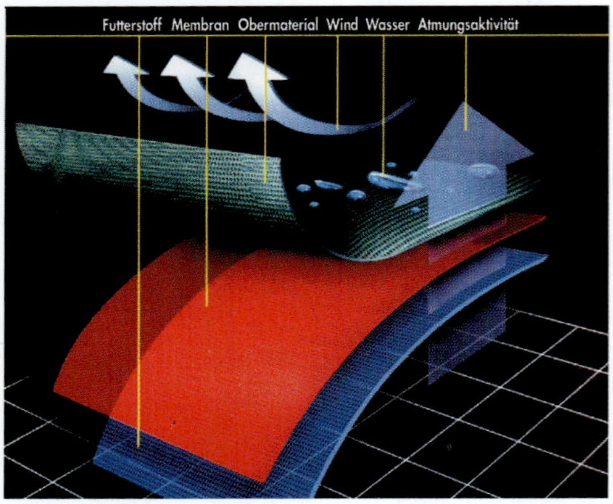

B1 *Aufbau einer Kombi-Textilie*

B2 *Textilien für Sport und Freizeit*

Kombi-Textilien aus Polymeren

Damit Top und Stretch-Jeans sitzen, Regenjacken vor Wind und Nässe schützen und gleichzeitig atmungsaktiv sind, kombiniert man in Textilien Fasern aus unterschiedlichen makromolekularen Materialien.

In **Stretch-Textilien** findet man häufig Beimischungen von Elastan- bzw. Polyurethanfasern, die die gewünschte Elastizität verleihen. Die Filamente dieser Fasern enthalten gummiartige Abschnitte, in denen die Segmente der Makromoleküle ungeordnet, knäuelartig vorliegen. Diese Abschnitte bestehen aus Polyalkohol-Einheiten. Andere Abschnitte der Faser sind steif, es liegen kristalline Bereiche vor, die durch starke Wechselwirkungen der hier dominierenden Polyurethan-Einheiten zustande kommen. Elastan ist gegen Schweiß, Kosmetika und Waschmittel chemisch stabil, vergilbt und vergraut aber schnell und ist nicht so strapazierfähig wie Polyester und andere Fasern. Daher findet man Elastan bei vielen Kleidungsstücken in der Regel nur als 1–5%ige Beimischung in Kombination mit anderen Fasern.

Teflon, das Polymer des Tetrafluorethens (vgl. S. 176), ist vor allem als Beschichtung von Bratpfannen bekannt, wird aber auch bei **Outdoor-Textilien** eingesetzt. Deren Obermaterial bilden hauchdünne Teflonmembranen mit vielen, winzigen Löchern. Durch diese Poren können Wassertropfen aufgrund ihrer Oberflächenspannung nicht eindringen, Wasserdampf aber, der aus der schwitzenden Haut kommt, kann entweichen.

Reißfest, wasserdicht, pigmentierbar ...

Das Material für Zelte und Heißluftballons muss reißfest, wasserdicht, pigmentierbar und feuerfest sein. Wenn Schwimmer, Skirennfahrer und andere Sportler immer neue Rekorde einfahren, liegt das nicht zuletzt auch an den Anzügen, die sie tragen, und den Materialien, aus denen ihre Sportgeräte sind. Innovative Kombi-Textilien aus Polyamid-, Polyester- oder Polyacrylfasern und Siliconen können beispielsweise als Materialien für Schwimmanzüge eingesetzt werden, da sie einen niedrigeren Reibungswiderstand als die Haut mit Wasser haben. Sind sie gleichzeitig elastisch und passen sich dem Körper des Sportlers genau an, bringen sie den entscheidenden Vorteil im Wettkampf. Je nach „Ausrüstung" von Textilgeweben mit flammhemmenden Stoffen (z. B. bromierte Diphenylether, organische Phosphor-, Zirkon- und Titanverbindungen), geruchbindenden Stoffen (z. B. Cyclodextrine) oder wärmeregulierenden Stoffen (z. B. Wachse) erhält man Materialien für die unterschiedlichsten Anwendungen (B1, B2, B3).

B3 *Jacke mit Thermoregulation.* **A:** *Wachse sind Ester aus langkettigen Alkansäuren und langkettigen Alkoholen. Formulieren und benennen Sie ein Beispiel.*

A1 Eine thermoplastische Folie aus Polyethylen PE lässt sich auf die mehrfache Länge dehnen. Erklären Sie, warum sie sich im Gegensatz zu elastischem Gummi (vgl. S. 179) nach der Dehnung nicht mehr zusammenzieht.

A2 Erklären Sie, dass Polyethylen PE mit einer mittleren Molekülmasse von 10 000 u wachsartig, solches mit einer Molekülmasse von 100 000 u dagegen fest ist (vgl. S. 177).

A3 Erläutern Sie, warum die Oligomere[1] des Ethens, Propens und Isobutens (Methylpropen) wasserunlöslich, aber gut in Benzin löslich sind.

A4 Bakelit (vgl. S. 178) entsteht durch Polykondensation von Phenol mit Methanal (Formaldehyd) **HCHO**. a) Welche niedrigmolekulare Verbindung wird bei dieser Polykondensation abgespalten? b) Geben Sie an, wie viele Methanal-Moleküle notwendig sind, um den Molekülausschnitt von Bakelit auf S. 178 aufzubauen.

A5 Begründen Sie, welche der folgenden Kunststoffe als Material für Behälter zum Aufbewahren von Säuren und Laugen nicht geeignet sind: Polyethen, Polymilchsäure, Polyvinylchlorid, Nylon 6.6.

A6 Polyurethane werden durch Polyaddition erhalten. a) Nennen Sie eine Gemeinsamkeit von und einen Unterschied zwischen der Polyadditions- und der Polykondensationsreaktion. b) Warum muss man bei der Herstellung von massiven Polyurethanen, z. B. für Helme, absolut wasserfreie Alkohol-Komponenten einsetzen? (*Hinweis:* Vgl. Auswertung e) und f), S. 182).

A7 Beim Vulkanisationsprozess kann man das Polymer Kautschuk (vgl. S. 179, *cis*-Polyisopren)

$$-[CH_2-\overset{\overset{\displaystyle CH_3}{|}}{C}=CH-CH_2]_n-$$

bei erhöhter Temperatur mit unterschiedlichen Mengen Schwefel vernetzen, wodurch man unterschiedliche Gummisorten erhält. a) Vergleichen Sie begründet die mechanischen Eigenschaften der auf diese Weise erhaltenen, verschiedenartigen Produkte. b) Bei Temperaturerhöhung erweicht Kautschuk, schmilzt dann und zersetzt sich schließlich. Erläutern und begründen Sie das unterschiedliche Verhalten von Gummi.

A8 Formulieren Sie je einen Strukturausschnitt für ein Polykondensat aus 1,4-Benzoldicarbonsäure und Ethandiol bzw. Propantriol. Erklären Sie die unterschiedlichen Eigenschaften der Reaktionsprodukte.

A9 Bewerten Sie die Methoden für Kunststoff-Recycling (vgl. S. 184, 185) aus ökonomischer und ökologischer Sicht.

A10 Aus 4-Hydroxy-2-methylenbutansäure

$$HO-CH_2-CH_2-\overset{\overset{\displaystyle CH_2}{\|}}{C}-COOH$$

wird ein thermoplastisches Polykondensat synthetisiert, das dann in einer zweiten Reaktion durch Zugabe von Radikalbildern in einen Kunststoff überführt wird, der zur Herstellung von Druckplatten für Thermokopieverfahren verwendet wird. a) Geben Sie die Strukturformelgleichungen für beide Synthesen an. b) Vergleichen und begründen Sie das unterschiedliche thermische Verhalten der beiden Kunststoffe.

A11 Poly-2-hydroxypropansäure eignet sich sowohl als chirurgisches Nähmaterial als auch als ökologisch wertvolles Verpackungsmaterial, da es im Körper und in der Natur biologisch abgebaut werden kann. Formulieren Sie die Strukturformelgleichung für die Herstellung dieses Kunststoffs und erläutern Sie, wie er in die Monomere zerlegt werden kann.

A12 Erstellen Sie eine *Concept map* (vgl. S. 142) zu dem Zentralthema „Kunststoffe“. Verwenden Sie dazu die Begriffe und Informationen aus diesem Kapitel und aus dem Internet.

---

[1] von *oligos* (griech.) = einige, wenige und *meros* (griech.) = Teil

Struktur und Eigenschaften von Farbstoffen

Licht und Farben prägen unser Leben entscheidend. Das Licht der Sonne und die Farben von Pflanzen, Tieren und Gesteinen sind **natürliche** Erscheinungen. Es gibt aber auch viele **künstliche** Licht- und Farbphänomene, die aus unserem Alltag nicht wegzudenken sind. Sie reichen von unseren Textilien, Lacken und Farben bis hin zu den farbigen Displays und Monitoren elektronischer Geräte. Die enorme Vielfalt in der künstlichen Farbgebung wurde erst durch die Leistungen chemischer Forschung möglich. Entscheidend ist dabei die **Wechselwirkung zwischen elektromagnetischer Strahlung und den Elektronen** in Molekülen oder anderen Atomverbänden. Heute forscht man auf diesem Gebiet intensiv nach neuen, „intelligenten" farbigen Materialien, mit denen man hofft, Energie und Ressourcen sparen und unser Erdklima schonen zu können.

1 **Warum sehen wir Gegenstände farbig?**

2 **Welche strukturellen Merkmale in Molekülen verursachen Farbigkeit?**

3 **Wie kann man farbige Stoffe synthetisieren?**

4 **Bunte Textilien – Was färbt man womit und wie?**

5 **Von der Natur lernen – Licht und Farbstoffe auch für nachhaltige Technik**

6 **Farbe und Licht – Geht das Eine auch ohne das Andere?** EVA

7 **Farbstoffe – der verschiedensten Klassen** EVA

8 **Das Auge isst mit – Welche Farbstoffe eignen sich für Lebensmittel?** EVA

9 **Das Orbitalmodell – ein Hilfsmittel auch zur Erklärung der Farbigkeit** EVA

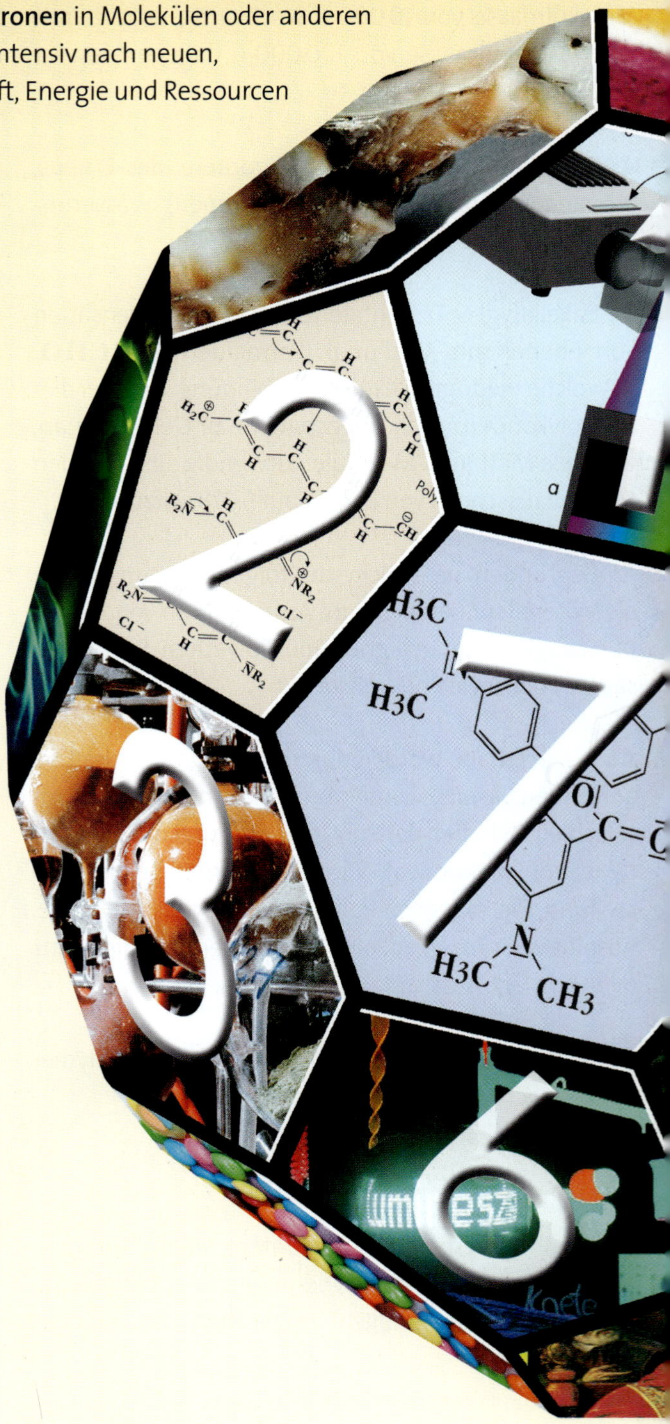

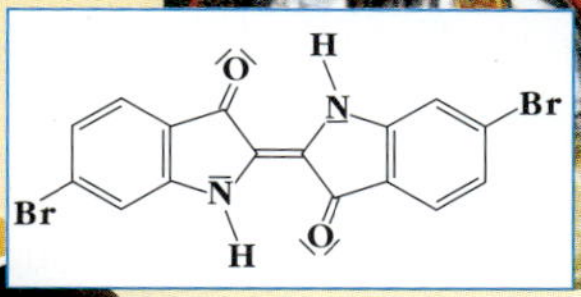

B1 *Antiker Purpur war der kostbarste Farbstoff aller Zeiten. Aus 12 000 Purpurschnecken, die im Mittelmeerraum vorkommen, erhielt man 1 g Purpur. Mit Purpur gefärbte Kleidung war daher das Privileg einer kleinen, reichen Oberschicht.*

Seit Menschengedenken haben Farben der natürlichen Umwelt die Menschen dazu inspiriert, sich, ihre Kleidung und ihre Umgebung auch durch eigenes Zutun farbig zu gestalten. Bereits in der Altsteinzeit vor ca. 20 000 Jahren nutzten sie dafür natürlich vorkommende anorganische **Pigmente** wie Ocker (verwitterte Eisenoxide), Braunstein (Mangandioxid) oder Kreide (Calciumcarbonat). Davon zeugen beispielsweise die Höhlenmalereien in *Lascaux* in Frankreich. In gefärbten Tüchern und Bändern aus Pharaonengräbern, die 3 000 bis 4 000 Jahre alt sind, konnte man organische **Farbstoffe** wie Indigo, Krapp, Safran und Purpur nachweisen, obwohl die im Unterschied zu den anorganischen Pigmenten viel leichter durch Luft, Feuchtigkeit, Licht und Bakterien zersetzt werden. Da organische Farbstoffe nur mit viel Aufwand und in geringen Mengen aus pflanzlichem oder tierischem Material gewonnen werden konnten, waren sie sehr kostbar und nur für wenige erschwinglich (B1).

Das änderte sich innerhalb einiger Jahrzehnte, als in der zweiten Hälfte des 19. Jahrhunderts die industrielle Synthese von Farbstoffen einsetzte. Insbesondere aromatische Verbindungen wie Benzol und seine Derivate Phenol, Nitrobenzol und Anilin sowie die polycyclischen Aromaten Naphthalin und Anthracen, die aus Steinkohlenteer gewonnen wurden, dienen seit dieser Zeit zur Herstellung von Farbstoffen in allen Schattierungen und von erstaunlicher Brillanz und Lichtechtheit. Dabei kam den neuartigen und vollsynthetischen **Azofarbstoffen** (vgl. S. 195) ein Spitzenplatz zu. Aber auch andere Farbstoffe wie Indigo und Alizarin wurden synthetisch zugänglich, die strukturidentisch oder strukturverwandt mit den Farbstoffen aus der Natur sind.

In der Technik gelten folgende Bezeichnungen:
Farbmittel – alle farbgebenden Stoffe
Pigmente – im angewendeten Lösemittel unlösliche Farbmittel
Farbstoffe – im angewendeten Lösemittel lösliche Farbmittel

Warum sehen wir Blattgrün grün?

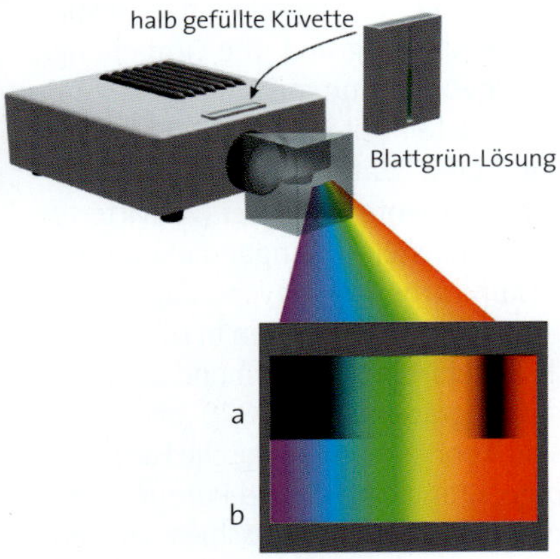

B1 *Vorrichtung zur Untersuchung der Lichtabsorption von Lösungen.* ***A:*** *Erläutern Sie die Funktion des Prismas.*

Versuche

V1 Füllen Sie 3 Flachküvetten jeweils bis zur Hälfte mit farbigen Lösungen, beispielsweise mit: a) Blattgrün in Methanol* (oder Aceton*) – grüne Blätter in Methanol oder Aceton im Mörser mit Seesand zerreiben, Suspension abfiltrieren, b) Bromthymolblau (alkalische Lösung), c) Bromthymolblau (saure Lösung). Bauen Sie eine Vorrichtung nach den Angaben in B1 auf, mit der sich auf einer Projektionsfläche Spektren erzeugen lassen. Die Küvetten können Sie entweder so abkleben, dass nur ein Lichtspalt offen bleibt (B1), oder sie setzen eine Spaltblende vor die Küvette ein.

Halten Sie der Reihe nach die drei Küvetten in den Strahlengang der Projektorlampe und stellen Sie jeweils fest, welche Farben bei dem Licht, das die Lösung passiert hat, fehlen.

Erzeugen Sie erneut Spektren wie in B1. Mischen Sie jetzt die Farben zusammen, indem Sie nach dem Prisma eine Sammellinse einschieben. Beobachten und notieren Sie die jeweiligen Farben.

V2 Nehmen Sie mithilfe eines Fotometers (B4) die Absorptionskurven der Lösungen aus V1 gegen das jeweilige Lösemittel als Vergleich auf. (*Hinweis*: Verdünnen Sie die Lösungen ggf. so, dass die in B4 definierte Extinktion E nicht über den Wert 2 ansteigt.)

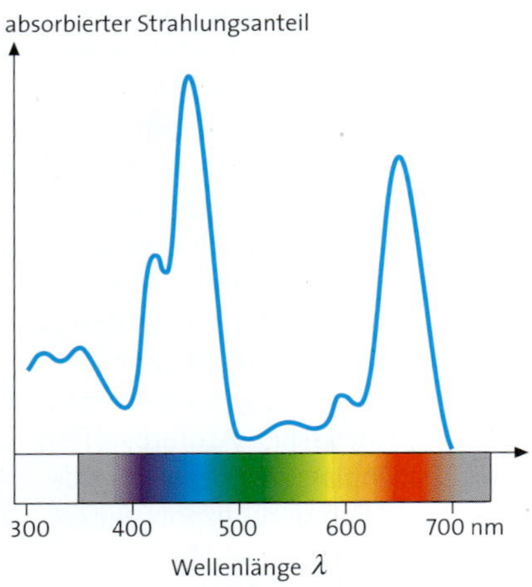

B2 *Absorptionskurve (Absorptionsspektrum) von Chlorophyllen.* ***A:*** *Nennen Sie die nicht bzw. nur schwach absorbierten Farben.*

Auswertung

a) Erklären Sie, warum in den Spektren der drei farbigen Lösungen aus V1 Dunkelzonen entstehen. Warum treten die Dunkelzonen an unterschiedlichen Stellen auf?

b) Welcher Zusammenhang besteht zwischen den Dunkelzonen in B1 und den Peaks in B2? Erklären Sie den Zusammenhang mithilfe von B4.

c) Absorbiert ein Gegenstand die Spektralfarbe Blau aus dem weißen Licht, so erscheint er in der Komplementärfarbe Gelb. Formulieren Sie eine Definition für den Begriff **Komplementärfarbe**. (*Hinweis:* Berücksichtigen Sie dabei Auswertung a) und b) sowie B3, B5 und B7.)

d) Erklären Sie mithilfe der Definition aus B4, warum beim Extinktionswert E = 2 die Lichtintensität I beim Austritt aus der Probe nur 1 % der Intensität I_0 beim Eintritt in die Probe beträgt. Erläutern Sie, was $E = 0$ bedeutet.

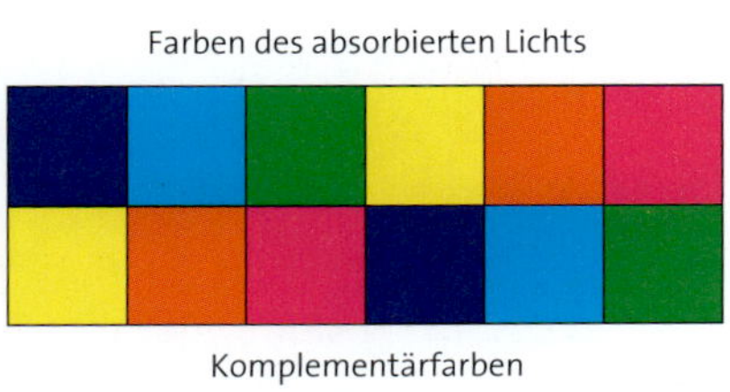

B3 *Zusammenhang zwischen den absorbierten Spektralfarben und den gesehenen Farben von Gegenständen (Komplementärfarben, S. 191)*

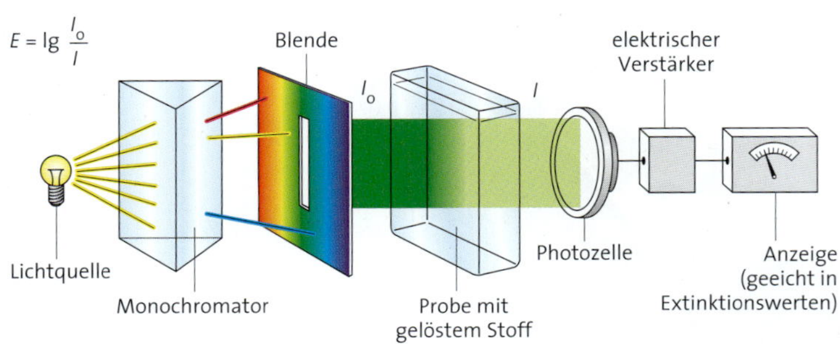

B4 *Schematischer Aufbau eines Fotometers und Definition der Extinktion[1] E (I_0: Lichtintensität vor dem Eintritt in die Probe; I: Lichtintensität nach dem Austritt aus der Probe).* ***A:*** *Erklären Sie, warum E ein Maß für den absorbierten Strahlungsanteil ist.*

[1] von *extinctio* (lat.) = Auslöschung

Farben durch Lichtabsorption

Weißes Licht lässt sich mithilfe eines Prismas in alle Farben des Regenbogens, in die **Spektralfarben**, zerlegen. Farbiges Licht, das beispielsweise entsteht, wenn weißes Licht eine farbige Lösung durchquert, liefert nach dem Zerlegen mit einem Prisma nicht mehr alle Spektralfarben (V1 und B1): Im Spektrum erscheinen Dunkelzonen, die darauf hindeuten, dass die Farben, die an diesen Stellen auftreten müssten, von der Lösung „festgehalten" wurden. Dieses Phänomen wird als **Lichtabsorption**[2] bezeichnet. Lichtabsorption ist der Grund dafür, dass wir Gegenstände farbig sehen, wenn wir sie bei weißem Licht betrachten (B5). Die von uns wahrgenommene Farbe ergibt sich durch **additive Farbmischung**, d. h. durch die Überlagerung der vom Gegenstand nicht absorbierten Lichtanteile des weißen Lichts. Die Linse unseres Auges übernimmt dabei die Funktion der Sammellinse aus V1. Die Farben des absorbierten Lichts und die von uns wahrgenommene Farben des Gegenstands sind **komplementär**[3] (**Komplementärfarben**, B3).

Wenn Farbigkeit durch Lichtabsorption zustande kommt, ist die gesehene Farbe immer im weißen Licht enthalten, das den farbigen Gegenstand anstrahlt (Unterschied zur Farbe durch Lichtemission, vgl. S. 200, 201).

Mithilfe eines **Fotometers** lässt sich über Extinktionsmessung recht genau bestimmen, welche Farben und wie viel eine bestimmte gefärbte Lösung davon absorbiert (V2, B2 und B4). Die **Absorptionskurve** einer Lösung ist die grafische Auftragung der logarithmischen Größe **Extinktion** E gegen die Wellenlänge λ. Sie zeigt beispielsweise bei Chlorophyllen zwei starke Absorptionsbanden, deren Peaks (Spitzen) an jenen Stellen auftreten, an denen im Echtfarbenspektrum bei V1 die beiden Dunkelzonen am intensivsten erscheinen (B1 und B2). Darüber hinaus zeigt die Absorptionskurve, dass die Lösung im Bereich um $\lambda = 450$ nm stärker absorbiert als im Bereich um $\lambda = 650$ nm und dass es noch weitere, weniger stark ausgeprägte Absorptionsbanden gibt. Absorptionskurven dieser Art spielen eine wichtige Rolle bei der Identifikation und bei der **Strukturaufklärung** von Molekülen, die Farbigkeit verursachen. Das von Chlorophyll-Molekülen (vgl. S. 198) absorbierte Licht wird von grünen Pflanzen in den Lichtreaktionen der Photosynthese genutzt.

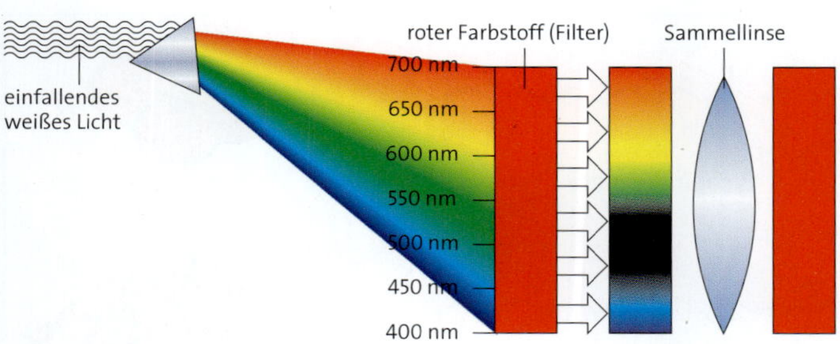

B7 *Wenn eine Lösung Licht zwischen 450 nm und 550 nm absorbiert, sehen wir sie rot.* ***A:*** *Ermitteln Sie aus dieser Darstellung die Komplementärfarbe von Rot.*

[2] von *absorbere* (lat.) = verschlucken; [3] von *completare* (lat.) = ergänzen, vervollständigen

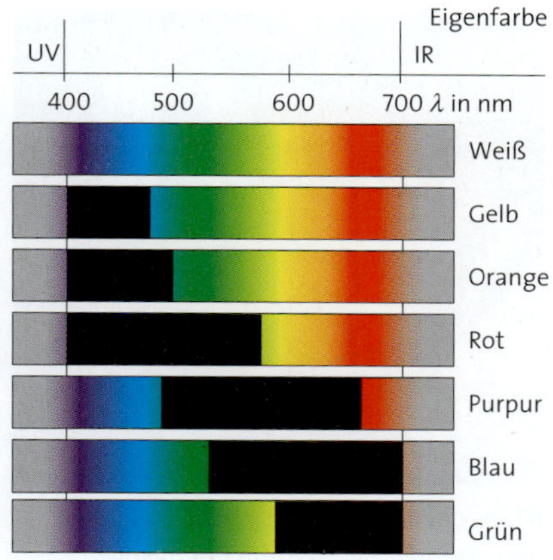

B5 *Zusammenhang zwischen Eigenfarbe und absorbierten Spektralfarben.* ***A:*** *Erläutern Sie den Unterschied zwischen Rot und Purpur (vgl. auch B3).*

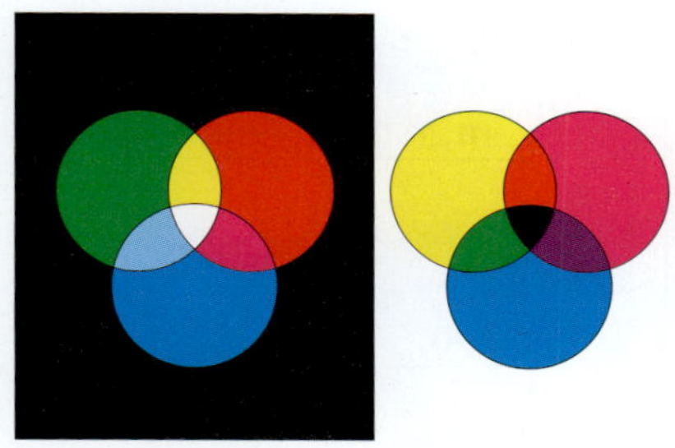

B6 *Additive (links) und subtraktive (rechts) Farbmischung (A1)*

Aufgabe

A1 Für den Farbdruck dieses Buches wurden die drei Grundfarben Cyan (Blau), Gelb und Magenta (Rot) übereinander gedruckt (vgl. Anhang). Dadurch konnten alle Farben erzeugt werden. Erläutern Sie diesen Sachverhalt unter Verwendung der Begriffe additive und subtraktive Farbmischung (B6).

Fachbegriffe

Spektralfarben, Lichtabsorption, additive Farbmischung, Komplementärfarben, Fotometer, Absorptionskurve, Extinktion, Strukturaufklärung

Farbe an – Farbe aus!

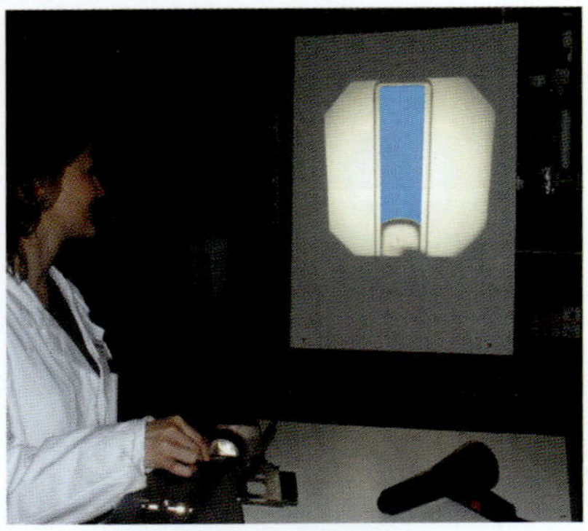

B1 *Spiropyran-Lösung im Licht. Das hier eingesetzte Spiropyran ist im Chemikalienhandel erhältlich. Es kann auch nach einer Vorschrift aus Chemie 2000+ Online selbst synthetisiert werden.*

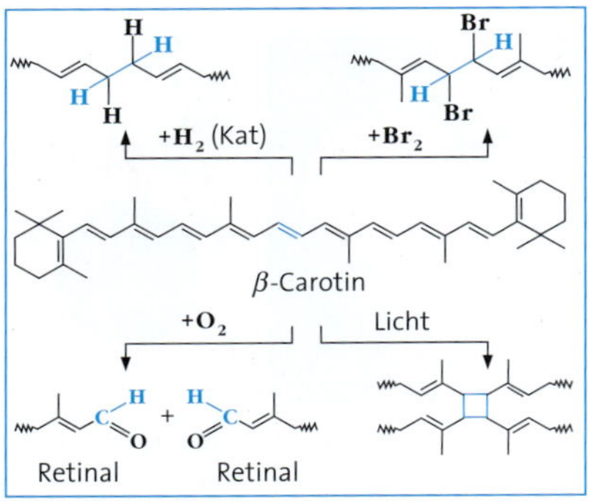

B2 *Vereinfachte Valenzstrichformel und Reaktionen von β-Carotin (vgl. S. 198)*

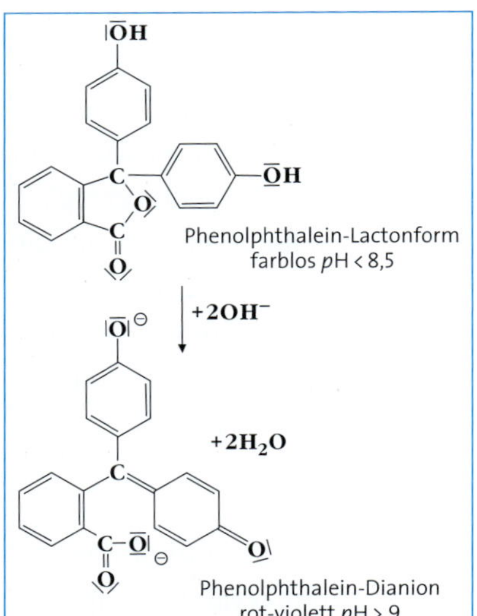

B3 *Phenolphthalein-Molekül in der Lacton-Form und in der Dianion-Form.* **A:** *Beschreiben Sie die Strukturunterschiede.*

Versuche

V1 Geben Sie in einem Rggl. zu ca. 10 mL dest. Wasser einige Tropfen alkoholische Phenolphthalein-Lösung. Fügen Sie dann einige Tropfen Natronlauge*, $c = 0{,}1$ mol/L, hinzu. Beobachten Sie die Farbänderungen.

V2 Extrahieren Sie β-Carotin aus zerriebenen Möhren (Karotten) mit ca. 15 mL Heptan* durch Schütteln in einem Erlenmeyerkolben und dekantieren Sie die gelbe Lösung in eine Petrischale. Tränken Sie zwei Filterpapiere mit dieser Lösung und stellen Sie eines ins Dunkle, während Sie das andere ca. 5 min im Strahlengang eines Diaprojektors oder auf einem OH-Projektor bestrahlen. Vergleichen Sie danach die Farben der beiden Filterpapiere.

V3 Lösen Sie ca. 10 mg Spiropyran (B1) in 1,5 mL Toluol* und füllen Sie die farblose bis schwach gelbe Lösung in eine Küvette oder ein kleines Rggl. Verschließen Sie das Gefäß. Halten Sie die Lösung 5 s lang wie in B1 in den Strahlengang eines Diaprojektors mit Halogenlampe (200 W) oder einfach in starkes Licht. Beobachten Sie die Farbe. Stellen Sie die Lösung ins Dunkle und beobachten Sie die Farbe nach 20 bis 30 s. Wiederholen Sie die Arbeitsgänge dreimal.

Auswertung

a) Bei V1 bewirkt die Zugabe von Natronlauge „Farbe an". Überlegen Sie, wie der Zustand „Farbe aus" erreicht werden kann und überprüfen Sie Ihre Vermutung. Kann Farbe bei V1 auch mehrere Male an- und ausgeschaltet werden? Erläutern und begründen Sie Ihre Vermutung.

b) Begründen Sie, welche der in B2 angedeuteten Reaktionsmöglichkeiten von β-Carotin in V2 verwirklicht werden können.

c) Begründen Sie, warum es sich bei der unten formulierten, in V3 ablaufenden Reaktion um eine reversible Isomerisierung handelt.

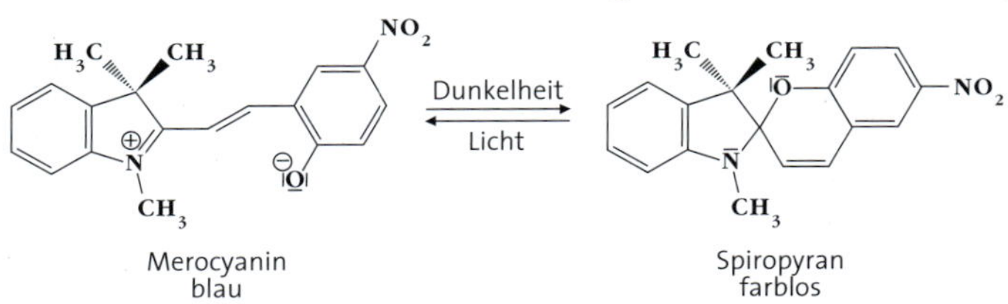

d) Finden Sie heraus und erläutern Sie, wodurch sich die farbgebenden Strukturen in V1 bis V3 von den farblosen Formen unterscheiden.

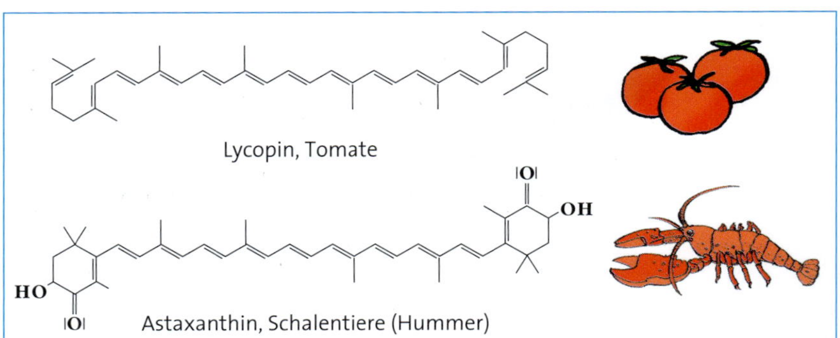

B4 *Lycopin und Astaxanthin gehören ebenso wie β-Carotin (B2) zu den Carotinoiden.* **A:** *Nennen Sie Gemeinsamkeiten und Unterschiede der drei Struktursymbole.*

Molekülstruktur und Farbigkeit

Auf den ersten Blick scheinen die Versuchsergebnisse aus V1 bis V3 verwirrend: Bei Phenolphthalein kann man die Farbe durch Zugabe von Lauge „anschalten“ und durch Zugabe von Säure „ausschalten“. Farbloses Spiropyran lässt sich mit Licht viele Male blau „schalten“ und wird bei Dunkelheit spontan immer wieder farblos (V3). Im Gegensatz dazu verliert β-Carotin bei Licht die Farbe und zwar unumkehrbar (V2). Bei genauem Betrachten der Gerüstformeln erkennt man jedoch eine Gemeinsamkeit: Bei jedem der beteiligten Moleküle bzw. Molekül-Ionen hat die Formel der farbigen Form eine größere Anzahl an **konjugierten Doppelbindungen**, d.h. Einfach- und Doppelbindungen im Wechsel, als die farblose (vgl. B2, B3; Auswertung c). Solche ausgedehnten Systeme konjugierter Doppelbindungen sind das charakteristische Strukturmerkmal für farbgebende Moleküle und werden als **Chromophore**[1] bezeichnet. Im β-Carotin-Molekül und den Molekülen seiner „Verwandten“ aus B4 sind die Chromophore *linear*. Im Phenolphthalein-Dianion und beim Merocyanin-Molekül mit zwitterionischer Struktur schließen die Chromophore auch *aromatische* Ringe (vgl. S. 204) ein, zwischen denen die Bindungsdelokalisation nicht unterbrochen ist.

Am einfachsten lässt sich der Zusammenhang zwischen Farbe und Struktur an den linearen Chromophoren in Polyen- und Cyanin-Molekülen erkennen (B5, B6). In beiden Fällen kommt es über die gesamte Kette zu einer **Bindungsdelokalisation**, die sich durch die **mesomeren Grenzformeln** darstellen lässt. Anders als beim Benzol-Molekül (vgl. EVA Mesomerie, S. 204) trägt bei einem Polyen-Molekül nicht jede der beiden Grenzformeln aus B5 gleichermaßen zur Beschreibung der wirklichen Elektronenverteilung bei; der Beitrag der Zwitterion-Grenzformel ist wesentlich geringer. Dagegen beschreiben die beiden Grenzformeln für das Cyanin-Kation die Elektronenverteilung in etwa gleichem Maße. Entsprechend ist bei einem Cyanin-Kation der Bindungslängenausgleich zwischen Einfach- und Doppelbindung viel ausgeprägter als bei einem Polyen-Molekül (B6). Die Farbigkeit von Polyenen und Cyaninen hängt damit zusammen. Während bei Cyanin-Kationen bereits drei konjugierte Doppelbindungen Farbigkeit hervorrufen, sind bei Polyenen mindestens zehn konjugierte Doppelbindungen im Molekül erforderlich.

Allgemein ist neben der Ausdehnung des Chromophors auch seine Geometrie und die Präsenz von Elektronenpaar-Donator- und Elektronenpaar-Akzeptor-Gruppen in den Molekülen ausschlaggebend für die Farbigkeit (B7) der Stoffe. Donator-Gruppen an Chromophoren in Farbstoff-Molekülen bezeichnet man als **Auxochrome**[2], Akzeptor-Gruppen als **Antiauxochrome**.

Aufgaben

A1 β-Carotin-Moleküle werden oxidativ in zwei gleiche Moleküle gespalten (B2). Warum ist das gebildete Produkt Retinal nicht mehr farbig?

A2 Erläutern Sie den Zusammenhang zwischen den Grenzformeln bei einem Polyen- und einem Cyanin-Molekül, dem Bindungslängenausgleich in den entsprechenden Molekülen und der Wellenlänge des absorbierten Lichts. (*Hinweis:* Vgl. B5, B6 und *Chemie 2000+ Online*.)

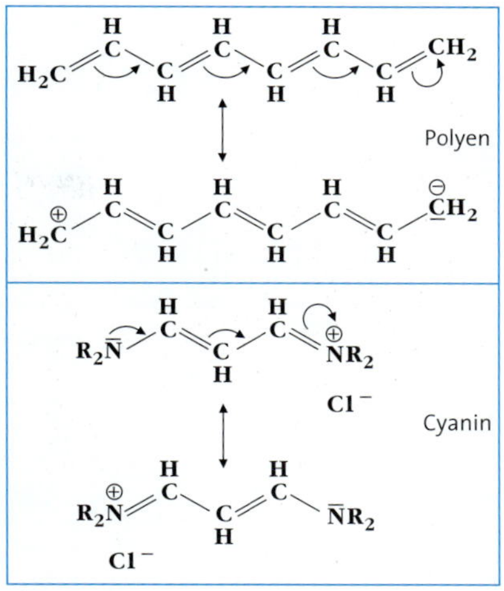

B5 *Mesomere Grenzformeln eines Polyen-Moleküls und eines Cyanin-Kations*

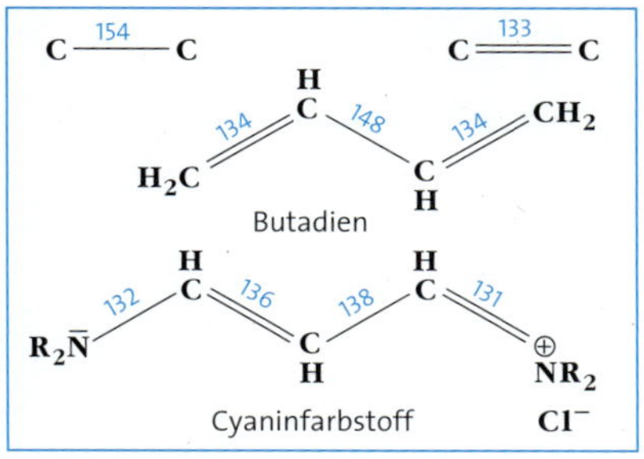

B6 *Bindungslängen in Molekülen mit konjugierten Doppelbindungen in pm*

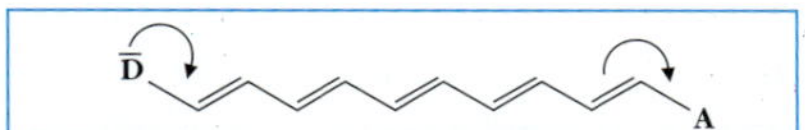

Donator-Gruppe	Akzeptor-Gruppe
+M-Effekt	−M-Effekt
$H\overline{O}-$	$RC{=}\overline{O}$
$R\overline{O}-$	$HC{=}\overline{O}$
$\ominus|\overline{O}-$	$\overline{O}{=}\overset{\oplus}{N}-\overline{O}|^{\ominus}$
$H_2\overline{N}-$	$HC{=}\overset{\oplus}{N}R_2$
$R_2\overline{N}-$	

B7 *Donator- und Akzeptor-Gruppen*

Fachbegriffe

konjugierte Doppelbindungen, Chromophor, Bindungsdelokalisation, mesomere Grenzformeln, Auxochrome, Antiauxochrome

---

[1] von *chroma* (griech.) = Farbe und *phoros* (griech.) = Träger; [2] von *auxanein* (griech.) = wachsen

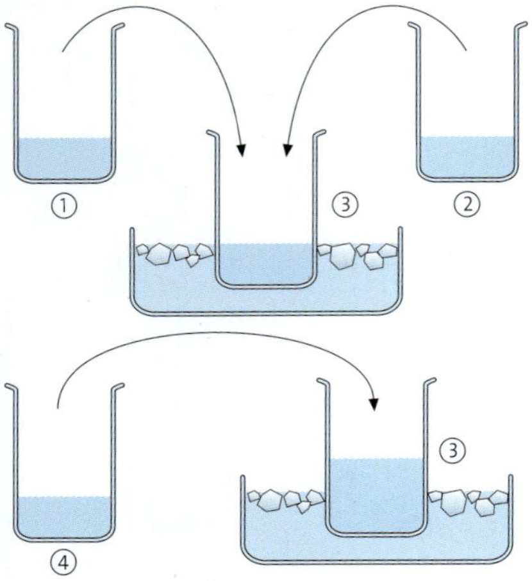

B1 *Versuchsschritte bei V1*

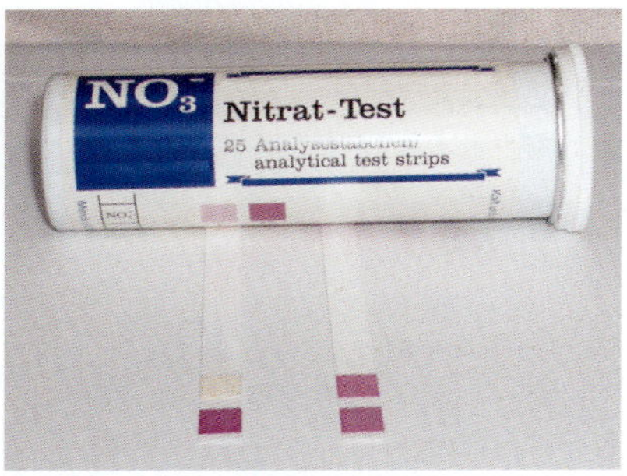

B2 *Nitrit- und Nitrat-Ionen-Nachweis mit Teststäbchen. Der linke Teststreifen wurde in eine verdünnte Natriumnitrat-Lösung, der rechte in eine verdünnte Natriumnitrit-Lösung getaucht. Die Testfelder der Teststäbchen sind mit einer Lösung aus Sulfanilsäure, Naphthylethylendiamin und Essigsäure getränkt. Zusätzlich enthält das untere Testfeld für den Nitrat-Ionen-Nachweis Zinkpulver.* ***A:*** *Erklären Sie folgenden Hinweis auf der Packungsbeilage: „Nitrit-Ionen stören den Nitrat-Nachweis. Färbt sich das obere Testfeld rot, müssen vorhandene Nitrit-Ionen zerstört und der Nitrat-Nachweis muss mit einem neuen Teststäbchen wiederholt werden."*

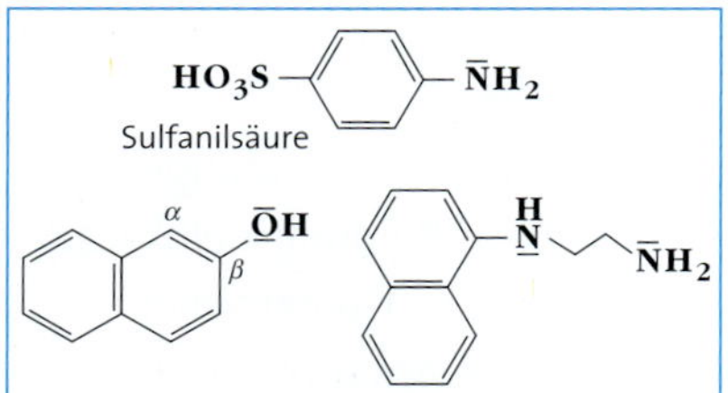

B3 *Formeln der bei V1 und V2 eingesetzten Chemikalien*

Farbstoffe nach Maß

Versuche

V1 Lösen Sie in Becherglas *1* (B1) 1 g Sulfanilsäure* (4-Aminobenzolsulfonsäure) in 25 mL Natronlauge*, *c* = 2 mol/L. Lösen Sie in Becherglas *2* 0,4 g Natriumnitrit* in 25 mL Wasser. Rühren Sie die Lösungen langsam in das Becherglas *3* mit 50 mL eisgekühlter (0 °C bis 5 °C) Salzsäure*, *c* = 4 mol/L. Die Temperatur darf dabei nicht über 5 °C ansteigen. Lösen Sie in Becherglas *4* 0,8 g β-Naphthol* in 50 mL Natronlauge*, *c* = 2 mol/L. Gießen Sie diese Lösung in Becherglas *3*.

V2 Tauchen Sie ein Nitrat- bzw. ein Nitrit-Teststäbchen in a) eine sehr verdünnte Natriumnitrit- und b) eine sehr verdünnte Natriumnitrat-Lösung. Geben Sie eine Spatelspitze Zinkpulver* zur Natriumnitrat-Lösung, schütteln Sie kurz. Filtrieren Sie die Lösung vom überschüssigen Zinkpulver ab und tauchen Sie erneut ein Teststäbchen in die Lösung.

INFO Reaktionsfolge bei der Synthese eines Azofarbstoffes

1. Schritt: **Diazotierung**

Phenylamin (Anilin) und seine Derivate reagieren mit salpetriger Säure zu Diazonium-Ionen:

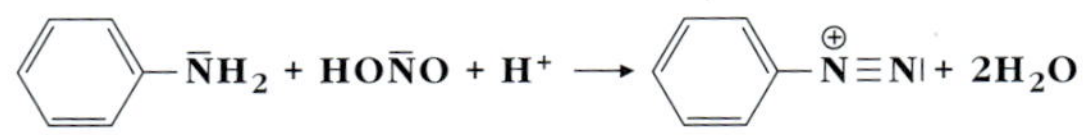

Phenylamin salpetrige Säure Diazonium-Ion Grenzstruktur I

Diazonium-Ionen zersetzen sich bei höheren Temperaturen leicht in Phenyl-Kationen und Stickstoff-Moleküle, daher muss die Diazotierung bei Temperaturen unter 5 °C durchgeführt werden.

2. Schritt: **Azokupplung**

Die Azokupplung ist eine elektrophile Substitution, bei der das Diazonium-Ion mit der Kupplungskomponente, meist ein Anilin- oder Phenol-Derivat, reagiert.

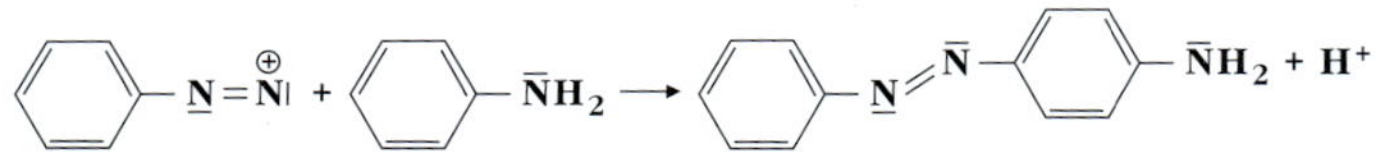

Diazonium-Ion Grenzstruktur II 4-Aminoazobenzol

Auswertung

a) Erläutern Sie, durch welche Reaktion bei V1 salpetrige Säure entsteht.

b) Geben Sie das Diazonium-Ion an, das aus Sulfanilsäure gebildet wird.

c) Erklären Sie, warum die Kupplungsreaktion bei V1 in alkalischer Lösung durchgeführt wird. Beachten Sie die Reaktivität von Naphthol in saurer und alkalischer Lösung.

d) Geben Sie die Formel des in V1 entstehenden Azofarbstoffes Naphtholorange an. β-Naphthol wird in α-Stellung substituiert (B3).

e) Erläutern Sie, auf welchen Reaktionen der Nachweis von Nitrit- bzw. Nitrat-Ionen in Teststäbchen beruht (V2, V3, B2, B3). Formulieren Sie die ablaufenden Reaktionen.

Synthese von Azofarbstoffen

Natürliche Farbstoffe wie Indigo und Purpur waren bis ins 19. Jahrhundert hinein wahre Kostbarkeiten, denn sie konnten nur in geringen Mengen aus pflanzlichem oder tierischem Material gewonnen werden. Farbige Kleidung war daher das Privileg einer kleinen, wohlhabenden Oberschicht. Dies änderte sich, als es gelang, künstliche Farbstoffe zu synthetisieren und sie industriell zu produzieren. Mit der Synthese der **Azofarbstoffe** ist der Aufschwung der chemischen Farbenindustrie Ende des 19. Jahrhunderts eng verbunden, denn nun wurde es möglich, Farbstoffe in allen Schattierungen und mit erstaunlicher Brillanz herzustellen.
Azofarbstoffe stellen die größte Farbstoffklasse dar. Ihre Vertreter zeichnen sich durch die **Azo-Gruppe –N̄=N̄–** zwischen zwei aromatischen Resten aus. Als Ausgangsstoff für die Synthese der Azofarbstoffe dient Anilin, das in der Anfangszeit aus dem Steinkohlenteer gewonnen wurde.
Die Synthese von Azofarbstoffen verläuft in zwei Schritten (vgl. *INFO*). In dem ersten erfolgt die **Diazotierung** von Anilin oder eines Anilin-Derivates, in dem zweiten die **Azokupplung** mit einer aromatischen Verbindung, meist einem Phenol- oder Anilin-Derivat. Durch Einsatz von Diazo- und Kupplungskomponenten mit verschiedenen Substituenten an den aromatischen Ringen erhält man eine Vielzahl von Azofarbstoffen aller Farbnuancen. Die Seitengruppen beeinflussen die Eigenschaften dieser Farbstoffe. Eine Sulfonsäure-Gruppe (**$-SO_3H$**) oder ein Sulfonat-Rest (**$-SO_3^-$**) im Farbstoff-Molekül macht einen Farbstoff wasserlöslich (V1, β-Naphtholorange).
Azofarbstoffe werden zum größten Teil als Textilfarbstoffe eingesetzt, einige werden als Indikator verwendet wie Methylorange, der saure Lösungen (pH < 3,1) rot und schwach saure bis alkalische gelb-orange färbt (B6). Auch der Nachweis von Nitrat-Ionen mit Teststäbchen beruht auf der Synthese von Azofarbstoffen (V2).

Aufgabe

A1 β-Naphtholorange kann als Säure-Base-Indikator verwendet werden, da die Hydroxy-Gruppe im Molekül in alkalischer Lösung ein Proton abspaltet. Formulieren Sie die entsprechende Reaktionsgleichung. Überprüfen Sie die Farbe des in V1 hergestellten β-Naphtholoranges in alkalischer und saurer Lösung und erklären Sie den Farbunterschied mithilfe mesomerer Grenzstrukturen.

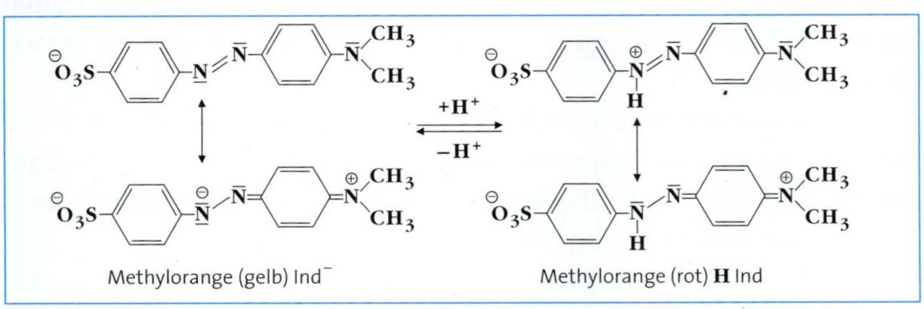

B6 *Mesomere Grenzstrukturen (vgl. S. 204) des Methylorange-Moleküls in saurer bzw. alkalischer Lösung.* ***A:*** *Erklären Sie die unterschiedliche Farbe von Indikator-Säure und Indikator-Base anhand der Grenzstrukturen.*

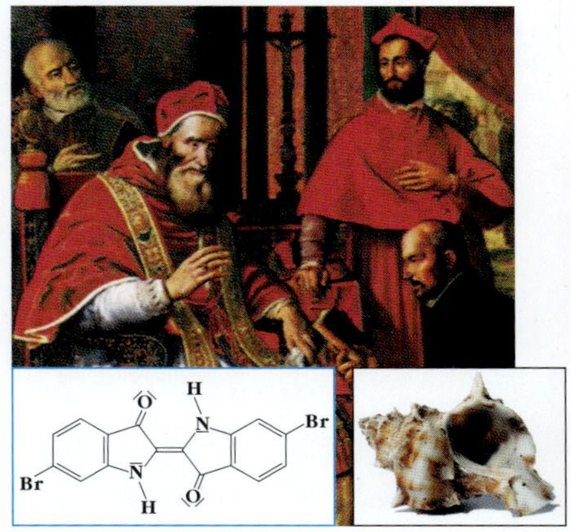

B4 *Purpurmäntel und Purpurschnecke. Antiker Purpur war der kostbarste Farbstoff aller Zeiten. Aus 12 000 Purpurschnecken erhielt man 1 g Purpur.*

B5 *Azofarbstoffe*

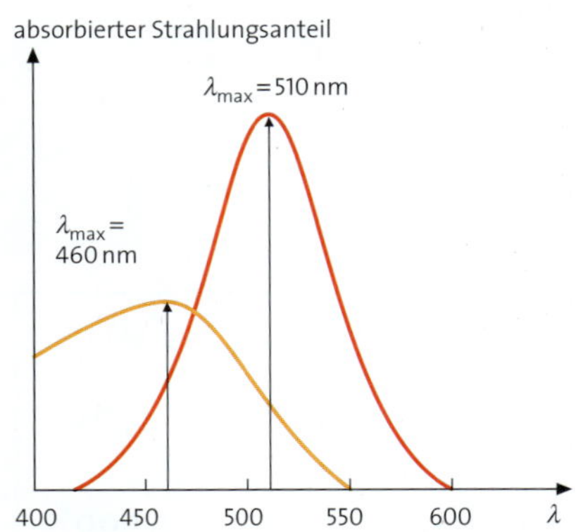

B7 *Absorptionsspektren von Methylorange-Lösungen verschiedener pH-Werte.* ***A:*** *Ordnen Sie die Spektren den pH-Werten 2 und 10 zu.*

Fachbegriffe

Azofarbstoffe, Diazotierung, Azokupplung

Heute machen wir blau

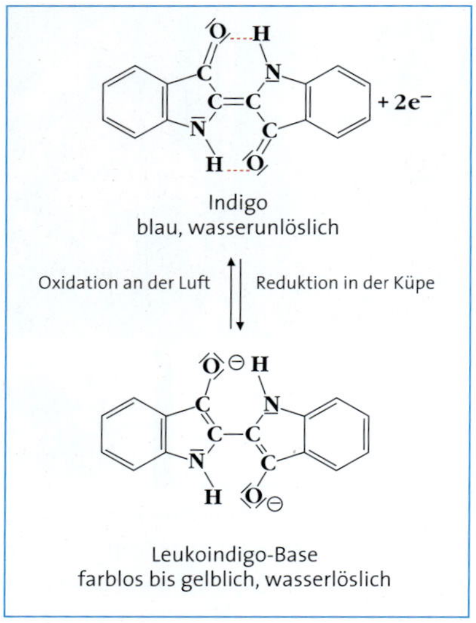

B1 *Indigo als Küpenfarbstoff*

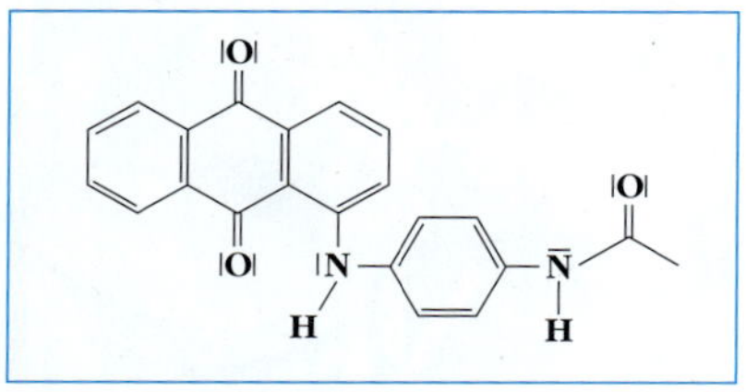

B2 *Supracen Blau® G*

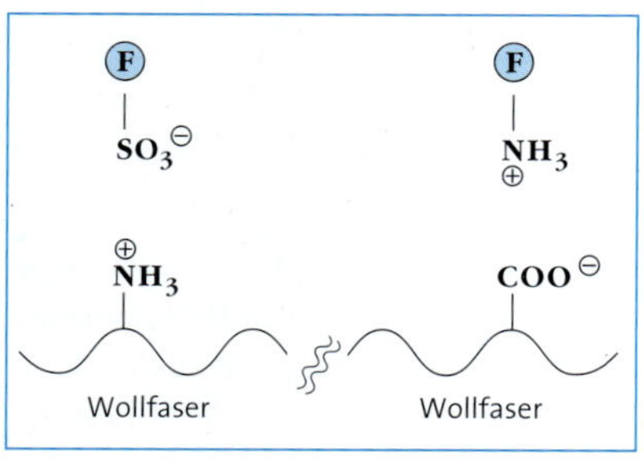

B3 *Bindung von anionischen bzw. kationischen Farbstoffen (vgl. extra) an eine Wollfaser.* Ⓕ *stellt einen Farbstoff-Molekülrest dar. Die Wollfaser trägt sowohl kationische als auch anionische Gruppen.*

Versuche

Hinweise: Bezugsquelle für Siriusechtblau: www.diagonal-shop.de; Ersatzstoffe für Supracen Blau®: der Textilfarbstoff Simplicol aus dem Drogeriemarkt oder der Lebensmittelfarbstoff Indigotin (Indigocarmin).

V1 *Küpenfärbung mit Indigo*: Versetzen Sie in einem Rggl. 0,5 g Indigo und 5 g Natriumhydroxid*-Plätzchen mit 10 mL heißem Wasser, schütteln Sie um und geben Sie 1 g Natriumdithionit* $Na_2S_2O_4$ zu. Verschließen Sie das Reagenzglas mit einem Gummistopfen und schütteln Sie ca. 1 min. Gießen Sie das nun grünliche Gemisch in ein Becherglas mit 100 mL heißem Wasser. Tauchen Sie ein Baumwolltuch in diese Küpe, spülen Sie das Tuch anschließend gründlich mit Wasser ab und lassen Sie es an der Luft trocknen.

V2 *Direktfärbung mit Siriuslichtblau*: Lösen Sie 0,1 g Siriuslichtblau, 15 g Natriumchlorid und 0,5 g Natriumcarbonat* in 100 mL heißem Wasser (60 °C), geben Sie ein Baumwolltuch hinein und erhitzen Sie ca. 10 min zum Sieden. Waschen Sie die Stoffprobe anschließend mit kaltem Wasser. Färben Sie auch Textilproben aus Wolle, Polyester und Polyamid.

V3 *Färben mit einem ionischen Farbstoff*: Lösen Sie 0,1 g Supracen Blau® G in 10 mL kochendem Wasser und verdünnen Sie mit 60 °C heißem Wasser auf 400 mL. Geben Sie 10 mL Natriumsulfat-Lösung, w = 10 %, und 4 mL verd. Schwefelsäure*, w = 10 %, zu. Geben Sie in diese Färbelösung Textilproben aus Baumwolle, Wolle, Polyamid, Polyester und Polyacrylnitril. Erhitzen Sie ca. 15 min zum Sieden, wobei Sie die Gewebeproben mit einem Glasstab immer wieder bewegen. Spülen Sie die Gewebeproben anschließend mit heißem, dann mit kaltem Wasser. Alternativ lässt sich dieser Versuch auch mit β-Naphtholorange (synthetisierter Farbstoff in V1, S. 194) durchführen.

Auswertung

a) Vergleichen Sie die Wasserlöslichkeit von Indigo mit der der Leukoindigo-Base und erklären Sie den Unterschied. Begründen Sie, warum man die Küpenfärbung in alkalischer Lösung durchführt.

b) Erklären Sie, warum sich auf der Küpe eine blaue Haut bildet.

c) Dithionit-Ionen $S_2O_4^{2-}$ sind starke Reduktionsmittel und werden zu Sulfit-Ionen SO_3^{2-} oxidiert. Formulieren Sie die vollständigen Reaktionsgleichungen für die Reduktion von Indigo in der Küpe und die Rückbildung von Indigo beim Trocknen. Geben Sie dabei an, welche Atome im Indigo-Molekül ihre Oxidationszahl ändern.

d) Könnte man mit Indigo nach der Vorschrift in V2 Textilien färben? Erklären Sie anhand Ihrer Vermutung und von B1, warum sich Indigo nicht zur Direktfärbung eignet.

e) Welche Textilien werden in V3 angefärbt? Erläutern Sie, welche zwischenmolekularen Bindungen Supracen Blau®-Teilchen mit der Faser eingehen können (B2 und B3). (*Hinweis:* Überlegen Sie, was für Ionen Supracen Blau®-Moleküle in schwefelsaurer Lösung bilden.)

Färben von Textilien mit Küpenfarbstoffen

Ein großer Teil der Farbstoffe wird zur Textilfärbung verwendet. Aber nicht jeder Farbstoff ist dafür geeignet. Ein Farbstoff muss lichtecht und waschecht sein, d.h. er muss so fest auf der Faser haften, dass er auch beim Waschen nicht abgelöst wird. Der Farbstoff muss auf die Faser „aufziehen". Dazu ist es nötig, dass der Farbstoff im Färbebad, der „Flotte", löslich ist, damit das zu färbende Textil vom Farbstoff durchtränkt wird. Weiterhin müssen Textilfarbstoffe alkali- und säurefest sein, da sie sonst in der alkalischen Waschlauge ihre Farbe ändern.

Küpenfarbstoffe: Mit Indigo lassen sich Textilien nicht direkt färben, denn Indigo, dessen Moleküle starke intramolekulare Wasserstoffbrückenbindungen ausbilden, ist nicht wasserlöslich (B1, Auswertung a). Um auf eine Faser aufzuziehen, muss Indigo erst in eine wasserlösliche Form überführt werden. Dazu wird Indigo in der Küpe mit Natriumdithionit zu fast farblosem Leukoindigo reduziert. In alkalischer Lösung liegt das gut lösliche Dianion des Leukoindigos vor, das auf die Faser aufziehen kann. Das in der Küpe behandelte Gewebestück wird nach dem Waschen an der Luft getrocknet. Dabei entsteht durch Oxidation wieder blaues, wasserunlösliches Indigo, das an den Fasern haften bleibt.

Färben mit Indigo (B4, B5) ist ebenso alt wie aktuell. Schon vor 4000 Jahren kannten die Ägypter die Technik der **Küpenfärbung**. Beim Färben mit natürlichem Indigo entstehen reduzierende Verbindungen in der Küpe selbst durch Vergären pflanzlicher Bestandteile. Indigo ist wie alle Küpenfarbstoffe, zu denen auch die Anthrachinonfarbstoffe (Indanthrenfarbstoffe) gehören, sehr wasch- und lichtecht, allerdings nicht reibfest. An besonders beanspruchten Stellen wird der Farbstoff von der Faser ausgerieben. Dies verleiht mit Indigo gefärbten Kleidungsstücken wie Jeans schnell das oft gewünschte abgetragene Aussehen.

extra **Direktfarbstoffe:** Die einfachste Methode, Baumwolle, eine Cellulosefaser mit vielen Hydroxy-Gruppen, einzufärben, ist das Färben mit direkt ziehenden Farbstoffen. Man taucht das Gewebe einige Zeit in die wässrige Farbstoff-Lösung und der Farbstoff haftet gut an der Faser. Direkt ziehende Farbstoffe sind überwiegend Azofarbstoffe mit Hydroxy- und Amino-Gruppen im Molekül. Zwischen den funktionellen Gruppen der Farbstoff-Moleküle und den Hydroxy-Gruppen der Baumwollfaser bilden sich Wasserstoffbrückenbindungen aus, wodurch die Farbstoff-Moleküle mit der Faser verknüpft werden.

Ionische Farbstoffe: Wolle und Seide lassen sich gut mit anionischen oder kationischen Farbstoffen direkt einfärben. Wolle und Seide sind Proteinfasern, die in ihren Molekülen elektrisch geladene Amino- $-NH_3^+$ und Carboxy-Gruppen $-COO^-$ enthalten, die mit ionischen Farbstoffen feste salzartige Bindungen eingehen (B3).

B4 *Traditionelles Färben mit natürlichem Indigo*

B5 *Farbige Kleidung dank Indigo und anderer Textilfarbstoffe*

Aufgaben

A1 Eine Schülerin möchte ihre Jeans modisch ausbleichen und behandelt sie dazu mit einem käuflichen Textilentfärbemittel, bis die Hose an den behandelten Stellen nur noch schwach blau ist. Nach dem Auswaschen und Trocknen stellt sie verblüfft fest, dass die Hose wieder genauso blau wie vorher ist. Aber sie findet schnell eine Erklärung.

a) Formulieren Sie ihre Erklärung.

b) Erläutern Sie, welche Eigenschaften die Substanzen im Textilentfärbemittel besitzen.

A2 Stellen Sie in einem Referat die Färbung von Textilien mit Direktfarbstoffen bzw. mit ionischen Farbstoffen vor.

Fachbegriffe

Küpenfarbstoffe, Küpenfärbung

Chlorophylle und Carotinoide aus Blättern

B1 *Wenn Chlorophylle in Blättern abgebaut werden, kommen die Carotinoide zum Vorschein.* ***A:*** *Nennen Sie auch mithilfe von B6 und S. 192 die häufigsten Farben bei Carotinoiden.*

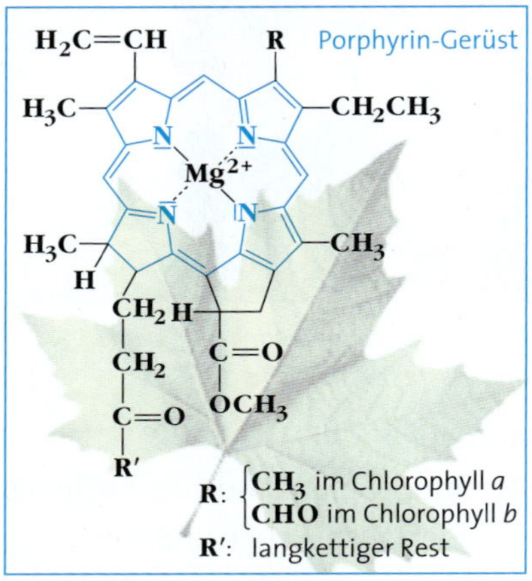

B2 *Molekülstruktur der Chlorophylle.* ***A:*** *Geben Sie anhand des Absorptionsspektrums aus B2 von S. 191 die Wellenlängen- und Farbbereiche an, bei denen Chlorophylle Licht absorbieren.*

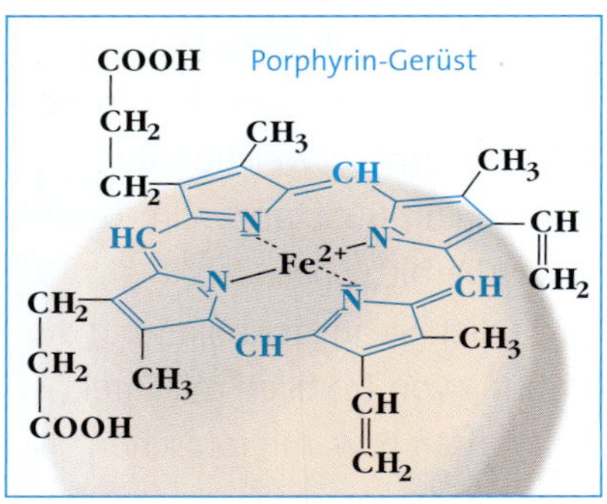

B3 *Molekülstruktur des roten Blutfarbstoffs Häm.* ***A:*** *Nennen Sie Gemeinsamkeiten und Unterschiede zur Struktur der Chlorophyll-Moleküle.*

Versuche

V1 Extrahieren Sie a) β-Carotin aus frischen, geraspelten Möhren und b) Blattgrün aus zerkleinerten und gemörserten Blättern. Verwenden Sie als Lösemittel für a) ca. 20 mL n-Heptan* oder Toluol* und für b) ca. 20 mL Aceton*. Führen Sie mit den Extrakten V2 bis V4 durch.

V2 Führen Sie mit den beiden Extrakten aus V1 und mit einer Lösung von käuflichem (reinem) β-Carotin in n-Heptan* oder Toluol* eine Trennung auf einer mit Kieselgel beschichteten DC-Folie durch. Teilen Sie die DC-Folie durch Einritzen in 3 Bahnen ein. Verwenden Sie als Laufmittel eine Mischung aus Petrolether (Siedebereich: 40 °C – 70 °C), Petroleumbenzin (Siedebereich: 100 °C – 140 °C) und 2-Propanol im Volumenverhältnis 5 : 5 : 1. Vergleichen Sie die Farbflecke, fertigen Sie eine Farbkopie des Chromatogramms an und deuten Sie das Ergebnis.

V3 Geben Sie in drei Rggl. mit Schraubverschluss je 5 mL Blattgrün-Extrakt aus V1 und fügen Sie in das erste 0,5 mL β-Carotin-Lösung hinzu. Bestrahlen Sie das erste und das zweite Rggl. 1 min lang im Diaprojektor mit einer 200 Watt-Halogenlampe, halten Sie das dritte Rggl. im Dunkeln. Chromatographieren Sie dann die drei Proben nach der Vorschrift aus V2. Deuten Sie die Ergebnisse.

V4 Untersuchen Sie die Lichtbeständigkeit von β-Carotin, indem Sie Filterpapiere mit Lösung (a) aus V1 tränken, halb mit Aluminiumfolie bedecken und durch verschiedene Farbfilter auf dem Overheadprojektor belichten.

Hinweis: Unter *Chemie 2000+ Online* sind weitere Versuche mit Chlorophyllen und β-Carotin zu finden, beispielsweise zum Abbau von Chlorophyllen durch Licht und Sauerstoff, zum Abbau von Chlorophyllen und β-Carotin durch Begasung mit Ozon, zur Wirkung von β-Carotin als Radikalfänger und ein Modellexperiment zum Kreislauf Photosynthese – Atmung.

Auswertung

a) In den Chromatogrammen aus V2 läuft das gelbe β-Carotin fast mit der Laufmittelfront mit. Es folgen zwei grüne Flecken der Chlorophylle (B2) und dann mehrere gelbe und orange Flecken für Xanthophylle (Carotinoide mit Hydroxy-Gruppen, Carbonyl-Gruppen und anderen funktionellen Gruppen mit Sauerstoff-Atomen). Erklären Sie diese Reihenfolge anhand der Formeln der Moleküle und der Trennbedingungen.

b) In V3 wird die Wirkung des β-Carotin als Lichtschutz-Faktor für Chlorophylle deutlich. Erläutern Sie diese Tatsache ausführlich anhand der erhaltenen Chromatogramme.

c) Nur absorbiertes Licht kann chemisch genutzt werden, d. h. eine chemische Reaktion auslösen. Erklären Sie in diesem Sinne die Beobachtungen bei V4 hinsichtlich der unterschiedlichen Lichtfarben, die zu einem chemischen Abbau von β-Carotin führen.

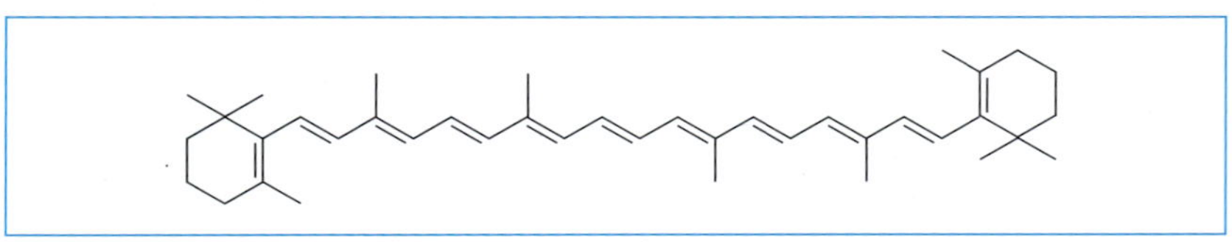

B4 *β-Carotin ist der Hauptvertreter der Carotinoide.* ***A:*** *Ermitteln Sie die Anzahl der Atome, über die sich der Chromophor im β-Carotin-Molekül erstreckt.*

Naturfarbstoffe

Farbige Verbindungen in Pflanzen und Tieren dienen nicht nur einem schönen Aussehen und sie sind auch nicht zufällig. Vielmehr erfüllen sie bestimmte biologische Funktionen. Von herausragender Bedeutung sind dabei die **Chlorophylle** in den grünen Pflanzen, insbesondere in deren Blättern. Chlorophyll-Moleküle sind Magnesium-Komplexe mit Porphyrinen, deren Grundgerüst identisch mit dem Molekülgerüst des roten Blutfarbstoffs Häm ist (B2, B3). In den fotosynthetischen Zentren des Blattes sind die Chlorophylle zusammen mit anderen Blattpigmenten in Proteine (Eiweiße) eingebettet (vgl. S. 152, B1). Wie diese „Lichtmaschinen" bei der Fotosynthese genau arbeiten, ist noch nicht bis ins letzte Detail geklärt. Aus den **Absorptionsspektren** der Chlorophylle (vgl. S. 190, B2) geht hervor, dass diese Licht im roten und blauen Bereich des sichtbaren Spektrums absorbieren. Die Chlorophyll-Moleküle sind in der Lage, die angeregten Elektronen auf andere Teilchen zu übertragen, d. h. Redoxreaktionen einzuleiten. Damit kommt den Chlorophyllen mit der Umwandlung und Speicherung des Sonnenlichts eine Schlüsselfunktion bei der **Fotosynthese** zu:

$$6\ CO_2 + 6\ H_2O \xrightarrow{h\nu} C_6H_{12}O_6 + 6\ O_2$$

Die Fotosynthese und ihre Rückreaktion, die Atmung, bei der Zucker und andere biochemische Energiespeicher in den Zellen oxidiert werden, bilden den Kohlenstoff-Kreislauf in der belebten Natur.

B5 *Bei der Fotosynthese wird Energie des Sonnenlichts in innere Energie chemischer Verbindungen umgewandelt und in diesen gespeichert.* **A:** *Begründen Sie, warum für die Fotosynthese farbige Verbindungen notwendig sind. Zeichnen Sie ein Energiediagramm für den Kreislauf Fotosynthese-Atmung.*

Fachbegriffe

Chlorophylle, Absorptionsspektrum, Fotosynthese

extra Die **Carotinoide**, deren Hauptvertreter das **β-Carotin** ist, nehmen aufgrund ihrer Produktion von über 100 Mio T mengenmäßig den Spitzenplatz unter allen Naturfarbstoffen ein. Hinsichtlich seiner Funktionen in Organismen erweist sich β-Carotin als ein echtes biochemisches Multitalent: Bei Pflanzen, die unter Wasser leben, an die also kein oder nur wenig rotes Licht gelangt, wirkt β-Carotin als *Photosensibilisator* für Chlorophylle, denn es absorbiert auch blaues und blaugrünes Licht. Das durch Absorption eines Lichtquants hν angeregte β-Carotin-Molekül Car* überträgt seine Energie an ein Chlorophyll-Molekül Chl, das fotosynthetisch aktiv werden kann:

$$\text{Car} + h\nu \longrightarrow \text{Car}^* \quad \text{und} \quad \text{Car}^* + \text{Chl} \longrightarrow \text{Chl}^* + \text{Car}$$

Indem β-Carotin auf diese Weise als „Lichtantenne" für die Chlorophylle fungiert, unterstützt es diese bei der Fotosynthese. Man bezeichnet das β-Carotin in der Biologie daher auch als *akzessorisches Pigment*.
Bei Landpflanzen in praller Sonne erfüllt β-Carotin eine genau gegensätzliche Funktion, die als „Sonnenschutz" oder *Photoprotektor* für Chlorophylle. Eine andere schützende Funktion des β-Carotins beruht auf seiner Eigenschaft, Radikale mit schädigender Wirkung zu binden. Schließlich ist β-Carotin als Provitamin A für die Versorgung der Organismen mit Vitamin A (Retinol) essentiell. (Vgl. auch *Chemie 2000+ Online*.)

B6 *β-Carotin oder Provitamin A ist in Obst und Gemüse enthalten; als natürlicher oder naturidentischer Zusatzstoff E 160 wird es vielen Lebensmitteln zugesetzt.* **A:** *Finden Sie im Supermarkt zehn Produkte mit β-Carotin-Zusatz.*

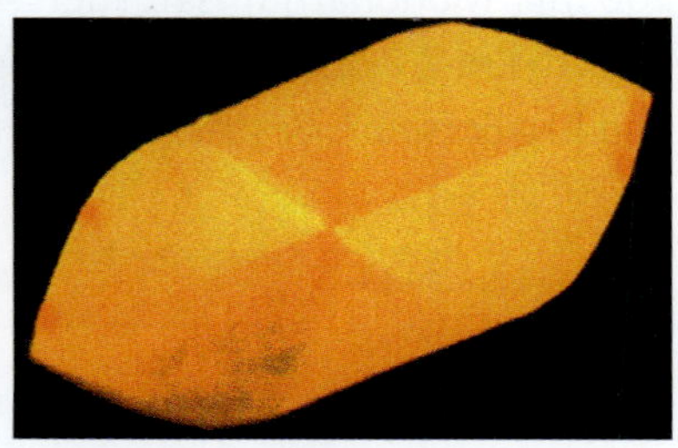

B7 *β-Carotin schmilzt bei 183 °C, löst sich sehr schlecht in Wasser, mäßig in Aceton und gut in Benzol und Toluol.* **A:** *Erklären Sie mithilfe der Formel in B4 die unterschiedlichen Löslichkeiten.*

Lumineszenz – Farben durch Lichtemission

B1 *Verschiedene Arten von Lumineszenz auf einen Blick*

Versuche

Hinweis: Für V1 bis LV5 wird ein verdunkelbarer Raum benötigt[1].

V1 Untersuchen Sie Geldscheine, Kreditkarten, Ausweise und Leuchtgegenstände aus Bastel- und Spielzeugläden im Licht einer UV-Handlampe (λ = 366 nm und λ = 254 nm). Was geschieht jeweils beim Ausschalten der Lampe?

V2 Lösen Sie in einem großen Rggl. eine kleine Spatelspitze Fluoreszein-Natriumsalz* in ca. 70 mL Wasser und betrachten Sie die Lösung im Licht einer UV-Handlampe (λ = 366 nm). Was geschieht beim Ausschalten der Lampe?

V3 Halten Sie einen frisch angeschnittenen Kastanienzweig (*Aesculus hippocastanum*) in ein mit Wasser gefülltes 1-L-Becherglas, das mit der UV-Handlampe (λ = 366 nm) angestrahlt wird. Beobachten Sie die Schnittstelle und rühren Sie den Zweig im Wasser.

V4 Zerreiben Sie in einem Mörser 25 mg Fluoreszein-Natriumsalz* und 10 g Borsäure und in einem zweiten 200 mg Mononatriumsalz der 4-Amino-5-hydroxy-naphthalin-2,7-disulfonsäure* (sogenannte H-Säure) und 10 g Borsäure. Beschicken Sie mehrere (mindestens drei) große Rggl. ca. 2 cm hoch mit jeweils einer dieser Mischungen. Fixieren Sie jeweils ein Rggl. in eine Klemme, die Sie in der Hand halten, und erhitzen Sie das Gemisch vorsichtig, bis es schmilzt. Verteilen Sie die Schmelze durch Drehen des Rggl. möglichst auf die gesamte Innenfläche des Rggl. Lassen Sie eine der hergestellten Proben auf Raumtemperatur abkühlen, kühlen Sie eine zweite im Gefrierfach auf ca. −5 °C und erwärmen Sie die dritte im Wasserbad auf ca. 70 °C. Untersuchen Sie zunächst die beiden Proben mit Fluoreszein und H-Säure bei Raumtemperatur im Licht der UV-Lampe (λ = 366 nm). Beobachten Sie genau, was beim Ausschalten der Lampe geschieht. Halten Sie dann jeweils zwei Proben gleicher Zusammensetzung aber mit unterschiedlicher Temperatur gleichzeitig ins Licht der Lampe und beobachten Sie den Unterschied beim Ausschalten der Lampe.

LV5 Der Boden eines 1-L-Erlenmeyerkolbens wird ca. 0,5 cm hoch mit Kaliumhydroxid*-Plätzchen bedeckt. Es werden 1 mL Dimethylsulfoxid* und eine kleine Spatelspitze Luminol* hinzugefügt. Dann wird durch Rotationsbewegungen des offenen Kolbens für eine gute Durchmischung gesorgt.

Auswertung

a) Ordnen Sie die verschiedenen Leuchterscheinungen aus V1 bis LV5 mithilfe von B3 und B4 den Begriffen *Fluoreszenz*, *Phosphoreszenz* und *Chemolumineszenz* zu und nennen Sie Gemeinsamkeiten und Unterschiede dieser Leuchterscheinungen.

b) Begründen Sie mithilfe von B2, warum in V1 bis V4 mit UV- und nicht mit Infrarot-Strahlen angeregt wird.

[1] Weitere Versuche und Animationen zur Fluoreszenz, Phosphoreszenz und Chemolumineszenz sind über *Chemie 2000+ Online* zugänglich.

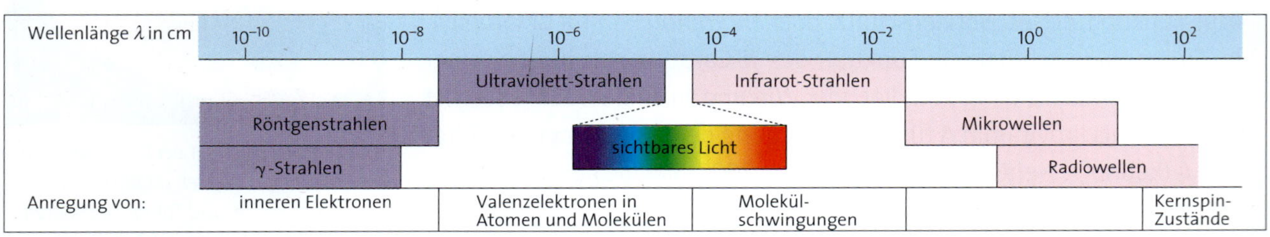

B2 *Spektrum der elektromagnetischen Strahlung. Wellenlänge λ, Frequenz ν und Energie E sind über folgende Gleichungen miteinander verknüpft: $E = h \cdot \nu$ und $c = \lambda \cdot \nu$ (h: Plancksche Konstante, c: Lichtgeschwindigkeit; vgl. Anhang).*

Lumineszenz – Farben durch Lichtemission

Viele Gegenstände erscheinen in leuchtenden Farben erst dann, wenn sie mit energiereicher Strahlung, beispielsweise mit UV-Licht, angestrahlt werden (V1 bis LV5 und B1). Diese Leuchtfarben sind im Licht der UV-Lampe aber nicht enthalten, sondern entstehen in dem angestrahlten Stoff. Dieser wandelt UV-Licht in Farben des sichtbaren Lichts um und strahlt sie aus. Für die Leuchtfarben sind also Vorgänge von **Lichtemission**[2] verantwortlich. Dieses kalte Leuchten bezeichnet man ganz allgemein als **Lumineszenz**. Wenn die Probe nur so lange leuchtet, wie sie mit energiereicher Strahlung (UV-, Elektronen-, Röntgen- oder γ-Strahlung, B2) bestrahlt wird, spricht man von **Fluoreszenz**. Leuchtet die Probe auch nach Ausschalten der UV-Lampe weiter (V4), so handelt es sich in der Regel um **Phosphoreszenz**. Weder bei der Fluoreszenz noch bei der Phosphoreszenz finden letztlich stoffliche Veränderungen statt. Dagegen ist bei der **Chemolumineszenz** eine exergonisch verlaufende chemische Reaktion die Ursache für das kalte Leuchten (LV5).

Auf molekularer Ebene sind Fluoreszenz, Phosphoreszenz und Chemolumineszenz mit der Fähigkeit von Molekülen verbunden, Lichtquanten auszusenden (zu emittieren). Eine Erklärung für diese Fähigkeit liefert die Modellvorstellung, dass Moleküle außer im **elektronischen Grundzustand S_0** auch in **elektronisch angeregten Zuständen** existieren können. Das wird im **Energiestufenmodell** veranschaulicht (B3, B4). Die Elektronen eines Moleküls können danach nur bestimmte erlaubte Energiestufen (Energiezustände) „besetzen". Die erlaubten Energiestufen werden „von unten nach oben" mit je einem Elektronenpaar, d. h. zwei Elektronen mit entgegengesetztem **Spin**[3], aufgefüllt, soweit der Elektronenvorrat des Moleküls reicht. Über den besetzten Energiestufen liegen noch weitere erlaubte, jedoch im Grundzustand S_0 nicht besetzte Energiestufen. Alle Vorgänge, bei denen Licht beteiligt ist, lassen sich in guter Näherung mithilfe von nur zwei Energiestufen erklären, der **höchsten besetzten** und der **niedrigsten unbesetzten Energiestufe** (B3). Wenn ein Lichtquant geeigneter Energie $\Delta E = h \cdot \nu$ vom Molekül absorbiert wird, „springt" ein Elektron innerhalb der unvorstellbar kurzen Zeit von einer Femtosekunde (10^{-15} s) ohne Spinumkehr aus der höchsten besetzten in die niedrigste unbesetzte Energiestufe. In dem so erreichten angeregten **Singlett-Zustand S_1** verweilt das Molekül nur ca. eine Nanosekunde (10^{-9} s). Beim Rücksprung des Elektrons wird ein Lichtquant emittiert, die Stoffprobe fluoresziert (B4 links). Unter bestimmten Umständen, beispielsweise wenn die lichtabsorbierenden Teilchen wie bei V4 in einer erstarrten Schmelze fixiert sind, kann es im angeregten Zustand zu einer Spinumkehr innerhalb der gleichen Energiestufe kommen (geschlängelte Pfeile in B4 rechts). Die Lebensdauer des angeregten **Triplett-Zustands T_1** (B4 rechts) kann bis zu 10 s betragen, weil der Rücksprung des Elektrons aus T_1 nach S_0 „verboten", d. h. sehr unwahrscheinlich ist. Die Folge ist, dass eine phosphoreszierende Probe nach Ausschalten der Lampe nachleuchtet.

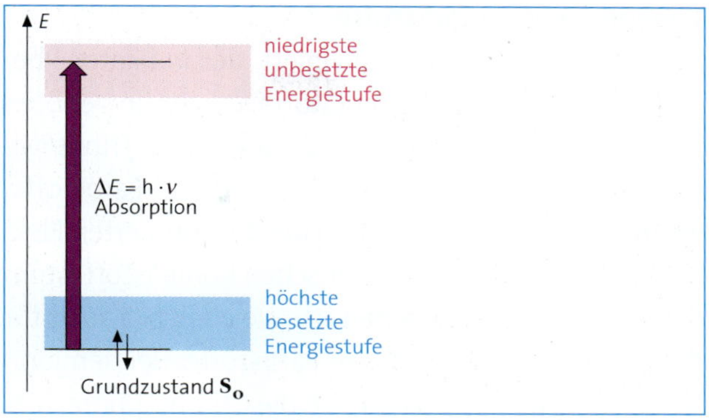

B3 *Elektronische Anregung $S_0 \rightarrow S_1$ durch Absorption eines Lichtquants*

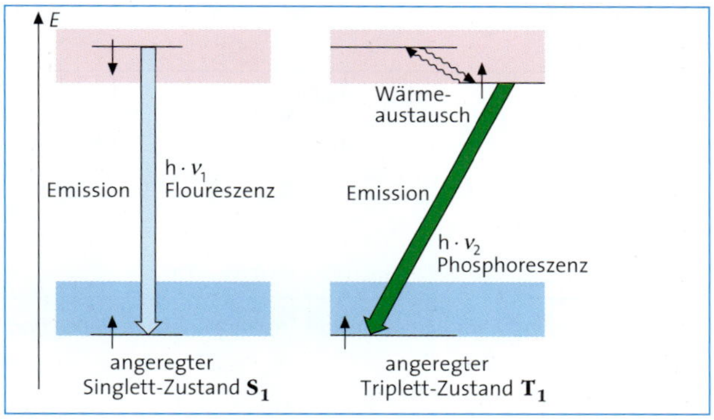

B4 *Lichtemission durch Fluoreszenz $S_1 \longrightarrow S_0$ und Phosphoreszenz $T_1 \longrightarrow S_0$*

---

[2] von *emittere* (lat.) = aussenden; [3] von *to spin* (engl.) = rotieren. Der Spin ist eine Eigenschaft des Elektrons, die man als Eigendrehung um die eigene Achse, in die eine oder die andere Richtung, veranschaulicht (vgl. S. 35).

Weitere Farbstoffklassen

Triphenylmethanfarbstoffe

Der Tintenfarbstoff Kristallviolett, der Indikator Phenolphthalein und der Leuchtstoff Fluoreszein gehören zur Klasse der Triphenylmethanfarbstoffe. Triphenylmethan (B1) bildet das Grundgerüst dieser Farbstoffe, ist aber farblos, da das System der delokalisierten Elektronen am zentralen tetraedrischen Kohlenstoff-Atom des Moleküls unterbrochen ist. Gleiches gilt auch für die Lactonformen (B1) dieser Farbstoffe. Bei den ionisierten Formen erstrecken sich die Chromophore, d.h. die delokalisierten Bindungen, über das zentrale Kohlenstoff-Atom hinweg. Die entsprechenden Ionen erscheinen farbig.

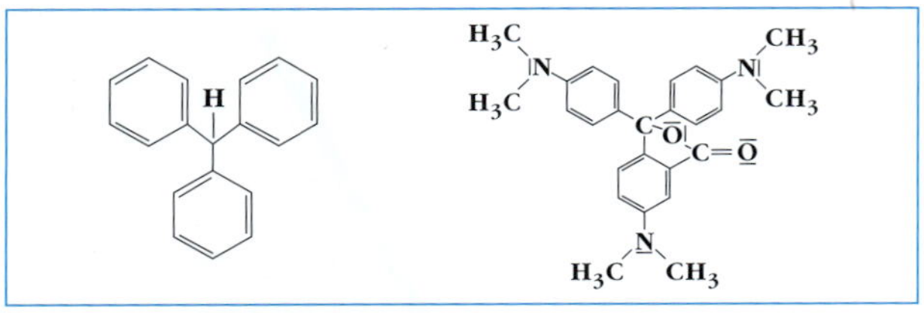

B1 *Gerüstformeln für die Moleküle von Triphenylmethan (links) und von Kristallviolettlacton*

Versuch

V1 Für manche Formulare benutzt man Durchschreibepapiere mit Kristallviolett. Das Original (Deckblatt) ist auf der Unterseite mit einer Schicht aus Mikrokapseln belegt, die mit farblosem Kristallviolettlacton KVL (B1, B2) gefüllt sind. Unter Druck platzen sie und das KVL fließt auf das darunterliegende Formular, das mit einer säurehaltigen Silikatschicht versehen ist. Bei der Reaktion mit Säure öffnet sich der Lactonring und es entsteht der violette Farbstoff. Planen Sie einen Versuch mit einem Bankformular, der zeigt, dass Säure für das Auftreten der Farbe notwendig ist. Führen Sie den Versuch durch.

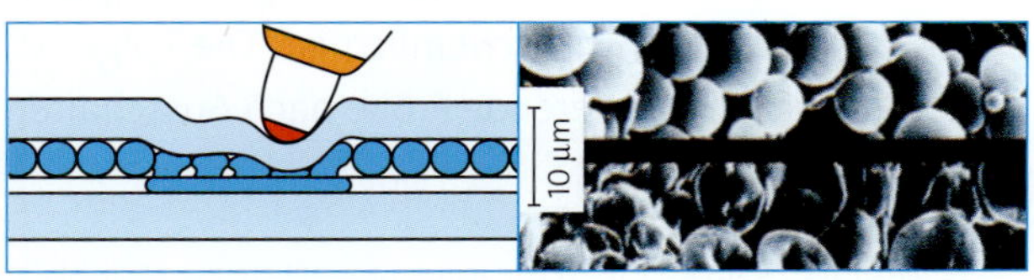

B2 *Funktionsprinzip von Durchschreibepapier und elektronenmikroskopische Aufnahme von Mikrokapseln*

Indigo- und Anthrachinonfarbstoffe

Indigo- und Anthrachinonfarbstoffe gehören zu den Carbonylfarbstoffen, da ihre Moleküle Carbonyl-Gruppen enthalten. Anthrachinon (B3) ist ein Oxidationsderivat des polycyclischen aromatischen Kohlenwasserstoffs Anthracen (B3 und S. 204) und kommt als Strukturbaustein in natürlichen und synthetischen Farbstoffen vor (B3). Indigo, der bekannte blaue Jeansfarbstoff (vgl. S. 196, B1), ist einer der wenigen natürlich vorkommenden Farbstoffe, die heute synthetisch in großen Mengen hergestellt werden. Früher wurden Indigopflanzen vor allem in Indien kultiviert und Indigo wurde dann nach Europa exportiert. Aus der Indigopflanze wurde das darin enthaltene Indican, ein Glycosid (vgl. S. 133), mit Wasser extrahiert, mithilfe von pflanzeneigenen Enzymen hydrolysiert und an der Luft oxidiert. Der so erhaltene Farbstoff war aber weiterhin mit Pflanzenresten verunreinigt. Nach Aufklärung der Struktur des Indigo-Moleküls gelang im Jahr 1890 eine Synthese, nach der Indigo auch heute noch hergestellt wird.

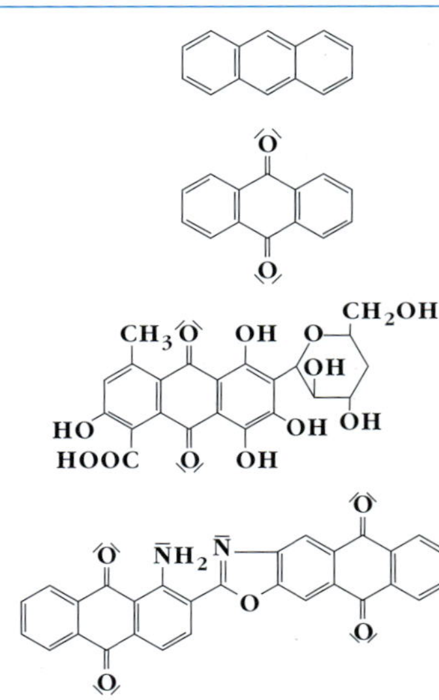

B3 *Gerüstformeln für die Moleküle von Anthracen und Anthrachinon sowie einem natürlichen und einem synthetischen Anthrachinonfarbstoff.* **A:** *Vergleichen Sie die Ausdehnung der Chromophore im Karminsäure- und im Indanthrenrot-Molekül.*

Lebensmittelfarbstoffe

B1 *Gefärbte Süßigkeiten.* ***A:*** *Ermitteln Sie anhand der Zutatenlisten von verschiedenen Süßwaren, Eis, Pudding, Backzutaten u. a. aus dem Supermarkt, welche Farbstoffe in diesen Lebensmitteln enthalten sind.*

Zulassungs-Nr.	Name		Farbe
E 100	Curcumin (Gelbwurz)	n	orangegelb
E 101	Riboflavin (Vitamin B2)	n	gelb
E 104	Chinolingelb	s	gelb
E 110	Gelborange S	s	orange
E 120	Karminsäure	n	rot
E 124	Cochenillerot A	s	rot
E 131	Patentblau V	s	blau
E 132	Indigotin	s	blau
E 140	Chlorophylle	n	grün
E 151	Brillantschwarz	s	schwarz
E 160	Carotinoide (160 a-f)	n	gelb, rot
E 161	Xanthophylle (161 a-f)	n	orange
E 162	Betanin (Rote Beete)	n	rot
E 163	Anthocyane	n	rot
E 170	Calciumcarbonat	n	weiß

B2 *Lebensmittelfarbstoffe und ihre E-Nummern (n = natürlich, s = synthetisch; als Xanthophylle bezeichnet man sauerstoffhaltige Carotinoide).* ***A:*** *Finden Sie heraus, welche Vor- und Nachteile natürliche Lebensmittelfarbstoffe im Vergleich zu synthetischen haben.*

Aufgaben

A1 Der Farbstoff Curcumin (B3) zeigt eine gelbe Farbe, die sich in alkalischer Lösung nach Orange vertieft. Erklären Sie diese Farbvertiefung.

A2 Zur Unterscheidung von Indigotin und Patentblau (B3) wird folgender Test vorgeschlagen: Zu beiden Farbstoff-Lösungen gibt man etwas Natriumdithionit $Na_2S_2O_4$ (Reduktionsmittel). Patentblau ändert seine Farbe nicht, Indigotin wird farblos. Erklären Sie die Beobachtungen (B3). Prüfen Sie diesen Test im Experiment anhand von Lebensmitteln, die mit diesen Farbstoffen gefärbt sind.

A3 Im Gegensatz zu Indigo (vgl. S. 196, 197) ist Indigotin ein Textilfarbstoff, der direkt auf Wollfasern aufzieht. Erklären Sie, warum bei Verwendung von Indigotin eine Küpenfärbung nicht nötig ist.

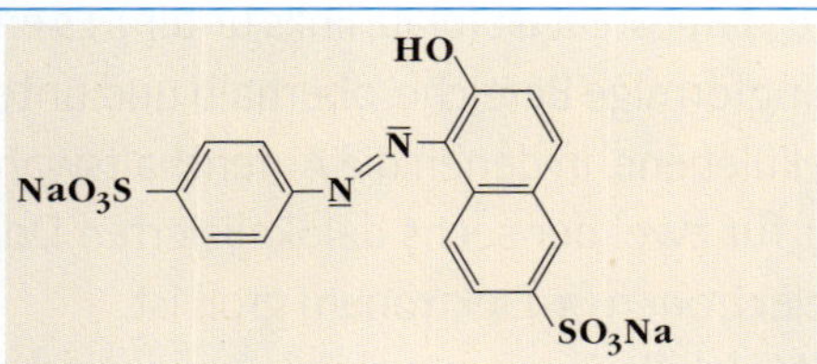

E 110 Gelborange S

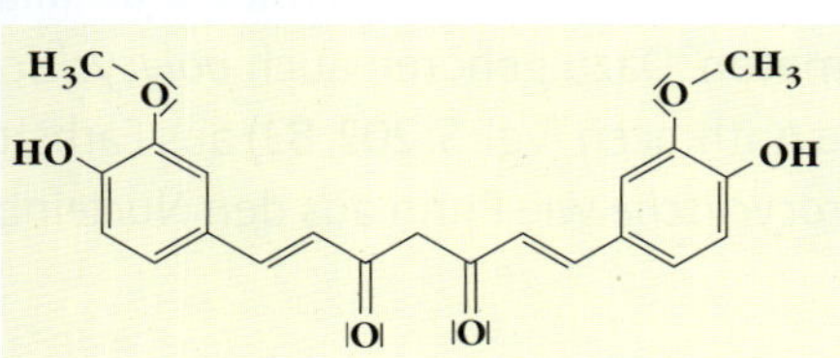

E 100 Curcumin

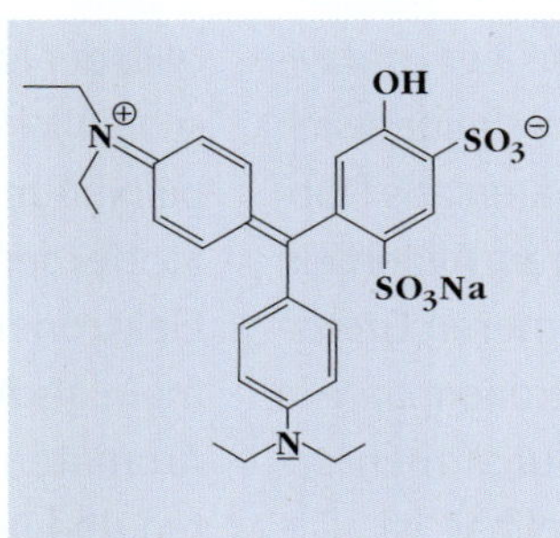

E 131 Patentblau V

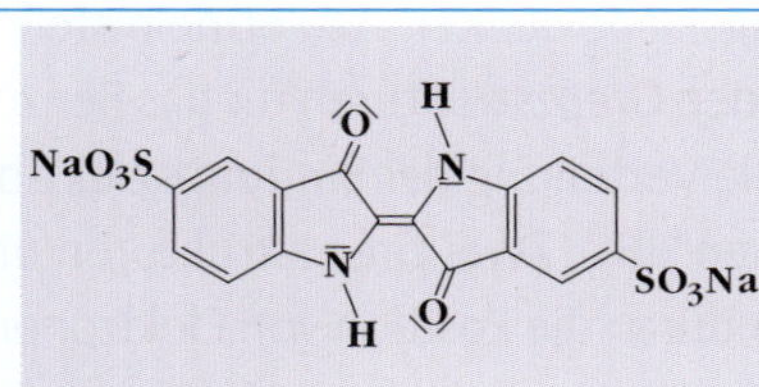

E 132 Indigotin

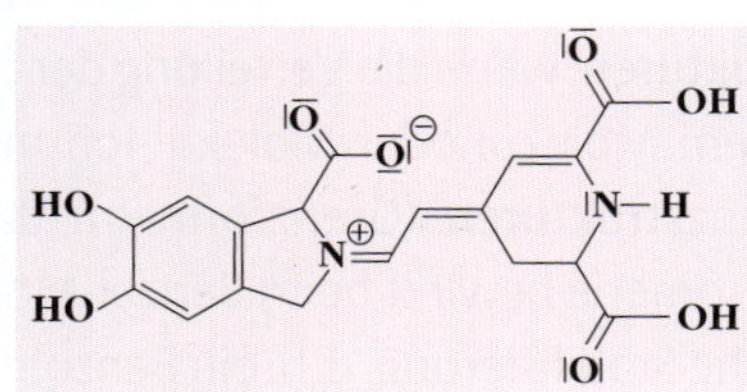

E 162 Betanin

B3 *Gerüstformeln einiger Lebensmittelfarbstoffe (B2).* ***A:*** *Ordnen Sie drei dieser Farbstoffe jeweils einer in diesem Kapitel diskutierten Farbstoffklassen zu.*

Benzol-Formel und Mesomerie

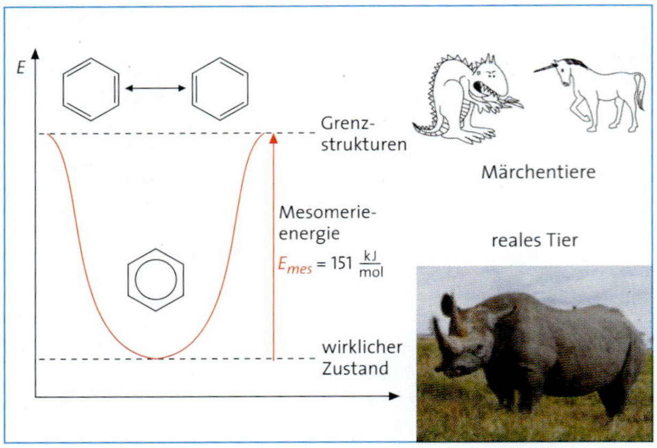

B1 *Links: Mesomere Grenzstrukturen, Mesomeriestabilisierung und Mesomerieenergie E_{mes} des Benzol-Moleküls. Zwischen den Grenzformeln steht der Mesomeriepfeil. Rechts: „Gleichnis" zur Mesomerie: Ein heimkehrender Afrikareisender des Mittelalters beschreibt ein Nashorn als „Mittelding" zwischen Einhorn und Drachen. Beide Tiere gibt es nicht, die Menschen haben aber eine Vorstellung von ihnen, da sie sie aus Märchen „kennen".*

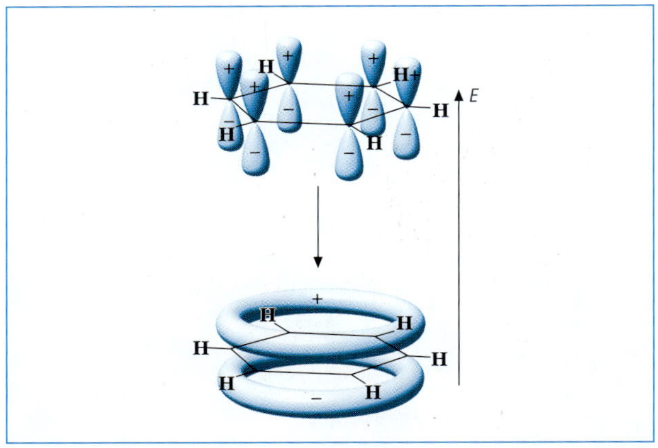

B2 *Benzol-Molekül im Orbitalmodell: σ-Gerüst, p-Atomorbitale AO und energieärmstes π-Molekülorbital MO im Benzol-Molekül. Vgl. auch S. 35 und Chemie 2000+ Online.*

Benzol ist eine farblose, wasserunlösliche, krebserregende Flüssigkeit mit der Summenformel C_6H_6. Die Bindungsverhältnisse im Benzol-Molekül werden durch die beiden Formeln in B1, die **Kekulé-Formeln**, nur unzureichend dargestellt. Keine von ihnen gibt richtig an, wie die sechs Elektronen der Doppelbindungen über den Sechserring verteilt sind: Sie sind nicht zwischen je zwei Kohlenstoff-Atomen lokalisiert, sondern über den ganzen Ring **delokalisiert**. Sie bilden das charakteristische Strukturmerkmal des **aromatischen Rings**. Jede der Kekulé-Formeln stellt lediglich eine der beiden Grenzstrukturen für das Benzol-Molekül dar, die reale Verteilung der Bindungselektronen liegt „dazwischen" (B1). Zwei Grenzstrukturen unterscheiden sich nur durch die Position von Elektronenpaaren aus Doppelbindungen und freien Elektronenpaaren. Allgemein spricht man von **Mesomerie** bzw. **mesomeren Grenzstrukturen**, wenn die Verteilung der Elektronenpaare in einem Molekül oder Molekül-Ion nur durch mehrere Grenzstrukturen (Grenzformeln) darstellbar ist. Die Mesomerie bewirkt beim Benzol-Molekül eine energetische Stabilisierung, d.h. ein Benzol-Molekül ist um die **Mesomerieenergie** E_{mes} = 151 kJ/mol energieärmer als es aufgrund jeder der beiden Grenzstrukturen sein sollte (B1).

Die delokalisierten Doppelbindungen und die Mesomerieenergie im Benzol-Molekül können mithilfe des **Orbitalmodells** (vgl. S. 32 bis 35) erklärt werden. Danach bildet jedes der sechs Kohlenstoff-Atome je eine Einfachbindung zu einem Wasserstoff-Atom und zwei benachbarten Kohlenstoff-Atomen aus. Diese Einfachbindungen bilden das **σ-Gerüst** des Moleküls, das in B2 durch schwarze Striche dargestellt ist. Alle 12 am σ-Gerüst beteiligten Atome liegen in einer Ebene.
Durch die Verschmelzung der sechs nicht am σ-Gerüst beteiligten p-**Atomorbitale AO** entstehen sechs π-**Molekülorbitale MO**, von denen in B2 nur eines, das energieärmste, dargestellt ist (blau, links unten). Es entstehen zwei ringförmige Bereiche, oberhalb und unterhalb der Molekülebene, in denen die Aufenthaltswahrscheinlichkeit für zwei der sechs delokalisierten Doppelbindungselektronen (π-Elektronen) groß ist.
Stoffe, deren Moleküle Ringe mit einem **aromatischen Elektronensextett** enthalten, bezeichnet man allgemein als **Aromaten**. Dazu gehören auch *polycyclische* Aromaten wie Anthracen (vgl. S. 202, B3) aus Farbstoffen und *heterocyclische* wie Purin aus den Nucleinbasen:

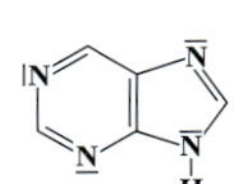

Purin

A1 Welche strukturellen Merkmale sind für die Absorption von Licht verantwortlich? Erklären Sie den Unterschied zwischen einem Polyen und einem Cyanin aus B1 für n = 4 (vgl. S. 193). Verwenden Sie dabei auch die Begriffe Chromophor, Auxochrom und Antiauxochrom.

Anzahl Doppelbindungen n	Wellenlänge λ des absorbierten Lichtes in nm	
	Polyen 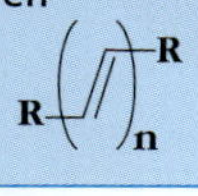	Cyanin 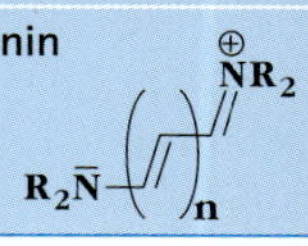
2	225	420 violett
3	257	519 grün
4	300	620 rot
6	344	848
8	386	
10	430 violett	
12	460 blau	
14	485 blaugrün	

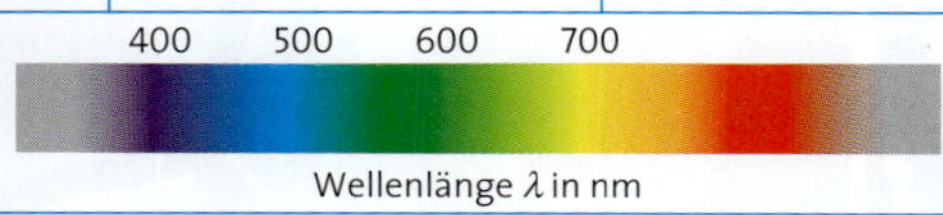

B1 *Absorptionsmaxima und absorbierte Farbe von Polyenen und Cyaninen*

A2 Erläutern Sie den Unterschied zwischen der Farbigkeit durch Lichtabsorption und der Farbigkeit durch Lichtemission hinsichtlich der Beziehung zwischen gesehener Farbe und Farbspektrum der Lampe. Begründen Sie den Unterschied mithilfe von Vorgängen auf der Teilchenebene.

A3 Erklären Sie die folgenden Aussagen:

a) Nicht jede farbige Substanz ist zum Färben von Textilien geeignet.

b) Direktziehende Farbstoffe sind nicht so waschecht wie die Küpenfarbstoffe.

c) Seide lässt sich sowohl mit anionischen als auch mit kationischen Farbstoffen anfärben. Küpenfärbung wird dagegen nicht angewandt.

A4 Erstellen Sie eine *Concept map* (vgl. S. 142) zu dem Zentralthema „Farbstoffe".

A5 Der Pflanzenfarbstoff Cyanidin ist im Gegensatz zu β-Carotin gut wasserlöslich. Erklären Sie diesen Sachverhalt auch mithilfe der Molekülstrukturen in B2 und S. 192, B2.

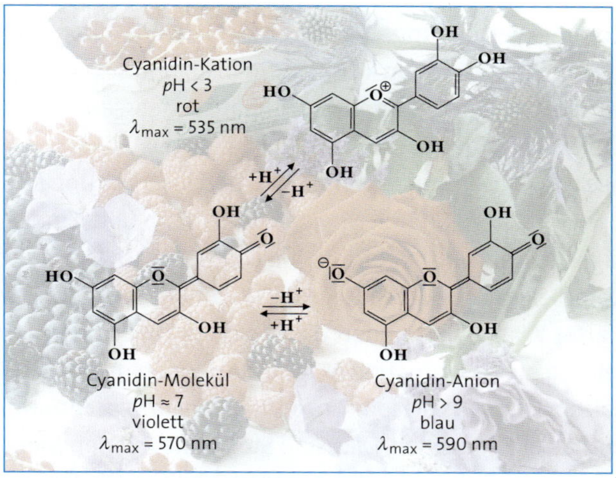

B2 *Cyanidin ist ein Naturfarbstoff aus der Klasse der Anthocyane, die in roten, blauen und violetten Blumen und Beeren sowie in Rotkohl vorkommen.*

A6 Cyanidin nimmt bei unterschiedlichen *p*H-Werten verschiedene Farben an und eignet sich daher als Säure-Base-Indikator. Erklären Sie die unterschiedlichen Farben bei *p*H = 7 und *p*H > 9 anhand von B2. Geben Sie dazu die auxochromen und antiauxochromen Gruppen an und formulieren Sie jeweils eine weitere mesomere Grenzstruktur.

A7 Methylrot (vgl. Abb.) ist ein Farbstoff, der in der Mikrobiologie als Farbstoff zur Identifizierung von Bakterien, die bei der Fermentation von Glucose organische Säuren produzieren, verwendet wird. Die Farbe von wässrigen Methylrot-Lösungen schlägt bei einem *p*H-Wert kleiner als 4,4 von Gelb nach Rot um.

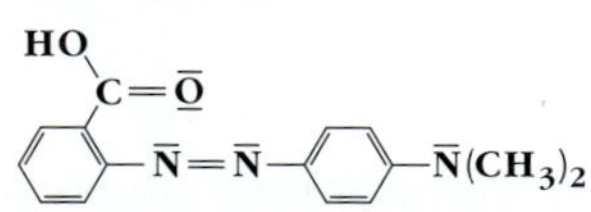

a) Die Farbigkeit organischer Verbindungen ist eine Stoffeigenschaft, die strukturell bedingt ist. Erläutern Sie diese Aussage mithilfe des Chromophor-Modells am Beispiel von Methylrot.

b) Begründen Sie die Zuordnung von Methylrot zu den Azofarbstoffen. Entwickeln Sie für die Herstellung von Methylrot die entsprechenden Reaktionsgleichungen und erläutern Sie die Reaktionsschritte.

c) Erklären Sie unter Verwendung von mesomeren Grenzstrukturen den Farbwechsel von Methylrot bei Zugabe einer Säure.

Komplexverbindungen

Komplexverbindungen gehören zu unserem Alltag. Früh schon beobachtete man, dass grünes Gemüse beim Kochen in Kupferkesseln kräftig grün blieb und sich nicht gelblich verfärbte: Kupfer gibt Spuren von Kupfer(II)-Ionen ab, die mit dem Chlorophyll der Pflanzen reagieren, wobei Magnesium-Ionen aus den Zentren der Chlorophyll-Moleküle freigesetzt werden.
Alle Lebewesen benötigen zu ihrer Lebenserhaltung Mineralstoffe und Spurenelemente wie z. B. Eisen, Zink, Kupfer, Mangan, Vanadium und Zinn. Sie werden dem Körper durch die tägliche Nahrung zugeführt. Viele dieser Metalle fungieren als Zentralteilchen von **Komplexen**, die Bestandteile wichtiger Enzyme oder Hormone sind.
Hartes Wasser vermindert die Waschwirkung von Seifen und Waschmitteln, da die Calcium- und Magnesium-Ionen mit diesen schwerlösliche Salze bilden. Aus diesem Grund wird vielen Waschmitteln Wasserenthärter zugegeben. Dies sind Stoffe, die mit den Metall-Ionen stabile, wasserlösliche **Chelat-Komplexe** bilden. Die Ionen werden **maskiert**.
Komplexverbindungen sind außerdem von großer wirtschaftlicher Bedeutung in der Lebensmittel-, Pharma-, Textil- und Farbstoffindustrie.
Viele Nachweisweisreaktionen, die wir im Chemieunterricht nutzen, z. B. die FEHLING-Reaktion, der Nachweis von Wasser mit weißem Kupfersulfat oder mit blauem Cobaltchlorid-Papier, beruhen auf der Bildung von Komplexverbindungen.
Der Begriff Komplexverbindung stammt vom lateinischen *„complexus“* für Umarmung und beschreibt die charakteristische Anordnung der Teilchen in diesen Verbindungen.

1 **Warum sind viele Komplexverbindungen farbig?**

2 **Wie sind Komplexverbindungen aufgebaut und wie werden sie benannt?**

3 **Welche Arten von Isomerie und welche räumlichen Strukturen sind bei Komplexverbindungen möglich?**

4 **Wie kann man das Donator-Akzeptor-Prinzip auf Komplexbildungsreaktionen anwenden?**

5 **Welche Eigenschaften von Komplexverbindungen werden bei deren Anwendung ausgenutzt?**

6 **Welche Bedeutung haben Komplexverbindungen im Alltag des Menschen?** EVA

Viele Salze der Übergangsmetalle zeigen eine ausgeprägte Farbigkeit, die auch Chemiker schon früh faszinierte. So war denn auch die Herstellung von Farben bzw. farbigen Stoffen, die in der Natur nicht oder nur begrenzt zu finden sind, schon immer ein besonderes Anliegen der Chemiker. Desgleichen stellten diese Verbindungen eine besondere Herausforderung für diejenigen Chemiker dar, die den Aufbau dieser Stoffe verstehen wollten.

Der Schweizer Chemiker Alfred Werner (1866–1919) setzte sich Ende des 19. Jahrhunderts intensiv mit einer Reihe von Cobalt-Verbindungen auseinander, die man erhält, sobald man eine ammoniakalische Cobalt(II)-chlorid-Lösung mit Luftsauerstoff aufoxidiert: So entstehen zwei Verbindungen mit der Bruttozusammensetzung $CoCl_3 \cdot 6\ NH_3$ (Luteo) und $CoCl_3 \cdot 5\ NH_3$ (Purpureo) die im Vergleich zu anderen Ionenverbindungen eine Reihe von chemischen Auffälligkeiten zeigen.

Mit den klassischen Konzepten der chemischen Bindung ließen sich diese Beobachtungen nicht erklären. Werner erzählt, dass er die Lösung eines Nachts vor Augen hatte. Seine Gedanken wurden unter dem Titel „Beiträge zu Konstitution anorganischer Verbindungen“ veröffentlicht und zu einem der epochemachenden Beiträge in der modernen Chemie. Werner erhielt 1913 den Nobelpreis für Chemie.

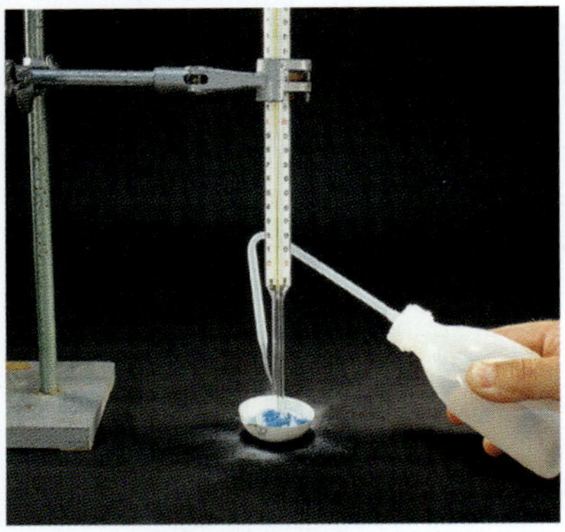

B1 *Weißes Kupfer(II)-sulfat wird bei Wasserzugabe blau.* ***A:*** *Deuten Sie das Phänomen mithilfe einer Reaktionsgleichung.*

B2 *Konzentrierte (links) und stark verdünnte Kupfer(II)-chlorid-Lösung.* ***A:*** *Deuten Sie das Phänomen mithilfe einer Reaktionsgleichung.*

B3 *Luteo (oben) und Purpureo (unten)*

Wenn Metall-Ionen Farbe zeigen

Versuche

V1 Versetzen Sie eine wässrige Kupfersulfat-Pentahydrat-Lösung* $CuSO_4 \cdot 5\ H_2O$ bzw. eine Chrom(III)-chlorid-Lösung $CrCl_3\ (aq)$* (jeweils 1 Spatelspitze Salz gelöst in 1 mL Wasser) tropfenweise mit Ammoniak-Lösung*, $w \approx 20\,\%$, bis zur stark ammoniakalischen Reaktion. Notieren Sie die Beobachtungen.

V2 Verdünnen Sie die ammoniakalische Kupfersulfat-Lösung aus V1 schrittweise auf ca. 12 mL. Notieren Sie Ihre Beobachtungsergebnisse.

V3 Versetzen Sie eine Lösung von Ammoniumeisen(II)-sulfat (MOHR'SCHES Salz) $(NH_4)_2Fe(SO_4)_2$ mit ethanolischer Phenanthrolin-Lösung*.

V4 Lösen Sie in einem Rggl. eine Spatelspitze von Eisen(III)-chlorid-Hexahydrat* $FeCl_3 \cdot 6\ H_2O$ in ca. 5 mL Wasser. Versetzen Sie diese Probe dann mit einer Spatelspitze Kaliumthiocyanat $KSCN$*. Notieren Sie die Beobachtungen.

V5 Geben Sie zu einer wässrigen Lösung von Cobalt(II)-chlorid-Hexahydrat $CoCl_2 \cdot 6\ H_2O$ 3–4 mL Natriumhydroxid-Lösung*. Notieren Sie Ihre Beobachtung.

V6 Herstellung von *Luteo*: Lösen Sie in einer Petrischale 3 g $CoCl_2 \cdot 6\ H_2O$ und 2 g Ammoniumchlorid in 3 mL Wasser. Geben Sie 7 mL konz. Ammoniak* hinzu und lassen die Lösung etwa 1 Stunde an der Luft stehen. Filtrieren Sie anschließend den Niederschlag und waschen Sie ihn mehrmals mit kleinen Portionen Alkohol.

V7 Der Nachweis von Cobalt-Ionen bzw. von Ammoniak in wässriger Lösung von *Luteo* (V6) gelingt auf direktem Wege nicht. Geben Sie experimentelle Möglichkeiten zur Freisetzung dieser Bestandteile der Komplexverbindung an. Führen Sie die Experimente nach Kontrolle Ihres Planes durch die Lehrkraft durch.

Auswertung

a) Schließen Sie aus den Beobachtungsergebnissen, welche Zusätze aus V1 bis V4 die dort eingesetzten Metall-Ionen farbig erscheinen lassen.

b) Entwickeln Sie die Formel für das Produkt aus V4 und benennen Sie es.

c) Entwickeln Sie die Reaktionsgleichung für die Fällungsreaktion bei V5.

d) Entwickeln Sie eine Reaktionsgleichung für die Bildung von *Luteo* (V6). (*Hinweis*: Vgl. S. 206 und S. 210.)

e) Geben Sie für die Nachweise von Cobalt-Ionen und von Ammoniak (V7) die jeweiligen Reaktionsgleichungen an.

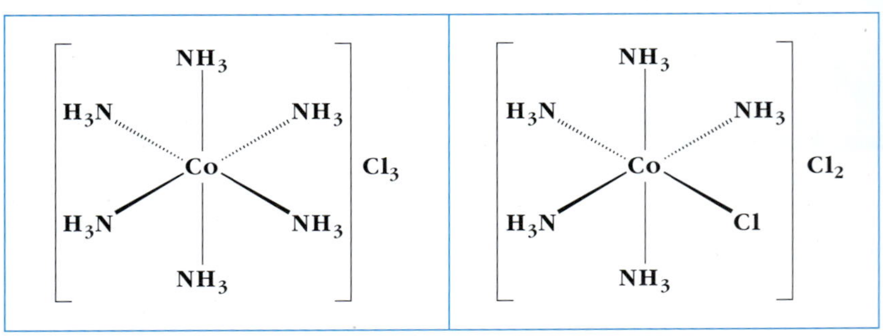

B4 *Strukturformeln von Luteo* $[Co(NH_3)_6]Cl_3$ *(links) und Purpureo* $[Co(NH_3)_5Cl]Cl_2$.
A: *Beschreiben Sie Gemeinsamkeiten und Unterschiede in der Struktur beider Verbindungen.*

Lichtabsorption in Komplexen

Wenn aus blassen oder gar farblosen Lösungen von Metallsalzen bei Zugabe geeigneter Stoffe tiefe Farben wie in V1 bis V7 entstehen, bilden sich in der Regel **Komplexverbindungen**, kurz **Komplexe** genannt. Viele Komplexe sind aus einem **Zentralion** oder **Zentralatom** und mehreren **Liganden** aufgebaut (vgl. S. 210 f).
Aus der Farbigkeit vieler Komplexe muss geschlossen werden, dass sie Bereiche des sichtbaren Spektrums absorbieren. Die molekulare Erklärung dafür liegt in einer **Bindungsdelokalisation**, bei der Elektronenpaare aus den Liganden über das Zentralion hinweg delokalisiert werden. Dies ist bei Komplexen das Gegenstück zur Bindungsdelokalisation im *Chromophor* von lichtabsorbierenden organischen Molekülen (vgl. Kap. 10). Mit dieser Bindungsdelokalisation bei Komplexen geht eine Aufspaltung der Energieniveaus der d-Orbitale (vgl. S. 32 bis 35) des Übergangsmetall-Zentralions im Feld der Liganden einher (B5). Die Energiedifferenz ΔE entspricht der Energie von Lichtquanten aus dem sichtbaren Bereich.
Je nach Art der Liganden kann ein Komplex mit ein- und demselben Zentralion Licht unterschiedlicher Wellenlängen und mit verschiedener Intensität absorbieren (V1 bis V7, B7). Die Farbverschiebung und -verstärkung beim Übergang von Aquakomplexen zu Ammin- bzw. Thiocyanato-Komplexen kann dadurch erklärt werden, dass Ammoniak-Moleküle bzw. Thiocyanat-Anionen im Vergleich zu Wasser-Molekülen zu einer stärkeren Aufspaltung der d-Orbitale führen und sich damit eine größere Energiedifferenz ΔE ergibt.
In lebenden Organismen sind farbige Komplexe mit organischen Molekülen als Liganden von großer Bedeutung. Weder die Fotosynthese in grünen Pflanzen noch der Transport von Sauerstoff im tierischen und menschlichen Körper wäre ohne Porphyrin-Komplexe möglich. Derartige Porphyrin-Protein-Verbindungen liegen dem *Hämoglobin*, *Myoglobin*, den *Cytochromen* und dem *Chlorophyll* zugrunde (vgl. S. 220). Mit Metall-Ionen (z. B. von Eisen, Magnesium, Cobalt, Zink) bilden sie **Chelate**[1]; Eisen-Porphyrin-Komplexe (Hämoproteine) haben in der Atmungskette eine große Bedeutung für die biologische Oxidation. Während bei den Chlorophyllen Magnesium als Zentralatom fungiert, sind es bei dem für alle höheren Lebewesen essentiellen Vitamin B_{12} Cobalt(I), Cobalt(II) oder Cobalt(III).
Die Biosynthese der Eisen-Porphyrine erfolgt vor allem im Knochenmark durch eine Reihe von Kondensations-, Decarboxylierungs-, Desaminierungs- und Dehydrierungsreaktionen. Vor allem in Leber, Milz und Knochenmark werden die Eisen-Porphyrine zu Gallenfarbstoffen abgebaut.

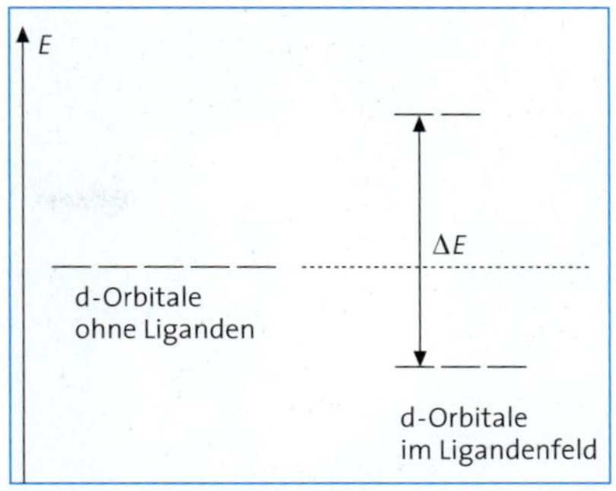

B5 *Aufspaltung der Energieniveaus (d-Orbitale; vgl. S. 32–35) im oktaedrischen Ligandenfeld. Weitere Informationen zur Ligandenfeldaufspaltung sind unter Chemie 2000+ Online zu finden.*

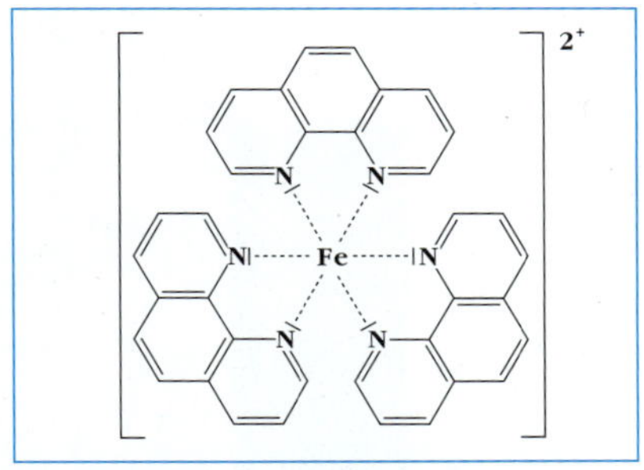

B6 *Struktur und Formel des Eisen(II)-Phenanthrolin-Komplexes*

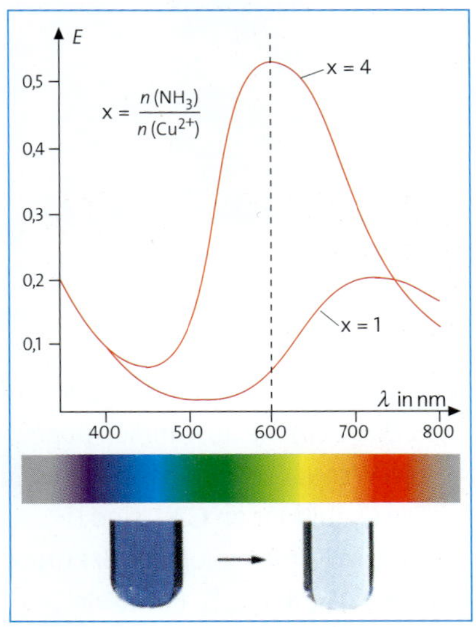

B7 *Farbänderungen beim Verdünnen von* $[Cu(NH_3)_4]^{2+}$ *und Absorptionskurven*

Aufgabe

A1 Vergleichen Sie den Komplex in B6 mit den in B4 dargestellten Komplexen. Nennen Sie Gemeinsamkeiten und Unterschiede.

Fachbegriffe

Komplex, Komplexverbindung, Zentralion, Zentralatom, Ligand(en), Ligandenfeld, Chelate

[1] In Chelaten umschließen mehrzähnige Liganden das Zentralion; vgl. S. 217 f.

Werners „geniale Frechheit“

B1 *Alfred Werner (1866–1919), Begründer der Koordinationslehre*

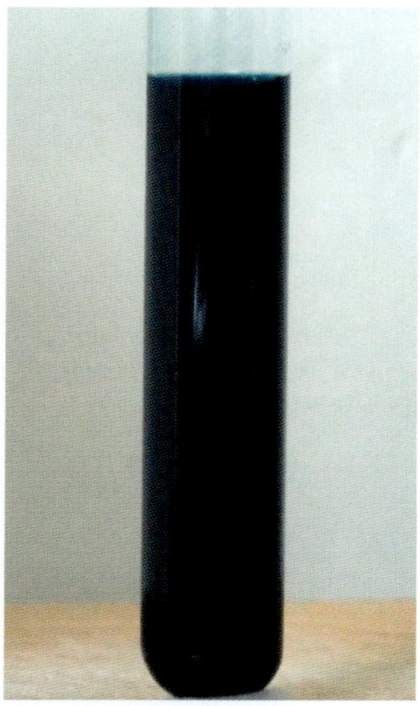

B2 *Berliner Blau* $Fe_4[Fe(CN)_6]_3$

Auswertung

a) Informieren Sie sich unter *Chemie 2000+ Online* ausführlich über Alfred Werners Koordinationslehre.

b) Die Cyanid-Ionen CN^- sind Liganden im Komplex-Ion des Berliner Blau $Fe_4[Fe(CN)_6]_3$. Ermitteln Sie die Oxidationszahlen der Eisen-Ionen.

c) Geben Sie den Namen und die Formel des komplexen Ions an, das aus Eisen(II)-Ionen, Cyanat-Ionen und Wasser-Molekülen im Verhältnis 1 : 2 : 4 aufgebaut ist.

INFO **Die Koordinationslehre Alfred Werners**

Gegen Ende des 19. Jahrhunderts stellten Chemiker zahlreiche anorganische Verbindungen her, ohne deren Bildungsweisen, Aufbau und Eigenschaften im Einzelnen zu verstehen. Eine besondere Rolle spielten wasser- und ammoniakhaltige Metallsalze, da deren Bildung oder Zerfall häufig von charakteristischen Farbwechseln begleitet sind. Werden beispielsweise braune Kristalle von Kupfer(II)-chlorid $CuCl_2(s)$ mehrere Tage an feuchter Luft stehen gelassen, ist ein Farbwechsel nach Türkisgrün zu beobachten. Diese türkisgrünen Kristalle weisen die gleiche Zusammensetzung auf wie das kristalline, käufliche Kupfer(II)-chlorid-Dihydrat der Zusammensetzung $CuCl_2 \cdot 2\ H_2O$. Auf dem Wissensstand des ausgehenden 19. Jh. wurde das braune Kupfer(II)-chlorid $CuCl_2(s)$ als *Verbindung erster Ordnung*, das türkisgrüne $CuCl_2 \cdot 2\ H_2O(s)$ als *Verbindung höherer Ordnung* bezeichnet (B3).
Verbindungen *höherer Ordnung* galten als komplizierter (komplexer) aufgebaut und wurden **Komplexverbindungen** genannt. Sie unterscheiden sich von den *Verbindungen erster Ordnung* häufig durch das Ausbleiben charakteristischer Nachweisreaktionen.
Die chemische Formulierung der Hydrate und Ammin-Komplexe der Übergangsmetalle gehörte zu den ungelösten Problemen der anorganischen Chemie des ausgehenden 19. Jahrhunderts. Im Jahr 1892 gelang es dem in Zürich lehrenden Chemiker Alfred Werner (B1), aus den bis dahin bekannten Verbindungen höherer Ordnung ein Bauprinzip herauszulesen. Das Ergebnis seiner Untersuchungen fasste Werner in der von ihm entwickelten Koordinationslehre zusammen, die er im Jahr 1893 unter dem Titel „Beiträge zur Konstitution anorganischer Verbindungen“ veröffentlichte. In dieser Arbeit – knapp 190 Jahre nachdem die erste Komplexverbindung, das Berliner Blau (B2), 1704 beschrieben worden war – führte Werner auch eine neue Schreibweise für die von ihm als **Koordinationsverbindungen** bezeichneten Verbindungen höherer Ordnung ein, die deren Aufbau und Eigenschaften berücksichtigt (B3). Werner hatte seine weitreichenden Thesen, die zu einem epochalen Beitrag in der modernen Chemie werden sollten, aufgestellt, ohne je ein Experiment durchgeführt zu haben. Dies veranlasste später einen Kollegen, Werners Koordinationslehre als eine „geniale Frechheit“ zu bezeichnen. Diese Thesen auf eine sichere experimentelle Grundlage zu stellen, wurde das wissenschaftliche Lebenswerk Werners, für das er 1913 den Nobelpreis erhielt.

„Verbindungen erster Ordnung“	Empirische Zusammensetzung von „Verbindungen höherer Ordnung“	Komplexformeln nach Alfred Werner
$AgCl$; NH_3	$AgCl \cdot NH_3$	$[Ag(NH_3)_2]Cl$
$CoCl_2$; H_2O	$CoCl_2 \cdot 6\ H_2O$	$[Co(H_2O)_6]Cl_2$
$CuCl_2$;	$CuCl_2 \cdot 2\ H_2O$	$[CuCl_2(H_2O)_2]$
$CuSO_4$;	$CuSO_4 \cdot 4\ NH_3$	$[Cu(NH_3)_4]SO_4$
FeF_3 ; KF	$FeF_3 \cdot 3\ KF$	$K_3\ [FeF_6]$
$Zn(OH)_2$; KOH	$Zn(OH)_2 \cdot 2\ KOH$	$K_2\ [Zn(OH)_4]$

B3 *Beispiele für „Verbindungen erster“ und „höherer Ordnung“ und Komplexformeln nach Alfred Werner*

Historie und Nomenklaturregeln zu Komplexen

WERNER fasste in seinen Komplexformeln chemisch-strukturelle Gruppen zu einer Koordinationseinheit zusammen. Diese bildet den **Komplex**, der in eckige Klammern gesetzt wird. Er besteht aus einem **Zentralatom M** (oder Zentralion) und dem(n) **Ligand(en)**[2] **L** (B5). Als Liganden können neutrale Moleküle, Anionen oder Kationen an M koordiniert[3] (gebunden) sein. Sind die Liganden ungeladen[4], liegt ein **Komplex-Kation** vor, übersteigt die Summe der negativen Ladungen der Liganden die positive Formalladung des Zentralatoms (Zentralions), liegt ein Komplex-Anion vor. Zusammen mit den Gegen-Ionen bildet das **Komplex-Kation** bzw. -**Anion** ein **Komplex-Salz** (B3). Ist die Summe der Ladungen aus Zentralatom (Zentralion) und Liganden null, wird der Komplex als **Neutralkomplex** bezeichnet (B3).
Die Anzahl direkter Bindungen zwischen Zentralatom (Zentralion) und Liganden wird **Koordinationszahl** genannt. Sie ist unabhängig vom Liganden und charakteristisch für das Zentralatom (Zentralion) (B5).
Früher hatten Komplexverbindungen in Unkenntnis von Struktur und Aufbau häufig Trivialnamen, z. B. BERLINER BLAU. Mit fortschreitendem Forschungsstand wurde es notwendig, ein Nomenklatursystem (B4) einzuführen, welches vom Namen auf den Aufbau einer Komplexverbindung schließen lässt (B6).

1. Die komplexe Einheit wird in einem Wort geschrieben. Der Name des Kations wird vor dem Anion genannt. Kation und Anion werden durch einen Bindestrich voneinander getrennt.
2. Der Komplex-Name beginnt mit der Anzahl der Liganden (di-, tri-, tetra-, penta- ...), es folgen der Name des Liganden, dann der Name des Zentralatoms. Enthält der Komplex mehrere Liganden, erfolgt deren Nennung in alphabetischer Folge (in der Komplexformel stehen anionische Liganden vor neutralen), unabhängig von deren Ladung. In Anion-Komplexen wird an den Namen des Zentralatoms die Endung „-at" gehängt, es folgt die Nennung der Oxidationszahl des Zentralatoms. Kation-Komplexe enden mit dem Namen des Zentralatoms, an welchen die Oxidationszahl (römisch) in runden Klammern gefügt wird.
3. Anionische Liganden enden meist auf „-o". Neutralliganden, die als Moleküle koordinativ gebunden sind, werden mit unverändertem Namen benutzt. Ausnahmen: H_2O (aqua), NH_3 (ammin), **CO** (carbonyl), **NO** (nitrosyl).
4. Für größere Liganden können in der Formelschreibweise Abkürzungen benutzt werden (**ox** ≙ oxalato; H_2**dmg** ≙ Dimethylglyoxim (2,3-Butandiondioxim); H_4**edta** ≙ Ethylendiamintetraessigsäure.
5. Bei mehratomigen Liganden, die mit verschiedenen Atomen an das Zentralatom gebunden sein können, wird angegeben, welches Atom an das Zentralatom gebunden ist, z. B. Nitrito (**–ONO**); Nitro ($-NO_2$); Thiocyanato (**–SCN**); Isothiocyanato (**–NCS**). Die Vorsilben „*cis*-" und „*trans*-" informieren über die Struktur.

B4 *Nomenklaturregeln für Komplexverbindungen*

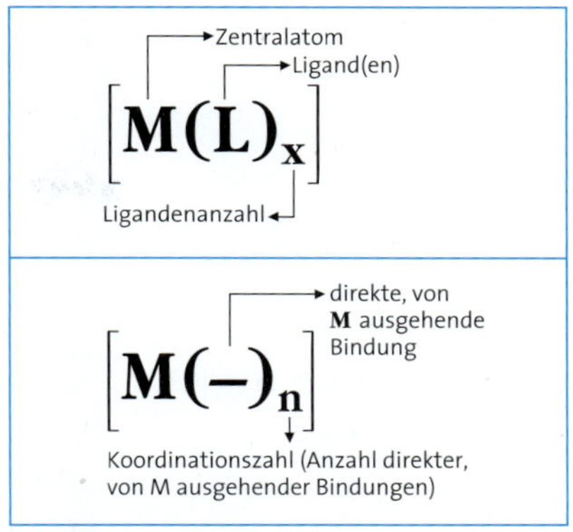

B5 *Bedeutung der Begriffe Zentralatom* **M**[1], *Ligand* **L** *bzw. Koordinationszahl bei Komplexen*

Nr.	Metall
Ag	Argent|um
Cu	Cupr|um
Fe	Ferr|um
Hg	Mercur|ium
Ni	Niccol|um
Pb	Plumb|um
Sn	Stann|um
Zn	Zinc|um

Ligand	Name
F^-	Fluoro
Cl^-	Chloro
Br^-	Bromo
I^-	Iodo
OH^-	Hydroxo
SCN^-	Thiocyanato
NCS^-	Isothiocyanato

B6 *Namen von Zentralatomen in Komplexen (oben). Die durch | abgetrennte Endung wird in Anion-Komplexen durch „at" ersetzt. Namen anionischer Liganden (unten)*

[1] Statt eines Zentralatoms **M** kommt in vielen Komplexen ein Zentralion, z. B. Fe^{3+}, vor; [2] von *ligare* (lat.) = binden, anbinden; [3] koordinieren, aus dem Lateinischen = in ein Gefüge einbauen; [4] Es gibt auch kationische Liganden, z. B. den NO^+-Liganden (Nitroso) in $[Fe(NO)(OH_2)_5]^{3+}$, das Zentralatom Eisen hat in diesem Komplex die Oxidationsstufe +2.

Aufgabe

A1 Benennen Sie alle Komplexe aus B3 systematisch unter Beachtung der Nomenklaturregeln und ordnen Sie sie nach Anion-, Neutral- und Kation-Komplexen.

Fachbegriffe

Zentralatom, Zentralion, Ligand, Komplex-Kation, Komplex-Anion, Neutralkomplex, Koordinationszahl

Komplexe Strukturen

INFO

Insbesondere Komplexverbindungen mit gleicher analytischer Zusammensetzung und gleichem elektrochemischen Verhalten, aber verschiedenem Aussehen brachten ALFRED WERNER zu der Überzeugung, dass dieses Phänomen nur vernünftig zu erklären sei, wenn man in solchen Komplexverbindungen verschiedenartige räumliche Koordination der Liganden um das Zentralteilchen herum innerhalb der komplexen Einheit annimmt. Charakteristische Beispiele hierfür liefern die Verbindungen der Zusammensetzung $[CoCl_2(NH_3)_4]Cl$ und $[PtCl_2(NH_3)_2]$. Man kennt von der Cobalt-Verbindung eine violette („Violeo-Salz") und eine grüne („Praseo-Salz") Form. Von der Platin-Verbindung sind eine intensiv gelbe (orange-gelbe) und eine nahezu weiße (schwach gelbe) Form bekannt (B1).

WERNER interpretierte diese Beobachtungsbefunde damit, dass er für den Cobalt-Komplex eine oktaedrische Struktur, für den Platin-Komplex hingegen eine planarquadratische Struktur annahm, da in beiden Fällen zwei verschiedene **Isomere**, je eine *cis*- und eine *trans*-Form, möglich sind (B1, B2).

Bei der Koordinationszahl 4 kann auch eine tetraedrische Struktur vorliegen. Im Falle des Diammindichloroplatin(II)-Komplexes scheidet diese Struktur aus, weil im Tetraeder keine Unterscheidung in *cis*- und *trans-Isomere* möglich ist.

Die von WERNER auf rein chemischem Wege ermittelten Strukturen wurden erst später mithilfe von Röntgenstrukturuntersuchungsmethoden bestätigt. Somit gilt ALFRED WERNER als Begründer der anorganischen Strukturchemie.

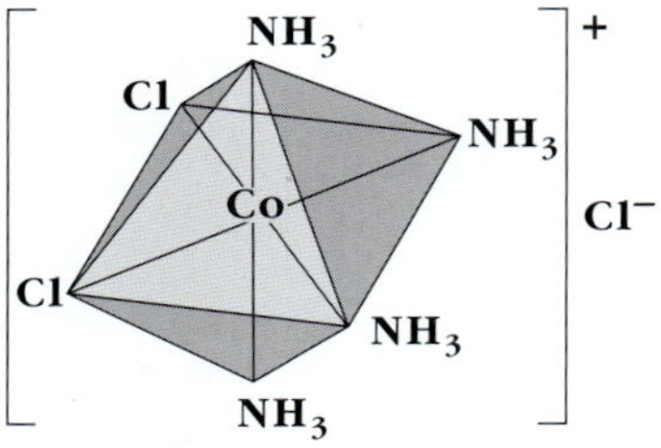

cis-$[CoCl_2(NH_3)_4]Cl$
violett

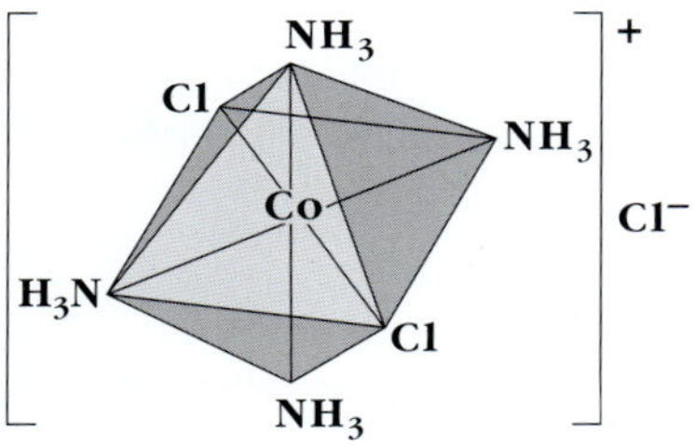

trans-$[CoCl_2(NH_3)_4]Cl$
grün

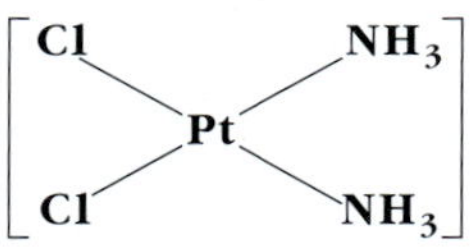

cis-$[PtCl_2(NH_3)_2]$
intensiv-gelb

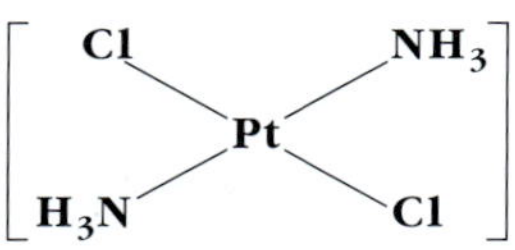

trans-$[PtCl_2(NH_3)_2]$
schwach-gelb

B1 *cis-trans-Isomerie bei oktaedrisch und planarquadratisch aufgebauten Komplexen*

Auswertung

a) Benennen Sie alle Komplexverbindungen, deren Formeln in B2 angegeben sind, unter Beachtung der Nomenklaturregeln (S. 211, B4) und ordnen Sie nach Anion-, Kation- und Neutralkomplexen.

b) Ein Komplex habe die Zusammensetzung $[ML_4]$. Skizzieren Sie alle denkbaren und voneinander unterscheidbaren geometrischen Anordnungen.

Koordinationszahl	Struktur	Ligandenanordnung	Beispiele
2	L–M–L	linear	$[CuCl_2]^-$, $[Cu(CN)_2]^-$, $[Cu(NH_3)_2]^+$ $[AgCl_2]^-$, $[Ag(CN)_2]^-$, $[Ag(NH_3)_2]^+$ $[AuCl_2]^-$, $[Au(CN)_2]^-$, $[Au(S_2O_3)_2]^{3-}$
4	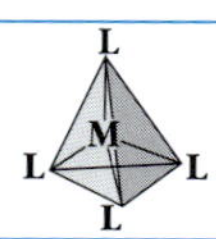	tetraedrisch	$[AlCl_4]^-$, $[FeCl_4]^-$, $[CoCl_4]^{2-}$ $[Co(NCS)_4]^{2-}$, $[Ni(CO)_4]$, $[ZnCl_4]^{2-}$ $[Cd(CN)_4]^{2-}$, $[HgI_4]^{2-}$, $[Hg(SCN)_4]^{2-}$
	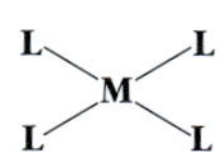	planarquadratisch	$[Ni(CN)_4]^{2-}$, $[Ni(Hdmg)_2]$ $[Pd(CN)_4]^{2-}$, $[Pd(Hdmg)_2]$ $[PtCl_4]^{2-}$, $[PtCl_2(NH_3)_2]$
6	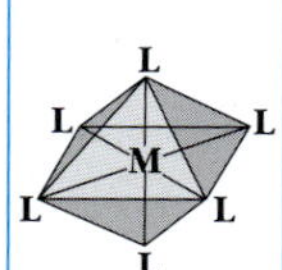	oktaedrisch	$[Cr(NH_3)_6]^{3+}$, $[Cr(en)_3]^{3+}$ $[Mn(H_2O)_6]^{2+}$, $[Fe(H_2O)_6]^{3+}$ $[Fe(CN)_6]^{4-}$, $[Fe(NCS)_6]^{3-}$ $[Fe(phen)_3]^{2+}$, $[Co(H_2O)_6]^{2+}$ $[Co(NH_3)_6]^{3+}$, $[Ni(H_2O)_6]^{2+}$ $[Ni(NH_3)_6]^{2+}$, $[Cu(NH_3)_4(H_2O)_2]^{2+}$

B2 *Beispiele für Komplexstrukturen zu den Koordinationszahlen 2, 4, und 6*

Isomerie bei Komplexverbindungen

Die Koordinationszahlen hängen u.a. von der Größe des Zentralteilchens sowie vom Größenverhältnis zwischen dem Zentralteilchen und den Liganden ab. Besonders häufig werden in Koordinationsverbindungen die Koordinationszahlen 2, 4 (Planarquadrat und Tetraeder) und 6 (Oktaeder) beobachtet (B2), seltener die Koordinationszahlen 3, 5, 7, 8 und höher.
Die ***cis-trans*-Isomerie** ist nur eine der verschiedene Isomeriearten, die bei Komplexverbindungen möglich ist. Einige von ihnen sind in B3 beschrieben.

Isomerieart	Beschreibung	Beispiele
Optische Isomerie	Optische Isomere verhalten sich wie Bild und Spiegelbild. Sie drehen die Ebene des linear polarisierten Lichtes im gleichen Winkel nach links bzw. nach rechts (vgl. Anhang).	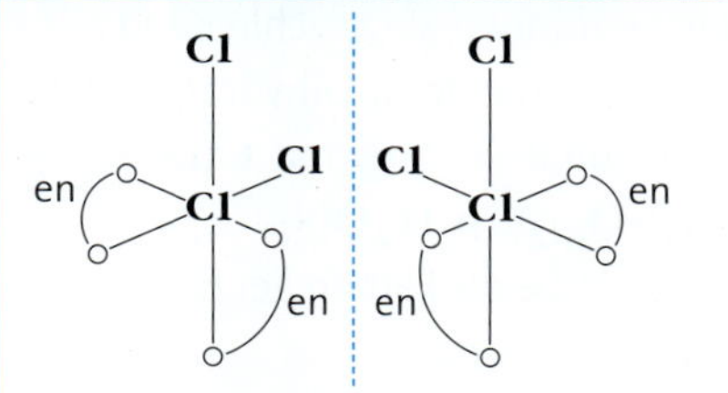
Bindungs-isomerie	Der gezeigte Komplex wurde von JØRGENSEN und WERNER untersucht. WERNER war der Ansicht, dass die Art der Bindung des Nitrit-Ions an das Cobalt-Ion die Farbe dieses Komplexes bestimmt.	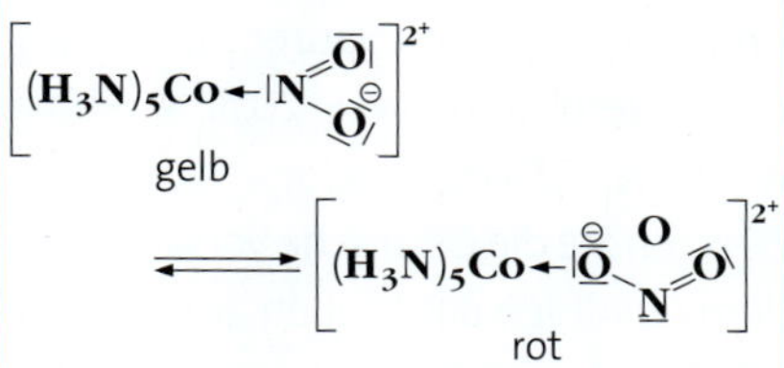
Ionen-isomerie	Unter Ionenisomerie versteht man den Austausch eines Liganden zwischen der äußeren und inneren Komplexsphäre.	$[CoBr(NH_3)_5]SO_4$ $[CoSO_4(NH_3)_5]Br$
Hydrat-isomerie	Bei Hydratisomeren sind die Wasser-Moleküle entweder als Liganden gebunden oder liegen im Kristallgitter als Solvat-Moleküle vor.	$CrCl_3 \cdot 6\ H_2O$, drei Isomere: $[Cr(H_2O)_6]Cl_3$ $[Cr(H_2O)_4Cl_2]Cl \cdot 2\ H_2O$ $[Cr(H_2O)_5Cl]Cl_2 \cdot H_2O$
Koordinations-isomerie	Salze, die komplexe Anionen und Kationen enthalten, tauschen Liganden zwischen Kationen und Anionen aus.	$[Co(NH_3)_6][Cr(CN)_6]$ $[Cr(NH_3)_6][Co(CN)_6]$

B3 *Einige Isomeriearten bei Komplexen mit Beschreibung und Beispiel*

Aufgabe

A1 Zwei Komplexsalze weisen dieselbe analytische Zusammensetzung auf. Die am Aufbau der Verbindungen beteiligten Verbindungspartner liegen im Stoffmengenverhältnis $n(Cr) : n(Cl) : n(H_2O) = 1 : 3 : 6$ vor. Eine der Verbindungen ist violett, die andere grün. Titriert man Lösungen beider Komplexsalze gleicher Konzentration mit Silbernitrat-Lösung bestimmter Konzentration, so erhält man die unterschiedliche Stoffmengenanteile an Chlorid-Ionen $n(Cl^-)$ (violett) = $n(Cl^-)$ (grün) = 3 : 1. Geben Sie Namen und Formeln der beiden Isomere an. Schlussfolgern Sie aus diesen Angaben begründet auf die vorliegende Art der Isomerie.

Aufgaben

A2 Der Gemischt-Liganden-Komplex $[MBrClFI]^{2-}$ habe eine tetraedrische Grundstruktur. Das Zentralteilchen ist in diesem Fall ein sogenanntes asymmetrisches Teilchen. Geben Sie an, welche Isomerieart hier möglich ist.

A3 Planen Sie ein Experiment zur Unterscheidung der beiden Isomere $[CoBr(NH_3)_5]SO_4$ und $[CoSO_4(NH_3)_5]Br$.
Entwickeln Sie ggf. die Reaktionsgleichungen für die Nachweisreaktionen.

A4 Geben Sie die Namen und Dissoziationsgleichungen der Koordinationsisomere
$[Co(NH_3)_6][Cr(CN)_6]$
$[Cr(NH_3)_6][Co(CN)_6]$
an. Ermitteln Sie die Oxidationsstufen aller Zentralteilchen.

Fachbegriffe

Isomerie, *cis-trans*-Isomerie, Bindungsisomerie, optische Isomerie, Ionenisomerie, Hydratisomerie, Koordinationsisomerie

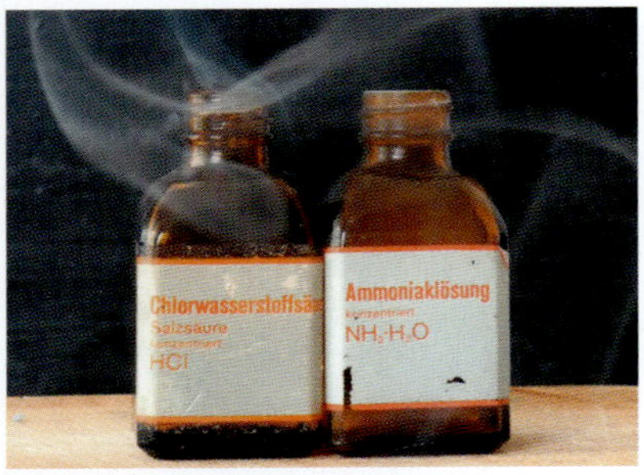

B1 *Reaktion von Chlorwasserstoff und Ammoniak wie in V1*

B2 *Reaktion von Salzsäure mit Kupfer(II)-oxid (V4)*

B3 *Iod in Heptan (V5)*

> „Metallammoniak-Salze sind Verbindungen, welche nach derselben Reaktion aus Ammoniak und Metall-Salzen entstehen, nach der sich Chlorammonium (= Ammoniumchlorid) aus Salzsäure (welche letztere ja das Haloidsalz des Wasserstoffs ist) und Ammoniak bildet."

B4 *Alfred Werner im Jahr 1892 (veröffentlicht im Jahr 1893)*

[1] Die reversible, temperaturabhängige Farbänderung bezeichnet man als Thermochromie.

Komplexbildungsreaktionen

Versuche (Handschuhe, Schutzbrille)

V1 Tropfen Sie auf ein Uhrglas drei Tropfen Salzsäure, $w \approx 38\%$, und auf ein zweites, dicht danebenstehendes drei Tropfen Ammoniak, $w \approx 20\%$. Notieren Sie Ihre Beobachtungen; vgl. auch B1.

V2 Lösen Sie jeweils eine Spatelspitze Salz (a bis d) in 1 mL Wasser: a) Silbernitrat, b) Kupfer(II)-sulfat, c) Nickel(II)-sulfat, d) Chrom(III)-chlorid.
Geben Sie in jede Salzlösung tropfenweise Ammoniak-Lösung, $w \approx 20\%$, bis zur stark ammoniakalischen Reaktion. Notieren Sie Ihre Beobachtungen.

V3 Lösen Sie jeweils eine Spatelspitze folgender Salze (a bis e) in 1 mL Wasser auf und verdünnen Sie anschließend alle Proben auf ca. 12 mL: a) Kupfer(II)-chlorid, b) Kupfer(II)-chlorid-Dihydrat $\mathbf{CuCl_2 \cdot 2\ H_2O(s)}$, c) Kupfer(II)-sulfat, d) Kupfer(II)-sulfat-Pentahydrat $\mathbf{CuSO_4 \cdot 5\ H_2O(s)}$, e) Kupfer(II)-nitrat-Hexahydrat $\mathbf{Cu(NO_3)_2 \cdot 6\ H_2O(s)}$.
Notieren Sie die Farben der Feststoffe, der konzentrierten und verdünnten Salzlösungen.

V4 Lösen Sie jeweils eine Spatelspitze von schwarzem Kupfer(II)-oxid in je 1 mL der folgenden Säuren: 1. Salzsäure, $w \approx 19\%$, 2. Salpetersäure, $w \approx 20\%$, 3. Schwefelsäure, $w \approx 20\%$, 4. Phosphorsäure, $w \approx 30\%$, 5. Ameisensäure, $w \approx 50\%$, 6. Essigsäure, $w \approx 50\%$.
Erhitzen Sie die Gemische vorsichtig in der Brennerflamme. Verdünnen Sie nach dem Abkühlen alle Proben auf ca. 12 mL. Notieren Sie Ihre Beobachtungen.

V5 Versetzen Sie je 1 mL einer gesättigten Kupfer(II)-sulfat-Lösung mit den gesättigten Lösungen von:

1. a) $\mathbf{NaCl}$, b) $\mathbf{KCl}$, c) $\mathbf{NH_4Cl}$, d) 3 mL Salzsäure, $w \approx 38\%$
2. a) $\mathbf{NaBr}$, b) $\mathbf{KBr}$, c) $\mathbf{NH_4Br}$
3. a) $\mathbf{NaI}$, b) $\mathbf{KI}$

Erhitzen Sie die Proben jeweils zum Sieden, kühlen Sie anschließend auf Fließwassertemperatur ab und notieren Sie die Farben der Lösungen in der Siedehitze und bei Raumtemperatur[1]. Überschichten Sie die nach 3.a) und 3.b) erhaltenen Proben mit ca. 5 mL Heptan und schütteln Sie (B3). Notieren Sie Ihre Beobachtungen.

Auswertung

a) Geben Sie für V1 die Reaktionsgleichung und die Art der Donator-Akzeptor-Reaktion an.

b) Bei V2 fallen zunächst neutrale Hydroxide aus. Dann bilden sich Komplexverbindungen. Entwickeln Sie für die Komplexbildungen unter Verwendung der folgenden Koordinationszahlen jeweils die Reaktionsgleichung: $\mathbf{Ag^+}$: 2, $\mathbf{Cu^{2+}}$: 4, $\mathbf{Ni^{2+}}$: 6, $\mathbf{Cr^{3+}}$: 6.

c) Entwickeln Sie zu den beobachteten Farbänderungen bei V3 die Reaktionsgleichungen.

d) Die „Auflösungen" des schwarzen Kupfer(II)-oxids (V4) werden als Brönsted-Säure-Base-Reaktionen und die anschließenden Verdünnungen als Lewis-Säure-Base-Reaktionen bezeichnet. Stellen Sie beide Donator-Akzeptor-Theorien in Form von Reaktionsgleichungen dar.

e) Interpretieren Sie Ihre Beobachtungen von V5.

Donator-Akzeptor-Reaktionen bei Komplexen

ALFRED WERNER verglich die Bildung von Amminkomplexen aus Metall-Salz und Ammoniak mit der Reaktion $NH_3 + HCl \longrightarrow [NH_4]Cl$ (V1) und beschrieb sie somit als eine Säure-Base-Reaktion (B4).
Dieser Vergleich ist bemerkenswert, weil er vor der Entdeckung des Elektrons (1894 bis 1898) gezogen wurde. Erst 30 Jahre nach der Veröffentlichung von WERNERS Theorie der Koordinationsverbindungen wurde von dem amerikanischen Physikochemiker G. N. LEWIS im Jahre 1923 ein Konzept vorgestellt, das es erlaubt, Komplexbildungsreaktionen als elektronische Wechselwirkungen der miteinander reagierenden Partner zu interpretieren und sie den Säure-Base-Reaktionen gleichzusetzen. Den der Komplexbildung analogen Vorgang, der zum Ammonium-Ion führt, interpretiert LEWIS als Elektronenpaar-Donator-Elektronenpaar-Akzeptor-Reaktion (**EPD-EPA-Reaktion**) (B5). *Beispiele*:

Elektronenpaar-Akzeptor	+	Elektronenpaar-Donator	$\rightleftharpoons$	EPA-/EPD-Komplex
$H^+(aq)$	+	$\|NH_3(aq)$	$\rightleftharpoons$	$[H{-}NH_3]^+(aq)$
$Ag^+(aq)$	+	$\|NH_3(aq)$	$\rightleftharpoons$	$[Ag{-}NH_3]^+(aq)$
$Cu^{2+}(aq)$	+	$\|NH_3(aq)$	$\rightleftharpoons$	$[Cu{-}NH_3]^{2+}(aq)$
$Cr^{3+}(aq)$	+	$\|NH_3(aq)$	$\rightleftharpoons$	$[Cr{-}NH_3]^{3+}(aq)$
LEWIS-Säure	+	LEWIS-Base	$\rightleftharpoons$	LEWIS-Säure-Base-Komplex

Nach dem **Säure-Base-Konzept von LEWIS** (B5) werden die Begriffe Säure und Base nur über den Elektronen"haushalt" der Reaktionspartner definiert. Dadurch wird der BRÖNSTEDsche Säure-Base-Begriff erweitert: Mit dem Säure-Base-Konzept von LEWIS können neben Protolysereaktionen auch Komplexbildungsreaktionen beschrieben werden (B6).
Vergleicht man verschiedene Übergangsmetallsalze mit ihren wässrigen Lösungen, stellt man häufig deutliche Farbunterschiede zwischen der festen, kristallwasserfreien Verbindung und dem in Wasser gelöstem Salz fest. Diese Farbunterschiede sind eine Folge der veränderten „chemischen Umgebung", da sich beim Auflösevorgang Wasser-Moleküle zwischen Metall-Kation und Anion drängen, die mit dem Metall-Kation als Zentralatom einen **Aquakomplex** bilden.
Die Auflösevorgänge der Metallchloride $MCl_2(s)$ und die damit verbundenen Farbveränderungen sind von EPD-/EPA-Reaktionen zwischen den jeweiligen Metall-Kationen M^{2+} und Wasser-Molekülen begleitet:

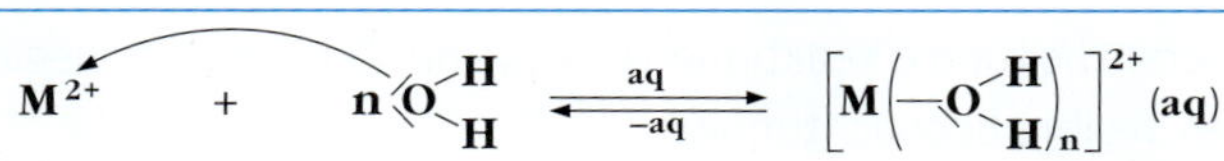

EPA EPD EPA-/EPD-Komplex (direkte elektronische Wechselwirkung zwischen Zentral-Atom und Liganden)

$(M^{2+} = Co^{2+}, Ni^{2+}, Cu^{2+})$ $(n = 4, 6)$

LEWIS-Säuren sind Moleküle oder Ionen mit unvollständig besetzter äußerer Elektronenschale.
Sie können gegenüber anderen Reaktionspartnern als **Elektronenpaar-Akzeptoren** unter Ausbildung einer kovalenten Bindung wirken.
LEWIS-Basen sind Moleküle oder Ionen mit freien Elektronenpaaren. Sie können gegenüber anderen Reaktionspartnern als **Elektronenpaar-Donatoren** unter Ausbildung einer kovalenten Bindung wirken.
Das Neutralisationsprodukt aus einer **LEWIS-Säure-Base**-Reaktion ist ein **LEWIS-Säure-Base**-Komplex.

B5 *Säure-Base-Konzept nach G. N. LEWIS (1923)*

EPA	+ EPD	$\rightleftharpoons$	Komplex
BF_3	$+ NH_3$	$\rightleftharpoons$	$[F_3B{-}NH_3]$
Fe^{3+}	$+ 6\,H_2O$	$\rightleftharpoons$	$[Fe(H_2O)_6]^{3+}$
$AlCl_3$	$+ Cl^-$	$\rightleftharpoons$	$[AlCl_4]^-$
H^+	$+ H_2O$	$\rightleftharpoons$	$[H_3O]^+$
Br^+	$+ H_2C{=}CH_2$	$\rightleftharpoons$	$[Br(ethen)]^+$

B6 *Komplexbildungsreaktionen und komplexbildungsanaloge Reaktionen nach LEWIS*

Fachbegriffe
LEWIS-Säure, LEWIS-Base, LEWIS-Säure-Base-Komplex, EPA-/EPD-Komplex, Aquakomplex

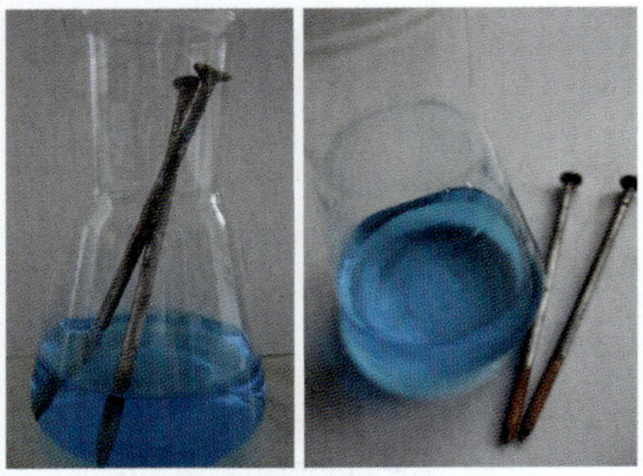

B1 *Eisennägel in Kupfersulfat-Lösung*

B2 *Unmaskierte (links) und maskierte Eisen(III)-Ionen nach Zugabe Thiocyanat-Ionen*

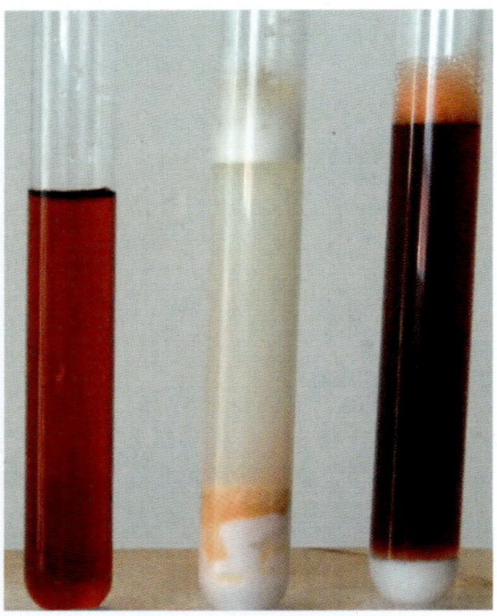

B3 *Nachweis von Fluorid in Zahnpasta: Eisenthiocyanat (links); Eisenthiocyanat mit fluoridhaltiger Zahnpasta (mitte); Eisenthiocyanat mit Zahnpasta ohne Fluorid.*
A: Beschreiben Sie die dargestellte Möglichkeit für den Nachweis von Fluorid in Zahnpasta.

Eigenschaften von Komplexverbindungen

Versuche

V1 Führen Sie die folgenden Experimente durch und notieren Sie nach jeweils 5 min Reaktionszeit Ihre Beobachtungen.

a) Geben Sie in zwei kleine Erlenmeyerkolben eine Kupfer(II)-sulfat-Lösung, c = 0,5 mol/L. In den ersten Kolben geben Sie einen Eisennagel. In den zweiten Kolben geben Sie 15 Tropfen konz. Ammoniak-Lösung* und nach kurzem Schütteln ebenfalls einen Eisennagel.

b) Geben Sie in zwei Reagenzgläser eine Kupfer(II)-sulfat-Lösung, c = 0,5 mol/L. In das erste Glas geben Sie 5 Tropfen Natronlauge*, c = 1 mol/L. In das zweite Glas geben Sie 15 Tropfen konz. Ammoniak-Lösung* und nach kurzem Schütteln 5 Tropfen Natronlauge*, c = 1 mol/L.

c) Geben Sie zu einer Eisen(III)-chlorid-Lösung 1 Tropfen verd. Ammoniumthiocyanat-Lösung (Rggl. 1) und zu einer Kaliumhexacyanoferrat(III)-Lösung 1 Tropfen verd. Ammoniumthiocyanat-Lösung (Rggl. 2).

V2 Führen Sie die folgenden Experimente durch, notieren und deuten Sie Ihre Beobachtungen.

a) Eisen(III)-chlorid-Lösung und Ammoniumthiocyanat-Lösung werden zur Reaktion gebracht und anschließend mit Natriumfluorid-Lösung versetzt.

b) Zu Eisen(III)-chlorid-Lösung wird Natriumfluorid-Lösung gegeben und erst danach mit Ammoniumthiocyanat-Lösung versetzt.

V3 *Nachweisreaktionen:*

a) Nachweis von Eisen(III)-Ionen Fe^{3+}

Versetzen Sie eine verd. Eisen(III)-salz-Lösung mit einigen Tropfen Kaliumhexacyanoferrat(II)-Lösung.

b) Nachweis von Kupfer(II)-Ionen Cu^{2+}

Versetzen Sie eine verd. Kupfer(II)-salz-Lösung mit einigen Tropfen Kaliumhexacyanoferrat(II)-Lösung.

c) Nachweis von Nickel(II)-Ionen Ni^{2+}

Versetzen Sie eine verd. ammoniakalische Nickel(II)-salz-Lösung mit einigen Tropfen Dimethylglyoxim-Lösung.

V4 a) Das Verhalten eines Aluminium(III)-Salzes gegenüber Natriumhydroxid soll untersucht werden. Dazu geben Sie zunächst nur einige Tropfen konz. Natriumhydroxid-Lösung* zu, anschließend dann einen Überschuss. Notieren und deuten Sie Ihre Beobachtungen.

b) Das Verhalten von Silberchlorid, Silberbromid und Silberiodid gegenüber Ammoniak soll untersucht werden. Planen Sie ein entsprechendes Vorgehen, führen Sie die Experimente durch, notieren und deuten Sie Ihre Beobachtungen.

Auswertung

a) Formulieren Sie für die Reaktionen aus V1 und V3 die Reaktionsgleichungen und erklären Sie Ihre Beobachtungen.

b) Benennen Sie die in V1 und V2 entstandenen Verbindungen.

c) Erklären Sie das Löslichkeitsverhalten der Verbindungen aus V4.

Gleichgewichte bei Komplexreaktionen

Salzartige Komplexverbindungen sind meist gut in Wasser löslich. Beim Auflösen in Wasser zerfallen sie in **komplexe Ionen** und **Gegenionen**. Dieser Vorgang läuft nahezu vollständig ab, das Gleichgewicht der Reaktion liegt auf der Seite der Produkte (*hier*: rechts):

$$[Cu(NH_3)_4]SO_4 \rightleftharpoons [Cu(NH_3)_4]^{2+} + SO_4^{2-} \qquad (1)$$

Die anschließende Dissoziation von komplexen Ionen in Zentralion und Liganden erfolgt in der Regel nur in geringem Maße, das Gleichgewicht liegt *hier* links:

$$[Cu(NH_3)_4]^{2+} \rightleftharpoons Cu^{2+} + 4\ NH_3 \qquad (2)$$

Zentralion und Ligand zeigen deshalb in einer Lösung keine der für sie spezifischen Reaktionen (V1).

Die Gleichgewichtskonstante für die Reaktion (2) liefert eine Aussage über die **Stabilität** des Komplexes und wird als **Komplexzerfallskonstante** K_D bezeichnet:

$$K_D = \frac{c(Cu^{2+}) \cdot (c(NH_3))^4}{c([Cu(NH_3)_4]^{2+})}$$

Der Wert der Komplexzerfallskonstante ermöglicht, die Stabilität von Komplexverbindungen miteinander zu vergleichen: Je kleiner der Wert der Konstante K_D ist, desto stabiler ist der Komplex.

Auf Stabilitätsunterschieden zwischen Komplexen beruhen viele Nachweismethoden in der Analytik. In V2 entsteht zunächst der rot gefärbte, neutrale Komplex Triaquatrithiocyanato-eisen(III) $[Fe(SCN)_3(H_2O)_3]$. Nach Zugabe von Natriumfluorid-Lösung entfärbt sich die Lösung (B2). Hierbei findet ein **Ligandenaustausch** statt; es bildet sich ein Hexafluoroeisen(III)-Komplex, der eine deutlich höhere Stabilität aufweist. Diese Reaktion kann z. B. beim Nachweis von Fluorid-Ionen in Zahnpasta verwendet werden (B3).

Cobalt(II)-Ionen bilden in saurer Lösung eine blau gefärbte komplexe Säure $H_2[Co(SCN)_4]$ (B4). Diese Reaktion kann allerdings als Nachweis in einem eisenhaltigen Gemisch nicht genutzt werden, wie in V2 deutlich wird. Der Nachweis gelingt jedoch in Anwesenheit von Fluorid-Ionen, da in deren Gegenwart die Komplexbildung von Eisen-Ionen mit Thiocyanat-Ionen ausbleibt und die Eisen-Ionen durch Fluorid-Ionen **maskiert** werden.

Solche **Maskierungsreaktionen** werden auch bei den Aldehyd-Nachweisreaktionen mit Tollens-Reagenz sowie der Fehling-Probe genutzt. Beide Reaktionen werden in stark alkalischer Lösung durchgeführt, in der die Hydroxide von Silber(I)- und Kupfer(II)-Ionen ausfallen. Die Hydroxid-Fällung wird verhindert, wenn man die Silber-Ionen als Ammin-Komplex und die Kupfer(II)-Ionen als Tartrat[1]-Komplex maskiert.

Durch Komplexbildung kann eine Veränderung der Löslichkeit erreicht werden. So können einige schwerlösliche Metallhydroxide nach der Fällung durch Komplexbildungsreaktionen wieder in Lösung überführt werden. Z. B. löst sich frisch gefälltes Aluminiumhydroxid in konzentrierter Natronlauge unter Bildung von Tetrahydroxoaluminat(III)-Ionen auf (V4). Auch Silberchlorid und -bromid lösen sich durch Zugabe von verdünnter bzw. konzentrierter Ammoniak-Lösung (V4), wodurch eine Trennung von Silberhalogeniden möglich wird.

B4 *Tetrathiocyanatocobalt(II)-Lösung* $[Co(SCN)_4]^{2-}$

Aufgaben

A1 Nickel(II)-Ionen lassen sich qualitativ und quantitativ mit Dimethylglyoxim (vgl. S. 220) durch Ausfällen einer roten Komplexverbindung nachweisen.

a) Geben Sie die Reaktionsgleichung für diese Komplexbildungsreaktion an.

b) Berechnen Sie die Masse an Nickel einer Proben-Lösung, wenn 150 mg der Komplexverbindung ausfallen.

A2 Erklären Sie folgende Beobachtungen und formulieren Sie die Reaktionsgleichungen:

a) Eine Fällung von Blei(II)-sulfat löst sich bei der Zugabe von Natronlauge.

b) Silberchlorid löst sich in konzentrierter Salzsäure.

c) Eine blassgelbe Lösung von Kaliumhexacyanoferrat(II) färbt sich rötlich, wenn man Chlorwasser hinzufügt.

[1] Tartrat-Ionen sind die Anionen der Weinsäure.

Fachbegriffe

Komplexion, Gegenion, Ligandenaustausch, Stabilität, Komplexzerfallskonstante, Maskierung

ERWEITERUNG · VERTIEFUNG · ANWENDUNG

Komplexverbindungen in der Medizin

Komplexe kommen in lebenden Organismen vielfach vor, beispielsweise in Enzymen, Vitaminen und Blattpigmenten sowie im Blutfarbstoff. So ist es nicht verwunderlich, dass einige Komplexe auch als Arzneimittel Anwendung gefunden haben.
Hypertonie (Bluthochdruck) kann mit Natriumpentacyanonitrosylferrat(III) $\mathbf{Na_2[Fe(CN)_5NO]}$ bekämpft werden. Der radioaktive Technetium-Komplex $\mathbf{[^{99}Tc(CO)_3(OH_2)_3]^+}$ dient in der Nuklearmedizin als Proteinmarker bei der Diagnose von Tumoren, andere Komplexe werden in der Tumor-Therapie eingesetzt.

Tumor-Therapie

Im Jahre 1965 wurde die zytostatische Wirkung des *cis*-Diammindichloroplatin(II)-Komplexes *cis*-$\mathbf{[PtCl_2(NH_3)_2]}$ entdeckt, der seit 1978 unter dem Namen *Cisplatin®* als Chemotherapeutikum zugelassen ist (B1, B2). Allein das *cis*-Isomer ist aktiv und bindet an alle vier DNA-Basen, bevorzugt jedoch an Guanin (B2).
Platin-Komplexe (B1, B2) kommen bei Bronchialkarzinomen und Tumoren im Urogenitaltrakt als Zytostatika zum Einsatz. Cisplatin® muss intravenös injiziert werden, da die orale Zufuhr aufgrund der vollständigen Hydrolyse des Komplexes in der Magensäure nicht möglich ist. In der Zelle wird Cisplatin® zu $\mathbf{[PtCl(NH_3)_2(OH_2)]^+}$ hydrolysiert und bindet an Nucleinsäure (B2), wodurch die Replikation oder Transkription der DNA gestört oder unterbunden wird, sodass eine Zellteilung nicht mehr möglich ist. Da Tumorzellen schneller als Zellen des gesunden Gewebes wachsen und Platin-Komplexe relativ schnell ausgeschieden werden, werden in erster Linie Tumorzellen geschädigt. Aber auch gesunde Zellen anderer Gewebe werden angegriffen, was zu den erheblichen Nebenwirkungen führt.

Chelat-Therapie

Chelatbildner werden auch zur Behandlung von Schwermetall-Vergiftungen eingesetzt.
Ethylendiamintetraacetat **EDTA** (vgl. S. 168, B1) eignet sich in Form von $\mathbf{CaH_2edta}$ als Mittel gegen Bleivergiftung. Da Blei- und andere Schwermetall-Ionen stabilere Komplexe mit EDTA als Calcium-Ionen bilden, werden die Calcium-Ionen des Komplexes im Körper durch Blei-Ionen ersetzt und der Komplex $\mathbf{[Pb(edta)]^{2-}}$ wird mit dem Urin ausgeschieden. Um die Komplexbildung des EDTA mit $\mathbf{Ca^{2+}}$-Ionen aus den Knochen zu vermeiden, wird das Calciumsalz $\mathbf{CaH_2edta}$ und nicht das Dinatriumsalz der Ethylendiamintetraessigsäure $\mathbf{Na_2H_2edta}$ eingesetzt. Mit dem Trinatriumsalz $\mathbf{Na_3Hedta}$ können Nierensteine aufgelöst werden, die aus Calciumoxalat bestehen.

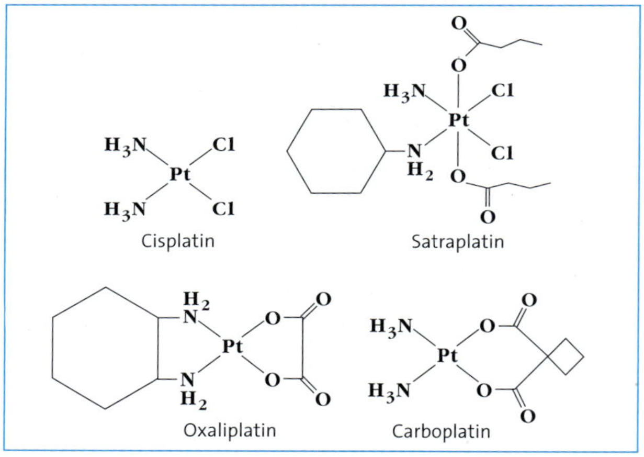

B1 *Formeln verschiedener Platin-Komplexe*

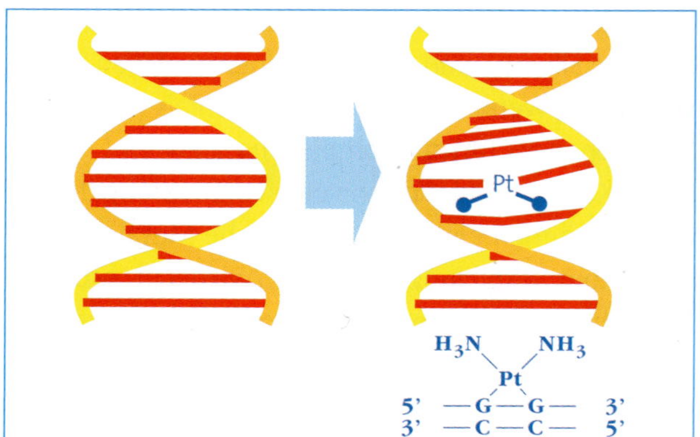

B2 *Bindungen von Cisplatin zur DNA*

Komplexverbindungen in der Medizin

Antibiotika

Auch einige Antibiotika wie Nonactin, Streptomycin, Aspergillussäure und Tetracycline sind Chelatbildner. Die Fähigkeit eines Antibiotikums zur Chelatbildung kann genutzt werden, um Metall-Ionen zu transportieren oder das Antibiotikum an einer bestimmten Stelle zu fixieren, von der aus es das Bakterienwachstum stören kann.

Die als **Transportantibiotika** bezeichneten Verbindungen machen Membranen auf zwei verschiedene Arten durchlässig für Ionen (B3), sie fungieren als **Carrier** oder als **Kanalbildner**.

Valinomycin komplexiert Kalium-Ionen (B4). Es bildet sich ein reifenförmiger Komplex, in dessen zentraler Höhlung das Kalium-Ion oktaedrisch von sechs Sauerstoff-Atomen (von Carbonyl-Gruppen der Valin-Reste) koordiniert ist. Die Kohlenwasserstoffperipherie macht diesen **Ion-Carrier-Komplex** in der Lipidschicht der Membranen löslich, sodass der Ionentransport durch diese ermöglicht wird (B3).

Das Antibiotikum **Gramicidin A** ist ein **Kanalbildner**, der den Kanal passierende Alkalimetall-Ionen mit den im Gramicidin A-Molekül enthaltenen Carboxy-Gruppen vorübergehend komplexiert (B3).

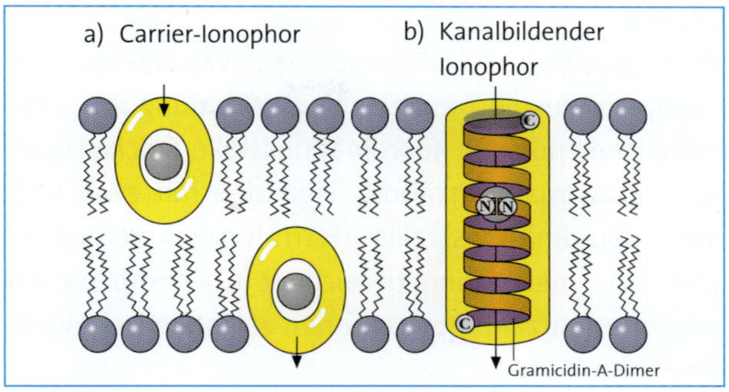

B3 *Arten des Ionentransports durch Ionophore*[1].
(a) Carrier-Ionophore transportieren Ionen mittels Diffusion durch die Lipiddoppelschicht.
(b) Kanalbildende Ionophore durchspannen die Membran mit einem Kanal, durch den die Ionen diffundieren können.

Aufgaben

A1 Zeichnen Sie die Strukturformeln der beiden Isomere des Diammindichloroplatin(II)-Komplexes.

A2 Erklären Sie die Eignung von $[PtCl_2(NH_3)_2]$ als Zytostatikum.

A3 Erläutern Sie den Ionentransport durch Zellmembranen anhand der Molekülstrukturen von Ionophoren und biologischen Membranen.

A4 *Kronenether* und *Kryptate* bilden ebenfalls Alkalimetall-Komplexe. Recherchieren Sie im Internet, definieren und vergleichen Sie beide Verbindungsklassen mit den Ionophoren.

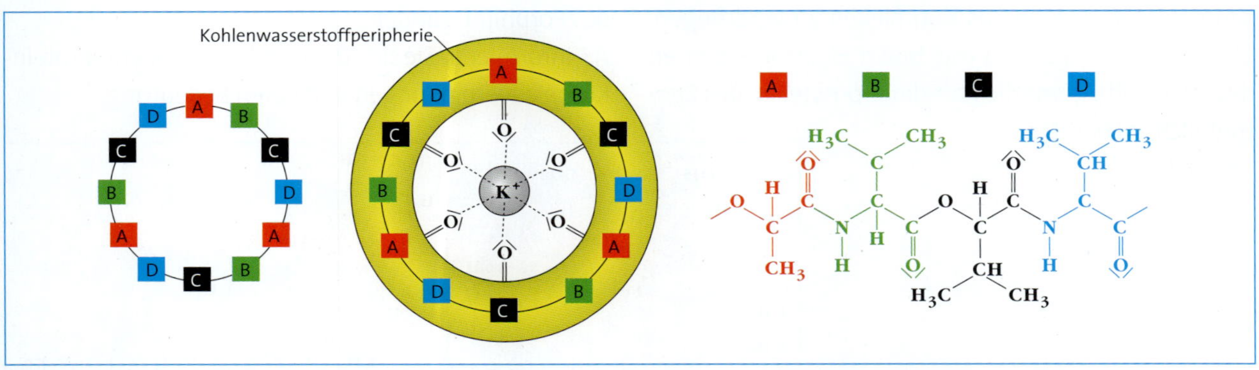

B4 *Valinomycin ist ein cyclisches Molekül mit sich wiederholenden Einheiten aus L-Lactat- (A), L-Valin- (B), D-Hydroxyisovalerat- (C) und D-Valin- (D) Resten. Es bildet mit Kalium-Ionen einen Chelatkomplex, der durch die Zellmembran wandern kann (B3).*

[1] Ionophore = Substanzen, die die Permeabilität von Membranen für bestimmte Ionen beträchtlich erhöhen

Wichtige Komplexverbindungen in Organismen

Chelate

Viele Liganden, z. B. Halogenid-Ionen, Wasser- und Ammoniak-Moleküle, besetzen bei der Bindung zum Zentralteilchen nur eine Koordinationsstelle. Solche Liganden nennt man **einzähnig**. Liganden mit zwei oder mehr Koordinationsstellen (Haftatomen) werden als zwei- bzw. **mehrzähnig** bezeichnet (B1). Komplexe mit solchen mehrzähnigen Liganden zeichnen sich durch eine hohe Stabilität aus.

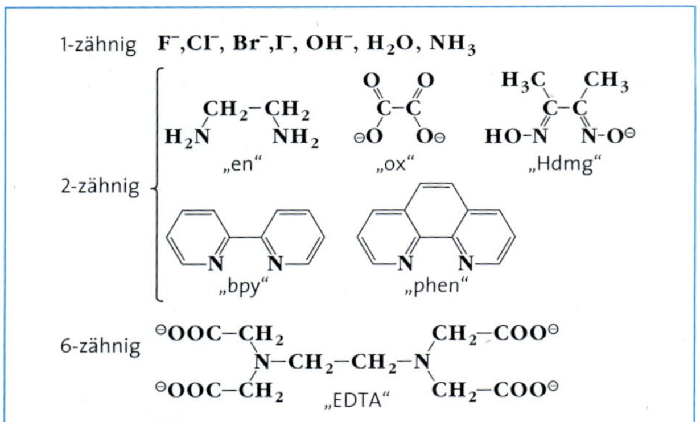

B1 *Beispiele für ein- und mehrzähnige Liganden*

Sehr stabile metallorganische Komplexverbindungen, bei denen ein Metallkation von einem oder mehreren organischen Molekülen an mindestens zwei Stellen scheren- oder klammerartig gebunden ist, bezeichnet man als **Chelate**. Der mit ihrer Bildung verbundene Stabilitätsgewinn im Vergleich zu analogen Komplexen mit einzähnigen Liganden wird als **Chelat-Effekt** bezeichnet. So vermag zum Beispiel Dimethylglyoxim (B2) Ammoniak-Moleküle aus Komplexen zu verdrängen, obwohl beide Liganden mit freien Elektronenpaaren des Stickstoff-Atoms die Koordinationsstellen des Zentralteilchens besetzen.

$$[Ni(NH_3)_4]^{2+}(aq) + 2\ dmg\ (aq) \rightleftharpoons [Ni(dmg)_2]^{2+}(aq) + 4\ NH_3(aq)$$

Chelatliganden bilden mit dem Zentralteilchen Ringe, wobei 5- und 6-gliedrige Ringe besonders stabil sind. Dies zeigt sich auch an Chelatverbindungen, die in der Natur vorkommen, z. B. im Häm- oder Chlorophyll-Molekül (B3). Pflanzen erhalten durch Chlorophyll-Moleküle ihre grüne Farbe. *Chlorophylle* sind strukturell mit den *Hämen* verwandt, die Bestandteile des Blutfarbstoffs Hämoglobin und des Muskelfarbstoffs Myoglobin sind.

Ersetzt man das Zentralatom des Chlorophylls, Magnesium, durch Kupfer, so wird der Farbstoff hitze- und lichtstabiler. Kupferkomplexe der Chlorophylle gelten als unbedenklich und werden zum großen Teil unverdaut wieder ausgeschieden. Sie sind für Lebensmittel allgemein zugelassen und werden vor allem in Süßwaren und Kaugummi, Konfitüren, Gelees, Marmeladen, Limonaden, Likören und bestimmten Käsesorten eingesetzt.

Aufgaben

A1 Das Nickel(II)-Ion hat in folgenden Komplexverbindungen die Koordinationszahl 6. Erklären Sie die unterschiedliche Anzahl von Liganden in folgenden Komplexen: $[Ni(NH_3)_6]SO_4$, $[Ni(en)_3]SO_4$, $Na_2[Ni(edta)]$.

A2 Porphin, Grundkörper der Porphyrine, besteht aus vier über Methinbrücken miteinander verbundenen Pyrrol-Ringen und ist somit ein Heterocyclus mit aromatischem Charakter. Zeichnen Sie die Strukturformel des Porphin-Liganden.

A3 Informieren Sie sich über weitere Porphyrin-Protein-Komplexverbindungen und deren Bedeutung.

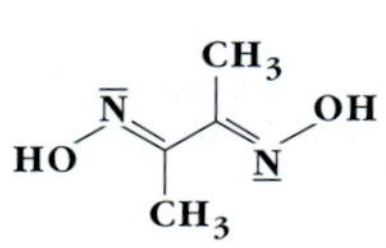

B2 *Strukturformel von Dimethylglyoxim*

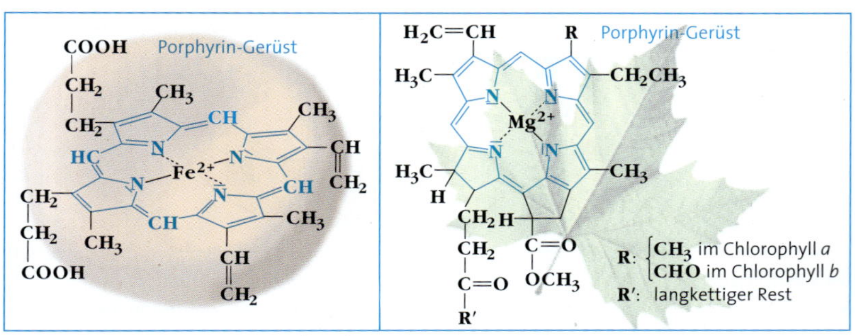

B3 *Der rote Blutfarbstoff Häm (links) und die grünen Chlorophylle im Blatt sind Komplexe des gleichen Porphin-Gerüsts mit verschiedenen Metall-Ionen.*

A1 Geben Sie die Formeln der Verbindungen Pentaamminchlorocobalt(III)-carbonat und Pentaammincarbonatocobalt(III)-chlorid an. Bestimmen Sie die Art der Isomerie.

A2 Benennen Sie folgende Komplexverbindungen:

a) $Fe_4[Fe(CN)_6]_3$	b) $[Fe(SCN)_3(H_2O)_3]$	c) $[Fe(H_2O)_6]Cl_3$
d) $K_2[Co(CN)_4]$	e) $[CoCl_2(NH_3)_4]Cl$	f) $K_2[Ni(CN)_4]$
g) $[Ni(Hdmg)_2]$	h) $[Ni(CO)_4]$	i) $Na[B(NO_3)_4]$

A3 Geben Sie die Formeln folgender Komplexverbindungen an: a) Natrium-tetrabromoferrat(III), b) Kalium-trichlorohydroxoferrat(III), c) Kalium-hexafluoronicccolat(IV), d) Ammonium-hexachlorostannat(IV), e) Pentacarbonyleisen(0), f) Ammonium-diammintetranitrocobaltat(III), g) Tetraamminaquachlorocobalt(III)-chlorid, h) Kalium-tetrahydroxoplumbat(II), i) Tetraamminplatin(II)-hexachloroplatinat(IV), j) Pentaamminsulfatocobalt(III)-bromid, k) Pentaamminbromocobalt(III)-sulfat.

A4 Eine Eisen(III)-chlorid-Lösung reagiert schwach sauer. Begründen Sie diesen Sachverhalt mithilfe einer Reaktionsgleichung.

A5 Geben Sie die Namen und Dissoziationsgleichungen der Koordinationsisomere $[Co(NH_3)_6][Cr(CN)_6]$ und $[Cr(NH_3)_6][Co(CN)_6]$ an. Ermitteln Sie die Oxidationsstufen aller Zentralteilchen.

A6 Zwei Komplex-Salze weisen dieselbe analytische Zusammensetzung auf. Die am Aufbau der Verbindungen beteiligten Verbindungspartner liegen im folgenden Stoffmengenverhältnis vor:
$n(Cr) : n(Cl) : n(H_2O) = 1 : 3 : 6$.
Eine der Verbindungen ist violett, die andere grün.
Titriert man Lösungen beider Komplexsalze gleicher Konzentration mit Silbernitrat-Lösung bestimmter Konzentration, erhält man unterschiedlichen Stoffmengenanteile an Chlorid-Ionen:
$n(Cl^-)$ violett = $n(Cl^-)$ grün = 3 : 1.
Geben Sie Namen und Formeln der beiden Isomere an. Schlussfolgern Sie aus diesen Angaben begründet auf die vorliegende Art der Isomerie.

A7 Planen Sie ein Experiment zur Unterscheidung der Isomere $[CoBr(NH_3)_5]SO_4$ und $[CoSO_4(NH_3)_5]Br$. Entwickeln Sie die Reaktionsgleichungen für die Nachweisreaktionen.

A8 Der Gemischt-Liganden-Komplex $[MBrClFI]^{2-}$ habe eine tetraedrische Grundstruktur. Das Zentralteilchen ist in diesem Fall ein sogenanntes asymmetrisches Teilchen. Leiten Sie aus diesen Angaben die Isomerieart ab.

A9

Versuch **(Handschuhe, Schutzbrille)**

V1 a) Lösen Sie in je einem Reagenzglas kleine Portionen von Eisen(III)-chlorid-Hexahydrat und Cobalt(II)-chlorid-Hexahydrat in ca. 1 mL Wasser. Versetzen Sie dann jede Probe mit einer Spatelspitze Kaliumthiocyanat. Teilen Sie die Proben für Versuch (c). Schütteln Sie jeweils eine der Proben anschließend mit je 3 mL Essigsäureethylester aus.
b) Lösen Sie in einem Reagenzglas vergleichbare Portionen von Eisen(III)-chlorid-Hexahydrat und Cobalt(II)-chlorid-Hexahydrat in ca. 1 mL Wasser. Versetzen Sie dann das Gemisch mit einer Spatelspitze Kaliumthiocyanat. Teilen Sie die Probe für Versuch (c). Schütteln Sie die Probe anschließend mit 3 mL Essigsäureethylester aus.
c) Geben Sie zu den Proben aus dem Versuch (a) und (b) jeweils eine Spatelspitze Natrium- oder Kaliumfluorid. Schütteln Sie alle Proben anschließend mit jeweils 3 mL Essigsäureethylester aus.
Notieren Sie die Beobachtungsergebnisse.

Auswertung

1. Entwickeln Sie für alle Reaktionen die Reaktionsgleichungen und benennen Sie die Reaktionsprodukte.
2. Notieren Sie die Farben der Komplexverbindungen unter die jeweilige Formel.
3. Erklären Sie, warum die Proben jeweils mit Essigsäureethylester ausgeschüttelt werden.
4. Schließen Sie aus den Beobachtungsergebnissen begründet, welche der Komplexe jeweils stabiler ist:
$[Fe(NCS)_6]^{3-}$ oder $[FeF_6]^{3-}$
$[Co(NCS)_4]^{2-}$ oder $[FeF_4]^{2-}$.

Ausgewählte Probleme des Umweltschutzes

Die auf der Erde vorhandenen Stoffe lagen nicht von Anfang in ihrer derzeitigen Form vor. Sie sind infolge vielfältiger Prozesse und Stoffumwandlungen, die sich über Jahrmillionen auf natürlichem Wege vollzogen, entstanden. Diese Prozesse haben nunmehr einen Zustand erreicht, in dem die Konzentrationen der beteiligten Stoffe zeitlich annähernd konstant sind.

Diese Stoffe bilden eine entscheidende Grundlage für die menschliche Gesellschaft. Sie bilden die natürlichen Ressourcen, die die Menschen zur Herstellung von Waren und für die Gewinnung von Energie nutzen. Dabei ist Erdöl – zusammen mit Erdgas – weltweit auch heute noch der wichtigste **Energieträger** und **Rohstoff** und bestimmt im hohen Maße unseren individuellen Lebensstandard.

Durch die Nutzung der Rohstoffvorkommen greift der Mensch massiv in den natürlichen Stoffkreislauf ein und beeinflusst somit unsere Umwelt. Einerseits müssen die Rohstoffe erst zugänglich gemacht werden, andererseits werden der Umwelt durch ihre Nutzung neue Stoffe zugeführt, beispielsweise Kohlenstoffdioxid.

Durch Brandrodung und Verbrennung der **fossilen Brennstoffe** werden der Atmosphäre jährlich ca. 7,6 Gigatonnen (Gt) Kohlenstoffdioxid zugeführt. Weltweite Messungen zeigen, dass der Kohlenstoffdioxidgehalt in der Atmosphäre um ca. 3 Gt pro Jahr zunimmt. Berechnungen zufolge führt das bis zum Jahr 2050 zu einem mittleren Temperaturanstieg in der Atmosphäre um 2,5 °C.

1 **Durch welche charakteristischen Merkmale unterscheiden sich brennbare Stoffe, die im Erdöl enthalten sind, und wie beeinträchtigt ihre technische Nutzung die Umwelt?**

2 **Welche Schadstoffe sind in Verbrennungsprodukten enthalten?**

3 **Was versteht man unter dem Treibhauseffekt und welche Folgen hat sein Anstieg?**

4 **Welche Rolle spielt Stickstoff in der Natur?**

5 **Wie können verbrauchte Nährstoffe im Boden ersetzt werden?**

6 **Ozonproblematik – Wie beeinflusst die Nutzung fossiler Rohstoffe das Erdklima?** EVA

7 **Welche Konsequenzen können die Eingriffe des Menschen in die natürlichen Stoffkreisläufe haben?** EVA

Aus Erfahrung wissen wir, dass die in der Natur vorkommenden Stoffe fortwährenden Veränderungen unterworfen sind. Man kann sich die Natur als ein gigantisches chemisches Laboratorium vorstellen, in dem die Stoffe in einem andauernden Kreislauf auf- und abgebaut werden. Der Mensch ist ein Teil dieser Kreisläufe und zugleich der Laborant, der diese Kreisläufe aktiv gestaltet.

Das Leben auf der Erde ist eng mit dem Stickstoff-Kreislauf verbunden. Pflanzen, Tiere und natürlich auch der Mensch enthalten Stickstoff bzw. seine Verbindungen. Sie sind Bestandteil z.B. von Aminosäuren, Proteinen und der DNA. In den Stoffwechselprozessen der Organismen nehmen sie eine zentrale Rolle ein.

Daneben sind Stickstoffverbindungen an den Prozessen in der Atmosphäre beteiligt und beeinflussen unser Klima. So gesehen ist der Stickstoff-Kreislauf nichts anderes, als ein System verschiedener chemischer Reaktionen in der organischen und anorganischen Welt.

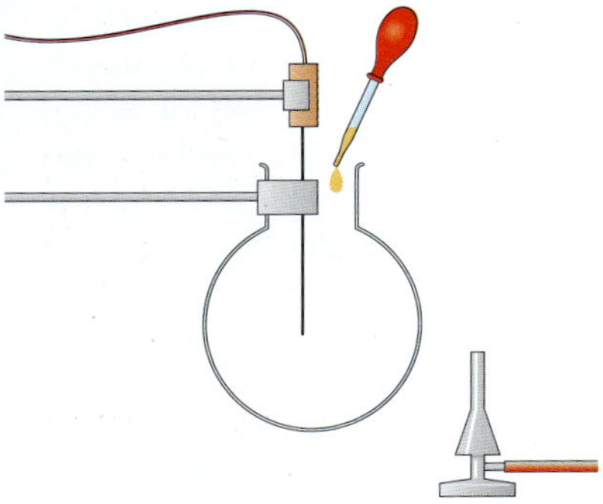

B1 *Bei der Entzündungstemperatur entzündet sich das Luft-Gas-Gemisch selbsttätig (LV1).*

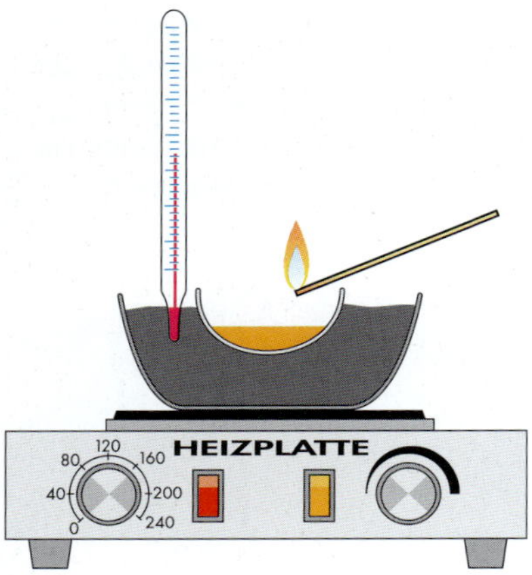

B2 *Bei der Flammtemperatur lässt sich das Luft-Gas-Gemisch über der Flüssigkeit entzünden (LV2).*

B3 *Test von Explosionsgemischen (LV3).* ***A:*** *Erläutern Sie, warum es bei Explosionsgemischen ein optimales Mischungsverhältnis gibt.*

Erdöl – ein Gemisch aus brennbaren Stoffen

Versuche

LV1 *Entzündungstemperatur:* Ein Kolben mit Thermofühler wird mit dem Gasbrenner bis ca. 200 °C erhitzt (B1). Dann löscht man den Brenner und pipettiert einige Tropfen der zu untersuchenden Flüssigkeit* in den heißen Kolben. Entzündet sich das Gemisch spontan, so war die Entzündungstemperatur überschritten, wenn nicht, muss der Versuch neu gestartet werden. (*Hinweis:* Der Kolben muss vor jedem Versuch mit Luft gefüllt sein.) Die Entzündungstemperatur wird bei je einer Probe aus a) Benzin*, b) Heptan* und c) Dieselöl* bestimmt und notiert.

LV2 *Flammtemperatur:* In eine Porzellanschale, die sich in einem Sandbad befindet, gibt man ca. 2 mL der zu untersuchenden Flüssigkeit und versucht, mit einem brennenden Holzspan die Dämpfe über der Flüssigkeit zu entzünden. Gelingt es bei Raumtemperatur nicht, so erhöht man die Temperatur im Sandbad allmählich und notiert die Temperatur, bei der sich die Dämpfe entzünden. Es werden die gleichen Proben wie in LV1 untersucht.

LV3 *Explosionsgemische:* In ein Plexiglasrohr mit Deckel und piezoelektrischem Zünder gibt man 5 Tropfen (bzw. 10 Tropfen bzw. 15 Tropfen) Petrolether* (Siedebereich: 40 °C bis 60 °C), lässt verdunsten und zündet. Man ermittelt in mehreren Versuchen das optimale Mischungsverhältnis, bei dem eine Explosion stattfindet. (*Hinweis:* Das Rohr muss vor jedem Versuch mit Luft gefüllt sein.)

LV4 *Brennbarkeit von Diesel:* Es wird versucht, ca. 3 mL Dieselkraftstoff* in einer Porzellanschale anzuzünden. Gelingt es nicht, so steckt man einen Docht oder ein Watteknäuel in die Flüssigkeit und zündet erneut. Beobachtung?

Auswertung

a) Vergleichen Sie Ihre Ergebnisse aus LV1 und LV2 mit den Angaben aus B4. Deuten Sie den Sachverhalt.

b) Erklären Sie das Brennverhalten von Diesel. Erläutern Sie die Bedeutung des Dochtes und des Watteknäuels.

c) Formulieren Sie die Reaktionsgleichung der Verbrennung von Hexan C_6H_{14} und berechnen Sie das für die Verbrennung von 0,5 g Hexan erforderli-

Stoff	Entzündungstemperatur	Flammtemperatur
Diethylether*	170 °C	**unterhalb 21 °C:**
Benzin*	180 °C bis 220 °C	– brennbare Gase, z. B. Erdgas*,
Dieselöl*	200 °C bis 250 °C	Stadtgas*, Feuerzeuggas;
trockenes Holz	250 °C bis 350 °C	– hoch entzündliche Flüssigkeiten,
Heizöl*	ca. 350 °C	z. B. Diethylether*, Alkohol*, Benzin
Wachs	ca. 400 °C	**zwischen 21 °C und 55 °C:**
Alkohol*	425 °C	– leicht entzündliche Flüssigkeiten,
Papier	440 °C	z. B. Dieselöl*, Heizöl*
Stadtgas*	560 °C	**oberhalb 55 °C:**
Steinkohle	600° bis 900 °C	– entzündliche Stoffe, z. B. Wachs,
Erdgas*	ca. 600 °C	Paraffin, Bratöl, Fett

B4 *Entzündungstemperaturen und Flammtemperaturen einiger Brennstoffe.* ***A:*** *Geben Sie an, welche dieser Stoffe bzw. Stoffgemische im Erdöl enthalten sind.*

Erdöl und die anthropogenen Emissionen

Die Atmosphäre ist ein offenes System, in das ständig Stoffe in Form von **Emissionen**[1] eintreten und als **Immisionen**[2] wirken (B7). Unter den **anthropogenen**[3] Emissionen nehmen solche, die in Verbindung mit der Nutzung von Erdöl und Erdgas in die Atmosphäre gelangen, einen Spitzenplatz ein. Das liegt daran, dass der weitaus größte Teil der Kohlenwasserstoffe aus dem Erdöl verbrannt wird, obwohl man aus Erdöl auch 90% aller Erzeugnisse der organischen Synthesechemie herstellt (B5, B6). Wenn Erdöl chemisch zu hochwertigen Kunststoffen, Farbstoffen oder gar Medikamenten verarbeitet wird, ist die **Wertschöpfung** viel höher, als wenn Erdölprodukte verbrannt werden.

Warum verbrennt man dennoch so viel Erdöl? Aus Erdöl lassen sich hochwertige flüssige Kraftstoffe herstellen, die (noch!) relativ billig sind. Erdöl lässt sich mit vergleichsweise geringem Aufwand fördern, transportieren und zu Kraftstoffen verarbeiten. Daher gewinnt man auch heute noch den weitaus größten Teil der Brennstoffe für Verkehrsmittel, für die Industrie und für das Heizen von Häusern aus Erdöl und Erdgas. Es ist davon auszugehen, dass im Laufe des 21. Jahrhunderts die Erdölreserven zur Neige gehen werden.

Im Erdöl und in den anderen fossilen Brennstoffen (Erdgas und Kohle) ist Lichtenergie gespeichert. Sie wurde vor Jahrmillionen durch Fotosynthese in chemische Bindungsenergie umgewandelt. Bei der Verbrennung wird die gespeicherte Energie als Wärme verfügbar. Der (z. B. in Alkanen) gebundene Kohlenstoff wird bis zu seiner höchsten Oxidationsstufe IV oxidiert und liegt nach der Verbrennung im Kohlenstoffdioxid gebunden vor. Wegen der intensiven Nutzung der fossilen Brennstoffe wird in unserer Zeit mehr Kohlenstoffdioxid in die Atmosphäre ausgestoßen als fotosynthetisch gebunden werden kann. Ein Anstieg des Kohlenstoffdioxidgehalts der Atmosphäre ist die Folge.

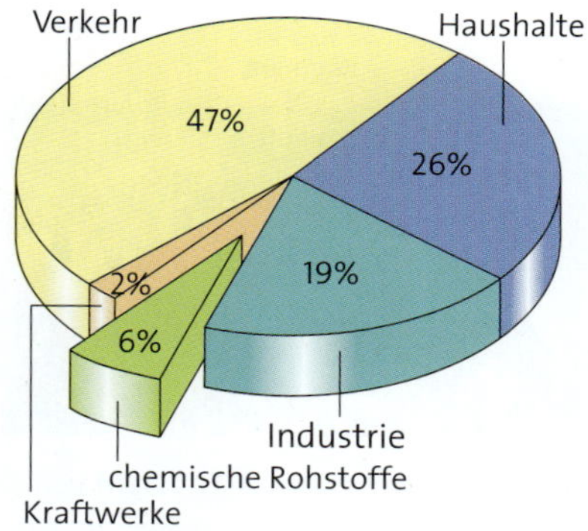

B5 *Ca. 75% des geförderten Erdöls werden verbrannt.*

B6 *Anthropogene Emissionsquellen: Verkehr, Haushalte, Industrie, Kraftwerke, Handwerk*

Aufgaben

A1 Formulieren Sie die Reaktionsgleichung der Verbrennung von 2,2,4-Trimethylpentan. Bestimmen Sie die Oxidationszahlen der Kohlenstoff-Atome im Edukt und im Produkt.

A2 Erläutern Sie, warum die Wertschöpfung bei der Verarbeitung von Erdöl zu Kunststoffen größer ist als bei der Verarbeitung zu Benzin.

A3 Informieren Sie sich im Internet über die aktuellen Produktions- und Verbrauchsmengen von Brennstoffen, die aus Erdöl gewonnen werden.

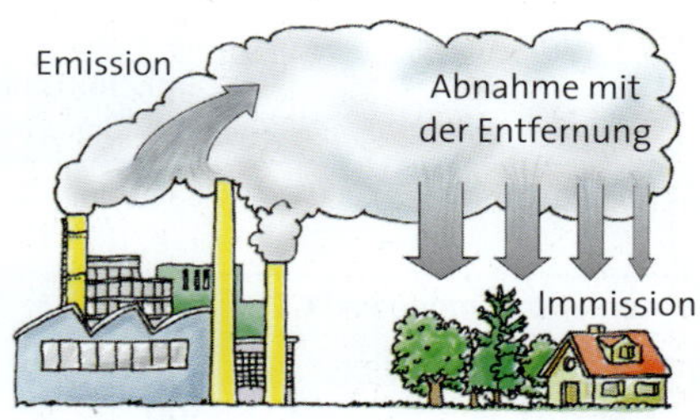

B7 *Emissionen und Immissionen.* **A:** *Erläutern Sie den Zusammenhang.*

Fachbegriffe

Entzündungstemperatur, Flammtemperatur, Emission, Immission, anthropogen, Wertschöpfung

[1] von *emissio* (lat.) = Aussendung. Als Emission bezeichnet man Stoffe, Geräusche, Strahlen, Wärme usw., die an die Umwelt abgegeben werden.

[2] von *immittere* (lat.) hineinsenken. Als Immissionen bezeichnet man Stoffe, Geräusche, Strahlen, Wärme usw., die auf Lebewesen und Sachgüter einwirken.

[3] von *anthropos* (griech.) = Mensch und von genea (griech.) = Abstammung

Schadstoffe in Verbrennungsprodukten

B1 *Inversionswetterlage.* ***A:*** *Erläutern Sie, warum die Kaltluft nicht aufsteigen kann und diese Situation „unnormal" ist?*

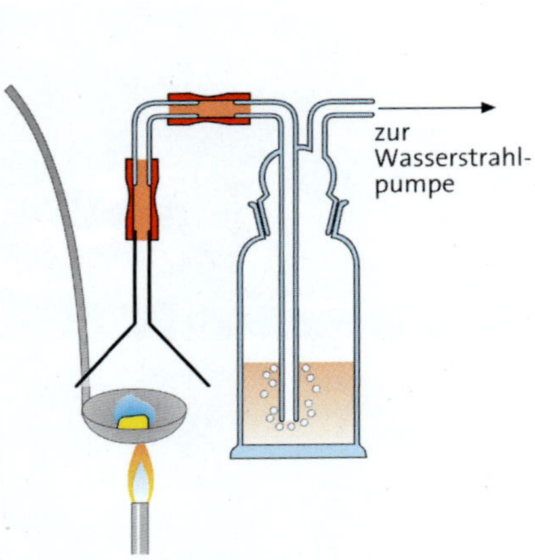

B2 *Nachweis von Verbrennungsprodukten (V1 bis V4).* ***A:*** *Welches Verbrennungsprodukt von Kohlenwasserstoffen kann man in dieser Vorrichtung nicht nachweisen?*

Versuche

V1 *Nachweis von Kohlenstoffdioxid*: Untersuchen Sie die Verbrennungsgase bei der Verbrennung von a) Benzin*, b) Kartuschenbrenner-Gas* oder Erdgas* und c) Dieselöl* auf Kohlenstoffdioxid, indem Sie die Gase durch eine Bariumhydroxid-Lösung* leiten (B2). (*Hinweise*: Benzin (ca. 1 mL) kann im Verbrennungslöffel verbrannt werden. Dieselöl lässt sich nur entzünden, wenn man einen Docht oder etwas Watte in die Flüssigkeit steckt. Die Gase werden in einem entsprechenden Brenner verbrannt.)

V2 *Nachweis von Schwefeldioxid*: Geben Sie in einen Verbrennungslöffel eine kleine Portion Schwefel und entzünden Sie sie in der Brennerflamme. Leiten Sie die Verbrennungsgase durch Fuchsin-Lösung (0,01 g Fuchsin in 100 mL Wasser). Führen Sie anschließend diesen Nachweis auch mit den Stoffgemischen a) bis c) aus V1 und mit Braunkohlepulver durch. (*Hinweis*: Die Fuchsin-Lösung muss jedes Mal erneuert werden. Sie wird durch Schwefeldioxid entfärbt.)

V3 *Nachweis von Stickstoffoxiden*: Beschicken Sie die Waschflasche aus B2 ca. 4 cm hoch mit SALTZMANN-Lösung* (5 g Sulfanilsäure*, 0,05 g N-(Naphthyl-(1))-ethylendiammoniumchlorid und 50 mL Eisessig* in 1 L Lösung). Saugen Sie zunächst 1 min lang Luft durch die Lösung. Leiten Sie dann jeweils die Verbrennungsgase der Stoffgemische a) bis c) aus V1 durch dieses Nachweisreagenz. (*Hinweis*: Die SALTZMANN-Lösung muss jedes Mal erneuert werden. Sie wird durch Stickstoffoxide rosa-pink gefärbt.)

V4 *Nachweis von Kohlenstoffmonooxid*: Beschicken Sie die Waschflasche aus B2 ca. 4 cm hoch mit ammoniakalischer Silbernitrat*-Lösung und leiten Sie der Reihe nach die Verbrennungsgase der Stoffgemische a) bis c) aus V1 durch. (*Hinweis*: Die Lösung muss jedes Mal erneuert werden. Sie bildet mit Kohlenstoffmonooxid einen schwarzen Niederschlag.)

Auswertung

a) Fertigen Sie eine Tabelle mit allen Versuchsergebnissen an.

b) Erklären Sie in jedem Einzelfall, wie sich das nachgewiesene Oxid gebildet hat bzw. warum es nicht in den Verbrennungsgasen enthalten war.

c) Formulieren Sie für V1 die Nachweisreaktion. Begründen Sie, wie V1 bei der Verbrennung von Wasserstoff ausfallen würde.

	Emissionsrate in 10^9 kg pro Jahr	**Hauptemissionsquellen**	**Verhältnis natürlich: anthropogen**
Kohlenstoffdioxid CO_2	830 000	Atmung, biologischer Abbau, Verbrennung fossiler Brennstoffe, Rodung	33 : 1
Kohlenstoffmonooxid CO	3 400	unvollständige Verbrennung, atmosphärische Oxidation von Kohlenwasserstoffen	3,5 : 1
Methan CH_4	500	Erdgas, Sümpfe, Reisfelder, Tierhaltung, Termiten, Mülldeponien, arktische Tundra	1 : 1
Schwefelverbindungen (als SO_2 bezeichnet)	400	Verbrennung von Holz, Kohle, Erdölprodukten; Sümpfe, Vulkane	1 : 1,5
Stickstoffoxide (ohne N_2O) als NO_2 berechnet	160	Verbrennungsprozesse, Gewitter, atmosphärische Oxidation von NH_3, Stickstoffdüngung	1 : 2,1

B3 *Globale jährliche Emissionen einiger atmosphärischer Spurenstoffe.* ***A:*** *Vergleichen Sie die Angaben aus der rechten Spalte für Kohlenstoffdioxid und Stickstoffoxide und erklären Sie den Unterschied.*

Rauchgasreinigung und Autokatalysator

Bei der Verbrennung von Kohlenwasserstoffen bilden sich als Hauptprodukte immer *Wasser* und *Kohlenstoffdioxid* (V1, B4). Darüber hinaus entstehen je nach Zusammensetzung des Brennstoffs und den Bedingungen, unter denen die Verbrennung abläuft, auch geringe Mengen anderer Oxide. *Schwefeldioxid* bildet sich nur, wenn im Brennmaterial Schwefelverbindungen enthalten sind (V2). Dagegen entstehen *Stickstoffoxide* auch dann, wenn das Brennmaterial keine Stickstoffverbindungen enthält und zwar umso mehr, je höher die Verbrennungstemperatur ist. Stickstoff und Sauerstoff aus der Luft reagieren endotherm miteinander. Verläuft die Verbrennung in begrenztem Luftvolumen, so wird Kohlenstoff nicht bis zur Endstufe oxidiert und es fällt hochgiftiges *Kohlenstoffmonooxid* an. Bei einem Volumenanteil von 0,1% in der Atemluft wirkt es tödlich. Auch Schwefeldioxid und Stickstoffoxide zählen zu den Luftschadstoffen. Sie reizen und entzünden die Schleimhäute in Augen und Atemwegen. Diese Gase verursachen den **sauren Regen** und **Smog** und schädigen so die Umwelt auf unterschiedliche Art, beispielsweise durch Steinfraß bei Bauten, durch Waldsterben und durch Übersäuerung von Gewässern.

Trotz Zunahme des Verkehrs und der Stromerzeugung gehen seit dem Jahr 1975 die Emissionen an Luftschadstoffen in Deutschland und Westeuropa zurück (B5). Möglich wurde dies, da sowohl die Qualität der Brennstoffe als auch die technischen Anlagen, in denen die Verbrennung erfolgt, erheblich verbessert wurden. Erdgas und Erdöl werden heute entschwefelt, bevor sie zu Treibstoffen für Autos und Brennstoffen für Kraftwerke weiterverarbeitet werden.

Die modernen **Kraftwerke** verfügen über Anlagen, in denen die **Rauchgase** in mehreren Stufen hintereinander gereinigt werden (Elektrofilter für Staub, Entschwefelung und Entstickung, B6)

Bei Kraftfahrzeugen mit Ottomotoren gewährleistet der **Abgaskatalysator**, der **Kat**, dass die Schadstoffe (Kohlenstoffmonooxid, Stickstoffoxide und unverbrannte Kohlenwasserstoffe) in einem Schritt zu ungiftigem Stickstoff, Wasser und Kohlenstoffdioxid umgesetzt werden (vgl. S. 77). Allerdings können die Schadstoffe nicht vollständig beseitigt werden und Kohlenstoffdioxid bleibt bei diesen Verbrennungstechniken in den Abgasen enthalten (vgl. S. 226, V4).

Rauchgasentschwefelung

- mit Kalkstein-Suspension:

$$2\ CaCO_3 + 2\ SO_2 + O_2 \longrightarrow 2\ \underset{\text{Gips}}{CaSO_4} + 2\ CO_2$$

- mit Natronlauge:

$$4\ NaOH + 2\ SO_2 + O_2 \longrightarrow 2\ Na_2SO_4 + 2\ H_2O$$

Rauchgasentstickung

- mit Ammoniak (SCR):

$$4\ NH_3 + 2\ NO_2 + O_2 \longrightarrow 3\ N_2 + 6\ H_2O$$

B6 *Bruttoreaktionen bei der Rauchgasentschwefelung und -entstickung in Kraftwerken (SCR: selective catalytic reduction).* **A:** *Wie verändert sich die Oxidationszahl des Stickstoffs bei der angegebenen Reaktion? Erläutern Sie.*

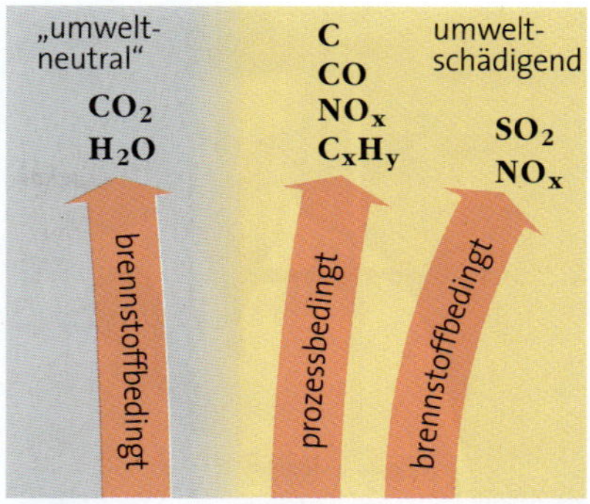

B4 *Verbrennungsprodukte (NO_x: Stickstoffoxide, C_xH_y: Kohlenwasserstoffe)*

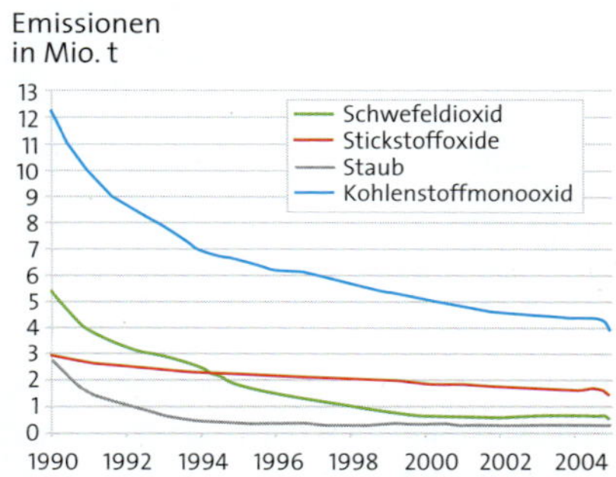

B5 *Entwicklung der Emissionen von 1990 bis 2005 in Deutschland.* **A:** *Äußern Sie eine Vermutung, warum in diesem Diagramm die Daten erst ab 1990 dargestellt sind.* **A:** *Erläutern Sie, worauf die Entwicklung zurückzuführen ist.*

Fachbegriffe

saurer Regen, Smog, Rauchgase, Rauchgasentschwefelung, Rauchgasentstickung, Abgaskatalysator

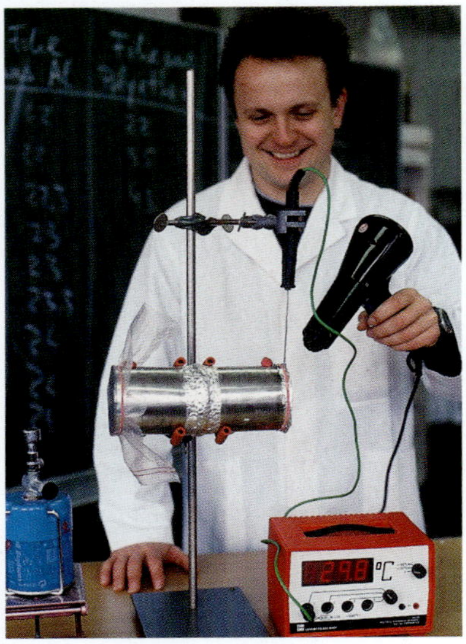

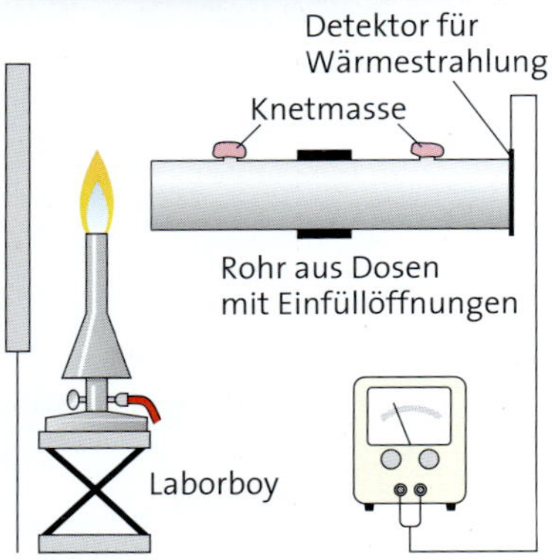

B1 *Messvorrichtung zu V1 (Wärmeabsorption).* ***A:*** *Warum muss nach jeder Messung gekühlt werden?*

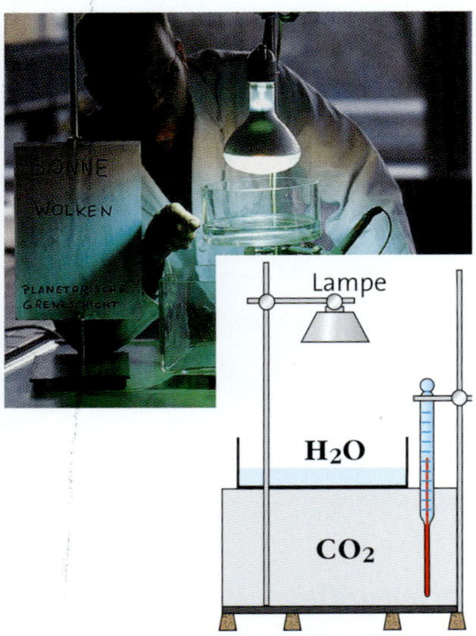

B2 *Messvorrichtung zu V2 (Treibhauseffekt).* ***A:*** *Nennen Sie den Platzhalter für Sonne, Wolken, Luft und Erde.*

Verbrennungsprodukte schlucken Wärme

Versuche

V1 *Wärmeabsorption*: Bauen Sie eine Messvorrichtung gemäß der Skizze aus B1. Das Rohr besteht aus zwei vereinigten Teedosen, bei denen die Böden entfernt wurden. Die Spitze des Temperaturfühlers wird hinter einer schwarzen Pappe mit Tesafilm befestigt und auf der Rückseite mit einer glatten Aluminiumfolie verklebt. Der Bunsenbrenner (oder Kartuschenbrenner) wird bei allen Messungen in der gleichen Entfernung von 10 cm bis 15 cm vor der Dosenöffnung positioniert. Bei jeder Messreihe wird die Temperatur alle 30 s abgelesen, notiert und anschließend grafisch aufgetragen. Jede Messung wird nach 3 min abgebrochen. Vor Beginn der nächsten Messung muss die Apparatur (ggf. mit einem Fön) gekühlt werden. Führen Sie Messreihen durch, indem Sie an der Dosenöffnung folgende Stoffe befestigen (z. B. mit einem Gummiband): a) eine Polyethenfolie, b) eine Aluminiumfolie, c) einen Flachbeutel aus Polyethen (leer), d) einen Flachbeutel aus Polyethen, innen mit Wasser befeuchtet und e) Dosenöffnung frei. Wiederholen Sie dann Teilversuch a), nachdem Sie im Rohr die Luft durch Kohlenstoffdioxid ersetzt haben. (*Hinweis*: Nach dem Einfüllen des Kohlenstoffdioxids verschließen Sie die beiden oberen Öffnungen am Rohr mit Knetmasse.)

V2 *Modellversuch zum Treibhauseffekt*: Bauen Sie die Versuchsvorrichtung aus B2 auf. Sie besteht aus einem 300-Watt-Strahler, einer Glaswanne, in der sich ca. 1 cm hoch Wasser befindet, einer zweiten Glaswanne, deren Boden mit schwarzer Pappe ausgelegt ist und einem Temperaturfühler im Gasraum der unteren Wanne. Nach Einschalten der Lampe wird die Temperatur alle 20 s abgelesen, notiert und anschließend grafisch aufgetragen. Führen Sie Messreihen durch, bei denen die untere Wanne a) mit Luft und b) mit Kohlenstoffdioxid gefüllt ist. Wiederholen Sie dann die Messreihen a) und b) nachdem Sie die schwarze Pappe am Boden der unteren Wanne durch Aluminiumfolie ersetzt haben.

Auswertung

a) Treffen Sie anhand der Ergebnisse aus V1 begründete Aussagen über die Wärmedurchlässigkeit von Aluminium, Polyethen und Wasser.

b) Begründen Sie mithilfe der geeigneten Graphen, die Sie bei V1 ermitteln, warum Kohlenstoffdioxid Wärmestrahlung besser absorbiert als Luft.

c) Erläutern Sie, welche Funktion das Wasser in der oberen Wanne bzw. die schwarze Pappe am Boden der unteren Wanne bei V2 hat. Stellen Sie Bezüge zur Atmosphäre und zur Erdoberfläche her.

d) Wie erklären Sie die Unterschiede bei V2, wenn die schwarze Pappe durch Aluminiumfolie ersetzt wird?

Der Treibhauseffekt

Wasser und Kohlenstoffdioxid, die Produkte der Verbrennung von Kohlenwasserstoffen, sind sehr wirksame „Wärmeschlucker", d. h. sie **absorbieren Wärmestrahlung** besser als andere Stoffe (V1). Sie spielen beim **Treibhauseffekt** (B3), eine entscheidende Rolle. Kohlenstoffdioxid verstärkt den Treibhauseffekt, wie der höhere Temperaturanstieg bei der zweiten Messreihe in V2 zeigt.

Ohne Treibhauseffekt wäre es in Bodennähe viel kälter (−18 °C) als es tatsächlich ist (+15 °C), menschliches Leben hätte nicht entstehen können. Von den 33 °C, die der Treibhauseffekt ausmacht, werden 20,6 °C durch Wasserdampf aus der Atmosphäre verursacht und *nur* 7,2 °C durch Kohlenstoffdioxid. Weitere **Treibhausgase** sind Ozon $\mathbf{O_3}$, Distickstoffmonooxid $\mathbf{N_2O}$ und Methan $\mathbf{CH_4}$.

Seit dem Jahr 1960 nimmt der Gehalt an Kohlenstoffdioxid in der Atmosphäre stark zu, bis zum Jahr 2000 bereits um über 50 ppm (B4). Gleichzeitig hat auch die mittlere Jahrestemperatur um ca. 1 °C zugenommen. Auch durch den in B5 dargestellten Zusammenhang wird belegt, dass es bei Anstieg des Kohlenstoffdioxidgehalts auch zu einer weiteren Erwärmung kommt. Die Auswirkungen auf natürliche Ökosysteme könnten für die Erdbevölkerung verheerend sein: Schmelzen des Polareises, Anstieg des Meeresspiegels, Verschiebung von Klimazonen, Ausdehnung von Wüsten. Daher muss die weitere Kohlenstoffdioxidzunahme in der Atmosphäre eingedämmt werden. Dies ist u. a. durch den Erhalt und die Vermehrung der fotosynthesefähigen Biomasse und durch die Reduzierung der Verfeuerung fossiler Brennstoffe möglich.

Die im Erdöl enthaltenen Kohlenwasserstoffe sind also nicht nur zu schade, um verfeuert zu werden (vgl. S. 225), ihre Verbrennung trägt auch zur Zunahme des Kohlenstoffdioxidgehalts in der Atmosphäre und damit zur Intensivierung des Treibhauseffekts bei. Die Erforschung und Nutzung alternativer Treibstoffe (z. B. Wasserstoff) und anderer Energieformen (z. B. Lichtenergie) ist für die nächsten Jahrzehnte eine dringliche Herausforderung für Wissenschaft und Industrie. Die begrenzten Erdölvorräte, ein wertvolles Geschenk aus prähistorischen Zeiten, sollten wir nicht in unüberlegter Weise durch den Auspuff jagen, sondern mit dem Wissen und Können der Chemie zu Produkten veredeln, die wir aus anderen Rohstoffen nicht oder nur mit viel mehr Aufwand gewinnen können.

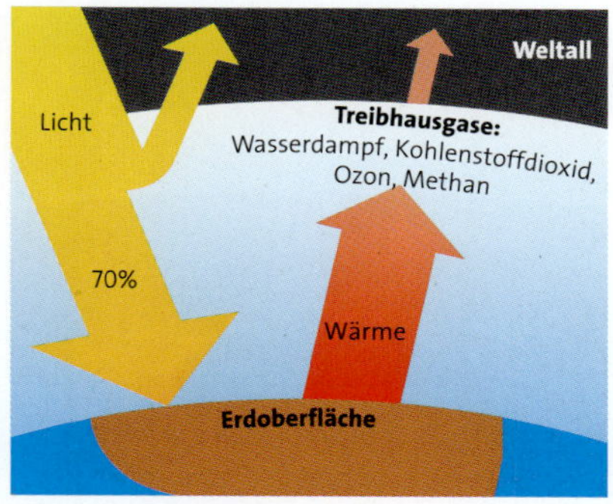

B3 *Treibhauseffekt: Ein großer Teil des Sonnenlichts, das auf die Erde trifft, wird absorbiert, in Wärme umgewandelt und als solche zurückgestrahlt.* ***Treibhausgase*** *aus der Atmosphäre absorbieren die von der Erde zurückgestrahlte Wärme fast vollständig und halten sie wie in einem Treibhaus fest.*

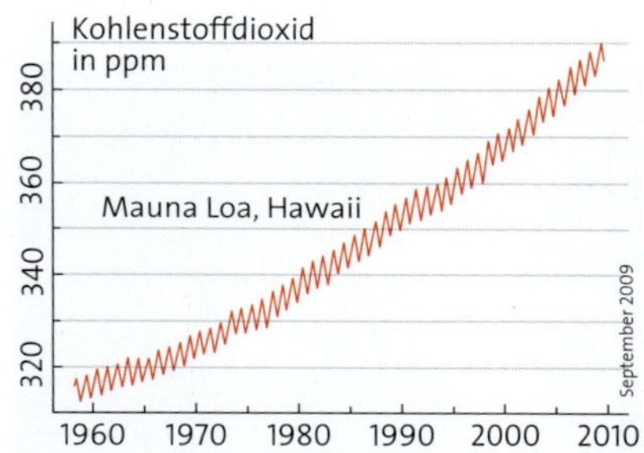

B4 *Anstieg des Kohlenstoffdioxidgehalts in der Atmosphäre auf Mauna Loa, Hawaii, USA*

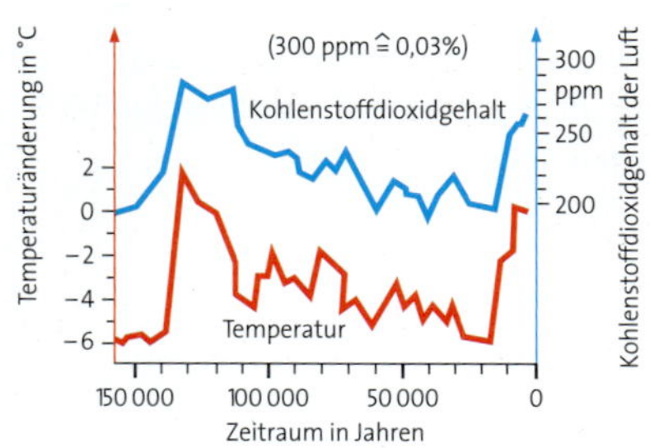

B5 *Über lange Zeiträume hat sich die Temperatur in der gleichen Weise geändert wie der Kohlenstoffdioxidgehalt in der Atmosphäre.* **A:** *Woher kann man heute wissen, wie hoch der Kohlenstoffdioxidgehalt in der Luft vor 100 000 Jahren war? Informieren Sie sich und erläutern Sie.*

Aufgaben

A1 Erläutern Sie, warum ohne den Treibhauseffekt menschliches Leben auf der Erde nicht möglich wäre.

A2 Erklären Sie den Anstieg des Treibhauseffekts und erläutern Sie die Folgen.

A3 Beschreiben Sie Möglichkeiten, wie der Anstieg des Kohlenstoffdioxidgehalts in der Atmosphäre zu bremsen ist. Erläutern Sie, was Sie persönlich dazu beitragen können.

Fachbegriffe

Wärmeabsorption, Treibhauseffekt, Treibhausgase

B1 *Ansicht der Erdatmosphäre. **A:** Was wissen Sie über die einzelnen Elemente bzw. Verbindungen in der Erdatmosphäre?*

B2 *Blitzentladung. **A:** Finden Sie Gemeinsamkeiten zwischen der Luft der Atmosphäre bei einer Blitzentladung und der Luft, die im Verbrennungsmotor eines Kraftfahrzeugs reagiert.*

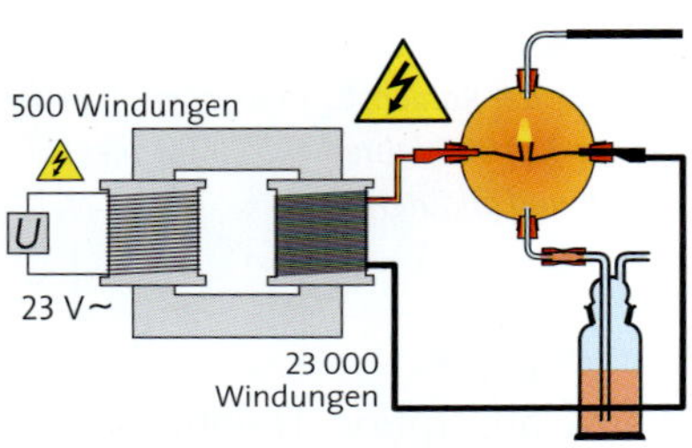

B3 *Reaktion von Luft im Lichtbogen*

Stickstoff – elementar und gebunden

Versuche

LV1 In einer Apparatur gemäß B3 wird Luft einige Minuten lang einer Funkenstrecke ausgesetzt. Nach dem Abschalten der Hochspannung gibt man 10 mL Wasser in den Kolben, schüttelt kräftig und prüft die Lösung mit Indikator.

V2 Versetzen Sie in einem Reagenzglas 5 mL konz. Ammoniumchlorid-Lösung* mit 2 Kaliumhydroxid-Plätzchen* und führen Sie vorsichtig eine Geruchsprobe durch. Halten Sie über die Reagenzglasöffnung ein angefeuchtetes Universal-Indikatorpapier sowie einen in konz. Salzsäure* getauchten Glasstab.

V3 Mischen Sie gleiche Anteile einer konz. Ammoniumchlorid- und einer konz. Natriumnitrit-Lösung* und verteilen Sie diese Lösung auf zwei Reagenzgläser. Fügen Sie zu einer Probe 5 Tropfen konz. Essigsäure* und beobachten Sie beide Proben etwa 10 min. Halten Sie dann in den Gasraum einen glimmenden Holzspan.

V4 (Abzug!) Übergießen Sie in einem trockenen Reagenzglas eine Spatelspitze festes Natriumnitrit* mit einigen Tropfen verd. Schwefelsäure*. Führen Sie in das Reagenzglas (ohne dabei dessen Innenwand zu berühren!) einen Glasstab ein, der mit feuchtem Indikatorpapier umwickelt ist. Tauchen Sie anschließend das Reagenzglas in eine Kältemischung (Eis/Kochsalz).

V5 Versetzen Sie a) 2 mL einer verd. Natriumnitrit-Lösung*, w = 5%, bzw. b) 2 mL einer verd. Natriumnitrat-Lösung*, w = 5%, mit wenigen Tropfen einer Kaliumpermanganat-Lösung*. Säuern Sie mit verd. Schwefelsäure* an.

V6 Füllen Sie eine Mischung aus Gartenerde und einem Teelöffel Harnstoff etwa 4 cm hoch in einen Erlenmeyerkolben. Verschließen Sie ihn mit einem Stopfen und klemmen Sie dabei einen feuchten Streifen Universalindikatorpapier so ein, dass er in das Kolbeninnere hängt. Der Kolben wird für zwei bis drei Tage an einen warmen (20 bis 30 °C) Ort gestellt (vgl. mit V2).

Auswertung

a) Ordnen Sie die folgenden Moleküle und Ionen nach steigender Oxidationszahl des Stickstoff-Atoms: NO, NO_2, N_2O_3, N_2O_4, N_2O, N_2, NO_2^-, NO_3^-, NH_3, Harnstoff $H_2N\text{-}CO\text{-}NH_2$, NH_4^+.

b) In LV1 entsteht Stickstoffmonooxid NO und gasförmiges Stickstoffdioxid NO_2, das mit Wasser zu salpetriger Säure HNO_2 und Salpetersäure HNO_3 reagiert. Formulieren Sie die Reaktionsgleichungen. Geben Sie die Oxidationszahlen des Stickstoff-Atoms in den jeweiligen Stickstoffverbindungen an. Zu welchem Reaktionstyp gehört die Reaktion von Stickstoffdioxid mit Wasser?

c) Formulieren Sie die Reaktionsgleichungen für V2 bis V4. Wenn Sie in V3 anstelle der Natriumnitrit- eine Natriumnitrat-Lösung einsetzen, entsteht Distickstoffmonooxid N_2O. Formulieren Sie auch hierfür die Reaktionsgleichung. In V4 entstehen zunächst Stickstoffmonooxid und Stickstoffdioxid, die in der Kälte im Wesentlichen zu Distickstofftetraoxid N_2O_4 reagieren. Stellen Sie eine Vermutung über die Bildung weiterer Oxide auf. Was geschieht, wenn das Reagenzglas wieder aus der Kältemischung genommen wird?

d) In V5 reagieren Permanganat-Ionen MnO_4^- zu Mangan(II)-Ionen Mn^{2+}. Formulieren Sie die Redoxgleichungen.

e) Begründen Sie, welche wichtige Reaktion des Stickstoff-Kreislaufs in der Natur (B4) durch V6 dargestellt wird.

Der Stickstoff-Kreislauf in der Natur

Elementarer Stickstoff N_2 ist mit 78 Vol.-% der Hauptbestandteil der Atmosphäre. Er ist sehr reaktionsträge und reagiert beispielsweise mit Sauerstoff erst bei elektrischen Entladungen in der Atmosphäre, wenn es blitzt. Dabei bilden sich die Stickstoffoxide NO und NO_2, die mit dem Regen aus der Atmosphäre ausgewaschen werden (LV1). Verbindungen des Stickstoffs sind in der Regel wesentlich reaktiver als Stickstoff. Einige davon sind am natürlichen Kreislauf dieses Elements beteiligt (B4), ihr Anteil ist jedoch lediglich 1% der Masse des gesamten, auf unserer Erde vorkommenden Stickstoffs, obwohl jede lebende Zelle Stickstoffverbindungen enthält. Tiere und Menschen können das riesige Stickstoffreservoir aus der Luft nicht nutzen. Unter den Pflanzen gibt es nur wenige, die dazu in der Lage sind. In den Wurzelknöllchen von Bohnen, Klee und anderen Schmetterlingsblütern (*Leguminosen*) leben Bakterien (*Rhizobium-Arten*), die Luftstickstoff binden[1] und der Pflanze als Nitrat-Ionen NO_3^- zur Verfügung stellen. Dieser Prozess wird als **Stickstoff-Fixierung** bezeichnet.

Eine andere nutzbare Form des Stickstoffs ist das Ammonium-Ion NH_4^+, das beim Abbau von Eiweißen und Aminosäuren aus abgestorbenen Tier- und Pflanzenteilen entsteht. Dieser Abbau wird von Mikroorganismen im Boden durchgeführt. Sie wandeln die organischen Substanzen in mineralische Nährstoffe um (**Mineralisierung**). Stickstoff tritt dabei zunächst als Ammoniak NH_3 auf, das mit dem Bodenwasser zu Ammonium-Ionen NH_4^+ reagiert. In gut durchlüfteten Böden unterliegen die Ammonium-Ionen der **Nitrifikation**. Durch die nitrifizierenden Bakterien *Nitrosomonas* und *Nitrobacter* werden Ammonium-Ionen innerhalb weniger Tage über Nitrit-Ionen NO_2^- zu Nitrat-Ionen NO_3^- umgewandelt. Die Pflanze nimmt die Nitrat-Ionen auf (B5).

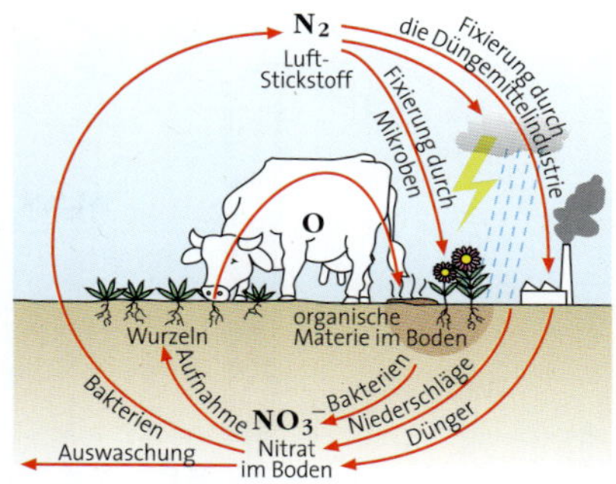

B4 *Stickstoff-Kreislauf in der Natur*

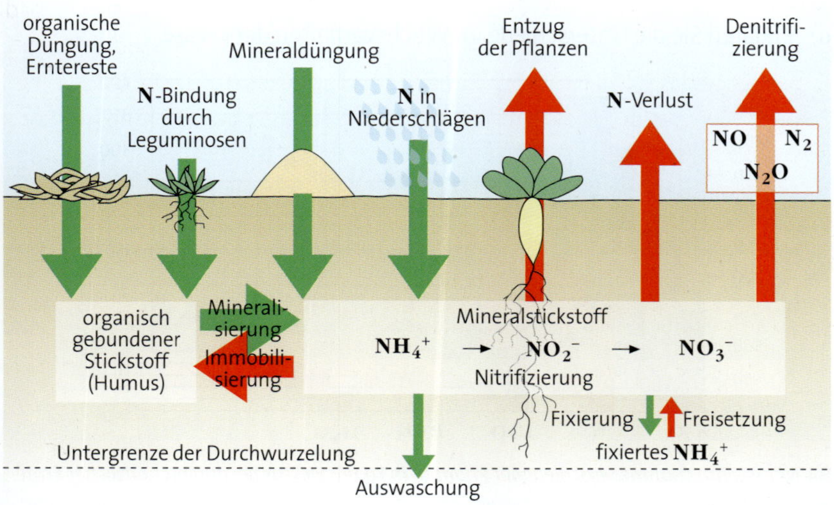

B5 *Stickstoffhaushalt des Bodens*

Aufgaben

A1 Durch Denitrifizierung (B5) können etwa ein Drittel des „gedüngten Stickstoffs" aus dem Boden entweichen. Benennen Sie die drei in B5 angegebenen Gase und informieren Sie sich über ihre Toxizität.

A2 Vergleichen Sie den Informationsgehalt in B4 und B5 und beurteilen Sie die Aussagekraft der beiden Darstellungen.

Fachbegriffe

Stickstoff-Fixierung, Mineralisierung, Nitrifikation, Denitrifikation

[1] Auf diese Weise werden 100 bis 300 kg Stickstoff pro ha und Jahr fixiert.

Boden und Stickstoffdünger

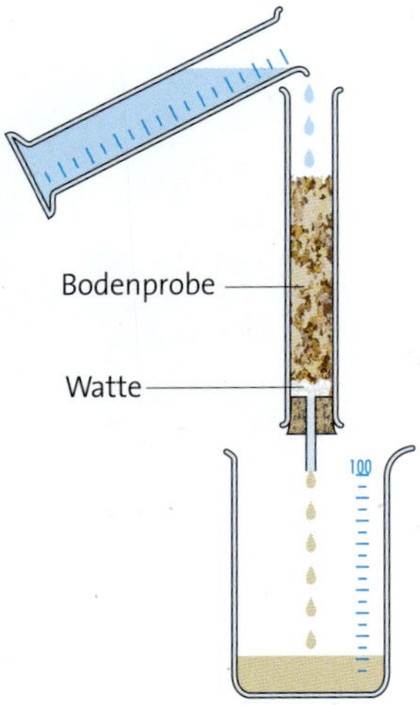

B1 *Aufbau von LV1*

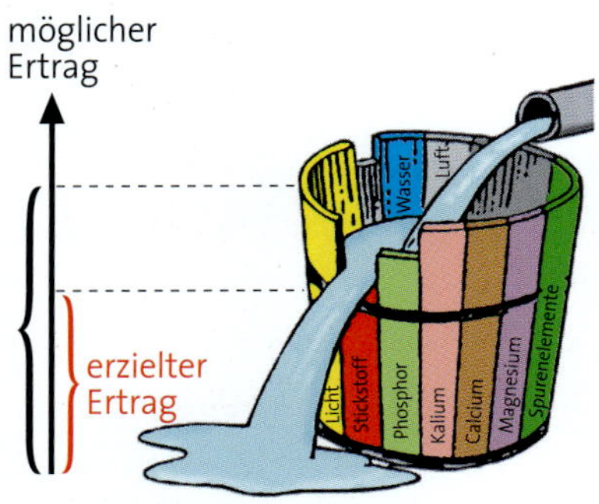

B2 *Das „Liebigsche Minimumfass": Der im Minimum vorhandene Stickstoff begrenzt den Ertrag. Justus von Liebig (1803 bis 1873) formulierte in seinem „Gesetz vom Minimum", dass die Höhe des Ertrags einer Kulturpflanze von dem Nährstoff bestimmt wird, der im Boden am wenigsten (im Minimum) vorliegt.*

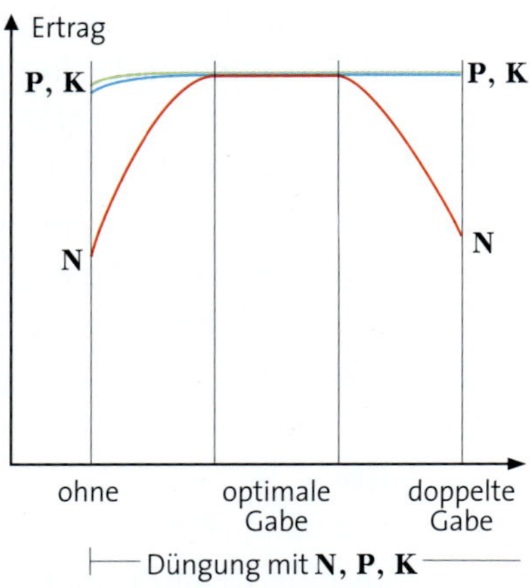

B3 *Einfluss der Düngung mit N, P oder K auf den Ertrag bei Kulturböden.* ***A:*** *Warum führen schon geringe Fehler bei der N-Düngung zu Ertragseinbußen (B2)?*

Versuche

LV1 Ein 30 bis 50 cm langes Glasrohr mit 2 bis 3 cm Durchmesser wird gemäß B1 auf einer Seite mit einem durchbohrten Gummistopfen mit Glasröhrchen versehen und senkrecht eingespannt. Bevor das Glasrohr mit locker geschichteter Erde, die mit Styropor versetzt ist, befüllt wird, bedeckt man den Gummistopfen mit etwas Watte. Die in der Erde vorhandenen Nitrat-Ionen werden mit destilliertem Wasser ausgewaschen, bis sie sich in der im Becherglas aufgefangenen Lösung mit Teststäbchen nicht mehr nachweisen lassen. Nun wird Ammoniumchlorid-Lösung*, $w = 0{,}1\,\%$, zugetropft, bis sie durch die Erde gesickert ist und in der heraustropfenden Lösung nachgewiesen werden kann (Teststäbchen). Nach drei Tagen wird die Erde im Glasrohr erneut mit destilliertem Wasser durchgespült und die aufgefangene Lösung mit Nitrat- und Ammonium-Teststäbchen untersucht. Man wiederholt den Versuch unter Verwendung von Sand statt Erde.

V2 Füllen Sie in einen 1-L-Erlenmeyerkolben etwas Erde und geben sie dann folgende Lösung aus 1 g Kaliumnitrat*, 0,5 g Kaliumdihydrogenphosphat und 5 g Weinsäure in 500 mL Leitungswasser hinzu. Setzen Sie auf den Erlenmeyerkolben einen durchbohrten Stopfen mit Gärröhrchen und lassen sie den Kolben drei Tage bei etwa 30 °C stehen. Bestimmen Sie mit Teststäbchen die Nitrat-Ionenkonzentration.

V3 Setzen Sie in mehreren Petrischalen jeweils 50 Kressesamen auf einer dünnen Watteschicht zum Keimen an. Tränken Sie die Watte mit jeweils 10 mL folgender Flüssigkeiten: a) Leitungswasser, b) Ammoniumnitrat-Lösung*, $w = 1\,\%$, und c) Ammoniumnitrat-Lösung*, $w = 0{,}01\,\%$.

Auswertung

a) Begründen Sie, ob Ammonium- oder Nitrat-Ionen (LV1) leichter ausgewaschen werden.

b) Erläutern Sie, welche wichtigen Reaktionen des natürlichen Stickstoff-Kreislaufs durch LV1 und V2 dargestellt werden.

c) Leiten Sie die Faktoren für die Menge eines ausgewaschenen Stickstoffdüngers ab.

d) Erklären Sie die Unterschiede im Wuchsverhalten der Kresse.

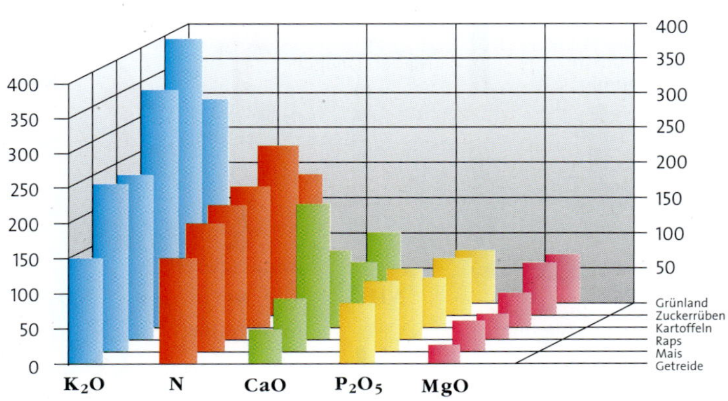

B4 *Nährstoffaufnahme verschiedener Pflanzen in kg pro Hektar bei durchschnittlicher Ernte.*
A: *Begründen Sie, welche der hier aufgeführten Pflanzen die „anspruchsvollste" und welche die „bescheidenste" ist.*

Nährstoffbilanz des Bodens und Düngung

Bereits vor 10 000 Jahren wurde in den Flussniederungen von Euphrat, Tigris und Nil zwei- bis dreimal im Jahr geerntet. Neben günstigen klimatischen Verhältnissen sorgte der bei Hochwasser mitgeführte fruchtbare Schlamm für eine optimale Nährstoffversorgung des Bodens. Heutzutage muss der Landwirt gezielt analysieren, welche Nährstoffe der (Acker-)Boden enthält, welche und wie viel Nährstoffe die bevorstehende Ernte benötigt (B4) und inwieweit die Fruchtfolge die **Nährstoffbilanz** des Bodens beeinflusst. Durch Zufuhr von organischen und/oder mineralischen Düngern kann dann die Differenz zwischen dem Nährstoffbedarf für die angestrebte Ernte und dem Nährstoffgehalt des Bodens ausgeglichen werden.

Das Element Stickstoff gilt als „Motor" des Pflanzenwachstums, weil es zum Aufbau von Aminosäuren, Proteinen, Desoxyribonucleinsäure und Chlorophyllen benötigt wird. Sowohl ein Mangel als auch ein Überangebot an Nährstoffen mit Stickstoff wirken sich auf die Ernte negativ aus. Bei Stickstoffmangel (B2, B3) kommt es zu Vergilbungen (Chlorosen) der Blätter. Da Stickstoffverbindungen in der Pflanze gut transportiert werden, erfolgt bei nicht ausreichender Stickstoffernährung eine Verlagerung aus den älteren in die jüngeren Blätter, sodass die Mangelsymptome zuerst an den älteren Blättern auftreten. Die mangelhafte Chlorophyllbildung führt zu einer Hemmung der Photosynthese und damit zu Kümmerwuchs und schlechter Blüte (Notblüte). Ein überhöhtes Stickstoffangebot ist an üppigem Wachstum, der Bildung von dunkel- bis schmutzig grünen, großen Blättern mit weichem, schwammigem Blattgewebe zu erkennen. Dabei kommt es zu einer erhöhten Anfälligkeit gegenüber Pilzkrankheiten und saugenden Insekten. Das im Überschuss aufgenommene Element Stickstoff kann nicht mehr in Proteine umgesetzt werden, sodass die Pflanzen einen stark erhöhten Gehalt an Nitrat-Ionen aufweisen.

Neben den **organischen Wirtschaftsdüngern** (Gülle, Stallmist, Jauche, Kompost und Gründüngung) werden auch **mineralische Düngemittel** (B5) eingesetzt. Es handelt sich hierbei entweder um Reinstoffe wie Ammoniumnitrat NH_4NO_3, Natriumnitrat $NaNO_3$, Kaliumchlorid KCl Ammoniak NH_3 oder um Stoffgemische, die in großen Mengen industriell hergestellt werden. Darin sind die drei Hauptelemente Stickstoff, Phosphor und Kalium (B5) enthalten. Die Zusammensetzung des jeweiligen Düngemittels wird gewöhnlich durch drei Zahlen auf der Verpackung angegeben[1]. Sie entsprechen dem prozentualen Massenanteil dieser drei Elemente, berechnet als Stickstoff N, Diphosphorpentaoxid P_4O_{10} und Kaliumoxid K_2O im jeweiligen Düngemittel. Den Handelsdüngern werden in der Regel Zusatzstoffe zur Verbesserung der physikalischen Eigenschaften (Rieselfähigkeit), Füllstoffe (zur Herabsetzung der Nährstoffkonzentration des Düngers) und mitunter Pflanzenschutzmittel zugesetzt. Außerdem enthalten einige mineralische Düngemittel sekundäre Elemente für das Pflanzenwachstum (Calcium, Magnesium, Schwefel) sowie Spurenelemente (Kupfer, Eisen, Zink, Molybdän).

Ammonsalpeter:	NH_4NO_3
Superphosphat:	$Ca(H_2PO_4)$ $CaSO_4$
Kalkammon:	(NH_4) SO_4 $CaCO_3$
Nitrophoska rot:	$(NH_4)_3PO_4$ $CaHPO_4$ NH_4NO_3 NH_4Cl KNO_3

B5 *Handelsübliche mineralische Düngemittel.* ***A:*** *Warum wird Ammonsalpeter als Einzeldünger und Nitrophoska als Volldünger bezeichnet?* ***A:*** *Erkundigen Sie sich im Fachhandel nach wichtigen Stickstoffdüngern, ihren Inhaltsstoffen und ihrem Verhalten im Boden.*

Aufgaben

A1 Mit welchen Zahlen müsste ein Düngemittel aus reinem Ammoniumsulfat $(NH_4)_2SO_4$ charakterisiert werden?

A2 Geben Sie die Aufschrift an, die man auf der Verpackung eines Düngemittels, das 20,0 g $(NH_4)_2SO_4$, 10,0 g $Ca(H_2PO_4)_2$ und 10,0 g KCl zusammen mit 100 g Füllstoffen und Beimengungen enthält, findet.

A3 Warum dürfen Kalkdünger und ammoniumhaltige Dünger nicht miteinander gemischt werden?

A4 Begründen Sie die unterschiedlich schnelle Wirkung von Nitrat- und Ammoniumdünger.

A5 Informieren Sie sich im Internet über industrielle Düngemittel.

Fachbegriffe

Nährstoffbilanz, organische Wirtschaftsdünger, mineralische Düngemittel

[1] Ein Düngemittel mit der Aufschrift **18–18–5** enthält 18 % N, 18 % P_4O_{10} und 5 % K_2O.

Unsere Atmosphäre – Ein Ozean aus Luft

B1 *Weltall-Foto mit Nordafrika, der Gibraltar-Straße und Südspanien.* ***A:*** *Die Atmosphäre der Venus besteht ebenso wie die des Mars zu ca. 96 % aus Kohlenstoffdioxid und zu ca. 3,5 % aus Stickstoff. Die mittlere Temperatur auf der Venus beträgt 450 °C, auf dem Mars –50 °C. Vergleichen Sie mit den Bedingungen auf der Erde und beurteilen Sie die Lebensbedingungen auf unseren Nachbarplaneten.*

INFO

„Wir leben am Grunde eines Ozeans aus Luft" stellte im Jahr 1640 der italienische Physiker EVANGELISTA TORICELLI fest. Dieser Ozean aus Luft ist unsere Atmosphäre. Sie ist zwar wesentlich tiefer als das Weltmeer an seiner tiefsten Stelle, aus dem Weltall betrachtet erscheint sie aber nur als eine hauchdünne bläuliche Schicht (B1).
Unsere Atmosphäre ist lebensfreundlich. Aufgrund ihrer Schichtung (B2) und Zusammensetzung (B3) gewährleistet sie an der Erdoberfläche eine mittlere Temperatur von +15 °C und sichtbares Licht, aus dem die schädliche UV-Strahlung der Sonne weitgehend herausgefiltert wurde. Sie enthält u. a. die Gase Sauerstoff und Kohlenstoffdioxid, die für den Stoffwechsel der irdischen Lebewesen notwendig sind. Die ca. 10 km dicke Lufthülle über dem Erdboden, die **Troposphäre** (B2), stellt ca. 75 % der gesamten Luftmasse unserer Atmosphäre dar. Innerhalb einer Entfernung von 50 km zur Erdoberfläche, d. h. bis einschließlich der **Stratosphäre**, sind bereits 99,9 % enthalten. Die zwischen der Troposphäre und Stratosphäre gelagerte **Tropopause** ist mit ca. –60 °C sehr kalt. Gase können diese kalte Schicht nur sehr schwer durchqueren.

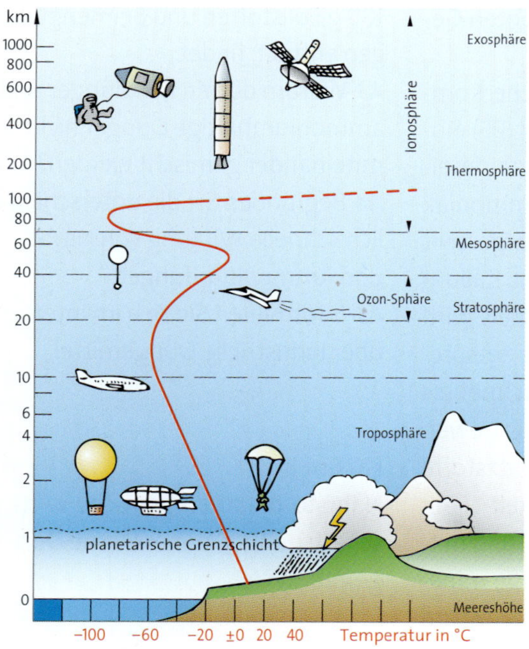

B2 *Schichtung der Atmosphäre und Temperaturprofil (rote Linie).* ***A:*** *Erläutern Sie, warum der Luftaustausch zwischen Troposphäre und Stratosphäre nur gering ist.*

	Bestandteil	Formel	Volumenanteil
Hauptbestandteile	Stickstoff	N_2	78,08 %
	Sauerstoff	O_2	20,95 %
	Argon	Ar	0,93 %
Hauptspurenstoffe	Kohlenstoffdioxid	CO_2	0,034 %
	Neon	Ne	0,0018 %
	Helium	He	0,0005 %
	Methan	CH_4	0,00016 %
	Krypton	Kr	0,00011 %
	Wasserstoff	H_2	0,00005 %
	Distickstoffmonooxid	N_2O	0,00003 %
	Kohlenstoffmonooxid	CO	0,00002 %
	Xenon	Xe	0,000009 %
Spurenstoffe	Ozon	O_3	30 bis 50 ppb
	Kohlenwasserstoffe (ohne Methan)	C_xH_y	10 bis 100 ppb
	nitrose Gase	NO_x	0,01 bis 5 ppb
	Schwefeldioxid	SO_2	0,1 bis 2 ppb
	Difluordichlormethan	CF_2Cl_2	230 bis 300 ppt
	Fluortrichlormethan	$CFCl_3$	160 ppt

B3 *Zusammensetzung reiner Luft (in Meereshöhe). Hinweis: 1 ppb (part per billion, $1:10^{-9}$) entspricht 1 mg pro kg oder 1 mm³ pro m³; 1 ppt (part per trillion, $1:10^{-12}$) entspricht 1 ng pro kg oder 1 mm³ pro 1000 m³.*

Photosmog – Stoffkreisläufe in der Troposphäre

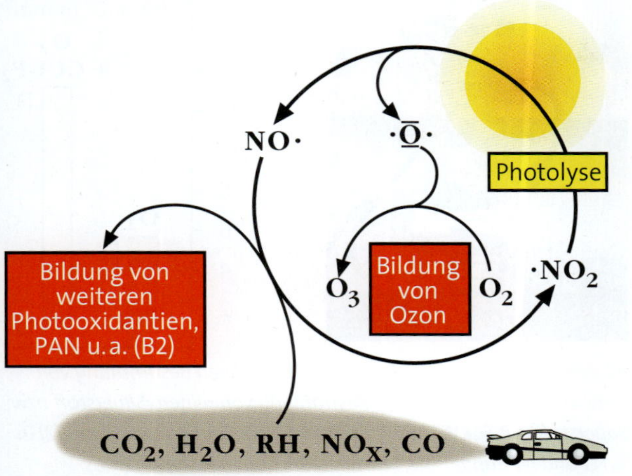

B1 *Katalysezyklus: Stickstoffdioxid wird durch Sonnenlicht zu Stickstoffmonooxid und atomarem Sauerstoff gespalten, der mit molekularem Sauerstoff zu Ozon reagiert. Unter Beteiligung von Kohlenwasserstoffen wird Stickstoffdioxid zurückgebildet und kann einen neuen Zyklus starten.*

$NO_2\cdot$	$\xrightarrow{h\nu}$	$NO\cdot + O:$
$O: + O_2:$	$\xrightarrow{M}$	O_3
$O: + H_2O:$	$\longrightarrow$	$2OH$
$NO_2\cdot + O_2:$	$\xrightarrow{M}$	$NO\cdot + O_3$
$2NO\cdot + O_2$	$\xrightarrow{h\nu}$	$2NO_2\cdot$
$NO\cdot + O_3$	$\longrightarrow$	$NO_2\cdot + O_2:$
$RH + OH\cdot + O_2:$	$\xrightarrow{M}$	$RO_2\cdot + H_2O$
$RO_2\cdot + NO\cdot$	$\longrightarrow$	$RO\cdot + NO_2\cdot$
$RO\cdot + O_2:$	$\longrightarrow$	$HO_2\cdot + R'CHO$
$HO_2\cdot + NO\cdot$	$\longrightarrow$	$OH\cdot + NO_2\cdot$
$HO_2\cdot + HO_2\cdot$	$\longrightarrow$	$H_2O_2 + O_2:$
$RO_2\cdot + NO_2\cdot$	$\xrightarrow{M}$	$RO_2NO_2:$
z.B.		
$CH_3COO_2\cdot + NO_2\cdot$	$\xrightarrow{M}$	$CH_3COO_2NO_2$ Peroxyacetylnitrat (PAN)

B2 *Einige Reaktionen aus dem Photoreaktor Troposphäre.* **M** *bezeichnet jeweils ein Teilchen, das am Stoßprozess beteiligt ist und dabei Energie aufnimmt, ohne chemisch verändert zu werden. Die sog. Photooxidantien sind rot gedruckt.*

Die Menschen in Athen, Los Angeles, Mexico-City und anderen Großstädten werden aufgrund des hohen Verkehrsaufkommens und des heißen, sonnigen Klimas häufig durch **Photosmog** oder **Sommersmog** geplagt. In abgeschwächter Form, aber immer häufiger, tritt Photosmog auch in Deutschland auf, oft unter der Bezeichnung **Ozonsmog**. Bei dieser Smogart entstehen in der mit Abgasen verunreinigten Luft durch die Lichteinwirkung der Sonne giftige Stoffe, deren wichtigster Vertreter das Ozon $\mathbf{O_3}$ ist. Dabei handelt es sich um eine besonders aggressive Form des Elements Sauerstoff. Ozon oxidiert Iodid-Ionen zu elementarem Iod, reagiert mit dem Farbstoff Safranin T unter Leuchterscheinung (Chemolumineszenz) und bringt einen Luftballon zum Platzen. Die Polyisopren-Moleküle aus dem Gummi enthalten **C=C**-Doppelbindungen, die durch Ozon-Moleküle geknackt werden (Ozonolyse). Photosmog schädigt Pflanzen insbesondere durch Zerstörung der Blattpigmente β-Carotin, Chlorophyll a und Chlorophyll b. Beim Menschen kann Photosmog zu Augenreizungen, Kopfschmerzen und Atembeschwerden führen.

Bei einem Ozongehalt von über 180 µg Ozon pro Kubikmeter Luft wird die Bevölkerung informiert und gewarnt, bei höheren Werten als 360 $\mu g/m^3$ kann es zu Smogalarm und Fahrverboten kommen.

Wie bildet sich Ozon im **Photoreaktor Troposphäre**, wo doch so gut wie kein UV-Licht bis in Bodennähe eindringt (vgl. S. 234 und S. 236)?

Die in der bodennahen Luft enthaltenen und durch die Autoabgase stark angereicherten Schadstoffe machen es möglich: Das braune, durch sichtbares Licht spaltbare Stickstoffdioxid $\mathbf{NO_2}$ katalysiert Reaktionszyklen (**Katalysezyklen**), bei denen Sauerstoff, Kohlenwasserstoffe **RH** und Wasser zu Ozon und anderen aggressiven Oxidationsmitteln (sog. Photooxidantien) umgesetzt werden. Stickstoffdioxid befindet sich dabei in einem Stoffkreislauf (B1, B2). Obwohl die Reaktionen in der Atmosphäre sehr komplex und z.T. noch nicht genau bekannt sind, steht fest, dass die Abgase aus Motoren, in denen Erdölprodukte verbrannt werden, die Bildung von Photosmog fördern. Messergebnisse beweisen, dass Kohlenwasserstoffe und Stickstoffoxide die Vorläufer von Ozon an heißen Sommertagen sind.

Aufgabe

A1 Informieren Sie sich im Internet über die aktuell gültigen Alarmstufen für Sommersmog (Photosmog, Ozonsmog).

3 mm Ozon – der Filter für das Leben

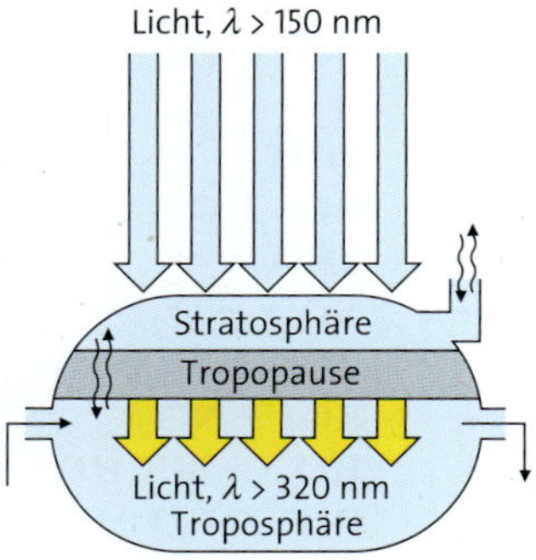

$$O_2 \xrightarrow[h\nu_1]{\lambda < 240\ \text{nm}} O + O$$

$$O + O_2 + M \rightarrow O_3 + M$$

$$O_3 + O \longrightarrow 2\ O_2$$

$$O_3 \xrightarrow[h\nu_2]{\lambda < 300\ \text{nm}} O_2 + O$$

$$3\ O_2 \underset{+h\nu_2}{\overset{+h\nu_1;\ -\Delta}{\rightleftarrows}} 2\ O_3$$

B1 *Zweikammer-Photoreaktor-Modell der Atmosphäre und Chapman-Zyklus des Ozon-Gleichgewichts in der Stratosphäre (M: inertes Molekül; Δ: Wärme). **A:** Erklären Sie, warum der Ozongehalt in der Stratosphäre wesentlich höher ist als in Bodennähe.*

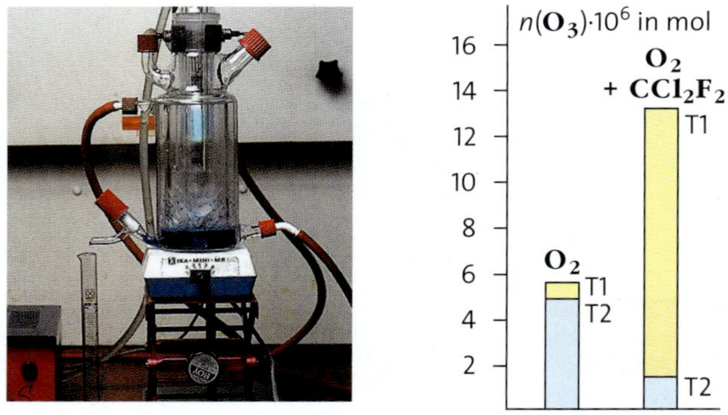

B2 *Apparatur zur Erzeugung und quantitativen Bestimmung von Ozon und Ergebnisse bei der Bestrahlung von reinem Sauerstoff bzw. Sauerstoff mit FCKW. **A:** Vergleichen Sie die Reaktionen (1) und (2) in INFO und begründen Sie, warum stark gerührt werden muss.*

Würde man das Ozon über die gesamte Höhe der Atmosphäre zusammenfassen, so wäre diese Schicht etwa 3 mm dick (B3).

Die Erdatmosphäre gleicht einem riesigen Photoreaktor, der in zwei Kammern aufgegliedert werden kann, die Troposphäre und die Stratosphäre (B1). Dazwischen liegt die um ca. 50 °C kältere Tropopause, durch die der Stoffaustausch zwischen der unteren und oberen Kammer stark gehemmt ist. Vor etwa 3 Milliarden Jahren, als im Zuge der biologischen Evolution Photosynthese betreibende Pflanzen entstanden, begann die Auffüllung der Atmosphäre mit Sauerstoff. Seit ca. 500 Millionen Jahren ist der Sauerstoff-Anteil in der Atmosphäre annähernd konstant. In der Stratosphäre werden Sauerstoff-Moleküle durch energiereiches, sehr kurzwelliges Licht ($\lambda < 240$ nm) in Sauerstoff-Atome getrennt, die wiederum mit Sauerstoff-Molekülen zu Ozon-Molekülen reagieren. Diese absorbieren ebenfalls UV-Licht im Wellenlängenbereich von 200 nm bis 300 nm. Zwischen molekularem Sauerstoff O_2 und Ozon O_3 stellt sich ein **photostationäres Gleichgewicht** ein. Dabei wird Licht teils in längerwelliges Licht, teils in Wärme umgewandelt.

INFO

In einem Tauchlampenreaktor (B2) kann der Einfluss von verschiedenen Gasen auf die Ozonbildung und den Ozonabbau unter stratosphärischen Lichtverhältnissen untersucht werden. Dazu wird in der geschlossenen Apparatur reiner Sauerstoff bzw. gezielt verunreinigter Sauerstoff mit UV-Licht bestrahlt, wobei nach folgender Gleichung Ozon entsteht:

$$3O_2(g) \rightleftharpoons 2O_3(g) \qquad (1)$$

Das gebildete Ozon wird in einer wässrigen Lösung aus Kaliumiodid, Stärke und Schwefelsäure mit genau bekannten Konzentrationen an Iodid-Ionen $I^-(aq)$ und Wasserstoff-Ionen $H^+(aq)$ nach folgender Gleichung abgefangen:

$$O_3(g) + 2I^-(aq) + 2H^+(aq) \rightarrow$$
$$O_2(g) + I_2(aq) + H_2O(l) \qquad (2)$$

Durch eine erste Titration T1 des in (2) gebildeten Iods mit Natriumthiosulfat-Lösung und eine zweite Titration T2 der „Restsäure“, d. h. der in (2) nicht verbrauchten Wasserstoff-Ionen $H^+(aq)$, kann die Ozonmenge im Reaktor bestimmt werden.

Aufgaben

A1 Erkunden Sie die Animation „Chapman-Zyklus“ in *Chemie 2000+ Online* und präsentieren Sie sie.

A2 Erläutern Sie nach der Lektüre von S. 236, 237 die Überschrift „3 mm Ozon – der Filter für das Leben“.

Aufgabe

A3 In B2 sind die Ergebnisse der beiden Titrationen T1 und T2 bei der Bestrahlung mit UV-Licht von reinem Sauerstoff und von Sauerstoff mit zugesetztem Dichlordifluormethan CCl_2F_2 dargestellt. Lesen Sie die S. 237 und beurteilen Sie dann, inwiefern die Ergebnisse aus B2 die Aussage „FCKW sind Ozonkiller“ bestätigen.

3 mm Ozon – der Filter für das Leben

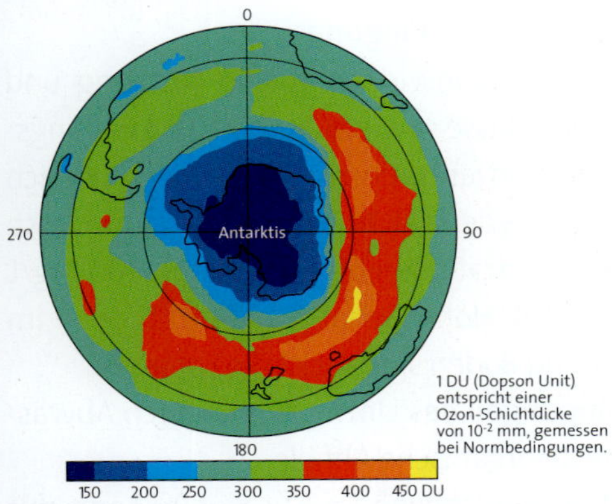

B3 *Ozonloch über dem Südpol am 5. Oktober 1987.* ***A:*** *Geben Sie an, um wie viel Prozent der Ozongehalt niedriger als der Normalwert von 300 DU lag.*

Mit dem Schlagwort **Ozonloch** bezeichnet man die seit dem Jahr 1984 im polaren Frühling über dem Südpol regelmäßig auftretende Abnahme des Gehalts an stratosphärischem Ozon. Auch über Teilen der nördlichen Halbkugel treten in den Monaten Februar und März kleinere Ozonlöcher auf.

Es gilt als gesichert, dass die **Fluorchlorkohlenwasserstoffe FCKW**, die als anthropogene Emissionen in die Atmosphäre gelangen, zur Ausbildung des Ozonlochs beitragen. Sie sind an Reaktionszyklen beteiligt, die erst durch das UV-Licht in der Stratosphäre ausgelöst werden, z. B. an folgendem **Chlor-Katalyse-Zyklus**:

$$F_2ClC-Cl \xrightarrow[hv]{\lambda < 340\,nm} F_2ClC\cdot + Cl\cdot$$
$$Cl\cdot + O_3 \longrightarrow ClO\cdot + O_2$$
$$ClO\cdot + O \longrightarrow Cl\cdot + O_2$$
$$ClO\cdot + NO_2\cdot \underset{\text{Frühjahr}}{\overset{\text{Winter}}{\rightleftharpoons}} ClNO_3$$

Da es sich um eine radikalische Kettenreaktion handelt (vgl. S. 35), kann ein aus einem FCKW-Molekül gebildetes Chlor-Radikal den Abbau von mehreren Tausend Ozon-Molekülen verursachen.

Bei vermindertem Ozongehalt in der Stratosphäre gelangt mehr UV-Strahlung (UV-A: 320 nm $< \lambda <$ 380 nm; UV-B: 280 nm $< \lambda <$ 320 nm) auf die Erdoberfläche. Besonders die „härtere" UV-B Strahlung schädigt Pflanzen, Tiere und Menschen nachhaltig. Sie zerstört die Blattpigmente, führt zur Erblindung von Tieren und verursacht Hautkrebs.

Fluorchlorkohlenwasserstoffe FCKW		
Abkürzung des Industrieprodukts	Formel	Anwendungen
FCKW 11	CCl_3F	Treibmittel in Sprühdosen, Kältemittel
FCKW 12	CCl_2F_2	Schäumung von Kunststoffen, Kältemittel
Ersatzstoffe: HFKW		
R 134 a	CF_3CFH_2	Kältemittel, pharmazeutische Aerosole
R 356	$CF_3CH_2CH_2CF_3$	Hartschäume, Kältemittel

B4 *Einige FCKW und ihre Ersatzstoffe.* ***A:*** *Erläutern Sie, warum auch die Ersatzstoffe „Kinder der Petrochemie" sind und wodurch sie sich von FCKW unterscheiden.*

Was haben das stratosphärische Ozon und das Ozonloch mit Erdöl und Produkten aus Erdöl zu tun?

Die Ozonkiller FCKW sind Produkte der Petrochemie. Diese Stoffe sind vorwiegend Derivate (Abkömmlinge) des Methans und des Ethans, bei denen alle Wasserstoff-Atome aus den Molekülen durch Fluor- und Chlor-Atome ersetzt sind. Da sie gasförmig, ungiftig, unbrennbar, wasserunlöslich und chemisch sehr stabil sind, wurden sie in den Jahren von 1950 bis 1990 als Treibgase für Sprays, zur Herstellung von Schaumstoffen und als Kälteflüssigkeiten in Kühlschränken eingesetzt. Die in die Atmosphäre entweichenden FCKW werden aufgrund ihrer Reaktionsträgheit in der Troposphäre nicht abgebaut und gelangen wegen ihrer großen Dichte nur langsam, etwa 10 Jahre nach ihrer Freisetzung, in die Stratosphäre. Erst hier sind Reaktionsbedingungen für ihren Abbau vorhanden.

Seit die Wirkung der FCKW beim stratosphärischen Ozon-Abbau erkannt ist, wurden ihre Produktion und ihr Einsatz zunächst in der westlichen Welt und dann nach und nach in allen Ländern eingestellt. Ersatzstoffe wurden entwickelt, geprüft und eingeführt (B4).

Am Beispiel der FCKW wird deutlich, dass technischer Fortschritt immer auch Risiken in sich birgt, die nicht sofort erkannt werden können. Um die Risiken bei neuen technischen Entwicklungen möglichst gering zu halten, müssen wir aus den Erfahrungen und dem Wissen unserer Vorgänger lernen.

Düngung und Grundwasser

Nitrat-Ionen im Grundwasser

In Deutschland werden 62% des Trinkwassers aus Grundwasser gewonnen. Um gesundheitlichen Gefahren vorzubeugen, legt die Trinkwasserverordnung einen Grenzwert von 50 mg Nitrat-Ionen pro Liter fest, Weltgesundheitsorganisation (WHO) und EU geben als Richtwert sogar 25 mg/L vor.

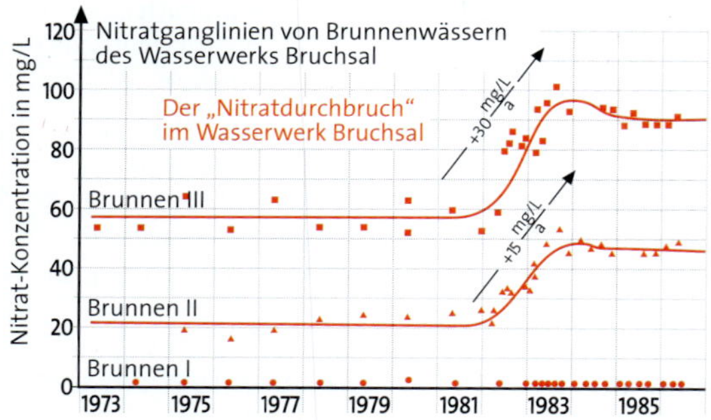

B1 *Konzentration von Nitrat-Ionen in Trinkwasserbrunnen im Bereich von intensivem Spargelanbau*

Versuch

V1 Untersuchen Sie mit Testreagenzien colorimetrisch oder fotometrisch verschiedene (Acker-)Bodenproben, auch aus verschiedenen Tiefen, auf Ammonium-, Nitrit- und Nitrat-Ionen sowie auf den Gesamtstickstoffgehalt. Beachten Sie die Hinweise zu den Testsätzen.

Auswertung

Vergleichen und interpretieren Sie die Messergebnisse. Sind Nitrat-Verlagerungen in die Tiefe feststellbar?

Aufgaben

A1 Erläutern Sie, warum bei hoher organischer Düngung in den Anbauphasen mit Nitratsickerungen in das Grundwasser zu rechnen ist.

A2 Begründen Sie die Erhöhung der Nitrat-Konzentration im Boden, wenn Gülle im Winter aufgebracht wird.

A3 Erläutern Sie die Behauptung: „Die Nitrat-Auswaschung hängt weniger von der Höhe der Düngung als von der Konkurrenz zwischen pflanzlichem Entzug und Auswaschung von Nitrat aus der Ackerkrume in der Zeit der Mineralisation des organisch gebundenen Bodenstickstoffs in den Monaten Mai/Juni ab!"

Entscheidungshilfe für Düngung

In Gebieten ohne landwirtschaftliche Nutzung und ohne Industrieeinflüsse sowie außerhalb von Ballungszentren liegt die Konzentration an Nitrat-Ionen vielfach unter 10 mg/L. Werden Flächen dagegen gedüngt, so können die Konzentrationen bis auf mehrere 100 mg/L Nitrat steigen (B1). Hohe Gehalte an Nitrat-Ionen im Grundwasser und Boden sind meist die Folge von

- Verunreinigungen des Untergrunds durch Abwässer oder feste organische Abfälle,
- organischen Substanzen im Zusammenhang mit landwirtschaftlichen Betrieben (Massentierhaltung; verstärkter Gülleeintrag),
- intensiven Sonderkulturen und Gemüseanbau (B1),
- unsachgemäßer (überhöhter) Stickstoffdüngung der landwirtschaftlichen Flächen, insbesondere auf leichten, durchlässigen Böden,
- großflächigem Grünlandumbruch mit erhöhter langanhaltender Mineralisierung,
- flächenhafter landwirtschaftlicher Nutzung,
- Böden mit geringem/fehlendem Pflanzenbestand.

Für eine angemessene Düngung ist zu beachten:

1. Beregnungsgebiete fallen nicht selten durch hohe Werte aus der Reihe.
2. In Gebieten mit normaler landwirtschaftlicher Nutzung scheinen die Nitratgehalte überwiegend einschätzbar zu sein. Solange Pflanzen den Boden bedecken, versickert nach Stickstoff-Düngung das nitrathaltige Wasser kaum. Es wird in der Regel zunächst im Boden festgehalten und trägt so zur Bildung organischer Substanzen bei. Eine Auswaschung erfolgt erst später als Folge intensiver Bodenbearbeitung, also mit erheblicher zeitlicher Verzögerung. Die Sickerung beginnt mit dem Regen nach der Ernte.
3. Sandige Böden sind im Hinblick auf eine mögliche Grundwasserbelastung erfahrungsgemäß besonders problematisch. Sie sind meist gut wasserdurchlässig und haben ein geringes Wasserrückhaltevermögen, sodass der vertikale Stofftransport relativ schnell ohne stärkere Verdünnungsmöglichkeit erfolgt.

Reduzierung des Gehalts an Nitrat-Ionen im Wasser

Wasserwirtschaftliche Verfahren

Um den Gehalt an Nitrat-Ionen im Wasser zu reduzieren, vermischt man hochbelastetes Wasser mit gering belastetem. Auch die Neuerschließung von gering belasteten Wasservorkommen ist nicht selten.

Physikalisch-chemische Verfahren

Beim Ionenaustausch werden Nitrat-Ionen an Ionenaustauschern gegen Chlorid- oder wie beim Carix-Verfahren (B1) gegen Hydrogencarbonat-Ionen ausgetauscht. Dabei werden auch Sulfat-Ionen entfernt. Bei der Regeneration der Austauscherharze entsteht Abwasser, das die ausgetauschten Nitrat-Ionen enthält. Bei der Umkehrosmose (B2) wird das nitrathaltige Rohwasser unter Druck durch eine für Ionen schwer durchlässige, semipermeable Membran gedrückt und dadurch in ein salzhaltiges Konzentrat und ein praktisch salzfreies Permeat aufgetrennt. Dieses vollentsalzte Wasser ist als Trinkwasser nicht geeignet und wird mit Rohwasser verschnitten. Ähnlich funktioniert das Aufbereitungsprinzip bei der Elektrodialyse, mit dem Unterschied, dass statt des Drucks das Anlegen eines elektrischen Felds zur Trennung in Konzentrat und Permeat verwendet wird.

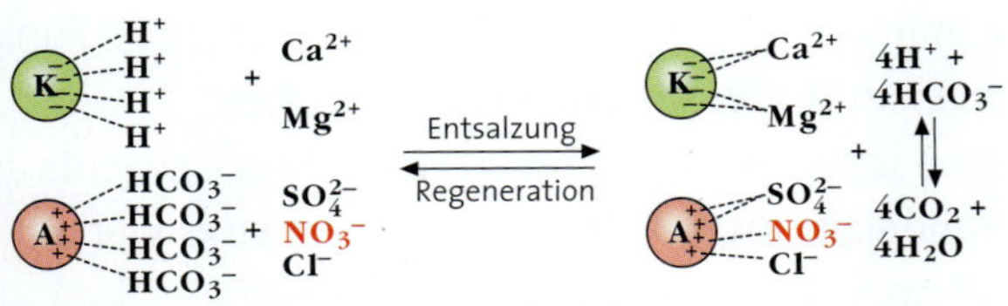

B1 *Ionenaustausch nach dem CARIX-Verfahren*

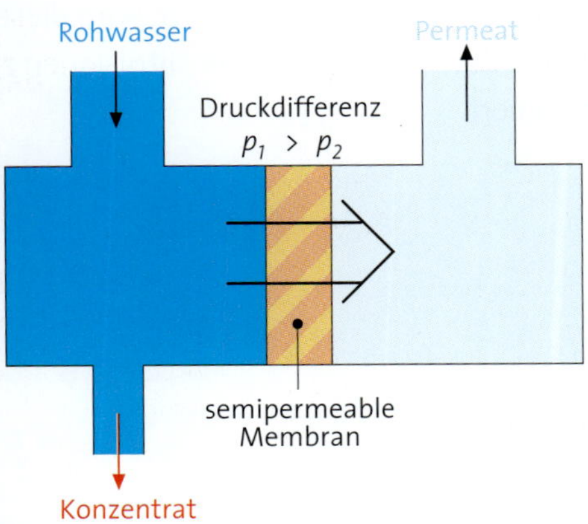

B2 *Umkehrosmose*

Biologische Verfahren

Nitrat-Ionen werden von diversen denitrifizierenden Mikroorganismen unter anaeroben (sauerstofffreien) Bedingungen zu elementarem Stickstoff reduziert. In Kläranlagen findet dieser Prozess im Denitrifikationsbecken statt. Für die Trinkwasseraufbereitung gibt es verschiedene biologische Denitrifikationsverfahren, die sich in den verwendeten Bioreaktoren (Fixierung der Bakterien) oder der Art des Substrats unterscheiden. Für eine optimale Denitrifikation ist ein hoher Mess- und Regelaufwand nötig, da Mikroorganismen sehr empfindlich auf Veränderungen der Reaktionsbedingungen wie z. B. *p*H-Wert, Temperatur oder Substratkonzentration reagieren. Bei Störungen in der Denitrifikationsanlage können unerwünschte Zwischenprodukte wie Distickstoffmonooxid oder Nitrit-Ionen freigesetzt werden. Das denitrifizierte Wasser muss schließlich aufwendig gereinigt werden, da es Mikroorganismen enthält.

Katalytische Verfahren: KNR-Verfahren

Das KNR-Verfahren (Katalytische-Nitrat-Reduktion) ist das bislang einzige für die Trinkwasseraufbereitung geeignete katalytische Verfahren. Nitrat-Ionen oder auch Nitrit-Ionen werden mit Wasserstoff an einem Edelmetall-Trägerkatalysator (**Pd/Cu** an Al_2O_3) zu elementarem Stickstoff reduziert. Die entstehenden Hydroxid-Ionen müssen neutralisiert werden. Problematisch ist allerdings die Bildung von Ammonium-Ionen in einer Nebenreaktion. Die Trinkwasserverordnung gibt für Ammonium-Ionen einen Grenzwert von 0,5 mg/L vor.

Stickstoffverbindungen im Stoffwechsel

Nitrat- und Nitrit-Ionen im Stoffwechsel

Versuch

V1 Zerkleinern Sie mit einem Mixgerät 50 g Spinat bzw. verschiedene Gemüse. Wiegen Sie je 10 g des Breis in zwei Bechergläser ein, füllen Sie jeweils mit Wasser zur 100-mL-Marke auf und rühren Sie die Mischung gut um. Ermitteln Sie mit einem Teststäbchen den Gehalt an Nitrat-Ionen unter Berücksichtigung der Verdünnung. Die zweite Probe bleibt einen Tag offen bei Raumtemperatur stehen, Nitrat- und Nitritgehalt werden dann ebenfalls mit Teststäbchen bestimmt.

Auswertung

Stellen Sie die Ergebnisse tabellarisch zusammen. Beschreiben Sie die Veränderung des Gehalts an Nitrat- bzw. Nitrit-Ionen beim Stehenlassen.

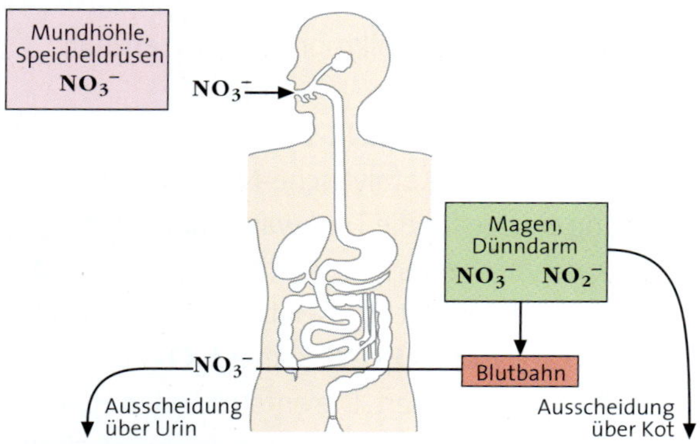

B1 *Wege der Nitrat-Ionen im Organismus*

Nitrat-Ionen selbst sind für den Menschen harmlos. 80 % bis 90 % der Nitrat-Ionen werden ausgeschieden. Ein Teil der aufgenommenen Nitrat-Ionen wird im Körper durch Bakterien in der Mundhöhle bzw. im Darm reduziert. Bis zu 10 % der Nitrat-Ionen werden bereits im Speichel zu Nitrit-Ionen reduziert. Nitrit-Ionen werden über die Nahrung aufgenommen. Sie sind z. B. als Konservierungsmittel (Pökelsalz) in Wurstwaren enthalten. Sie können auch bei mehrmaligem Erwärmen von Speisen, z. B. Spinat, entstehen, bei denen durch Vermehrung von Bakterien Nitrat-Ionen zu Nitrit-Ionen reduziert werden.

Aus den Nitrit-Ionen können sich Nitrosyl-Ionen NO^+ bilden, die die Sauerstoffaufnahme des Hämoglobins stören. Von dem dadurch bedingten Sauerstoffmangel sind vor allem Säuglinge betroffen, die an Blausucht erkranken können.

Im sauren Milieu des Magens können aus Nitrit-Ionen und Aminen aus eiweißreicher Nahrung krebserzeugende Nitrosamine $R_2N{-}N{=}O$ gebildet werden. Vitamin C reduziert Nitrit-Ionen zu Stickstoffoxid und verhindert dadurch die Nitrosamin-Bildung.

Ammoniak und Harnstoff im Stoffwechsel

Beim Stoffwechsel lebender Organismen unterscheidet man zwischen Auf- und Abbauprozessen organischer Substanzen. Beim Abbau von Proteinen und Aminosäuren entsteht Ammoniak, das in den meisten höheren Organismen weiter im Stoffwechsel verwertet wird. Als Stoffwechselprodukt wird entweder Ammoniak selbst oder *Harnstoff* oder *Harnsäure* ausgeschieden.

„Stickstoff" in Gewässern

Wenn die sog. Stickstoff-Parameter eines Gewässers, „Ammonium", „Nitrit" und „Nitrat" hohe Werte annehmen, wird die Gewässergüte negativ beeinflusst. Für Fischgewässer sind insbesondere die Ammonium-Ionen NH_4^+ ein wichtiger Verschmutzungsindikator. In Abhängigkeit vom *p*H-Wert des Gewässers können sich Ammonium-Ionen in Ammoniak umwandeln, das leicht in die Zellen eindringt und lebenswichtige Funktionen im Stoffwechsel der Fische blockiert.

Fische scheiden täglich etwa 0,03 % ihres Gewichts an Ammoniak aus, für Wasserpflanzen eine wertvolle Stickstoffquelle. Oft fällt jedoch mehr Ammoniak an, als die Pflanzen verarbeiten können. Normalerweise, d. h. wenn genügend Sauerstoff vorhanden ist, wird dieser Ammoniak-Anteil durch Bakterien über Nitrit-Ionen zu Nitrat-Ionen oxidiert.

A1 In einem Verbrennungskalorimeter mit 450 g Wasser wurden 300 mg Benzin mit reinem Sauerstoff verbrannt. Dabei stieg die Temperatur der Kalorimeterflüssigkeit von 21,1 °C auf 26,9 °C an.
Berechnen Sie die Reaktionsenthalpie für die Verbrennung dieser Probe und die molare Reaktionsenthalpie für diese Reaktion, indem Sie vereinfachend annehmen, dass die Probe nur aus Octan besteht.

A2 a) Recherchieren Sie mithilfe von *Chemie 2000+ Online* die Funktionsweise von Anlagen (Kraftwerken) zur Bereitstellung elektrischer Energie aus fossilen Energieträgern (Erdöl, Erdgas, Kohle), nuklearen Energieträgern (Uran, Plutonium) und regenerativen Energieträgern (Sonne, Wind, Wasser, Gezeiten, Biomasse).
b) Vergleichen und bewerten Sie die drei Kategorien von Energieträgern unter Zugrundelegung sicherheitstechnischer, ökonomischer und ökologischer Kriterien.
c) Diskutieren Sie Ihre Ergebnisse von b) untereinander und (falls möglich) mit Experten.

A3 Recherchieren Sie in Gruppen die folgenden vier Themen im Internet: a) Halogenverbindungen in der Technik; b) Halogenverbindungen in der Natur; c) CKW in der Umwelt – ein Problem; d) *Green Chemistry* – was ist das?
Erstellen Sie zu den vier Themen je eine *Concept Map* und präsentieren Sie Ihr Ergebnis.

A4 Erläutern Sie den Unterschied zwischen Wintersmog (saurer Smog) und Sommersmog (Photosmog). Nennen Sie jeweils die darin enthaltenen Schadstoffe.

A5 a) Erläutern Sie den Slogan zu Ozon „oben gut, unten schlecht".
b) Erläutern Sie die Rolle der Stickstoffoxide bei der Schädigung der Ozonschicht.

A6 Welche der Hauptspurenstoffe in der Atmosphäre (vgl. S. 234, B3) werden durch die technische Nutzung von Erdöl und Erdgas in ihrem Gehalt direkt beeinflusst? Erläutern Sie die Zusammenhänge.

A7 Sammeln Sie einige Wochen lang Medienberichte zu den Schlagwörtern Treibhauseffekt, Photosmog und Ozonloch. Vergleichen Sie die Darstellungen in den Medien mit den Ausführungen in diesem Kapitel.

A8 Formulieren Sie die Reaktionsgleichungen, nach denen die stickstoffhaltigen Salze aus B5, S. 233, gebildet werden können.

A9 Erläutern Sie, was man unter dem natürlichen bzw. unter dem anthropogenen Treibhauseffekt versteht. Nennen Sie die beteiligten Spurengase und deren Quellen.

A10 Begründen Sie den Einsatz von Düngemitteln und erläutern Sie die Vor- und Nachteile.

A11 Nicht nur die Verbrennung von Erdgas, Erdöl und Kohlen, sondern auch die Brandrodung und das Abholzen der Wälder führen zur Verstärkung des Treibhauseffektes. Erläutern Sie diese Aussage.

A12 Nehmen Sie zu folgenden Aussagen Stellung:
a) Stickoxide sind Bestandteil von Kraftfahrzeug- und Flugzeugabgasen. b) Stickoxide lassen sich zu unschädlichen Stoffen umsetzen. c) Bei Gewitter kommt es zur Bildung von Salpetersäure in der Luft. d) Stickstoffverbindungen können auf verschiedenen Wegen in den Boden gelangen. e) Stickstoff ist für Pflanzen ein essentielles Element. f) In einem naturbelassenen Biotop sind im Boden alle benötigten Mineralsalze vorhanden. Bei landwirtschaftlicher Nutzung müssen Düngemittel zugefügt werden. g) Es ist wichtig, den Nitrat-Gehalt von Lebensmitteln und Trinkwasser so niedrig wie möglich zu halten.

A13 Erläutern Sie LIEBIGS Fassmodell (vgl. S. 232, B2).

A14 Entwickeln Sie die Reaktionsgleichungen für die Herstellung von Natriumnitrat aus Luftstickstoff.

Systeme, Stoff- und Energieübergänge

Systeme sind gedachte begrenzte Einheiten. Nach möglichen Stoff- und/oder Energieübergängen zwischen System und Umgebung unterscheidet man:

offenes System: Stoff- und Energieübergänge möglich
geschlossenes System: nur Energieübergänge möglich
isoliertes System: weder Stoff- noch Energieübergänge möglich

Konvention:

Der Wert der Energie erhält bei Energieabgabe ein negatives, bei Energieaufnahme ein positives Vorzeichen.

Energie kann in verschiedenen Formen (an verschiedene Energieträger gekoppelt) transportiert werden: als Licht, thermische Energie W_{therm}, mechanische Energie W_{mech}, elektrische Energie W_{el}.

Die **innere Energie** U eines Systems ist die Gesamtenergie aller Teilchen des Systems. Nur Energieunterschiede ΔU sind messbar.

Bei Verzicht auf die Einbeziehung mechanischer Energieübertragung betrachtet man statt der inneren Energie U die **Enthalpie** H. So gilt: $\Delta H = \Delta U - W_{mech}$.

Für die **Reaktionsenthalpie** $\Delta_R H$[1] gilt:

$\Delta_R H < 0$ kJ **exotherme** Reaktion
$\Delta_R H > 0$ kJ **endotherme** Reaktion

Der Energieübergang ist dabei nicht an eine bestimmte Energieform gebunden.

Erfolgt die gesamte Enthalpieänderung eines Systems thermisch, kann dieser Energiebetrag Q in einem **Kalorimeter** gemessen werden,

$Q = m \cdot c_W \cdot \Delta T + C_{Kal} \cdot \Delta T$

Daraus sind die Reaktionsenthalpie und die **molare Reaktionsenthalpie** $\Delta_R H_m$ (bezogen auf einen Reaktionspartner X) zu berechnen:

$$\Delta_R H^o_m(X) = \frac{\Delta_R H}{n_R(X)} = -\frac{Q}{n(X)}$$

Bildungsreaktionen sind (z.T. theoretische) Reaktionen mit elementaren Ausgangsstoffen. Ihre molaren Reaktionsenthalpien, die molaren Standardbildungsenthalpien $\Delta_f H^o_m$, sind für zahlreiche Stoffe für Standardbedingungen und $T = 298$ K tabelliert.

Für die Berechnung von Reaktionsenthalpien gilt:

$\Delta_r H = \Sigma\, [\Delta_f H^0_m \cdot n_R(\text{Produkte})] - \Sigma\, [\Delta_f H^0_m \cdot n_R(\text{Edukte})]$

[1] Index r: Bezug auf eine Reaktionsgleichung, dabei sind stöchiometrische Faktoren als „Stoffmengen der Reaktionsgleichung" n_R interpretiert.

Aus dem Energieerhaltungssatz folgt der **Satz von Hess**: Die Reaktionsenthalpie ist nur vom End- und Ausgangssystem abhängig, nicht vom Reaktionsweg. Dieser Satz ist die Grundlage für die Berechnung von Reaktionsenthalpien.

Der **Brennwert** H_s eines Brennstoffs ist die pro Masseneinheit (oder Volumeneinheit) bei der Verbrennung abgegebene thermische Energie, wenn das Verbrennungsprodukt Wasser in flüssiger Form berücksichtigt wird. Der **Heizwert** H_i ist analog definiert, allerdings geht das Wasser dabei als Gas (Wasserdampf) in die Berechnung ein. Der Heizwert H_i ist also um den Betrag der Verdampfungswärme des Wassers geringer als der Brennwert H_s. Einheiten für den Brennwert H_s und Heizwert H_i sind kJ/kg oder kJ/m³.

Die **Entropie** S ist ein Maß für die Wahrscheinlichkeit eines Zustandes, Einheit: J/K.

Abschätzung: Zustände mit höherer Unordnung (höhere Temperatur, größere Teilchenanzahl) sind wahrscheinlicher als Systeme hoher Ordnung. Jedes Stoffsystem hat eine bestimmte Entropie, die mit der Temperatur zunimmt. Für die Berechnung von Reaktionsentropien gilt:

$\Delta_R S = \Sigma\, [S^0_m \cdot n_R(\text{Produkte})] - \Sigma\, [S^0_m \cdot n_R(\text{Edukte})]$

Entropie kann erzeugt werden.

Es gibt endotherme und exotherme Reaktionen, die **selbsttätig** ablaufen. In geschlossenen Systemen nimmt die Gesamtentropie bei allen selbsttätig ablaufenden Reaktionen zu.

Die **freie Reaktionsenthalpie** $\Delta_R G$ ist der nicht an thermische Energie gebundene, (z.B. elektrisch) nutzbare Teil der Reaktionsenthalpie.

Es gilt die Gibbs-Helmholtz-Gleichung: $\Delta_R G = \Delta_R H - T \cdot \Delta_R S$.

$\Delta_R G < 0$ kJ **exergonische** (selbsttätig ablaufende) Reaktion
$\Delta_R G > 0$ kJ **endergonische** Reaktion

Grenzen der Betrachtungsweise

Metastabile Systeme: Eigentlich selbsttätig ablaufende Reaktionen starten erst nach Aktivierung.

Unvollständig ablaufende Reaktionen: Gesonderte Betrachtung bei „Chemische Gleichgewichte".

$\Delta_R H$, $\Delta_R G$ und $\Delta_R S$ gelten nur für vollständig ablaufende Reaktionen.

Bei **Redoxreaktionen** findet eine **Elektronenübertragung** nach dem **Donator-Akzeptor-Prinzip** statt:

Reduktionsmittel	Oxidationsmittel	Redoxreaktion
Elektronendonator	Elektronenakzeptor	Elektronenübergang

Auf diese Weise werden Reduktionsmittel oxidiert und Oxidationsmittel reduziert, z. B.:

$$\mathbf{Cu \rightleftharpoons Cu^{2+} + 2e^-}$$

Das Metall-Atom (Reduktionsmittel) und das Metall-Ion (Oxidationsmittel) bilden ein **korrespondierendes Redoxpaar**.

Bei **galvanischen Zellen** tauchen unterschiedliche Metallstäbe in ihre wässrigen Salzlösungen: Die **Potenzialdifferenz** zwischen diesen beiden **Halbzellen** lässt sich als **Leerlaufspannung** messen.

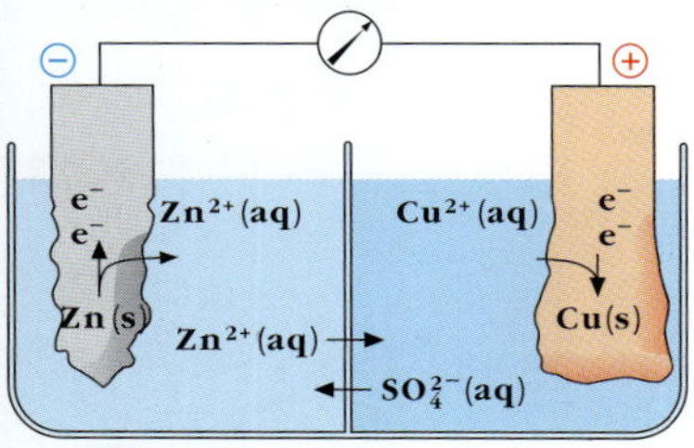

Die Teilreaktionen und die Gesamtreaktion beim DANIELL-**Element** lauten:

Reduktion in der Akzeptor-Halbzelle:

$$\mathbf{Cu^{2+} + 2e^- \longrightarrow Cu}$$

Oxidation in der Donator-Halbzelle:

$$\mathbf{Zn \longrightarrow Zn^{2+} + 2e^-}$$

Redoxreaktion (Zellreaktion):

$$\mathbf{Cu^{2+} + Zn \longrightarrow Cu + Zn^{2+}}$$

Das **Standardpotenzial** (**Normalpotenzial**) E^0 eines Redoxpaares ist die Potenzialdifferenz zwischen einer Halbzelle, die dieses Redoxpaar bei Standardbedingungen (c = 1 mol/L, ϑ = 25 °C) enthält und einer Standard-Wasserstoff-Halbzelle mit $E^0(\mathbf{H_2/2H^+}) = 0{,}0$ V.

Bei einer **Elektrolyse** werden durch elektrische Energie Redoxreaktionen erzwungen, die sonst in umgekehrter Richtung ablaufen. Je nach Elektrodenmaterial, Ionenkonzentration der Lösung und Stromdichte ist zum **Abscheidungspotenzial** v. a. bei Gasen zusätzlich eine **Überspannung** aufzuwenden. Die damit für die Elektrolyse notwendige Mindestspannung bezeichnet man als **Zersetzungsspannung** U_z.

In der **Taschenlampenbatterie** (**LECLANCHÉ-Element**) und anderen **Batterien** liefern Redoxreaktionen elektrische Energie.

In **Akkumulatoren** laufen beim Entladen und Laden reversible Redoxreaktionen ab, z. B. beim **Bleiakkumulator**:

$$\mathbf{Pb(s) + PbO_2(s) + 4\ H_3O^+(aq) + 2\ SO_4^{2-}(aq) \underset{\text{Aufladen}}{\overset{\text{Entladen}}{\rightleftharpoons}} 2\ PbSO_4(s) + 6\ H_2O(l)}$$

Eine **Knallgas-Brennstoffzelle** liefert kontinuierlich Strom mit **Wasserstoff als Brennstoff** am Minuspol und Sauerstoffverbrauch am Pluspol. Sie produziert dabei keine Schadstoffe. In der Zelle läuft die Reaktion

$$\mathbf{2\ H_2(g) + O_2(g) \longrightarrow 2\ H_2O(l)} \qquad \Delta_R G = -474 \text{ kJ}$$

ab und liefert eine Spannung von U = 1,23 V.

Auch **Methanol** kann als Brennstoff eingesetzt werden.

Metalle werden elektrochemisch durch **Säurekorrosion** oder **Sauerstoffkorrosion** zerstört:

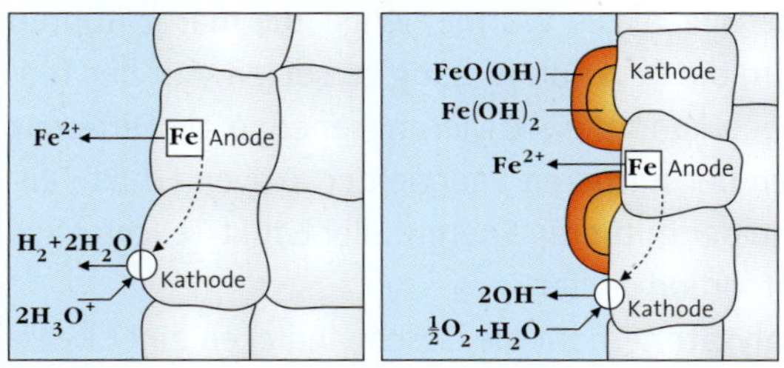

An Verbindungsstellen ungleichartiger Metalle bilden sich unter Oxidation des unedleren Metalls an der Lokalanode **Kontaktelemente** (**Lokalelemente**) aus.

Metallische Werkstoffe können nicht nur durch passiven Korrosionsschutz (z. B. durch einen Lacküberzug), sondern insbesondere durch **aktiven Korrosionsschutz** durch Einsatz von Opferanoden aus Magnesium, durch **Verzinken** von Eisen, **Galvanisieren** oder **Chromatieren** vor Zerstörung bewahrt werden.

Reaktionsgeschwindigkeit ist die zeitliche Änderung der Stoffmenge *n* eines Edukts oder Produkts bei einer chemischen Reaktion. Die mathematische Definition der **mittleren Reaktionsgeschwindigkeit $\bar{v}_r$** lautet:

$\bar{v}_r = \Delta n/\Delta t$ $\quad [v_r] = 1\ \text{mol/s} = 1\ \text{mol} \cdot \text{s}^{-1}$

Läuft die Reaktion in Lösung ab, wird $\bar{v}_r$ mithilfe der Änderung der Stoffmengenkonzentration definiert:

$= \Delta c/\Delta t$ $\quad [v_r] = 1\ \text{mol/L} \cdot \text{s} = 1\ \text{mol} \cdot \text{L}^{-1} \cdot \text{s}^{-1}$

Die **momentane Reaktionsgeschwindigkeit** $v_r(t)$ zum Zeitpunkt *t* ist der Grenzwert des Quotienten $\Delta n/\Delta t$ für $\Delta t \rightarrow 0$.

Nach der **Stoßtheorie (Stoßhypothese)** können Teilchen eines Stoffes A und eines Stoffes B nur dann zur Reaktion kommen, wenn ein A-Teilchen mit einem B-Teilchen zusammenstößt.

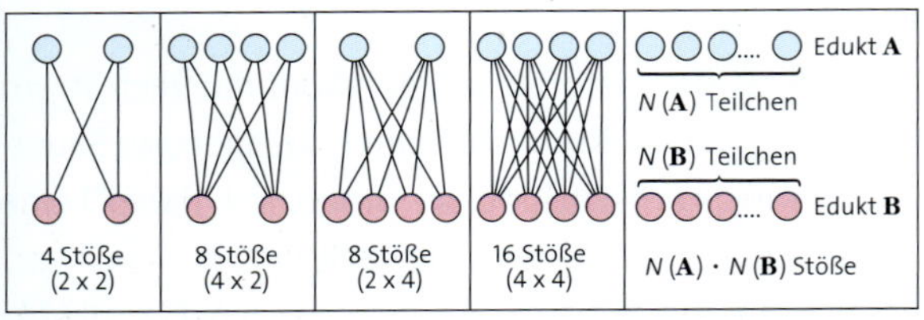

Mit der Stoßtheorie kann man die Beeinflussung der Reaktionsgeschwindigkeit durch die Konzentrationen der Edukte und durch die Temperatur erklären.

Als **Aktivierungsenergie E_a** einer Reaktion bezeichnet man vereinfacht die Wärmemenge, die man zuführen muss, um die Reaktion in Gang zu setzen. Auf der Teilchenebene kann die Aktivierungsenergie als Differenz zwischen der mittleren Energie der aktiven Edukt-Teilchen und der mittleren Energie aller Edukt-Teilchen aus der Stoffportion deuten.

Ein **Katalysator** erhöht die Geschwindigkeit einer Reaktion, indem er ihre Aktivierungsenergie herabsetzt. Er geht mit den Edukten Zwischenverbindungen ein, wird aber nicht verbraucht, sondern liegt am Ende der Reaktion wieder so wie zu Beginn der Reaktion vor.

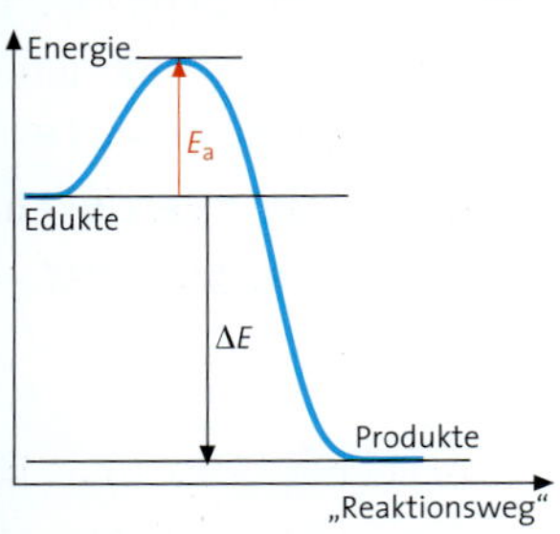

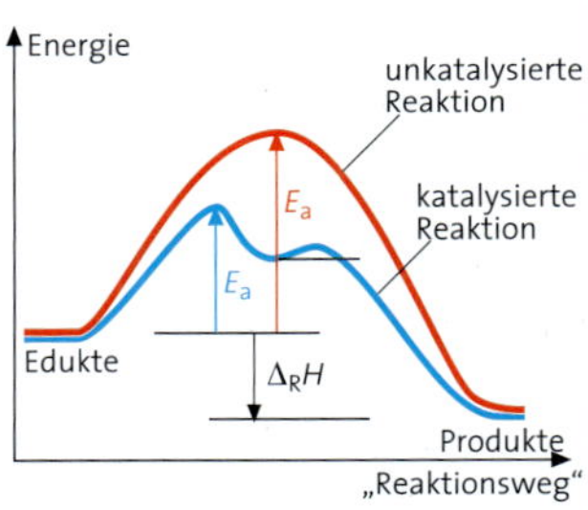

Enzyme oder **Biokatalysatoren** sind Proteine oder Proteide, die Reaktionen in lebenden Organismen katalysieren. Sie zeichnen sich in der Regel durch Wirkungsspezifität und Substratspezifität aus. Das kann mit dem „Schlüssel-Schloss-Prinzip" veranschaulicht werden, wonach ein bestimmtes Substrat in das **aktive Zentrum** eines bestimmten Enzyms passt, wie der Schlüssel in das Schloss. Chemisch bedeutet dies, dass die Konstitution und Konfiguration des Substrat-Moleküls und die des aktiven Zentrums im Enzym-Molekül zueinander passen müssen, d.h. sich zwischen ihnen Wechselwirkungen ausbilden können, die zur Bindungslockerung im Substrat-Molekül und Ausbildung von neuen Bindungen im Produkt-Molekül führen können. Nach der Freisetzung des Produkt-Moleküls bildet sich das Enzym-Molekül in seiner ursprünglichen Form zurück.

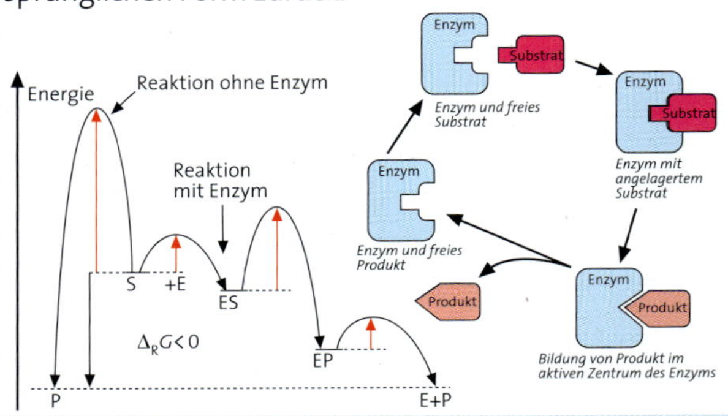

Die **Enzymaktivität**, d.h. seine katalytische Wirksamkeit, hängt von der Substratkonzentration, der Temperatur und dem *p*H-Wert ab. Jedes Enzym hat charakteristische Temperatur- und *p*H-Bereiche, in denen seine Aktivität am höchsten ist. Bei großen Abweichungen von diesen Bereichen kann es zur irreversiblen **Denaturierung** des Enzym-Proteins kommen. Das Enzym wird dadurch inaktiv.

Die Enzymaktivität kann auch durch kompetitive oder allosterische Hemmstoffe herabgesetzt werden. Moleküle mit ähnlicher Struktur wie die des Substrat-Moleküls führen i.d.R. zu einer kompetitiven, Schwermetall-Ionen zu einer allosterischen Hemmung.

Analog zu einer Veresterungsreaktion, bei der durch eine Esterhydrolyse die Edukte wiedergewonnen werden können, sind viele, oftmals auch komplexe chemische Reaktionen wie Photosynthese und Zellatmung **umkehrbar (reversibel)**:

$$\text{Carbonsäure} + \text{Alkohol} \underset{\text{Rückreaktion}}{\overset{\text{Hinreaktion}}{\rightleftharpoons}} \text{Ester} + \text{Wasser}$$

Je nach Reaktionsbedingungen läuft die **Hin-** oder die **Rückreaktion** ab.

In einem **geschlossenem System**, das nur einen Energie-, nicht jedoch einen Stoffaustausch mit der Umgebung zulässt, laufen Hin- und Rückreaktion reversibler Vorgänge nicht vollständig ab. Nach einiger Zeit erreichen Edukte und Produkte einen **Gleichgewichtszustand**: Sie liegen in konstanten Anteilen vor.

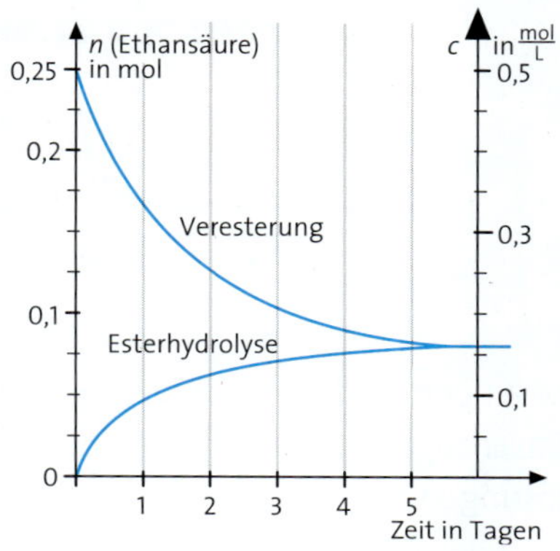

Dieses **chemische Gleichgewicht** bedeutet jedoch keinen Reaktionsstillstand: Es haben sich nur die Reaktionsraten von Hin- und Rückreaktion, $r_{\rightarrow}$ und $r_{\leftarrow}$, angeglichen: $r_{\rightarrow} = r_{\leftarrow}$. Auf der Teilchenebene existiert also ein **dynamisches Gleichgewicht** mit konstanter Anzahl der verschiedenen Teilchen.

Mit dem **Massenwirkungsgesetz MWG** kann der Zusammenhang zwischen den Konzentrationen von Edukten und Produkten in einem chemischen Gleichgewicht (**Gleichgewichtskonzentrationen** *c*) mathematisch beschrieben werden. Bei der Reaktion

$$A + B \rightleftharpoons C + D$$

stehen die Konzentrationen aller Stoffe in einem bestimmten Produktverhältnis, das durch die Gleichung

$$K_c = \frac{c(C) \cdot c(D)}{c(A) \cdot c(B)}$$

beschrieben werden kann. Möglicherweise in den Reaktionsgleichungen auftretende Koeffizienten werden zu Exponenten der Stoffmengenkonzentrationen. Der Wert K_c stellt eine **Massenwirkungskonstante** (Gleichgewichtskonstante) dar, die für jede Reaktion bei gegebener Temperatur einen bestimmten charakteristischen Wert hat.

Die **Lage eines chemischen Gleichgewichtes** kann durch Änderung von **Konzentrationen** der beteiligten Stoffe, durch Erhöhung oder Absenkung der Temperatur oder bei Gasen auch durch Änderungen des Drucks beeinflusst werden. Nach dem **Prinzip von Le Chatelier** („**Prinzip vom kleinsten Zwang**") weicht das System diesem äußeren Zwang aus und es überwiegt dann so lange die Hin- bzw. die Rückreaktion, bis der **Massenwirkungsquotient** *Q* wieder den Wert von K_c annimmt und damit gilt: $Q = K_c$.

1. Änderung der **Konzentrationen**:

   Erhöhung der Konzentration eines Edukts verlagert das Gleichgewicht nach rechts.

   ↓ $+Fe^{3+}$ ↓ $+SCN^-$

   $$Fe^{3+}(aq) + 3SCN^-(aq) \rightleftharpoons Fe(SCN)_3(aq)$$

   ↓ $-Fe^{3+}$ ↓ $-SCN^-$

   Verminderung der Konzentration eines Edukts verlagert das Gleichgewicht nach links.

2. Änderung der **Temperatur**:
   Eine Erhöhung der Temperatur verlagert das Gleichgewicht in die Richtung der endotherm verlaufenden Reaktion.
3. Änderung des **Drucks**:
   Eine Erhöhung des Drucks verlagert das Gleichgewicht, an dem Gase beteiligt sind, in die Richtung der mit Volumenabnahme verlaufenden Reaktion.

Katalysatoren beeinflussen dagegen die Lage eines chemischen Gleichgewichtes nicht. Sie beschleunigen nur dessen Einstellung.

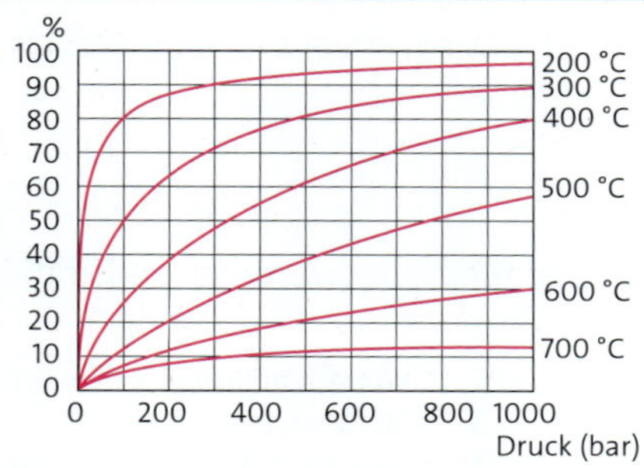

Die **Synthese von Ammoniak** aus Stickstoff und Wasserstoff wird nach dem **Haber-Bosch-Verfahren** bei ca. 550 °C und 250 bar bis 350 bar in Gegenwart eines effizienten Katalysators durchgeführt.

Allgemein laufen selbsttätig (spontan) nur Vorgänge ab, bei denen die **Entropie *S***, ein Maß für die Unordnung von Teilchen eines Systems, zunimmt.

Säuren sind nach der Definition von BRÖNSTED **Protonendonatoren**, sie bilden in wässriger Lösung **Oxonium-Ionen H_3O^+**. Hydratisierte Oxonium-Ionen $H_3O^+(aq)$ werden als **Hydronium-Ionen** bezeichnet.
Basen sind Protonenakzeptoren, sie bilden **Hydroxid-Ionen OH^-**. Bei einem Protonenübergang spricht man von **Protolyse**.

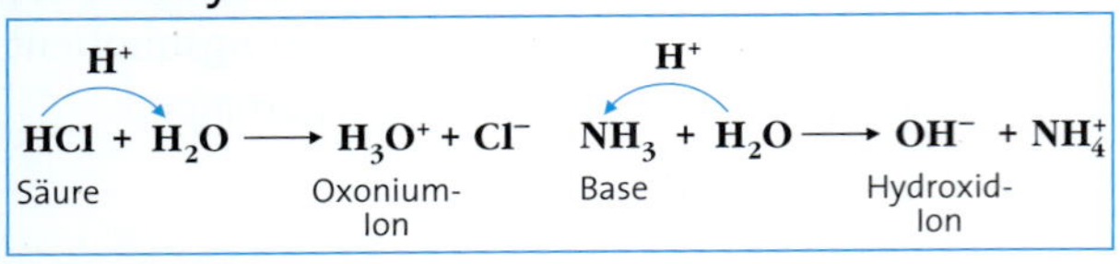

Protolysen sind stets reversible Reaktionen, bei denen sich die **chemischen Gleichgewichte** in kurzer Zeit einstellen. Aus einer Säure bildet sich bei einer Protolyse ihre **korrespondierende** oder **konjugierte Base** und aus einer Base ihre **korrespondierende Säure**.

Wasser kann als **Ampholyt** sowohl ein Proton aufnehmen als auch abgeben und ist gemäß folgender Gleichung einer **Autoprotolyse** unterworfen (**S. 50, 51**):

$$H_2O + H_2O \rightleftharpoons H_3O^+ + OH^-.$$

Da die Konzentration von Wasser bei 22 °C konstant bei $c(H_2O) = 55{,}398$ mol/L liegt, ergibt sich beim Einsetzen in das MWG eine neue **Konstante**, das **Ionenprodukt des Wassers K_W**:

$$K_W = c(H_3O^+) \cdot c(OH^-) = 10^{-14}\ \text{mol}^2 \cdot \text{L}^{-2} \quad (\vartheta = 22\,°\text{C})$$

Durch die Konzentration der Oxonium-Ionen in einer Lösung wird der ***p*H-Wert** als der negative Zehnerlogarithmus ihres Zahlenwertes definiert:

$$pH = -\lg\{c(H_3O^+)\}$$

Entsprechend gilt für den *p*OH-Wert: $pOH = -\lg\{c(OH^-)\}$.

Zur quantitativen Bestimmung des Säure- bzw. Basegehalts in einer Probe werden **Titrationen** durchgeführt. Der **Äquivalenzpunkt** einer Titration kann mithilfe eines geeigneten **Indikators** oder z. B. der **Titrationskurve** einer *p*H-metrischen Titration ermittelt werden.

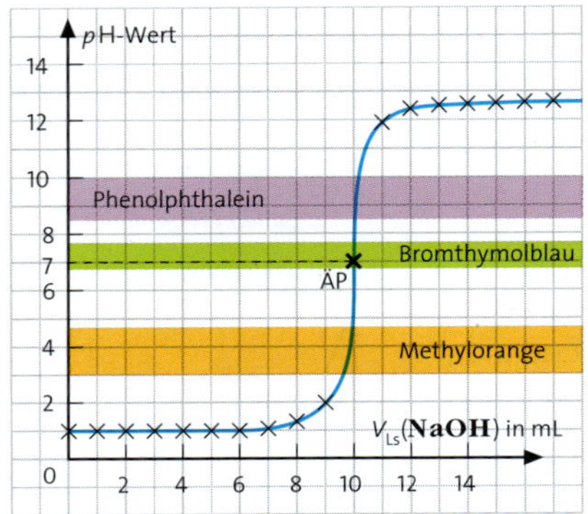

Lösungen, in denen sich der *p*H-Wert nach Säure- oder Basenzugabe unwesentlich ändert, nennt man **Pufferlösungen**.

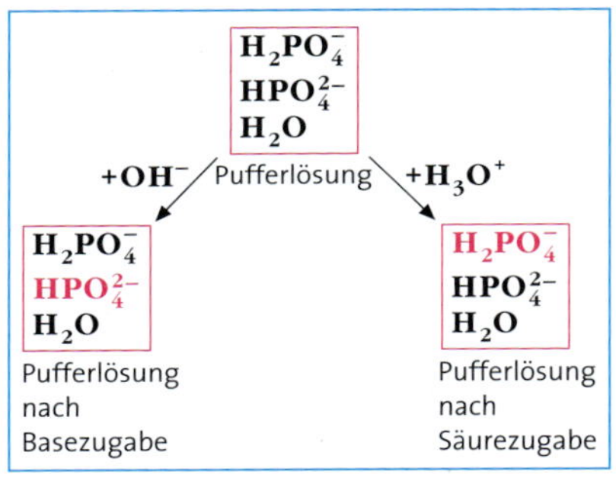

Eine Pufferlösung enthält immer eine schwache Säure und ihre korrespondierende Base. Mit der Puffergleichung (HENDERSON-HASSELBALCH-Gleichung)

$$pH = pK_s + \lg \frac{c(\text{korrespondierende Base})}{c(\text{Säure})}$$

kann der *p*H-Wert einer Pufferlösung berechnet werden.

Gleichungen und Größen für die Auswertung von Titrationen:

$$c(X) = \frac{n(X)}{V_{Ls}(X)} \quad (1)$$

$$n(X) = \frac{m(X)}{M(X)} \quad (2)$$

$c(X)$	:	Konzentration von **X** in mol/L
$n(X)$	:	Stoffmenge von **X** in mol
$m(X)$	:	Masse von **X** in g
$M(X)$	:	Molare Masse von **X** in g/mol
$V_{Ls}(X)$	:	Volumen der Lösung **X** in L

Beispiele:

Natronlauge, $c(NaOH) = 1$ mol/L, enthält 1 mol **NaOH** (40 g **NaOH**) in 1 L Lösung.

Salzsäure, $c(HCl) = 0{,}1$ mol/L, enthält 0,1 mol **HCl** (3,65 g **HCl**) in 1 L Lösung.

Schwefelsäure-Lösung, $c(H_2SO_4) = 2$ mol/L, enthält 2 mol H_2SO_4 (196 g H_2SO_4) in 1 L Lösung bzw. 4 mol H_3O^+-Ionen in 1 L Lösung.

Monosaccharide (**Einfachzucker**) sind Polyhydroxycarbonylverbindungen. Die beiden wichtigsten Vertreter der Monosaccharide sind die Aldohexose Glucose und die Ketohexose Fructose mit folgenden FISCHER-Projektionsformeln:

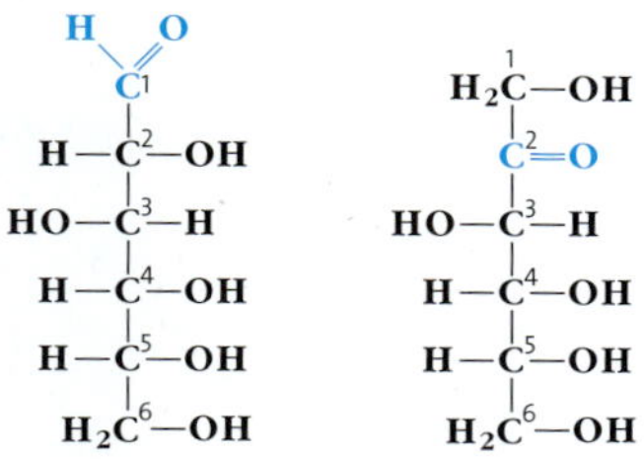

Glucose Fructose

Glucose und Fructose liegen sowohl in den Kristallen als auch in Lösung vorwiegend in ringförmigen Halbacetalstrukturen mit folgenden HAWORTH-Projektionsformeln vor:

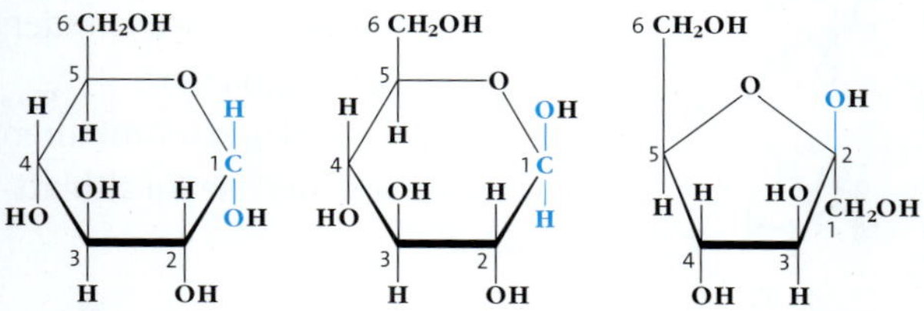

α-D-Glucose β-D-Glucose β-D-Fructose

Pyranosen sind Sechser- und Furanosen Fünferringe mit jeweils einem Sauerstoff-Atom. α-D- und β-D-Glucose sind **Anomere**, eine besondere Art von Stereoisomeren.

Stereoisomere haben die gleiche **Konstitution** (gleiche Atome, in gleicher Weise miteinander verknüpft), aber unterschiedliche **Konfiguration**, also eine unterschiedliche räumliche Anordnung der Atome. Kohlenstoff-Atome mit vier verschiedenen Substituenten (**asymmetrische Kohlenstoff-Atome**) bilden **Chiralitätszentren** und sind eine Voraussetzung für die Existenz von Stereoisomeren.

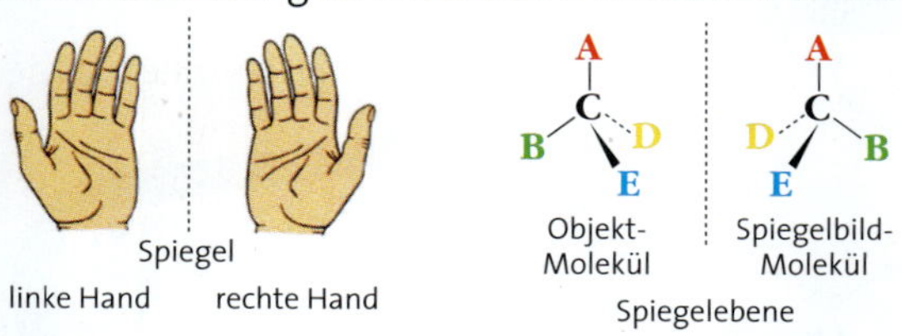

Wenn sich zwei stereoisomere Moleküle zueinander verhalten wie ein Objekt und sein Spiegelbild, handelt es sich um **Enantiomere**. Enantiomere haben gleiche physikalische und chemische Eigenschaften, unterscheiden sich aber in ihrer **optischen Aktivität** und in den biochemischen Eigenschaften. Sie können mit dem **Polarimeter** unterschieden werden. Stereoisomere Moleküle, die keine Enantiomere sind, bezeichnet man als **Diastereoisomere**.

Disaccharide (**Zweifachzucker**) sind Kohlenhydrate, deren Moleküle aus zwei Monosaccharid-Einheiten bestehen. Diese sind über eine glycosidische Bindung verknüpft, die durch Abspaltung eines Wasser-Moleküls zwischen Hydroxy-Gruppen der beiden Monosaccharid-Einheiten gebildet wird. **Saccharose**, der Haushaltszucker, ist das wichtigste Disaccharid. Das Saccharose-Molekül besteht aus einer α-D-Glucose und einer β-D-Fructose-Einheit, die 1,2-glycosidisch verknüpft sind:

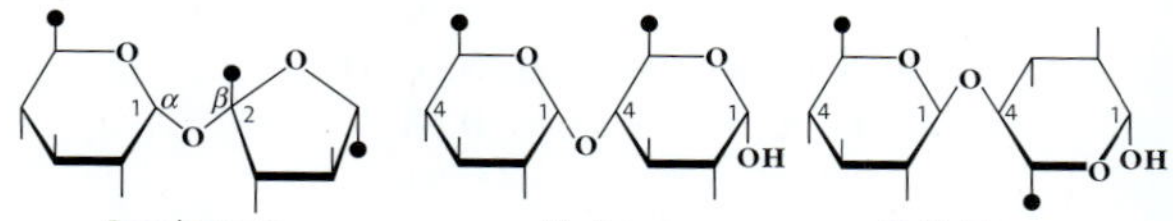

Saccharose Maltose Cellobiose

In den Molekülen der Disaccharide **Maltose** und **Cellobiose** sind jeweils zwei α-D-Glucose- bzw. β-D-Glucose-Bausteine 1,4-glycosidisch verknüpft. Nach der Hydrolyse geben Saccharose, Maltose und Cellobiose ebenso wie Glucose ein positives Ergebnis bei der FEHLING- und der Silberspiegel-Probe.

Polysaccharide (**Vielfachzucker**): **Stärke** und **Cellulose**, die beiden wichtigsten Polysaccharide, sind makromolekulare Verbindungen aus Glucose-Einheiten. In den Stärke-Molekülen sind α-D-Glucose-Bausteine wie im Maltose-Molekül verknüpft, in den Cellulose-Molekülen β-D-Glucose-Bausteine wie im Cellobiose-Molekül. Wegen der unterschiedlichen Konfiguration am asymmetrischen Kohlenstoff-Atom C1 sind die Makromoleküle der Stärke spiralförmig, die der Cellulose gestreckt:

spiralförmiges Stärke-Molekül α-Glucose-Baustein

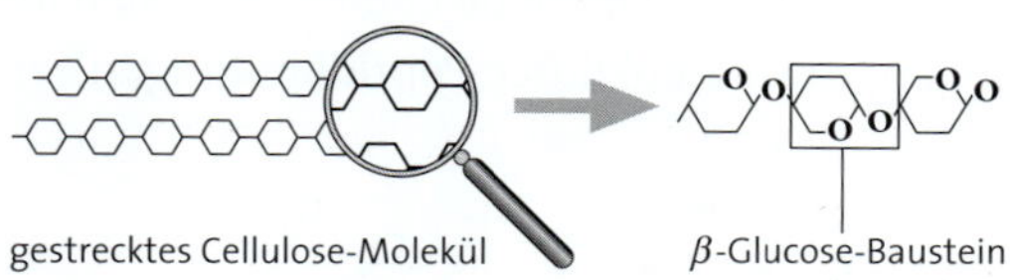

gestrecktes Cellulose-Molekül β-Glucose-Baustein

Stärke ist in Form von **Amylose** und **Amylopektin** ein Hauptbestandteil der Nahrung. **Glycogen** ist ein mit Stärke strukturverwandtes Reservepolysaccharid in tierischen Organismen.

Cellulose ist die häufigste organische Verbindung. Sie dient in Pflanzen als Gerüstpolysaccharid.

Stärke und Cellulose sind **nachwachsende Rohstoffe** für die Industrie.

Aminosäuren sind die Monomere der Proteine. Die natürlichen Aminosäuren sind i. d. R. α-Aminosäuren und ihre Moleküle haben L-Konfiguration. Am Aufbau der Proteine aus der Natur sind etwa 20 Aminosäuren mit unterschiedlichen Resten –R in den Molekülen beteiligt. Diese liegen im festen Zustand und in wässriger Lösung als **Zwitterionen** vor, die durch **intramolekularen Protonenübergang (Autoprotolyse)** gebildet werden.

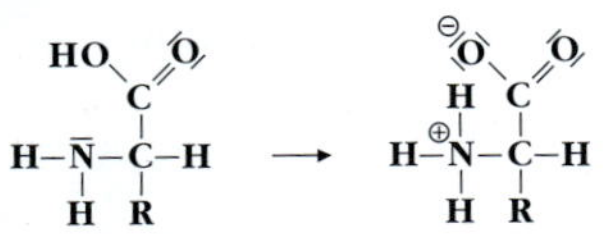

Molekül Zwitterion

In wässriger Lösung bildet sich aus dem Zwitterion bei Säurezugabe die kationische Form, bei Basenzugabe die anionische.

$$\overset{\oplus}{H_3N}CH_2COOH \underset{}{\overset{+H^+}{\rightleftharpoons}} \overset{\oplus}{H_3N}CH_2COO^{\ominus} \overset{+OH^-}{\rightleftharpoons} H_2NCH_2COO^{\ominus}$$

überwiegt bei pH < 2 — überwiegt bei pH > 12

$$\overset{\oplus}{H_3N}CH_2COO^{\ominus} \rightleftharpoons H_2NCH_2COOH$$

(IEP) pH = 6,1

Den pH-Wert, bei dem ausschließlich Zwitterionen vorliegen, nennt man **isoelektrischen Punkt IEP**. Bei Aminosäuren, deren Moleküle je eine Carboxy-Gruppe und eine Amino-Gruppe tragen, liegt der isoelektrische Punkt relativ nahe an pH = 7. Aminosäuren mit einer zweiten Carboxy-Gruppe in den Molekülen haben isoelektrische Punkte von etwa pH = 3.

Peptide sind **Kondensationsprodukte** aus Aminosäuren. Ihre Bildung und ihre Hydrolyse verlaufen nach folgendem Schema:

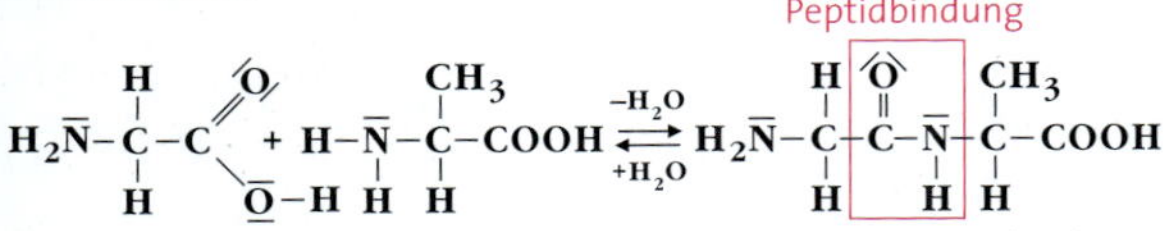

Glycin Gly Alanin Ala Glycylalanin Gly-Ala

In den Molekülen aller Polypeptide und Proteine sind die Monomere (Aminosäuren) durch **Peptidbindungen** verknüpft.

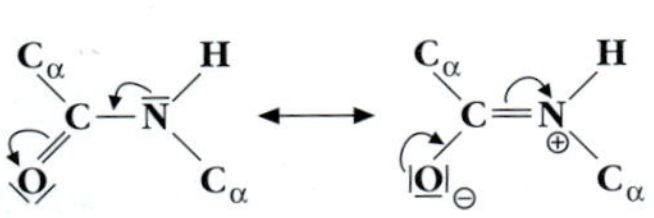

Die **Peptid-Gruppe** ist mesomeriestabilisiert. Alle in den beiden Grenzformeln angegebenen Atome liegen dadurch in einer Ebene, die am gemeinsamen Kohlenstoff-Atom zur benachbarten Peptid-Gruppe verdreht ist.

Nachweisreaktionen für Aminosäuren und Peptide sind die Biuretreaktion, die Ninhydrinreaktion und die Xanthoproteinreaktion.

Proteine werden ebenso wie Peptide durch Kondensation von Aminosäuren gebildet.

Als **Primärstruktur** bezeichnet man die Aminosäuresequenz, d. h. die Verknüpfungsfolge der Aminosäure-Moleküle in einem Protein-Molekül. Beispiel *Insulin*:

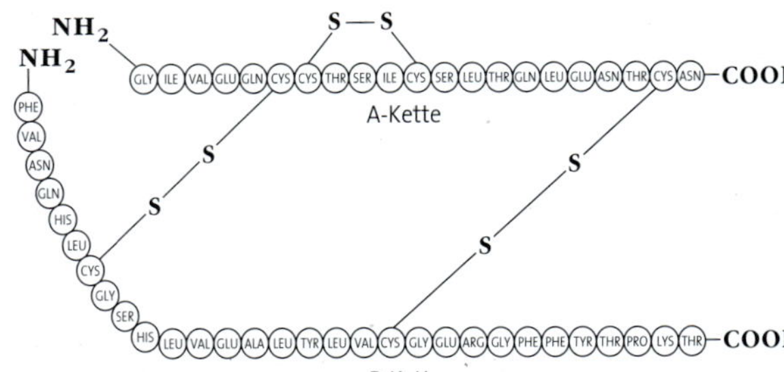

Die **Sekundärstruktur** eines Protein-Moleküls wird durch Wasserstoffbrückenbindungen zwischen den Peptid-Gruppen stabilisiert.

Die häufigsten Sekundärstrukturen sind die **α-Helix** und die **β-Faltblattstruktur**.

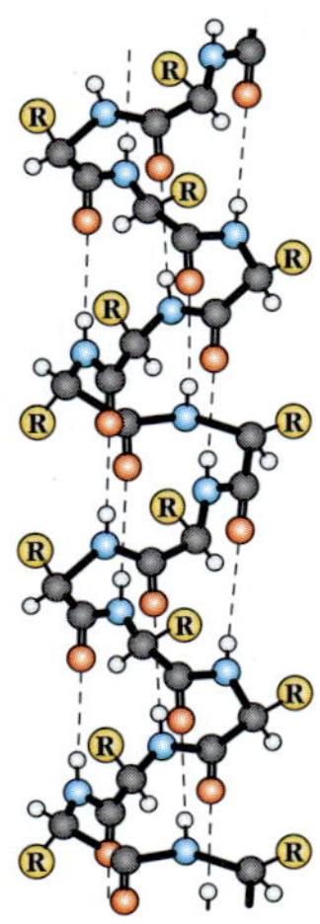

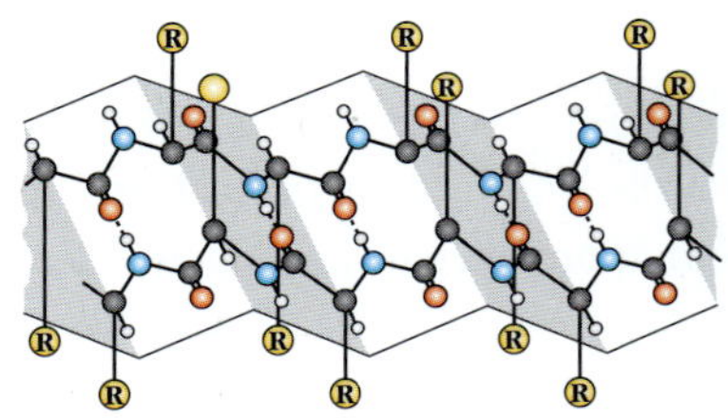

Die **Tertiärstruktur** beschreibt die räumliche Anordnung der Polypeptidkette mit ihren Segmenten aus α-Helices, β-Faltblättern u. a. Die Tertiärstruktur wird durch Wasserstoffbrückenbindungen, Ionenbindungen, VAN-DER-WAALS-Kräfte und Disulfid-Brücken bestimmt.

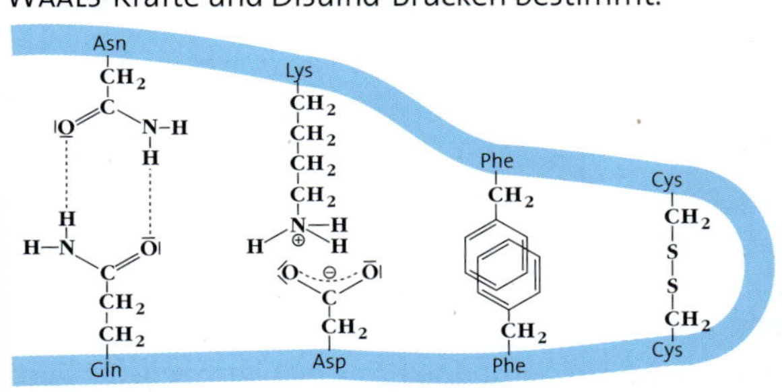

Als **Quartärstruktur** bezeichnet man die räumliche Anordnung mehrerer Polypeptidketten zueinander. Proteide enthalten zusätzlich auch prosthetische Gruppen.

Bei der **Denaturierung** der Proteine werden ihre Tertiär- und teilweise auch ihre Sekundärstruktur verändert.

Fette als **Triacylglycerine**: Fette und Öle sind Ester des dreiwertigen Alkohols Glycerin (Propan-1,2,3-triol) mit Fettsäuren. In einem Fett-Molekül sind immer drei Acyl-Reste aus Fettsäure-Molekülen und ein Rest aus dem Glycerin-Molekül enthalten. Daher bezeichnet man Fette als **Triacylglycerine** (oder Triglyceride).

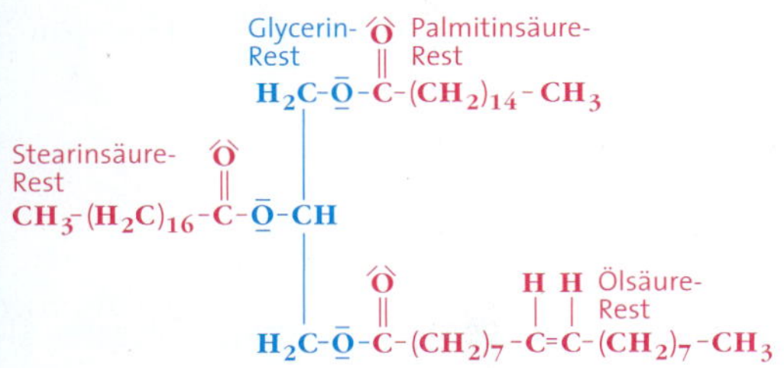

Löslichkeit, Schmelzbereich: Fette und Öle sind wasserunlöslich, lösen sich aber in unpolaren Lösemitteln, weil in ihren Molekülen die unpolaren Reste überwiegen. Fette und Öle sind keine Reinstoffe, sondern Gemische aus Triacylglycerinen. Sie haben keine feste Schmelztemperatur, sondern werden innerhalb eines Schmelzbereichs flüssig.

Gesättigte und **ungesättigte Fettsäuren**: Gesättigte Fettsäuren enthalten Alkyl-Reste, ungesättigte Alkenyl-Reste mit einer oder mehreren Doppelbindungen:

Stearinsäure (Octadecansäure) — Ölsäure (*Z*-Octadeca-9-ensäure)

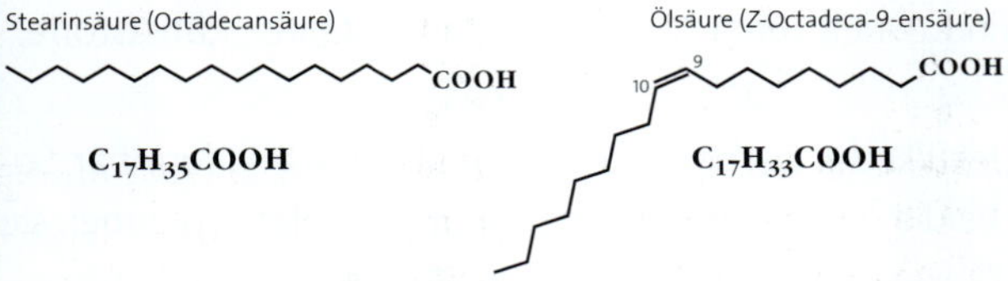

$C_{17}H_{35}COOH$ — $C_{17}H_{33}COOH$

Die Acyl-Reste der ungesättigten Fettsäuren liegen in Fetten und Ölen überwiegend in der *Z*-Konfiguration vor. Dadurch können sie sich weniger gut parallel zueinander anordnen und die VAN-DER-WAALS-Kräfte sind schwächer als bei Resten gesättigter Fettsäuren. Je größer der Anteil an ungesättigten Fettsäuren in einem Fett oder Öl ist, desto niedriger liegt sein Schmelzbereich. Auch die Kettenlänge des Acyl-Rests beeinflusst die Lage des Schmelzbereichs.

Bei der **Fetthärtung** werden ungesättigte Fettsäure-Reste mit Wasserstoff in Gegenwart eines Katalysators zu gesättigten Fettsäure-Resten hydriert. Dabei kommt es zu einer Erhöhung des Schmelzbereichs.

$$C_{17}H_{33}COOH + H_2 \xrightarrow{\text{Ni-Katalysator}} C_{17}H_{35}COOH$$

Ölsäure, $\vartheta_m = 16\,°C$ — Stearinsäure, $\vartheta_m = 70\,°C$

Verseifung von **Fetten**: Die alkalische Hydrolyse von Fetten wird als Verseifung bezeichnet, weil sich dabei **Seifen** bilden. Seifen sind Natrium- oder Kaliumsalze der Fettsäuren:

$H_3C(CH_2)_nCOO^- \, Na^+$ (n = 9 bis 19)

Seifen

Tenside: Die Seifen-Anionen haben aufgrund ihrer Struktur aus einem unpolaren, hydrophoben und einem polaren, hydrophilen Teil **amphiphile Eigenschaften**:

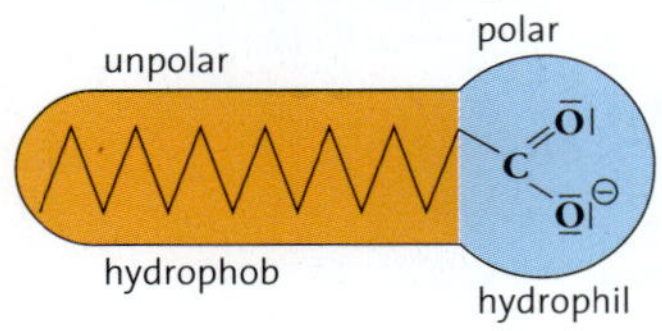

Seifen wirken daher als Tenside: Sie sind waschaktiv, indem sie die Oberflächenspannung des Wassers herabsetzen und **Micellen** bilden, in denen hydrophobe Schmutzpartikel eingefangen und weggeschwemmt werden:

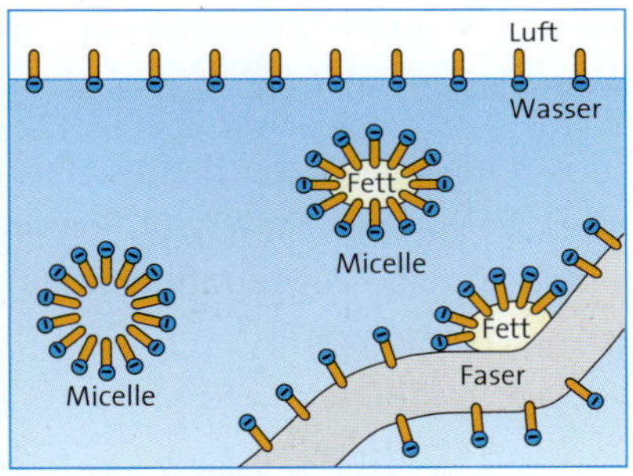

Alkylbenzolsulfonate sind synthetische Tenside, die ebenso wie Seifen amphiphile Anionen enthalten:

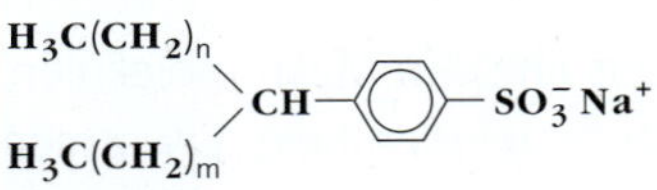

n = 4 bis 5, m = 7 bis 9

Alkylbenzolsulfonat (ABS)

Da Alkylbenzolsulfonate biologisch abbaubar sind, werden sie in vielen Wasch- und Reinigungsmitteln eingesetzt.

Fette und Öle sind wegen ihres hohen Brennwerts wichtige Nahrungsmittel und nachwachsende Rohstoffe. Der Kraftstoff Biodiesel besteht aus Methylestern von Fettsäuren und wird durch Umesterung von Rapsöl mit Methanol gewonnen:

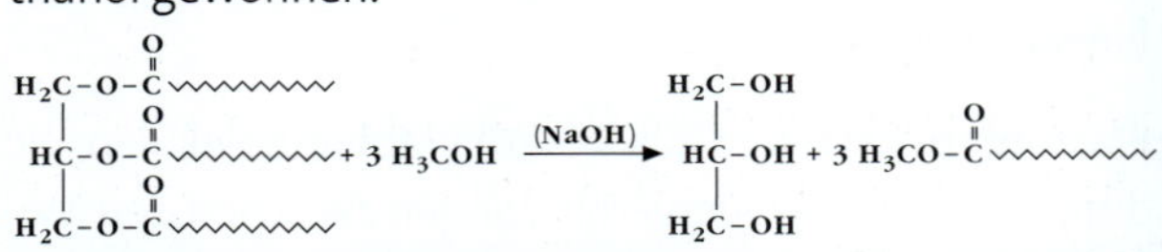

Bei der **Polymerisation** reagieren gleiche Monomer-Moleküle, i.d.R. Moleküle mit einer Doppelbindung, miteinander zu Makromolekülen. So polymerisiert beispielsweise Propen zu Polypropen:

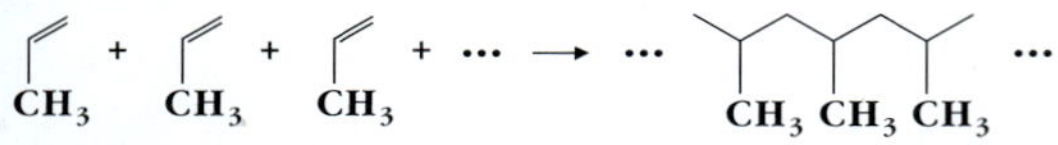

In vielen Fällen verläuft die Polymerisation kettenförmig über Radikale (radikalische Polymerisation):

1. Startreaktion (R· bezeichnet ein Radikal):

$$R - R \xrightarrow[\text{(Licht)}]{\text{Wärme}} 2R\cdot$$

2. Kettenreaktionen:

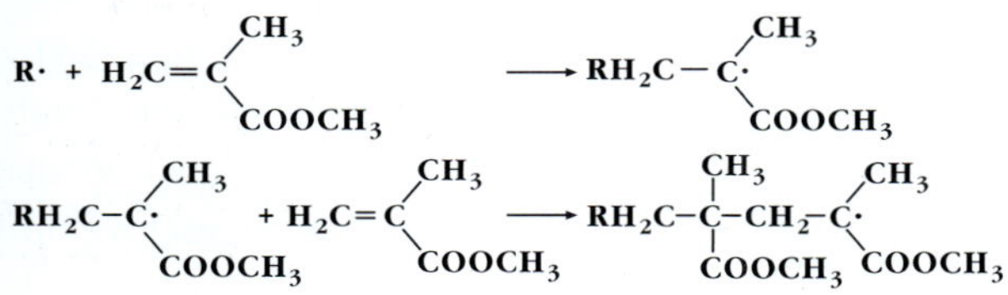

3. Abbruchreaktionen (M· bezeichnet ein langkettiges Radikal):

$$M\cdot + \cdot R \longrightarrow M-R;\ M\cdot + \cdot M \longrightarrow M-M$$

Wichtige, durch Polymerisation hergestellte Polymere sind Polyethen, Polypropen, Polystyrol, Polyvinylchlorid, Polymethylmethacrylat, Polytetrafluorethen (Teflon), Polyisobuten und Polyacrylnitril.

Unter einer **Polykondensation** versteht man eine Reaktion, bei der i.d.R. bifunktionelle Monomer-Moleküle unter Abspaltung von kleinen Molekülen, wie z.B. Wasser-Molekülen, miteinander verknüpft werden. So reagiert beispielsweise Hexandisäure mit 1,6-Diaminohexan zu Nylon 6.6:

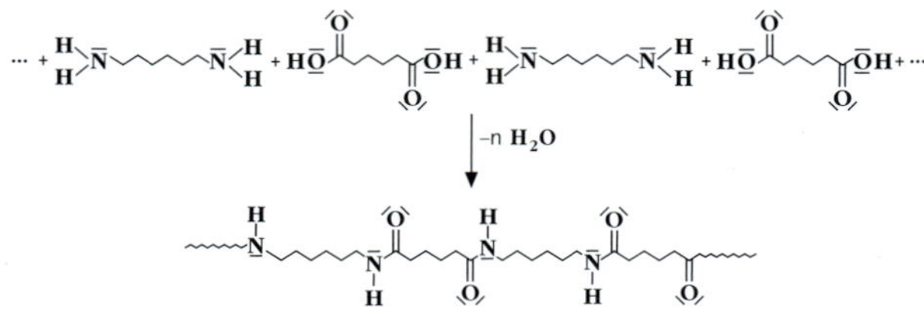

Durch Polykondensation werden Polyamide, Polyester, Silicone und Polycarbonate hergestellt.

Bei **Polyadditionen** reagieren zwei Monomere zu Makromolekülen, ohne dass dabei kleine Moleküle abgespalten werden. Die Polyaddition eines Diols an ein Diisocyanat verläuft nach folgendem Schema:

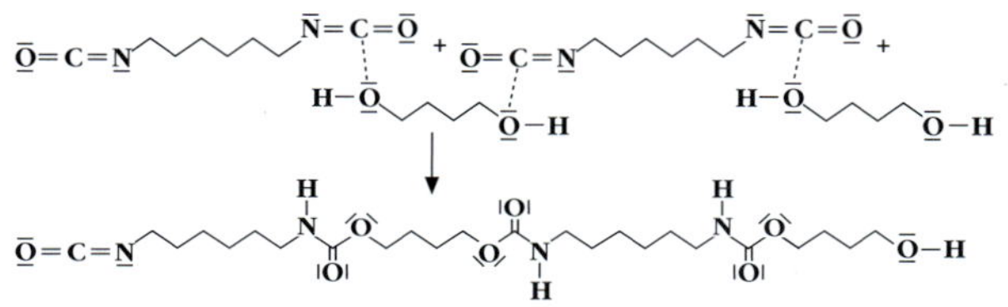

Auf diese Weise erhält man Polyurethane, die wichtigsten industriell durch Polyaddition hergestellten Kunststoffe.

Eigenschaften und Struktur von Kunststoffen (Polymeren): Man unterscheidet zwischen Thermoplasten, Duroplasten und Elastomeren.

Thermoplaste bestehen aus linearen Makromolekülen. Thermoplastische Kunststoffe werden beim Erwärmen weich und formbar. Die relativ schwachen Anziehungskräfte zwischen den linearen Molekülen (VAN-DER-WAALS-Kräfte, Dipol-Dipol Kräfte, Wasserstoffbrückenbindungen) werden aufgebrochen und die Moleküle können aneinander vorbeigleiten.

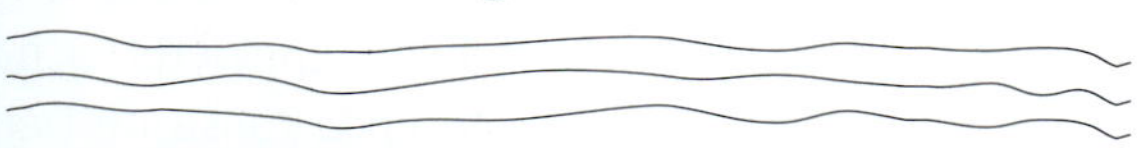

lineare Makromoleküle: *Thermoplast*

Beispiele für Thermoplaste sind Polyethen, Polypropen, Polystyrol, Polymethylmethacrylat, Polyamide und einige (lineare) Polyester.

Elastomere bestehen aus linearen Makromolekülen, die durch nur wenige Querverbindungen zwischen den Molekülketten vernetzt sind. Sie sind dehn- und formbar. Sobald die Zug- oder Druckspannung nachlässt, nehmen sie die ursprüngliche Form wieder an.

schwach vernetzte Makromoleküle: *Elastomer*

Beispiele für Elastomere sind vulkanisiertes *Z*-Polyisopren (Kautschuk), einige Polyurethane und einige Silicone (mit entsprechender Vernetzung der Molekülketten).

Duroplaste sind aus dreidimensional vernetzten Makromolekülen aufgebaut. Duroplastische Kunststoffe erweichen daher beim Erwärmen nicht, bei stärkerem Erhitzen zersetzen sie sich.

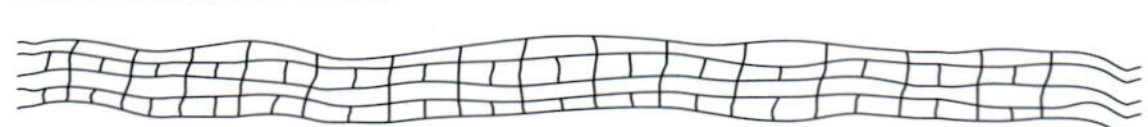

dreidimensional vernetzte Makromoleküle: *Duroplast*

Beispiele für Duroplaste sind Bakelit, einige Polyester und einige Silicone.

Lichtabsorption und Farbigkeit: Farbige Stoffe absorbieren einen Teil der Spektralfarben des weißen Lichtes. Der Stoff erscheint in der Farbe, die durch Überlagerung der nicht absorbierten Farben entsteht (Komplementärfarbe).

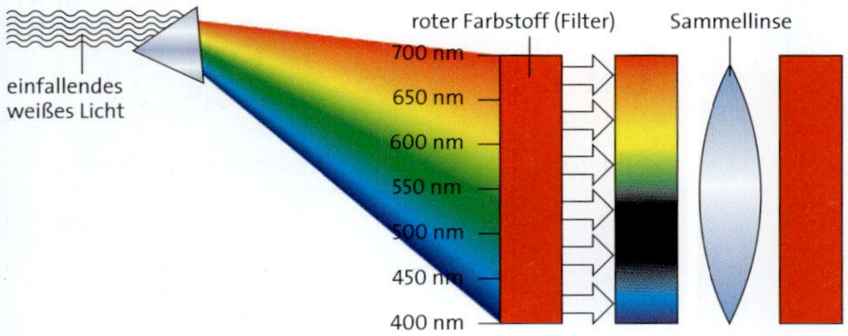

Molekülstruktur und Farbigkeit: Farbstoff-Moleküle besitzen ein ausgedehntes System von konjugierten Doppelbindungen, in dem die Elektronen delokalisiert sind. Das System der delokalisierten Elektronen wird als Chromophor bezeichnet. Im β-Carotin-Molekül erstreckt sich der Chromophor über 22 Kohlenstoff-Atome:

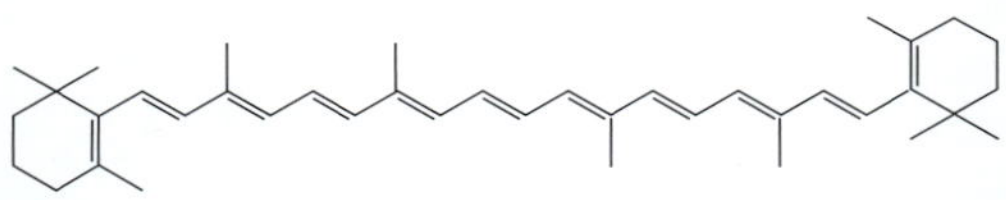

Azofarbstoffe: Das gemeinsame strukturelle Merkmal der Azofarbstoffe ist die Azo-Gruppe $-\overline{N}=\overline{N}-$ im Molekül. Sie überbrückt in der Regel zwei delokalisierte Elektronensysteme, die aromatische Ringe enthalten, und führt dadurch zu einem über das gesamte Farbstoff-Molekül ausgedehnten Chromophor:

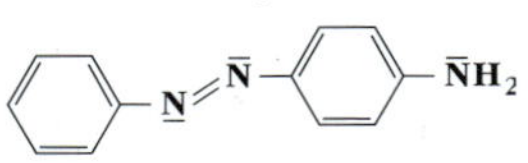

Azofarbstoffe können allgemein in zwei Reaktionsschritten synthetisiert werden:

1. Schritt: Diazotierung

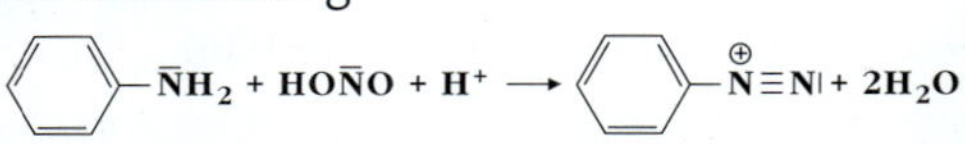

Hier wird ein aromatisches Amin (z. B. Anilin) mit salpetriger Säure zu Diazonium-Ionen umgesetzt.

2. Schritt: Azokupplung

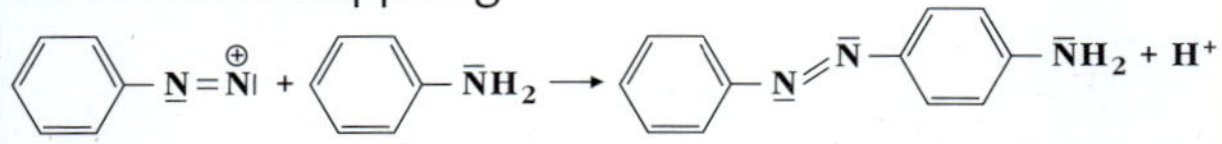

In einer elektrophilen Substitution reagieren die Diazonium-Ionen mit einem aromatischen Amin oder ein Phenol (Kupplungskomponente).

Einfluss von Substituenten: Auxochrome (Donator-Gruppen) und Antiauxochrome (Akzeptor-Gruppen) am Chromophor eines Farbstoff-Moleküls beeinflussen die Lichtabsorption. Geeignete Substituenten in Azofarbstoff-Molekülen können durch Protonenaufnahme und -abgabe die Farbe ändern. Das Funktionsprinzip eines Säure-Base Indikators wird am Beispiel des Azofarbstoffs Methylorange deutlich:

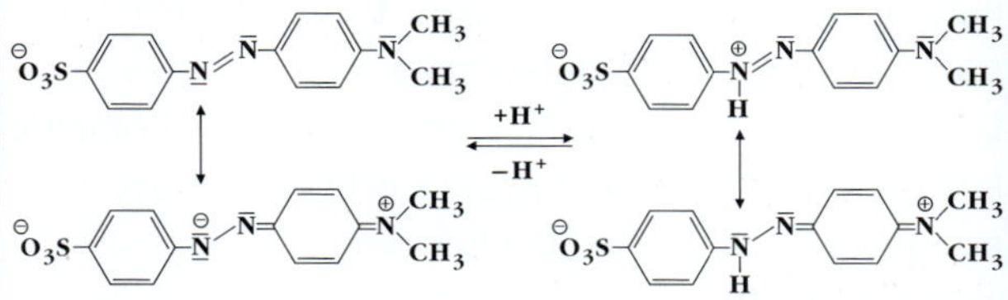

Methylorange (gelb) Ind⁻ — Methylorange (rot) **H** Ind

Färbeverfahren: Farbstoffe können auf Textilfasern direkt, d. h. durch einfaches Eintauchen der Textilie in die Farbstoff-Lösung oder indirekt, d. h. durch chemische Veränderungen an den Farbstoff-Molekülen oder an den Textilfasern aufgebracht werden.

Bei der **Küpenfärbung** mit **Indigo** wird der wasserunlösliche Farbstoff in der Küpe zu farblosem, in alkalischer Lösung gut lösliches Leukoindigo reduziert. Dieses zieht auf die Faser auf und wird an der Luft zu blauem Indigo oxidiert:

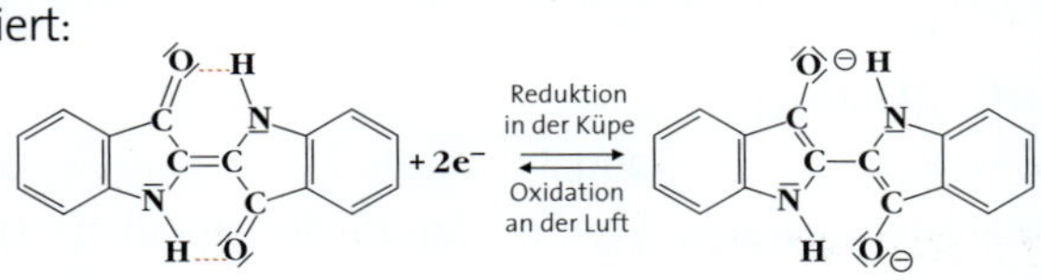

Indigo blau, wasserunlöslich — Leukoindigo-Base farblos bis gelblich, wasserlöslich

Naturfarbstoffe: In Organismen erfüllen Farbstoffe wichtige biologische Funktionen. Von herausragender Bedeutung sind Chlorophylle, die vorwiegend blaues und rotes Licht absorbieren und eine Schlüsselfunktion bei der Photosynthese in grünen Pflanzen haben.

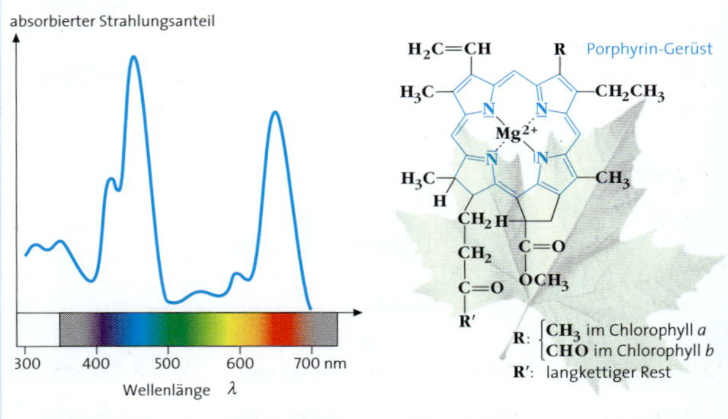

Absorptionsspektrum eines Gemisches aus Chlorophyll a und b

GRUNDWISSEN

Struktur von Komplexen:
Ein Komplex-Teilchen besteht aus einem **Koordinationszentrum**, Zentralatom oder Zentralion, und einer Hülle aus **Liganden**, Ionen oder Molekülen. Die Koordinationszahl gibt die Anzahl der Bindungen zwischen Zentralion und Liganden an. **Einzähnige Liganden** besetzen im Komplex nur eine Koordinationsstelle, **mehrzähnige Liganden** besetzen mehrere Koordinationsstellen. Bilden mehrzähnige Liganden mehrere Bindungen mit dem gleichen Zentralion aus, liegt ein **Chelatkomplex** vor.
Die geometrische Anordnung der Liganden im Komplex kann je nach Koordinationszahl z. B. linear, tetraedrisch, planquadratisch oder oktaedrisch sein.

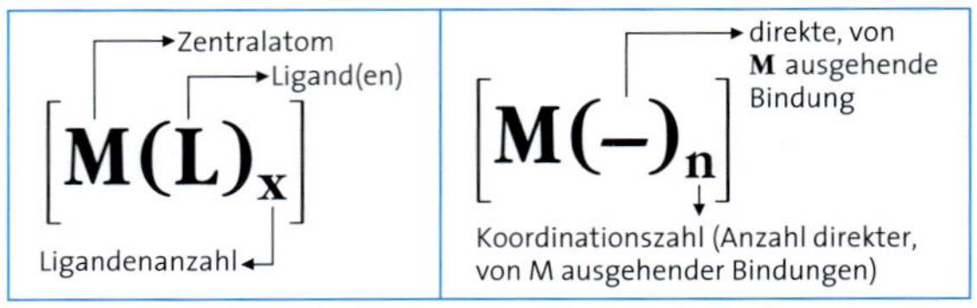

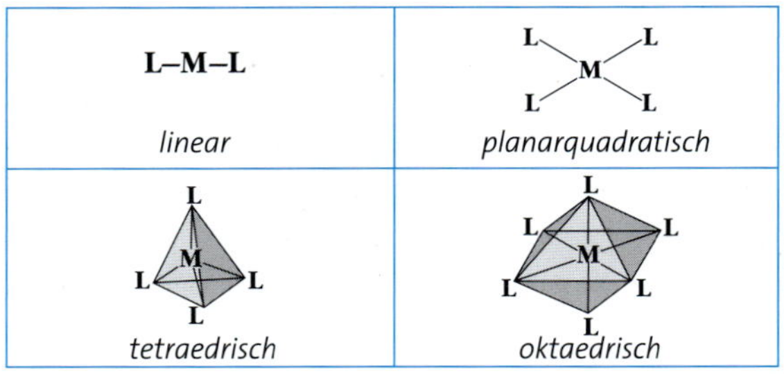

Ligandenaustausch:
Bei einer Ligandenaustauschreaktion werden Liganden aus einem Komplex durch andere Liganden, die mit dem gleichen Zentralion einen stabileren Komplex bilden, verdrängt.

Nomenklatur, anhand von *Beispielen*:

$K_3[Cu(CN)_4]$

Kalium	-	tetra	cyano	cupr	at	(I)
Kation	-	Anzahl der Liganden	Ligand	Wortstamm des Zentralteilchens	Wortstammendung bei Anion-Komplexen	Oxidationszahl des Zentralteilchens
Kation	-	Komplex-Anion				

$[CuCl_2(H_2O)_2]$

Di	aqua	di	chloro	kupfer	(II)
Anzahl der Liganden	Ligand	Anzahl der Liganden	Ligand	Zentralteilchen	Oxidationszahl des Zentralteilchens
Neutral-Komplex					

$[Cu(NH_3)_4(H_2O)]SO_4$

Tetra	ammin	di	aqua	kupfer	(II)	-	sulfat
Anzahl der Liganden	Ligand	Anzahl der Liganden	Ligand	Zentral-teilchen	Oxidationszahl des Zentralteilchens	-	Anion
Komplex-Kation							Anion

Isomerie bei Komplexen:
In der Komplexchemie lassen sich **Konstitutionsisomere** und **Stereoisomere** nach weiteren Isomerieformen unterteilen:

- Isomerie
  - Konstitutionsisomerie
    - Bindungsisomerie
    - Ionenisomerie
    - Hydratisomerie
    - Koordinationsisomerie
  - Stereoisomerie
    - *cis-trans*-Isomerie
    - Optische Isomerie

Akkumulator: Ein Akkumulator ist eine wiederaufladbare galvanische Zelle (Beispiele: Bleiakkumulator, Nickel-Cadmium-Akkumulator, Lithium-Ionen-Akkumulator).

Aktivierungsenergie: Auf der Stoffebene versteht man unter der Aktivierungsenergie die einem System anfänglich zuzuführende Wärme, um darin eine Reaktion auszulösen. Auf der Teilchenebene kann die Aktivierungsenergie als Differenz zwischen der mittleren Energie der „aktiven" Teilchen und der mittleren Energie aller Teilchen gedeutet werden.

Akzeptor-Halbzelle: In der Akzeptor-Halbzelle einer galvanischen Zelle läuft die Reduktion der an der Zellreaktion beteiligten Teilchen ab. Beim DANIELL-Element werden in der Akzeptor-Halbzelle, die das Redoxpaar $\mathbf{Cu/Cu^{2+}}$ enthält, Kupfer(II)-Ionen zu Kupfer-Atomen reduziert. Die dafür nötigen Elektronen werden von der Kupfer-Elektrode bereitgestellt, die sich dadurch elektrisch positiv auflädt und den Pluspol der Zelle bildet.

Alkylbenzolsulfonate: Alkylbenzolsulfonate ABS sind synthetische Tenside des Typs $\mathbf{R{-}C_6H_4{-}SO_3^-\,Na^+}$, d.h. Natriumsalze von Alkylbenzolsulfonsäuren $\mathbf{R{-}C_6H_4{-}\ SO_3H}$.

Aminosäuren: Aminosäuren sind Verbindungen mit mindestens je einer Carboxy- und Amino-Gruppe im Molekül. Von besonderer Bedeutung sind die etwa 20 α-Aminosäuren $\mathbf{H_2NCHRCOOH}$, aus denen in Organismen die körpereigenen Proteine synthetisiert werden.

Amphiphilie: Stoffe, die sich sowohl mit Wasser und anderen polaren Lösemitteln als auch mit Ölen und anderen unpolaren Lösemitteln gut mischen, werden als amphiphil bezeichnet.

Ampholyt: Ein Ampholyt kann sowohl als Säure (Protonendonator) als auch als Base (Protonenakzeptor) wirksam werden. Der wichtigste Ampholyt ist das Wasser-Molekül.

Anode: Als Anode bezeichnet man die Elektrode, bei der eine Oxidation abläuft. Bei der Elektrolyse bildet die Anode den Pluspol, bei der galvanischen Zelle den Minuspol.

Anomere: Anomere sind Isomere mit unterschiedlicher Konfiguration an dem asymmetrischen Kohlenstoff-Atom, das bei der Ringbildung aus einem kettenförmigen Aldose- oder Ketose-Monosaccharid-Molekül neu gebildet wird. Beispiele für Anomere sind die α- und β-D-Glucose und die α- und β-D-Fructose.

Antiauxochrome: Als Antiauxochrome bezeichnet man Akzeptor-Gruppen, d.h. elektronenziehende Atomgruppen, in Farbstoff-Molekülen, z.B. die Nitro-Gruppe $\mathbf{-NO_2}$, die Aldehyd-Gruppe $\mathbf{-CHO}$ und die Keto-Gruppe $\mathbf{-CRO}$.

Äquivalenzpunkt: Beim Äquivalenzpunkt einer Säure-Base-Titration sind die Stoffmengen der titrierten Säure (Base) und der Base(Säure) aus der Maßlösung gleich. (*Hinweise:* Das bis zum Äquivalenzpunkt verbrauchte Volumen an Maßlösung, d.h. der Abszissenwert des Äquivalenzpunktes, geht in die rechnerische Auswertung der Titration ein. Da beim Äquivalenzpunkt die Lösung des Salzes aus der titrierten Säure (Base) und der Base (Säure) aus der Maßlösung vorliegt, kann der *p*H-Wert, d.h. der Ordinatenwert des Äquivalenzpunktes, im neutralen, sauren oder alkalischen Bereich liegen.)

Aromatische Verbindungen (Aromaten): Das charakteristische strukturelle Merkmal der aromatischen Verbindungen (Aromaten) ist der aromatische Ring, mit einem über den gesamten Ring delokalisierten Elektronensystem. Der Hauptvertreter der Aromaten ist das Benzol $\mathbf{C_6H_6}$, dessen Molekül drei über den Ring delokalisierte Elektronenpaare hat (aromatisches Elektronensextett). Viele Aromaten sind Derivate des Benzols (Alkylbenzole, Phenol, Anilin u.a.). Ringförmige Moleküle, die auch Heteroatome (z.B. Sauerstoff-, Stickstoff- oder Schwefel-Atome) enthalten, können ebenfalls aromatisch sein, wenn die Elektronenpaare aus Doppelbindungen und freie Elektronenpaare der Heteroatome zusammen ein aromatisches Elektronensextett ausbilden.

Asymmetrisches Kohlenstoff-Atom: Ein Kohlenstoff-Atom mit vier verschiedenen Substituenten ist asymmetrisch. Es stellt in einem Molekül ein Chiralitätszentrum dar.

Autoprotolyse: Die Autoprotolyse ist ein Protonenübergang zwischen gleichartigen Teilchen, z.B. zwischen Wasser-Molekülen.

Auxochrom: Als Auxochrome bezeichnet man Donator-Gruppen, d.h. elektronenschiebende Atomgruppen, in Farbstoff-Molekülen, z.B. die Hydroxy-Gruppe $\mathbf{-OH}$, die Alkoxy-Gruppe $\mathbf{-OR}$ und die Amino-Gruppe $\mathbf{-NH_2}$.

Azofarbstoffe: Azofarbstoffe sind eine wichtige Klasse von synthetischen Farbstoffen, deren allgemeines strukturelle Merkmal die Azo-Gruppe $\mathbf{-N{=}N-}$ ist. Im Molekül eines Azofarbstoffs sind zwei oder mehrere Molekülbausteine mit delokalisierten Elektronensystemen (beispielsweise aromatische Ringe) über Azo-Gruppen miteinander verknüpft. Dadurch wird das delokalisierte Elektronensystem über größere Bereiche, oft über das ganze Molekül, ausgeweitet.

Base (BRÖNSTED-Definition): Eine Base ist ein Protonenakzeptor (vgl. zur Frage, ob damit ein Teilchen oder ein Stoff gemeint ist, auch die Säure-Definition nach BRÖNSTED).

Batterie: Eine Batterie ist eine einmal entladbare (nicht wiederaufladbare) galvanische Zelle (Beispiel: Taschenlampenbatterie).

Biuretreaktion: Die Biuretreaktion dient zum Nachweis von Proteinen und Aminosäuren. Bei positiver Biuretreaktion bilden sich mit alkalischer Kupfer(II)-sulfat-Lösung (Biuretreagenz) blau- oder violettfarbige Verbindungen.

Brennprobe: Die Brennprobe dient zum Nachweis von organischen Verbindungen. Bei Proteinen liefert die Brennprobe einen charakteristischen Geruch nach verbrannten Haaren oder nach verbranntem Fleisch.

Brennstoffzelle: Die Brennstoffzelle ist eine galvanische Zelle, die die innere Energie des zugeführten Brennstoffs (z. B. Wasserstoff oder Methanol) und Sauerstoffs direkt in elektrische Energie umwandelt.

Brennwert: Der Brennwert H_s eines Brennstoffs ist die pro Masseneinheit (oder pro Volumeneinheit) bei der Verbrennung des betreffenden Brennstoffs abgegebene thermische Energie (Wärme), wobei das Verbrennungsprodukt Wasser in flüssiger Form erhalten wird.

Carbonfasern: Carbonfasern sind moderne Verbundwerkstoffe, die in ein Polymer (z. B. Polyester) eingebettete Kohlefasern enthalten. Dadurch werden mechanische Eigenschaften des Materials wie Festigkeit und Elastizität verbessert.

Chelat-Komplex: Ein Chelat-Komplex ist Komplex, bei dem ein Ligand über mehrere Atome an das Zentralion gebunden ist.

Chelat-Effekt: Der Chelat-Effekt beschreibt die außerordentliche Stabilität von Komplexen mit mehrzähnigen Liganden.

Cellobiose: Cellobiose ist ein Disaccharid, das sich bei der Hydrolyse von Cellulose bildet. Im Cellobiose-Molekül sind zwei Glucose-Bausteine 1,4-β-glycosidisch verknüpft.

Chemisches Gleichgewicht: Im Zustand des chemischen Gleichgewichts liegen Reaktionsprodukte und Ausgangsstoffe in bestimmten, konstanten Konzentrationen nebeneinander vor. Stoff- und Energieumsatz sind nicht beobachtbar. Der Zustand kann nur in einem geschlossenen System eingenommen werden, in dem die Reaktion, die zur Ausbildung des Gleichgewichtszustands führt, auch umkehrbar (reversibel) ist. Auf der Teilchenebene herrscht beim chemischen Gleichgewicht kein Stillstand; sowohl die Hin- als auch die Rückreaktion laufen weiter ab, aber ihre Reaktionsraten sind gleich.

Chlor-Alkali-Elektrolyse: Bei der Chlor-Alkali-Elektrolyse werden aus Natriumchlorid-Lösung unter Zufuhr von elektrischer Energie drei industrielle Grundchemikalien gewonnen: Chlor, Wasserstoff und Natronlauge. Die Chlor-Alkali-Elektrolyse kann nach dem Diaphragma-, dem Amalgam- und dem Membran-Verfahren durchgeführt werden.

Chromophor: Ein Chromophor besteht aus mehreren konjugierten Doppelbindungen und stellt das gemeinsame strukturelle Merkmal von organischen, farbgebenden Molekülen dar. Im Chromophor sind die Elektronenpaare aus Doppelbindungen und freie Elektronenpaare delokalisiert.

Copolymere: Als Copolymere bezeichnet man makromolekulare Verbindungen, die durch Polymerisation zweier (oder mehrerer) verschiedener Monomere erhalten werden, beispielsweise das Copolymer ETFE (aus Ethen- und Tetrafluorethen-Einheiten).

DANIELL-Element: Das DANIELL-Element ist eine galvanische Zelle bestehend aus einer Donator-Halbzelle mit dem Redoxpaar Zn/Zn^{2+} und einer Akzeptor-Halbzelle bestehend aus dem Redoxpaar Cu/Cu^{2+}. Sie liefert unter Standardbedingungen eine Leerlaufspannung von $U = 1{,}1$ V.

Delokalisierte Elektronensysteme: Delokalisierte Elektronensysteme sind dadurch gekennzeichnet, dass die Elektronen aus einem solchen System über mehr als zwei Atome verteilt sind. Das trifft für Elektronenpaare aus konjugierten Doppelbindungen (und gegebenenfalls freien Elektronenpaaren aus benachbarten Heteroatomen) zu.

Desoxyribonucleinsäure DNA: Desoxyribonucleinsäure DNA ist ein makromolekularer Naturstoff, dessen Baueinheiten Nucleotide sind, und dient als Informationsträger für das Erbgut eines Organismus.

Dipol-Molekül: Liegen in einem Molekül die Schwerpunkte der positiven und negativen elektrischen Teilladungen nicht zusammen, so handelt es sich um ein Dipol-Molekül.

Disaccharide: Disaccharide (Zweifachzucker) sind Kohlenhydrate, deren Moleküle aus zwei glykosidisch verknüpften Monosaccharid-Resten bestehen. Saccharose (Rohrzucker, Haushaltszucker) ist das bekannteste Disaccharid.

Donator-Halbzelle: In der Akzeptor-Halbzelle einer galvanischen Zelle läuft die Oxidation der an der Zellreaktion beteiligten Teilchen ab. Beim DANIELL-Element werden in der Donator-Halbzelle, die das Redoxpaar Zn/Zn^{2+} enthält, Zink-Atome zu Zink(II)-Ionen oxidiert. Die dabei abgegebenen Elektronen werden über die Zink-Elektrode, die den Minuspol der Zelle bildet, in den äußeren Stromkreis geleitet.

Duroplaste: Duroplaste sind feste Kunststoffe, die auch beim Erwärmen formstabil und fest bleiben. Bei hohen Temperaturen zersetzen sie sich thermisch. Duroplaste bestehen aus dreidimensional dicht vernetzten Makromolekülen.

Dynamisches Gleichgewicht: Beim dynamischen Gleichgewicht gibt es (im Gegensatz zum statischen Gleichgewicht) im System Bewegung, d. h. gegenläufige Prozesse laufen so ab, dass sie sich gegenseitig ausgleichen. Das chemische Gleichgewicht ist auf der Teilchenebene betrachtet ein dynamisches Gleichgewicht, weil dabei die Hinreaktion und die Rückreaktion mit gleichen Reaktionsraten ablaufen.

Elastomere: Elastomere sind Kunststoffe mit elastischen Eigenschaften, d. h. Materialien, die sich bei Krafteinwirkung verformen und danach wieder ihre ursprüngliche Form einnehmen. Elastomere bestehen aus linearen Makromolekülen mit einer relativ geringen Anzahl von Quervernetzungen zwischen den Makromolekülen.

Elektrode: Als Elektrode bezeichnet man in der Elektrochemie den Teil eines Elektronenleiters (Metalle, Graphit), der in einen Elektrolyt eintaucht und dessen Teilchen Elektronen aufnehmen oder abgeben können.

Elektrolyt: Ein Elektrolyt leitet den elektrischen Strom durch bewegliche Ionen. Als Elektrolyte fungieren Lösungen und Schmelzen, die Ionen enthalten, beispielsweise Lösungen und Schmelzen von Salzen.

Elektronegativität: Elektronegativität EN ist die Eigenschaft der Atome innerhalb von Molekülen, in denen sie gebunden sind, Bindungselektronen zu sich heranzuziehen. Eine Elektronenpaarbindung ist umso polarer, je größer die Elektronegativitätsdifferenz ΔEN der gebundenen Atome ist.

Elektronenpaarbindung: Eine Elektronenpaarbindung (Atombindung, kovalente Bindung) kommt durch ein gemeinsames, bindendes Elektronenpaar zwischen zwei Atomen zustande. Bei einer Doppelbindung liegen zwei, bei einer Dreifachbindung drei gemeinsame Elektronenpaare vor.

Elektrolyse: Eine Elektrolyse ist eine Reaktion, die bei dauernder Zufuhr von elektrischer Energie durch eine elektrische Energiequelle abläuft. Dabei erhöht sich die innere Energie der Produkte. Die positiv geladenen Ionen (Kationen) werden am Minuspol (Kathode) durch Aufnahme von Elektronen reduziert, die negativ geladenen Ionen (Anionen) am Pluspol (Anode) durch Abgabe von Elektronen oxidiert.

Enantiomere (optische Isomere): Enantiomere (optische Isomere) sind Stereoisomere, die wie Bild und Spiegelbild zueinander stehen.

Endergonisch: Für endergonische Reaktionen gilt: $\Delta_R G > 0$. Die freie Reaktionsenthalpie nimmt bei der Reaktion zu, diese kann nur erzwungen ablaufen.

Endotherm: Für endotherme Reaktionen gilt: $\Delta_R H > 0$. Die Reaktionsenthalpie nimmt bei der Reaktion zu und muss i. d. R. als thermische Energie (Wärme) zugeführt werden.

Energiestufenmodell: Nach dem Energiestufenmodell können Elektronen in Molekülen nur bestimmte erlaubte Energiestufen (Energieniveaus) besetzten. Die erlaubten Energiestufen werden mit je einem Elektronenpaar „von unten nach oben" aufgefüllt. Durch Absorption eines Energiequants geeigneter Energie kann ein Elektron aus der höchsten besetzten in die niedrigste unbesetzte Energiestufe angehoben werden. Das Molekül geht dabei aus dem Grundzustand in den elektronisch angeregten Zustand über. Mit dem Energiestufenmodell kann die Farbigkeit durch Lichtabsorption (normale Farben) und Lichtemission (Leuchtfarben) erklärt werden.

Entropie: Die Entropie ist eine Größe, die vereinfacht als das Maß für die Unordnung eines Systems interpretiert werden kann. Nach dem Entropieprinzip laufen Reaktionen dann selbsttätig (spontan) ab, wenn die Entropie dabei zunimmt.

Enzyme: Enzyme sind Biokatalysatoren. In der Regel sind es Proteine, die Reaktionen in Organismen katalysieren. Viele Enzyme katalysieren nur einen bestimmten Reaktionstyp (z. B. Hydolysen) und nur die Reaktion eines bestimmten Stoffes (Substrats).

Enzymaktivität: Die Enzymaktivität eines Enzyms, d. h. seine katalytische Wirksamkeit, hängt von der Substratkonzentration, der Temperatur und dem *p*H-Wert ab. Sie kann durch Schwermetall-Ionen und andere Hemmstoffe stark herabgesetzt oder sogar vollständig unterbunden werden.

Exergonisch: Für exergonische Reaktionen gilt: $\Delta_R G < 0$. Die freie Reaktionsenthalpie nimmt bei der Reaktion ab, diese kann selbsttätig ablaufen.

Exotherm: Für exotherme Reaktionen gilt: $\Delta_R H < 0$. Die Reaktionsenthalpie nimmt bei der Reaktion ab und wird i. d. R. als thermische Energie (Wärme) an die Umgebung abgegeben.

Farbigkeit: Stoffe erscheinen im sichtbaren, weißen Licht farbig, wenn sie einen Teil dieses Lichts absorbieren. Die gesehene Farbe kommt durch die Überlagerung der nicht absorbierten Farben zustande. Neben dieser Art von Farbigkeit, die durch Lichtabsorption entsteht, gibt es auch Leuchtfarben, die durch Lichtemission zustande kommen (Fluoreszenz, Phosphoreszenz, Chemolumineszenz, Elektrolumineszenz).

Farbstoffe: Als Farbstoffe bezeichnet man (in der Technik) farbige Verbindungen, die aus Lösungen auf verschiedene Materialien (z. B. Textilfasern) aufgebracht werden können, um diese zu färben. Farbstoff-Moleküle enthalten delokalisierte Elektronensysteme, Chromophore, Auxochrome und Antiauxochrome.

FEHLING-Probe: Die FEHLING-Probe ist eine Nachweismethode für Stoffe, deren Moleküle Aldehyd-Gruppen enthalten. Bei positiver Probe werden Kupfer(II)-Ionen aus einem blauen Komplex reduziert und es bildet sich ein rotbrauner Niederschlag aus Kupfer(I)-oxid.

Fette: Fette sind allgemein Ester des dreiwertigen Alkohols Glycerin (Propan-1,2,3-triol) mit Fettsäuren.

Fettsäuren: Fettsäuren sind Monocarbonsäuren, deren Moleküle neben einer Carboxy-Gruppe langkettige Alkan- oder Alken-Reste, vorwiegend aus 11 bis 17 Kohlenstoff-Atomen, enthalten.

FISCHER-Projektionsfomeln: Die FISCHER-Projektionsformeln sind eindeutige Darstellungen dreidimensionaler Molekül-Konfigurationen in der zweidimensionalen Ebene. Sie eignen sich gut für die Darstellung von Monosaccharid-Molekülen in der Kettenform und für Aminosäure-Moleküle (bzw. Aminosäure-Zwitterionen).

Fotosynthese – Atmung: Bei der Fotosynthese werden Kohlenstoffdioxid und Wasser unter Nutzung des Sonnenlichts zu Kohlenhydraten und Sauerstoff umgesetzt. Die Kohlenhydrate dienen den Lebewesen als Energiespeicher bzw. Energielieferanten. Bei der Atmung werden sie mit Sauerstoff aus der Luft wieder zu Kohlenstoffdioxid und Wasser oxidiert, wobei Energie in verschiedenen Formen verfügbar wird. Der Kreislauf Fotosynthese – Atmung läuft in hoch spezialisierten biologischen Funktionseinheiten in vielen Schritten ab.

Freie Reaktionsenthalpie: Die freie Reaktionsenthalpie $\Delta_R G$ ist die maximale Nutzenergie einer Reaktion (vgl. auch GIBBS-HELMHOLTZ-Gleichung).

Furanosestruktur: Das charakteristische Merkmal der Furanosestruktur bei Monosaccharid-Molekülen ist ein fünfgliedriger Ring aus vier Kohlenstoff-Atomen und einem Sauerstoff-Atom.

Galvanische Zelle: Die galvanische Zelle ist ein Energiewandler, der innere Energie in elektrische Energie umwandelt. Sie liefert Gleichstrom. In einer galvanischen Zelle laufen die Oxidation und die Reduktion von Teilchen in räumlich getrennten, durch eine Elektrolytbrücke oder poröse Wand verbundenen Halbzellen ab.

Gerüstformel (Molekülsymbol): Die Gerüstformel (das Molekülsymbol) eines Moleküls ist eine vereinfachte Valenzstrichformel (Konstitutionsformel).

Geschlossenes System: Bei einem geschlossenen System gibt es Energieaustausch, aber keinen Stoffaustausch mit der Umgebung.

GIBBS-HELMHOLTZ-Gleichung: Mit der GIBBS-HELMHOLTZ-Gleichung kann die freie Reaktionsenthalpie $\Delta_R G$ aus der Reaktionsenthalpie $\Delta_R H$, der Reaktionsentropie $\Delta_R S$ und der absoluten Temperatur T berechnet werden. Sie lautet:
$\Delta_R G = \Delta_R H - T \cdot \Delta_R S$

Gleichgewichtskonstante K_c: Die Gleichgewichtskonstante ist eine charakteristische Größe für das chemische Gleichgewicht einer reversiblen Reaktion bei einer bestimmten Temperatur. Sie nimmt den Wert des Massenwirkungsquotienten beim chemischen Gleichgewicht ein.

Glycosidische Bindung: Als glycosidische Bindung bezeichnet man die Verknüpfungseinheit zwischen Monosaccharid-Bausteinen, die durch Abspaltung eines Wasser-Moleküls zwischen zwei Hydroxy-Gruppen verschiedener Monosaccharid-Moleküle zustande kommt.

Grenzflächenaktivität: Tensid-Teilchen sind grenzflächenaktiv, d. h. sie bewirken wegen ihrer Amphiphilie, dass die Grenzfläche zwischen Wasser und Öl oder Fett „aufgeweicht" wird und es zu einer Emulsion kommt. Dabei lagern sich die Tensid-Teilchen mit dem polaren (ionischen) Ende in die wässrige Phase und mit dem unpolaren in die ölige an und es bilden sich Micellen.

Grenzstrukturen, Grenzformeln (mesomere): Grenzformeln sind Valenzstrichformeln, mit denen Grenzsituationen der Elektronenverteilung in Teilchen (Molekülen oder Molekül-Ionen) mit delokalisierten Elektronensystemen beschrieben werden. Zwischen mesomere Grenzstrukturen schreibt man Mesomeriepfeile.

HABER-BOSCH-Verfahren: Nach dem HABER-BOSCH-Verfahren wird die Grundchemikalie Ammoniak $\mathbf{NH_3}$ industriell hergestellt. Zunächst wird aus den Rohstoffen Luft, Wasser und Methan (oder Erdöl oder Kohle) ein Gemisch aus Wasserstoff und Stickstoff hergestellt, das dann im Synthesereaktor bei Drücken von 20 hPa bis 30 hPa und bei einer Temperatur von ca. 550 °C in Gegenwart eines Katalysatorsystems zu Ammoniak umgesetzt wird.

HAWORTH-Projektionsformeln: Die HAWORTH-Projektionsformeln sind eindeutige Darstellungen dreidimensionaler Molekül-Konfigurationen in der zweidimensionalen Ebene. Sie eignen sich gut für die Darstellung von Ringen in Saccharid-Molekülen.

Heizwert: Der Heizwert H_i ist die bei der Verbrennung einer Massen- oder Volumeneinheit eines Brennstoffs abgegebene thermische Energie (Wärme), die tatsächlich noch übrig bleibt, wenn das Verbrennungsprodukt Wasser in der gasförmigem Form berücksichtigt wird. Um den Heizwert zu berechnen, muss man also vom Brennwert die Verdampfungswärme des gebildeten Wassers abziehen.

Hemmstoffe (für Enzyme): Hemmstoffe verringern die katalytische Aktivität von Enzymen. Bei der kompetitiven Hemmung konkurrieren die Moleküle des Hemmstoffes und des Substrats um das aktive Zentrum des Enzym-Moleküls, bei der allosterischen Hemmung wird das Hemmstoff-Teilchen an anderer Stelle an das Enzym-Molekül gebunden, die Tertiärstruktur des aktiven Zentrums wird dadurch aber so verändert, dass das Substrat-Molekül nicht mehr andocken kann.

Heteroatom: In der organischen Chemie werden alle Atome außer den Kohlenstoff-Atomen als Heteroatome bezeichnet. Entsprechend ist ein Heterozyklus ein Ring, der außer Kohlenstoff-Atomen auch andere Atome enthält.

Indikator: Ein Stoff, der durch seine Farbe anzeigt, ob eine saure oder alkalische Lösung vorliegt, ist ein Säure-Base-Indikator. (Es gibt auch Redox-Indikatoren, die durch ihre Farbe den Oxidationszustand eines Redoxsystems anzeigen.) Der Säure-Base-Indikator enthält eine Indikatorsäure **HInd** und ihre korrespondierende Indikatorbase $\mathbf{Ind^-}$, deren Farben unterschiedlich sind. Zwischen ihnen stellt sich ein Protolysegleichgewicht ein, bei dem je nach *p*H-Wert der Lösung, in die der Indikator gegeben wird, die Farbe von **HInd** oder die von $\mathbf{Ind^-}$ vorherrscht. Jeder Indikator hat einen charakteristischen Umschlagbereich, der sich über ca. 2 *p*H-Einheiten erstreckt.

Innere Energie: Als innere Energie *U* eines Systems bezeichnet man den gesamten Energiegehalt des Systems.

Ionenprodukt des Wassers K_W: Das Ionenprodukt des Wassers ist das Produkt der Konzentrationen der Oxonium- und Hydroxid-Ionen, $K_W = c(\mathbf{H_3O^+}) \cdot c(\mathbf{OH^-})$. In verdünnten wässrigen Lösungen nimmt es bei 22 °C folgenden Wert an: $K_W = 10^{-14}\ mol^2 \cdot L^{-2}$.

Isoelektrischer Punkt: Der isoelektrische Punkt IEP einer Aminosäure ist der *p*H-Wert, bei dem die Konzentrationen der Aminosäure-Kationen und der Aminosäure-Anionen gleich sind, also praktisch alle Aminosäure-Moleküle in Form des Zwitterions vorliegen.

Isoliertes System: Bei einem isolierten System gibt es weder Energieaustausch noch Stoffaustausch mit der Umgebung.

Isomere: Stoffe mit gleicher Molekülformel, aber verschiedener Molekülstruktur (Konstitution oder Konfiguration) werden als Isomere bezeichnet (vgl. auch Isomerietabellen auf S. 271).

Kalorimeter: Das Kalorimeter ist eine Versuchsvorrichtung, mit der man die thermische Energie (Wärme) bestimmen kann, die bei der Verbrennung einer Stoffportion frei wird.

Katalysator: Ein Katalysator ist ein Stoff (oder ein Stoffsystem), der eine Reaktion beschleunigt, ohne dabei verbraucht zu werden. Er setzt die Aktivierungsenergie der Reaktion herab, indem er mit dem Edukt (den Edukten) Zwischenverbindungen eingeht und sie so in einen reaktionsfähigen Zustand versetzt.

Kathode: Als Kathode bezeichnet man die Elektrode, bei der eine Reduktion abläuft. Bei der Elektrolyse bildet die Kathode den Minuspol, bei der galvanischen Zelle den Pluspol.

Ketosen: Als Ketosen bezeichnet man Kohlenhydrate mit einer Keto-Gruppe im Molekül, z. B. Fructose.

Kohlenhydrate: Kohlenhydrate oder Saccharide sind organische Verbindungen mit der allgemeinen Summenformel $C_m(H_2O)_n$. Kohlenhydrate dienen als Energieträger in Organismen.

Komplex: Als Komplex wird ein Teilchen bezeichnet, das aus einem Zentralion bzw. einem Zentralatom und Molekülen oder Anionen als Liganden besteht. *Beispiele*: $[PtCl_2(NH_3)_2]$, $[Fe(CN)_6]^{4+}$

Komplexverbindung: Verbindungen, an deren Aufbau Komplexteilchen beteiligt sind, nennt man Komplexverbindungen. *Beispiele*: $K_4[Fe(CN)_6]$, $[Cu(NH_3)_4]SO_4$

Komplexzerfallskonstante: Die Komplexzerfallskonstante ist die Gleichgewichtskonstante für die Dissoziation eines Komplexes aus einem Metallion M und n Liganden entsprechend der allgemeinen Gleichung $[ML_n] \rightleftharpoons M + nL$.

Konfiguration: Die Konfiguration eines Moleküls wird durch die Anordnung der Atome im dreidimensionalen Raum festgelegt und durch die räumliche Strukturformel des Moleküls (vereinfacht auch durch die FISCHER- oder durch die HAWORTH-Projektionsformel) angegeben. Isomere mit gleicher Konstitution aber verschiedener Konfiguration werden als Stereoisomere bezeichnet.

Konformation: Konformationen sind unterschiedliche räumliche Anordnungen der Atome in einem Molekül, die sich aus der Rotationsmöglichkeit um die Einfachbindungen ergeben. In der Regel stellen zwei unterschiedliche Konformationen nicht zwei Isomere (Stereoisomere) dar, weil sie sich sehr schnell und leicht ineinander umwandeln. Durch Konformationsänderungen können bei Protein-Molekülen z. T. erhebliche Eigenschaftsänderungen verursacht werden.

Konjugierte Doppelbindungen: Mehrere alternierende Einfach- und Doppelbindungen bilden ein System von konjugierten Doppelbindungen. Dabei kommt es zu delokalisierten Elektronensystemen, bei denen die Doppelbindungselektronen über den gesamten Bereich der konjugierten Doppelbindungen verteilt sind.

Konstitution: Die Konstitution eines Moleküls wird durch die Reihenfolge der Verknüpfung der Atome festgelegt und durch die Valenzstrichformel des Moleküls angegeben. Moleküle mit gleicher Molekülformel und unterschiedlicher Konstitution sind Konstitutionsisomere, z. B. Ethanol H_3CCH_2OH und Dimethylether H_3COCH_3.

Kontaktelement (Lokalelement): Ein Kontaktelement (Lokalelement) ist eine galvanische Zelle, bei der die beiden Elektroden in Kontakt oder über einen metallischen Leiter kurzgeschlossen sind. Bei einem Kontaktelement wird das unedlere Metall oxidiert und schützt das edlere Metall vor Korrosion.

Konvertierung: Bei der Konvertierung (einem Schritt bei der Ammoniaksynthese nach dem HABER-BOSCH-Verfahren) wird Kohlenstoffmonooxid mit Wasserdampf zu Kohlenstoffdioxid und Wasserstoff umgesetzt.

Konzentration: Die Konzentration (Stoffmengenkonzentration) $c(X)$ eines gelösten Stoffs X ist der Quotient aus der Stoffmenge $n(X)$ und dem Volumen der Lösung V_{Lsg}: $c(X) = n(X)/V_{Lsg}$. Die Einheit ist 1 mol/L.

Koordinative Bindung: Als koordinative Bindung wird eine besondere Art der Elektronenpaarbindung bezeichnet, bei der das Bindungselektronenpaar von einem Atom, Ion oder Molekül zur Verfügung gestellt wird.

Koordinationszahl: Die Koordinationszahl gibt die Anzahl direkter Bindungen zwischen Zentralatom und Liganden wieder. Häufig treten die Koordinationszahlen 2, 4 und 6 auf.

Korrespondierendes Redoxpaar: Ein korrespondierendes Redoxpaar besteht aus einem Reduktionsmittel und dem daraus durch Abgabe von z Elektronen gebildeten Oxidationsmittel, z. B. Zn/Zn^{2+}, Ag/Ag^+, $2Cl^-/Cl_2$.

Korrespondierendes Säure-Base-Paar: Ein korrespondierendes Säure-Base-Paar besteht aus einer Säure und der bei der Abgabe eines Protons daraus gebildeten Base, z. B. HCl/Cl^-, HSO_4^-/SO_4^{2-}.

Korrosion: Korrosion ist die Zerstörung eines Werkstoffes durch chemische Prozesse. Metalle werden durch Oxidationsprozesse korrodiert, bei denen Metall-Atome zu Metall-Kationen oxidiert werden. Das Rosten von Eisen und Stahl ist das bekannteste und wirtschaftlich relevanteste Beispiel von Korrosion.

Korrosionsschutz: Beim passiven Korrosionsschutz überzieht man die Metalloberfläche mit einer vor korrosiven Medien schützenden Schicht, beim aktiven Korrosionsschutz erzeugt man z. B. mit Opferanoden oder durch Verbindung mit dem Minuspol einer Gleichstromquelle elektrochemische Kontaktelemente (Lokalelemente).

Küpenfärbung: Bei der Küpenfärbung wird ein Farbstoff auf chemischem Weg in eine wasserlösliche und auf die Faser aufziehende Form überführt, auf die Faser gebracht und auf der Faser wieder in die ursprüngliche Form umgewandelt. Bei der Färbung mit Indigo wird die Küpe durch Reduktion des Indigos mit Natriumdithionit zu wasserlöslichem, farblosen, auf die Faser aufziehenden Leukoindigo hergestellt. Die anschließende Rückoxidation zu blauem Indigo erfolgt bei Trocknung der gefärbten Textilien an der Luft.

Kunststoffe: Als Kunststoffe bezeichnet man synthetische makromolekulare Verbindungen (z.B. Polyethen PE, Polypropen PP, Polystyrol PS, Polyethylenterephthalat PET, Polyvinylchlorid PVC).

Leerlaufspannung: Die Leerlaufspannung einer galvanischen Zelle ist die gemessene Spannung der Zelle, wenn kein elektrischer Verbraucher eingeschaltet ist.

Lewis-Base: Eine Lewis-Base nennt man ein Teilchen mit einem freien Elektronenpaar, z.B. NH_3, H_2O.

Lewis-Säure: Eine Lewis-Säure nennt man ein Teilchen mit einer Elektronenpaarlücke, z.B. BF_3, Cu^{2+}.

Lichtabsorption: Lichtabsorption bedeutet die Aufnahme von elektromagnetischer Strahlung aus dem sichtbaren Bereich durch einen Stoff, was die Farbigkeit des Stoffes bewirkt. Bei der Lichtabsorption werden die Teilchen des Stoffes elektronisch angeregt, wobei i.d.R. ein Elektron aus der höchsten besetzten Energiestufe in die niedrigste unbesetzte Energiestufe angehoben wird. Wenn die Energie des absorbierten Lichts vom Stoff in Wärme umgewandelt wird, erscheint er in der Farbe, die sich durch Überlagerung der nicht absorbierten Teile des weißen Lichts ergibt.

Lichtemission: Lichtemission bedeutet die Ausstrahlung von elektromagnetischer Strahlung aus dem sichtbaren Bereich durch einen Stoff. Sie wird z.B. als Fluoreszenz, Phosphoreszenz, Chemolumineszenz oder Elektrolumineszenz sichtbar. Bei der Emission von Licht gehen die Teilchen des Stoffes aus dem elektronisch angeregten Zustand in den Grundzustand über.

Ligandenaustausch: Bei einer Ligandenaustauschreaktion werden Liganden aus einem Komplex durch andere Liganden, die mit dem gleichen Zentralion einen stabileren Komplex bilden, verdrängt.

Makromolekül: Als Makromoleküle bezeichnet man sehr große Moleküle mit Molekülmassen von mehreren Tausend atomaren Masseneinheiten. Aus Makromolekülen bestehen sowohl Naturstoffe wie Cellulose, Stärke, Proteine und Nucleinsäuren als auch Kunststoffe wie Polyethen, Polyester und Polyamide.

Maltose: Maltose ist ein Disaccharid, das sich bei der Hydrolyse von Stärke bildet. Im Maltose-Molekül sind zwei Glucose-Bausteine 1,4-α-glykosidisch verknüpft.

Maskierung: Bei vielen analytischen Nachweisreaktionen können störende Metall-Ionen durch die Bindung in Komplexen entfernt werden, diesen Vorgang nennt man Maskierung (z.B. von Fe^{3+}-Ionen mit Fluorid-Ionen).

Massenwirkungsgesetz MWG: Das Massenwirkungsgesetz ist eine mathematische Gleichung, die den Zusammenhang zwischen den Gleichgewichtskonzentrationen c der Reaktionsteilnehmer beim chemischen Gleichgewicht und der Gleichgewichtskonstante K_c ausdrückt. Für das Estergleichgewicht zwischen Ethanol und Ethansäure lautet das MWG:

$$K_c = \frac{c(CH_3COOC_2H_5) \cdot c(H_2O)}{c(CH_3COOH) \cdot c(C_2H_5OH)}$$

Mehrzähniger Ligand: Mehrzähnige Liganden sind Liganden, die mehrere Koordinationsstellen am Zentralatom oder Zentralion besetzen.

Mesomerie: Mesomerie liegt dann vor, wenn die Elektronenverteilung in einem Atomverband (Molekül oder Ion) nicht durch eine einzige Valenzstrichformel dargestellt werden kann, sondern zwischen mehreren Grenzstrukturen liegt.

Mesomerieenergie: Als Mesomerieenergie bezeichnet man den Energiebetrag, um den ein Molekül oder Ion energieärmer ist, als es aufgrund der Grenzstrukturen sein müsste.

Metastabiler Zustand: Ein System im metastabilen Zustand kann durch eine exergonische Reaktion (vgl. dort) selbsttätig in einen stabiles System übergehen, jedoch nur, wenn es durch Energiezufuhr dazu aktiviert wird.

Molekülchiralität: Moleküle, die sich wie ein Objekt und sein Spiegelbild zueinander verhalten, sind chiral. Chirale Moleküle haben gleiche Konstitution, aber unterschiedliche Konfiguration. Molekülchiralität ist die Voraussetzung für optische Isomerie.

Molekülformel (Summenformel): Die Molekülformel (Summenformel) gibt die Art und Anzahl der Atome in einem Molekül an, z.B. $C_6H_{12}O_6$ für Glucose.

Monomere: Als Monomere bezeichnet man Stoffe, deren Moleküle bei der Synthese von Kunststoffen zu Makromolekülen („Polymeren") reagieren. Beispiele: Ethen ist das Monomer von Polyethen, das durch Polymerisation von Ethen entsteht, 1,6-Diaminohexan und Hexandisäure sind die Monomere von Nylon 6.6, das durch Polykondensation der beiden Monomere gebildet wird.

Monosaccharide: Monosaccharide oder Einfachzucker sind Kohlenhydrate mit der Summenformel $C_nH_{2n}O_n$, wobei in der Natur am häufigsten Monosaccharide mit n = 6 oder n = 5, also Hexosen und Pentosen, vertreten sind. Darunter gibt es Aldosen und Ketosen. Glucose und Fructose sind die beiden bekanntesten Monosaccharide.

Mutarotation: Mutarotation ist die Änderung des Drehwinkels in der Lösung einer optisch aktiven Verbindung. Sie ist beispielsweise bei einer Lösung aus α-D-Glucose (stark rechtsdrehend) zu beobachten, weil diese sich spontan in β-D-Glucose (schwach rechtsdrehend) umlagert.

Nachhaltigkeit: Nachhaltigkeit bedeutet die dauerhafte Entwicklung menschlicher Tätigkeiten mit dem Ziel, die heutigen Bedürfnisse zu befriedigen, ohne dabei die Bedürfnisse zukünftiger Generationen zu beeinträchtigen.

Nachwachsende Rohstoffe: Nachwachsende Rohstoffe nennt man pflanzliche Produkte wie Cellulose, Stärke, Saccharose, Fette und Öle, die als Rohstoffe in der Industrie verwendet werden können.

Naturfarbstoffe: Naturfarbstoffe kommen in Organismen, vor allem in Pflanzen und Tieren, vor und erfüllen in diesen verschiedene biologische Funktionen. Zu den bekanntesten und wichtigsten Naturfarbstoffen gehören die Chlorophylle und die Carotinoide.

Neutralisation: Die Neutralisation ist eine chemische Reaktion, bei der sich alkalische und saure Eigenschaften gegenseitig aufheben, weil die Oxonium-Ionen aus der sauren Lösung mit den Hydroxid-Ionen der alkalischen Lösung zu Wasser-Molekülen reagieren. Wasser reagiert neutral.

Ninhydrinreaktion: Mit der Ninhydrinreaktion können Aminosäuren und kurzkettige Peptide rasch nachgewiesen werden. Sie bilden mit dem Ninhydrinreagenz (das auf eine Probe gesprüht werden kann) beim kurzen Erwärmen unterschiedlich gefärbte Verbindungen.

Nucleotid: Ein Nucleotid ist der Baustein in der makromolekularen Desoxyribonucleinsäure DNA und besteht aus einem Phosphorsäure-Rest, einem Desoxyribose-Rest und einem Molekül-Rest aus einer der vier Nucleinbasen Adenin, Thymin, Cytosin und Guanin.

Offenes System: Bei einem offenen System gibt es sowohl Energieaustausch als auch Stoffaustausch mit der Umgebung.

Optische Aktivität: Als optische Aktivität bezeichnet man die Drehung der Ebene des polarisierten Lichts. Es handelt sich um eine Eigenschaft von Stoffen, deren Moleküle chiral sind.

Oxidation: Nach dem erweiterten Redoxkonzept bezeichnet man als Oxidation die Veränderung eines Systems, bei dem Elektronen abgegeben werden.

Oxidationsmittel: Das Oxidationsmittel ist ein Elektronenakzeptor.

Oxidationszahl: Die Oxidationszahl OZ ist ein Hilfsmittel, um festzustellen, ob ein System oxidiert oder reduziert wird. Bei Atom-Ionen entspricht sie der Ladungszahl des Ions. Die OZ von Atomen in Molekülen entspricht der Ladungszahl, die man durch formale Zerlegung des Moleküls oder Molekül-Ions erhalten kann. Bei dieser formalen Zerlegung des jeweiligen Teilchens in fiktive Atom-Ionen werden die Valenzelektronen nach Maßgabe der Elektronegativitäten EN zugeordnet.

Peptide: Peptide sind Kondensationsprodukte aus Aminosäuren, in deren Molekülen die Aminosäure-Reste jeweils durch Peptid-Gruppen (Peptid-Bindungen) verknüpft sind.

Peptid-Gruppe (Peptid-Bindung): Die Peptid-Gruppe **–NH–CO–** bildet sich bei der Abspaltung eines Wasser-Moleküls zwischen einer Amino-Gruppe und einer Carboxy-Gruppe. Sie ist die Repetiereinheit in Peptid-, Protein- und Polyamid-Makromolekülen.

Phenyl-Rest: Der Rest $-C_6H_5$ nach Abzug eines Wasserstoff-Atoms aus einem Benzol-Molekül wird als Phenyl-Rest bezeichnet.

***p*H-Wert**: Der *p*H-Wert ist der negative dekadische Logarithmus aus dem Betrag der Konzentration der Oxonium-Ionen in einer Lösung $pH = -\lg\{c(H_3O^+)\}$. Er dient zur Kennzeichnung saurer, neutraler und alkalischer Lösungen.

Pigmente: Als Pigmente bezeichnet man färbende Verbindungen (Farbmittel), die jedoch im verwendeten Lösemittel unlöslich sind. Sie werden als Dispersion in einer Flüssigkeit oder als Pulver auf das zu färbende Material aufgebracht.

Polyaddition: Die Polyaddition ist ein Reaktionstyp zur Erzeugung von Makromolekülen aus zwei verschiedenen Monomeren, wobei jeweils ein Molekül des einen Monomers an ein Molekül des anderen addiert wird (Beispiel: Herstellung eines Polyurethans aus einem Diisocyanat und einem Diol).

Polykondensation: Die Polykondensation ist ein Reaktionstyp zur Erzeugung von Makromolekülen aus verschiedenen oder identischen bifunktionellen Monomeren, wobei jeweils aus zwei Monomer-Molekülen ein kleines Molekül abgespalten wird (Beispiele: Polyamid aus einem Diamin und einer Dicarbonsäure, Polymilchsäure aus Hydroxypropansäure).

Polymer: Streng genommen sind Polymere Makromoleküle, die nur aus einer (Art) Monomer-Einheit aufgebaut sind, z. B. Polyethen, Polystyrol, Polymethylmethacrylat, Poly-ε-aminocapronsäure (Nylon 6), Polymilchsäure u. a. Die Bezeichnung Polymer wird aber häufig auch allgemein für synthetische Makromoleküle verwendet, selbst wenn sie aus mehreren (verschiedenen) Monomer-Einheiten aufgebaut sind.

Polysaccharide: Polysaccharide (Vielfachzucker) sind makromolekulare Kohlenhydrate aus sehr vielen Monosaccharid-Einheiten. Die bekanntesten Polysaccharide sind Stärke und Celloluse.

Potenzialdifferenz: Die Potenzialdifferenz bei einer galvanischen Zelle kennzeichnet den Unterschied der Redoxpotenziale zwischen den Redoxpaaren in den beiden Halbzellen. Daraus ergibt sich die Leerlaufspannung der Zelle (vgl. dort).

Primärstruktur: Die Primärstruktur eines Protein-Moleküls wird durch die Art, Anzahl und Verknüpfungsfolge (die Sequenz) der Aminosäure-Reste festgelegt.

Prinzip vom kleinsten Zwang (Prinzip von Le Chatelier): Dieses Prinzip besagt, dass sich bei der Einwirkung eines äußeren Zwangs (z. B. einer Temperatur-, Konzentrations- oder Druckänderung) auf ein chemisches Gleichgewicht eine neue Gleichgewichtslage einstellt, in der die Wirkung des ausgeübten Zwangs so klein wie möglich gehalten wird.

Proteine: Polypeptide aus mehr als 100 Aminosäure-Einheiten werden als Proteine bezeichnet. Proteine dienen in Organismen als Bausubstanz, Enzyme, Hormone und Antikörper.

Protolyse: Als Protolyse bezeichnet man eine Reaktion, bei der ein Proton von einer Brönsted-Säure auf eine Brönsted-Base übertragen wird.

Protolysegleichgewicht: Protolysegleichgewichte stellen sich zwischen reversiblen Protolysen, d. h. Reaktionen mit Protonenübergängen zwischen den Teilchen ein. Protolysegleichgewichte zwischen korrespondierenden Säure-Base-Paaren bilden die Grundlage der Vorgänge bei Puffersystemen, Indikatoren und Titrationen.

Pufferlösung (Puffersystem): Unter Pufferlösung versteht man i. d. R. eine Lösung, die bei Säure- oder Basezugabe ihren *p*H-Wert nur geringfügig ändert. Das Puffersystem in einer Pufferlösung besteht aus einer schwachen Säure und ihrer korrespondierenden Base z. B. H_3CCOOH/H_3CCOO^- (Acetat-Puffer).

Pyranosestruktur: Das charakteristische Merkmal der Pyranosestruktur bei Monosaccharid-Molekülen ist ein sechsgliedriger Ring aus fünf Kohlenstoff-Atomen und einem Sauerstoff-Atom.

Quartärstruktur: Die Quartärstruktur von Proteinen ist die vollständige dreidimensionale Anordnung, die sich bei der Zusammenlagerung mehrerer Protein-Makromoleküle (oft auch zusätzlicher Einheiten, die nicht Polypeptide sind) ergibt.

Reaktionsenthalpie: Die Reaktionsenthalpie $\Delta_R H$ ist die Energie, die bei einer unter konstantem Druck verlaufenden Reaktion abgegeben wird oder zugeführt werden muss.

Reaktionsentropie: Die Reaktionsentropie $\Delta_R S$ ist die Differenz aus der Entropie der Produkte und der Entropie der Edukte.

Reaktionsgeschwindigkeit: Die mittlere Reaktionsgeschwindigkeit ist die Änderung der Stoffmenge Δn eines Reaktionsteilnehmers (Edukts oder Produkts) in einem Zeitintervall. Bezieht man sich auf immer kürzere Zeitintervalle, so entspricht der Grenzwert der Stoffmengenänderung für gegen null gehende Zeitintervalle der momentanen Reaktionsgeschwindigkeit. Bei Reaktionen, die in Lösung ablaufen, wird die Stoffmengenänderung Δn durch die Konzentrationsänderung Δc des entsprechenden Reaktionsteilnehmers ersetzt.

Redoxreaktion: Eine Redoxreaktion stellt die Kombination einer Reduktion und Oxidation dar. Dabei findet eine Übertragung von Elektronen von einem Elektronendonator (Reduktionsmittel) auf einen Elektronenakzeptor (Oxidationsmittel) statt.

Reduktion: Nach dem erweiterten Redoxkonzept bezeichnet man als

Reduktion die Veränderung eines Systems, bei dem Elektronen aufgenommen werden.

Reduktionsmittel: Das Reduktionsmittel ist ein Elektronendonator.

Reversible Reaktion: Eine reversible Reaktion kann in beide Richtungen, d. h. von den Edukten zu den Produkten und umgekehrt ablaufen.

Rohstoffe: Als Rohstoffe bei einem industriellen Verfahren bezeichnet man die Stoffe bzw. Stoffgemische, die als natürliche Ressourcen in den industriellen Prozess eingehen. Zu den wichtigsten Rohstoffen für die chemische Industrie zählen heute Luft, Wasser, Erdgas, Erdöl, Kohle, Steinsalz (Natriumchlorid), Kalkstein (Calciumcarbonat) und Sand (Siliciumdioxid).

Satz von HESS: Nach dem Satz von HESS (Satz von den konstanten Wärmesummen) ist die Reaktionsenthalpie einer Reaktion nur von den Edukten und Produkten dieser Reaktion und nicht vom Reaktionsweg von den Edukten zu den Produkten abhängig.

Säure (BRÖNSTED-Definition): Eine Säure ist ein Protonendonator. *Hinweis*: Die Begriffe „Säure" und „Base" werden sowohl zur Bezeichnung von Stoffen, z. B. Schwefelsäure, als auch zur Bezeichnung ihrer Teilchen, z. B. Schwefelsäure-Molekül, verwendet. Es muss jeweils dem Zusammenhang entnommen werden, ob vom Stoff (z. B. der flüssigen Schwefelsäure aus der Flasche) oder von einem Teilchen (z. B. dem Schwefelsäure-Molekül in der Reaktionsgleichung) die Rede ist.

Schlüssel-Schloss-Prinzip: Mit dem Schlüssel-Schloss-Prinzip kann vereinfachend veranschaulicht werden, unter welchen Voraussetzungen z. B. die Wechselwirkung zwischen einem Enzym-Molekül an seinem aktiven Zentrum (dem „Schloss") und einem Substrat-Molekül (dem „Schlüssel") zustande kommt.

Seifen: Seifen sind Natrium- oder Kaliumsalze der Fettsäuren. Sie werden durch Verseifung von Fetten hergestellt. Die Anionen aus den Seifen wirken als Tenside.

Sekundärstruktur: Als Sekundärstruktur der Protein-Moleküle bezeichnet man deren dreidimensionale Struktur (Konformation), die sich durch die Wasserstoffbrücken zwischen den Peptid-Gruppen innerhalb einer Kette (α-Helixstruktur) oder zwischen benachbarten Ketten (β-Faltblattstruktur) ergibt.

Silberspiegel-Probe: Die Silberspiegel-Probe ist eine Nachweismethode für Stoffe, deren Moleküle Aldehyd-Gruppen enthalten. Bei positiver Silberspiegel-Probe werden Silber(I)-Ionen aus einem farblosen Komplex zu metallischem, glänzendem Silber reduziert.

Spannungsreihe: In der Spannungsreihe sind die Redoxpaare nach ihrem Standardpotenzial E^0 geordnet.

Standardpotenzial E^0 (Standard-Redoxpotenzial, Normalpotenzial): Hierbei handelt es sich um die Potenzialdifferenz, die bei einer galvanischen Zelle aus einer Standard-Wasserstoff-Halbzelle und einer Halbzelle des betrachteten Redoxpaares bei Standardbedingungen (ϑ = 25 °C, c = 1 mol/L) gemessen wird.

Standard-Wasserstoff-Halbzelle: Die Standard-Wasserstoff-Halbzelle enthält das Redoxpaar $H_2/2H_3O^+$ bei Standardbedingungen (ϑ = 25 °C, c = 1 mol/L, p = 1013 hPa). Sie besteht aus einer Salzsäure-Lösung (c = 1 mol/L, ϑ = 25 °C), in die eine mit Wasserstoff (p = 1013 hPa) umspülte Platin-Elektrode eintaucht. Für diese Halbzelle wurde festgelegt: E^0 = 0 V.

Stereoisomere: Als Stereoisomere bezeichnet man Stoffe, deren Moleküle gleiche Konstitution (also gleiche Valenzstrichformeln) haben und sich nur durch die Konfiguration (also durch die Anordnung der Atome im dreidimensionalen Raum) unterscheiden.

Stoßtheorie: Nach der Stoßtheorie (genauer: Stoßhypothese) müssen Teilchen verschiedener Stoffe zusammenstoßen, um reagieren zu können (notwendige, nicht hinreichende Bedingung).

Tenside: Als Tenside beizeichnet man Stoffe, deren Teilchen amphiphil, d. h. sowohl hydrophil als auch lipophil sind. Sie setzen die Oberflächenspannung des Wassers herab, unterstützen den Waschprozess und stabilisieren Emulsionen.

Tertiärstruktur: Als Tertiärstruktur der Protein-Moleküle bezeichnet man deren vollständige dreidimensionale Struktur (Konformation), die sich aus der Primär- und Sekundärstruktur und den Wechselwirkungen zwischen den Aminosäure-Resten (Wasserstoffbrücken, Ionenbindungen, VAN-DER-WAALS-Kräfte und Disulfid-Brücken) ergibt.

Thermoplaste: Thermoplaste sind Kunststoffe, die beim Erwärmen verformbar sind und nach dem Abkühlen die Form, in die sie gebracht wurden, beibehalten.

Titration: Die Säure-Base-Titration ist ein quantitatives Verfahren, bei dem der Gehalt einer Lösung an einer Säure oder an einer Base durch Neutralisation mit einer Lösung bekannter Konzentration einer Base bzw. Säure (Maßlösung) ermittelt wird.

TOLLENS-Probe (Silberspiegel-Probe): Die TOLLENS-Probe ist eine Nachweismethode für Stoffe, deren Moleküle Aldehyd-Gruppen enthalten. Bei positiver Silberspiegel-Probe werden Silber(I)-Ionen aus einem farblosen Komplex zu metallischem, glänzenden Silber reduziert.

Triacylglycerine (Triglyceride): Triacylglycerine (Triglyceride) sind Ester des Glycerins (Propan-1,2,3-triol) mit Fettsäuren. In Fetten sind vorwiegend Reste aus gesättigten Fettsäuren enthalten, in Ölen Reste aus ungesättigten Fettsäuren.

Umschlagsbereich: Als Umschlagsbereich eines Indikators bezeichnet man jenen *p*H-Bereich, in dem dieser seine Farbe deutlich ändert. Die Umschlagsbereiche verschiedener Indikatoren erstrecken sich i.d.R. über zwei *p*H-Einheiten.

Valenzstrichformel: vgl. Konstitution

Verseifung (von Fetten): Bei der Verseifung von Fetten werden die Triacylglycerine (Triglyceride) mit starken Laugen hydrolysiert, wobei als Produkte Glycerin und Seifen anfallen.

Verwertung von Kunststoffabfällen: Kunststoffabfälle können durch Werkstoffrecycling (z.B. durch Schreddern und Pressen von neuen Formteilen), Rohstoffrecycling (z.B. durch Rückgewinnung der Monomere durch Depolymerisation oder anderer Chemikalien durch Pyrolyse des recycelten Kunststoffs) oder energetisch (z.B. durch Energienutzung bei der Verbrennung der Kunststoffabfälle) verwertet werden.

Zellendiagramm: Das Zellendiagramm einer galvanischen Zelle ist eine verkürzte Darstellung der in den beiden Halbzellen beteiligten Redoxpaare. So lautet beispielsweise das Zellendiagramm des DANIELL-Elements:
$\mathbf{Zn(s)/Zn^{2+}(aq)//Cu^{2+}(aq)/Cu(s)}$.

Zellreaktion: In der Zellreaktion wird der Gesamtstoffumsatz in einer galvanischen Zelle in einer Reaktionsgleichung dargestellt. Die Zellreaktion beim DANIELL-Element lautet:
$$\mathbf{Zn(s) + Cu^{2+}(aq) \longrightarrow Zn^{2+}(aq) + Cu(s)}.$$

Zersetzungsspannung U_z: Die Zersetzungsspannung U_z ist die Mindestspannung, bei der bei einer Elektrolyse Stoffe abgeschieden werden.

Zwitterionstruktur: Zwitterionen sind Teilchen mit elektrisch positiver und negativer Ladung. Aminosäure-Moleküle haben Zwitterionenstruktur, die durch innermolekulare Protolyse zwischen der Carboxy-Gruppe und der Amino-Gruppe zustande kommt.

Globally Harmonized System of Classification and Labeling of Chemicals

GHS – Das neue international gültige System zur Bezeichnung von Gefahrstoffen

Einleitung

Es gibt viele verschiedene Länder auf der Welt, die alle mit Gefahrstoffen arbeiten und mit diesen untereinander Handel treiben. Um weltweit sichere Handhabung, Transport und Entsorgung zu gewährleisten, wurde dieses neue System ins Leben gerufen.
Die hier vorgestellten Piktogramme, Gefahrenhinweise und Sicherheitsratschläge beziehen sich auf die 2. Revision vom Juli 2007.
Die alten Gefahrensymbole sind noch bis zum Jahr 2015 zulässig und insbesondere bei Chemikalienbehältern in Schulen noch häufig anzutreffen. Daher ist am Ende dieses Buches, auf der hinteren Vorsatzseite, eine Zuordnung zwischen den Piktogrammen nach GHS und den alten Gefahrensymbolen angegeben.

Bezeichnungen

Die Gefahrstoffkennzeichnungen erfolgen über Piktogramme, ein Signalwort sowie über H- und P-Sätze, welche über die Gefahren (**H**azards) und Sicherheitsmaßnahmen (**P**recautions) Auskunft geben, wobei Letztere ebenfalls über Piktogramme erfolgen können. Wenn möglich, sollte auch der Hersteller mit Name, Adresse und Telefonnummer angegeben sein. Der Name (die „Produkt-Identifikation") darf natürlich nicht fehlen.

Piktogramme

Instabile explosive Stoffe und Gemische
Explosive Stoffe/Gemische und Erzeugnisse mit Explosivstoff
Selbstzersetzliche Stoffe und Gemische
Organische Peroxide

Entzündbare Gase/Aerosole/Flüssigkeiten/Feststoffe
Selbstzersetzliche Stoffe und Gemische
pyrophore Flüssigkeiten/Feststoffe
Selbsterhitzungsfähige Stoffe und Gemische
Stoffe und Gemische, die bei Berührung mit Wasser entzündbare Gase abgeben
Organische Peroxide

Oxidierende Gase/Flüssigkeiten/Feststoffe

Gase unter Druck:
verdichtete Gase/verflüssigte Gase/tiefgekühlt verflüssigte Gase/gelöste Gase

Auf Metalle korrosiv wirkend
Hautätzend
Schwere Augenschädigung

Akute Toxizität (oral, dermal, inhalativ)

Akute Toxizität (oral, dermal, inhalativ)
Reizung der Haut
Augenreizung
Sensibilisierung der Haut
Spezifische Zielorgan-Toxizität (einmalige Exposition)
Atemwegsreizung
narkotisierende Wirkungen

Sensibilisierung der Atemwege
Keimzellmutagenität
Karzinogenität
Reproduktionstoxizität
Spezifische Zielorgan-Toxizität (einmalige Exposition)
Spezifische Zielorgan-Toxizität (wiederholte Exposition)
Aspirationsgefahr

Gewässergefährdend
– akut gewässergefährdend
– chronisch gewässergefährdend

Signalwörter

Die oben angegebenen Piktogramme werden mit Signalwörtern unterstützt, die eine relative Abstufung der von dem Stoff/der Mixtur ausgehenden Gefahr angeben soll. Diese Wörter können jedoch auch ohne Piktogramm auftauchen:

Achtung (Warning), warnt vor weniger starken Gefahren, z. B. eher mindergiftige Stoffe oder nur schwach ätzende.

Gefahr (Danger), warnt vor akuten Gefahren, wie bei Giften, ätzenden Stoffen etc.

Hazard-Statements (Gefahrsätze)

Die Gefahrsätze besitzen einen Code, der bereits bei den R- und S-Sätzen Verwendung fand. So sind jegliche H-Sätze mit dem Buchstaben H und einer dreistelligen Nummer versehen, wobei die erste Nummer den Typ der Gefahr angibt. Sätze, die mit H2 beginnen, beziehen sich somit auf physikalische Gefahren (Explosionen, Feuergefahr etc.), Sätze, die mit H3 beginnen, auf gesundheitliche Gefahren (giftig, krebserregend etc.) und Sätze, die mit H4 beginnen, bezeichnen Umweltgefahren.

Precautionary-Statements (Sicherheitssätze)

Ähnlich wie bei den Hazard-Statements findet sich auch hier ein dreistelliger Code. Die erste Zahl gibt dabei an, um was für einen Typ dieser Sicherheitssätze es sich handelt.
Beginnend mit P1(General) sind generelle Angaben, beginnend mit P2(Prevention) sind Sätze, die Vorbeugung und Vermeidung von Gefahren beschreiben. P3(Response)-Sätze beschreiben Vorgehensweisen, wie auf bestehende Gefahren zu reagieren ist (Metallbrände mit Sand zu löschen). P4(Storage)-Sätze bezeichnen Maßnahmen zur sicheren Lagerung und P5(Disposal)-Sätze beschreiben Maßnahmen zur Entsorgung.

Abschließende Infos

Kombinationen der H- bzw. P-Sätze werden durch ein Plus-Zeichen angegeben (z. B. P402 + P404).
Für Sätze in Klammern war zum Zeitpunkt der Drucklegung keine offizielle Übersetzung verfügbar.

Liste der Hazard-Statements (Gefahrsätze)

H200 Instabil, explosiv.
H201 Explosiv, Gefahr der Massenexplosion.
H202 Explosiv, große Gefahr durch Splitter, Spreng- und Wurfstücke.
H203 Explosiv; Gefahr durch Feuer, Luftdruck oder Splitter, Spreng- und Wurfstücke.
H204 Gefahr durch Splitter, Spreng- und Wurfstücke.
H205 Gefahr der Massenexplosion bei Feuer.
H220 Extrem entzündbares Gas.
H221 Entzündbares Gas.
H222 Extrem entzündbares Aerosol.
H223 Entzündbares Aerosol.
H224 Flüssigkeit und Dampf extrem entzündbar.
H225 Flüssigkeit und Dampf leicht entzündbar.
H226 Flüssigkeit und Dampf entzündbar.
H227 (Entzündbare Flüssigkeit.)
H228 Entzündbarer Feststoff.
H240 Erwärmung kann Explosion verursachen.
H241 Erwärmung kann Brand oder Explosion verursachen.
H242 Erwärmung kann Brand verursachen.
H250 Entzündet sich in Berührung mit Luft von selbst.
H251 Selbsterhitzungsfähig; kann in Brand geraten.
H252 In großen Mengen selbsterhitzungsfähig; kann in Brand geraten.
H260 In Berührung mit Wasser entstehen entzündbare Gase, die sich spontan entzünden können.
H261 In Berührung mit Wasser entstehen entzündbare Gase.
H270 Kann Brand verursachen oder verstärken; Oxidationsmittel.
H271 Kann Brand oder Explosion verursachen; starkes Oxidationsmittel.
H272 Kann Brand verstärken; Oxidationsmittel.
H280 Enthält Gas unter Druck; kann bei Erwärmung explodieren.
H281 Enthält tiefkaltes Gas; kann Kälteverbrennungen oder -Verletzungen verursachen.
H290 Kann gegenüber Metallen korrosiv sein.
H300 Lebensgefahr bei Verschlucken.
H301 Giftig bei Verschlucken.
H302 Gesundheitsschädlich bei Verschlucken.
H303 (Kann bei Verschlucken gesundheitsschädlich sein.)
H304 Kann bei Verschlucken und Eindringen in die Atemwege tödlich sein.
H305 (Kann bei Verschlucken und Eindringen in die Atemwege gesundheitsschädlich sein.)
H310 Lebensgefahr bei Hautkontakt.
H311 Giftig bei Hautkontakt.
H312 Gesundheitsschädlich bei Hautkontakt.
H313 (Kann gesundheitsschädlich bei Hautkontakt sein.)
H314 Verursacht schwere Verätzungen der Haut und schwere Augenschäden.
H315 Verursacht Hautreizungen.
H316 (Verursacht leichte Hautreizungen.)
H317 Kann allergische Hautreaktionen verursachen.
H318 Verursacht schwere Augenschäden.
H319 Verursacht schwere Augenreizung.
H320 (Verursacht Augenreizung.)
H330 Lebensgefahr bei Einatmen.
H331 Giftig bei Einatmen.
H332 Gesundheitsschädlich bei Einatmen.
H333
H334 Kann bei Einatmen Allergie, asthmaartige Symptome oder Atembeschwerden verursachen.
H335 Kann die Atemwege reizen.
H336 Kann Schläfrigkeit und Benommenheit verursachen.
H340 Kann genetische Defekte verursachen *<Expositionsweg angeben, sofern schlüssig belegt ist, dass diese Gefahr bei keinem anderen Expositionsweg besteht>*.
H341 Kann vermutlich genetische Defekte verursachen *<Expositionsweg angeben, sofern schlüssig belegt ist, dass diese Gefahr bei keinem anderen Expositionsweg besteht>*.
H350 Kann Krebs erzeugen *<Expositionsweg angeben, sofern schlüssig belegt ist, dass diese Gefahr bei keinem anderen Expositionsweg besteht>*.
H351 Kann vermutlich Krebs erzeugen *<Expositionsweg angeben, sofern schlüssig belegt ist, dass diese Gefahr bei keinem anderen Expositionsweg besteht>*.
H360 Kann die Fruchtbarkeit beeinträchtigen oder das Kind im Mutterleib schädigen *<konkrete Wirkung angeben, sofern bekannt> <Expositionsweg angeben, sofern schlüssig belegt ist, dass diese Gefahr bei keinem anderen Expositionsweg besteht>*.
H361 Kann vermutlich die Fruchtbarkeit beeinträchtigen oder das Kind im Mutterleib schädigen *<konkrete Wirkung angeben, sofern bekannt> <Expositionsweg angeben, sofern schlüssig belegt ist, dass diese Gefahr bei keinem anderen Expositionsweg besteht>*.
H362 Kann Säuglinge über die Muttermilch schädigen.
H370 Schädigt die Organe *<oder alle betroffenen Organe nennen, sofern bekannt> <Expositionsweg angeben, sofern schlüssig belegt ist, dass diese Gefahr bei keinem anderen Expositionsweg besteht>*.
H371 Kann die Organe schädigen *<oder alle betroffenen Organe nennen, sofern bekannt> <Expositionsweg angeben, sofern schlüssig belegt ist, dass diese Gefahr bei keinem anderen Expositionsweg besteht>*.
H372 Schädigt die Organe *<alle betroffenen Organe nennen, sofern bekannt>* bei längerer oder wiederholter Exposition *<Expositionsweg angeben, sofern schlüssig belegt ist, dass diese Gefahr bei keinem anderen Expositionsweg besteht>*.
H373 Kann die Organe schädigen *<alle betroffenen Organe nennen, sofern bekannt>* bei längerer oder wiederholter Exposition *<Expositionsweg angeben, sofern schlüssig belegt ist, dass diese Gefahr bei keinem anderen Expositionsweg besteht>*.
H400 Sehr giftig für Wasserorganismen.
H401 (Giftig für Wasserorganismen.)
H402 (Schädlich für Wasserorganismen.)
H410 Sehr giftig für Wasserorganismen, mit langfristiger Wirkung.
H411 Giftig für Wasserorganismen, mit langfristiger Wirkung.
H412 Schädlich für Wasserorganismen, mit langfristiger Wirkung.
H413 Kann für Wasserorganismen schädlich sein, mit langfristiger Wirkung.

Liste der Precautionary-Statements (Sicherheitssätze)

P101 Ist ärztlicher Rat erforderlich, Verpackung oder Kennzeichnungsetikett bereithalten.
P102 Darf nicht in die Hände von Kindern gelangen.
P103 Vor Gebrauch Kennzeichnungsetikett lesen.
P201 Vor Gebrauch besondere Anweisungen einholen.
P202 Vor Gebrauch alle Sicherheitshinweise lesen und verstehen.
P210 Von Hitze/Funken/offener Flamme/heißen Oberflächen fernhalten. Nicht rauchen.
P211 Nicht gegen offene Flamme oder andere Zündquelle sprühen.
P220 Von Kleidung/.../brennbaren Materialien fernhalten/entfernt aufbewahren.
P221 Mischen mit brennbaren Stoffen/... unbedingt vermeiden.
P222 Kontakt mit Luft nicht zulassen.
P223 Kontakt mit Wasser wegen heftiger Reaktion und möglichem Aufflammen unbedingt verhindern.
P230 Feucht halten mit ...
P231 Unter inertem Gas handhaben.
P232 Vor Feuchtigkeit schützen.
P233 Behälter dicht verschlossen halten.
P234 Nur im Originalbehälter aufbewahren.
P235 Kühl halten.
P240 Behälter und zu befüllende Anlage erden.
P241 Explosionsgeschützte elektrische Betriebsmittel/Lüftungsanlagen/Beleuchtung/... verwenden.
P242 Nur funkenfreies Werkzeug verwenden.
P243 Maßnahmen gegen elektrostatische Aufladung treffen.
P244 Druckminderer frei von Fett und Öl halten.
P250 Nicht schleifen/stoßen/.../reiben
P251 Behälter steht unter Druck: Nicht durchstechen oder verbrennen, auch nicht nach der Verwendung.
P260 Staub/Rauch/Gas/Dampf/Aerosol nicht einatmen.
P261 Einatmen von Staub/Rauch/Gas/Dampf/Aerosol vermeiden.
P262 Nicht in die Augen, auf die Haut oder auf die Kleidung gelangen lassen.
P263 Kontakt während der Schwangerschaft/und der Stillzeit vermeiden.
P264 Nach Gebrauch ... gründlich waschen.
P270 Bei Gebrauch nicht essen, trinken oder rauchen.
P271 Nur im Freien oder in gut belüfteten Räumen verwenden.
P272 Kontaminierte Arbeitskleidung nicht außerhalb des Arbeitsplatzes tragen.
P273 Freisetzung in die Umwelt vermeiden.
P280 Schutzhandschuhe/Schutzkleidung/Augenschutz/Gesichtsschutz tragen.
P281 Vorgeschriebene persönliche Schutzausrüstung verwenden.
P282 Schutzhandschuhe/Gesichtsschild/Augenschutz mit Kälteisolierung tragen.
P283 Schwer entflammbare/flammhemmende Kleidung tragen.
P284 Atemschutz tragen.
P285 Bei unzureichender Lüftung Atemschutz tragen.
P301 BEI VERSCHLUCKEN:
P302 BEI BERÜHRUNG MIT DER HAUT:
P303 BEI BERÜHRUNG MIT DER HAUT (oder dem Haar):
P304 BEI EINATMEN:
P305 BEI KONTAKT MIT DEN AUGEN:

P306 BEI KONTAMINIERTER KLEIDUNG:
P307 Bei Exposition:
P308 Bei Exposition oder falls betroffen:
P309 Bei Exposition oder Unwohlsein:
P310 Sofort GIFTINFORMATIONS-ZENTRUM oder Arzt anrufen.
P311 GIFTINFORMATIONS-ZENTRUM oder Arzt anrufen.
P312 Bei Unwohlsein GIFTINFORMATIONS-ZENTRUM oder Arzt anrufen.
P313 Ärztlichen Rat einholen/ärztliche Hilfe hinzuziehen.
P314 Bei Unwohlsein ärztlichen Rat einholen/ärztliche Hilfe hinzuziehen.
P315 Sofort ärztlichen Rat einholen/ärztliche Hilfe hinzuziehen.
P320 Besondere Behandlung dringend erforderlich (siehe ... auf diesem Kennzeichnungsetikett).
P321 Besondere Behandlung (siehe ... auf diesem Kennzeichnungsetikett).
P322 Gezielte Maßnahmen (siehe ... auf diesem Kennzeichnungsetikett).
P330 Mund ausspülen.
P331 KEIN Erbrechen herbeiführen.
P332 Bei Hautreizung:
P333 Bei Hautreizung oder -ausschlag:
P334 In kaltes Wasser tauchen/nassen Verband anlegen.
P335 Lose Partikel von der Haut abbürsten.
P336 Vereiste Bereiche mit lauwarmem Wasser auftauen. Betroffenen Bereich nicht reiben.
P337 Bei anhaltender Augenreizung:
P338 Eventuell vorhandene Kontaktlinsen nach Möglichkeit entfernen. Weiter ausspülen.
P340 Die betroffene Person an die frische Luft bringen und in einer Position ruhigstellen, die das Atmen erleichtert.
P341 Bei Atembeschwerden an die frische Luft bringen und in einer Position ruhigstellen, die das Atmen erleichtert.
P342 Bei Symptomen der Atemwege:
P350 Behutsam mit viel Wasser und Seife waschen.
P351 Einige Minuten lang behutsam mit Wasser ausspülen.
P352 Mit viel Wasser und Seife waschen.
P353 Haut mit Wasser abwaschen/duschen.
P360 Kontaminierte Kleidung und Haut sofort mit viel Wasser waschen und danach Kleidung ausziehen.
P361 Alle kontaminierten Kleidungsstücke sofort ausziehen.
P362 Kontaminierte Kleidung ausziehen und vor erneutem Tragen waschen.
P363 Kontaminierte Kleidung vor erneutem Tragen waschen.
P370 Bei Brand:
P371 Bei Großbrand und großen Mengen:
P372 Explosionsgefahr bei Brand.
P373 KEINE Brandbekämpfung, wenn das Feuer explosive Stoffe/Gemische/Erzeugnisse erreicht.
P374 Brandbekämpfung mit üblichen Vorsichtsmaßnahmen aus angemessener Entfernung.
P375 Wegen Explosionsgefahr Brand aus der Entfernung bekämpfen.
P376 Undichtigkeit beseitigen, wenn gefahrlos möglich.
P377 Brand von ausströmendem Gas: Nicht löschen, bis Undichtigkeit gefahrlos beseitigt werden kann.
P378 ... zum Löschen verwenden.
P380 Umgebung räumen.
P381 Alle Zündquellen entfernen, wenn gefahrlos möglich.
P390 Verschüttete Mengen aufnehmen, um Materialschäden zu vermeiden.
P391 Verschüttete Mengen aufnehmen.
P401 ... aufbewahren.
P402 An einem trockenen Ort aufbewahren.
P403 An einem gut belüfteten Ort aufbewahren.
P404 In einem geschlossenen Behälter aufbewahren.
P405 Unter Verschluss aufbewahren.
P406 In korrosionsbeständigem ... Behälter mit korrosionsbeständiger Auskleidung aufbewahren.
P407 Luftspalt zwischen Stapeln/Paletten lassen.
P410 Vor Sonnenbestrahlung schützen.
P411 Bei Temperaturen von nicht mehr als ... °C/... aufbewahren.
P412 Nicht Temperaturen von mehr als 50 °C aussetzen.
P413 Schüttgut in Mengen von mehr als ... kg bei Temperaturen von nicht mehr als ... °C aufbewahren.
P420 Von anderen Materialien entfernt aufbewahren.
P422 Inhalt in/unter ... aufbewahren.
P 501 Inhalt/Behälter ... zuführen.

EUH-Sätze

(zusätzliche Hazard-Statements der Europäischen Union)

EUH001 In trockenem Zustand explosiv.
EUH006 Mit und ohne Luft explosionsfähig.
EUH014 Reagiert heftig mit Wasser.
EUH018 Kann bei Verwendung explosionsfähige/entzündbare Dampf-/Luft-Gemische bilden.
EUH019 Kann explosionsfähige Peroxide bilden.
EUH044 Explosionsgefahr bei Erhitzen unter Einschluss.
EUH029 Entwickelt bei Berührung mit Wasser giftige Gase.
EUH031 Entwickelt bei Berührung mit Säure giftige Gase.
EUH032 Entwickelt bei Berührung mit Säure sehr giftige Gase.
EUH066 Wiederholter Kontakt kann zu spröder oder rissiger Haut führen.
EUH070 Giftig bei Berührung mit den Augen.
EUH071 Wirkt ätzend auf die Atemwege.
EUH059 Die Ozonschicht schädigend.
EUH201 Enthält Blei. Nicht für den Anstrich von Gegenständen verwenden, die von Kinder gekaut oder gelutscht werden könnten.
EUH201A Achtung! Enthält Blei.
EUH202 Cyanacrylat. Gefahr. Klebt innerhalb von Sekunden Haut und Augenlider zusammen. Darf nicht in die Hände von Kindern gelangen.
EUH203 Enthält Chrom(VI). Kann allergische Reaktionen hervorrufen.
EUH204 Enthält Isocyanate. Kann allergische Reaktionen hervorrufen.
EUH205 Enthält epoxidhaltige Verbindungen. Kann allergische Reaktionen hervorrufen.
EUH206 Achtung! Nicht zusammen mit anderen Produkten verwenden, da gefährliche Gase (Chlor) freigesetzt werden können.
EUH207 Achtung! Enthält Cadmium. Bei der Verwendung entstehen gefährlich Dämpfe. Hinweise des Herstellers beachten. Sicherheitsanweisungen einhalten.
EUH208 Enthält (Name des sensibilisierenden Stoffes). Kann allergische Reaktionen hervorrufen.
EUH209 Kann bei Verwendung leicht entzündbar werden.
EUH209A Kann bei Verwendung entzündbar werden.
EUH210 Sicherheitsdatenblatt auf Anfrage erhältlich.
EUH401 Zur Vermeidung von Risiken für Mensch und Umwelt die Gebrauchsanleitung einhalten.

Entsorgungsempfehlungen

1: Organische halogenfreie Lösemittel werden in einem Sammelgefäß A gesammelt.
2: Organische halogenhaltige Lösemittel werden in einem Sammelgefäß B gesammelt.
9: Krebserregende und giftige bzw. sehr giftige brennbare Verbindungen werden im Sammelgefäß C gesammelt.
12: Säuren und Säure-Lösungen werden mit viel Wasser verdünnt, mit Natronlauge neutralisiert und dann in den Abguss gegossen. Bei geringen Säure-Mengen wird nur stark verdünnt und in den Abguss gegossen.
13: Hydroxide werden in viel Wasser aufgelöst, Laugen werden mit viel Wasser verdünnt, gegebenenfalls mit verdünnter Schwefelsäure neutralisiert und in den Abguss gegossen.
14: Die Lösungen dieser Salze können stark verdünnt in den Abguss gegossen werden.
15: Schwermetallhaltige Lösungen und Feststoffe werden in einem Sammelgefäß D gesammelt. Ist das Gefäß voll, so kann man die Ionen mit Hydrogensulfid als Sulfide ausfällen, abfiltrieren und das Filtrat weggießen. Die festen Rückstände werden in einem Gefäß E gesammelt.
22: Peroxide, Brom und Iod werden mit Natriumthiosulfat-Lösung zu gefahrlosen Folgeprodukten reduziert, verdünnt und weggegossen.
26: Alkalimetall-Rückstände werden mit Propan-2-ol zersetzt. Am nächsten Tag wird mit Wasser verdünnt. Die stark verdünnte Lösung wird weggegossen.
27: Wertvolle Metalle (in der Schule insbesondere Silber) sollten der Wiederverwertung zugeführt werden. Silberionenhaltige Lösungen werden also in einem Gefäß F gesammelt; wenn das Gefäß voll ist, kann Silberchlorid ausgefällt werden.

Die nachfolgende Liste enthält Gefahrenhinweise mit Piktogrammen, H- und P-Sätzen und Entsorgungsempfehlungen.

Acetessigsäureethylester, $CH_3COCH_2COOC_2H_5$, *Ents. 1*
H225, H319, H336, EUH066
P210, P233, P305+P351+P338
GEFAHR

Aceton (Propanon), C_3H_6O, *Ents. 1*
H225, H319, H336, EUH066
P210, P233, P305+P351+P338
GEFAHR

Adipinsäure, s. Hexandisäure

Aluminiumchlorid, wasserfrei, $AlCl_3$, *Ents. 14*
H314
P260, P280, P301+P330+P331, P305+P351+P338
GEFAHR

Amberlyst 15 — *(noch nicht eingestuft)*

Ameisensäure, s. Methansäure

4-Amino-5-hydroxynaphthalin-2,7-Disulfonsäure (H-Säure), $C_{10}H_9NS_2O_7$, *Ents. 28* — *(noch nicht eingestuft)*

Ammoniak-Lösung, $NH_3(aq)$, *w = 25%, Ents. 13*
H314, H335, H400
P280, P273, P301+P330+P331, P305+P351+P338, P309+P310
GEFAHR

Ammoniumchlorid, NH_4Cl, *Ents. 14*
H302
P305+P351+P338
ACHTUNG

Ammoniumeisen(III)-citrat, $C_6H_{11}FeNO_7$, *Ents. 28* — *(noch nicht eingestuft)*

Ammoniumnitrat, NH_4NO_3, *Ents. 14*
H272
P210
ACHTUNG

Ammoniumthiocyanat, NH_4SCN, *Ents. 12*
H302, H312, H332, H412, EUH032
P273, P302+P352
ACHTUNG

Azoisobutyronitril, $NC(CH_3)_2CN{=}NC(CH_3)_2CN$, *Ents. Aufarbeitung*
H242, H332, H302, H412
P210, P280, P273
GEFAHR

Bariumhydroxid, $Ba(OH)_2 \cdot 8H_2O$, *Ents. 13*
H332, H302, H314
P280, P301+P330+P331, P305+P351+P338
GEFAHR

Batteriesäure s. Schwefelsäure

Benzin; Petroleumbenzin (Sdp. 40–60 °C), Ents. 1
H314, H335, H290
P280, P301+P330+P331, P305+P351+P338
GEFAHR

Benzoesäure, C_6H_5COOH, *Ents. 12*
H302, H319
P305+P351+P338
ACHTUNG

Blei(II)-acetat, $Pb(CH_3COO)_2 \cdot 3H_2O$, *Ents. 15*
H351, H360Df, H373, H410
P281, P273, P308+P313, P314
GEFAHR

Blei(II)-nitrat, $Pb(NO_3)_2 \cdot 3H_2O$, *Ents. 15*
H360Df, H332, H302, H373, H410
P201, P273, P308+P313
GEFAHR

Brennspiritus, s. Ethanol

Brom, Br_2, *Ents. 22*
H330, H314, H400
P210, P273, P304+P340, P305+P351+P338 P403+P233
GEFAHR

2-Brom-2-Methylpropan, $(CH_3)_2CBr$, *Ents. 2*
H225
P210, P240, P262, P403+P235
GEFAHR

2-Brompropan, $(CH_3)_3CHBr$, *Ents. 9*
H225, H360F, H373, EUH066
P201, P210, P262, P403+P235
GEFAHR

Bromthymolblau, $C_{27}H_{28}Br_2O_5S$ — *(noch nicht eingestuft)*

Bromwasser, $Br_2(aq)$, *Ents. 22* — *(noch nicht eingestuft)*

n-Butan, C_4H_{10}
H220, H280
P210, P377, P381
GEFAHR

Butan-1-ol, C_4H_9OH, *Ents. 1*
H226, H302, H318, H315, H335, H336
P280, P302+P352, P305+P351+P338, P313
GEFAHR

tert.-Butanol, s. 2-Methylpropan-2-ol

Calciumchlorid(-Hexahydrat), $CaCl_2(\cdot 6H_2O)$, *Ents. 14*
H319
P305+P351+P338
ACHTUNG

Calciumhydroxid, $Ca(OH)_2$, *Ents. 13*
H318
P280, P305+P351+P338, P313
GEFAHR

Calciumoxid, CaO, *Ents. 14*
H318
P260, P280, P352+P338
GEFAHR

Chlor, Cl_2, *Ents. 22*
H330, H270, H319, H315, H280, H335, H400, EUH071
P260, P220, P280, P244, P273, P304+P340+P315, P305+P351+P338+P315, P332+P313, P370+P376, P302+P352
GEFAHR

Chlorwasser, wässrige Lösung von Chlor, s. Chlor

Citronensäure, $C_6H_8O_7 \cdot H_2O$, *Ents. 28*
H319
P305+P351+P338
ACHTUNG

Cobalt(II)-chlorid-Hexahydrat, $CoCl_2 \cdot 6H_2O$, *Ents. 15*
H350i, H341, H360F, H302, H334, H317, H410
P201, P281, P271, P308+P313, P304+P341
GEFAHR

Cyclohexan, C_6H_{12}, *Ents. 1*
H225, H304, H315, H336, H410
P210, P240, P273, P301+P310, P331, P403+P235
GEFAHR

Cyclohexen, C_6H_{10}, *Ents. 1*
H225, H302, H304, H411
P210, P240, P273, P301+P310, P331, P403+P235
GEFAHR

1,6-Diaminohexan, s. Hexandiamin

Dibenzoylperoxid, $(C_6H_5COO)_2$, *Ents. 22*
H214, H319, H317
P210, P280, P305+P351+P338, P302+P352
ACHTUNG

Dichlormethan, CH_2Cl_2, *Ents. 2*
H351
P281, P308+P313
ACHTUNG

Dieselkraftstoff, $(C_6H_5COO)_2$, *Ents. 1*
H351
*
ACHTUNG

Dimethylsulfoxid, C_2H_6SO, *Ents. 1* — *(noch nicht eingestuft)*

Dinatriumhydrogenphosphat, Na_2HPO_4, *Ents. 14* — *(noch nicht eingestuft)*

Desmodur — *(noch nicht eingestuft)*

Desmophen — *(noch nicht eingestuft)*

Eisen(III)-chlorid, $FeCl_3$, *Ents. 15*
H302, H315, H318, H290
P280, P302+P352, P305+P351+P338, P313
GEFAHR

Eisen(III)-chlorid-Hexahydrat, $FeCl_3 \cdot 6H_2O$, *Ents. 15*
H302, H315, H318
P280, P302+P352, P305+P351+P338, P313
GEFAHR

Eisen(II)-sulfat-Heptahydrat, $FeSO_4 \cdot 7H_2O$, *Ents. 15*
H302, H315, H319
P302+P352, P305+P351+P338
ACHTUNG

Eisen(III)-sulfat, Ents. 15 — *(noch nicht eingestuft)*

Eisen, Fe, *Pulver, Ents. 15*
H228
ACHTUNG

Essigsäure, s. Ethansäure

Essigsäureethylester, s. Ethansäureethylester

Ethandiol (Glykol), $HO(CH_2)_2OH$, *Ents. 1*
H302
ACHTUNG

Ethanol, C_2H_5OH
H225
P210
GEFAHR

Ethansäure, CH_3COOH, *Ents. 12*
H226, H314
P280, P301+P330+P331, P305+P351+P338
GEFAHR

Ethansäureethylester, $CH_3COOC_2H_5$, *Ents. 1*
H225, H319, H336, EUH066
P210, P240, P305+P351+P338
GEFAHR

Ethen, C_2H_4
H220, H280, H336
P210, P260, P304+P340+P315, P377, P381, P405, P403
GEFAHR

Ethylendiamintetraessigsäure-Dinatriumsalz(EDTA di-Natriumsalz)
$C_{10}H_{14}N_2Na_2O_8 \cdot 2H_2O$, *Ents. 1* *(noch nicht eingestuft)*

Fehling I (Kupfersulfat-Lösung), $CuSO_4(aq)$, *Ents. 15* *(noch nicht eingestuft)*

Fehling II (Kaliumnatriumtartrat-Natriumhydroxid-Lösung)
$C_4H_4KNaO_6(aq) + NaOH(aq)$, *Ents. 13* *(noch nicht eingestuft)*

Feuerzeuggas, s. Butan

Fluoreszein-Natrium, $C_{20}H_{10}O_5Na_2$, *Ents. 14* *(noch nicht eingestuft)*

Glycerin, Propantriol, $(HOCH_2)_2CHOH$, *Ents. 28* *(noch nicht eingestuft)*

Glycin, H_2NCH_2COOH *(noch nicht eingestuft)*

n-Heptan, C_7H_{16}, *Ents. 1*
H225, H304, H315, H336, H410
P210, P273, P301+P310, P331, P302+P352, P403+P235
GEFAHR

n-Hexan, C_6H_{14}, *Ents. 1*
H225, H304, H361f, H373, H315, H336, H411
P210, P240, P273, P301+P310, P331, P302+P352, P403+P235
GEFAHR

Hexadecan-1-ol, Cetylalkohol $CH_3(CH_2)_{15}OH$, *Ents. 1* *(noch nicht eingestuft)*

Hexandiamin, 1,6-Diaminohexan $C_6H_{16}N_2$, *Ents. 1*
H312, H302, H335, H314
P280, P302+P352, P301+P330+P331, P305+P351+P338
GEFAHR

Hexandisäure, Adipinsäure $C_6H_{10}O_4$, *Ents. 12*
H319
P305+P351+P338
ACHTUNG

Hexen, C_6H_{12}, *Ents. 1*
H225, H304
P210, P243, P301+P310, P331
GEFAHR

Hydrogenchlorid, s. Wasserstoffchlorid

Iod, I_2, *Ents. 22*
H332, H312, H400
P273, P302+P352
ACHTUNG

Iod/Kaliumiodid-Lösung, KI/I_2, *Ents. 22* *(noch nicht eingestuft)*

Isobuten, $CH_2{=}C(CH_3)_2$
H220, H280
P210, P377, P381, P403
GEFAHR

Isooctan, 2,2,4-Trimethylpentan, C_8H_{18}, *Ents. 1*
H225, H304, H315, H336, H410
P210, P240, P273, P301+P310, P331, P403+P235
GEFAHR

Kalilauge, s. Kaliumhydroxid

Kaliumbromid, KBr, *Ents. 14* *(noch nicht eingestuft)*

Kaliumcarbonat, K_2CO_3, *Ents. 13*
H315, H319, H335
P302+P352, P305+P351+P338
ACHTUNG

Kaliumhexacyanoferrat(II), $K_4[Fe(CN)_6]$, *Ents. 14* *(noch nicht eingestuft)*

Kaliumhexacyanoferrat(III), $K_3[Fe(CN)_6]$, *Ents. 14* *(noch nicht eingestuft)*

Kaliumhydrogencarbonat, $KHCO_3$, *Ents. 14* *(noch nicht eingestuft)*

Kaliumhydrogensulfat, $KHSO_4$, *Ents. 14*
H314, H335
P280, P301+P330+P331, P305+P351+P338
GEFAHR

Kaliumhydroxid, KOH, *Ents. 13*
H314, H302
P280, P301+P330+P331, P305+P351+P338
GEFAHR

Kaliumiodid, KI, *Ents. 14* *(noch nicht eingestuft)*

Kaliumnitrat, KNO_3, *Ents. 14*
H272
P210
ACHTUNG

Kaliumperchlorat, $KClO_4$, *Ents. 22*
H271, H302
P210
GEFAHR

Kaliumpermanganat, $KMnO_4$, *Ents. 22*
H272, H302, H410
P210, P273
GEFAHR

Kaliumthiocyanat, $KSCN$, *Ents. 28*
H302, H312, H332, H412, EUH032
P273, P302+P352
ACHTUNG

Kalkwasser, $Ca(OH)_2(aq)$, *Ents. 14* *(noch nicht eingestuft)*

Kupfer(II)-chlorid(-Dihydrat), $CuCl_2(\cdot\ 2H_2O)$, *Ents. 15*
H302, H315, H319, H410
P260, P273, P302+P352, P305+P351+P338
ACHTUNG

Kupfer(II)-sulfat(-Pentahydrat), $CuSO_4(\cdot\ 5H_2O)$, *Ents. 15*
H302, H315, H319, H410
P273, P305+P351+P338, P302+P352
ACHTUNG

Lithium, Li, *Ents. 26*
H260, H314, EUH014
P280, P301+P330+P331, P305+P351+P338, P402+P404
GEFAHR

Lithiumchlorid, $LiCl$, *Ents. 14*
H314, H335, H290
P280, P301+P330+P331, P305+P351+P338
GEFAHR

Lugol'sche Lösung, s. Iod/Kaliumiodid-Lösung

Luminol, $C_8H_7N_3O_2$, *Ents. 28* *(noch nicht eingestuft)*

Magnesium, Mg, *Band, Ents. (Aufarbeitung)* *(noch nicht eingestuft)*

Magnesium, Mg, *Pulver, Ents. (Aufarbeitung)*
H260, H250
P210, P402+P404
GEFAHR

Magnesium, Mg, *Späne, Ents. (Aufarbeitung)*
H228, H261, H252
P210, P402+P404
GEFAHR

Mangan(IV)-oxid (Mangandioxid), MnO_2, *Ents. 15*
H272, H302, H332
ACHTUNG

Methanol, CH_3OH, *Ents. 1*
H225, H331, H311, H301, H370
P210, P233, P280, P302+P352
GEFAHR

Methansäure (Ameisensäure), $HCOOH$, *Ents. 12*
H226, H314
P260, P280, P301+P330+P331, P305+P351+P338
GEFAHR

Methansäureethylester (Ameisensäureethylester, Ethylmethanoat, Ethylformiat), $HCOOC_2H_5$, *Ents. 12*
H225, H332, H302, H319, H335
P210, P271, P305+P351+P338
GEFAHR

Methylmethacrylat, Methacrylsäuremethylester
$H_2C{=}C(CH_3)COOCH_3$
H225, H335, H315, H317
P210, P233, P280, P302+P352, P304+P340, P403+P235
GEFAHR

2-Methylpropan-2-ol, $(CH_3)_3COH$, *Ents. 1*
H225, H332, H319, H335
P210, P305+P351+P338, P403+P233
GEFAHR

Methylviologen, 1,1'-Dimethyl-4,4'-bipyridinium-dichlorid,
$C_{12}H_{14}Cl_2N_2$
H301, H311, H315, H319, H330, H335, H372, H400, H410
GEFAHR

Milchsäure, 2-Hydroxypropansäure, $H_3CCH(OH)COOH$, *Ents. 28*
H318, H315
P305+P351+P338, P302+P352, P313
GEFAHR

β-Naphthol, $C_{10}H_8O$, *Ents. 1*
H332, H302, H400
P273
ACHTUNG

Natrium, Na, *Ents. 26*
H260, H314, EUH014
P280, P301+P330+P331, P305+P351+P338
GEFAHR

Natriumacetat, CH_3COONa, *Ents. 14* *(noch nicht eingestuft)*

Natriumcarbonat, Na_2CO_3, *Ents. 14*
H319
P260, P305+P351+P338
ACHTUNG

Natriumdihydrogenphosphat, NaH_2PO_4, *Ents. 14* *(noch nicht eingestuft)*

Natriumdithionit, $\mathbf{Na_2S_2O_4}$, *Ents. 14* — GEFAHR
H251, H302, EUH031

Natriumhydrogencarbonat, $\mathbf{NaHCO_3}$, *Ents. 14* — *(noch nicht eingestuft)*

Natriumhydrogensulfat-Monohydrat, $\mathbf{NaHSO_4 \cdot H_2O}$, *Ents. 14* — GEFAHR
H318
P305+P351+P338, P313

Natriumhydroxid, $\mathbf{NaOH}$, *Ents. 13* — GEFAHR
H314
P280, P301+P330+P331, P305+P351+P338

Natriumnitrat, $\mathbf{NaNO_3}$, *Ents. 14* — ACHTUNG
H272, H302
P260

Natriumnitrit, $\mathbf{NaNO_2}$, *Ents. 28* — GEFAHR
H272, H301, H400
P273

Natriumphosphat-Dodecahydrat, $\mathbf{Na_3PO_4 \cdot 12H_2O}$, *Ents. 14* — ACHTUNG
H319, H315
P302+P352, P305+P331+P338

Natriumthiosulfat, $\mathbf{Na_2S_2O_3}$, *Ents. 14* — *(noch nicht eingestuft)*

Natron, s. Natriumhydrogencarbonat

Natronlauge, $\mathbf{NaOH(aq)}$, *c = 1 mol/L, Ents. 13* — GEFAHR
H314
P280, P301+P330+P331, P305+P351+P338

Ninhydrin, $\mathbf{C_9H_6O_4}$, *Ents. 28* — *(noch nicht eingestuft)*

Oxalsäure, Ethandisäure

Oxalsäure-Dihydrat, Ethandisäure, $\mathbf{H_2C_2O_4 \cdot 2H_2O}$, *Ents. 12* — ACHTUNG
H302, H312
P302+P352

Paraffin (flüssig), Ents. 1 — *(noch nicht eingestuft)*

n-Pentan, $\mathbf{C_5H_{12}}$, *Ents. 1* — GEFAHR
H225, H304, H336, H411, EUH066
P273, P301+P310, P331, P403+P235

Pentan-1-ol, $\mathbf{CH_3(CH_2)_4OH}$, *Ents. 1* — ACHTUNG
H226, H332, H335, H315
P302+P352

Perchlorsäure, $\mathbf{HClO_4}$, *Ents. 12* — GEFAHR
H271, H314
P210, P280, P301+P330+P331, P305+P351+P338

Petrolether, s. Benzin

Petroleumbenzin, s. Benzin

Phenol, $\mathbf{C_6H_5OH}$, *Ents. 1* — GEFAHR
H301+H311+H331, H314, H341, H373
P280, P302+P352, P301+P330+P331, P309+P310, P305+P351+P338

Phenolphthalein, $\mathbf{C_{20}H_{14}O_4}$ — GEFAHR
H350, H341, H361f
P201, P281, P308+P313

Phosphorsäure, $\mathbf{H_3PO_4}$, *Ents. 12* — GEFAHR
H314
P280, P301+P330+P331, P305+P351+P338

Phthalsäureanhydrid, $\mathbf{C_6H_4C_2O_3}$, *Ents. 1* — GEFAHR
H302, H335, H315, H318, H334, H317
P260, P262, P302+P352, P304+P340, P305+P351+P338, P313

Proflavin-hemisulfat,3,6-Diaminoacridin-hemisulfat, $\mathbf{C_9H_6O_4}$, *Ents. 28* — *(noch nicht eingestuft)*

Propan-1-ol, $\mathbf{C_3H_7OH}$, *Ents. 1* — GEFAHR
H225, H318, H336
P210, P233, P305+P351+P338, P313

Propan-2-ol, $\mathbf{CH_3CHOHCH_3}$, *Ents. 1* — GEFAHR
H225, H319, H336
P210, P233, P305+P351+P338

Resorcin, $\mathbf{C_6H_4(OH)_2}$, *Ents. 1* — ACHTUNG
H302, H315, H319, H400
P273, P302+P352, P305+P351+P338

Salicylsäure, $\mathbf{HOC_6H_4COOH}$, *Ents. 12* — GEFAHR
H302, H318
P305+P351+P338, P313

Salpetersäure, $\mathbf{HNO_3}$, *Ents. 12* — ACHTUNG
H272, H314, H290
P260, P280, P301+P330+P331, P305+P351+P338

Salzsäure, $\mathbf{HCl(aq)}$, *w = 32 %, Ents. 12* — GEFAHR
H314, H335, H290
P280, P301+P330+P331, P305+P351+P338

Sauerstoff, $\mathbf{O_2}$ — GEFAHR
H270, H280
P244, P220, P370+P376, P403

Schwefelsäure, $\mathbf{H_2SO_4}$, *Ents. 12* — GEFAHR
H314, H290
P280, P301+P330+P331, P305+P351+P338, P309+P310

Schwefelwasserstoff, $\mathbf{H_2S}$, *Nachweis von Spuren* — GEFAHR
H220, H330, H400, H280, H400
P260, P210, P273, P304+P340+P315, P377, P381, P405, P403

Sebacinsäuredichlorid, Decansäuredichlorid, $\mathbf{ClOC(CH_2)_8COCl}$, *Ents. 2 (vorher mit Methanol versetzen)* — GEFAHR
H302, H314, H335
P280, P301+P330+P331, P305+P351+P338

Silbernitrat, $\mathbf{AgNO_3}$, *Ents. 27* — GEFAHR
H272, H314, H410
P273, P280, P301+P330+P331, P305+P351+P338

Silberoxid, $\mathbf{Ag_2O}$, *Ents. 27* — GEFAHR
H272, H314, EUH044
P210, P301+P330+P331, P305+P351+P338

Soda, s. Natriumcarbonat

Spiropyran, $\mathbf{C_{19}H_{19}N_2O_3}$, *Ents. 28* — *(noch nicht eingestuft)*

Stickstoffdioxid, $\mathbf{NO_2}$ — GEFAHR
H330, H270, H314, H280, EUH071
P260, P280, P244, P220, P304+P340+P315, P303+P361+P353+P315, P305+P351+P338+P315, P370+P376, P405, P403

Styrol, $\mathbf{C_6H_5CHCH_2}$, *Ents. 1* — ACHTUNG
H226, H332, H319, H315
P260, P210, P302+P352, P305+P351+P338

Sulfanilsäure, $\mathbf{NH_2C_6H_4SO_3H}$, *Ents. 1* — ACHTUNG
H319, H315, H317
P280, P302+P352, P305+P351+P338

Tetrachlorethen, Perchlorethylen, $\mathbf{C_2Cl_4}$, *Ents. 3* — GEFAHR
H351, H411
P281, P273, P308+P313

Thioglykolsäure, $\mathbf{HSCH_2COOH}$, *Ents. 6* — GEFAHR
H331, H311, H301, H314
P280, P304+P340, P302+P352, P301+P330+P331, P305+P351+P338

Titandioxid, Titan(IV)-oxid, $\mathbf{TiO_2}$, *Ents. Hausmüll* — *(noch nicht eingestuft)*

Toluol, $\mathbf{C_6H_5CH_3}$, *Ents. 1* — GEFAHR
H225, H304, H361d, H373, H315, H336
P210, P301+P310, P331, P302+P352

Wasserstoff, $\mathbf{H_2}$ — GEFAHR
H220
P210, P377, P381, P410+P403

Wasserstoffchlorid, $\mathbf{HCl}$ — GEFAHR
H331, H314, H280, EUH071
P260, P280, P304+P340+P315, P303+P361+P353+P315, P305+P351+P338+P315, P405+P403

Wasserstoffperoxid-Lösung, $\mathbf{H_2O_2(aq)}$, *w = 30 %* — GEFAHR
H302, H318
P280, P305+P351+P338, P313

Xylol, $\mathbf{C_6H_4(CH_3)_2}$ — ACHTUNG
H226, H332, H312, H315
P302+P352

Zink, **Zn**, *Pulver; stabilisiert, Ents. 15*
H410
P273
ACHTUNG

Zinkchlorid, **$ZnCl_2$**
H302, H314, H335, H410
P273, P280, P301+P330+P331, P305+P351+P338
GEFAHR

Zinksulfat-Heptahydrat, **$ZnSO_4 \cdot 7H_2O$**, *Ents. 15*
H302, H318, H410
P280, P273, P301+P330+P331, P305+P351+P338
GEFAHR

Zinn(II)-chlorid, **$SnCl_2$**, *Ents. 15*
H302, H315, H317, H319, H335
P280, P302+P352,P305+P351+P338
GEFAHR

Die Daten stammen aus folgenden Quellen:

- VERORDNUNG (EG) Nr. 1272/2008 DES EUROPÄISCHEN PARLAMENTS UND DES RATES vom 16. Dezember 2008 über die Einstufung, Kennzeichnung und Verpackung von Stoffen und Gemischen, zur Änderung und Aufhebung der Richtlinien 67/548/EWG und 1999/45/EG und zur Änderung der Verordnung (EG) Nr. 1907/2006
- VERORDNUNG (EG) Nr. 790/2009 DER KOMMISSION vom 10. August 2009 zur Änderung der Verordnung (EG) Nr. 1272/2008 des Europäischen Parlaments und des Rates über die Einstufung, Kennzeichnung und Verpackung von Stoffen und Gemischen zwecks Anpassung an den technischen und wissenschaftlichen Fortschritt
- MERCK (http://www.chemdat.de/)
- BG RCI – Berufsgenossenschaft Rohstoffe und chemische Industrie (http://www.gischem.de)
- Air Liquide (http://www.airliquide.de)

Bei Redaktionsschluss lagen nicht zu allen Stoffen und Gemischen vollständige GHS-Daten vor. Dass zur Zeit keine Daten vorhanden sind, erkennt man an der Angabe (noch nicht eingestuft). Dies lässt jedoch nicht darauf schließen, dass vom jeweiligen Stoff oder Gemisch keine Gefahren ausgehen.
Bei einigen Stoffen waren keine P-Sätze verfügbar. Stand: 17.03.2011

Isomerie

Bei gleicher Summenformel (gleicher qualitativer und quantitativer Zusammensetzung) existieren verschiedene Verbindungen.

Konstitutionsisomerie (Strukturisomerie)

Unterschiedliche Verknüpfung der Atome bzw. unterschiedliche Reihenfolge (Sequenz) der Atome

Gerüstisomerie
(Skelettisomerie)

Isomerie der Grundkörper (Kohlenwasserstoffe), unterschiedlicher Aufbau des Kohlenstoff-Gerüsts: unverzweigte bzw. verzweigte Ketten

Beispiele: isomere Butane, Pentane, Hexane, isomere Butene

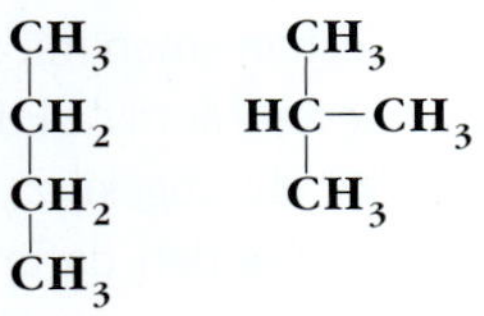

C_4H_{10}

Stellungsisomerie
(Ortsisomerie)

Unterschiedliche Stellung funktioneller Gruppen (Substituenten) an den Kohlenstoff-Atomen einer Kette oder eines Rings (Kernisomerie)

Beispiele: isomere Dichlorethane, isomere Butanole, isomere Dihalogenbenzole

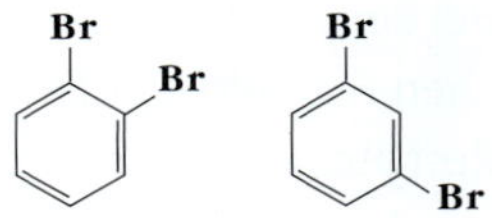

$C_6H_4Br_2$

Funktionelle Isomerie

Isomere besitzen unterschiedliche funktionelle Gruppen.

Beispiele: Ethanol (Hydroxy-Gruppe) – Dimethylether (Sauerstoffbrücke), Propanal – Propanon

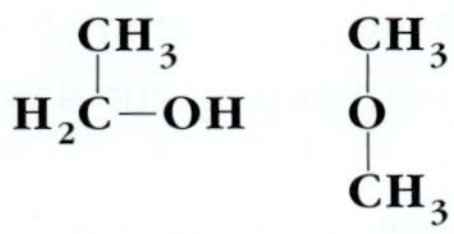

C_2H_6O

Bindungsisomerie
(Valenzisomerie)

Bei den Isomeren sind einzelne Bindungen verschoben, d. h. die gleichen Atome sind verschieden gebunden.

Beispiele: Benzol – Dewar-Benzol

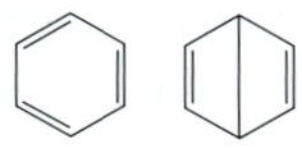

C_6H_6

Stereoisomerie (Raumisomerie)

Die Isomere unterscheiden sich nur in der Konfiguration, d. h. in der Anordnung der Atome im dreidimensionalen Raum.

Enantiomerie

Enantiomere oder optische Isomere stehen wie Bild und Spiegelbild zueinander. Die Isomere haben einen chiralen Molekülbau, der z. B. durch ein asymmetrisches Kohlenstoff-Atom verursacht wird.

Enantiomere unterscheiden sich in vielen Eigenschaften nicht voneinander (Energiegehalt, ϑ_m, ϑ_b u. a.). Sie drehen aber die Ebene des polarisierten Lichts in entgegengesetzte Richtungen und können sich im Geruch und anderen auf biochemischen Prozessen beruhenden Eigenschaften unterscheiden.

Beispiel: Enantiomere der Milchsäure

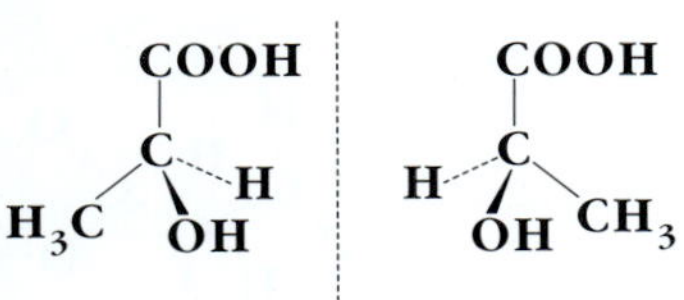

$C_3H_6O_3$

Diastereoisomerie

Diastereoisomere stehen *nicht* wie Bild und Spiegelbild zueinander. Diastereoisomere haben auch unterschiedliche Schmelz- und Siedetemperaturen.

Beispiel: *meso*-Weinsäure ist diastereoisomer zu den beiden Enantiomeren der Weinsäure (vgl. *Chemie 2000+ Online* und „Polarimetrie").

***cis-trans* Isomerie** (geometrische Isomerie, *Z-E* Isomerie)

cis-trans Isomere stellen einen Sonderfall von Diastereoisomeren dar. In ihren Molekülen sind die Substituenten an Doppelbindungen oder an nicht aromatischen Ringen verschieden angeordnet.

Beispiel: *cis*- und *trans*-1,2-Dichlorethen

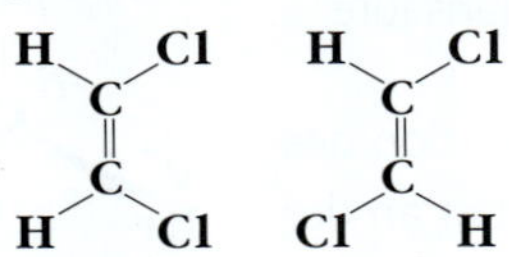

$C_2H_2Cl_2$

Konformationsisomerie

Aus der Rotationsmöglichkeit um die Einfachbindung bedingte unterschiedliche räumliche Anordnung von Atomen zueinander

Beispiel: Sessel- und Wannenform des Cyclohexans

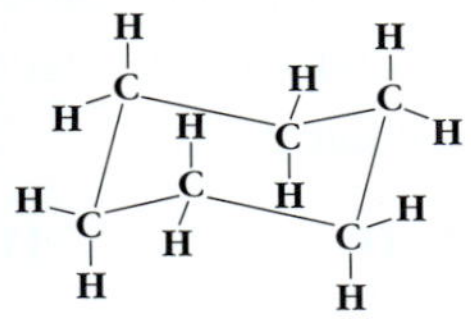

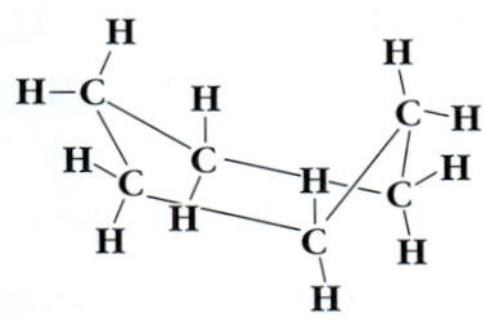

C_6H_{12}

Formeltypen und Molekülmodelle in der organischen Chemie

In der organischen Chemie werden unterschiedliche Formeltypen und Molekülmodelle verwendet, um die Strukturmerkmale von Molekülen darzustellen. Je nachdem, welche dieser Merkmale für die Erklärung von bestimmten Stoffeigenschaften oder Reaktionswegen im Einzelfall von Bedeutung sind, setzt man den einen oder andern Formeltyp ein.

Molekülformel (Summenformel)

Bei der Herleitung der Molekülformel einer organischen Verbindung geht man vom Ergebnis der Elementaranalyse dieser Verbindung, d. h. den prozentualen Massenanteilen, in denen die Elemente in der betreffenden Verbindung gebunden sind, aus. Daraus berechnet man zunächst die Verhältnisformel der Verbindung. Sie gibt das Atomanzahlverhältnis im Molekül an. Die Verhältnisformel ist nicht mit der Molekülformel zu verwechseln, da für verschiedene Verbindungen, z. B. für Methanal CH_2O, Ethansäure $C_2H_4O_2$ und Glucose $C_6H_{12}O_6$ die gleiche Verhältnisformel $C_1H_2O_1$ zutrifft.

Aus der Verhältnisformel wird anhand der experimentell ermittelten molaren Masse der Verbindung auf deren Molekülformel geschlossen.

Die Molekülformel (Summenformel) gibt die Art und Anzahl der Atome in einem Molekül genau an. *Beispiele*:

C_2H_6	C_2H_6O	$C_6H_{12}O_6$	C_7H_8
Ethan	Ethanol	Glucose	Toluol

In der Regel kann auch aus einer gegebenen Molekülformel nicht eindeutig auf die Verbindung geschlossen werden, die damit gemeint ist, weil es mehrere Isomere mit der gleichen Molekülformel gibt.

Valenzstrichformel (Strukturformel)

Die Valenzstrichformel (Strukturformel) zeigt die Art und Reihenfolge der Verknüpfung der Atome im Molekül an und gibt an, wo die Valenzelektronen der Atome als bindende und nicht bindende Elektronenpaare lokalisiert sind. *Beispiele*:

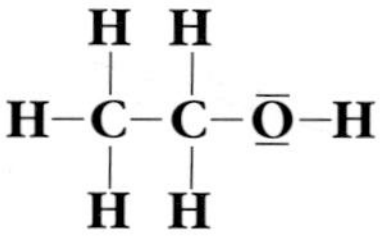
Ethanol

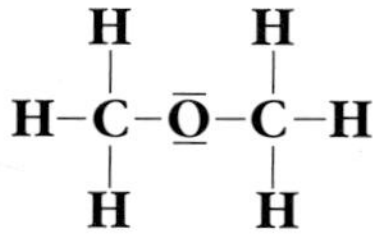
Dimethylether

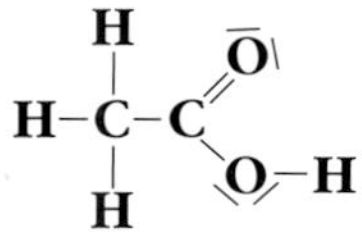
Ethansäure

Durch die Valenzstrichformel wird die Konstitution des Moleküls eindeutig festgelegt. Daher kann man an der Valenzstrichformel in der Regel erkennen, welche Verbindung gemeint ist. (*Hinweis*: Bei Stereoisomeren gibt es Einschränkungen – vgl. Molekülmodelle.)

Halbstrukturformel

Dieser Formeltyp ist eine Kombination aus Molekül- und Valenzstrichformel und gibt vereinfacht die Konstitution des Moleküls wieder. *Beispiele*:

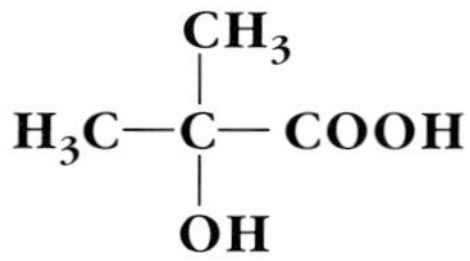
2-Hydroxy-2-methyl-propansäure

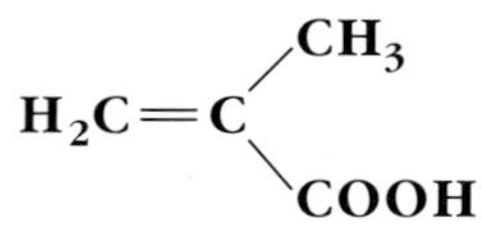
2-Methylpropensäure (Acrylsäure)

Bei der Darstellung von Reaktionsmechanismen mit solchen Formeln werden ganze Alkyl-Reste (Methyl-, Ethyl-Rest etc.) vereinfachend durch „R_1", „R_2" etc. abgekürzt, die reagierenden funktionellen Gruppen werden dafür so ausführlich, wie für den beschriebenen Vorgang nötig dargestellt, z. B. mit freien Elektronenpaaren und Partialladungen. Zusätzlich verwendet man krumme Pfeile zur Darstellung von Elektronenpaarverschiebungen zwischen den Atomen der reagierenden Teilchen. Die alkalische Verseifung eines Esters kann verkürzt so formuliert werden:

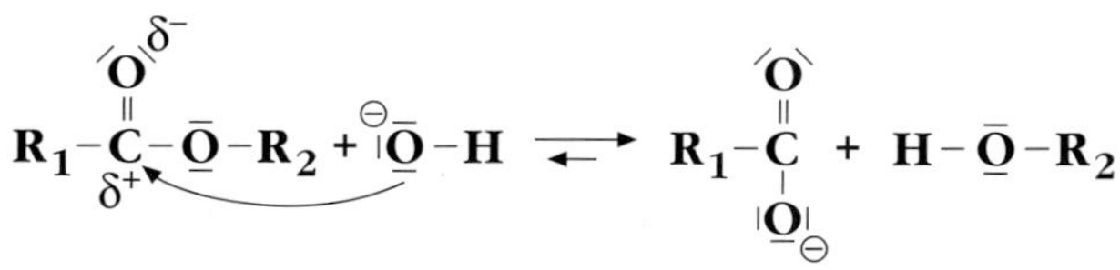

Räumliche Strukturformel (Keilstrichformel)

Moleküle sind dreidimensionale Objekte, für deren Veranschaulichung in einer Ebene Striche alleine nicht ausreichen. Man setzt daher weitere Zeichenelemente ein, beispielsweise Keile und gestrichelte Linien. Keile führen zu Atomen vor, gestrichelte Linien zu Atomen hinter der Zeichenebene.

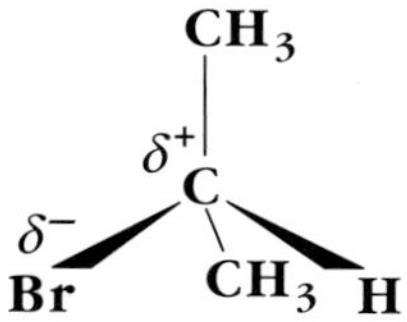
2-Brompropan

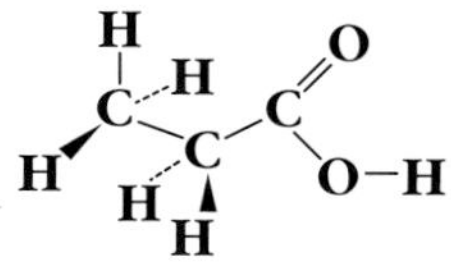
Propansäure

Molekülsymbole (Gerüstformeln)

Molekülsymbole oder Gerüstformeln geben das Molekülgerüst unter Berücksichtigung wesentlicher geometrischer Merkmale des Moleküls und Weglassung der Wasserstoff-Atome wieder. *Beispiel*:

$H_3C{-}CH_2{-}COOH$
oder
H_3CCH_2COOH

Halbstrukturformel

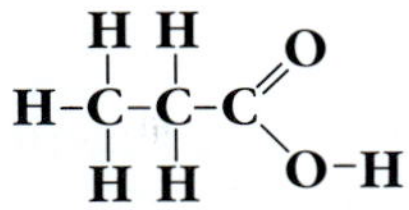

Valenzstrichformel (Strukturformel)

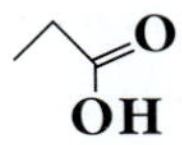

Molekülsymbol

Im Molekülsymbol entspricht jede Ecke (jeder Knick) und jeder frei endende Strich einem Kohlenstoff-Atom, an das so viele Wasserstoff-Atome gebunden sind, bis die Vierbindigkeit des Kohlenstoff-Atoms erreicht ist.
Molekülsymbole sind wegen ihrer einfachen Schreibweise und dennoch großen Aussagekraft der in der organischen Chemie am häufigsten verwendete Formeltyp.
So wird beispielsweise für Benzol, den Hauptvertreter der **aromatischen Verbindungen**, statt der Valenzstrichformel in aller Regel das Molekülsymbol verwendet:

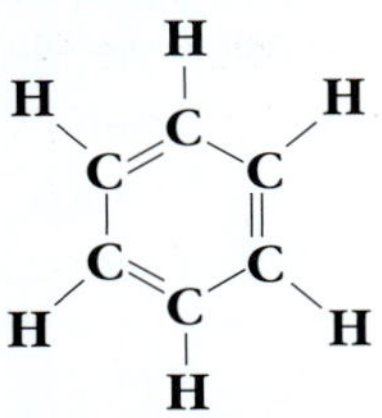

Valenzstrichformel des Benzol-Moleküls

Molekülsymbol des Benzol-Moleküls

Eine Besonderheit des aromatischen Rings im Benzol-Molekül und in Molekülen anderer aromatischer Verbindungen ist, dass die *sechs* Elektronen der konjugierten Doppelbindungen[1], das *aromatische Elektronensextett*, über den ganzen Ring *delokalisiert* sind. Die wahre Elektronenverteilung im Benzol-Molekül wird demnach durch keine der beiden folgenden Molekülsymbole richtig beschrieben, sondern liegt dazwischen:

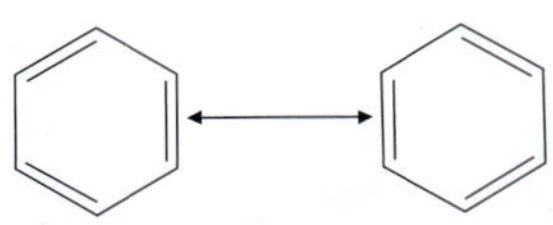

Diese beiden Molekülsymbole werden als *mesomere Grenzstrukturen* oder *Grenzformeln* des Benzol-Moleküls bezeichnet und sind durch den *Mesomeriepfeil* (⟷) verbunden.

[1] Bei *heterocyclischen* aromatischen Ringen können auch freie Elektronenpaare von N-, O-, oder S-Atomen ins delokalisierte aromatische Elektronensextett eingehen.

Molekülmodelle

Mit Bauelementen aus Molekülbaukästen (Kugeln, Stäbchen, Kalotten) lassen sich verschiedene Molekülmodelle herstellen, z. B. für das Methan-Molekül:

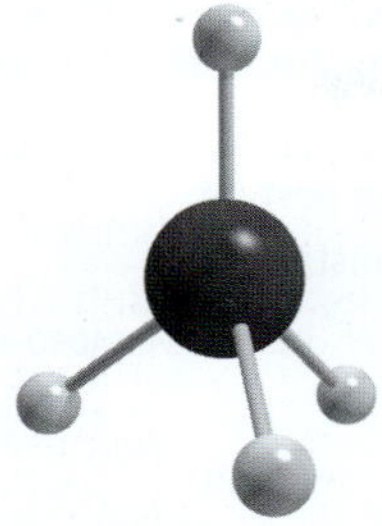

Kugelstäbchenmodell

Kalottenmodell

Viel häufiger als Molekülbaukästen werden zur Erzeugung von Molekülmodellen Computerprogramme verwendet (vgl. z. B. *Chemie 2000+ Online* > Chemie interaktiv > 3D-Moleküle). Damit können virtuelle 3D-Kugelstäbchen- und Kalottenmodelle von Molekülen auf dem Bildschirm erzeugt, in beliebige Richtungen bewegt und gedreht werden. Für die Veranschaulichung der räumlichen Anordnung der Atome eignen sich die Kugelstäbchenmodelle am besten. *Beispiel*:

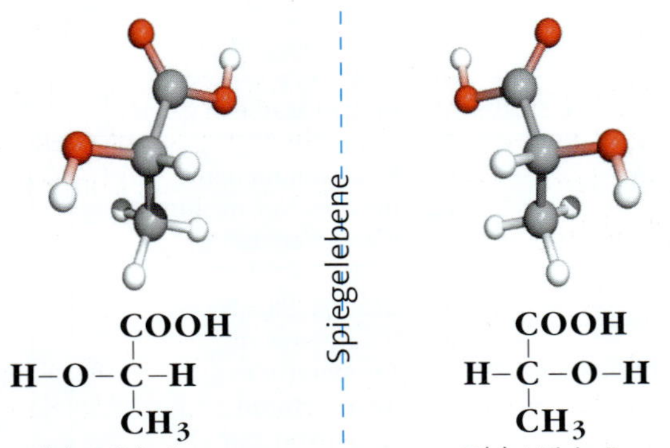

L(+)-Milchsäure D(–)-Milchsäure

Kugelstäbchenmodelle und Fischer-Projektionsformeln von Milchsäure

Die Raumerfüllung durch die Atome im Molekül und durch das Molekül als Ganzes wird am besten in den Kalottenmodellen veranschaulicht. *Beispiel*:

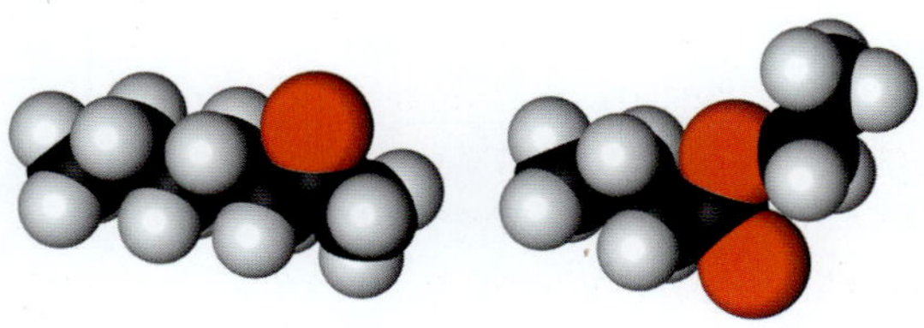

Kalottenmodelle von Heptan-2-on (links) und von Butansäureethylester (rechts)

Die SI-Einheit der Stoffmenge *n*, das Mol (mol)

1 mol ist die Stoffmenge eines Systems, das aus ebenso viel Einzelteilchen besteht, wie Atome in 12 g des Kohlenstoff-Isotops ^{12}C enthalten sind.
Bei Verwendung des Mols müssen die Einzelteilchen des Systems genau bezeichnet sein. Es können Atome, Moleküle, Ionen, Elektronen sowie andere Teilchen oder Gruppen solcher Teilchen genau angegebener Zusammensetzung sein.

Je größer die Stoffmenge *n* einer Stoffportion ist, desto größer ist die Anzahl *N* der Teilchen, aus denen die Stoffportion besteht:

$n(\mathbf{X}) \sim N(\mathbf{X})$ oder $N(\mathbf{X})/n(\mathbf{X})$ = konstant

Es gilt: $\frac{N(\mathbf{X})}{n(\mathbf{X})} = N_A$ Die Konstante N_A heißt **AVOGADRO-Konstante**[1].

Für die Einheit der AVOGADRO-Konstante gilt: $\frac{[N]}{[n]} = [N_A] = \frac{1}{\text{mol}}$.

Die Anzahl $N(\mathbf{X})$ der Teilchen in einem Mol einer Stoffportion kann auf verschiedenen Wegen ermittelt werden. Nach dem heutigen Kenntnisstand sind es $6{,}022 \cdot 10^{23}$ Teilchen. Für die AVOGADRO-Konstante N_A erhalten wir somit:

$$\frac{6{,}022 \cdot 10^{23}}{1\ \text{mol}} = \frac{6{,}022 \cdot 10^{23}}{\text{mol}} = N_A.$$

[1] Die AVOGADRO-Konstante wird auch als *molare Teilchenzahl* bezeichnet.
[2] Die erste Bestimmung der Anzahl der Teilchen in einem Mol einer Stoffportion beruht auf einer Arbeit von JOSEPH LOSCHMIDT (1821 bis 1895). Es ergaben sich rund $6 \cdot 10^{23}$ Teilchen.

Angabe einer Größe

Zur genauen Angabe einer Größe schreibt man das **Produkt aus dem Zahlenwert und der Einheit** auf.

Beispiele:
$m(\mathbf{Fe}) = 5 \cdot 1\ \text{kg} = 5\ \text{kg}$
$n(\mathbf{NaOH}) = 2\ \text{mol}$
$c(\mathbf{HCl}) = 0{,}01\ \text{mol/L}$

Beispiele für Angaben von Stoffmengen

$n(\mathbf{O}) = 2\ \text{mol}$
(Stoffmenge bezogen auf Sauerstoff-Atome)

$n(\mathbf{O_2}) = 0{,}5\ \text{mol}$
(Stoffmenge bezogen auf Sauerstoff-Moleküle)

$n(\mathbf{H_2O}) = 10\ \text{mol}$
(Stoffmenge bezogen auf Wasser-Moleküle)

$n(\mathbf{NaCl}) = 1\ \text{mol}$
(Stoffmenge bezogen auf Formeleinheiten von Kochsalz)

Zusammenhänge zwischen der Stoffmenge *n* und anderen Größen

$n = \frac{m}{M}$ (gilt für alle Stoffe)	n:	Stoffmenge in mol
	m:	Masse in g
	M:	molare Masse in $g \cdot mol^{-1}$
$n = \frac{V_n}{V_{mn}}$ (gilt für Gase)	V_n:	Normvolumen in L
	V_{mn}:	molares Normvolumen (Grundkonstante)
$n = \frac{p \cdot V}{R \cdot T}$ (gilt für Gase)	p:	Druck in Pa = $N \cdot m^{-2}$
	V:	Volumen in m^3
	T:	Temperatur in K
	R:	Gaskonstante (Grundkonstante)
$n = c \cdot V_{LS}$ (gilt für Lösungen)	c:	Stoffmengenkonzentration in $mol \cdot L^{-1}$
	V_{LS}:	= Volumen der Lösung in L

Auswertung der Bestimmung der molaren Masse *M* durch Messung des Gasvolumens *V*, das sich durch Verdampfen der Masse *m* eines Reinstoffes bildet:

$$M = \frac{m \cdot R \cdot T}{p \cdot V}$$

Grundkonstanten

Lichtgeschwindigkeit im Vakuum	c	=	$2{,}99793 \cdot 10^8\ m \cdot s^{-1}$
Planck'sche Konstante	h	=	$6{,}626 \cdot 10^{-34}\ J \cdot s$
Elementarladung	e	=	$1{,}602 \cdot 10^{-19}\ C$
Gaskonstante	R	=	$8{,}314\ J \cdot K^{-1} \cdot mol^{-1}$
AVOGADRO-Konstante	N_A	=	$6{,}022 \cdot 10^{23}\ mol^{-1}$
molares Normvolumen	V_{mn}	=	$22{,}415\ L \cdot mol^{-1}$
absoluter Nullpunkt	T	=	0 K oder $\vartheta = -273{,}15\ °C$
FARADAY-Konstante	F	=	$96\,487\ C \cdot mol^{-1}$

Auswertung der **quantitativen Elementaranalyse** der Verbindung $\mathbf{C_xH_yO_z}$, bei der das Massenverhältnis $m(\mathbf{C}) : m(\mathbf{H}) : m(\mathbf{O})$ ermittelt wurde:

$x : y : z = n(\mathbf{C}) : n(\mathbf{H}) : n(\mathbf{O})$ oder

$$x : y : z = \frac{m(\mathbf{C})}{M(\mathbf{C})} : \frac{m(\mathbf{H})}{M(\mathbf{H})} : \frac{m(\mathbf{O})}{M(\mathbf{O})}$$

Reduktionsvermögen

Red	⇌	Ox	+ z·e⁻	*E*° in V
$Li(s)$	⇌	$Li^+(aq)$	+ e^-	–3,04
$K(s)$	⇌	$K^+(aq)$	+ e^-	–2,92
$Ca(s)$	⇌	$Ca^{2+}(aq)$	+ $2e^-$	–2,87
$Na(s)$	⇌	$Na^+(aq)$	+ e^-	–2,71
$Mg(s)$	⇌	$Mg^{2+}(aq)$	+ $2e^-$	–2,36
$Al(s)$	⇌	$Al^{3+}(aq)$	+ $3e^-$	–1,66
$Mn(s)$	⇌	$Mn^{2+}(aq)$	+ $2e^-$	–1,18
$Zn(s)$	⇌	$Zn^{2+}(aq)$	+ $2e^-$	–0,76
$Cr(s)$	⇌	$Cr^{3+}(aq)$	+ $2e^-$	–0,74
$Fe(s)$	⇌	$Fe^{2+}(aq)$	+ $2e^-$	–0,41
$Cd(s)$	⇌	$Cd^{2+}(aq)$	+ $2e^-$	–0,40
$Co(s)$	⇌	$Co^{2+}(aq)$	+ $2e^-$	–0,28
$Ni(s)$	⇌	$Ni^{2+}(aq)$	+ $2e^-$	–0,23
$Sn(s)$	⇌	$Sn^{2+}(aq)$	+ $2e^-$	–0,14
$Pb(s)$	⇌	$Pb^{2+}(aq)$	+ $2e^-$	–0,13
$H_2(g)$	⇌	$2H^+(aq)$	+ $2e^-$	0,00
$Cu(s)$	⇌	$Cu^{2+}(aq)$	+ $2e^-$	+0,35
$Ag(s)$	⇌	$Ag^+(aq)$	+ e^-	+0,80
$Hg(l)$	⇌	$Hg^{2+}(aq)$	+ $2e^-$	+0,85
$Pt(s)$	⇌	$Pt^{2+}(aq)$	+ $2e^-$	+1,20
$Au(s)$	⇌	$Au^{3+}(aq)$	+ $3e^-$	+1,41

Oxidationsvermögen

Reduktionsmittel	⇌	Oxidationsmittel	*E*° in V
$2I^-(aq)$	⇌	$I_2(s)+2e^-$	+ 0,54
$2Br^-(aq)$	⇌	$Br_2(l)+2e^-$	+ 1,07
$2Cl^-(aq)$	⇌	$Cl_2(g)+2e^-$	+ 1,36
$2F^-(aq)$	⇌	$F_2(g)+2e^-$	+ 2,87

Reduktionsmittel	⇌	Oxidationsmittel	+ ze⁻	*E*° in V
$S^{2-}(aq)$	⇌	$S(s)$	+ 2e⁻	– 0,51
$Sn^{2+}(aq)$	⇌	$Sn^{4+}(aq)$	+ 2e⁻	– 0,15
$Cu^+(aq)$	⇌	$Cu^{2+}(aq)$	+ e⁻	– 0,15
$4OH^-(aq)$	⇌	$O_2(g)+2H_2O(l)$	+ 4e⁻	+ 0,40
$Fe^{2+}(aq)$	⇌	$Fe^{3+}(aq)$	+ e⁻	+ 0,77
$NO(g)+2H_2O(l)$	⇌	$NO_3^-(aq)+4H^+(aq)$	+ 3e⁻	+ 0,96
$2H_2O(l)$	⇌	$O_2(g)+4H^+(aq)$	+ 4e⁻	+ 1,23
$Mn^{2+}(aq)+2H_2O(l)$	⇌	$MnO_2(s)+4H^+(aq)$	+ 2e⁻	+ 1,23
$2Cr^{3+}(aq)+7H_2O(l)$	⇌	$Cr_2O_7^{2-}(aq)+14H^+(aq)$	+ 6e⁻	+ 1,33
$Mn^{2+}(aq)+4H_2O(l)$	⇌	$MnO_4^-(aq)+8H^+(aq)$	+ 5e⁻	+ 1,51

Formel Name	*pK*$_s$-Wert *pK*$_b$-Wert
HCOOH Ameisensäure	3,77
H_3CCOOH Essigsäure	4,76
H_3CCH_2COOH Propionsäure	4,88
ClH_2CCOOH Monochloressigsäure	2,81
Cl_3CCOOH Trichloressigsäure	0,64
HOOC–COOH Oxalsäure	1,42 (4,29)[1]
$HOOC–CH_2–COOH$ Malonsäure	2,69 (5,7)[1]
$HOOC–CH_2CH_2–COOH$ Bernsteinsäure	4,19 (5,48)[1]
$H_3C–CH–COOH$ OH Milchsäure	3,87
HOOC–CH–CH–COOH OH OH Weinsäure	2,48 (5,39)[1]
OH $HOOC–CH_2–C–CH_2–COOH$ COOH Citronensäure	(4,74)[1] (5,39)[2]
 Benzoesäure	4,19
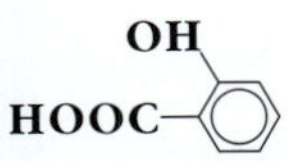 *o*-Hydroxybenzoesäure (Salicylsäure)	2,97
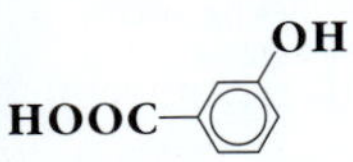 *m*-Hydroxybenzoesäure	4,06
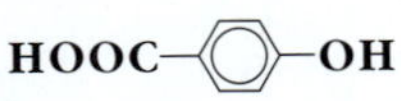 *p*-Hydroxybenzoesäure	4,48
$H_3C–NH_2$ Methylamin	3,35
$H_3C–CH_2–NH_2$ Ethylamin	3,47
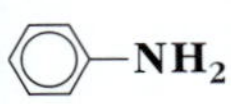 Anilin	9,42

Abbruchreaktion 181
Abgaskatalysator 77, 227
Abscheidungspotenzial 49
Absorptionskurve 190, 191
Absorptionsspektrum 190, 195, 199
Acetatfaser 140
Acetat-Puffer 122
Acetatseide 140
acidum aceticum 108
Acrolein 160
Acrylnitril 183
additive Farbmischung 191
Adenin 156
Akkumulatorentechnik 62, 63
aktiver Korrosionsschutz 58, 59
aktives Zentrum 79
Aktivierungsenergie 25, 75, 76, 77, 102
Akzeptor-Gruppe 193
Akzeptor-Halbzelle 41
Alanin 146
Aldohexose 131
Aldose 127
Alkali-Mangan-Batterie 60
Alkali-Mangan-Zelle 60
alkalische Esterhydrolyse 165
Alkylbenzolsulfonat 167
Amalgan-Verfahren 48, 49
4-Aminoazobenzol 194
Aminosäure 146, 147, 151
α-Aminosäure 146, 147
Ammoniak 100, 101, 102
Ammoniakproduktion 100
Ammoniaksynthese 100, 101, 102, 103
Ammoniumthioglycolat 150
Amperometrie 70, 71, 74
amphiphil 165
Ampholyt 113
amphoteres Teilchen 113
Amylase 81
Amylopektin 137
Amylose 137
Analysator 130
Anfangskonzentration 95
Anilin 195
Anilin-Derivat 195
Anion-Base 111
anionisches Tensid 167, 169
Anion-Säure 111
Anode 41
Anomer 131
Anthracen 202, 204
Anthrachinon 202
Anthrachinonfarbstoff 202
anthropogene Emission 225
Antiauxochrom 193
Antibiotika 219
Aquakomplex 209, 215
Äquivalenzpunkt 115, 116, 117, 119
Arginin 147
Aromat 204
aromatischer Ring 204
aromatisches Elektronensextett 204
ARRHENIUS, SVANTE 75, 108, 109
Asparagin 147
Asparaginsäure 147
Astaxanthin 192
asymmetrisches Kohlenstoff-Atom 128, 129, 130, 147
Atmosphäre 234
Atmung 26, 27, 131, 199
Atomorbital 204
Atomspektrum 32
Aufladen 53
Autokatalysator 227
Autoprotolyse 113
Auxochrom 193
Azofarbstoff 194, 195
Azo-Gruppe 195
Azoisobuttersäurenitril 180
Azokupplung 194, 195

Bagdad-Batterie 65
Bakelit 178
Base 109, 115
Batterie 51
Baumwolle 139
Benetzungsvermögen 165
Benzol 204
Benzol-Formel 204
BERLINER BLAU 210, 211
BERZELIUS, J. J. 76
Besetzungsregel 34, 35
Bildungsenthalpie 23
bimolekulare Reaktion 73
Bindungsdelokalisation 193, 209
Bindungsisomerie 213
Biokatalysator 79
Biuretreaktion 146
Bleiakkumulator 52, 53
Bleibaum 38
Bleichmittel 169
Blindprobe 92
Blitzentladung 230
Blue-Bottle-Versuch 141
Blutfarbstoff Häm 220
Blutkörperchen 152
BOHR, NIELS 32
BOSCH, CARL 100
BOSCH-Löcher 100
BOYLE, ROBERT 108
Brandkatastrophe 24
Brennstoff 19, 20
Brennstoffzelle 54, 55
Brennwert 20
Bromthymolblau 110
BRÖNSTED 109
BRÖNSTED, JOHANNES NIKOLAUS 108
Bürette 115
Butadien 193

Carbamidsäure 182
Carbonathärte 121
Carbonat-Puffer 122
Carboxypeptidase 149, 151
CARIX-Verfahren 239
β-Carotin 192, 193, 198, 199
Carotinoid 198, 199
Carrier 219
Carrier-Ionophor 219
Cellobiose 133, 135
Cellophan 139
Cellulose 133, 138, 139, 140
Cellulosefaser 136
Cellulose-Molekül 136
Cellulose-Nachweis 138
Cellulosexanthogenat 139
Chelat 209, 220
Chelat-Effekt 220
Chelat-Therapie 218
chemische Energie 19
chemisches Gleichgewicht 89, 91, 97, 111
Chemolumineszemz 200, 201
Chilesalpeter 100
chiral 128, 129
chirales Molekül 129
chirales Objekt 129
Chiralitätszentrum 129
Chlor-Alkali-Elektrolyse 48, 49
Chlor-Katalyse-Zyklus 237
Chlorophyll 190, 198, 199, 220
Chromatieren 59
Chromophor 193, 202, 209
cis-Fettsäure 163
cis-trans-Isomerie 212, 213
Computersimulation 90, 91
Concept Map 142
Copolymer 177
Creme 171
Curcumin 203
Cyanin 193
Cystein 146, 156

Dampf-Reformierung 103
DANIELL, JOHN FREDERIC 41
DANIELL-Element 40, 41
delokalisierte Doppelbindung 204
Denatuierung 81, 153
Denitrifikation 231
Depolymerisation 184
Desoxyribonucleinsäure 156
Desoxyribose 156
destilliertes Wasser 112
D-Fructose 135
D-Glucose 135
Diaphrgma-Verfahren 48
Diastereoisomer 129
Diazokomponente 195
Diazonium-Ion 194
Diazotierung 194
Diazotierung 195
Dibenzoylperoxid 180
Dimehtylglyoxim 220
Direktfarbstoff 197
Direktfärbung 196
Disaccharid 127, 135
Dissoziation 217
Distickstoffmonooxid 229
Disulfid-Brücke 150
Donator-Akzeptor-Prinzip 37
Donator-Akzeptor-Reaktion 215
Donator-Halbzelle 41
Donatur-Gruppe 193
Drehwinkel 130
D-Reihe 131
dreiprotonige Säure 115
Druck 98, 99
Düngemittel 102
Dünger 100
Düngung 233, 238
Duroplast 179
dynamisches Gleichgewicht 91

Edelmetall 36, 39
edles Metall 44
EDTA 220
Eiklar 152
einzähnig 220
Eisen 56
Eisenwolle-Eimer 38
Eiweiß 147
Elastan 183
Elastanfaser 183
Elastomer 179
elektrische Doppelschicht 41
elektrische Energie 18, 19, 47
Elektrode 41
Elektrodenpotenzial 49
Elektrolyse 44, 46, 47, 53
Elektrolyt 41
Elektrolytbrücke 43
Elektrolyt-Paste 51
Elektron 34
Elektronenakzeptor 37, 39
Elektronendonator 37, 39
Elektronenkonfiguration 34, 35
Elektronenpaar-Akzeptor 215
Elektronenpaar-Donator 215
Elektronenpaar-Donator-Elektronenpaar-Akzeptor-Reaktion 215
Elektronenübertragung 37
elektronisch angeregter Zustand 201
elektronischer Grundzustand 201
Eloxieren 59
Emission 225
Emulgator 171
Emulsion 170, 171
Enantiomer 128, 129
endotherm 21
energetische Nutzung 185
Energiebilanz 103
Energieentwertung 27
Energieform 19
Energiequant 32
Energiestufenmodell 201

Energieträger 23
Energieumwandlung 19, 26, 27
Energiezustand 34
Energiezustände der Elektronen 32
Enol-Form 96, 97
Entladen 53
Entropie 82
Entzündungstemperatur 224, 225
E-Nummer 203
Enzym 78, 79, 80, 81, 149, 169
Enzymaktivität 81
Enzymreaktion 79
EPA-/EPD-Komplex 215
Erbinformation 156
Erdatmosphäre 230
Erdgas-Brennstoffzelle 55
Erdöl 224, 225, 229
Ernährungspyramide 125
ERTL, GERHARD 76
erzwungene Reaktion 25
erzwungene Redoxreaktion 47
essentielle Aminosäure 147
Ester 161, 165
Esterbildung 87
Estergleichgewicht 97
Esterhydrolyse 87, 89, 92, 93
Estersynthese 97
Ethylendiamintetraacetat 168, 218
exotherm 21
Explosionsgemisch 224
Extinktion 190, 191

β-Faltblattstruktur 151
FARADAY-Gesetze 46
FARADAY-Konstante 46
Farbe 191
Farbstoff 155
Farbstoffklasse 195, 202
Faserprotein 153
FEHLING-Probe 126, 127, 134
Fett 159, 161, 163, 164, 165
Fettbrand 160
Fetthärtung 162, 163
Fetthydrierung 162, 163
Fettsäure 161, 162, 163
Fettsäure-Anion 164
Fettsäurezusammensetzung 162
FISCHER, EMIL 125
FISCHER-Projektionsformel 127, 129, 131
Flammtemperatur 224, 225
Fluorchlorkohlenwasserstoff FCKW 237
Fluoreszenz 200, 201
Fotometer 190, 191
Fotometrie 70, 71
Fotosynthese 19, 26, 27, 87, 155, 199
Fotosynthesezentrum 152, 155
freie Enthalpie 82
freie Reaktionsenthalpie 82
Fremdstarthilfe 52
Fructofuranose 132
Fructose 127, 132
Fructose-Molekül 132
Furanose 133
Furanring 132

galvanische Zelle 41, 42, 43, 53
galvanisches Element 40
Galvanisieren 58, 59
Gegenion 217
Generatorprozess 103
genetischer Fingerabdruck 156
Gerste 136
Gesamtenergieinhalt 19
gesättigt 162
gesättigte Fettsäure 163
geschlossenes System 19, 89
Geschmacksverstärker 148
Geschwindigkeitsgesetz 73
Geschwindigkeitskonstante 73
Gleichgewicht 93, 97, 99, 217
Gleichgewichtskonstante 93, 97, 99, 217
Gleichgewichtskonzentration 95
Gleichgewichtsreaktion 97
Gleichgewichtszustand 89, 90
Globuline 153
Gluconsäure 141
Glucopyranose 132
Glucose 127, 129, 130, 131, 132, 133, 135, 137, 139, 141
Glucose-Molekül 132
Glucose-Oxidation 141
Glutamat 148
Glutamin 147
Glutaminsäure 147, 148
Glycerin 165
Glycerinaldehyd 129
Glycerin-Rest 161
Glycin 146
glycosidisch 135
glycosidische Bindung 133
glycosidische Verknüpfung 135
Grad deutscher Härte 120
Green Fluorescent Protein 153
grenzflächenaktiv 167
Grundwasser 238
Guanin 156
GULDBERG, CATO MAXIMILIAN 92
Gummi 179

HABER, FRITZ 100, 101
HABER-BOSCH-Verfahren 101, 102
HAHNEMANN 112
Halbacetal 132, 135
Halbacetalform 132
halbsynthetische Faser 140
Halbzelle 43
Häm 198, 220
Hämoglobin 152
Harnstoff 182
Härtebereich 120
Hauptgruppenelement 35
Hauptquantenzahl 33
HAWORTH-Projektion 127
Heizwert 20
α-Helixstruktur 151
HENDERSON-HASSELBALCH-Gleichung 122
heterogene Katalyse 76, 77, 102
Hinreaktion 86, 87, 89, 90, 91, 93, 99
Histidin 147
Hochdruckreaktor 101
Hochdruckrohr 100
HOFF, J. H. VAN'T 75
HOFFMANN'SCHER Wasserzersetzungsapparat 46
Holz 138
Holzcellulose 139
homogene Katalyse 76, 77
Homöopathielehre 112
Hormonwirkung 154
HUNDSCHE Regel 34, 35
Hybrid-Auto 55
Hydratisomerie 213
Hydrierkatalysator 76
Hydrierung 162
Hydrolyse 133, 149, 185
Hydronium-Ion 109
Hydroxid-Ion 109, 115
Hydroxid-Ionenkonzentration 113

Immission 225
Indanthrenrot 202
Indigo 195, 196, 197, 202
Indigofarbstof 202
Indikator 110, 155
Industrieanlage 103
Inhibitor 59
Initiator 181
innere Energie 19, 21
inneres Übergangselement (Lanthanoid, Actinoid) 35
innovative Textilie 186
Insulin 149, 154
intermolekular 133
intermolekulare Verknüpfung 133
intermolekulares Glycosid 133
intramolekular 132
intramolekulare Autoprotolyse 146, 147
intramolekulares Halbacetal 132, 133
Inversionswetterlage 226
Iodwasserstoffgleichgewicht 94, 99
Ion-Carrier-Komplex 219
Ionenaustausch 121, 239
Ionenaustauscher 121
Ionenisomerie 213
Ionenprodukt des Wassers 113
ionischer Farbstoff 196, 197
irreversibel 87
Isobut 99
Isoleucin 146
isoliertes System 19, 89
Isomer 212
Isomerie 213
Isomerieart 213

Kalkgehalt 120
Kalkseife 165
Kalorimeter 20, 21
kanalbildender Ionophor 219
Kanalbildner 219
Karminsäure 202
Katalase 79, 91
Katalysator 55, 77, 78, 99, 100, 101
Katalysatorsystem 101
Katalyse 76, 77
Katalysezyklus 235
katalytische Hydrierung 76
katalytisches Verfahren 239
Kathode 41
kathodischer Korrosionsschutz 59
kathodisches Tensid 167
Kation-Base 111
Kation-Säure 111
KEKULÉ-Formel 204
Keto-Enol-Gleichgewicht 97
Keto-Enol-Tautomerie 96, 127
Keto-Form 96
Ketose 127
Kettenreaktion 181
Kettenstruktur 132
Knallgas 55
Knallgas-Brennstoffzelle 55
Knallgasreaktion 54
Knopfzelle 60
Kohlenhydrat 127, 128, 129, 132, 142
Kohlensäure 182
Kohlenstoffdioxid 226, 227, 229
Kohlenstoffdioxidgehalt 229
Kohlenstoff-Kreislauf 199
Kohlenstoffmonooxid 226, 227
Kohlenwasserstoff 229
komplementär 191
Komplementärfarbe 190, 191
Komplex 169, 209, 211, 215
Komplex-Anion 211
Komplexbildner 168
Komplexbildungsreaktion 213, 215
komplexe Struktur 212
Komplexformel 210
Komplexion 217
Komplex-Kation 211
Komplexreaktion 217
Komplex-Salz 211
Komplexverbindung in der Medizin 218, 219
Komplexverbindung 209, 210, 212, 213, 216, 217, 220
Komplexzerfallskonstante 217
Kondensation 133, 149
Kondensationsprodukte von Aminosäuren 149
Konfiguration 128, 133, 147
konjugierte Doppelbindung 193
Konservierungsstoff 118
Konstitution 133
Kontaktelement 56, 57, 59
Kontaktkorrosion 56
kontinuierliches Verfahren 102
Konvertierung 103
Konzentration 69, 71, 96, 97, 99

Konzentration der Edukte 73
Konzentrationsbestimmung 115
Koordinationsisomerie 213
Koordinationslehre 210
Koordinationsverbindung 210, 213, 215
Koordinationszahl 211, 212, 213
Kopfhaar 150
korrespondierende Base 111
korrespondierende Säure 111
korrespondierendes Redoxpaar 39
korrespondierendes Säure-Base-Paar 111
Korrosion 57, 58
Korrosionsprozess 57
Korrosionsschaden 59
Korrosionsschutz 58, 59
Kosmetika 170, 171
Kreislauf einer Enzymreaktion 79
Kristallit 179
Kristallviolett 202
Kunststoff 179, 181, 185
Küpe 197
Küpenfarbstoff 196, 197
Küpenfärbung 196, 197
Kupferseide 140
Kupplungskomponente 195

LAMBERT-BEER-Gesetz 71
LAVOISIER, ANTOINE L. 108, 109
Lebensmittelfarbe 203
LECLANCHÉ, GEORGES 50, 51
LECLANCHÉ-Zelle 50, 51, 53, 60
Leerlaufspannung 41, 43, 51
Leitfähigkeitstitration 119
Leuchtfarbe 201
Leucin 146
Leukoindigo 197
Leukoindigo-Base 196
LEWIS-Base 215
LEWIS-Säure 215
LEWIS-Säure-Base-Komplex 215
Licht 18
Lichtabsorption 190, 191, 209
Lichtemission 200, 201
Lichtenergie 19
LIEBIG, JUSTUS VON 108, 109, 232
LIEBIGSCHES Minimumfass 232
Ligand 209
Ligandenaustausch 217
linear 212
Linienspektrum 32
Linolensäure 163
Linolsäure 163
Lipase 81
Lithium-Ionen-Akkumulator 63
Lithium-Kupfer-Zelle 18, 19
Lithium-Mangan-Zelle 60
Lithium-Polymer-Akkumulator 63
Lokalelement 56, 57
Lotion 171
Low-Cost-Methanol-Brennstoffzelle 54
LOWRY, THOMAS MARTIN 108
Luft 234
Lumineszenz 200, 201
Luteo 208
Lycopin 192
Lyocellfaser 140
Lysin 147

magnetische Quantenzahl 33
Makrofibrille 139
Makromolekül 175, 177, 179, 183, 186
Maltose 135
Margarine 162
Maskierungsreaktion 217
Massenwirkungsgesetz 92, 93, 95, 97, 101
Massenwirkungsquotient 93, 97
Maßlösung 115
mehrprotonige Säure 115
mehrzähnig 220
Membran 172
Membran-Verfahren 48
Merocyanin 192, 193
mesomere Grenzstruktur 204
mesomere Grundformel 193
Mesomerie 204
Mesomerieenergie 204
Metall 38
Metall-Halbzelle 44
Metallsalz-Lösung 38
metastabil 171
metastabiles System 25
Methan 229
Methanol-Brennstoffzelle 55
Methionin 146
Methylenblau 141, 170
Methylmethacrylat 184
Methylorange 195
Micelle 165, 172
MICHAELIS-MENTEN-Konstante 81
Mikrofibrille 139
Milchsäure 128, 129, 130
mineralisches Düngemittel 233
Mineralisierung 231
Minuspol 43, 47
mittlere Geschwindigkeit 67
mittlere Reaktionsgeschwindigkeit 69
Modell-Bleiakkumulator 52
Modellexperiment: Photo-Blue-Bottle 27
Modell-Knopfzelle 50
Modellversuch 90, 91, 141
moderne Batterie 60, 61
modifizierte Cellulose 140
molare Leitfähigkeit 119
molare Standardbildungsenthalpie 21
molare Standardreaktionsenthalpie 21
Molekülorbital 204
Molekülstruktur 193
momentane Reaktionsgeschwindigkeit 69, 73
Momentangeschwindigkeit 67
Monomer 133, 176, 177, 181, 185
Monosaccharid 127
Mutarotation 131

nachwachsender Rohstoff 137
Nachweisreaktion 216
Nährstoffbilanz 233
Natrium-Schwefel-Akkumulator 63
Naturfarbstoff 199
Naturkautschuk 179
Naturseide 181
Nebenquantenzahl 33
Neutralbase 111
Neutralisation 116
Neutralkomplex 211
Neutralsäure 111
nichtionisches Tensid 167, 169
Nickel-Cadmium-Akkumulator 62
Nickel-Metallhydrid-Akkumulator 62
Ninhydrinreaktion 146
Niotensid 167
Nitrifikation 231
Nomenklaturregel 211
Normalpotenzial 45
Nucleinbase 156
nucleophile Addition 132, 133
Nucleotid 156
Nylon 6 181
Nylonseiltrick 180

Oberflächenspannung des Wassers 165
Objekt 128
offenes System 19, 89
Oktaeder 213
oktaedrisch 212
Öl 161, 163
Oligopeptid 149
Öl-in-Wasser(O/W)-Emulsion 171
Olivenöl 162
Ölsäure 161, 162, 163
Opferanode 59
Opsin 155
optisch aktiv 129
optisch aktiver Stoff 129
optische Aktivität 130
optische Isomerie 128, 129, 213
optischer Aufheller 169
Orbital 33, 34
Orbitalmodell 33, 35, 204
organischer Wirtschaftsdünger 233
Osmium-Katalysator 100
OSTWALD, W. 76
Outdoor-Textilie 186
Oxidation von Glucose 141
Oxidation 37, 39
Oxidationsmittel 37, 39
Oxidationsstabilität 163
Oxonium-Ion 109
Oxonium-Ionenkonzentration 113
Oxytocin 149
Ozon 229, 235, 236, 237
Ozonloch 237
Ozonsmog 235

Papier 138
passiver Korrosionsschutz 58, 59
passiver und aktiver Korrosionsschutz 59
PAULI-Verbot (PAULI-Prinzip) 34, 35
PEM-Brennstoffzelle 55
Peptid 149
Peptid-Gruppe 149
Peptidhormon 154
Perborat 168
Periodensystem 35
*p*H-Elektrode 112
Phenol-Derivat 195
Phenolphthalein 192, 193
Phenylalanin 146
Phenylamin 194
*p*H-metrische Titration 116
*p*H-Optimum 81
Phosphat-Puffer 122
Phosphoreszenz 200, 201
Photo-Blue-Bottle Experiment 26
Photon 32
Photosmog 235
*p*H-Skala 110
*p*H-Wert 111, 113
Pigment 189
Planarquadrat 213
planarquadratisch 212
PLANCK, MAX 32
PLANTÉ, GASTON 53
Platine 36
Pluspol 43, 47
*p*OH-Wert 113
Polarimetrie 130
Polarimetrie-Gleichung 130
Polarisator 130
polarisiertes Licht 130
Polyacryl 183
Polyacrylat 183
Polyacrylnitril 183
Polyaddition 182, 183
Polyamid 180, 181
Polycarbonat 184
Polyen 193
Polyester 183
Polyethen 176, 179
Polyethylenterephthalat 183
Polyhydroxybutansäure 185
Polyisobut 177
Polyisopren 179
Polykondensat 185
Polykondensation 180, 181, 182,183, 185
Polymer 176, 177, 186
Polymerisat 176
Polymerisation 181
Polymerisationsgrad 177
Polymethylmethacrylat 177, 179, 181, 184
Polypeptid 149
Polypropen 176, 179
Polysaccharid 127, 137, 139
Polystyrol 176
Polytetrafluorethen 176
Polyurethan 182, 183
Polyurethanfaser 183

Polyvinylchlorid ... 176, 179
p-Orbital ... 33
Porphyrine ... 199
Porphyrin-Gerüst ... 198, 220
Potenzialdifferenz ... 41, 43, 44
Potenzialmessung ... 26
Primärstruktur ... 151
Prinzip des Enthalpieminimums ... 82
Prinzip vom Entropiemaximum ... 82
Prinzip vom kleinsten Zwang ... 97
Prinzip von LE CHATELIER ... 97, 99, 101
Prolin ... 146
Proportionalitätsfaktor ... 93
prosthetische Gruppe ... 153
Protease ... 81
Proteid ... 153
Protein ... 149, 151, 153, 155
Protolyse ... 109, 120, 121
Protonenakzeptor ... 109
Protonendonator ... 108, 109
Pufferbase ... 122
Pufferkapazität ... 122
Pufferlösung ... 122
Puffersäure ... 122
Puffersystem ... 122
Purpur ... 189, 195
Purpureo ... 208
Purpurmantel ... 195
Purpurschnecke ... 189, 195
Pyranose ... 133
Pyranring ... 132
Pyrolyse ... 185
Pyrolyseanlage ... 185

Quantenzahl ... 33, 34
Quantifizierung der Energie ... 32
Quantifizierungsprinzip ... 32, 33
Quartärstruktur ... 153
Quecksilberoxid-Zink-Zelle ... 61

Racemat ... 129
Radikalketten-Mechanismus ... 181
Radikalkettenreaktion ... 176
Radikalkettenstarter ... 180
Rauchgas ... 227
Rauchgasentschwefelung ... 227
Rauchgasentstickung ... 227
Rauchgasreinigung ... 227
Raumisomerie ... 129
Reaktionsbedingung ... 81
Reaktionsenthalpie ... 20, 21, 22, 23
Reaktionsentropie ... 82
Reaktionsgeschwindigkeit ... 69, 71, 73, 75, 91, 101
Reaktionsrate ... 91, 93
Reaktionsschemata ... 182
Reaktionstyp ... 27
Recycling ... 185
Recyclingpapier ... 138
Redoxpaar ... 43, 45
Redoxpotenzial ... 43, 60, 61
Redoxreaktion ... 37, 39, 40
Redoxreihe ... 43
Redoxreihe der Metalle ... 39
Redox-Standardpotenzial ... 45
Reduktion ... 39
Reduktionsmittel ... 37, 39
Regeneratfaser ... 139
Regeneratfaser ... 140
Retinal ... 155
reversibel ... 87
reversible (umkehrbare) Reaktion ... 87
reversible Reaktion ... 87
Rezeptortheorie ... 154
RGT-Regel ... 75
Rhodopsin ... 155
Ringstruktur ... 132
Rohstoff ... 101, 103
Rost ... 56, 58
Rosten ... 36
roter Blutfarbstoff ... 198
Rückreaktion ... 86, 87, 89, 90, 91, 93, 99

Saccharose ... 134, 135
salzhaltiges Wasser ... 121
Salzlösung ... 46
Satz von der Erhaltung der Energie ... 23
Satz von HESS ... 22, 23
Sauerstoff ... 47
Sauerstoffkorrosion ... 56, 57
Saughebermodell ... 90
Säure ... 108, 109, 114, 115
Säure-Base-Definition ... 109
Säure-Base-Konzept von LEWIS ... 215
Säure-Base-Puffer ... 122
Säuregehalt ... 118
Säurekorrosion ... 56, 57
saurer Regen ... 118, 227
Schadstoff ... 226
Schafswolle ... 181
Schaum ... 182
Schauminhibitor ... 169, 172
SCHILLER, FRIEDRICH ... 25
Schlüssel-Schloss-Prinzip ... 79
Schmelzbereich ... 161
Schwefeldioxid ... 226, 227
Sehzentrum ... 155
Seidenraupe ... 181
Seife ... 161
Seife ... 164
Seifenblase ... 172
Seifensieden ... 164
Sekundärreaktion ... 51
Sekundärstuktur ... 151
selbsttätig ablaufende Reaktion ... 25
SELIWANOW-Reaktion ... 126
Sequenz ... 149
Sequenzanalyse ... 151
Serin ... 146
Silberoxid-Zink-Knopfzelle ... 61
Silberoxid-Zink-Zelle ... 61
Silberspiegel-Probe ... 126, 127
Singlett-Zustand ... 201
Siriusechtblau ... 196
Smog ... 227
Solar-Wasserstoff-Szenario ... 47
Sommersmog ... 235
Sonnenblumenkernöl ... 162
s-Orbital ... 33
Soxhlet-Apparatur ... 160
Spaceshuttle ... 68
Spannung ... 42, 43
Spannung ... 47
Spannungsreihe ... 45
Spannungsreihe der Metalle ... 45
Speiseöl ... 162
Spektralfarbe ... 191
Spektrum der elektromagnetischen Strahlung ... 200
spezifische Drehung ... 130
spezifischer Fructose-Nachweis ... 126
Spiegelbild ... 128
Spiegelbild-Isomerie ... 146
Spiegelbild-Molekül ... 128
Spin ... 34, 35
Spinquantenzahl ... 34
Spiropyran ... 192, 193
Sprengstoff ... 24
stabiles System ... 25
Stabilität ... 217
Standardbedingung ... 21, 45
Standardbildungsenthalpie ... 22
Standard-Elektrodenpotenzial ... 44
Standardpotenzial ... 45
Standard-Wasserstoff-Halbzelle ... 45
Stärke ... 78, 126, 127, 133, 136, 137
Stärkekörner ... 136
Stärkemolekül ... 136
Stärkenachweis ... 136
Start der Spaceshuttle ... 18
Starter ... 181
Startreaktion ... 181
STAUDINGER, HERMANN ... 175
Stearinsäure ... 161, 162, 163
Stereoisomer ... 129, 131
Stereoisomerie ... 129
Stickstoff ... 100, 101, 230, 231
Stickstoffdünger ... 232
Stickstoff-Fixierung ... 231
Stickstoff-Kreislauf ... 231
Stickstoff-Kreislauf in der Natur ... 231
Stickstoffoxid ... 226, 227, 231
Stickstoffverbindung ... 100, 240
Stoffbilanz ... 103
Stoffebene ... 89, 91
Stoffkreislauf ... 27, 235
Stoffmenge ... 71
Stoffmengenverhältnis ... 89, 95
Stoffwechsel ... 240
Störfaktor ... 96, 98
Stoßtheorie ... 69, 73, 75
Stratosphäre ... 234
Stretch-Textilie ... 186
Strom ... 40
Strukturaufklärung ... 191
Substrat ... 79
Substratkonzentration ... 81
Substratspezifität ... 79
Sudanrot ... 170
Sulfanilsäure ... 194
Supracen Blau ... 196
supramolekulares System ... 153
Synthesereaktor ... 103
Systeme ... 19

Taschenlampenbatterie ... 50, 51
Teflon ... 176
Teilchenanzahl ... 73
Teilchenebene ... 91
Teilchen-Welle-Dualismus ... 32, 33
Temperatur ... 75, 98, 99
Temperaturoptimum ... 81
Tensid ... 166, 167, 168, 170, 171
Tertiärstruktur ... 151, 153
Tetraeder ... 213
tetraedrisch ... 212
thermische Energie ... 19
Thermochromie ... 99
Thermoplast ... 179
Threonin ... 146
Thymin ... 156
Titration ... 114, 115
Titrationsergebnis ... 115
Titrationskurve ... 116, 117, 119
Titrationsvorrichtung ... 114
Transportantibiotika ... 219
Traubenzucker ... 126, 127
Treibhauseffekt ... 228, 229
Treibhausgas ... 229
Triacylglycerin ... 161
Triebkraft ... 82
Triglycerid ... 163
Triglycerin ... 161
Triphenmylmethanfarbstoff ... 202
Triphenylmethan ... 202
Triplett-Zustand ... 201
Tropfsteinhöhle ... 121
Tropopause ... 234
Troposphäre ... 234, 235
Tryptophan ... 147
Tumor-Therapie ... 218
TUTENCH-AMUN ... 38
Tyndall-Effekt ... 146, 164
Tyrosin ... 146

Übergangselement (Nebengruppenelement) . 35
Übergangsgruppenelement ... 35
Überspannung ... 49
Umesterung ... 183
Umgebung ... 19
Umkehrosmose ... 239
Umschmelzen ... 185
unedles Metall ... 44
ungesättigt ... 162
ungesättigte Fettsäure ... 163
Unordnung ... 82
Urethan ... 182

Urnenmodell ... 90
UV-Licht ... 201

Valin ... 146
Valinomycin ... 219
Van-Der-Waals-Kräfte ... 163
Verbindung erster Ordnung ... 210
Verbindung höherer Ordnung ... 210
Verbrennen ... 185
Verbrennungsprodukt ... 226, 227, 228
Verbrennungsreaktion ... 25
Veresterung ... 86, 87, 89, 92, 93, 183
Verfärbungsinhibitor ... 169
Versauerung der Weltmeere ... 118
Verseifung ... 165
Verwandte ... 126
Verzinken ... 58
Verzweigungsgrad ... 177
Viskosefaser ... 139
Vollwaschmittel ... 166, 169
Vulkanisieren ... 179

Waage, Peter ... 92
Wärme ... 18,19, 20
Wärmeabsorption ... 228, 229
Wärmestrahlung ... 229
Waschmittel ... 168
Wasser ... 47
Wasserenthärter ... 169
Wassergasprozess ... 103
Wasserhärte ... 120
Wasser-in-Öl(W/O)-Emulsion ... 171
Wasserstoff ... 47
Wasserstoff-Halbzelle ... 44
Weinsäure ... 129
Welle ... 32
Werner, Alfred ... 210, 211, 212, 215
Wertschöpfung ... 225
Wirkungsspezifität ... 79

Xanthoproteinreaktion ... 146

Zaubertinte ... 98
Zellatmung ... 87
Zellendiagramm ... 43
Zellmembran ... 172
Zentralatom ... 209, 211
Zeolith ... 169
Zersetzungsspannung ... 49
Zerteilungsgrad ... 69
Zink-Luft-Zelle ... 61
Zitronenbatterie ... 40
Zuckerrohr ... 134
Zuckerrübe ... 134
Zuckertensid ... 167
Zwitterion ... 146, 147

Die Vorlagen für die Fotografien stellten zur Verfügung:

Agentur Focus, Hamburg – S. 202; Arbeitsgemeinschaft Deutsche Kunststoff-Industrie, Frankfurt – S. 237 (4); Archiv für Kunst und Geschichte/Erich Lessing, Berlin – S. 151; Archiv für Kunst und Geschichte/Oronoz, Berlin – S. 113; BASF, Ludwigshafen – S. 97, 235; Bavaria, Gauting – S. 184, 225, 233, 244; Bayer AG, Leverkusen – S. 159, 160, 168; Uli Bee, Konstanz – S. 228; Jürgen Berger, MPI für Entwicklungsbiologie, Tübingen – S. 202, 203 (2); Bildagentur Mauritius, Mittenwald – S. 178, 186; Claudia Bohrmann-Linde, Wülfrath – S. 22, 101, 116, 126, 172, 188, 198, 204, 205, 206 (2), 208, 209, 211 (2), 236, 255, 260; Piet Claasen, Bremen – Einband, S. 80, 164, 176 (2), 185, 202, 204, 237; Daimler Benz Aerospace AG, Bremen – S. 72; Desco von Schulte AG, Zürich – S. 233; Deutsches Museum, München – S. 79, 88, 96 (3), 143, 192, 225, 273, 280; Walter Fischer, Großkarolinenfeld (2) – S. 102 (2); Fonds der Chemischen Industrie, Frankfurt – S. 245; Fonds der Deutschen Industrie, Frankfurt – S. 226 (3); Fotolia – S. 120, 149, 154, 158, 188, 189, 200, 223, 227, 228, 234 (3), 238 (3), 243, 245, 256; Fotolia/Cindy Haggerty – S. 124; Fotolia/emrahselamet – S. 24; Fotolia/katzensteiner – S. 24; Fotolia/kristian sekulic – S. 86; Fotolia/Siegfried Worba – S. 25; Fotolia/Tarzoun – S. 83; Fritz Haber Institut, Berlin – S. 80; P. Fromme, Arizona/USA – S. 213; Florian Gärtner, Dinslaken – S. 230; Getty Images, München – S. 170, 225, 233; http://www.ballon-sz.de / http://www.wikipedia.de, Creative-Commons-Lizenz – S. 227; Nina Heldt, Michendorf – S. 208 (3), 210, 214 (2), 216 (2), 217; JOKER Photojournalismus/Peter Albaum, Bonn – S. 276; Michaela Kampner, Bochum – S. 198; Keystone Pressedienst/Volkmar Schulze, Hamburg – S. 295; Simone Krees, Wuppertal – S. 101, 214 (2), 215, 254, 289 (2); Patrick Krollmann, Köln – S. 266, 272 (2); Bernd Kusber, Bremen – S. 80; Rolf Maibaum, Duisburg – S. 202; Nico Meuter, Wuppertal – S. 76, 78, 82, 92 (2), 93, 104, 115, 129, 130, 146, 178 (2), 186, 260, 262 (2), 264; Okapia/Hans Reinhard, Frankfurt – S. 116; Armin Okulla, Fraunhofer Institut für Angewandte Polymerchemie, Berlin – S. 246; Röhm GmbH, Darmstadt – S. 230; Matthew Roth, Konarka Technologies, Nürnberg – S. 246; Ruka Fashion Group, Lathi – S. 244; Ralf-Peter Schmitz, Animationen – S. 256; Wolfgang Schmitz, Bad Herrenalb – S. 120; Petra Schneider, Duisburg – S. 75, 101, 232, 242; Wolfgang Schwarz, Regensburg – S. 182 (2); Ilona Siehr, Potsdam – S. 214 (2), 216 (2); Sympatex Technologie GmbH, Wuppertal – S. 243, 244; Maria Szemenyei, Duisburg – S. 242; Tanzschule Kirchner, Syke – S. 232; Michael Tausch, Syke – S. 82, 94 (2), 229 (2), 240; Ullstein-Bild, Berlin – S. 258; Umweltbundesamt/Ökodesign, Umweltkennzeichnung, Umweltfreundliche Beschriftung, Dessau – S. 190; Verlagsarchiv – S. 126, 128, 136, 137; Magdalene und Silvia von Wachtendonk, Erkelenz – S. 157; Magdalene von Wachtendonk, Erkelenz – S. 163; Wacker Chemie, München – S. 215, 244; Westfalia Werkzeuge GmbH, Hagen – S. 235.

Sicherheit beim Experimentieren und der Entsorgung von Chemikalien

Alle Gefahrstoffe sind in den Versuchsbeschreibungen mit * gekennzeichnet. Ab S. 267 finden Sie die entsprechenden Chemikalien aufgeführt, dazu auch genauere Angaben zu den **Gefahrsätzen H** (Hazard-Statements) und **Sicherheitssätzen P** (Precautionary-Statements) sowie **Entsorgungsempfehlungen**.

Seit dem Jahr 2010 gilt das neue international gültige System zur Bezeichnung von Gefahrstoffen **GHS** (Globally Harmonized System), das ab S. 264 ausführlich erläutert wird.

Die Zuordnung der bis zum Jahr 2015 noch zulässigen Gefahrensymbole zu den neuen Piktogrammen nach dem GHS ist in B1 zusammengestellt.

Die **Sicherheitseinrichtungen in den Chemieräumen** erklären Ihnen Ihre Chemielehrerin oder Ihr Chemielehrer ausführlich.

Einige Verhaltensregeln beim Experimentieren:

- Versuchsvorschriften sind sorgfältig durchzulesen und genau zu befolgen.
- Lange Haare müssen zusammengebunden werden.
- Geschmacksproben sind nicht zulässig.
- Nur bei ausdrücklicher Aufforderung sind Geruchsproben durch vorsichtiges Zufächeln erlaubt.
- Stets sollte eine Schutzbrille getragen werden.
- Umsichtiges und rücksichtsvolles Arbeiten ist erforderlich.
- Essen und Trinken sind im Chemieraum verboten.

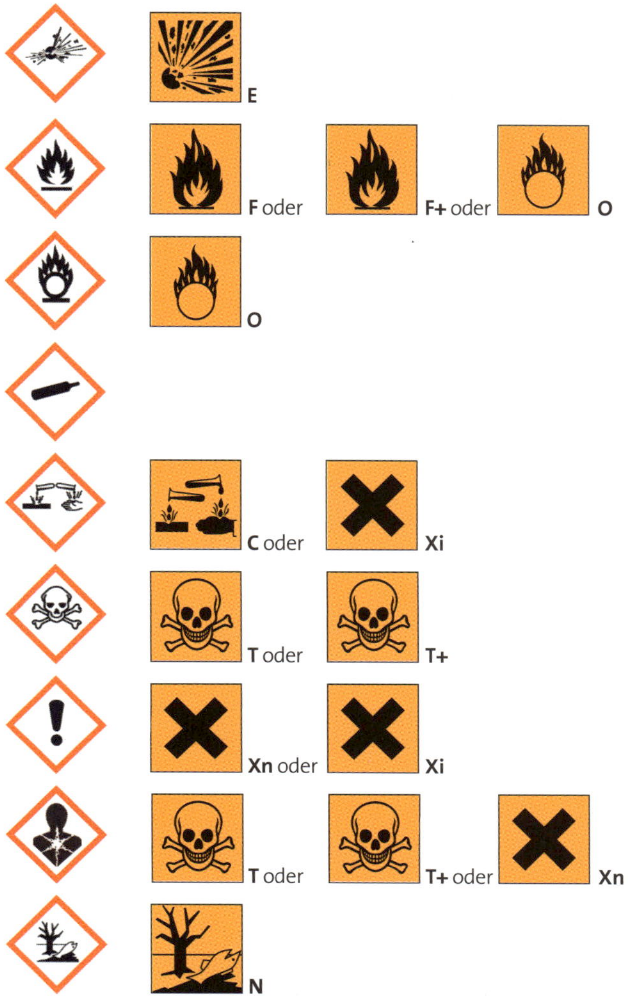

B1 *Die neuen international gültigen Piktogramme ersetzen die noch bis 2015 gültigen Gefahrensymbole.*

Namen und Konstanten der chemischen Elemente

Elementname	Symbol, Ordnungszahl	Dichte[1] in g/cm^3 (Gase: g/L)	Schmelztemperatur in °C	Siedetemperatur in °C
Actinium	**Ac, 89**	10,1	1050	3200
Aluminium	**Al, 13**	2,70	660	2467
Antimon	**Sb, 51**	6,68	630	1750
Argon	**Ar, 18**	1,66	−189	−186
Arsen	**As, 33**	5,72	613 s	817 p
Astat	**At, 85**	–	302	337
Barium	**Ba, 56**	3,51	725	1640
Beryllium	**Be, 4**	1,85	1278	2970
Bismut	**Bi, 83**	9,8	271	1560
Blei	**Pb, 82**	11,4	327	1740
Bor	**B, 5**	2,34	2300	2550 s
Brom	**Br, 35**	3,12	−7	59
Cadmium	**Cd, 48**	8,65	321	765
Caesium	**Cs, 55**	1,88	28	669
Calcium	**Ca, 20**	1,54	839	1484
Cer	**Ce, 58**	6,65	799	3426
Chlor	**Cl, 17**	2,95	−101	−35
Chrom	**Cr, 24**	7,20	1857	2672
Cobalt	**Co, 27**	8,9	1495	2870
Eisen	**Fe, 26**	7,86	1535	2750
Fluor	**F, 9**	1,58	−219	−188
Francium	**Fr, 87**	–	27	677
Gallium	**Ga, 31**	5,90	30	2403
Germanium	**Ge, 32**	5,35	937	2830
Gold	**Au, 79**	18,9	1064	3080
Hafnium	**Hf, 72**	13,3	2227	4602
Helium	**He, 2**	0,17	−272 p	−269
Indium	**In, 49**	7,30	156	2080
Iod	**I, 53**	4,93	113	184
Iridium	**Ir, 77**	22,41	2410	4130
Kalium	**K, 19**	0,86	63	760
Kohlenstoff	**C, 6**	2,25[2]	3650 s[2]	4827
Krypton	**Kr, 36**	3,48	−157	−152
Kupfer	**Cu, 29**	8,92	1083	2567
Lanthan	**La, 57**	6,17	921	3457
Lithium	**Li, 3**	0,53	180	1342
Magnesium	**Mg, 12**	1,74	649	1107
Mangan	**Mn, 25**	7,20	1244	1962
Molybdaen	**Mo, 42**	10,2	2610	5560
Natrium	**Na, 11**	0,97	98	883
Neon	**Ne, 10**	0,84	−249	−246
Nickel	**Ni, 28**	8,90	1455	2730
Niob	**Nb, 41**	8,57	2468	4742
Osmium	**Os, 76**	22,5	2700	5300
Palladium	**Pd, 46**	12,0	1554	2970
Phosphor	**P, 15**	1,82[3]	44[3]	280
Platin	**Pt, 78**	21,4	1772	3827
Polonium	**Po, 84**	9,4	254	962
Praseodym	**Pr, 59**	6,77	931	3512
Protactinium	**Pa, 91**	15,4	–	–
Quecksilber	**Hg, 80**	13,6	−39	356
Radium	**Ra, 88**	5	700	1140
Radon	**Rn, 86**	9,23	−71	−62
Rhenium	**Re, 75**	20,5	3180	5627
Rhodium	**Rh, 45**	12,4	1966	3727
Rubidium	**Rb, 37**	1,53	39	686
Ruthenium	**Ru, 44**	12,3	2310	3900
Sauerstoff	**O, 8**	1,33	−219	−183
Scandium	**Sc, 21**	3,0	1541	2831
Schwefel	**S, 16**	2,07	119	444,6
Selen	**Se, 34**	4,81	217	685
Silber	**Ag, 47**	10,5	962	2212
Silicium	**Si, 14**	2,32	1410	2355
Stickstoff	**N, 7**	1,17	−210	−196
Strontium	**Sr, 38**	2,60	769	1384
Tantal	**Ta, 73**	16,6	2996	5425
Technetium	**Tc, 43**	11,5	2172	4877
Tellur	**Te, 52**	6,00	449	990
Thallium	**Tl, 81**	11,8	303	1457
Thorium	**Th, 90**	11,7	1750	4790
Titan	**Ti, 22**	4,51	1660	3287
Uran	**U, 92**	19,0	1132	3818
Vanadium	**V, 23**	5,96	1890	3380
Wasserstoff	**H, 1**	0,083	−259	−253
Wolfram	**W, 74**	19,3	3410	5660
Xenon	**Xe, 54**	5,49	−112	−107
Yttrium	**Y, 39**	4,47	1522	3338
Zink	**Zn, 30**	7,14	419	907
Zinn	**Sn, 50**	7,30	232	2270
Zirconium	**Zr, 40**	6,49	1852	4377

Für die Elemente mit den Ordnungszahlen 60 bis 71 und 93 bis 104 werden nur die Namen angegeben:

60 Nd = Neodym
61 Pm = Promethium
62 Sm = Samarium
63 Eu = Europium
64 Gd = Gadolinium
65 Tb = Terbium
66 Dy = Dysprosium
67 Ho = Holmium
68 Er = Erbium
69 Tm = Thulium
70 Yb = Ytterbium
71 Lu = Lutetium

93 Np = Neptunium
94 Pu = Plutonium
95 Am = Americium
96 Cm = Curium
97 Bk = Berkelium
98 Cf = Californium
99 Es = Einsteinium
100 Fm = Fermium
101 Md = Mendelevium
102 No = Nobelium
103 Lr = Lawrencium
104 Du = Dubnium

1) Dichteangaben für 20 °C und 1013 hPa

2) Angaben gelten für Graphit; Diamant: Schmelzt. 3550 °C, Dichte 3,51 g/cm^3.

3) Angaben gelten für weißen Phosphor; Roter Phosphor: Schmelzt. 590 °C p, Dichte 2,34 g/cm^3

s = sublimiert
p = unter Druck
– = Werte nicht bekannt